U0142238

基礎固態物理 _{第二版}

Basic Solid State Physics

倪澤恩 著

五南圖書出版公司 印行

敬以此書獻給我敬愛的雙親

倪誠忠　　先生

倪歐瑞芬　女士

初版「基礎固態物理」在長庚大學電子工程學系、電子工程研究所碩/博士班、光電工程研究所碩士班的固態物理課程中，已倏乎使用了七年，雖然都採相同版本的書，但是講解的內容與深度並不相同，所以各個程度或各種需求的同學們提出的問題，以及在課堂上的反應也不相同，他們的討論挹注了再版的內容。謝謝您們。

除了勘誤、修圖之外，再版的「基礎固態物理」最大的不同是，把第十一章的晶格動力學移到第七章，並調整了第六章的小節順序，且每一章的最後都加了約十題簡要的思考題，作為講解的補充教材。

此外，要特別感謝 Professor Dr. Lee Chow（周禮，Department of Physics, University of Central Florida, Orlando, USA），謙謙君子的 Professor Dr. Lee Chow 對全書作了縝密的審視，並提供了珍貴的指正，當然，我必須汗顏的對所有的謬誤負完全的責任。

「桃李春風一杯酒，江湖夜雨十年燈」。翻著沾滿粉筆與鉛筆印記的書頁，想著七年前撰稿的日夜，看著七年間揮灑的課堂，品著酸甜苦辣的喧騰，竟覺著自己可不也在仰望星空，行走江湖？

長庚大學　倪澤恩

戊戌　龍抬頭後二日　午夜

自　序

　　長庚大學在電子工程學系、所，光電工程研究所開設有固態物理的課程，一直都採用 Solid State Physics by Neil W. Ashcroft and N. David Mermin 及 Introduction to Solid State Physics by Charles Kittel 二本代表著作為教科書，為了向同學們解釋課本中的定理、方程式、函數及關係式都是緣自於最基本的古典力學、電動力學、量子力學、統計力學，所以彙集成了這本書。

　　本書的大篇幅數學推演過程是刻意安排的，對於亟於想知道細節的讀者，希望可以因此節省找資料的時間，而更專注在物理意義上；對於忽略計算的讀者，希望藉由本書所提供的演算，繼而更能體會物理的意涵。

　　在整個撰寫的過程中，要感謝長庚大學的同學在教室裡、在課堂外的提問與討論，豐富了本書的內容。

　　理想的實現，往往伴隨著很多的無奈與犧牲，在完稿的最後階段，作為一個失職丈夫和父親的我真要感謝貞芳、咸安、咸暉的包容與體諒。

　　筆者在此「野人獻曝」、「班門弄斧」，亟盼各方固態物理的專家學者不吝指正為禱。

長庚大學電子工程學系

光電工程研究所　　倪澤恩

　　固態物理是大學的基礎課程，涵蓋了理學院數學、物理、化學甚至生物等基礎學科科系，也包涵了工學院電機、機械、化工、材料、土木等諸多應用工程科系。隨著時間的演進內容日益增多，對於修課的同學而言，彷彿越來越抽象而且遙不可及。但是無論科學技術如何創新，其發展的脈絡依然是有跡可循的；若能從前人的經驗內化自我的思考模式，則所謂抽象的科學也將變得清新可喜。

　　倪教授在本院電子系及光電所任教多年，不論在研究或教學上均投注許多心力。一般工程學院教授研究題目在於應用領域，且由於時間體力因素限制，甚少涉入固態物理基礎計算推演及相關物理意義之演繹，只將其結果應用於半導體工程技術。因為現有的固態物理書籍，對大學部而言應是應用有餘；但對研究型之碩博士生而言，確有資料不足不易清楚明白之處。

　　倪教授是極少數有能力、有興趣且願意奉獻心力作這件重要工作的學人，對有志於研究固態物理之同學與同仁，均極具使用或參考價值，本人學淺難忘其項背，但極其樂意作序予以大力推薦之。

長庚大學工學院副院長

光電工程研究所教授　　張連璧

　　固態物理簡單的說就是研究固態或是近似固態的物質現象以及其交互的作用。

　　課程一般都是從晶體結構開始講起，然後會教一些分析晶體結構的方法，再轉入一些應用像是半導體、超導體以及液晶材料等等。

　　本書作者倪澤恩教授是我在長庚大學電子工程系的同事。倪教授本身治學嚴謹，教學尤重在課堂內外學生們的提問與討論。多年來的教學經驗讓他明瞭，許多學生們想知道的固態物理的細節，一般在教科書裡未曾詳述，另外找資料又要花費大量的時間。所以倪教授撰寫了本書來縮短二者之間的距離，讓讀者能因此節省找資料的時間，而更專注在物理意義上。

　　倪教授採用了大篇幅的數學推演過程彙集成了這本書，其目的是為了向讀者們解釋課本中的定理、方程式、函數及關係式都是緣自於最基本的古典力學、電動力學、量子力學、統計力學等，實在是煞費苦心。

　　他犧牲了許多公餘和家人歡樂同聚的時間，揮汗完成這本書來嘉惠學子，並請我寫序，我自然是義不容辭，在此特別向大家鄭重推薦本書。

長庚大學電子工程系教授　　傳祥

中華民國 100 年 8 月

第 3 章　量子力學的基本原理　　37

第 4 章　固態古典模型　　105

第 7 章　晶格動力學　　381

第 8 章　電子傳輸現象 —— 導電與導熱　433

第 9 章　固態光學　　467

第 10 章　固態磁學　　515

第 11 章　固體比熱　　551

第 12 章　固態元激發　　　　579

第 1 章

固態科學導論

1.1 面對固態科學的策略

首先談談固態物理的學習方法，基本上可以分成二大類：第一類是把固態物質的特性具體的整理成多個主題，包含：晶體結構、倒晶格結構、能帶理論、力學特性、電學特性、光學特性、磁學特性、熱學特性、聲子物理、元激發……等等，分項列舉說明。第二類是以單電子近似條件，從最簡單的古典粒子碰撞理論開始，透過固態物質的結構、電、光、磁、熱等特性分析，漸次以晶格結構、能帶理論、晶格振動、元激發、多體物理或統計力學作修正，進而建構出完整的固態物理。這二種方法各有其優點，前者對於初學者似乎比較容易在短時間內掌握固態物質的特性，稱之為教學導向（Teaching-oriented）的方法；後者則似乎較有利於研究分析所需的能力培養，稱之為研究導向（Research-oriented）的方法。

對於剛剛開始以固態物理解決問題的想法可能是「代公式」，針對要面對的電、光、磁、熱現象，在書中找到「一個」電、光、磁、熱的「公式」代進去，但是往往會遇到所謂的「理論與實驗不符」的情況，然後不知所措，甚至於會認為固態物理是不實際的理論，無法適用於真實的量測結果分析；又或者同樣的電、光、磁、熱問題會有好幾個所謂的「公式」，對於初學者而言，可能會陷入不曉得要「代」哪一個「公式」的困境。其實，固態物理是一門很應用的學科，是可以直接用來解決問題的，端賴我們如何學習或建構固態物理的圖像，如果我們可以把目前固態科學解決問題的過程與策略畫成一個環狀的邏輯圖，這樣就沒有起點；也沒有終點，無論從哪一個點進入固態的思考流程圖之後，都應該可以找到一個解決問題的大方向。

　　現在我們來簡單的用幾個關鍵的人名，談談「固態科學的思考邏輯圖」，看看百年來的科學家是如何一步一步不斷的遇到問題；再一步一步不斷的解決問題。

　　1900 年，Max Planck 提出了「量子論」，同一年，Paul Drude 在古典力學的基礎上，由氣體動力論的經驗，提出了自由電子模型（Free electron model）或直接稱為 Drude 模型（Drude model）。這個模型的前提簡單來說就是不考慮晶格原子；只考慮電子，因為這個自由電子模型很成功的解釋了許多固態物質，尤其是金屬的電、光、磁、熱的特性，所以至少流行了三十年。

　　很顯然的，如果要修正自由電子模型，就必須考慮電子與晶格原子的交互作用。然而在討論交互作用之前，我們必須先了解晶體的結構以及其所衍生出來對電子有影響的效應是什麼？

　　Bragg 父子（William Henry Bragg 和 William Lawrence Bragg）和 Max Theodor Felix von Laue 分別從真實空間和動量空間，即真實晶格（Real crystal）和倒置晶格（Reciprocal crystal），成功的說明了 X 光繞射（X-ray diffraction）的觀察結果，再配合 Evariste Galios 在十九世紀發明的「群論」，將晶體分成 7 個晶類（Crystal class）、32 個點群（Point group）、230 個空間群（Space group）。

　　晶體結構被確定了之後，最直觀的想法就是代入當時已日趨成熟的量子力學中，而晶體在結構上的週期性對應在位能上也具有相同的週期性，於是 Schrödinger 方程式中，也將代入相同無限延伸的週期性位能。Felix Bloch 提出了一個方法來求解波函數，而對於近似自由電子和束縛電子則分別在動量空間和真實空間中以 Bloch 函數和 Wannier 函數作分析。Ralph Kronig 和 William Penney 首先對於具有一維無限延伸的週期性位能的 Schrödinger 方程式求解，得到了晶體

的能帶。從此之後，因爲固態物質的諸多特性的模型，都建立在固態能帶的架構上，於是精確的能帶理論便日益發展。

在不考慮晶格振動的前提下，建構出晶體的能帶之後，再「請」電子進入晶體，即電子與晶體開始作交互作用，於是展現出有別於 Drude 模型的電、光、磁、熱的固態特性。

顯然晶格並非靜止不動的，在說明運動的電子與振動的晶格交互作用之前，我們必須先討論晶格的振動物理。黃昆（Huang）提出了一個晶格原子位移與 Coulomb 力耦合的方程式，其結果和 Russell Hancock Lyddane、Robert Green Sachs 及 Edward Teller 所提出的關係式是一致的，從而發展出聲子物理。

瞭解了晶格振動的性質之後，再一次「請」電子進入振動中的晶體，即運動中的電子與振動中的晶格作交互作用，於是再修正前述的運動的電子與靜止的晶格之電、光、磁、熱的固態特性。

隨著量子場論的發展，把相對論納入量子力學的討論中，而且將所有的固態物質中全部的眞實粒子或激發的現象都定義成機率波或量子或準粒子，又將二種或二種以上的粒子或準粒子的耦合再定義成另一種新的準粒子，稱爲元激發（Elementary excitation）。Oskar Klein 和 Walter Gordon 在不考慮電子自旋（Spinless）的條件下建立方程式；而 Paul Adrien Maurice Dirac 則在考慮電子自旋的條件下建立方程式，分別都論述了電、光、磁、熱的固態特性。

然而以上所敘述的所有的過程都是在單一電子的條件下進行說明的，很明顯的，眞實的固態物質單位體積內有 10^{22} 到 10^{23} 個電子，所以爲了正確的描述晶體的特性，無論是波函數或波動方程式都必需再考慮多體效應。Douglas Hartree 首先以不考慮 Pauli 不相容原理（Pauli exclusive principle）的方式做了近似，我們可以根據這個結

果，進行電、光、磁、熱特性的討論；Vladimir Aleksandrovich Fock 又接著以考慮 Pauli 不相容原理的方式又再做了近似，我們再度進行電、光、磁、熱特性的說明。因為 Hartree 和 Fock 的方法是一種近似的方法，所以其結果一定會產生數值上的誤差，David Joseph Bohm 和 David Pines 完成了完全是數學上的修正。

固態理論發展至此已經相當完整了，所以我們應該再把這些考慮重新再代回 Drude 模型，檢驗看看會有什麼新結果？

如此周而復始的過程，似乎是可以作為我們面對固態科學的參考策略，如果我們依照以上的論述過程，以 Drude 模型作為起點，則將會遇到「好不容易介紹到最後，竟然全部的結果都要修正」的窘境，為了避免這個狀況，我們採取的方式是「先做修正，再進行討論」，也就是從多體效應開始說明，也介紹了 Bohm-Pines 能量（Bohm-Pines energy），如此之後，本書中所有的 Schrödinger 方程式都是已經包含了完整的修正以後的方程式。

我們把上述的過程，以關鍵的人名製成了示意圖，如圖 1-1 所示，可以看出對於電、光、磁、熱的描述出現在好幾個位置，也就是當我們在不同的條件下進行分析，就會有不同的結果表現；換言之，在不同的位置切入這個流程圖中，就必須用不同的方法來分析。

1.2　固態物理與數學

無論要從單電子特性開始或是從條列式分析出發，最重要的基本功夫就是必須掌握對於每一個固態物質特性的科學語言，也就是數學

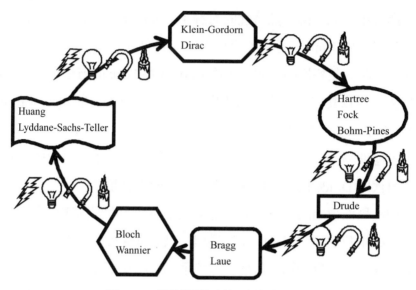

圖 1-1　面對固態科學的參考策略

描述。著名的物理學家 Paul A. M. Dirac 說過的這段話，應該可以很清楚的看出數學對自然科學的重要性：The fundamental laws necessary for the mathematical treatment of a large part of physics and the whole of chemistry are thus completely known, and the difficulty lies only in the fact that application of these laws leads to equations that are too complex to be solved.

　　「登高必自卑，行遠必自邇」，即使是在今日科學與技術快速進步的情況下，這些所謂「瑣碎的」（Trivial）數學推導過程仍然可以給我們帶來無窮雋永的啟發，所以貫穿全書的主軸將是數學的過程，對於固態物理的討論與說明，囿於作者本身的才識不足，讀者可以參閱許多固態物理的代表著作。

　　在固態物理的思考過程中，基本上是秉著四個近似：Born-Oppenheimer 近似（Born-Oppenheimer approximation）或絕熱近似

（Adiabatic approximation）；單電子近似（One electron approxima-tion）；簡諧近似（Harmonic approximation）；週期近似（Periodicity approximation）。

在固態物理的數學推導中，我們希望能把握以下這四個要點：

[1] 所有的固態特性一定要從四個基本力學出發開始推導，即古典力學（Classical mechanics）、電動力學（Electrodynamics）、量子力學（Quantum mechanics）、統計力學（Statistical mechanics）。

[2] 所求的波函數或本徵函數要以 Fourier 級數（Fourier series）或矩陣形式（Matrix formulation）來表示，其實二種表示是同義的。

[3] 如果可能，儘量從眞實空間（Real space）和動量空間（Momentum space），二個觀點來討論。

[4] 如果需要作量子化的處理，則可以有三種基本的量子化表現方式：

[4.1] 能量 E 和動量 $\vec{p}\,(=\hbar\vec{k})$ 被確定

因爲古典力學的運動方程式，

$$\vec{F} = m\frac{d^2\vec{r}(t)}{dt^2} \, ,$$

和量子力學的波動方程式，

$$\frac{-\hbar^2}{2m}\nabla^2\phi(\vec{r}) + V(r)\phi(\vec{r}) = E\phi(\vec{r}) \, ,$$

都是二階偏微分方程式，所以如果要精確求解，必須要有二個初

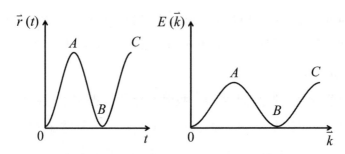

圖 1-2　古典力學得知的是位置與時間；量子力學要求的是能量與動量

始條件或邊界條件。

　　如圖 1-2 所示，因為古典力學要知道的是位置 $\vec{r}(t)$ 與時間 t，也就是所得的是 $\vec{r}(t) - t$ 的關係圖；而量子力學要知道的是能量 $E(\vec{k})$ 與動量 $\hbar\vec{k}$，即所對應的是 $E(\vec{k}) - \vec{k}$ 的關係圖。

　　也許有一個簡單的記憶法，因為 Fourier 轉換常用的平面波形式為

$$e^{j(\omega t - \vec{k} \cdot \vec{r})} = e^{j\frac{1}{\hbar}(Et - \hbar\vec{k} \cdot \vec{r})} \text{,}$$

　　在指數部分的 $\vec{r}$ 和 t 是對應於古典力學的；而 E 和 $\vec{k}$ 則是對應於量子力學的。

[4.2]　矩陣可對角化

　　基本上，一個波或一個現象可以用 Fourier 級數描述，也就可以用矩陣形式表示，當這個矩陣可以被對角化，其物理意義就是被量子化了，即

$$\begin{bmatrix} W_{11} & W_{12} & W_{13} \\ W_{21} & W_{22} & W_{23} \\ W_{31} & W_{32} & W_{33} \end{bmatrix} \Rightarrow \begin{bmatrix} Q_{11} & 0 & 0 \\ 0 & Q_{22} & 0 \\ 0 & 0 & Q_{33} \end{bmatrix} = Q_{11}\begin{bmatrix} 1 \\ 0 \\ 0 \end{bmatrix} + Q_{22}\begin{bmatrix} 0 \\ 1 \\ 0 \end{bmatrix} + Q_{33}\begin{bmatrix} 0 \\ 0 \\ 1 \end{bmatrix} \text{。}$$

矩陣$[W_{ij}]$被對角化之後，可以找出本徵模態（Eigen-mode）或本

徵向量（Eigenvector），就變成 Q_{11} 個 $\begin{bmatrix} 1 \\ 0 \\ 0 \end{bmatrix}$、$Q_{22}$ 個 $\begin{bmatrix} 0 \\ 1 \\ 0 \end{bmatrix}$、$Q_{33}$ 個 $\begin{bmatrix} 0 \\ 0 \\ 1 \end{bmatrix}$。

[4.3] 化成生成算符（Creation operator）和湮滅算符（Annihilation

operator）

如果可以把算符（Operator）化成生成算符 $a^\dagger$ 和湮滅算符 a 之

後，就可以使「粒子」在各能態之間躍遷，如圖 1-3 所示，即

$$a^\dagger|N\rangle = \sqrt{N+1}|N+1\rangle\,;$$
$$a|N\rangle = \sqrt{N}|N-1\rangle\,。$$

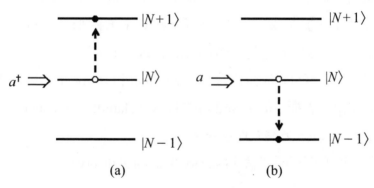

圖 1-3　生成算符和湮滅算符的作用

思考題

1-1　試證明 $\delta(x) = \int\limits_{-\infty}^{+\infty} \dfrac{dk}{2\pi} e^{ikx}$。

1-2　試寫出 2 個粒子的 Hamiltonian（Two particle Hamiltonian）。

1-3　試導出 Klein-Gordon 相對論方程式（Klein-Gordon relativistic equation）。

1-4　試導出 Dirac 相對論方程式（Dirac relativistic equation）。

1-5　試說明 Newton 方程式和 Hamilton 方程式是同義的。

1-6　試由耦合諧振子（Coupled harmonic oscillators）討論 Hartree-Fock 近似的誤差程度。

1-7　試由簡諧振子（Simple harmonic oscillator）的 Schrödinger 方程式中，動能算符和位能算符都是平方的形式（Quadratic form），說明對角化（Diagonalization）的方法。

1-8　試以生成算符和湮滅算符定出 Fermion 和 Boson 的矩陣元素。

1-9　試求出簡諧振子的 Hamilton 方程式（Hamilton 's equations），並和 Newton 方程式作比較。

1-10 試說明密度泛函理論（Density functional theory）。

第 2 章

統計力學的基本概念

2.1 統計力學與固態物理

固態物理本來就是處理大量粒子的科學，所以當然避免不了要運用統計力學來了解個別粒子的行為和整體系統表現之間的關係。這個關係是雙向的，也就是因為由每一個粒子的微觀行為，我們可以觀察到物質系統的巨觀特性；反之，我們也可以因為觀察到物質系統的巨觀特性，而得知單一粒子的微觀行為。

一般而言，粒子可以分成二大類：古典粒子（Classical particles）和量子粒子（Quanta），而量子粒子又可以再依其是否遵守 Pauli 不相容原理（Pauli exclusive principle），分為 Fermion 和 Boson，前者是遵守 Pauli 不相容原理的，具有半整數的自旋；後者是不遵守 Pauli 不相容原理的，具有整數的自旋。因為系統的總能量和粒子數要守恆，且在最大亂度的要求下，所以三種不同的粒子，也就有三種不同的能量分布函數：[1]Maxwell-Boltzmann 分布函數（Maxwell-Boltzmann distribution function）規範著古典粒子；[2]Fermi-Dirac 分布函數（Fermi-Dirac distribution function）規範著 Fermion；[3]Bose-Einstein 分布函數（Bose-Einstein distribution function）規範著 Boson。

在推導這三個分布函數的過程中，我們採用的方法是統計力學常用的 Lagrange 乘子法（Lagrange multiplier method）。

然而為了描述大量粒子的傳輸行為與運動狀態，所以引進了相空間（Phase space）的概念，這也是以下我們首先要介紹的。

2.2 相空間

2.2.1 相空間的基本概念

如果要完整的描述一個含有 N 個粒子的系統在任何時間的三度空間中的狀態，則必須要確定 $3N$ 個位置（Coordinates）和 $3N$ 個動量（Momentum）。這個位置和動量的 $6N$ 度空間就被稱為相空間（Phase space）或 Γ 空間（Γ-space）。

隨著時間的演進，相點（Phase point）$\Gamma(t)$ 在相空間所畫出來的路徑就是系統的軌跡（Trajectory）。因為相點的運動方程式是含有 $6N$ 個一階微分方程式的方程組，所以有 $6N$ 個積分常數，而積分常數可以是 $6N$ 個初始條件（Initial conditions）$\Gamma(0)$，一旦確定了這 $6N$ 個積分常數，代入運動方程式之後，$\Gamma(t)$ 的軌跡也就完全被確定了。

對於系統隨著時間演進的變化，還可以有另外一種描述的方法，即 $\Gamma'(\Gamma, t)$ 空間（Γ'-space），當 $6N$ 個初始條件確定了之後，系統的軌跡在 Γ' 空間中也就唯一被確定了，所以如果 Γ' 空間中的二個相點的初始條件是不同的，則在 Γ' 空間中的軌跡也不會相交。

我們可以用一個最簡單的力學系統──諧振子（Simple harmonic oscillator），來說明 Γ 空間和 Γ' 空間的意義。

諧振子的 Hamiltonian 為

$$H = \frac{1}{2}kx^2 + \frac{p^2}{2m} , \qquad (2\text{-}1)$$

其中 m 為粒子的質量；k 為彈力常數，

所以運動方程式爲

$$\dot{x} = \frac{\partial H}{\partial p} = \frac{p}{m} \; ; \tag{2-2}$$

$$\dot{p} = -\frac{\partial H}{\partial x} = -kx \, , \tag{2-3}$$

而且其能量或 Hamiltonian 是一個常數。

這一個系統的 Γ 空間是 2×1 維的，即 (x, p)，且在 Γ 空間的軌跡爲

$$(x\,(t), p(t)) = \left(x_0 \cos\,(\omega t) + \frac{p_0}{m\omega} \sin\,(\omega t),\, p_0 \cos\,(\omega t) - m\omega x_0 \sin\,(\omega t) \right) \, , \tag{2-4}$$

其中 x_0 和 p_0 爲二個積分常數，在這個情況下也是初始條件；而角頻率 ω、彈力常數 k 和質量 m 的關係爲

$$\omega^2 = \frac{k}{m} \; 。 \tag{2-5}$$

所以諧振子在 Γ 空間的等能線也就是一個橢圓，

即 $$m^2 \omega^2 x^2\,(t) + p^2\,(t) = m^2 \omega^2 x_0^2 + p_0^2 \; 。 \tag{2-6}$$

這個橢圓在 x 軸的截矩爲 $\pm \sqrt{x_0^2 + \dfrac{p_0^2}{m^2 \omega^2}}$；在 p 軸的截矩爲 $\pm \sqrt{p_0^2 + m^2 \omega^2 x_0^2}$，且運動週期爲 $T = \dfrac{2\pi}{\omega} = 2\pi \sqrt{\dfrac{m}{k}}$，如圖 2-1 所示。

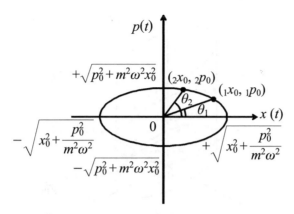

圖 2-1　在 Γ 空間諧振子的等能橢圓

　　任何具有相同能量的諧振子在 Γ 空間中的軌跡一定是依循著相同的橢圓，如果起始值 (x_0, p_0) 不同，則即使初始相角（Initial phase angle）不同，但是能量關係仍具有相同的橢圓，且經過時間 T 之後，都會再回到各自的 (x_0, p_0)。

　　在三維空間中，若以 Γ′ 空間來討論這個諧振子，則其軌跡為橢圓形的螺旋線（Elliptical coil），而等能面為橢圓柱（Elliptical cylinder），所以如果有二個具有相同能量的不同的諧振子，它們的初始值不同，即初始相角不同，所代表的意義是在時間零的橢圓上之起始點不同，則在 Γ′ 空間上，二者的軌跡是二個不相交的橢圓螺旋線，反之，如果在某個時刻，二個軌跡相交了，則二者的初始值一定相同，如圖 2-2 所示。

2.2.2　相空間的基本意義

　　無論是古典粒子或是量子粒子，即 Bosons 和 Fermions，的能量配分函數（Partition function）都可以用能量密度（Density of states）

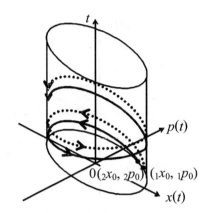

圖 2-2　在 Γ' 空間諧振子的等能橢圓柱

來表示。

由在動量空間的狀態密度為 $g(k)dk = \dfrac{v}{8\pi^3}4\pi k^2 dk$，且 $p = \hbar k$，

則
$$g(p)\,dp = \frac{v}{8\pi^3}4\pi\frac{p^2}{\hbar^2}\frac{dp}{\hbar}$$
$$= \frac{v}{8\pi^3}\frac{1}{\hbar^3}\,dp_x\,dp_y\,dp_z，\qquad(2\text{-}7)$$

所以可得配分函數為

$$Z = \int\limits_{-\infty}^{\infty} f(p)g(p)\,dp$$
$$= \frac{v}{8\pi^3}\frac{1}{\hbar^3}\int\limits_{-\infty}^{\infty}\int\limits_{-\infty}^{\infty}\int\limits_{-\infty}^{\infty} f(p)\,dp_x\,dp_y\,dp_z$$
$$= \frac{1}{8\pi^3\hbar^3}\int\limits_{-\infty}^{\infty}\int\limits_{-\infty}^{\infty}\int\limits_{-\infty}^{\infty}\int\limits_{-\infty}^{\infty}\int\limits_{-\infty}^{\infty}\int\limits_{-\infty}^{\infty} f(p)\,dp_x\,dp_y\,dp_z\,dxdydz，$$

或
$$= \frac{1}{h^3}\int\limits_{-\infty}^{\infty}\int\limits_{-\infty}^{\infty}\int\limits_{-\infty}^{\infty}\int\limits_{-\infty}^{\infty}\int\limits_{-\infty}^{\infty}\int\limits_{-\infty}^{\infty} f(E)\,dp_x\,dp_y\,dp_z\,dxdydz，\qquad(2\text{-}8)$$

其中 $f(p)$ 和 $f(E)$ 為分布函數（Distribution function）。

這個結果顯示了二個重要的基本特性：

[1] 我們可以藉由在六度空間的積分，即相空間，其六個軸為 p_x、p_y、p_z、x、y、z，來描述粒子的狀態。粒子在相空間的等能面（Constant energy）就被稱為遍歷面（Ergodic surface）。

[2] 一般而言，固態物質的特性都是粒子或準粒子在相空間行為的表現，所以在量測分析過程中，所有處理的數據，也就是大量數值的統計結果。然而由以上的（2.8）式結果，我們可以知道「在一瞬間取得大量的數據」同義於「一次只取得單一個數據，但是經過長時間累積所取得的大量數據」。

2.3　Lagrange 乘子

一般說來，一個系統即使在某幾個約束的限制（Constraint）下，仍然會有比較大的機率是處於最低的能量狀態，如果這個系統僅含有少數幾個粒子，也許可以使用一些簡單的代數技巧，就可以求出最低能量的狀態；但是當一個系統含有大量的粒子，則因無法對系統中每一個粒子做計算，所以要依賴統計力學來處理，而對於求出最低能量狀態的方法，最常用的就是 Lagrange 乘子的方法（Method of Lagrange multipliers）。基本上，Lagrange 乘子的方法是一種求局部極值的方法。

若 $f(x, y, z)$ 是一個具有 x、y、z 三個變數的函數，如果我們想在 $g(x, y, z) = 0$ 的限制條件下，找出 $f(x, y, z)$ 的極值，這個極值的幾何意

義就是在 $g(x, y, z) = 0$ 的表面上的某個滿足 $\nabla f(x_0, y_0, z_0) = \lambda \nabla g(x_0, y_0, z_0)$ 的點 (x_0, y_0, z_0)，其中 λ 是一個純量，被稱為 Lagrange 乘子（Lagrange multiplier）。以下簡述二個有關 Lagrange 乘子的理論。

理論一：一個限制（One constraint）的 Lagrange 乘子

令函數 $f(x, y, z)$ 和 $g(x, y, z)$ 的一次偏微分都是連續的，若在 $g(x, y, z) = 0$ 的限制下，$f(x, y, z)$ 的極大或極小發生在 p 點，而向量 $\nabla g \neq 0$，

則
$$\nabla f(p) = \lambda \nabla g(p) \,, \tag{2-9}$$

其中 λ 是一個常數，被稱為 Lagrange 乘子。

理論二：二個限制（Two constraints）的 Lagrange 乘子

令函數 $f(x, y, z)$、$g(x, y, z)$ 和 $h(x, y, z)$ 的一次偏微分都是連續的，若在 $g(x, y, z) = 0$ 且 $h(x, y, z) = 0$ 的二個限制下，$f(x, y, z)$ 的極大或極小發生在 (x_0, y_0, z_0) 點，而向量 $\nabla g(x_0, y_0, z_0)$ 和 $\nabla h(x_0, y_0, z_0)$ 都不為零且互相不平行，

即 $\quad \nabla g(x_0, y_0, z_0) \neq 0$，$\nabla h(x_0, y_0, z_0) \neq 0$；

且 $\quad \nabla g(x_0, y_0, z_0) \nparallel \nabla h(x_0, y_0, z_0)$，

則 $\quad \nabla f(x_0, y_0, z_0) = \lambda_1 \nabla g(x_0, y_0, z_0) + \lambda_2 \nabla h(x_0, y_0, z_0) \,, \tag{2-10}$

其中 λ_1 和 λ_2 都是常數。

在證明這二個理論之前，我們要先說明以下的理論：

假設函數 $f(x, y, z)$ 在界線曲線（Boundary curve），或稱為微分曲線（Differential curve）、參數曲線（Parametric curve），$\mathscr{C}$：$\vec{r} = \hat{i}\, l(t) + \hat{j}\, m(t) + \hat{k}\, n(t)$，所包圍之範圍內的一次微分是連續的，如果在

$\mathscr{C}$ 上的點 p 之函數值 $f(p)$ 是相對於其他所有在 $\mathscr{C}$ 上之函數值的極大或極小，則在點 p 位置的向量 $\nabla f(p)$ 會垂直於曲線 $\mathscr{C}$。

〔證明〕：

我們要證明在點 p 的位置上，向量 $\nabla f(p)$ 和曲線 $\mathscr{C}$ 的速度向量（Velocity vector）是互相正交的。

在曲線 $\mathscr{C}$ 上的函數值為

$$f(x, y, z) = f(l(t), m(t), n(t)), \tag{2-11}$$

則

$$\frac{df}{dt} = \frac{\partial f}{\partial x}\frac{dl(t)}{dt} + \frac{\partial f}{\partial y}\frac{dm(t)}{dt} + \frac{\partial f}{\partial z}\frac{dn(t)}{dt}$$

$$= \left(\hat{i}\frac{\partial f}{\partial x} + \hat{j}\frac{\partial f}{\partial y} + \hat{k}\frac{\partial f}{\partial z}\right) \cdot \left(\hat{i}\frac{dl(t)}{dt} + \hat{j}\frac{dm(t)}{dt} + \hat{k}\frac{dn(t)}{dt}\right)$$

$$= \nabla f \cdot \frac{d\vec{r}}{dt}$$

$$= \nabla f \cdot \vec{v}。 \tag{2-12}$$

對於任何在曲線 $\mathscr{C}$ 上的點 p，若 $f(x, y, z)$ 為局部極大（Local maximum）或局部極小（Local minimum），則必

$$\frac{df}{dt} = \nabla f \cdot \vec{v} = 0, \tag{2-13}$$

所以

$$\nabla f \cdot \vec{v} = 0, \tag{2-14}$$

即「向量 $\nabla f(p)$ 會垂直於曲線 $\mathscr{C}$」得證。

現在我們可以開始證明理論一了。

〔理論一證明〕：

實際上，$\nabla g(p) \neq 0$ 可以有另一種描述方式，由界線曲線為 $\mathscr{C}$：

$\vec{r} = \hat{i}l(t) + \hat{j}m(t) + \hat{k}n(t)$，則在點 p 的非零的切線向量為 $\dfrac{d\vec{r}(t_0)}{dt}$ ($\neq 0$)，其中 $t = t_0$ 使 $\vec{r}(t_0) = \overline{op}$，如圖 2-3 所示。

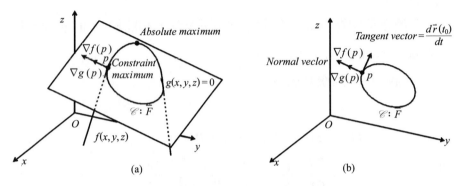

圖 2-3　在曲線上 $\mathscr{C}$ 的局部極值

　　如果在符合限制的情況下，函數 $f(x, y, z)$ 在點 p 會有極大值，即合成函數（Composite function）$f(l(t), m(t), n(t))$ 在相同的限制下，當 $t = t_0$ 時，有極大值，

則
$$\frac{df}{dt} = \nabla f(\vec{r}(t_0)) \cdot \frac{d\vec{r}(t_0)}{dt} = \nabla f(p) \cdot \frac{d\vec{r}(t_0)}{dt} = 0 \circ \qquad (2\text{-}15)$$

同理，$g(x, y, z)$ 在點 p，即 $t = t_0$，也有極大值，

則
$$\frac{dg}{dt} = \nabla g(\vec{r}(t_0)) \cdot \frac{d\vec{r}(t_0)}{dt} = \nabla g(p) \cdot \frac{d\vec{r}(t_0)}{dt} = 0 \circ \qquad (2\text{-}16)$$

　　因為二個向量 $\nabla f(p)$ 和 $\nabla g(p)$ 都垂直於切線向量 $\dfrac{d\vec{r}(t_0)}{dt}$，所以向量 $\nabla f(p)$ 一定和向量 $\nabla g(p)$ 成倍數關係，

即 $$\nabla f(p) = \lambda \nabla g(p) ,$$ （2-17）

其中 λ 為常數，得證。

同理可證二個限制條件的 Lagrange 乘子，如圖 2-4 所示，$\nabla f(p)$ $=\lambda_1 \nabla g(p) + \lambda_2 \nabla h(p)$，進一步更可以推廣應用到多個限制條件的 Lagrange 乘子。

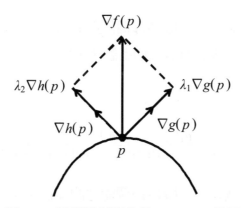

圖 2-4　二個限制條件的 Lagrange 乘子

2.4　統計力學的三個基本分布函數

因為三種粒子：古典粒子、Fermion 和 Boson 的特性不同，所以分別遵守不同的能量分布函數，而巨觀態（Macrostates）是由微觀態（Microstates）所構成的，所以首先我們分別將 Maxwell-Boltzmann 分布、Fermi-Dirac 分布、Bose-Einstein 分布的微觀態算出來。

如果這三種不同分布分別包含有 Ω 個微觀態，則依排列組合的

數學原則，我們可以分別求出其巨觀態為：

如果有 N 個粒子任意的分布在 m 個能態中，則會有 Ω_{MB} 個微觀態，如圖 2-5 所示，

即 Maxwell-Boltzmann 分布：

$$\Omega_{MB} = \frac{N!}{n_1!\,n_2!\cdots n_m!}\,g_1^{n_1}\,g_2^{n_2}\cdots g_m^{n_m}\; ; \tag{2-18}$$

如果有任意個粒子，雖然每個能態的簡併度不同，但是要滿足 Pauli 不相容原理，則會有 Ω_{FD} 個微觀態，如圖 2-6 所示，

即 Fermi-Dirac 分布：

$$\Omega_{FD} = \frac{g_1!}{n_1!(g_1-n_1)!}\,\frac{g_2!}{n_2!(g_2-n_2)!}\,\frac{g_3!}{n_2!(g_3-n_3)!}\cdots , \tag{2-19}$$

如果有任意個粒子，雖然每個能態的簡併度不同，但是不滿足 Pauli 不相容原理，則會有 Ω_{BE} 個微觀態，如圖 2-7 所示，

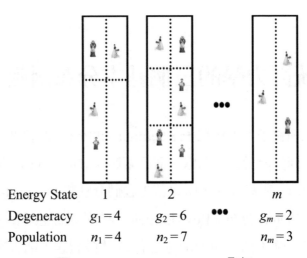

Energy State	1	2		m
Degeneracy	$g_1 = 4$	$g_2 = 6$	•••	$g_m = 2$
Population	$n_1 = 4$	$n_2 = 7$		$n_m = 3$

圖 2-5　Maxwell-Boltzmann 分布

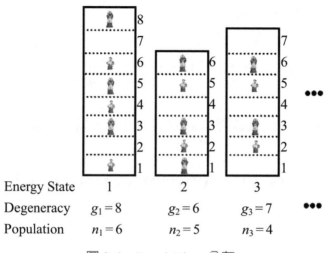

Energy State	1	2	3	●●●
Degeneracy	$g_1 = 8$	$g_2 = 6$	$g_3 = 7$	●●●
Population	$n_1 = 6$	$n_2 = 5$	$n_3 = 4$	

圖 2-6　Fermi-Dirac 分布

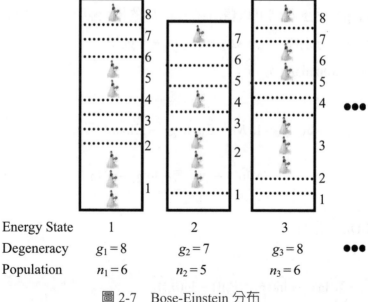

Energy State	1	2	3	●●●
Degeneracy	$g_1 = 8$	$g_2 = 7$	$g_3 = 8$	●●●
Population	$n_1 = 6$	$n_2 = 5$	$n_3 = 6$	

圖 2-7　Bose-Einstein 分布

即 Bose-Einstein 分布：

$$\Omega_{BE} = \frac{(n_1+g_1-1)!}{n_1!(g_1-1)!} \frac{(n_2+g_2-1)!}{n_2!(g_2-1)!} \frac{(n_3+g_3-1)!}{n_3!(g_3-1)!} \cdots 。 \quad (2\text{-}20)$$

現在我們先使微觀態 Ω 達到最大亂度，以找出最有可能的巨觀態。

首先爲了計算方便，我們必須要求助於 Stirling 理論（Stirling's theorem），

即 $$\ln N! \cong N \ln N - N , \qquad (2\text{-}21)$$

這個理論讓我們可以藉由算出 $\ln \Omega$ 的極大值，而得到 Ω 的極大值的條件。分別將 Ω_{MB}、Ω_{FD}、Ω_{BE} 代入，則得

Maxwell-Boltzmann 分布：

$$\ln \Omega_{MB} = \ln N! + \sum_{s=1}^{m} n_s \ln g_s - \sum_{s=1}^{m} \ln n_s!$$

$$= N \ln N - N + \sum_{s=1}^{m} n_s \ln g_s - \sum_{s=1}^{m} \ln n_s! ; \qquad (2\text{-}22)$$

Fermi-Dirac 分布：

$$\ln \Omega_{FD} = \sum_{s=1}^{\infty} [\ln g_s - \ln((g_s-n_s)!) - \ln(n_s!)]$$

$$= \sum_{s=1}^{\infty} [\ln (g_s!) - n_s \ln n_s + n_s - (g_s-n_s) \ln (g_s-n_s) + (g_s-n_s)]$$

$$= \sum_{s=1}^{\infty} [\ln (g_s!) - n_s \ln n_s - (g_s-n_s) \ln (g_s-n_s) + g_s] ; \qquad (2\text{-}23)$$

Bose-Einstein 分布：

$$\ln \Omega_{BE} = \sum_{s=1}^{\infty} \left[\ln((n_s+g_s-1)!) - \ln(n_s!) - \ln(g_s-1)! \right]$$

$$= \sum_{s=1}^{\infty} \left[\begin{array}{l} (n_s+g_s-1)\ln(n_s+g_s-1) - (n_s+g_s-1) \\ -n_s\ln n_s + n_s - (g_s-1)\ln(g_s-1) + (g_s-1) \end{array} \right]$$

$$= \sum_{s=1}^{\infty} \left[(n_s+g_s-1)\ln(n_s+g_s-1) \right.$$
$$\left. - n_s \ln n_s - (g_s-1)\ln(g_s-1) \right], \qquad (2\text{-}24)$$

在系統的粒子數守恆，

$$\sum n_s = N , \qquad\qquad (2\text{-}25)$$

和總能量守恆，

$$\sum n_s E_s = E , \qquad\qquad (2\text{-}26)$$

的約束下，我們可以找出 $\ln \Omega$ 的極大值。

　　引入二個常數 α 和 β，就是如前所述的 Lagrange 乘子（Lagrange multipliers），

即 $$\ln \Omega + \alpha N - \beta E = \ln \Omega + \alpha \sum_s n_s - \beta \sum_s n_s E_s , \qquad (2\text{-}27)$$

其中，α 和 β 前面的符號可以爲正也可以爲負，然而因爲我們已經知道最後的結果了，所以就把 β 前面刻意的加一個負號，如果 β 前面的

符號是正的，那麼最後求出來的 β 則是負的。稍後我們會知道這二個 Lagrange 乘子的物理意義。

上式極大值的條件為

$$\frac{\partial}{\partial n_j}[\ln \Omega + \alpha N - \beta E]$$

$$= \frac{\partial}{\partial n_j} \ln \Omega + \alpha \frac{\partial}{\partial n_j}\left(\sum_s n_s\right) - \beta \frac{\partial}{\partial n_j}\left(\sum_s n_s E_s\right) = 0 , \quad (2\text{-}28)$$

然而在微分的過程中，只有 s 等於 j 的項才不為零，且假設 $n_j + g_j \gg 1$，則

Maxwell-Boltzmann 分布：$\ln g_j - \ln n_j - 1 + 1 + \alpha - \beta E_j = 0$；　（2-29）

Fermi-Dirac 分布：$-\ln n_j - 1 + \ln (g_j - n_j) + 1 + \alpha - \beta E_j = 0$；　（2-30）

Bose-Einstein 分布：$\ln (n_j + g_j - 1) + \dfrac{(n_j + g_j - 1)}{(n_j + g_j - 1)} - \ln n_j - \dfrac{n_j}{n_j}$

$$+ \alpha - \beta E_j = 0 , \quad (2\text{-}31)$$

所以可得 $f_{MB} (E_j)$、$f_{FD} (E_j)$、和 $f_{BE} (E_j)$，

Maxwell-Boltzmann 分布：由 $\ln n_j = \ln g_j + \alpha - \beta E_j$，

則　　　$n_j = g_j e^\alpha e^{-\beta E_j} = f_{MB} (E_j)$；　（2-32）

Fermi-Dirac 分布：由　　$\ln \left(\dfrac{g_j - n_j}{n_j}\right) = -\alpha + \beta E_j$，

則　　　$n_j = \dfrac{g_j}{1 + e^{-\alpha + \beta E_j}} = f_{FD} (E_j)$；　（2-33）

Bose-Einstein 分布：由 $\ln \left(\dfrac{g_j + n_j}{n_j}\right) = -\alpha + \beta E_j$，

則　　　　　　　$n_j = \dfrac{g_j}{e^{-\alpha+\beta E_j}-1} = f_{BE}\ (E_j)$。　　　　　　　（2-34）

　　很明顯的，由於不同的排列組合規則，在經過完全相同的演算過程之後，將產生三個不同的函數形式。

　　接下來要求出 α 和 β 的值，雖然可以用熱力學（Thermodynamics）的方法來找，但是我們採取另一種簡要的方式，是藉由$\sum\limits_{s} n_s = N$和 $\sum\limits_{s} n_s E_s = E$ 的限制而得。

　　如果這些能態之間的差距是很小的、非常靠近的，形成了近似的連續狀態，則粒子的總數 N 為$f(E)\,D(E)dE$，

即　　　　　$N = \int\limits_{0}^{\infty}(e^{\alpha}e^{-\beta E})\left[\dfrac{1}{2\pi^2}\left(\dfrac{2m}{\hbar}\right)^{\frac{3}{2}}\sqrt{E}\right]dE$

$\qquad\qquad = \dfrac{1}{2\pi^2}\left(\dfrac{2m}{\hbar}\right)^{\frac{3}{2}}e^{\alpha}\int\limits_{0}^{\infty}\sqrt{E}\,e^{-\beta E}\,dE$ ，　　　（2-35）

又　　　　　$\int_{0}^{\infty}x^n e^{-\alpha x} = \dfrac{\Gamma(n+1)}{a^{n+1}}$ ，　　　　　　（2-36）

則　　　　　$N = \dfrac{1}{2\pi^2}\left(\dfrac{2m}{\hbar}\right)^{3/2}e^{\alpha}\dfrac{\Gamma(3/2)}{(\beta)^{3/2}}$。　　　（2-37）

　　所以可得 N 個粒子的總能量為

$\langle E\rangle = \int_{0}^{\infty}Ef(E)\,D(E)\,dE$

$\qquad\quad = \dfrac{1}{2\pi^2}\left(\dfrac{2m}{\hbar}\right)^{3/2}e^{\alpha}\dfrac{\Gamma(5/2)}{(\beta)^{5/2}}$ ，　　　（2-38）

則　　　　　$\dfrac{\langle E\rangle}{N} = \dfrac{\Gamma(5/2)}{\Gamma(3/2)}\beta = \dfrac{3}{2\beta}$。　　　　　（2-39）

　　然而我們知道每一個粒子的平均能量為

$$\frac{\langle E \rangle}{N} = \frac{3}{2} k_B T = \frac{3}{2\beta} \; , \qquad (2\text{-}40)$$

所以可得 $\qquad \beta = \dfrac{1}{k_B T}$ 。 $\qquad\qquad\qquad (2\text{-}41)$

在低溫下，因為熱擾動很小，所以我們可以預期所有的 Boson 都集中在最低的能階上，而且對應的能量就是化學能（Chemical potential）μ，所以其分布函數值是「很大很大的」，

則由 Bose-Einstein 分布 $f_{BE}(E_j) = \dfrac{g_j}{e^{-\alpha + \beta E_j} - 1}$ 且 $E_j = \mu$、$g_j = 1$、

$\beta = \dfrac{1}{k_B T}$ ，

所以 $\qquad\qquad f_{BE}(\mu) = \dfrac{1}{e^{-\alpha + \frac{\mu}{k_B T}} - 1} \to \infty \; , \qquad (2\text{-}42)$

得 $\qquad\qquad -\alpha + \dfrac{\mu}{k_B T} = 0 \; , \qquad\qquad (2\text{-}43)$

即 $\qquad\qquad \alpha = \dfrac{\mu}{k_B T}$ 。 $\qquad\qquad\qquad (2\text{-}44)$

綜合以上的結果可得

Maxwell-Boltzmann 分布： $\qquad f_{MB}(E_j) = g_j \, e^{\frac{-(E_j - \mu)}{k_B T}} \; ; \qquad (2\text{-}45)$

Fermi-Dirac 分布： $\qquad f_{FD}(E_j) = \dfrac{g_j}{e^{\frac{(E_j - \mu)}{k_B T}} + 1} \; ; \qquad (2\text{-}46)$

Bose-Einstein 分布： $\qquad f_{BE}(E_j) = \dfrac{g_j}{e^{\frac{(E_j - \mu)}{k_B T}} - 1} \; 。 \qquad (2\text{-}47)$

2.5 統計能量

2.5.1 古典統計之電子平均能量

如果電子的分布遵守 Maxwell-Boltzmann 分布函數,則電子的平均能量為 $\frac{3}{2}k_B T$,說明如下:

由 Maxwell-Boltzmann 分布函數為 $p(E) = e^{-\frac{E}{k_B T}}$,所以電子的動能分布為 Maxwell 分布函數,即 $n(E)dE$,

則
$$n(E)dE = \frac{2\pi n}{(\pi k_B T)^{3/2}} E^{1/2} e^{-\frac{E}{k_B T}} dE \ , \tag{2-48}$$

所以平均能量為

$$\langle E \rangle = \frac{1}{N}\int_0^\infty E n(E)dE = \frac{2\pi n}{(\pi k_B T)^{3/2}}\int_0^\infty E^{3/2}\exp\left(-\frac{E}{k_B T}\right)dE \ , \tag{2-49}$$

又 Γ 函數(Γ function)的定義為 $\quad \Gamma(x) = \int_0^\infty e^{-t} t^{(x-1)} dt \ , \tag{2-50}$

且其性質為 $\quad \Gamma\left(\dfrac{1}{2}\right) = \sqrt{\pi}, \ \Gamma(x+1) = x\Gamma(x) \ 。 \tag{2-51}$

令 $\quad t = \dfrac{E}{k_B T}$,則 $\quad dt = \dfrac{dE}{k_B T}$,

所以電子的平均能量為 $\quad \langle E \rangle = \dfrac{2\pi}{(\pi k_B T)^{3/2}}\int (k_B T)^{3/2} \, t^{3/2} e^{-t} k_B T \, dt$

$$= \frac{2k_B T}{\sqrt{\pi}}\int t^{3/2} e^{-t} \, dt$$

$$= \frac{2k_B T}{\sqrt{\pi}}\Gamma\left(\frac{5}{2}\right)$$

$$= \frac{2k_B T}{\sqrt{\pi}} \frac{3}{2} \frac{1}{2} \Gamma\left(\frac{1}{2}\right)$$

$$= \frac{3}{2} k_B T \text{。} \tag{2-52}$$

2.5.2 古典統計之系統平均能量

依定義，古典統計之平均能量為

$$\langle E \rangle = \frac{\int_0^\infty E e^{-\frac{E}{k_B T}} dE}{\int_0^\infty e^{-\frac{E}{k_B T}} dE} \text{，} \tag{2-53}$$

我們把分子分母分別做運算，

其中分子部分，令 $u = E$，則 $du = dE$；$v = -k_B T e^{-\frac{E}{k_B T}}$，$dv = e^{-\frac{E}{k_B T}} dE$，

又 $$\int u dv = uv - \int v du \text{，} \tag{2-54}$$

得 $$\int_0^\infty E e^{-\frac{E}{k_B T}} dE = k_B T e^{-\frac{E}{k_B T}} E \Big|_0^\infty + k_B T \int_0^\infty e^{-\frac{E}{k_B T}} dE = (k_B T)^2 \text{，} \tag{2-55}$$

且分母為 $$\int_0^\infty e^{-\frac{E}{k_B T}} dE = k_B T \text{，} \tag{2-56}$$

代入得古典統計之系統平均能量為 $\langle E \rangle = k_B T$。

2.5.3 Fermi 能量

包含 N 個自由 Fermion 的系統中，即不考慮晶體位能，則在極低溫或接近 $0K$ 的情形下，即 $T \cong 0K$，因為沒有熱擾動，所以每個

Fermion 僅有位能，且不留空軌域，由最低能量的軌域一直向能量高的軌域填充，直至 N 個 Fermions 完全填入軌域，則最後填入的 Fermion 的能量即為 Fermi 能量 E_F，換言之，包含 N 個自由 Fermion 的系統，其所有的 Fermion 都只有位能，在 k 空間上佔據半徑 k_F 的球體內的每一狀態，則該球體表面（Fermi surface）的能量即為 Fermi 能量。

如果考慮自旋向上（Spin-up）和自旋向下（Spin-down）二種自旋，

則 Fermion 個數為
$$N=2\left(\frac{L}{2\pi}\right)^3\frac{4}{3}\pi k_F^3 , \tag{2-57}$$

所以
$$k_F=\left(\frac{3\pi^2 N}{V}\right)^{\frac{1}{3}} , \tag{2-58}$$

則 Fermi 能量為
$$E_F=\frac{\hbar^2 k_F^2}{2m}=\frac{\hbar^2}{2m}\left(\frac{3\pi^2 N}{V}\right)^{\frac{1}{3}} 。 \tag{2-59}$$

且當溫度為 $0K$ 時，包含 N 個自由電子或 Fermion 的系統（Free electron gas），系統平均總能量為 $E=\frac{3}{5}NE_F$，則

[1]　Fermion 總數
$$N=\frac{8\pi V}{(2\pi\hbar)^3}\sqrt{2m^3}\frac{2}{3}(E_F)^{\frac{3}{2}} 。 \tag{2-60}$$

[2]　每個電子的平均能量
$$\overline{E}=\frac{E}{N}=\frac{3}{5}E_F 。 \tag{2-61}$$

[3]　零點壓力
$$P_0=-\frac{\partial E}{\partial V}=\frac{2}{5}\frac{N}{V}E_F 。 \tag{2-62}$$

說明如下：

[1]　Fermion 總數為

$$N = 2\int_0^\infty f(E)g(E)dE = \frac{8\pi V}{(2\pi\hbar)^3}\int_0^\infty \frac{E^{\frac{1}{2}}}{e^{\frac{E}{k_BT}+\alpha(T)}+1}dE ，\quad （2\text{-}63）$$

因為在極低溫時（$T \cong 0K$），$E_F \gg k_BT$，即 $\dfrac{E_F}{k_BT} \gg 1$，

則
$$\alpha(0) = -\frac{E_F}{k_BT} \ll -1 ， \quad （2\text{-}64）$$

代入得
$$f_{FD}\ (E) = \frac{1}{e^\alpha\, e^{E/k_BT}+1} = \frac{1}{e^{(E-E_F)/k_BT}+1} ， \quad （2\text{-}65）$$

其中 E_F 為 Fermi 能量，

又
$$\lim_{T\to 0}\int_0^\infty E^{\frac{1}{2}}\frac{dE}{e^{(E-E_F)/k_BT}+1} = \int_0^\infty E^{\frac{1}{2}}dE = \frac{2}{3}E_F^{\frac{3}{2}} ， \quad （2\text{-}66）$$

所以
$$N = \frac{8\pi V}{(2\pi\hbar)^3}\sqrt{2m^3}\,\frac{2}{3}\,(E_F)^{\frac{3}{2}} 。 \quad （2\text{-}67）$$

[2]　因為總能量 $\langle E\rangle = 2\int_0^\infty Ef(E)g(E)dE$

$$= \frac{8\pi\sqrt{2m^3}}{(2\pi\hbar)^3}\int_0^\infty E^{\frac{3}{2}}f(E)dE ，$$

$$\underset{T\cong 0}{\cong} \frac{8\pi\sqrt{2m^3}}{(2\pi\hbar)^3}\int_0^{E_F}\frac{E^{\frac{3}{2}}}{e^{(E-E_F)/k_BT}+1}dE$$

$$= \frac{8\pi\sqrt{2m^3}}{(2\pi\hbar)^3}\int_0^{E_F}E^{\frac{3}{2}}\,dE$$

$$= \frac{8\pi\sqrt{2m^3}}{(2\pi\hbar)^3}\,\frac{2}{5}\,(E_F)^{\frac{5}{2}}$$

$$= \frac{3}{5}NE_F ， \quad （2\text{-}68）$$

又因為
$$N = \frac{8\pi V}{(2\pi\hbar)^3}\sqrt{2m^3}\,\frac{2}{3}\,(E_F)^{\frac{3}{2}} ， \quad （2\text{-}69）$$

而可得電子平均能量
$$\overline{E} = \frac{\langle E\rangle}{N} = \frac{3}{5}E_F 。 \quad （2\text{-}70）$$

[3]　零點壓力（Zero-point pressure）P_o：以作功的觀點定義壓力，

得 $$P_o = \frac{\partial E}{\partial V} = \frac{2}{5} \frac{N}{V} E_F \text{。} \tag{2-71}$$

2.6　Sommerfeld 展開關係

當我們計算 Fermion 的各種特性時，會經常遇到以下的運算：

$$I = \int_0^\infty f(\varepsilon, T) g(\varepsilon) d\varepsilon \text{，} \tag{2-72}$$

其中 $f(\varepsilon, T)$ 為 Fermi-Dirac 分布函數；$g(\varepsilon)$ 可以是具有物理意義的任何函數，且 $g(0) = 0$。

由分部積分的基本技巧（Integration by part）$\int u dv = uv - \int v du$，如果令 $g(\varepsilon) \equiv \frac{dG(\varepsilon)}{d(\varepsilon)}$，

則 $$I = \int_0^\infty f(\varepsilon, T) g(\varepsilon) d\varepsilon$$

$$= \int_0^\infty f(\varepsilon, T) \frac{dG(\varepsilon)}{d(\varepsilon)} d\varepsilon$$

$$= f(\varepsilon) G(\varepsilon) \Big|_0^\infty - \int_0^\infty G(\varepsilon) \frac{df(\varepsilon)}{d\varepsilon} d\varepsilon$$

$$= f(\infty) G(\infty) - f(0) G(0) - \int_0^\infty G(\varepsilon) \frac{df(\varepsilon)}{d\varepsilon} d\varepsilon \text{，} \tag{2-73}$$

因為 $f(\infty) = 0$ 且 $G(0) = 0$，所以

$$I = \int_0^\infty f(\varepsilon, T) g(\varepsilon) d\varepsilon$$

$$= -\int_0^\infty G(\varepsilon) \frac{df(\varepsilon)}{d\varepsilon} d\varepsilon = \int_0^\infty G(\varepsilon) \left(-\frac{df(\varepsilon)}{d\varepsilon} \right) d\varepsilon \ , \qquad (2\text{-}74)$$

這就是我們分析計算 Fermi 系統（Fermi system）的特性時，所經常使用的計算關係。

然而如我們所知 $-\dfrac{df(\varepsilon)}{d\varepsilon}$ 只有在 Fermi 能量 $E_F(T)$ 附近是有限的，所以接著我們要在一般的溫度下或 $k_B T \ll E_F(T)$ 的條件下，把這個積分作級數展開。

首先把 $G(\varepsilon)$ 作 Taylor 級數展開，

即
$$G(\varepsilon) = G[E_F(T)] + \frac{1}{1!} \left. \frac{dG(\varepsilon)}{d\varepsilon} \right|_{\varepsilon = \varepsilon_F} [\varepsilon - E_F(T)]$$

$$+ \frac{1}{2!} \left. \frac{d^2 G(\varepsilon)}{d\varepsilon^2} \right|_{\varepsilon = \varepsilon_F} [\varepsilon - E_F(T)]^2 + \cdots , \qquad (2\text{-}75)$$

代入得

$$I = -G(E_F) \int_0^\infty \frac{df(\varepsilon)}{d\varepsilon} d\varepsilon - \left. \frac{dG(\varepsilon)}{d\varepsilon} \right|_{\varepsilon = \varepsilon_F} \int_0^\infty (\varepsilon - E_F) \frac{df(\varepsilon)}{d\varepsilon} d\varepsilon$$

$$- \frac{1}{2} \left. \frac{d^2 G(\varepsilon)}{d\varepsilon^2} \right|_{\varepsilon = \varepsilon_F} \int_0^\infty (\varepsilon - E_F)^2 \frac{df(\varepsilon)}{d\varepsilon} d\varepsilon - \cdots , \qquad (2\text{-}76)$$

又 $\quad -\int_0^\infty \frac{df(\varepsilon)}{d\varepsilon} d\varepsilon = f(0) - f(\infty)$

$$= \frac{1}{1 + e^{-E_F/k_B T}} - 0$$

$$\underset{E_F \gg T}{\simeq} 1 \ , \qquad (2\text{-}77)$$

且 $\dfrac{1}{n!}\displaystyle\int_0^\infty (\varepsilon - E_F)^n \left[-\dfrac{df(\varepsilon)}{d\varepsilon}\right] d\varepsilon = \dfrac{(k_B T)^n}{n!}\displaystyle\int_0^\infty \dfrac{\left(\dfrac{\varepsilon - E_F}{k_B T}\right)^n \exp\left(\dfrac{\varepsilon - E_F}{k_B T}\right)}{\left[1+\exp\left(\dfrac{\varepsilon - E_F}{k_B T}\right)\right]^2} d\left(\dfrac{\varepsilon - E_F}{k_B T}\right)$

$$= \dfrac{(k_B T)^n}{n!}\int_{-E_F/k_B T}^\infty \dfrac{z^n dz}{(1+e^z)(1+e^{-z})}$$

$$\simeq \dfrac{(k_B T)^n}{n!}\int_{-\infty}^\infty \dfrac{z^n dz}{(1+e^z)(1+e^{-z})}$$

$$= \begin{cases} 2C_n(k_B T)^n \text{，若 } n \text{ 為偶數 ，} \\ \qquad 0 \qquad \text{，若 } n \text{ 為奇數} \end{cases} \qquad (2\text{-}78)$$

其中 $2C_n$ 係數可以計算得 $2C_2 = \dfrac{\pi^2}{6}$、$2C_4 = \dfrac{7\pi^4}{360}$、$2C_6 = \dfrac{31\pi^6}{15120}$、…，

所以　　　　$I = G\,(E_F\,(T)) + \dfrac{\pi^2}{6}\,(k_B T)^2 \dfrac{d^2\,G(\varepsilon)}{d\varepsilon^2}\bigg|_{\varepsilon = \varepsilon_F(T)} + \cdots\,;$ 　　　　$(2\text{-}79)$

或　　　　$I = \displaystyle\int_0^\infty g(\varepsilon)\,d\varepsilon + \dfrac{\pi^2}{6}\,(k_B T)^2 \dfrac{dg(\varepsilon)}{d\varepsilon}\bigg|_{\varepsilon = \varepsilon_F(T)} + \cdots\,,$ 　　　　$(2\text{-}80)$

這個關係式就稱為 Sommerfeld 展開（Sommerfeld expansion）。
我們可以用這個展開式來計算有限溫度下系統的各種電子特性。

思考題

2-1　在低溫的條件下，Fermi-Dirac 分布函數對能量微分的結果近似
　　　於一個 Dirac delta 函數（Dirac delta function）。試證之。

2-2　試證 $ax^2 + by^2 + cz^2 + 2fyz + 2gzx + 2hxy = 1$，長、短軸長度是

$$\begin{vmatrix} a\lambda - 1 & h\lambda & g\lambda \\ h\lambda & b\lambda & f\lambda \\ g\lambda & f\lambda & c\lambda - 1 \end{vmatrix} = 0$$ 的解的平方根。

2-3　試以 Virial 理論得出 (a) 理想氣體的狀態方程式（Equation of state），(b) 太陽的平均溫度。

2-4　試以 Sommerfeld 展開求出一維、二維、三維的化學位能（Chemical potential）。

2-5　試證 Stirling 近似（Stirling's approximation）。

2-6　試討論空間 Bose-Einstein 凝結（Spatial Bose-Einstein condensation）。

2-7　試討論 Bose-Einstein 凝結的 (a)Boson 個數，(b) 臨界溫度（Critical temperature）。

2-8　試證 $\sum_{x} e^{i(k-k')x} = \delta_{k-k'}$。

2-9　試說明 Hubbard 模型（Hubbard model）。

2-10　試證明任何一個常數的 Hilbert 轉換為零。

第 3 章

量子力學的基本原理

3.1 Schrödinger 方程式

Schrödinger 首先發現量子力學的正確定律，以 Schrödinger 方程式（Schrödinger's equation）描述粒子在各處被發現的機率。我們先簡單的敘述幾個基本的內容：

Schrödinger 方程式可以分成二大類：

[1] 與時間相依的 Schrödinger 方程式（Time dependent Schrödinger's equation）

$$i\hbar\frac{\partial}{\partial t}\psi(\vec{r},t)=\left[-\frac{\hbar^2}{2m}\nabla^2+V(\vec{r})\right]\psi(\vec{r},t)，\qquad (3\text{-}1)$$

若能量算符（Energy operator）定義為

$$\hat{H}\triangleq-\frac{\hbar^2}{2m}\nabla^2+V(\vec{r})，\qquad (3\text{-}2)$$

則

$$i\hbar\frac{\partial}{\partial t}\psi(\vec{r},t)=\hat{H}\psi(\vec{r},t)，\qquad (3\text{-}3)$$

其中 $\psi(\vec{r},t)$ 為波函數（Wave function）。

[2] 與時間獨立的 Schrödinger 方程式（Time independent Schrödinger's equation）

$$\left[\frac{-\hbar^2}{2m}\nabla^2+V(\vec{r})\right]\phi(\vec{r})=E\phi(\vec{r})，\qquad (3\text{-}4)$$

或

$$\hat{H}\phi(\vec{r})=E\phi(\vec{r})，\qquad (3\text{-}5)$$

其中 $\phi(\vec{r})$ 為本徵函數（Eigenfunction），且和波函數的關係為

$\psi(\vec{r}, t) = \phi(\vec{r})e^{i\omega t}$；$E$ 爲能量本徵值（Energy eigenvalue）或本徵能量（Eigenenergy）。

波函數$\psi(\vec{r}, t)$的意義是機率振幅，而$|\psi(\vec{r}, t)|^2 d^3\vec{r}$則是機率，表示粒子在$d^3\vec{r}$區域被發現的機率，掌握了波函數，就可以掌握粒子的所有行爲。因爲採用了機率的論述方式，所以要應用統計學的二個結果來規範波函數：

[1]　歸一化的條件（Normalized condition）

$$\langle \psi(\vec{r}, t)|\psi(\vec{r}, t) \rangle = \int_{-\infty}^{\infty} d^3\vec{r}\, \psi^*(\vec{r}, t)\psi(\vec{r}, t) = 1 \text{，} \qquad (3\text{-}6)$$

因爲對所有的空間積分，機率爲 1，所以波函數歸一化爲

$$\psi(\vec{r}, t) = \frac{\varphi(\vec{r}, t)}{|\langle \varphi(\vec{r}, t)|\varphi(\vec{r}, t) \rangle|^{\frac{1}{2}}} = \frac{\varphi(\vec{r}, t)}{\left(\left| \int dV \varphi(\vec{r}, t)^* \varphi(\vec{r}, t) \right| \right)^{\frac{1}{2}}} \text{，} \quad (3\text{-}7)$$

其中$\varphi(\vec{r}, t)$是歸一化之前的波函數。

[2]　在$|\psi(\vec{r}, t)|^2$的機率分布下，物理量具不確定的觀測值，這是因爲 Heisenberg 測不準原理（Heisenberg uncertainty principle）。
　　量子力學顯示，我們只能測量或觀察到物理量的期望值，

$$\text{即} \qquad P(\vec{r})d^3\vec{r} = |\psi(\vec{r})|^2 d^3\vec{r} \text{，} \qquad (3\text{-}8)$$

其中$P(\vec{r})$爲機率，
則物理量 A 的觀測平均值爲

$$\langle A \rangle = \langle \psi(\vec{r})|\hat{A}|\psi(\vec{r}) \rangle \triangleq \int d^3r \psi^*(\vec{r})\hat{A}\psi(\vec{r}) , \qquad (3-9)$$

其中$\hat{A}$爲對應於物理量 A 的算符（Operator）。

在本章中，我們將以 Dirac 符號（Dirac notation）來說明算符的幾個重要的特性及 Heisenberg 測不準原理，並以 MASER（Microwave Amplification by Stimulation Emission of Radiation）爲例，介紹二階的系統（Two-state system），以及微擾理論（Perturbation theory），包含：和時間無關的非簡併微擾理論（Time-independent nondegenerate perturbation theory）、和時間無關的簡併微擾理論（Time-independent degenerate perturbation theory）、和時間相關的微擾理論（Time-dependent perturbation theory），此外也要解釋幾個有關求解 Schrödinger 方程式的基本理論，諸如：Hellmann-Feynman 理論（Hellmann-Feynman theorem）、Koopmans 理論（Koopmans theorem）、Virial 理論（Virial theorem），最後要推導 Hartree-Fock 方程式（Hartree-Fock equation）。

要特別說明的是，Dirac 符號在日後處理量子力學的運算上，會有很大的便利與簡捷，所以值得花一點時間去熟悉這套符號系統。

3.2　量子力學的三項原理

首先，我們介紹 Dirac 發明且通用於量子力學的縮寫符號，即 Dirac 符號（Dirac notation）：

Dirac 符號說明：

[1] $|1\rangle$、$|2\rangle$、$|3\rangle$…表示基底向量（Basis vector）；

因為 $|i\rangle = \begin{bmatrix} 0 \\ 0 \\ \vdots \\ 0 \\ 1 \\ 0 \\ 0 \end{bmatrix}$，　　　　　　　　　（3-10）

則 $\langle i| = [0 \quad 0 \quad \cdots \quad 0 \quad 1 \quad 0 \quad 0]$，　　（3-11）

所以 $|i\rangle\langle i| = \begin{bmatrix} 0 \\ 0 \\ \vdots \\ 0 \\ 1 \\ 0 \\ 0 \end{bmatrix} [0 \quad 0 \quad \cdots \quad 0 \quad 1 \quad 0 \quad 0]$。（3-12）

[2] $|\psi\rangle$ 表示狀態（State）；

[3] $\hat{A}$ 表示可觀察物理量的運算子（Observable operator），是 Hermitian；

[4] $\hat{H}$ 表示能量運算子（Energy operator），又稱為 Hamiltonian；

假設有一個物理系統，能階分別為 E_0、E_1、E_2、$\cdots$，所對應之狀態分別為 $|\psi_0\rangle$、$|\psi_1\rangle$、$|\psi_2\rangle$、$\cdots$，則 $\hat{H}|\psi_i\rangle = E_i|\psi_i\rangle$ 或 $\hat{H}|n\rangle = E_n|n\rangle$，其中 E_n 為能量本徵值或本徵能量；$|\psi_n\rangle$ 為本徵狀態（Eigenstate），且歸一化條件為 $\langle n|n\rangle = \int dx\psi^*(x)\psi(x) = 1$。

接著我們可以藉由假想一實驗系統，如圖 3-1 所示，來說明量子力學的三項原理。

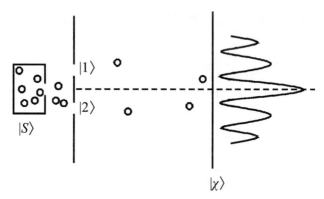

圖 3-1　量子力學的假想實驗系統

[1]　量子力學第一項原理：

　　由粒子源 $|S\rangle$ 到達 $\langle\chi|$ 的機率振幅可以表示爲 $\langle\chi|S\rangle$；$\langle\chi|S\rangle$ 表示粒子由 $|S\rangle$ 離開，到達 $\langle\chi|$；粒子由 $|S\rangle$ 離開，到達 $\langle\chi|$ 的機率爲機率振幅的平方，即 $|\langle\chi|S\rangle|^2$。

[2]　量子力學第二項原理：

　　當一個粒子可由二條不同路徑到達同一個狀態時，其總振幅是分別考慮二路徑的振幅之和，

即
$$\langle\chi|S\rangle = \phi_1+\phi_2 = \langle\chi|S\rangle_{slit1} + \langle\chi|S\rangle_{slit2}$$
$$= \langle\chi|1\rangle\langle1|S\rangle + \langle\chi|2\rangle\langle2|S\rangle, \qquad（3\text{-}13）$$

而機率爲　　$P=|\phi|^2=|\langle\chi|S\rangle|^2=|\phi_1|^2+|\phi_2|^2+2|\phi_1||\phi_2|\cos\theta$，

其中 $2|\phi_1||\phi_2|\cos\theta$ 爲干射項。

如果有 n 個狹縫則爲

$$\langle\chi|S\rangle = \langle\chi|1\rangle\langle1|S\rangle + \langle\chi|2\rangle\langle2|S\rangle + \cdots = \sum_{i=1}^{n}\langle\chi|i\rangle\langle i|S\rangle。 \quad（3\text{-}14）$$

[3]　量子力學第三項原理：

從狀態 $|S\rangle$ 到達狀態 $|\chi\rangle$ 的振幅是由狀態 $|\chi\rangle$ 到 $|S\rangle$ 的共軛複數

$$\langle \chi|S\rangle = \langle S|\chi\rangle^*,\qquad（3\text{-}15）$$

機率爲　　$$P = \langle \chi|S\rangle^*\langle \chi|S\rangle = \langle S|\chi\rangle\langle \chi|S\rangle = |\langle \chi|S\rangle|^2。\qquad（3\text{-}16）$$

3.3　量子力學的算符

如前所述，在量子力學裡，使用狀態向量（State vector）的觀念，如果以 Dirac 符號 $|\psi\rangle$ 表示物理狀態的抽象符號，則若將一個物理狀態稍加變動 $\hat{A}$，諸如：轉動、外加電場、外加磁場、或等待 Δt 的時間……等等，會得到另一狀態 $|\phi\rangle$，以上的敘述用數學形式表示則爲 $|\phi\rangle = \hat{A}|\psi\rangle$，即對狀態 $|\psi\rangle$ 做 $\hat{A}$ 運算，則會變成另一狀態 $|\phi\rangle$。

本節將介紹量子力學算符的三個基本性質及幾個重要的定理。

3.3.1　量子力學算符的三個基本性質

現在我們說明三個有關算符的基本性質。

[1]　正交性（Orthogonality）：本徵態（Eigenstate）具有正交性質。Hermitian 算符的本徵函數互相正交（Orthogonal），

即若　　　　　　　　　$$\hat{H}|i\rangle = E_i|i\rangle,\qquad（3\text{-}17）$$

則　　　　　　　　　　$$\langle i|j\rangle = \delta_{ij},\qquad（3\text{-}18）$$

其中 δ_{ij} 爲 Kronecker delta 函數（Kronecker delta function），定義如下

$$\delta_{ij} = \begin{cases} 1 \text{，當 } i=j \\ 0 \text{，當 } i \neq j \end{cases}, \tag{3-19}$$

即 $\qquad\qquad \langle i|i \rangle = \langle j|j \rangle = 1 \tag{3-20}$

且 $\qquad\qquad \langle i|j \rangle = 0 \text{。} \tag{3-21}$

證明：假設 $\qquad \begin{cases} \hat{H}|i\rangle = E_i|i\rangle \\ \hat{H}|j\rangle = E_j|j\rangle \end{cases}, \tag{3-22}$

則由 $\qquad \langle i|\hat{H}|j \rangle = E_j \langle i|j \rangle = E_i \langle i|j \rangle \text{，} \tag{3-23}$

若 $i=j$，則 $\quad \langle i|j \rangle = \langle i|i \rangle = 1 \text{；} \tag{3-24}$

若 $i \neq j$，則 $\quad \langle i|j \rangle = 0 \text{。} \tag{3-25}$

[2] 歸一性（Normalization）：波函數與其共軛函數乘積對全空間積分結果爲 1，

即 $\qquad \langle \psi(\vec{r})|\psi(\vec{r}) \rangle = \int d^3\vec{r}\, \psi^*(\vec{r})\psi(\vec{r}) = 1 \text{。} \tag{3-26}$

[3] 封閉性（Closure relation）：若 $|i\rangle$ 爲本徵態，

則 $\quad \sum_i |i\rangle \langle i| = 1 \text{。} \tag{3-27}$

[3.1] 因爲 $C_i = \langle i|\psi \rangle$， $\tag{3-28}$

所以 $\quad |\psi\rangle = \sum_i |i\rangle C_i = \sum_i |i\rangle \langle i|\psi \rangle \text{，} \tag{3-29}$

則 $\quad \langle \phi|\psi \rangle = \sum_i \langle \phi|i \rangle \langle i|\psi \rangle \text{，} \tag{3-30}$

即 $\quad \sum_i |i\rangle \langle i| = 1 \text{。} \tag{3-31}$

[3.2] 若在關係式 $\sum_i |i\rangle\langle i| = 1$ 的等號左右二側「用 $\langle\phi|$ 與 $|\psi\rangle$ 去夾」，

則 $$\langle\phi|\psi\rangle = \sum_i \langle\phi|i\rangle\langle i|\psi\rangle\text{。} \tag{3-32}$$

[3.3] 在 $\langle\phi|\psi\rangle$ 中，可以任意置入 $\sum_i |i\rangle\langle i| = 1$ 的關係式，

即 $$\begin{aligned}\langle\phi|\psi\rangle &= \langle\phi|\sum_i |i\rangle\langle i||\psi\rangle\\ &= \sum_i \langle\phi|i\rangle\langle i|\psi\rangle\\ &= \sum_j \sum_i \langle\phi|j\rangle\langle j|i\rangle\langle i|\psi\rangle\\ &\quad \vdots \text{。}\end{aligned} \tag{3-33}$$

3.3.2 幾個量子力學算符的重要定理

定理一：若 $|\psi\rangle = \sum_i C_i|i\rangle$，則 $C_k = \langle k|\psi\rangle$。 $\tag{3-34}$

說明：因為 $|\psi\rangle = \sum_i C_i|i\rangle$， $\tag{3-35}$

所以 $\langle k|\psi\rangle = \sum_i C_i \langle k|i\rangle = \sum_i C_i\delta_{ki} = C_k$， $\tag{3-36}$

其中 $C_k = \langle k|\psi\rangle$ 為機率振幅，表示狀態 $|\psi\rangle$ 處於狀態 $|k\rangle$ 的機率振幅，所以狀態 $|\psi\rangle$ 處於狀態 $|k\rangle$ 的機率為

$$P_k = |C_k|^2 = |\langle k|\psi\rangle|^2\text{。} \tag{3-37}$$

例：若波函數為 $|\psi\rangle = C_1|1\rangle + C_2|2\rangle$，則平均能量 $\langle E\rangle$ 為何？

解：平均能量可以「用波函數 $|\psi\rangle$ 及其共軛函數 $\langle\psi|$ 去夾能量算符」而得，

即 $\langle E \rangle = \langle \psi | \hat{H} | \psi \rangle$

$= (C_1^* \langle 1 | + C_2^* \langle 2 |)(C_1 E_1 | 1 \rangle + C_2 E_2 | 2 \rangle)$

$= C_1^* C_1 E_1 \langle 1|1 \rangle + C_1^* C_2 E_2 \langle 1|2 \rangle + C_2^* C_1 E_1 \langle 2|1 \rangle + C_2^* C_2 E_2 \langle 2|2 \rangle$

$= |C_1|^2 E_1 + |C_2|^2 E_2$，　　　　　　　　　　　　（3-38）

所以期望值為　$\langle E \rangle = |C_1|^2 E_1 + |C_2|^2 E_2$。　　　　（3-39）

定理二：一個可觀測的物理量 A 必有一微分運算符（Differential operator）$\hat{A}$ 與之對應。

說明：由座標算符（Coordinate operator）　　$\hat{x} | \psi \rangle = x | \psi \rangle$，　（3-40）

　　　則可觀測到位置的平均值為　　$\langle x \rangle = \langle \psi | \hat{x} | \psi \rangle$；　　（3-41）

　　　由動量算符（Momentum operator）$\hat{p} | \psi \rangle = \frac{\hbar}{i} \nabla | \psi \rangle$，　（3-42）

　　　則可觀測到動量的平均值為　　$\langle p \rangle = \langle \psi | \hat{p} | \psi \rangle$；　　（3-43）

　　　由能量算符（Energy operator）$\hat{H} | \psi \rangle = \left[\frac{-\hbar^2}{2m} \nabla^2 + V(r) \right] | \psi \rangle$，　（3-44）

　　　則可觀測到能量的平均值為　　$\langle E \rangle = \langle \psi | \hat{H} | \psi \rangle$。　　（3-45）

定理三：量子力學裡，任何狀態 $| \psi \rangle$，都可用基礎態 $| i \rangle$ 之線性組合構成。

說明：[1] $| \psi \rangle = \sum_i C_i | i \rangle$ 且 $\langle \psi | = | \psi \rangle^* = \sum_i C_i^* \langle i |$，　　（3-46）

　　　其中 C_i 為複數。

　　　[2] $| \phi \rangle = \hat{A} | \psi \rangle = \sum_i C_i \hat{A} | i \rangle$。　　　　　（3-47）

　　　[3] $\langle k | \phi \rangle = \langle k | \hat{A} | \psi \rangle = \sum_i C_i \langle k | \hat{A} | i \rangle = \sum_i A_{ki} C_i$，　（3-48）

　　　其中 $A_{ki} \triangleq \langle k | \hat{A} | i \rangle$。

定理四：可觀測的物理量必爲實數，

　　即因爲 $\langle A \rangle = \langle \psi | \hat{A} | \psi \rangle = \langle \psi | \hat{A} | \psi \rangle^*$，所以 $\langle A \rangle$ 爲實數。

　　這個定理可以用另外一種方式敘述：

　　Hermitian 的本徵值必爲實數，

$$即若 \hat{A} | \psi \rangle = \lambda | \psi \rangle，\tag{3-49}$$

　　則 λ 爲實數。

說明：可觀測的物理量（Physical observables），必有一 Hermitian 算符與之對應，則其本徵值爲實數。

假設	$\hat{A} | \psi \rangle = \lambda | \psi \rangle$，	(3-50)
則	$\langle \psi | \hat{A} | \psi \rangle = \lambda \langle \psi | \psi \rangle = \lambda$，	(3-51)
所以	$\langle \psi | \hat{A}^* = \lambda^* \langle \psi |$，	(3-52)
則	$\langle \psi | \hat{A}^\dagger | \psi \rangle = \lambda^* \langle \psi | \psi \rangle = \lambda^*$，	(3-53)
由	$\hat{A} = \hat{A}^\dagger$，	(3-54)

則　　$\langle \psi | \hat{A} | \psi \rangle - \langle \psi | \hat{A}^\dagger | \psi \rangle = \langle \psi | \hat{A} - \hat{A}^\dagger | \psi \rangle$

$$= \lambda - \lambda^* = 0，\tag{3-55}$$

所以　　$\lambda = \lambda^*$，　　　　　　　　　　　　　　　(3-56)

即 λ 爲實數。

定理五：可觀測物理量所對應的算符必爲 Hermitian 或 Self-adjoint，

$$即 \quad \langle i | \hat{A} | j \rangle^* = \langle j | \hat{A}^\dagger | i \rangle，\tag{3-57}$$

其中　　$\hat{A} = \hat{A}^\dagger$。

說明：Hermitian 矩陣（Hermitian matrix）的定義是矩陣的元素之間

有 $A_{ij}^* = A_{ji}$ 的關係，例如：

$$\begin{bmatrix} a_{11} & a_{12} \\ a_{21} & a_{22} \end{bmatrix} = \begin{bmatrix} a_{11}^* & a_{21}^* \\ a_{12}^* & a_{22}^* \end{bmatrix} 。$$

證明：假設 $\langle \psi | \hat{A} | \psi \rangle = \sum_i \sum_j \langle i | \hat{A} | j \rangle \, C_i^* C_j$ ，   （3-58）

所以 $\langle \psi | \hat{A} | \psi \rangle^* = \sum_i \sum_j \langle i | \hat{A} | j \rangle^* C_i \, C_j^*$ ，   （3-59）

又因為 $\langle \psi | \hat{A} | \psi \rangle = \sum_j \sum_i \langle j | \hat{A} | i \rangle \, C_j^* C_i$ ，   （3-60）

所以 $\langle j | \hat{A} | i \rangle = \langle i | \hat{A} | j \rangle^*$ ，   （3-61）

則 $A_{ji} = A_{ij}^*$ ，   （3-62）

即 $\hat{A} = \hat{A}^\dagger$ 。   （3-63）

分析：利用「Hermitian 矩陣的本徵值為實數」的定理，如定理四所述。

假設 $\langle \psi | \hat{A} | \psi \rangle = q$ ，   （3-64）

則 $\langle \psi | \hat{A} | \psi \rangle^* = \langle \psi | \hat{A}^\dagger | \psi \rangle = q^*$ ，   （3-65）

由 q 為實數，則 $q = q^*$ ，

所以 $\langle \psi | \hat{A} | \psi \rangle - \langle \psi | \hat{A}^\dagger | \psi \rangle$

$\qquad = \langle \psi | \hat{A} - \hat{A}^\dagger | \psi \rangle = q - q^* = 0$ ，   （3-66）

得 $\hat{A} = \hat{A}^\dagger$ 。   （3-67）

定理六：在位置空間（Coordinate space）對此物理量作期望值等於在

動量空間（Momentum space）中的期望值。

$$\langle A \rangle = \langle \psi\,(\vec{r},\,t)|\hat{A}|\psi\,(\vec{r},\,t)\rangle = \langle \phi\,(\vec{p},\,t)|\hat{A}|\phi\,(\vec{p},\,t)\rangle \,，\quad（3\text{-}68）$$

其中　$\psi\,(\vec{r},\,t) = \int \dfrac{d^3\vec{p}}{(2\pi\hbar)^{\frac{3}{2}}}\,\phi\,(\vec{p},\,t)e^{i\frac{\vec{p}\,\cdot\,\vec{r}}{\hbar}}$ 。

證明：由 $\langle A \rangle = \int d^3\vec{r}\,\psi^*\,(\vec{r},\,t)\hat{A}\psi\,(\vec{r},\,t)$

$$= \int d^3\vec{r}\,\dfrac{d^3\vec{p}}{(2\pi\hbar)^{\frac{3}{2}}}\dfrac{d^3\vec{p}'}{(2\pi\hbar)^{\frac{3}{2}}}\,\phi\,(\vec{p},\,t)\hat{A}\phi\,(\vec{p}',\,t)e^{i\frac{(\vec{p}'-\vec{p})\,\cdot\,\vec{r}}{\hbar}} \,，\quad（3\text{-}69）$$

且　$\delta\,(\vec{p}'-\vec{p}) \triangleq \int \dfrac{d^3\vec{r}}{(2\pi\hbar)^{\frac{3}{2}}}e^{i(\vec{p}'-\vec{p})\,\cdot\,\frac{\vec{r}}{\hbar}}$ ，　　　　（3-70）

因為 $\langle A \rangle = \int d^3\vec{p}\,d^3\vec{p}'\phi^*\,(\vec{p})\hat{A}\phi\,(\vec{p}')\delta\,(\vec{p}'-\vec{p})$

$\qquad\qquad = \int d^3\vec{p}\,\phi^*\,(\vec{p})\hat{A}\phi\,(\vec{p})$

$\qquad\qquad = \langle \phi\,(\vec{p})|\hat{A}|\phi\,(\vec{p})\rangle$ ，得證。　　（3-71）

所以，如果在位置表示（$\vec{r}$ -representation）下，波函數為 $\langle \vec{r}|\psi\rangle = \psi\,(\vec{r})$，則機率為 $|\psi\,(\vec{r})|^2$；如果在動量表示（$\vec{p}$ -representation）下，波函數為 $\langle \vec{p}\,|\psi\rangle = \psi\,(\vec{p})$，則機率為 $|\psi\,(\vec{p})|^2$，所以由定理六可得 $|\psi\,(\vec{r}\,)|^2 = |\psi\,(\vec{p})|^2$ 。

3.3.3　Schrödinger 方程式的矩陣形式

Schrödinger 方程式本來是二次偏微分方程式，但是也可以寫成矩陣形式，所以量子力學也被稱為矩陣力學（Matrix mechanics）。

由　　　　　　　　　　$i\hbar\dfrac{\partial}{\partial t}|\psi\rangle = \hat{H}|\psi\rangle$ ，　　　　　（3-72）

$$ i\hbar \frac{\partial}{\partial t} \langle i|\psi\rangle = \langle i|\widehat{H}|\psi\rangle $$

$$ = \sum_k \langle i|H|k\rangle C_k $$

$$ = \sum_k H_{ik} C_k \, , \qquad (3\text{-}73) $$

所以
$$ i\hbar \frac{\partial}{\partial t} C_i = \sum_k H_{ik} C_k \, , \qquad (3\text{-}74) $$

則 Schrödinger 方程式爲

$$ i\hbar \frac{\partial}{\partial t} \begin{bmatrix} C_1 \\ C_2 \\ C_3 \end{bmatrix} = \begin{bmatrix} H_{11} & H_{12} & H_{13} \\ H_{21} & H_{22} & H_{23} \\ H_{31} & H_{31} & H_{33} \end{bmatrix} \begin{bmatrix} C_1 \\ C_2 \\ C_3 \end{bmatrix} \, 。 \qquad (3\text{-}75) $$

若要對這種形式的方程式求解，必須先知道 H_{ij} 才能求出。

3.4　三個典型的特殊位能

當粒子被不同的位能所侷限，則量子化能量的形態也就不同，比較典型的位能形式有：無限位能井（Infinite potential well）、簡諧振盪子（Simple harmonic oscillator）、Coulomb 位能（Coulomb potential）或中心力場（Central force field），而其所對應的量子化能量差距Δ$\langle E\rangle$與量子數的關係，列表 3-1 如下。

我們可以由表 3-1 很明顯的知道：簡諧振盪子的量子化能量之間的能量差距是相等的，所以能量的譜線是等距的；無限位能井量子化能量之間的能量差距是隨量子數增加而增加的，所以能量的譜線是能量越大，差距也越大；反之，Coulomb 位能量子化能量之間的能量差

表 3-1　位能與量子化能量的關係

位能形式	能量與量子數	圖示	譜線
Infinite Potential Well	$\langle E \rangle \propto n^2$	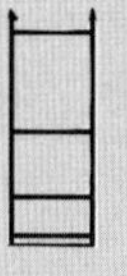	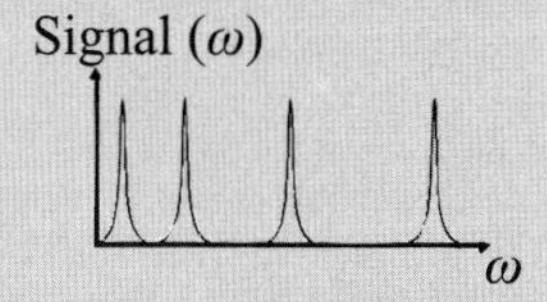 Signal (ω)
Simple Harmonic Oscillator	$\langle E \rangle = \left(n + \dfrac{1}{2}\right)\hbar\omega$	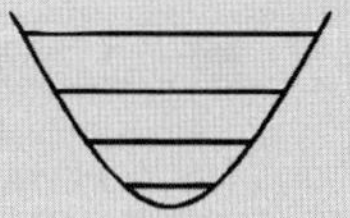	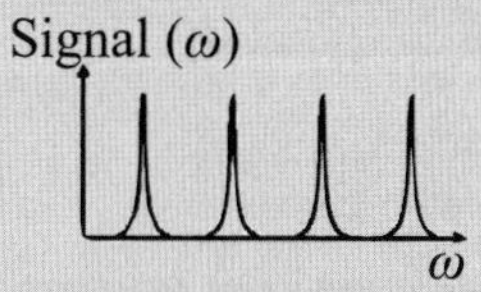 Signal (ω)
Coulomb Potential	$\langle E \rangle \propto \dfrac{1}{n^2}$	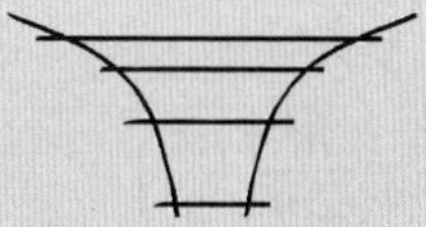	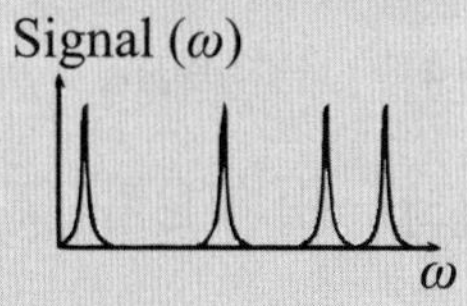 Signal (ω)

距是隨量子數增加而減少的，所以能量的譜線是能量越大，差距也越小。根據這些結果，我們就可以在實驗的分析上作初步的判斷粒子所處的位能形態為何。

　　以下簡單的說明當粒子處在這三個典型的位能中，其能量量子化的結果。

3.4.1　無限位能井

　　若電子在圖 3-2 所示的無限位能井中，則試討論

[1]　由 Schrödinger 方程式得出量子化能量。

[2]　描述粒子運動的波函數 ψ。

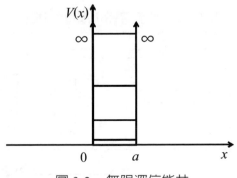

圖 3-2 無限深位能井

[3] 電子平均出現的位置 $\langle x \rangle$。

[4] 平均動量 $\langle p \rangle = 0$。

[5] 平均能量 $\langle E \rangle = \dfrac{\hbar^2}{2m}\left(\dfrac{n\pi}{a}\right)^2$。

〔解〕

[1] 首先寫出與時間獨立的 Schrödinger 方程式，

$$\text{由} \quad -\frac{\hbar^2}{2m}\frac{d^2\psi}{dx^2} + V(x)\psi = E\psi, \quad\quad (3\text{-}76)$$

且在位能井中的位能為零，即 $V(x) = 0$，

$$\text{則} \quad \frac{d^2\psi}{dx^2} + \frac{2m}{\hbar^2}E\psi = 0, \quad\quad (3\text{-}77)$$

$$\text{令} \quad k^2 = \frac{2m}{\hbar^2}E, \quad \text{且} \quad \psi(x) = A\sin(kx), \quad\quad (3\text{-}78)$$

$$\text{又邊界條件為} \quad \psi(0) = \psi(a) = 0, \quad\quad (3\text{-}79)$$

$$\text{所以} \quad k = \frac{n\pi}{a}, \quad\quad (3\text{-}80)$$

$$\text{則} \quad k^2 = \left(\frac{n\pi}{a}\right)^2 = \frac{2mE}{\hbar^2}, \quad\quad (3\text{-}81)$$

得 $$E_n = \frac{\hbar^2}{2m}\left(\frac{n\pi}{a}\right)^2 \text{。}$$ （3-82）

[2] 以歸一化條件求 A 值，由 [1] 的結果，

$$\psi(x) = A \sin(kx) = A \sin\left(\frac{n\pi}{a}x\right) \text{，}$$ （3-83）

則因 $$\langle \psi_n(x) | \psi_n(x) \rangle = \int_0^a A^2 \sin^2\left(\frac{n\pi}{a}x\right)dx = 1 \text{，}$$ （3-84）

得 $$A = \sqrt{\frac{2}{a}} \text{，}$$

所以波函數為 $$\psi(x) = \sqrt{\frac{2}{a}}\sin\left(\frac{n\pi}{a}x\right) \text{。}$$ （3-85）

[3] 電子平均出現的位置，就是位置 x 的期望值 $\langle x \rangle$ 為

$$\langle x \rangle = \langle \psi | x | \psi \rangle = \int_0^a \left[\sqrt{\frac{2}{a}}\sin\left(\frac{n\pi}{a}x\right)\right]^2 x\,dx$$

$$= \frac{2}{a}\int_0^a \left[\frac{1 - \cos\left(\frac{2n\pi}{a}x\right)}{2}\right] x\,dx$$

$$= \frac{2}{a}\frac{x^2}{4}\Big|_0^a - \frac{1}{a}\int_0^a x\cos\left(\frac{2n\pi}{a}\right)dx \text{，}$$ （3-86）

且 $$\int_0^a x\cos(bx)\,dx = \frac{\partial}{\partial b}\int_0^a \sin(bx)\,dx = \frac{\partial}{\partial b}\left[-\frac{\cos(bx)}{b}\right] \text{，}$$

$$= \frac{bx\sin(bx) + \cos(bx)}{b^2} \text{，}$$ （3-87）

所以 $$\langle x \rangle = \frac{a}{2} \text{，}$$ （3-88）

即電子平均出現的位置在中間。

[4] 平均動量為

$$\langle p \rangle = \left\langle \psi(x) \left| \frac{\hbar}{i} \frac{d}{dx} \right| \psi(x) \right\rangle$$

$$= \int_0^a dx \left\{ \frac{2}{a} \sin\left(\frac{n\pi x}{a}\right) \frac{\hbar}{i} \frac{d}{dx} \left[\sin\left(\frac{n\pi x}{a}\right) \right] \right\}$$

$$= \int_0^a \left[dx \frac{2}{a} \sin\left(\frac{n\pi x}{a}\right) \frac{\hbar}{i} \frac{n\pi}{a} \cos\left(\frac{n\pi x}{a}\right) \right] = 0 \, 。 \qquad (3\text{-}89)$$

[5] 由於位能為零,所以平均能量 $\langle E \rangle$ 為

$$\langle E \rangle = \left\langle \frac{P^2}{2m} \right\rangle = \left\langle \psi(x) \left| \frac{-\hbar^2}{2m} \frac{d^2}{dx^2} \right| \psi(x) \right\rangle$$

$$= \int_0^a dx \frac{2}{a} \sin\left(\frac{n\pi x}{a}\right) \left(\frac{-\hbar^2}{2m} \frac{d^2}{dx^2} \sin \frac{n\pi x}{a} \right)$$

$$= \frac{2}{a} \frac{\hbar^2}{2m} \left(\frac{n\pi}{a}\right)^2 \int_0^a dx \sin^2\left(\frac{n\pi x}{a}\right)$$

$$= \frac{2}{a} \frac{\hbar^2}{2m} \left(\frac{n\pi}{a}\right)^2 \frac{a}{2} = \frac{\hbar^2}{2m} \left(\frac{n\pi}{a}\right)^2 \, 。 \qquad (3\text{-}90)$$

和 [1] 的結果相同。

其實我們也可以採取另一個方法求平均能量,

由 $$\langle E \rangle = \left\langle \frac{P^2}{2m} \right\rangle = \frac{\hbar^2 k^2}{2m} \, , \qquad (3\text{-}91)$$

則因為 $p = \hbar k$,且 $k = \dfrac{2\pi}{\lambda}$,又 $a = n\dfrac{\lambda}{2}$,

所以將 $k = \dfrac{n\pi}{a}$ 代入得 $\langle E \rangle = \dfrac{\hbar^2}{2m} \left(\dfrac{n\pi}{a}\right)^2$。 $\qquad (3\text{-}92)$

3.4.2　Coulomb 位能

如圖 3-3 所示，電子在中心力場所處的位能為 $V(r) = \dfrac{-e}{4\pi\varepsilon_0}\dfrac{1}{r}$，以 Gauss 制（Gauss unit）表示則為 $V(r) = \dfrac{-e}{r}$。

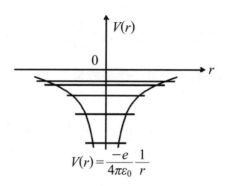

$$V(r) = \frac{-e}{4\pi\varepsilon_0}\frac{1}{r}$$

圖 3-3　中心力場的位能

1913 年，Niels Bohr 為解釋原子的不穩定性及光譜不連續性做二個假設：

[1]　穩定狀態的假設：若電子以圓形軌道繞原子核轉動，其角動量必須是 $\hbar$ 的整數倍，

即若角動量為，　　　　　　$\vec{L} = \vec{r} \times \vec{p}$　　　　　　　（3-93）

則　　　　　　　$|\vec{L}| = |\vec{r} \times \vec{p}| = rmv = n\dfrac{h}{2\pi} = n\hbar$ ，　　　　（3-94）

其中 $n = 1, 2, 3, \cdots$。

[2]　頻率條件的假設：當原子從某一穩定狀態改變為另一穩定狀態時，是靠吸收或輻射來完成。

Bohr 假設原子核是靜止的，所以因為 Coulomb 力提供向心力，

即 $\dfrac{mv^2}{r} = Z\dfrac{e^2}{r^2}$ ， （3-95）

其中 Z 為原子序，

且角動量量子化為 $mvr = n\hbar$ ， （3-96）

所以可得量子化軌道半徑為 $r_n = \dfrac{\hbar^2 n^2}{me^2 Z} = \dfrac{\hbar^2}{me^2 Z} n^2$ ， （3-97）

則在穩定態時，電子的量子化總能量 E_n 為

$$E_n = \frac{1}{2}mv^2 - Z\frac{e^2}{r_n} = -\frac{Ze^2}{2r_n} = -\frac{mZ^2 e^4}{2\hbar^2 n^2} = -\frac{mZ^2 e^4}{2\hbar^2}\frac{1}{n^2} 。 \quad (3\text{-}98)$$

3.4.3 簡諧振盪

如圖 3-4 所示，若粒子作簡諧運動，即其所處的位能為 $V(x) = \frac{1}{2}kx^2$，則量子力學預測的能量 E_n 為何？所謂依量子力學的預測，就是要以 Schrödinger 方程式求量子化能量，以下將解得 $E_n = \left(n + \dfrac{1}{2}\right)\hbar\omega$。

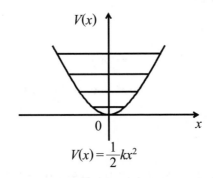

圖 3-4　簡諧運動的位能

我們先把解 Schrödinger 方程式的步驟列出如下：

[1]　寫下 Schrödinger 方程式。

[2]　為簡化係數作變數變換。

[3]　重新整理 Schrödinger 方程式。

[4]　若變數 $\xi \to \infty$，求漸近解。

[5]　$\psi(x) = H(\xi) u_0(\xi)$，代入 Schrödinger 方程式。

[6]　得 $H(\xi)$ 之方程式，將 $H(\xi) = \sum\limits_{n=0}^{\infty} a_n \xi^n$ 展開，得到係數的遞迴關係（Recursion relation）。

[7]　由邊界條件（Boundary condition）的限制，即若 $\xi \to \infty$，則因為 $\psi(\xi) = 0$ 要成立，所以必須中斷級數 a_n，即某項之後 $a_n = 0$，所以可得到量子化條件。

現在開始推導，由 Schrödinger 方程式，

$$\left[\frac{-\hbar^2}{2m} \nabla^2 + V(x) \right] \psi = E\psi \ , \tag{3-99}$$

將 $V(x) = \frac{1}{2}kx^2$ 代入，

得
$$\left[-\frac{\hbar^2}{2m} \frac{d^2}{dx^2} + \frac{m\omega^2}{2} x^2 \right] \psi = E\psi \ , \tag{3-100}$$

則
$$\frac{d^2\psi}{dx^2} + \left(\frac{2mE}{\hbar^2} - \frac{m^2\omega^2 x^2}{\hbar^2} \right) \psi = 0 \ , \tag{3-101}$$

引入幾個參數，包含無單位的參數（Dimensionless parameters），

令
$$\alpha^4 = \left(\frac{m\omega}{\hbar} \right)^2 \ ; \ \xi = \alpha x \ ; \ \beta = \frac{2E}{\hbar\omega} \ , \tag{3-102}$$

其實 β 是能量量子化的條件，稍後我們會發現

$$\beta = 2n+1 = \frac{2E}{\hbar\omega}，\qquad\qquad（3\text{-}103）$$

所以 Schrödinger 方程式為

$$\frac{d^2\psi}{dx^2} + (\beta - \xi^2)\psi = 0，\qquad\qquad（3\text{-}104）$$

又因為

$$\begin{aligned}
\frac{d^2\Psi(\xi)}{d\xi^2} &= (\xi^2 - 1)e^{-\frac{\xi^2}{2}} \\
&= (\xi^2 - 1)\Psi(\xi) \\
&\underset{\xi \gg 1}{\simeq} \xi^2\Psi(\xi)，
\end{aligned}\qquad\qquad（3\text{-}105）$$

也就是說，當 $\xi \gg 1$ 時，$e^{-\frac{\xi^2}{2}}$ 為波動方程式的解。

於是我們假設 $\xi^2 \gg \beta$，則 $\dfrac{d^2\psi}{d\xi^2} - \xi^2\psi = 0$ 之解為 $e^{-\xi^2/2}$，

則將 $\psi(\xi) = H(\xi)\,e^{-\xi^2/2}$ 代入原式（3-104），其中 $H(\xi)$ 是 Hermite 函數（Hermite function），

所以 $\qquad\quad \dfrac{d^2H}{d\xi^2} - 2\xi\dfrac{dH}{d\xi} + (\beta - 1)H = 0，\qquad（3\text{-}106）$

對 $H(\xi)$ 作級數展開：$H(\xi) = \displaystyle\sum_{n=0}^{\infty} a_n\xi^n，\qquad（3\text{-}107）$

代入（3-106）式，

則 $\qquad \xi\dfrac{dH}{d\xi}=\xi\,(a_1+2a_2\xi^1+3a_3\xi^2+\cdots)=\sum\limits_{n=0}^{\infty}na_n\xi^n\;;$ （3-108）

且 $\qquad \dfrac{d^2H}{d\xi^2}=2a_1+3\cdot2a_3\xi+4\cdot3a_4\xi^2+5\cdot4a_5\xi^3+6\cdot5a_6\xi^4+\cdots$

$$\qquad\qquad =\sum\limits_{0}^{\infty}n\,(n-1)a_n\xi^{n-2}$$

$$\qquad\qquad =\sum\limits_{n=0}^{\infty}\left[\,(n+2)(n+1)a_{n+2}\xi^n\,,\right. \tag{3-109}$$

則 $\qquad \sum\limits_{n=0}^{\infty}\left[\,(n+2)(n+1)a_{n+2}\xi^n-2na_n\xi^n+(\beta-1)a_n\xi^n\right]$

$$\qquad =\sum\limits_{n=0}^{\infty}\left[\,(n+2)(n+1)a_{n+2}-2na_n+(\beta-1)a_n\right]\xi^n\,, \tag{3-110}$$

則 ξ^n 項的係數為 $(n+2)(n+1)a_{n+2}-(2n-\beta+1)a_n=0$ ， （3-111）

得遞迴關係為 $\qquad a_{n+2}=\dfrac{(2n-\beta+1)}{(n+2)(n+1)}a_n\,,$ （3-112）

　　因邊界條件為在宇宙邊緣發現粒子的機率為 0，但是當 $\xi\to\infty$ 時，$\psi\,(\xi)$ 會發散，與邊界條件不符，所以這是一個非物理解，

所以除非 $\qquad a_{n+1}=a_{n+2}=\cdots=0\,,$ （3-113）

即 $\qquad 2n-\beta+1=0\,,$ （3-114）

則由 $\qquad \beta=2n+1\,,$ （3-115）

可得 $\qquad \beta=\dfrac{2E}{\hbar\omega}=2n+1\,,$ （3-116）

所以量子力學預測的能量為

$$E_n=\left(n+\dfrac{1}{2}\right)\hbar\omega=n\hbar\omega+\dfrac{1}{2}\hbar\omega\,, \tag{3-117}$$

其中 $n\hbar\omega$ 是依古典量子理論 Planck 假設（Planck's postulate）所得，$\frac{1}{2}\hbar\omega$ 是零位能（Zero energy）是由 Heisenberg 測不準原理（Heisenberg uncertainty principle）所產生。

3.5　Heisenberg 測不準原理

Heisenberg 所提出的測不準原理是支撐整個量子力學的最重要的支柱之一，在本節中，我們將作一個簡單的證明，並說明這個原理和 Cauchy Schwarz 不等式（Cauchy Schwarz inequality）的同義關係，最後還要介紹交換子（Commutator）的定義及其相關應用。

3.5.1　Heisenberg 測不準原理的證明

依機率學中標準差（Standard deviation）的定義，我們可得

$$\begin{aligned} \Delta x^2 &= \langle (x - \langle x \rangle)^2 \rangle \\ &= \langle x^2 - 2x\langle x \rangle + \langle x \rangle^2 \rangle , \end{aligned} \tag{3-118}$$

因為 $\langle x \rangle$ 是一個常數，

所以 $$\Delta x^2 = \langle x^2 \rangle - \langle x \rangle^2 , \tag{3-119}$$

同理 $$\Delta p^2 = \langle p^2 \rangle - \langle p \rangle^2 , \tag{3-120}$$

則 Heisenberg 測不準原理告訴我們，可以從 $[\hat{x}, \hat{p}] = i\hbar$ 的關係，得到 $\Delta x \Delta p \geq \dfrac{\hbar}{2}$，以下證明之。

假設 $(\hat{Q} + i\lambda\hat{P})|\psi\rangle = k|\psi\rangle$，其中 $\hat{Q}$ 和 $\hat{P}$ 為算符；k 為本徵值；且 k 和 λ 都是實數。

因為
$$\langle\psi|k^2|\psi\rangle = \langle\psi|\,(\hat{Q} - i\lambda\hat{P})(\hat{Q} + i\lambda\hat{P})|\psi\rangle$$
$$= \langle\psi|\hat{Q}^2|\psi\rangle + \langle\psi|i\lambda\,(\hat{Q}\hat{P} - \hat{P}\hat{Q})|\psi\rangle$$
$$+ \lambda^2\,\langle\psi|\hat{P}^2|\psi\rangle, \tag{3-121}$$

又
$$\langle\psi|k^2|\psi\rangle = \langle k^2\rangle \geq 0, \tag{3-122}$$

所以
$$\lambda^2\langle P^2\rangle + \lambda\,\langle i[\hat{Q}, \hat{P}]\rangle + \langle Q^2\rangle \geq 0, \tag{3-123}$$

則
$$|\langle[\hat{Q}, \hat{P}]\rangle|^2 - 4\langle P^2\rangle\langle Q^2\rangle \leq 0, \tag{3-124}$$

得
$$\langle P^2\rangle\,\langle Q^2\rangle \geq \frac{1}{4}|\langle[\hat{Q}, \hat{P}]\rangle|^2。 \tag{3-125}$$

假設與物理量 Δx 和 ΔP 相對應的算符分別為 $\hat{Q}$ 和 $\hat{P}$，

即
$$\hat{Q} \rightarrow \Delta x \triangleq x - \langle x\rangle; \tag{3-126}$$
$$\hat{P} \rightarrow \Delta p \triangleq p - \langle p\rangle, \tag{3-127}$$

或者可視為 Δx 及 ΔP 分別是 $\hat{Q}$ 及 $\hat{P}$ 的本徵值，

即
$$\hat{P}|\psi\rangle = \Delta p|\psi\rangle; \tag{3-128}$$
$$\hat{Q}|\psi\rangle = \Delta x|\psi\rangle, \tag{3-129}$$

又
$$[\hat{Q}, \hat{P}] = [\hat{x} - \langle x\rangle, \hat{p} - \langle p\rangle] = [\hat{x}, \hat{p}] = i\hbar, \tag{3-130}$$

則
$$\langle Q^2\rangle\,\langle P^2\rangle = \langle\psi|Q^2|\psi\rangle\,\langle\psi|P^2|\psi\rangle = \Delta x^2 \cdot \Delta p^2 \geq \frac{\hbar^2}{4}, \tag{3-131}$$

得 $\quad \Delta x \cdot \Delta p \geq \dfrac{\hbar}{2}$。 $\qquad\qquad$（3-132）

我們可以把這個結果擴充為：

若 $\qquad [\hat{A}, \hat{B}] = iC$，則 $\Delta A \cdot \Delta B \geq \dfrac{C}{2}$。 $\qquad$（3-133）

3.5.2　Cauchy Schwarz 不等式

Heisenberg 測不準原理還可以表示成另一種形式，

$$\langle \psi | \psi \rangle \langle \phi | \phi \rangle \geq \langle \psi | \phi \rangle^2。 \qquad\qquad （3\text{-}134）$$

這種形式也被稱為「Cauchy Schwarz 不等式」。證明如下。

令 $|\xi\rangle = |\psi\rangle + \lambda |\phi\rangle$，其中 λ 為複數，

所以 $\langle \xi | \xi \rangle = ((\langle \psi | + \lambda^* \langle \phi |)(|\psi\rangle + \lambda |\phi\rangle))$

$\qquad\qquad = \langle \psi | \psi \rangle + \lambda^* \langle \phi | \psi \rangle + \lambda \langle \psi | \phi \rangle + |\lambda|^2 \langle \phi | \phi \rangle \geq 0$， $\quad$（3-135）

為配合所求，故令 $\qquad \lambda = -\dfrac{\langle \phi | \psi \rangle}{\langle \phi | \phi \rangle}$ 及 $\lambda^* = -\dfrac{\langle \psi | \phi \rangle}{\langle \phi | \phi \rangle}$，

所以 $\qquad\qquad \langle \psi | \psi \rangle \langle \varphi | \varphi \rangle \geq |\langle \psi | \varphi \rangle|^2$，得證。 $\qquad$（3-136）

我們可以把這個不等式和一般中學所學的結合起來。

設 $\quad |\psi\rangle = a_1 |\psi_1\rangle + a_2 |\psi_2\rangle + a_3 |\psi_3\rangle = a_1 \begin{bmatrix} 1 \\ 0 \\ 0 \end{bmatrix} + a_2 \begin{bmatrix} 0 \\ 1 \\ 0 \end{bmatrix} + a_3 \begin{bmatrix} 0 \\ 0 \\ 1 \end{bmatrix}$； $\quad$（3-137）

且　$|\varphi\rangle = b_1|\varphi_1\rangle + b_2|\varphi_2\rangle + b_3|\varphi_3\rangle = b_1\begin{bmatrix}1\\0\\0\end{bmatrix} + b_2\begin{bmatrix}0\\1\\0\end{bmatrix} + b_3\begin{bmatrix}0\\0\\1\end{bmatrix}$ ，　（3-138）

所以　$\langle\psi|\psi\rangle = \begin{bmatrix}a_1 & 0 & 0\end{bmatrix}\begin{bmatrix}a_1\\0\\0\end{bmatrix} + \begin{bmatrix}0 & a_2 & 0\end{bmatrix}\begin{bmatrix}0\\a_2\\0\end{bmatrix} + \begin{bmatrix}0 & 0 & a_3\end{bmatrix}\begin{bmatrix}0\\0\\a_3\end{bmatrix}$

$\qquad\qquad = a_1^2 + a_2^2 + a_3^2$ ，　（3-139）

同理　$\langle\phi|\phi\rangle = b_1^2 + b_2^2 + b_3^2$ ，　（3-140）

而　$\langle\psi|\phi\rangle = a_1b_1 + a_2b_2 + a_3b_3$ ，　（3-141）

得　$\langle\psi|\psi\rangle\langle\phi|\phi\rangle = (a_1^2 + a_2^2 + a_3^2)(b_1^2 + b_2^2 + b_3^2) \geq a_1b_1 + a_2b_2 + a_3b_3$

$\qquad\qquad = |\langle\psi/\phi\rangle|^2$ 。　（3-142）

所以 Heisenberg 測不準原理和 Cauchy Schwarz 不等式是同義的。

3.5.3　**有關 Heisenberg 測不準原理的應用**

首先說明交換子的定義：算符 $\hat{A}$ 和算符 $\hat{B}$ 的交換子的定義符號為

$$[\hat{A}, \hat{B}] \triangleq \hat{A}\hat{B} - \hat{B}\hat{A} 。 \qquad （3\text{-}143）$$

根據這個定義，所以產生出二個定理如下：

定理一：$[\hat{A}\hat{B}, \hat{C}] = \hat{A}[\hat{B}, \hat{C}] + [\hat{A}, \hat{C}]\hat{B}$ 。　（3-144）

證明：$[\hat{A}\hat{B}, \hat{C}] = \hat{A}\hat{B}\hat{C} - \hat{C}\hat{A}\hat{B}$

$\qquad\qquad = \hat{A}\hat{B}\hat{C} - \hat{A}\hat{C}\hat{B} + \hat{A}\hat{C}\hat{B} + \hat{C}\hat{A}\hat{B}$

$$= \hat{A}[\hat{B}\hat{C} - \hat{C}\hat{B}] + [\hat{A}\hat{C} - \hat{C}\hat{A}]\hat{B}$$

$$= \hat{A}[\hat{B}, \hat{C}] + [\hat{A}, \hat{C}]\hat{B} \text{。} \tag{3-145}$$

定理二：$[\hat{A}^n, \hat{B}] = \hat{A}[\hat{A}^{n-1}, \hat{B}] + [\hat{A}, \hat{B}]\hat{A}^{n-1}$。 (3-146)

證明： $[\hat{A}^n, \hat{B}] = \hat{A}^n\hat{B} - \hat{B}^n\hat{A}$

$$= \hat{A}^n\hat{B} - \hat{A}^{n-1}\hat{B}\hat{A} + \hat{A}^{n-1}\hat{B}\hat{A} - \hat{B}\hat{A}^n$$

$$= \hat{A}^{n-1}(\hat{A}\hat{B} - \hat{B}\hat{A}) + (\hat{A}^{n-1}\hat{B} - \hat{B}\hat{A}^{n-1})A$$

$$= \hat{A}^{n-1}[\hat{A}, \hat{B}] + [\hat{A}^{n-1}, \hat{B}]\hat{A} \text{。} \tag{3-147}$$

現在我們可以用交換子解釋 Heisenberg 測不準原理。

若 $[\hat{A}, \hat{B}] = 0$，則 $\hat{A}\hat{B} = \hat{B}\hat{A}$ 表示 $\hat{A}$ 和 $\hat{B}$ 可對易交換，其物理意義為 $\hat{A}$, $\hat{B}$ 二物理量可以同時量測；反之，當交換子的值不為零，即 $[\hat{A}, \hat{B}] \neq 0$，則 $\hat{A}\hat{B} \neq \hat{B}\hat{A}$ 表示 $\hat{A}$ 和 $\hat{B}$ 不可對易交換，例如：由 $[\hat{x}, \hat{p}] = i\hbar$，則其物理意義為位置 x 和動量 p 無法同時量測；由 $[\hat{H}, \hat{t}] = i\hbar$，則其物理意義為能量 H 和時間 t 無法同時量測。我們可以舉幾個例子來說明。

[1] 證明位置 x 和動量 p 無法同時量測。

由 $$\hat{p}\hat{x}|\psi\rangle = \frac{\hbar}{i}\frac{d}{dx}x|\psi\rangle$$

$$= \frac{\hbar}{i}|\psi\rangle + x\frac{\hbar}{i}\frac{d}{dx}|\psi\rangle$$

$$= \frac{\hbar}{i}|\psi\rangle + \hat{x}\hat{p}|\psi\rangle \text{ ，} \tag{3-148}$$

因為 $$[\hat{A}, \hat{B}] \triangleq \hat{A}\hat{B} - \hat{B}\hat{A} \text{ ，} \tag{3-149}$$

所以 $$\hat{x}\hat{p}|\psi\rangle - \hat{p}\hat{x}|\psi\rangle = [\hat{x}, \hat{p}]|\psi\rangle = i\hbar|\psi\rangle \text{ ，} \tag{3-150}$$

則 $$\langle\psi|[\hat{x}, \hat{p}]|\psi\rangle = i\hbar\langle\psi|\psi\rangle = i\hbar \text{ ，} \tag{3-151}$$

可得 $$[\hat{x}, \hat{p}] = i\hbar I \text{ ，} \tag{3-152}$$

其中 I 表示單位矩陣，

則 $\qquad \Delta x \Delta p \geq \dfrac{\hbar}{2}$ ， $\qquad\qquad$ （3-153）

其物理意義為「x 和 p 二者不可同時量測」。

[2] 證明能量 H 和時間 t 無法同時量測。

由 $\qquad \widehat{H}\widehat{t}|\psi\rangle = i\hbar\dfrac{\partial}{\partial t}t|\psi\rangle$

$$= i\hbar|\psi\rangle + ti\hbar\dfrac{\partial}{\partial t}t|\psi\rangle$$

$$= i\hbar|\psi\rangle + \widehat{t}\widehat{H}|\psi\rangle \ , \qquad （3\text{-}154）$$

所以 $\qquad [\widehat{H}, \widehat{t}] = i\hbar$ ， $\qquad\qquad$ （3-155）

則 $\qquad \Delta H \Delta t \geq \dfrac{\hbar}{2}$ 。 $\qquad\qquad$ （3-156）

[3] 能量 H 和動量 p 無法同時量測。

$$[\widehat{H}, \widehat{p}] = \widehat{H}\widehat{p} - \widehat{p}\widehat{H}$$

$$= \left[\dfrac{\widehat{p}^2}{2m} + V(r), \widehat{p}\right]$$

$$= \left[\dfrac{\widehat{p}^2}{2m}, \widehat{p}\right] + [V(r), \widehat{p}]$$

$$= 0 + [V(r), \widehat{p}] \ , \qquad （3\text{-}157）$$

因為 $\qquad [\widehat{r}, \widehat{p}] = i\hbar$ ， $\qquad\qquad$ （3-158）

所以 $\qquad [\widehat{H}, \widehat{p}] = [V(r), \widehat{p}] \neq 0$ 。 $\qquad$ （3-159）

[4] 能量 H 和位置 x 無法同時量測。

$$[\widehat{H}, \widehat{x}]|\psi\rangle = \left[\dfrac{-\hbar^2}{2m}\dfrac{d^2}{dx^2} + V(x), x\right]|\psi\rangle$$

$$= \dfrac{-\hbar^2}{2m}\left[\dfrac{d^2}{dx^2}x|\psi\rangle - x\dfrac{d^2}{dx^2}|\psi\rangle\right] \ , \ 因為[V(x), x] = 0 \ ,$$

$$= \frac{-\hbar^2}{2m} \left[\frac{d}{dx}|\psi\rangle + \frac{d}{dx}|\psi\rangle + x\frac{d^2}{dx^2}|\psi\rangle - x\frac{d^2}{dx^2}|\psi\rangle \right]$$

$$= \frac{-\hbar^2}{m} \frac{d}{dx}|\psi\rangle$$

$$= \frac{-\hbar}{im}\hat{p}|\psi\rangle \neq 0 \text{ 。} \tag{3-160}$$

[5] 位置函數 $f(x)$ 和動量 p 無法同時量測。

由

$$[f(x),\hat{p}]|\psi\rangle = f(x)\frac{\hbar}{i}\frac{d}{dx}|\psi\rangle - \frac{\hbar}{i}\frac{d}{dx}f(x)|\psi\rangle$$

$$= f(x)\hat{p}|\psi\rangle - \frac{\hbar}{i}f'(x)|\psi\rangle - f(x)\hat{p}|\psi\rangle$$

$$= i\hbar f'(x)|\psi\rangle, \tag{3-161}$$

所以

$$[f(x),\hat{p}] = i\hbar f'(x) \neq 0 \text{ 。} \tag{3-162}$$

3.6　二階系統的能量交換過程

這一節，我們將以 MASER 作爲例子，說明一個二階系統（Two-level system）的基本特性，尤其是能量交換的過程。

NH_3 分子共有二個狀態，如圖 3-5 所示：N 在上，三個 H 在下，設爲狀態 $|1\rangle$，且處在狀態 $|1\rangle$ 的機率爲 $P_1 = |C_1|^2$；N 在下，三個 H 在上，設爲狀態 $|2\rangle$，且處在狀態 $|2\rangle$ 的機率爲 $P_2 = |C_2|^2$。

包含以上二種狀態的波函數，我們以 $|\psi\rangle = C_1|1\rangle + C_2|2\rangle$ 表之。

現在我們假設不受外力影響和施予外力影響的二種狀況，分別討論如下：

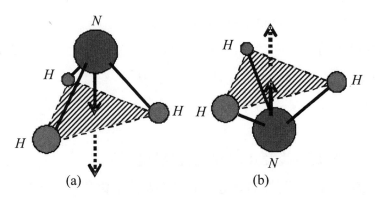

(a)   (b)

圖 3-5 NH_3 分子的二個狀態

[1] 假設狀況 1：只要 NH_3 分子在狀態 $|1\rangle$，若無外力影響，則沒有機會變狀態 $|2\rangle$，反之亦然。

假設 $|\psi\rangle = C_1|1\rangle + C_2|2\rangle$，   （3-163）

則 Schrödinger 方程式為

$$ i\hbar \frac{\partial}{\partial t} \begin{bmatrix} C_1 \\ C_2 \end{bmatrix} = \begin{bmatrix} H_{11} & H_{12} \\ H_{21} & H_{22} \end{bmatrix} \begin{bmatrix} C_1 \\ C_2 \end{bmatrix}, \tag{3-164} $$

在不受外力影響下，設 $\hat{H} = \begin{bmatrix} E_1 & 0 \\ 0 & E_2 \end{bmatrix}$，   （3-165）

所以 $\begin{cases} i\hbar \dfrac{\partial}{\partial t} C_1 = H_{11}C_1 + H_{12}C_2 = E_1 C_1 \Rightarrow C_1 = A_1 e^{\frac{-iE_1 t}{\hbar}} \\ i\hbar \dfrac{\partial}{\partial t} C_2 = H_{21}C_1 + H_{22}C_2 = E_2 C_2 \Rightarrow C_2 = A_2 e^{\frac{-iE_2 t}{\hbar}} \end{cases}$，（3-166）

則 $\begin{cases} C_1 = A_1 e^{\frac{-iE_1 t}{\hbar}} \\ C_2 = A_2 e^{\frac{-iE_2 t}{\hbar}} \end{cases}$，   （3-167）

所以 $|\psi\rangle = A_1 e^{\frac{-iE_1 t}{\hbar}}|1\rangle + A_2 e^{\frac{-iE_2 t}{\hbar}}|2\rangle$，   （3-168）

由歸一化條件得 $\langle\psi|\psi\rangle = |A_1|^2 + |A_2|^2 = 1$，   （3-169）

且若初始條件（Initial condition）爲，

當 $t = 0$ 時， $\qquad |\psi\rangle = |1\rangle$， $\qquad$ （3-170）

所以 $\qquad A_1 = 1$，$A_2 = 0$， $\qquad$ （3-171）

即 $\qquad |\psi\rangle = e^{\frac{-iE_1 t}{\hbar}}|1\rangle$， $\qquad$ （3-172）

上式的物理意義表示：NH_3 永遠在狀態 $|1\rangle$。

[2] 假設狀況 2：若外加靜電場，則 NH_3 分子會在 $|1\rangle$、$|2\rangle$ 二個狀態間作振盪。

假設 $\qquad \hat{H} = \begin{bmatrix} E & -E_0 \\ E_0 & E \end{bmatrix}$， $\qquad$ （3-173）

則 Schrödinger 方程式爲

$$i\hbar\frac{\partial}{\partial t}C_1 = EC_1 - E_0 C_2 ; \qquad （3\text{-}174）$$

$$i\hbar\frac{\partial}{\partial t}C_2 = -E_0 C_1 + EC_2 , \qquad （3\text{-}175）$$

（3-174）＋（3-175）：$i\hbar\dfrac{\partial}{\partial t}(C_1 + C_2) = C_1(E - E_0) + C_2(E - E_0)$

$$= (E - E_0)(C_1 + C_2) , \qquad （3\text{-}176）$$

所以 $\qquad C_1 + C_2 = ae^{\frac{-i(E - E_0)t}{\hbar}}$， $\qquad$ （3-177）

（3-174）－（3-175）：$i\hbar\dfrac{\partial}{\partial t}(C_1 - C_2) = C_1(E + E_0) - C_2(E + E_0)$

$$= (E + E_0)(C_1 - C_2) , \qquad （3\text{-}178）$$

所以 $\qquad C_1 - C_2 = be^{\frac{-i(E + E_0)t}{\hbar}}$， $\qquad$ （3-179）

所以 $\qquad \begin{cases} C_1 = \dfrac{a}{2}e^{-i(E - E_0)t/\hbar} + \dfrac{b}{2}e^{-i(E + E_0)t/\hbar} \\[2mm] C_2 = \dfrac{a}{2}e^{-i(E - E_0)t/\hbar} - \dfrac{b}{2}e^{-i(E + E_0)t/\hbar} \end{cases}$， $\qquad$ （3-180）

假設初始條件為，當 $t=0$ 時，$|\psi\rangle = |1\rangle$， （3-181）

即　　　$C_1(0)=1$，$C_2(0)=0$， （3-182）

所以　$\begin{cases} C_1(0) = \dfrac{a+b}{2} = 1 \\ C_2(0) = \dfrac{a-b}{2} = 0 \end{cases}$， （3-183）

得　　　$a=b=1$， （3-184）

則　　　$C_1 = e^{-iEt/\hbar} \dfrac{e^{iE_0t/\hbar} + e^{-iE_0t/\hbar}}{2} = e^{-iEt/\hbar}\cos\,(E_0t/\hbar)$ ； （3-185）

且　　　$C_2 = e^{-iEt/\hbar} \dfrac{e^{iE_0t/\hbar} - e^{-iE_0t/\hbar}}{2} = e^{-iEt/\hbar}\sin\,(E_0t/\hbar)$， （3-186）

所以，如圖 3-6 所示，

NH_3 分子處在狀態 $|1\rangle$ 的機率為 $P_1 = |C_1|^2 = \cos^2\,(E_0t/\hbar)$ ； （3-187）
NH_3 分子處在狀態 $|2\rangle$ 的機率為 $P_2 = |C_2|^2 = \sin^2\,(E_0t/\hbar)$。 （3-188）

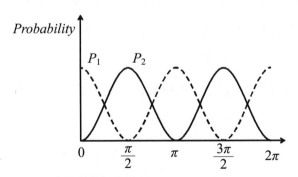

圖 3-6　NH_3 分子在二個狀態之間的機率變化

如果我們定義一組新的歸一化基底（Basis）為

$$\begin{cases} |I\rangle \equiv (|1\rangle + |2\rangle)/\sqrt{2} \\ |II\rangle \equiv (|1\rangle - |2\rangle)/\sqrt{2} \end{cases}, \tag{3-189}$$

則必須要先查驗 $|1\rangle$ 和 $|2\rangle$ 是否符合基底的條件：

歸一化條件 $\langle I|I\rangle = 1$；$\langle II|II\rangle = 1$, $\tag{3-190}$

正交關係 $\langle I|II\rangle = 0$；$\langle II|I\rangle = 0$, $\tag{3-191}$

二個要求都滿足，故 $|I\rangle$ 和 $|II\rangle$ 爲一組新的基底。

所以波函數可以表示爲

$$|\psi\rangle = \frac{\sqrt{2}}{2} e^{-i(E-E_0)t/\hbar}|I\rangle + \frac{\sqrt{2}}{2} e^{-i(E+E_0)t/\hbar}|II\rangle \text{。} \tag{3-192}$$

這個結果顯示，如圖 3-7：

[1] 當吾人將 NH_3 分子，置入靜電場中時，將使 NH_3 分子能階分裂 爲 $E - E_0$ 及 $E + E_0$，而當 NH_3 分子由狀態 $|II\rangle$ 變爲狀態 $|I\rangle$ 時， 將會輻射光子 $\hbar\omega = 2E_0$。

[2] NH_3 分子處在狀態 $|I\rangle$ 的機率爲 $|\langle I|\psi\rangle|^2 = \frac{1}{2}$；$NH_3$ 分子處在狀 態 $|II\rangle$ 的機率爲 $|\langle II|\psi\rangle|^2 = \frac{1}{2}$。

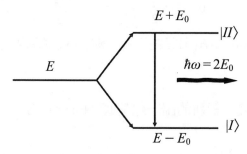

圖 3-7　外加靜電場將使 NH_3 分子能階分裂

[3]　NH_3 由外加靜電場取得能量，躍昇到高能態，但粒子趨向低能
態，故放出電磁波。

3.7　微擾理論

只有在少數幾種特殊的位能情況下，才可以直接求解 Schröding-
er 方程式得到解析解（Analytical solutions），大多數的情況下，都
會藉助於微擾理論（Perturbation theory）在已知解的附近，找出近似
解。

因爲波動方程式包含了空間與時間，所以微擾理論也就分成二大
類：和時間無關的微擾理論、和時間相關的微擾理論。

3.7.1　和時間無關的微擾理論

和時間無關的微擾理論可以因爲能量簡併而分成和時間無關的非
簡併微擾理論、和時間無關的簡併微擾理論。

3.7.1.1　和時間無關的非簡併微擾理論

未擾動之 Schrödinger 方程式爲

$$\hat{H}^{(0)}\psi_n^{(0)} = E_n^{(0)}\psi_n^{(0)}，$$

（3-193）

其中$\hat{H}^{(0)}$爲零階 Hamiltonian（Zero-order Hamiltonian）；$E_n^{(0)}$ 和 $\psi_n^{(0)}$ 分別爲零階 Hamiltonian 的本徵能量和本徵向量。

然而我們把受擾動的 Hamiltonian 加入未受擾動的 Hamiltonian，定義表示爲完整的 Hamiltonian（Full Hamiltonian），

即
$$\hat{H} = \hat{H}^{(0)} + \lambda \hat{H}^{(1)} ,\tag{3-194}$$

其中$\hat{H}^{(1)}$爲受擾動的 Hamiltonian（Perturbation Hamiltonian）；λ 爲微擾參數（Perturbation parameter），接著要寫出波函數和本徵能量的形式，因爲完整的 Hamiltonian $\hat{H} = \hat{H}^{(0)} + \lambda \hat{H}^{(1)}$ 是和微擾參數 λ 有關的，所以 ψ_n 和 E_n 也和 λ 有關，我們把 ψ_n 和 E_n 對 λ 作 Taylor 級數展開，

即
$$\begin{aligned}\psi_n &= \psi_n|_{\lambda=0} + \frac{\lambda}{1!} \frac{\partial \psi_n}{\partial \lambda}\bigg|_{\lambda=0} + \frac{\lambda^2}{2!} \frac{\partial^2 \psi_n}{\partial \lambda^2}\bigg|_{\lambda=0} + \cdots \\ &= \psi_n^{(0)} + \lambda \psi_n^{(1)} + \lambda^2 \psi_n^{(2)} + \cdots , \end{aligned}\tag{3-195}$$

其中
$$\psi_n^{(k)} = \frac{1}{k!} \frac{\partial^k \psi_n}{\partial \lambda^k}\bigg|_{\lambda=0} ,$$

所以完整的波函數（Full wave function）可以表示爲

$$\psi_n = \psi_n^{(0)} + \lambda \psi_n^{(1)} + \lambda^2 \psi_n^{(2)} + \cdots ,\tag{3-196}$$

且能量完整的本徵值（Full energy eigenvalue）也將具有相似的形式爲

$$E_n = E_n^{(0)} + \lambda E_n^{(1)} + \lambda^2 E_n^{(2)} + \cdots, \tag{3-197}$$

也就是第 n 個狀態的完整波函數和能量完整的本徵值可以表示成微擾參數的次冪級數和；所以第 n 個狀態的完整 Schrödinger 方程式（Full Schrödinger equation）為

$$\hat{H}\psi_n = E_n\psi_n, \tag{3-198}$$

將完整的波函數 ψ_n 和完整的能量（Full energy）E_n 代入得

$$[\hat{H}^{(0)} + \lambda\hat{H}^{(1)}][\psi_n^{(0)} + \lambda\psi_n^{(1)} + \lambda^2\psi_n^{2} + \cdots]$$
$$= [E_n^{(0)} + \lambda E_n^{(1)} + \lambda^2 E_n^{(2)} + \cdots][\psi_n^{(0)} + \lambda\psi_n^{(1)} + \lambda^2\psi_n^{(2)} + \cdots], \tag{3-199}$$

則等號二側 λ 的相同次冪要相等，

即
$$\hat{H}^{(0)}\psi_n^{(0)} = E_n^{(0)}\psi_n^{(0)}; \tag{3-200}$$

$$(\hat{H}^{(0)} - E_n^{(0)})\,\psi_n^{(1)} = E_n^{(1)}\psi_n^{(0)} - \hat{H}^{(1)}\psi_n^{(0)} = (E_n^{(1)} - \hat{H}^{(1)})\psi_n^{(0)}; \tag{3-201}$$

$$(\hat{H}^{(0)} - E_n^{(0)})\,\psi_n^{(2)} = E_n^{(2)}\psi_n^{(0)} + E_n^{(1)}\,\psi_n^{(1)} - \hat{H}^{(1)}\,\psi_n^{(1)}$$
$$= (E_n^{(1)} - \hat{H}^{(1)})\,\psi_n^{(1)} + E_n^{(2)}\psi_n^{(0)}; \tag{3-202}$$

$$\vdots$$

則由
$$(\hat{H}^{(0)} - E_n^{(0)})|\,\psi_n^{(1)}\rangle = -\,(\hat{H}^{(1)} - E_n^{(1)})|\psi_n^{(0)}\rangle, \tag{3-203}$$

得
$$\langle\psi_n^{(0)}|\,(\hat{H}^{(0)} - E_n^{(0)})|\,\psi_n^{(1)}\rangle$$
$$= -\,\langle\psi_n^{(0)}|\hat{H}^{(1)}|\psi_n^{(0)}\rangle + \langle\psi_n^{(0)}|E_n^{(1)}|\psi_n^{(0)}\rangle, \tag{3-204}$$

又因為 $E_n^{(0)}$ 是實數，即
$$E_n^{(0)*} = E_n^{(0)}, \tag{3-205}$$

則由
$$\hat{H}^{(0)}|\psi_n^{(0)}\rangle = E_n^{(0)}|\psi_n^{(0)}\rangle, \tag{3-206}$$

所以 　$\langle \psi_n^{(0)}|\,(\hat{H}^{(0)} - E_n^{(0)})|\psi_n^{(1)}\rangle = \langle \psi_n^{(0)}|\,E_n^{(0)*} - E_n^{(0)}|\psi_n^{(1)}\rangle = 0$ ，　　（3-207）

得 　　$E_n^{(1)} = \langle \psi_n^{(0)}|E_n^{(1)}|\psi_n^{(0)}\rangle$

$$= \langle \psi_n^{(0)}|\hat{H}^{(1)}|\psi_n^{(0)}\rangle ，\tag{3-208}$$

即 $E_n^{(1)}$ 等於由第 n 個未受微擾的狀態被 $\hat{H}^{(1)}$ 作用後的期望值。

所以如果 $E_n^{(0)}$ 和 $\psi_n^{(0)}$ 已經求出來了，$E_n^{(1)}$ 也求出來了，則 $\psi_n^{(1)}$ 也可以解出，接著求出 $E_n^{(2)}$，$\psi_n^{(2)}$，…當然越高階的能量與波函數，其步驟就越複雜。

然而 $\psi_n^{(1)}$ 是什麼呢？其實因為零階本徵函數（Zero-order eigen-function）具有完備性，所以我們可以用零階本徵函數把 $\psi_n^{(1)}$ 展開，

即 　　　　　　　$\displaystyle \psi_n^{(1)} = \sum_{k \neq n} c_{nk}^{(1)} \psi_k^{(0)}$ ，　　　　　　　（3-209）

或對所有的階次的一般表示為

$$\psi_n^{(j)} = \sum_{k \neq n} c_{nk}^{(j)} \psi_k^{(0)} ，\tag{3-210}$$

其中，我們把 $k = n$ 的 $\psi_n^{(0)}$ 排除在外，因為在 $\psi_n = \psi_n^{(0)} + \lambda\,\psi_n^{(1)} + \lambda^2\,\psi_n^{(2)}$ +…的第一項已經包含了 $\psi_n^{(0)}$。

接著我們要找出 $c_{nk}^{(1)}$，再一次由 $\hat{H}^{(0)}|\psi_n^{(1)}\rangle + \hat{H}^{(1)}|\psi_n^{(0)}\rangle = E_n^{(0)}|\psi_n^{(1)}\rangle + E_n^{(1)}|\psi_n^{(0)}\rangle$，

代入 $|\psi_n^{(1)}\rangle = \sum_{k \neq n} c_{nk}^{(1)}|\psi_k^{(0)}\rangle$，求內積 $\langle \psi_k^{(0)}|$，即乘上共軛態，再對全空間積分，

由 　$\hat{H}^{(0)}|\psi_n^{(1)}\rangle - E_n^{(0)}|\psi_n^{(1)}\rangle = -\hat{H}^{(1)}|\psi_n^{(0)}\rangle + E_n^{(1)}|\psi_n^{(0)}\rangle$ ，　　（3-211）

則　$\hat{H}^{(0)} \sum\limits_{k \neq n} c_{nk}^{(1)} |\psi_k^{(0)}\rangle - E_n^{(0)} \sum\limits_{k \neq n} c_{nk}^{(1)} |\psi_k^{(0)}\rangle$

$= -\hat{H}^{(1)} |\psi_n^{(0)}\rangle + E_n^{(1)} |\psi_n^{(0)}\rangle$ ，　　　　（3-212）

則　$\sum\limits_{k \neq n} c_{nk}^{(1)} E_n^{(0)} |\psi_k^{(0)}\rangle - \sum\limits_{k \neq n} c_{nk}^{(1)} E_n^{(0)} |\psi_k^{(0)}\rangle = -\hat{H}^{(1)} |\psi_n^{(0)}\rangle + E_n^{(1)} |\psi_n^{(0)}\rangle$ ，　（3-213）

則　$\sum\limits_{k \neq n} c_{nk}^{(1)} (E_k^{(0)} - E_n^{(0)}) |\psi_k^{(0)}\rangle = -\hat{H}^{(1)} |\psi_n^{(0)}\rangle + E_n^{(1)} |\psi_n^{(0)}\rangle$ ，　（3-214）

則　$\langle \psi_k^{(0)} | \sum\limits_{k \neq n} c_{nk}^{(1)} (E_k^{(0)} - E_n^{(0)}) |\psi_k^{(0)}\rangle$

$= -\langle \psi_k^{(0)} | \hat{H}^{(1)} | \psi_n^{(0)}\rangle + E_n^{(1)} \langle \psi_k^{(0)} | \psi_n^{(0)}\rangle$ ，　　　（3-215）

又正交性　　$\langle \psi_k^{(0)} | \psi_n^{(0)}\rangle = 0$ 且 $\langle \psi_k^{(0)} | \psi_k^{(0)}\rangle = 1$ ，

所以　　$c_{nk}^{(1)} (E_k^{(0)} - E_n^{(0)}) = -\langle \psi_k^{(0)} | \hat{H}^{(1)} | \psi_n^{(0)}\rangle$ ，　　　（3-216）

則　　$c_{nk}^{(1)} = \dfrac{\langle \psi_k^{(0)} | \hat{H}^{(1)} | \psi_n^{(0)}\rangle}{E_n^{(0)} - E_k^{(0)}}$ ，　　　（3-217）

可得　　$\psi_k^{(1)} = \sum\limits_{k \neq n} \dfrac{\langle \psi_k^{(0)} | \hat{H}^{(1)} | \psi_n^{(0)}\rangle}{E_n^{(0)} - E_k^{(0)}} \psi_k^{(0)}$ 。　　　（3-218）

我們可以再進一步求 $E_n^{(2)}$ 和 $\psi_n^{(2)}$ ，

由　　$(\hat{H}^{(0)} - E_n^{(0)}) \psi_n^{(2)} = (E_n^{(1)} - \hat{H}^{(1)}) \psi_n^{(1)} + E_n^{(2)} \psi_n^{(0)}$ ，　　（3-219）

可求得　　$E_n^{(2)} = \sum\limits_{k \neq n} c_{nk}^{(1)} \langle \psi_n^{(0)} | \hat{H}^{(1)} | \psi_k^{(0)}\rangle$

$= \sum\limits_{k \neq n} \dfrac{|\langle \psi_k^{(0)} | \hat{H}^{(1)} | \psi_k^{(0)}\rangle|^2}{E_n^{(0)} - E_k^{(0)}}$ ，　　　（3-220）

由 $\langle \psi_k^{(0)} |$ 求內積可得

$c_{nk}^{(2)} = \dfrac{1}{E_n^{(0)} - E_k^{(0)}} \left\{ \sum\limits_{j \neq n} \left[\dfrac{\langle \psi_k^{(0)} | \hat{H}^{(1)} | \psi_j^{(0)}\rangle \langle \psi_j^{(0)} | \hat{H}^{(1)} | \psi_n^{(0)}\rangle}{E_n^{(0)} - E_j^{(0)}} - \dfrac{\langle \psi_j^{(0)} | \hat{H}^{(1)} | \psi_n^{(0)}\rangle E_n^{(1)}}{E_n^{(0)} - E_j^{(0)}} \right] \right\}$ ，

（3-221）

則

$$\psi_n^{(2)} = \sum_{k \neq n} \frac{1}{E_n^{(0)} - E_k^{(0)}}$$

$$\left\{ \sum_{j \neq n} \left[\frac{\langle \psi_k^{(0)} | \hat{H}^{(1)} | \psi_j^{(0)} \rangle \langle \psi_j^{(0)} | \hat{H}^{(1)} | \psi_n^{(0)} \rangle}{E_n^{(0)} - E_j^{(0)}} - \frac{\langle \psi_j^{(0)} | \hat{H}^{(1)} | \psi_n^{(0)} \rangle E_n^{(1)}}{E_n^{(0)} - E_j^{(0)}} \right] \right\} \text{。} \quad （3\text{-}222）$$

3.7.1.2　和時間無關的簡併微擾理論

簡併的計算比非簡併的過程複雜的多，我們可以用數學歸納法，先由二重簡併的結果再擴展至 d 重簡併。

假設 $\psi_1^{(0)}$ 和 $\psi_2^{(0)}$ 是二個正交的未受微擾的本徵態，因爲是二重簡併，所以其對應的能量爲 $E_d^{(0)}$，

即 $$\hat{H}^{(0)} \psi_1^{(0)} = E_d^{(0)} \psi_1^{(0)} \text{；} \quad （3\text{-}223）$$

且 $$\hat{H}^{(0)} \psi_2^{(0)} = E_d^{(0)} \psi_2^{(0)} \text{，} \quad （3\text{-}224）$$

對於微擾問題而言，如前所述

$$\hat{H} \psi_n = E_n \psi_n \text{，} \quad （3\text{-}225）$$

其中 $$\hat{H} = \hat{H}^{(0)} + \lambda \hat{H}^{(1)} \text{，} \quad （3\text{-}226）$$

則當 λ 趨近於零，由 $\lim_{\lambda \to 0} \hat{H} = \hat{H}^{(0)}$，

所以 $$\hat{H} \psi_n \underset{\lambda \to 0}{=} \hat{H}^{(0)} \psi_n = E_n^{(0)} \psi_n \underset{\lambda \to 0}{=} E_n \psi_n \text{，} \quad （3\text{-}227）$$

我們可以用一個示意圖來表示簡併微擾論的基本概念，如圖 3-8 所示，當 $\lambda = 0$ 表示未受微擾，則系統能量有簡併的情況；當 $\lambda = 1$ 表示已受微擾，則簡併能態產生分裂，雖然有些情況，微擾可能對簡併沒有效應或僅有部分效應。

但是以上的敘述是否意味著：當 λ 趨近於零，由 $\psi_n = \psi_n^{(0)} + \lambda \psi_n^{(1)} + \lambda^2 \psi_n^{(2)} + \cdots$ 的關係，所以 $\displaystyle\lim_{\lambda \to 0} \psi_n = \psi_n^{(0)}$ 一定要成立？

答案是「並非必要」！如果在非簡併的情況下，是唯一成立的；但是在簡併的情況下，則並非唯一成立的。在討論這個問題之前要先介紹一個重要的理論。

理論：如果有 d 個獨立的波函數，ψ_1、ψ_2、$\cdots$、ψ_d 是簡併的，其簡併能量為 E_d，則這些波函數的任意線性組合，也是一個本徵函數，其本徵值也是 E_d。

證明：

因為 ψ_1、ψ_2、$\cdots$、ψ_d 是簡併的，且簡併的能量為 W，

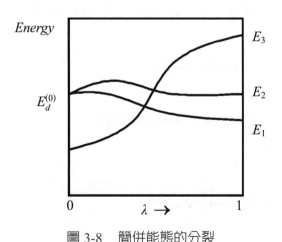

圖 3-8　簡併能態的分裂

即
$$\hat{H}\psi_1 = E_d\psi_1 ; \qquad (3\text{-}228)$$

$$\hat{H}\psi_2 = E_d\psi_2 ; \qquad (3\text{-}229)$$

$$\vdots$$

$$\hat{H}\psi_d = E_d\psi_d , \qquad (3\text{-}230)$$

令
$$\phi = c_1\psi_1 + c_2\psi_2 + \cdots + c_d\psi_d , \qquad (3\text{-}231)$$

因為 $\hat{H}$ 是線性算符（Linear operator），

所以
$$\begin{aligned}
\hat{H}\phi &= \hat{H}(c_1\psi_1 + c_2\psi_2 + \cdots + c_d\psi_d) \\
&= \hat{H}(c_1\psi_1) + \hat{H}(c_2\psi_2) + \cdots + \hat{H}(c_d\psi_d) \\
&= c_1\hat{H}\psi_1 + c_2\hat{H}\psi_2 + \cdots + c_d\hat{H}\psi_d \\
&= c_1E_d\psi_1 + c_2E_d\psi_2 + \cdots + c_dE_d\psi_d \\
&= E_d(c_1\psi_1 + c_2\psi_2 + \cdots + c_d\psi_d) \\
&= E_d\phi , \text{得證。} \qquad (3\text{-}232)
\end{aligned}$$

依據以上的理論，所以 $\psi_1^{(0)}$ 和 $\psi_2^{(0)}$ 的任意線性組合，

即
$$\psi_n^{(0)} = c_1\psi_1^{(0)} + c_2\psi_2^{(0)} , \qquad (3\text{-}233)$$

都可以是未受微擾，即 $\lambda \to 0$ 的本徵函數，
用數學表示則為

$$\lim_{\lambda \to 0} \psi_n = c_1\psi_1^{(0)} + c_2\psi_2^{(0)} , \qquad (3\text{-}234)$$

如果寫成一般形式，則為

$$\lim_{\lambda \to 0} \psi_n = \sum_{i=1}^{d} c_i \psi_i^{(0)} \ , \tag{3-235}$$

其中 $1 \le n \le d$，

現在先考慮二重簡併的情況，

由 $$\hat{H}\psi_n = E_n\psi_n \ , \tag{3-236}$$

且 $$\hat{H} = \hat{H}^{(0)} + \lambda H^{(1)} \ , \tag{3-237}$$

而
$$\psi_n = c_1\psi_1^{(0)} + c_2\psi_2^{(0)} + \lambda\psi_n^{(1)} + \lambda^2\psi_n^2 + \cdots$$
$$= \sum_{i=1}^{d=2} c_i\psi_i^{(0)} + \lambda\psi_n^{(1)} + \lambda^2\psi_n^2 + \cdots \ , \tag{3-238}$$

代入，所以

$$(\hat{H}^{(0)} + \lambda\hat{H}^{(1)})(c_1\psi_1^{(0)} + c_2\psi_2^{(0)} + \lambda\psi_n^{(1)} + \lambda^2\psi_n^2 + \cdots)$$
$$= (E_d^{(0)} + \lambda E_n^{(1)} + \lambda^2 E_n^{(2)} + \cdots)(c_1\psi_1^{(0)} + c_2\psi_2^{(0)}$$
$$+ \lambda\psi_n^{(1)} + \lambda^2\psi_n^2 + \cdots) \ , \tag{3-239}$$

λ^0 的係數爲

$$\hat{H}^{(0)} (c_1\psi_1^{(0)} + c_2\psi_2^{(0)}) = E_d^{(0)} (c_1\psi_1^{(0)} + c_2\psi_2^{(0)}) \ ; \tag{3-240}$$

λ^1 的係數爲

$$\hat{H}^{(0)}\psi_n^{(1)} + c_1\hat{H}^{(1)}\psi_1^{(0)} + c_2\hat{H}^{(1)}\psi_2^{(0)} = c_1E_n^{(1)}\psi_1^{(0)} + c_2E_n^{(1)}\psi_2^{(0)} + E_d^{(0)}\psi_n^{(1)} \ , \tag{3-241}$$

$$則 \ \hat{H}^{(0)}\psi_n^{(1)} - E_d^{(0)}\psi_n^{(1)} = E_n^{(1)} (c_1\psi_1^{(0)} + c_2\psi_2^{(0)}) - \hat{H}^{(1)} (c_1\psi_1^{(0)} + c_2\psi_2^{(0)}) \ , \tag{3-242}$$

以每一個簡併態的共軛態乘在上式中，再對全空間積分，

則　　$\langle \psi_1^{(0)}|\hat{H}^{(0)} - E_d^{(0)}|\psi_n^{(1)}\rangle = \langle \psi_1^{(0)}|E_n^{(1)}c_1|\psi_1^{(0)}\rangle + \langle \psi_1^{(0)}|E_n^{(1)}c_2|\psi_2^{(0)}\rangle$

$$- \langle \psi_1^{(0)}|c_1\hat{H}^{(1)}|\psi_1^{(0)}\rangle$$

$$- \langle \psi_1^{0}|c_2\hat{H}^{(1)}|\psi_2^{(0)}\rangle \; ; \qquad\qquad （3\text{-}243）$$

且　　$\langle \psi_2^{(0)}|\hat{H}^{(0)} - E_d^{(0)}|\psi_n^{(1)}\rangle = \langle \psi_2^{(0)}|c_1E_n^{(1)}|\psi_1^{(0)}\rangle + \langle \psi_2^{0}|c_2E_n^{(1)}|\psi_2^{(0)}\rangle$

$$- \langle \psi_2^{(0)}|c_1\hat{H}^{(1)}|\psi_1^{(0)}\rangle$$

$$- \langle \psi_2^{(0)}|c_1\hat{H}^{(1)}|\psi_2^{(0)}\rangle \; , \qquad\qquad （3\text{-}244）$$

因為　　$\langle \psi_1^{(0)}|\hat{H}^{(0)}|\psi_n^{(1)}\rangle - E_d^{(0)}\langle \psi_1^{(0)}|\psi_n^{(1)}\rangle$

$$= E_d^{(0)*}\langle \psi_1^{(0)}|\psi_n^{(1)}\rangle - E_d^{(0)}\langle \psi_1^{(0)}|\psi_n^{(1)}\rangle$$

$$= E_d^{(0)}\langle \psi_1^{(0)}|\psi_n^{(1)}\rangle - E_d^{(0)}\langle \psi_1^{(0)}|\psi_n^{(1)}\rangle$$

$$= 0 \; , \qquad\qquad （3\text{-}245）$$

同理　　$\langle \psi_2^{(0)}|\hat{H}^{(0)}|\psi_n^{(0)}\rangle - E_d^{(0)}\langle \psi_2^{(0)}|\psi_n^{(1)}\rangle = 0 \; , \qquad\qquad （3\text{-}246）$

所以

$$0 = c_1E_n^{(1)}\langle \psi_1^{(0)}|\psi_1^{(0)}\rangle + c_2E_n^{(1)}\langle \psi_1^{(0)}|\psi_2^{(0)}\rangle - c_1\langle \psi_1^{(0)}|\hat{H}^{(1)}|\psi_1^{(0)}\rangle$$

$$- c_2\langle \psi_1^{(0)}|\hat{H}^{(1)}|\psi_2^{(0)}\rangle \; ; \qquad\qquad （3\text{-}247）$$

且　　$0 = c_1E_n^{(1)}\langle \psi_2^{(0)}|\psi_1^{(0)}\rangle + c_2E_n^{(1)}\langle \psi_2^{(0)}|\psi_2^{(0)}\rangle - c_1\langle \psi_2^{(0)}|\hat{H}^{(1)}|\psi_1^{(0)}\rangle$

$$- c_2\langle \psi_2^{(0)}|\hat{H}^{(1)}|\psi_2^{(0)}\rangle \; , \qquad\qquad （3\text{-}248）$$

若　　　　　　　　$\langle \psi_1^{(0)}|\hat{H}^{(1)}|\psi_1^{(0)}\rangle = H_{11}^{(1)} \; ; \qquad\qquad （3\text{-}249）$

$$\langle \psi_1^{(0)}|\hat{H}^{(1)}|\psi_2^{(0)}\rangle = H_{12}^{(1)} \; ; \qquad\qquad （3\text{-}250）$$

$$\langle \psi_2^{(0)}|\hat{H}^{(1)}|\psi_1^{(0)}\rangle = H_{21}^{(1)} \; ; \qquad\qquad （3\text{-}251）$$

$$\langle \psi_2^{(0)}|\hat{H}^{(1)}|\psi_2^{(0)}\rangle = H_{22}^{(1)} \; , \qquad\qquad （3\text{-}252）$$

且　　　　　　　　$\langle \psi_1^{(0)}|\psi_2^{(0)}\rangle = 0 \; ; \qquad\qquad （3\text{-}253）$

$$\langle \psi_2^{(0)}|\psi_1^{(0)}\rangle = 0 \; ; \qquad\qquad （3\text{-}254）$$

$$\langle \psi_1^{(0)} | \psi_1^{(0)} \rangle = 1 \; ; \tag{3-255}$$

$$\langle \psi_2^{(0)} | \psi_2^{(0)} \rangle = 1 \; , \tag{3-256}$$

則
$$\begin{cases} (H_{11}^{(1)} - E_n^{(1)})c_1 + H_{12}^{(1)}c_2 = 0 \\ H_{21}^{(1)}c_1 + (H_{22}^{(1)} - E_n^{(1)})c_2 = 0 \end{cases} , \tag{3-257}$$

以矩陣形式表示重寫上面的方程組爲

$$\begin{bmatrix} H_{11}^{(1)} - E_n^{(1)} & H_{12}^{(1)} \\ H_{21}^{(1)} & H_{22}^{(1)} - E_n^{(1)} \end{bmatrix} \begin{bmatrix} c_1 \\ c_2 \end{bmatrix} = 0 \; , \tag{3-258}$$

如果有 d 重簡併，則爲

$$\begin{bmatrix} H_{11}^{(1)} - E_n^{(1)} & H_{12}^{(1)} & H_{13}^{(1)} & \cdots & H_{1d}^{(1)} \\ H_{21}^{(1)} & H_{22}^{(1)} - E_n^{(1)} & H_{23}^{(1)} & \cdots & H_{2d}^{(1)} \\ H_{31}^{(1)} & H_{32}^{(1)} & H_{33}^{(1)} - E_n^{(1)} & \cdots & H_{3d}^{(1)} \\ \vdots & \vdots & \vdots & \cdots & \vdots \\ H_{d1}^{(1)} & H_{d2}^{(1)} & H_{d3}^{(1)} & \cdots & H_{dd}^{(1)} - E_n^{(1)} \end{bmatrix} \begin{bmatrix} c_1 \\ c_2 \\ c_3 \\ \vdots \\ c_d \end{bmatrix} = 0 \; , \tag{3-259}$$

這個求本徵值和本徵向量的問題要有解，則行列式值要爲零，

即
$$\begin{vmatrix} H_{11}^{(1)} - E_n^{(1)} & H_{12}^{(1)} & H_{13}^{(1)} & \cdots & H_{1d}^{(1)} \\ H_{21}^{(1)} & H_{22}^{(1)} - E_n^{(1)} & H_{23}^{(1)} & \cdots & H_{2d}^{(1)} \\ H_{31}^{(1)} & H_{32}^{(1)} & H_{33}^{(1)} - E_n^{(1)} & \cdots & H_{3d}^{(1)} \\ \vdots & \vdots & \vdots & \cdots & \vdots \\ H_{d1}^{(1)} & H_{d2}^{(1)} & H_{d3}^{(1)} & \cdots & H_{dd}^{(1)} - E_n^{(1)} \end{vmatrix} = 0 \; , \tag{3-260}$$

或者也可以表示成

$$\det\left(\left\langle \psi_m^{(0)} \middle| \hat{H}^{(1)} \middle| \psi_i^{(0)} \right\rangle - E_n^{(1)} \delta_{mi} \right) = 0 \, ,$$ （3-261）

這個久期方程式（Secular equation）是 $E_n^{(1)}$ 的 d 次方程式；有 d 個解 $E_1^{(1)}$、$E_2^{(1)}$、$E_3^{(1)}$、$\cdots$、$E_d^{(1)}$，這 d 個能量就是 d 重簡併非微擾能階的第一階修正，如果這 d 個解都不相同，則 d 重簡併非微擾能態將會分裂成 d 個不同的微擾能態，

即 $$E_d^{(0)} + E_1^{(1)} \text{、} E_d^{(0)} + E_2^{(1)} \text{、} \cdots \text{、} E_d^{(0)} + E_d^{(1)} \, ,$$ （3-262）

就是本徵值，所以每個本徵值都可以有一個本徵向量，

即 $$(c_1, c_2, \cdots, c_d) \, ,$$ （3-263）

與之對應，每個本徵向量都有不同的一組 c_1、c_2、$\cdots$、c_d，而找到不同的正確的零階波函數，

其中 $$|c_1|^2 + |c_2|^2 + \cdots + |c_d|^2 = 1 = c_1^* c_1 + c_2^* c_2 + \cdots c_d^* c_d \, 。$$ （3-264）

3.7.2　和時間相關的微擾理論

有關光學躍遷的過程大多須藉和時間相關的微擾理論作分析。
若完整的 Hamiltonian 為

$$\hat{H} = \hat{H}_0 + \hat{H}_{\text{int}}(t) \, ,$$ （3-265）

　　其中 $\hat{H}_0$ 為非微擾項，不隨時間變化，而且可以精確求解；$\hat{H}_{int}(t)$ 為微擾項，隨時間而變化，在 $t=0$ 時微擾開始和系統產生交互作用。

　　若 $\hat{H}_0$ 的本徵態是 ϕ_n，且本徵能量為 E_n，

即
$$\hat{H}_0\phi_n = E_n\phi_n，\tag{3-266}$$

　　假設在微擾產生之前，系統處於初始態 $\Phi_i(t)$，其和時間相依的波函數為

$$\Psi(t) = \Phi_i(t) = \phi_i\exp\left(-\frac{iE_it}{\hbar}\right)，\tag{3-267}$$

當 $t>0$，則 Schrödinger 方程式為

$$\hat{H}\Psi(t) = [\hat{H}_0 + \hat{H}_{int}(t)]\Psi(t) = i\hbar\frac{\partial}{\partial t}\Psi(t)，\tag{3-268}$$

必須在滿足邊界條件 $\Psi(0) = \Phi(0)$ 的情況下求解，和前面的微擾方法一樣，我們要用非微擾的解把精確解（Exact solution）展開，但是係數是和時間相關的，

即
$$\Psi(t) = \sum_j a_j(t)\Phi_j(t)，\tag{3-269}$$

其中 $a_j(t)$ 為在時間 t 時，狀態 j 的機率振幅，且初始值為

$$a_j(0) = \delta_j，\tag{3-270}$$

且
$$\hat{H}_0\Phi_j(t) = i\hbar\frac{\partial}{\partial t}\Phi_j(t)。\tag{3-271}$$

將 $\Psi(t) = \sum_j a_j(t)\Phi_j(t)$ 代入 Schrödinger 方程式，

即　　$\hat{H}\Psi(t) = [\hat{H}_0 + \hat{H}_{\mathrm{int}}(t)]\sum_j a_j(t)\Phi_j(t) = i\hbar\frac{\partial}{\partial t}\sum_j a_j(t)\Phi_j(t)$，　（3-272）

則　　$\sum_j a_j(t)\hat{H}_0\Phi_j(t) + \sum_j a_j(t)\hat{H}_{\mathrm{int}}(t)\Phi_j(t)$

$$= i\hbar\sum_j a_j(t)\frac{\partial\Phi_j(t)}{\partial t} + i\hbar\sum_j\frac{da_j(t)}{dt}\Phi_j(t)，\qquad（3\text{-}273）$$

因為　$\hat{H}_0\Phi_j(t) = i\hbar\frac{\partial}{\partial t}\Phi_j(t)$，　　　　　　　　　　　　　　（3-274）

所以　$i\hbar\sum_j\frac{da_j(t)}{dt}\Phi_j(t) = \sum_j a_j(t)\hat{H}_{\mathrm{int}}(t)\Phi_j(t)$，　　　　（3-275）

又　　$\Phi_j(t) = \phi_j\exp\left[-\frac{iE_j t}{\hbar}\right]$，　　　　　　　　　　　　（3-276）

則　　$i\hbar\sum_j\frac{da_j(t)}{dt}\phi_j\exp\left[-\frac{iE_j t}{\hbar}\right] = \sum_j a_j(t)\hat{H}_{\mathrm{int}}(t)\phi_j\exp\left[-\frac{iE_j t}{\hbar}\right]$。　（3-277）

把上式乘上終態（Finial state）$|\phi_f\rangle$ 的共軛複數，即 $\langle\phi_f|$，再對全空間積分後，由於

$$\langle\phi_f|\phi_j\rangle = \delta_{fj}，\qquad（3\text{-}278）$$

所以只剩下 $j = f$ 的項，

得　$i\hbar\sum_j\frac{da_f(t)}{dt}\exp\left[-\frac{iE_f t}{\hbar}\right] = \sum_j a_j(t)\exp\left[-\frac{iE_f t}{\hbar}\right]\langle\phi_f|\hat{H}_{\mathrm{int}}(t)|\phi_j\rangle$，（3-279）

令　$H_{\mathrm{int}(f,j)}(t) = \langle\phi_f|\hat{H}_{\mathrm{int}}(t)|\phi_j\rangle$，　　　　　　（3-280）

則得　$\dfrac{da_f(t)}{dt} = \dfrac{1}{i\hbar}\sum_j a_j(t)H_{\mathrm{int}(f,j)}(t)\exp\left(\dfrac{i(E_f - E_j)t}{\hbar}\right)$。　　（3-281）

這個方程式和原來的 Schrödinger 方程式完全是同義且等價的，所有的近似與簡化都從這裡開始討論。

3.8 Hellmann-Feynman 理論

從量子力學的觀點來討論大自然的所有可觀察的現象都是求平均值，而平均值的計算，基本上就是在整個空間中做積分，如此當然就常常遇到很大的困難。Hellmann-Feynman 理論（Hellmann-Feynman Theorem）提供了一個方法，以微分取代積分求得所需的平均值，一般而言，微分計算顯然要比積分計算簡單多了。

Hellmann-Feynman 理論如下：若 ψ 為 Hamiltonian $\hat{H}$ 的歸一化本徵函數，E 為其所對應的本徵能量或本徵值，而 λ 是出現在 $\hat{H}$ 中的任何一個參數，

則
$$\frac{\partial E}{\partial \lambda} = \left\langle \psi \left| \frac{\partial \hat{H}}{\partial \lambda} \right| \psi \right\rangle 。$$
（3-282）

用文字敘述這個理論則為：對一個歸一化的波函數，能量 E 對參數 λ 的偏微分等於 $\hat{H}$ 對 λ 偏微分的平均值，而 λ 可以是粒子的間距、電荷、座標……等等系統參數。

〔證明〕：

由 $\langle \psi | \hat{H} | \psi \rangle = E$，則對方程式二邊作偏微分，

得　　　　　　　$\dfrac{\partial E}{\partial \lambda} = \left\langle \psi \left| \hat{H} \right| \dfrac{\partial \psi}{\partial \lambda} \right\rangle + \left\langle \psi \left| \dfrac{\partial \hat{H}}{\partial \lambda} \right| \psi \right\rangle + \left\langle \dfrac{\partial \psi}{\partial \lambda} \left| \hat{H} \right| \psi \right\rangle$

$\qquad\qquad\qquad = E^* \left\langle \psi \left| \dfrac{\partial \psi}{\partial \lambda} \right. \right\rangle + E \left\langle \dfrac{\partial \psi}{\partial \lambda} \left| \psi \right. \right\rangle + \left\langle \psi \left| \dfrac{\partial \hat{H}}{\partial \lambda} \right| \psi \right\rangle$,

因為 $E^* = E$，　　$= E \dfrac{\partial}{\partial \lambda} \left\langle \psi | \psi \right\rangle + \left\langle \psi \left| \dfrac{\partial \hat{H}}{\partial \lambda} \right| \psi \right\rangle$

因為 $\left\langle \psi | \psi \right\rangle = 1$，　　$= 0 + \left\langle \psi \left| \dfrac{\partial \hat{H}}{\partial \lambda} \right| \psi \right\rangle$

$\qquad\qquad\qquad = \left\langle \psi \left| \dfrac{\partial \hat{H}}{\partial \lambda} \right| \psi \right\rangle$，得證。　　　　　（3-283）

我們可以舉一個例子來說明 Hellmann-Feynman 理論的應用。例：
若一維簡諧振盪的 Hamiltonian $\hat{H}$ 和能量分別為

$$\hat{H} = \dfrac{-\hbar^2}{2m} \dfrac{d^2}{dx^2} + \dfrac{1}{2} k x^2 ，\qquad\qquad（3-284）$$

$$E_n = \left(n + \dfrac{1}{2} \right) \hbar \omega ，\qquad\qquad（3-285）$$

其中　　　　　$\omega = \sqrt{\dfrac{k}{m}}$ ，

則試以 Hellmann-Feynman 理論求座標平方的平均值 $\left\langle x^2 \right\rangle$ 。
〔解〕：選擇 $\lambda = k$，則由 Hellmann-Feynman 理論，

$$\dfrac{\partial E}{\partial k} = \left\langle \psi \left| \dfrac{\partial \hat{H}}{\partial \lambda} \right| \psi \right\rangle ，\qquad\qquad（3-286）$$

則因為簡諧振盪的 $\omega = \sqrt{\dfrac{k}{m}}$ ，

所以上式左邊 $= \dfrac{\partial E}{\partial k} = \dfrac{\partial}{\partial k} \left[\left(n + \dfrac{1}{2} \right) \hbar \omega \right]$

$$= \frac{\partial}{\partial k}\left[\left(n+\frac{1}{2}\right)\hbar\sqrt{\frac{k}{m}}\right]$$

$$= \left(n+\frac{1}{2}\right)\hbar\frac{1}{2\sqrt{km}} \; ; \qquad\qquad (3\text{-}287)$$

$$右邊 = \left\langle \psi \left| \frac{\partial}{\partial k}\left(-\frac{\hbar}{2m}\frac{d^2}{dk^2}+\frac{1}{2}kx^2\right)\right|\psi \right\rangle$$

$$= \left\langle \psi \left| \frac{\partial}{\partial k}\left(\frac{1}{2}kx^2\right)\right|\psi \right\rangle$$

$$= \left\langle \psi \left| \frac{x^2}{2}\right|\psi \right\rangle , \qquad\qquad (3\text{-}288)$$

即 $\quad \langle x^2 \rangle = \langle \psi|x^2|\psi \rangle = \left(n+\frac{1}{2}\right)\frac{\hbar}{\sqrt{km}}$。 $\qquad\qquad (3\text{-}289)$

3.9　Koopmans 理論

　　我們在稍後會介紹固態物理常用的單電子近似，因爲所有互相關聯的效應（Correlation effect）都略去不考慮，所以可得波動方程式爲 Hartree-Fock 方程式，Koopmans 理論（Koopmans theorem）賦予這個方程式所求出的本徵值物理意義。

　　Koopmans 推導出，在 Hartree-Fock 近似下，把一個電子由某一個 Bloch 態（Bloch state）轉移到另一個 Bloch 態所需的能量等於這二個 Bloch 態的能量差值。

〔證明〕

　　Hartree-Fock 方程式用 Dirac 符號可寫爲

$$\hat{H}_{Hartree-Fock} = \widehat{\mathscr{H}_1} + \sum_{j=1}^{N} \left\langle \varphi_{n_j}(\overrightarrow{r_2}) \left| \frac{e^2}{r_{12}} \right| \varphi_{n_j}(\overrightarrow{r_2}) \right\rangle$$

$$- \sum_{j=1}^{N} \left\langle \varphi_{n_j}(\overrightarrow{r_2}) \left| \frac{e^2}{r_{12}} \right| \varphi_{n_i}(\overrightarrow{r_2}) \right\rangle \frac{|\varphi_{n_j}(\overrightarrow{r_1})\rangle}{|\varphi_{n_i}(\overrightarrow{r_1})\rangle} \quad (3\text{-}290)$$

若包含 N 個電子的系統能量為 E_N，且由第 k 個 Bloch 態移去一個電子之後的 $N-1$ 個電子系統的能量為 E_{N-1}，並假設 N 個電子的系統和 $N-1$ 個電子系統的每一個單一電子的波函數都相同，

則 $\quad E_{N-1} = \left\langle \psi_{n_k}(\vec{r}) \left| \hat{H}_{Hartree-Fock} \right| \psi_{n_k}(\vec{r}) \right\rangle$

$$= \sum_{\substack{i \neq k \\ i=1}}^{N} \left\langle \varphi_{n_i}(\overrightarrow{r_1}) \left| \widehat{\mathscr{H}_1} \right| \varphi_{n_i}(\overrightarrow{r_1}) \right\rangle$$

$$+ \sum_{\substack{i \neq k \\ i=1}}^{N} \left\langle \varphi_{n_i}(\overrightarrow{r_1}) \left| \left[\sum_{j=1}^{N} \left\langle \varphi_{n_j}(\overrightarrow{r_2}) \left| \frac{e^2}{r_{12}} \right| \varphi_{n_j}(\overrightarrow{r_2}) \right\rangle \right] \right| \varphi_{n_i}(\overrightarrow{r_1}) \right\rangle$$

$$- \sum_{\substack{i \neq k \\ i=1}}^{N} \left\langle \varphi_{n_i}(\overrightarrow{r_1}) \left| \left[\sum_{j=1}^{N} \left\langle \varphi_{n_j}(\overrightarrow{r_2}) \left| \frac{e^2}{r_{12}} \right| \varphi_{n_i}(\overrightarrow{r_2}) \right\rangle \frac{|\varphi_{n_j}(\overrightarrow{r_1})\rangle}{|\varphi_{n_i}(\overrightarrow{r_1})\rangle} \right] \right| \varphi_{n_i}(\overrightarrow{r_1}) \right\rangle,$$

$$(3\text{-}291)$$

其中 $i \neq k$ 表示缺少第 k 個 Bloch 態的波函數 $|\varphi_{n_k}(\vec{r})\rangle$。

$$E_N = \left\langle \psi(\vec{r}) \left| \hat{H}_{Hartree-Fock} \right| \psi(\vec{r}) \right\rangle$$

$$= \sum_{i=1}^{N} \left\langle \varphi_{n_i}(\overrightarrow{r_1}) \left| \widehat{\mathscr{H}_1} \right| \varphi_{n_i}(\overrightarrow{r_1}) \right\rangle$$

$$+ \sum_{i=1}^{N} \left\langle \varphi_{n_i}(\overrightarrow{r_1}) \left| \left[\sum_{j=1}^{N} \left\langle \varphi_{n_j}(\overrightarrow{r_2}) \left| \frac{e^2}{r_{12}} \right| \varphi_{n_j}(\overrightarrow{r_2}) \right\rangle \right] \right| \varphi_{n_i}(\overrightarrow{r_1}) \right\rangle$$

$$- \sum_{i=1}^{N} \left\langle \varphi_{n_i}(\overrightarrow{r_1}) \left| \left[\sum_{j=1}^{N} \left\langle \varphi_{n_j}(\overrightarrow{r_2}) \left| \frac{e^2}{r_{12}} \right| \varphi_{n_i}(\overrightarrow{r_2}) \right\rangle \frac{|\varphi_{n_j}(\overrightarrow{r_1})\rangle}{|\varphi_{n_i}(\overrightarrow{r_1})\rangle} \right] \right| \varphi_{n_i}(\overrightarrow{r_1}) \right\rangle,$$

$$(3\text{-}292)$$

則$\Delta E = E_{N-1} - E_N$

$$= \langle \psi_{n_k}(\vec{r}) | \widehat{H}_{Hartree-Fock} | \psi_{n_k}(\vec{r}) \rangle - \langle \psi(\vec{r}) | \widehat{H}_{Hartree-Fock} | \psi(\vec{r}) \rangle$$

$$= - \langle \varphi_{n_k}(\vec{r_1}) | \widehat{\mathscr{H}}_1 | \varphi_{n_k}(\vec{r_1}) \rangle - \langle \varphi_{n_k}(\vec{r_1}) | \left[\sum_{j=1}^{N} \langle \varphi_{n_j}(\vec{r_2}) | \frac{e^2}{r_{12}} | \varphi_{n_j}(\vec{r_2}) \rangle \right] | \varphi_{n_k}(\vec{r_1}) \rangle$$

$$+ \langle \varphi_{n_k}(\vec{r_1}) | \left[\sum_{j=1}^{N} \langle \varphi_{n_j}(\vec{r_2}) | \frac{e^2}{r_{12}} | \varphi_{n_i}(\vec{r_2}) \rangle \frac{|\varphi_{n_i}(r_1)\rangle}{|\varphi_{n_i}(\vec{r_1})\rangle} \right] | \varphi_{n_k}(\vec{r_1}) \rangle$$

$$= - \langle \varphi_{n_k}(\vec{r_1}) | \widehat{H}_{Hartree-Fock} | \varphi_{n_k}(\vec{r_1}) \rangle$$

$$= -E_{n_k} , \tag{3-293}$$

或 $\quad \Delta E_{N,N-1} = E_{n_k}。 \tag{3-294}$

這二個結果顯示：系統增加或減少一個電子所需的能量恰等於單一個電子的能量（One-electron energy）。

3.10　Virial 理論

Virial 理論（Virial theorem）是量子力學的基本定理之一，也被視為晶體鍵結的來源，其用途在於：

[1]　只要知道一個系統的總能量，就可以把動能和位能分開。

[2]　在平衡狀態下，只要知道動能和位能的其中一個的平均值，就可以求出另一個，且不需要做複雜的積分計算。

[3]　若想驗證所求出的波函數是否正確，或是否夠精確可以看看其所對應的能量關係是否滿足 Virial 理論。

在證明 Virial 理論之前有二個重要的定理：Euler 理論（Euler's theorem）和 Hyper-Virial 理論（Hyper-Virial theorem）要先介紹如下。

3.10.1 Euler 理論的證明

若 $F(x_1, x_2, \cdots, x_N)$ 為 N 次齊次函數（Homogeneous function），

$$\text{則} \qquad \sum_{i=1}^{N} x_i \frac{\partial F}{\partial x_i} = NF \text{。} \qquad\qquad (3\text{-}295)$$

〔證明〕

因為 F 為 n 次齊次函數，

$$\text{即} \qquad F(tx_1, tx_2, \cdots, tx_N) = t^N F(x_1, x_2, \cdots, x_N)， \qquad (3\text{-}296)$$

其中 t 為任意參數，

等式二邊對 t 微分，

$$
\begin{aligned}
\text{即} \qquad \text{左側} &= \frac{d}{dt} F(tx_1, tx_2, \cdots tx_N) \\[2mm]
&= \frac{\partial F}{\partial(tx_1)} \frac{\partial(tx_1)}{\partial t} + \frac{\partial F}{\partial(tx_2)} \frac{\partial(tx_2)}{\partial t} + \cdots + \frac{\partial F}{\partial(tx_N)} \frac{\partial(tx_N)}{\partial t} \\[2mm]
&= x_1 \frac{\partial F}{\partial(tx_1)} + x_2 \frac{\partial F}{\partial(tx_2)} + \cdots + x_N \frac{\partial F}{\partial(tx_N)} \\[2mm]
&= \sum_{i=1}^{N} \left(x_i \frac{\partial F}{\partial(tx_i)} \right)，
\end{aligned}
\qquad (3\text{-}297)
$$

$$\text{且} \qquad \text{右側} = \frac{d}{dt}(t^N F) = N t^{N-1} F， \qquad\qquad (3\text{-}298)$$

$$\text{則當 } t = 1 \text{ 時，} \qquad \sum_{i=1}^{N} x_i \frac{\partial F}{\partial x_i} = NF \text{。} \qquad\qquad (3\text{-}299)$$

3.10.2　Hyper-Virial 理論的證明

若 $|\psi\rangle$ 是 Hermitian 運算子 $\hat{H}$ 的一個歸一化本徵向量，且其本徵值為 E，則對任何算符 $\hat{A}$ 存在有

$$\langle\psi|[\hat{H}, \hat{A}]|\psi\rangle = 0 。 \qquad (3\text{-}300)$$

所以 Hyper-Virial 理論就是在計算交換子（Commutator）的平均值。

〔證明〕

因為 $|\psi\rangle$ 是 Hermitian 運算子 $\hat{H}$ 的本徵向量，且其本徵值為 E，即

$$\hat{H}|\psi\rangle = E|\psi\rangle , \qquad (3\text{-}301)$$

$$且 \quad \langle\psi|\hat{H} = E\langle\psi| , \qquad (3\text{-}302)$$

其中 $\hat{H}$ 是和時間無關的。

若 $\hat{A}$ 為另一個和時間無關的線性算符（Time-independent linear operator），則

$$\begin{aligned}
\langle\psi|[\hat{H}, \hat{A}]|\psi\rangle &= \langle\psi|(\hat{H}\hat{A} - \hat{A}\hat{H})|\psi\rangle \\
&= E\langle\psi|\hat{A}|\psi\rangle - E\langle\psi|\hat{A}|\psi\rangle \\
&= 0 。 \qquad (3\text{-}303)
\end{aligned}$$

3.10.3 Virial 理論的證明

介紹了這二個基本定理之後，我們可以藉由這二個定理證明 Virial 理論，關於 Virial 理論的證明有許多方法，我們甚至會發現 Virial 理論是 Euler 理論的一個特例。

〔證明〕

假設有一個含有 S 個粒子的系統，而這 S 個粒子的直角座標為 x_1，x_2，x_3，$\cdots x_{3S}$，

則若
$$\hat{A} = \sum_{i=1}^{3s} \hat{x}_i \hat{p}_i = -i\hbar \sum_{i=1}^{3s} \hat{x}_i \frac{\partial}{\partial x_i} ,$$
(3-304)

又
$$[\hat{A}, \hat{B}\hat{C}] = [\hat{A}, \hat{B}]\hat{C} + \hat{B}[\hat{A}, \hat{C}] ,$$
(3-305)

所以
$$[\hat{H}, \hat{A}] = \sum_{i=1}^{3s} [\hat{H}, \hat{x}_i \hat{p}_i]$$

$$= \sum_{i=1}^{3s} [\hat{H}, \hat{x}_i]\hat{p}_i + \sum_{i=1}^{3s} \hat{x}_i [\hat{H}, \hat{p}_i] ,$$
(3-306)

而
$$[\hat{H}, \hat{x}_i] = \frac{-1}{m_i} \hat{p}_i \text{ 且 } [\hat{H}, \hat{p}_i] = \frac{\partial V}{\partial x_i} ,$$
(3-307)

代入得
$$[\hat{H}, \hat{A}] = \sum_{i=1}^{3s} \frac{-1}{m_i} \hat{p}_i^2 + \sum_{i=1}^{3s} \hat{x}_i \frac{\partial V}{\partial x_i}$$

$$= -2\hat{T} + \sum_{i=1}^{3s} \hat{x}_i \frac{\partial V}{\partial x_i} ,$$
(3-308)

其中 $\hat{T}$ 為動能的運算子，

所以 $\langle \psi | [\hat{H}, \hat{A}] | \psi \rangle = -2 \langle \psi | \hat{T} \psi \rangle + \langle \psi | \sum_{i=1}^{3s} \hat{x}_i \frac{\partial V}{\partial x_i} | \psi \rangle = 0 ,$ (3-309)

即 $2\langle \psi | \hat{T} \psi \rangle = \langle \psi | \sum_{i=1}^{3s} \hat{x}_i \frac{\partial V}{\partial x_i} | \psi \rangle ,$ (3-310)

這個結果就是 Virial 理論。

若系統的位能 V 是直角座標 $\{x_i\}$ 的 n 次齊次函數，則由 Euler 理論可得

$$\sum_i \hat{x}_i \frac{\partial V}{\partial x_i} = nV \text{ ,} \tag{3-311}$$

代入 Virial 理論，

則 $$2\langle\psi|\hat{T}|\psi\rangle = \langle\psi|\sum_i \hat{x}_i \frac{\partial V}{\partial x_i}|\psi\rangle = n\langle\psi|V|\psi\rangle\text{ ,} \tag{3-312}$$

可看出 Virial 理論是 Euler 理論的特例，

然而因為 $$\langle\psi|\hat{T}|\psi\rangle + \langle\psi|\hat{V}|\psi\rangle = E \text{ ,} \tag{3-313}$$

所以 $$\langle\psi|\hat{T}|\psi\rangle + \frac{2}{n}\langle\psi|\hat{T}|\psi\rangle = E \text{ ,} \tag{3-314}$$

則 $$\langle\psi|\hat{T}|\psi\rangle = \frac{n}{n+2}E \text{ ;} \tag{3-315}$$

且 $$\langle\psi|\hat{V}|\psi\rangle = \frac{2}{n+2}E \text{ 。} \tag{3-316}$$

3.10.4　Virial 理論的應用

若 [1] 一維的簡諧振盪的位能為

$$V(x) = \frac{1}{2}kx^2 \text{ ;} \tag{3-317}$$

[2] 氫原子的位能為

$$V(r) = \frac{kq}{r} \ , \tag{3-318}$$

則試以 Virial 理論分別求出平均動能 $\langle T \rangle$ 和平均位能 $\langle V \rangle$ 與總能量 E 的關係。

〔解〕

[1]　簡諧振盪 $V(x) = \frac{1}{2}kx^2$ 的是座標的 2 次方，即 $n = 2$，則

平均動能為　　$\langle T \rangle = \langle \psi | \hat{T} | \psi \rangle = \frac{2}{2+2}E = \frac{1}{2}E \ , \tag{3-319}$

其中　　　　　$E = \left(n + \frac{1}{2} \right)\hbar\omega \ ,$

平均位能為　　$\langle V \rangle = \langle \psi | V | \psi \rangle = \frac{2}{2+2}E = \frac{1}{2}E \ 。 \tag{3-320}$

[2]　氫原子的位能 $V(r) = \frac{kq}{r}$ 是座標的 –1 次方，即 $n = -1$，則

平均動能為　　$\langle T \rangle = \frac{-1}{-1+2}E = -E \ ; \tag{3-321}$

平均位能為　　$\langle V \rangle = \frac{2}{-1+2}E = 2E \ 。 \tag{3-322}$

3.11　單一電子的修正與近似

固態物質的許多特性必須透過量子力學才足以瞭解，然而如我們所知，因為單位體積的固態物質內所含的各種粒子數量非常大，則 Schrödinger 方程式將變得不可解，所以一定要採取一些近似的方法。如果可以把存在於固態中的所有電子的行為近似化為單一個電子

的行為，則所有固態的特性都只要用這個單一電子的波函數就可以描述了。

在本書中所介紹的是 Hartree-Fock 方程式（Hartree-Fock equation）和 Hartree 方程式（Hartree equation），二者最大的差異在於：Hartree-Fock 方程式考慮了電子必須遵守 Pauli 不相容原理（Pauli exclusive principle）；而 Hartree 方程式則不考慮電子的 Pauli 不相容原理。顯然在思考過程中，因為 Hartree 方程式是比較簡單的，所以也就比較早提出，其後再加入 Pauli 不相容原理作修正，得到 Hartree-Fock 方程式。但是現在我們採取的策略是先考慮電子遵守 Pauli 不相容原理，推導出 Hartree-Fock 方程式，再把 Pauli 不相容原理的部分忽略之後，就很方便的得到 Hartree 方程式。

此外，無論是 Hartree-Fock 方程式或 Hartree 方程式都是近似的結果，對於固態系統的能量而言，其精確數值是 Bohm-Pines 能量（Bohm-Pines energy），在下節中，我們只寫出結果而不做推導。

3.11.1 Bohm-Pines 能量

晶體系統的正確真實的能量被稱為 Bohm-Pines 能量 $E_{Bohm\text{-}Pines}$，以數學表示為

$$E_{real} = E_{Bohm\text{-}Pines} = \frac{P^2}{2m} + V(\vec{r}) + E_{Hartree\text{-}Fock} + E_{Correlation} \text{，} \quad （3\text{-}323）$$

其中 $E_{Hartree\text{-}Fock}$ 包含有一項交換能（Exchange energy）。因為 $E_{Bohm\text{-}Pines}$ 比下一節將介紹的 Hartree-Fock 近似（Hartree-Fock approximation）的結果小，也就是交換能通常是負值，修正了 Hatree-Fock 近似的誤差得到正確真實的能量，即 Bohm-Pines 能量。

3.11.2　Hartree-Fock 方程式

我們將以二個電子爲推導過程的基礎，所得的結果再推展至 N 個電子的系統。

因爲電子是 Fermion，所以二個電子的波函數可以設爲

$$\Phi(1, 2) = \frac{1}{\sqrt{2}}[\varphi_1(1)\varphi_2(2) - \varphi_1(2)\varphi_2(1)] = \frac{1}{\sqrt{2!}}\begin{vmatrix} \varphi_1(1) & \varphi_1(2) \\ \varphi_2(1) & \varphi_2(2) \end{vmatrix} , \quad （3\text{-}324）$$

而 Hamiltonian 爲

$$\hat{H} = \hat{H}_1 + \hat{H}_2 + \frac{e^2}{r_{12}} , \quad\quad\quad （3\text{-}325）$$

所以　　$E = \langle \Phi | \hat{H} | \Phi \rangle$

$$= \int \Phi^* \hat{H} \Phi d\tau$$

$$= \int \frac{1}{\sqrt{2!}}\begin{bmatrix} \varphi_1(1)\varphi_2(2) \\ -\varphi_1(2)\varphi_2(1) \end{bmatrix}^* \left[H_1 + H_2 + \frac{e^2}{r_{12}} \right] \frac{1}{\sqrt{2!}}\begin{bmatrix} \varphi_1(1)\varphi_2(2) \\ -\varphi_1(2)\varphi_2(1) \end{bmatrix} d\tau_1 d\tau_2$$

$$= \frac{1}{2} \left\{ \begin{array}{l} \int \varphi_1^*(1)H_1\varphi_1(1)d\tau_1 \int \varphi_2^*(2)\varphi_2(2)d\tau_2 + \int \varphi_1^*(2)H_2\varphi_1(2)d\tau_2 \int \varphi_2^*(1)\varphi_2(1)d\tau_1 \\[6pt] + \int \varphi_2^*(1)H_1\varphi_2(1)d\tau_1 \int \varphi_1^*(2)\varphi_1(2)d\tau_2 + \int \varphi_2^*(2)H_2\varphi_2(2)d\tau_2 \int \varphi_1^*(1)\varphi_1(1)d\tau_1 \\[6pt] + \int \varphi_1^*(1)\varphi_2^*(2)\frac{e^2}{r_{12}}\varphi_1(1)\varphi_2(2)d\tau_1 d\tau_2 + \int \varphi_1^*(2)\varphi_2^*(1)\frac{e^2}{r_{12}}\varphi_1(2)\varphi_2(1)d\tau_1 d\tau_2 \\[6pt] - \int \varphi_1^*(1)\varphi_2^*(2)\frac{e^2}{r_{12}}\varphi_1(2)\varphi_2(1)d\tau_1 d\tau_2 - \int \varphi_1^*(2)\varphi_2^*(1)\frac{e^2}{r_{12}}\varphi_1(1)\varphi_2(2)d\tau_1 d\tau_2 \end{array} \right\} ,$$

$$（3\text{-}326）$$

因為第一項等於第二項；第三項等於第四項；第五項等於第六項；第七項等於第八項，所以

$$E = \int \varphi_1^*(1)H_1\varphi_1(1)d\tau_1 + \int \varphi_2^*(1)H_1\varphi_2(1)d\tau_1$$

$$+ \int \varphi_1^*(1)\varphi_2^*(2)\frac{e^2}{r_{12}}\varphi_1(1)\varphi_2(2)d\tau_1 d\tau_2 - \int \varphi_1^*(1)\varphi_2^*(2)\frac{e^2}{r_{12}}\varphi_1(2)\varphi_2(1)d\tau_1 d\tau_2$$

$$= \sum_{i=1}^{2} \int \varphi_i^*(1)H_1\varphi_i(1)d\tau_1$$

$$+ \frac{1}{2}\left[\int \varphi_1^*(1)\varphi_2^*(2)\frac{e^2}{r_{12}}\varphi_2(2)\varphi_1(1)d\tau_1 d\tau_2 + \int \varphi_2^*(1)\varphi_1^*(2)\frac{e^2}{r_{12}}\varphi_1(2)\varphi_2(1)d\tau_1 d\tau_2\right]$$

$$- \frac{1}{2}\left[\int \varphi_1^*(1)\varphi_2^*(2)\frac{e^2}{r_{12}}\varphi_1(2)\varphi_2(1)d\tau_1 d\tau_2 + \int \varphi_2^*(1)\varphi_1^*(2)\frac{e^2}{r_{12}}\varphi_2(2)\varphi_1(1)d\tau_1 d\tau_2\right]$$

$$= \sum_{i=1}^{2} \varphi_i^*(1)H_1\varphi_i(1)d\tau_1$$

$$+ \frac{1}{2} \sum_{\substack{i=1 \\ (i \neq j)}}^{2} \sum_{j=1}^{2} \int \varphi_i^*(1)\frac{e^2\varphi_j^*(2)\varphi_j(2)}{r_{12}}d\tau_2\varphi_i(1)d\tau_1$$

$$- \frac{1}{2} \sum_{\substack{i=1 \\ (i \neq j)}}^{2} \sum_{j=1}^{2} \int \varphi_i^*(1)\frac{e^2\varphi_j^*(2)\varphi_i(2)}{r_{12}}d\tau_2\varphi_i(1)d\tau_1 \text{。} \qquad （3\text{-}327）$$

Parallel Spin

依變分法（Variational method），由上式的第一個等號的結果用一個「Σ」符號來表示為

$$E = \sum_{i=1}^{2}\left\{\left[\int d\tau_1\varphi_i^*(1)H_1\varphi_i(1)\right]\right.$$

$$\left. + \int d\tau_1\varphi_1^*(1)\frac{e^2\varphi_2^*(2)\varphi_2(2)}{r_{12}}d\tau_2\varphi_1(1) - \int d\tau_1\varphi_1^*(1)\frac{e^2\varphi_2^*(2)\varphi_1(2)}{r_{12}}d\tau_2\varphi_2(1)\right\},$$

$$（3\text{-}328）$$

$$\text{則} \quad \delta E = \sum_{i=1}^{2} \int d\tau_1 \delta\varphi_i^*(1) \left\{ \begin{array}{l} H_1\varphi_i(1) + \sum_{\substack{i=1 \\ i \neq j}}^{2} \int \dfrac{e^2\varphi_j^*(2)\varphi_j(2)}{r_{12}} d\tau_2 \varphi_i(1) \\ \\ - \sum_{\substack{i=1 \\ i \neq j \\ \text{Parallel Spin}}}^{2} \int \dfrac{e^2\varphi_j^*(2)\varphi_i(2)}{r_{12}} d\tau_2 \varphi_j(1) \end{array} \right\}, \quad （3\text{-}329）$$

上式加入 Lagrange 乘子，即 E_{11}，E_{12}，E_{21}，E_{22}，得

$$\sum_{i=1}^{2}\sum_{j=1}^{2} [-E_{ij}\langle\delta\varphi_i|\varphi_j\rangle] = \sum_{i=1}^{2}\sum_{j=1}^{2} \int d\tau_1 \delta\varphi_i^*(1)(-E_{ij})\varphi_j(1)，\quad （3\text{-}330）$$

$$\text{則} \quad \sum_{i=1}^{2} \left\{ \int d\tau_1 \delta\varphi_i^*(1) \left[\begin{array}{l} H_1\varphi_i(1) + \sum_{\substack{i=1 \\ i \neq j}}^{2} \int \dfrac{e^2\varphi_j^*(2)\varphi_j(2)}{r_{12}} d\tau_2 \varphi_i(1) \\ \\ - \sum_{\substack{i=1 \\ i \neq j \\ \text{Parallel Spin}}}^{2} \int \dfrac{e^2\varphi_j^*(2)\varphi_i(2)}{r_{12}} d\tau_2 \varphi_j(1) \end{array} \right] - \sum_{j=1}^{2} E_{ij}\varphi_j(1) \right\} = 0，$$

$$（3\text{-}331）$$

當 $i = 1$，則

$$H_1\varphi_1(1) + \sum_{\substack{i=1 \\ i \neq j}}^{2} \int \frac{e^2\varphi_j^*(2)\varphi_j(2)}{r_{12}} d\tau_2 \varphi_1(1) - \sum_{\substack{i=1 \\ i \neq j \\ \text{Parallel Spin}}}^{2} \int \frac{e^2\varphi_j^*(2)\varphi_1(2)}{r_{12}} d\tau_2 \varphi_j(1)$$

$$- E_{11}\varphi_1(1) - E_{12}\varphi_2(1) = 0，\qquad\qquad\qquad （3\text{-}332）$$

即

$$H_1\varphi_1(1) + \left[\int \frac{e^2\varphi_2^*(2)\varphi_2(2)}{r_{12}} d\tau_2 \right]\varphi_1(1) - \left[\int \frac{e^2\varphi_2^*(2)\varphi_1(2)}{r_{12}} d\tau_2 \right]\varphi_2(1) - E_{11}\varphi_1(1)$$

$$- E_{12}\varphi_2(1) = 0 \; , \tag{3-333}$$

當 $i = 2$，得

$$H_1\varphi_2(1) + \left[\int \frac{e^2\varphi_1^*(2)\varphi_1(2)}{r_{12}} d\tau_2 \right]\varphi_2(1) - \left[\int \frac{e^2\varphi_2^*(2)\varphi_1(2)}{r_{12}} d\tau_2 \right]\varphi_1(1) - E_{21}\varphi_1(1)$$

$$- E_{22}\varphi_2(1) = 0 \; \circ \tag{3-334}$$

可以很明顯的看出為了使方程組更容易求解，我們永遠可以令 E_{ij} 是對角化的矩陣，即 $E_{12} = 0$、$E_{21} = 0$。

如果我們把以上的二個電子的結果擴充至 N 個電子的系統，則 N 個電子的波函數為

$$\Phi(1, 2, 3, \cdots, N) = \frac{1}{\sqrt{N!}} \begin{vmatrix} \varphi_1(1) & \varphi_1(2) & \cdots & \varphi_1(N) \\ \varphi_2(1) & \varphi_2(2) & \cdots & \varphi_2(N) \\ \vdots & \vdots & \vdots & \vdots \\ \varphi_N(1) & \varphi_N(2) & \cdots & \varphi_N(N) \end{vmatrix} , \tag{3-335}$$

且 Hamiltonian 為 $\quad \hat{H} = \sum_{i=1}^{N} \hat{H}_i + \frac{1}{2} \sum_{\substack{i=1 \\ (i \neq j)}}^{2} \sum_{j=1}^{2} \frac{e^2}{r_{12}} , \tag{3-336}$

則 $\qquad E = \int \Phi^* \hat{H} \Phi d\tau_1 d\tau_2 \cdots d\tau_N$

$$= \sum_{i=1}^{N} \left[\int \varphi_i^*(1) \hat{H}_1 \varphi_i(1) d\tau_1 \right]$$

$$+ \frac{1}{2} \sum_{\substack{i=1 \\ (i \neq j)}}^{N} \sum_{j=1}^{N} \int \varphi_i^*(1) \frac{e^2\varphi_j^*(2)\varphi_j(2)}{r_{12}} d\tau_2 \varphi_i(1) d\tau_1$$

$$- \frac{1}{2} \sum_{\substack{i=1 \\ (i \neq j)}}^{N} \sum_{j=1}^{N} \int \varphi_i^*(1) \frac{e^2\varphi_j(2)\varphi_i(2)}{r_{12}} d\tau_2 \varphi_j(1) d\tau_1 , \tag{3-337}$$

Parallel Spin

加入 Lagrange 乘子、把 n_i、$\vec{r}_i$（其實只有 $\vec{r}_1$ 和 $\vec{r}_2$）置換進去，例如 $\varphi_{n_i}(\vec{r}_1)$（或 $\varphi_{n_i}(\vec{r}_2)$），則

$$\delta E = \sum_{i=1}^{N} \int d\vec{r}_1 \delta\varphi_{n_i}^{*}(\vec{r}_1) \left\{ \begin{array}{l} H_1\varphi_{n_i}(\vec{r}_1) + \left[\displaystyle\sum_{\substack{j=1 \\ i \neq j}}^{2} \int \dfrac{e^2|\varphi_{n_j}(\vec{r}_2)|^2\varphi_j^{*}(2)}{r_{12}} d\vec{r}_2 \right]\varphi_{n_i}(\vec{r}_1) \\[4mm] - \left[\displaystyle\sum_{\substack{j=1 \\ i \neq j \\ Parallel\ Spin}}^{2} \int \dfrac{e^2\varphi_{n_j}^{*}(\vec{r}_2)\varphi_{n_i}(\vec{r}_2)}{r_{12}} d\vec{r}_2 \right]\varphi_{n_j}(\vec{r}_1) \end{array} \right\} ,$$

$$（3\text{-}338）$$

得

$$H_1\varphi_{n_i}(\vec{r}_1) + \left[\sum_{\substack{j=1 \\ i \neq j}}^{2} \int \frac{e^2|\varphi_{n_j}(\vec{r}_2)|^2}{r_{12}} d\vec{r}_2 \right]\varphi_{n_i}(\vec{r}_1) - \left[\sum_{\substack{j=1 \\ i \neq j \\ Parallel\ Spin}}^{2} \int \frac{e^2\varphi_{n_j}^{*}(\vec{r}_2)\varphi_{n_i}(\vec{r}_2)}{r_{12}} d\vec{r}_2 \right]\varphi_{n_j}(\vec{r}_1)$$

$$- E_{n_i}\varphi_{n_i}(\vec{r}_1) = 0 \text{。} \qquad\qquad （3\text{-}339）$$

所以當系統中有 N 個電子，則 Hartree-Fock 方程式為

$$\left\{ H_1 + \sum_{\substack{j=1 \\ i \neq j}}^{N} \int \frac{e^2|\varphi_{n_j}(\vec{r}_2)|^2}{r_{12}} d\vec{r}_2 - \sum_{\substack{j=1 \\ i \neq j \\ Parallel\ Spin}}^{N} \frac{\varphi_{n_j}(\vec{r}_1)}{\varphi_{n_i}(\vec{r}_1)} \int \frac{e^2\varphi_{n_j}^{*}(\vec{r}_2)\varphi_{n_i}(\vec{r}_2)}{r_{12}} d\vec{r}_2 \right\}\varphi_{n_i}(\vec{r}_1)$$

$$= E_{n_i}\varphi_{n_i}(\vec{r}_1) , \qquad\qquad （3\text{-}340）$$

其中 $i = 1, 2, 3 \cdots N$。

求解之後可得第 n_i 個粒子的本徵態 $\varphi_{n_i}(\vec{r}_1)$ 和本徵能量 E_{n_i}。

3.11.3　Hartree 方程式

依據 Hartree-Fock 方程式的推導方法，Hartree 方程式把 N 個電子的波函數設為

$$\Phi(1, 2, 3, \cdots, N) = \varphi_1(1)\varphi_2(2)\cdots\varphi_N(N) ，\tag{3-341}$$

且 Hamiltonion 和 Hartree-Fock 方程式相同為

$$\hat{H} = \sum_{i=1}^{N} \hat{H}_i + \frac{1}{2} \sum_{\substack{i=1 \\ (i \neq j)}}^{N} \sum_{j=1}^{N} \frac{e^2}{r_{12}} ，\tag{3-342}$$

則　$E = \int \Phi^* \hat{H} \Phi d\tau_1 d\tau_2 \cdots d\tau_N$

$$= \sum_{i=1}^{N} \left[\int \varphi_i^*(1) H_1 \varphi_i(1) d\tau_1 \right] + \frac{1}{2} \sum_{\substack{i=1 \\ (i \neq j)}}^{N} \sum_{j=1}^{N} \int \varphi_i^*(1) \frac{e^2 \varphi_j^*(2)\varphi_j(2)}{r_{12}} d\tau_2 \varphi_i(1) d\tau_1 ，\tag{3-343}$$

加入 Lagrange 乘子，把 n_i、$\vec{r}_1$ 和 $\vec{r}_2$ 置換進去，

則　$$\delta E = \sum_{i=1}^{N} \int d\vec{r}_1 \, \delta\varphi_{n_i}^*(\vec{r}_1) \left\{ H_1 \varphi_{n_i}(\vec{r}_1) + \left[\sum_{\substack{j=1 \\ j \neq i}}^{2} \int \frac{e^2 |\varphi_{n_j}(\vec{r}_2)|^2 \varphi_j^*(2)}{r_{12}} d\vec{r}_2 \right] \varphi_{n_i}(\vec{r}_1) \right\} ，\tag{3-344}$$

所以 Hartree 方程式為

$$\left\{ H_1 + \sum_{\substack{j=1 \\ j \neq i}}^{N} \int \frac{e^2 |\varphi_{n_j}(\vec{r}_2)|^2}{r_{12}} d\vec{r}_2 \right\} \varphi_{n_i}(\vec{r}_1) = E_{n_i} \varphi_{n_i}(\vec{r}_i) 。\tag{3-345}$$

求解之後可得第 n_i 個粒子的本徵態 $\varphi_{n_i}(\vec{r}_1)$ 和本徵能量 E_{n_i}。

3.11.4　Bosons 和 Fermions

如果整個系統有二個位置 I、II，可以容納二個粒子 1、2，因爲這二個粒子是不可分辨的（Indistinguishable），所以當這二個粒子交換位置前後，其被觀察到的機率是相同的，

即 $\qquad |\varphi_I(1)\varphi_{II}(2)|^2 = |\varphi_I(2)\varphi_{II}(1)|^2$ ， （3-346）

則 $\qquad [\varphi_I(1)\varphi_{II}(2)]^2 - [\varphi_I(2)\varphi_{II}(1)]^2 = 0$ ， （3-347）

則 $\qquad \begin{cases} \varphi_I(1)\,\varphi_{II}(2) - \varphi_I(2)\,\varphi_{II}(1) = 0 \\ \varphi_I(1)\,\varphi_{II}(2) + \varphi_I(2)\,\varphi_{II}(1) = 0 \end{cases}$ （3-348）

所以可以得到二個解，

由 Bosons 所構成的對稱波函數（Symmetric wavefunction）特性爲

$$\varphi_I(1)\varphi_{II}(2) = \varphi_I(2)\varphi_{II}(1) ；\qquad\qquad (3\text{-}349)$$

由 Fermions 所構成的反對稱波函數（Antisymmetric wavefunction）特性爲

$$\varphi_I(1)\varphi_{II}(2) = -\varphi_I(2)\varphi_{II}(1) ，\qquad\qquad (3\text{-}350)$$

其中我們可以發現二個 Fermions 交換位置之後，波函數要變

號，所以我們可以把整個系統的波函數表示成

$$\Phi(1, 2) = \frac{1}{\sqrt{2}}[\varphi_I(1)\varphi_{II}(2) - \varphi_I(2)\varphi_{II}(1)] = \frac{1}{\sqrt{2!}}\begin{vmatrix} \varphi_I(1) & \varphi_I(2) \\ \varphi_{II}(1) & \varphi_{II}(2) \end{vmatrix}, \quad (3\text{-}351)$$

我們可以很容易的驗證這個波函數滿足以下二個關係：

[1]　位置交換，如圖 3-9 所示，則變號。

$$\Phi(1, 2) = -\Phi(2, 1)。 \qquad (3\text{-}352)$$

interchange

圖 3-9　Fermions 交換位置之後，波函數要變號

[2]　滿足 Pauli 不相容原理：若二個 Fermions 佔在同一個位置，

則　　$\Phi(1, 2) = \frac{1}{\sqrt{2}}[\varphi_I(1)\varphi_I(2) - \varphi_I(2)\varphi_I(1)] = 0，$ 　　(3-353)

或　　$\Phi(1, 2) = \frac{1}{\sqrt{2}}[\varphi_{II}(1)\varphi_{II}(2) - \varphi_{II}(2)\varphi_{II}(1)] = 0。$ 　(3-354)

思考題

3-1 試說明總角動量平方的期望值大小。

3-2 若 Hamiltonian $\hat{H}=\hat{H}_0+\hat{H}_1$，其中 $\hat{H}_0=\dfrac{\hat{P}^2}{2m}+\dfrac{1}{2}m\omega^2\hat{x}^2$；$\hat{H}_1=g\dfrac{\omega}{2}(\hat{x}\hat{p}+\hat{p}\hat{x})$ 且 g 爲實數，$|g|<1$。試以微擾理論討論之。

3-3 試說明 Heisenberg 運動方程式（Heisenberg equation of motion）。

3-4 試以 Feynman-Hellmann 理論，討論電場對帶電粒子的影響。

3-5 試討論少體問題（Few-body system）。

3-6 試以時間相依的 Schrödinger 方程式，討論粒子隨時間變化的運動狀態。

3-7 試以時間相依的微擾理論，討論 Schrödinger 方程式的解。

3-8 若粒子是在和速度相依的位能中運動，則試討論其運動狀態。

3-9 試以 Smith 圖（Smith chart）表示 Schrödinger 方程式。

3-10 試討論耦合諧振子（Coupled harmonic oscillator）。

第 4 章

固態古典模型

4.1 古典固態科學

1900 年 Max Planck 提出了量子論（Quantum theory），Paul Karl Ludwig Drude 提出了電子論（Electron theory）或稱為 Drude 模型（Drude model），這個模型雖然簡單，卻也流行了三十年。

我們可以簡單的說明一下，科學家是如何建構出固態理論的？藉由這個過程，我們將會學習到如何將書上所學到的「理論」，用以分析「實驗」所得的結果。

姑且不將電漿（Plasma）和液晶（Liquid crystal）列入物質的基本狀態，在固相、液相、氣相的物質三態中，最容易提純、觀察與研究的就是氣相。由於古典力學發展的氣體動力論（Gas dynamics）、統計力學建立的熱力學，以及以電動力學的觀點建立的光學都已經非常成功了，所以物質的氣相物理特性在 1900 年之前就有了很有系統的結果。

因為基於材料純化的技術業已成熟，且金屬對於外加干擾，諸如：外加電場、外加磁場、照光（電磁場）以及溫度……等等的反應，相較於絕緣體和半導體，要明顯的容易觀察得多，所以如果我們想在氣態與液態的物理基礎上建立固態理論，在材料的選擇上，就是導體物質或金屬。

在 1900 年，人們已經知道金屬物質富含自由電子，而 Drude 就把金屬中的自由電子視為氣體分子，在古典力學的基礎上建立了自由電子模型，當然這個模型可以廣為接受的重要因素是因為它能夠解釋「大部分的」固態金屬特性，包含：電、光、磁、熱的特性。以下我們將由古典力學出發，在 Drude 的假設條件下，獲得 Drude 模型的代

表方程式，再由這個方程式分別發展出描述電、光、磁、熱的特性方程式，然後我們就稱各別特性方程式爲「電的 Drude 模型」或「電的古典模型」、……，簡單來說，「古典模型」（Classical model）就是「Drude 模型」。然而要特別強調的是，因爲是 Drude 模型，所以所有的特性方程式的起始點一定要從原始的 Drude 模型的代表方程式開始推導，否則如何能說服自己「這是該特性的 Drude 模型」？

4.2 Drude 模型

Drude 模型（Drude model）或稱爲自由電子模型（Free electron model）的四個基本的假設如下：

[1]　電子和離子、電子和電子之間沒有交互作用。

[2]　離子是一個剛體。

[3]　若 τ 爲弛豫時間（Relaxation time），則經過 dt 時間之後，發生碰撞的機率爲 $\frac{dt}{\tau}$；不會發生碰撞的機率爲 $1 - \frac{dt}{\tau}$。

[4]　熱平衡。

如圖 4-1 所示，我們簡單的說明一下這四個假設的意義及目的，除了可以增加對 Drude 模型的瞭解之外，更重要的是可以作爲修正的條件。

第一個假設是不考慮電子的 Coulomb 力的任何作用，只純粹的將電子視爲古典力學在處理碰撞問題中的質點，也就是只有動能；沒有位能，因爲如果考慮了 Coulomb 力，就會有位能的作用需納入，有了位能的電子不再是「自由電子」，Drude 模型又被稱爲自由電子

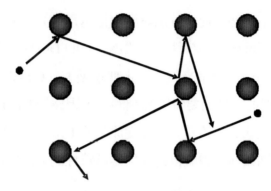

圖 4-1　Drude 模型

　　模型即肇因於此。這個假設也是未來要修正 Drude 模型的首要考慮。

　　第二個假設是爲了要把電子「侵入」離子所產生的電磁輻射排除，也就是在碰撞的過程中不考慮內能（Internal energy）的變化，不能產生化學反應，所以離子被假設是剛體。

　　第三個假設是唯一明顯有數學形式出現的假設，我們也將從這個假設出發，推導出 Drude 模型具體的數學形式。

　　第四個假設是熱平衡的假設，Drude 主要用它來計算金屬導熱的特性，雖然數量級有問題，但是因爲結合了導電特性的說明，所以在當時仍然是普遍被接受的。在下面的章節，我們略去了 Drude 的原始推導過程，而採用二種可以信賴的方法，以 Drude 模型爲基礎導出熱流與溫度梯度的關係。

　　在推導 Drude 模型之前，我們要先說明二個由古典力學所引出來的結果。

4.2.1 Drude 模型的碰撞參數

在 Drude 模型中,當一個電子在無限小的時間(Infinitesimal interval)dt 內發生碰撞的機率為 dt/τ,則從任一時刻開始觀察 t 時間,電子不發生碰撞機率為 $e^{-t/\tau}$,說明如下:

我們可以用一個簡單的圖來說明這個過程,如圖 4-2 所示,$p_r(t)$ 為在 t 時刻,電子不會發生碰撞的機率;$n(t)$ 為在 t 時刻,電子不會發生碰撞的個數。

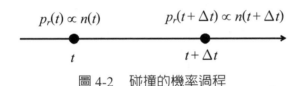

圖 4-2 碰撞的機率過程

可以用二個不同的方法來說明。

方法一:

若 N 為全部的電子個數,且若 $n(t)$ 為在 t 時刻,電子不會發生碰撞的個數,則 $p_r(t) = \dfrac{n(t)}{N}$ 為該電子系統中,在時間 t,電子不會發生碰撞的機率,同理,在時間 $t + \Delta t$,電子不發生碰撞的個數為 $n(t + \Delta t) = \left(1 - \dfrac{\Delta t}{\tau}\right)n(t)$,換成機率的表示則為

$$p_r(t + \Delta t) = \left(1 - \frac{\Delta t}{\tau}\right)p_r(t) , \qquad (4\text{-}1)$$

則
$$p_r(t + \Delta t) - p_r(t) = \frac{\Delta t}{\tau}p_r(t) , \qquad (4\text{-}2)$$

則
$$\lim_{\Delta t \to 0}\left[\frac{p_r(t + \Delta t) - p_r(t)}{\Delta t}\right] = \frac{dp_r(t)}{dt} = \frac{-p_r(t)}{\tau} , \qquad (4\text{-}3)$$

即
$$\frac{dp_r(t)}{dt} = \frac{-p_r(t)}{\tau} ,$$
（4-4）

解得
$$p_r(t) = e^{-\frac{t}{\tau}} 。$$
（4-5）

方法二：

首先把觀察的時間 t 分成 N 個等份時間 Δt，即 $t = N\Delta t$。因爲在 Δt 時間內發生碰撞的機率爲 $\frac{\Delta t}{\tau}$，所以不發生碰撞的機率爲 $1 - \frac{\Delta t}{\tau}$，則經過 t 時間後，不發生碰撞的機率 $p_r(t)$ 即爲

$$
\begin{aligned}
p_r(t) &= \left(1 - \frac{\Delta t}{\tau}\right)\left(1 - \frac{\Delta t}{\tau}\right)\cdots\left(1 - \frac{\Delta t}{\tau}\right)\cdots \quad \text{共 } N \text{ 次} \\
&= \left(1 - \frac{\Delta t}{\tau}\right)^N \\
&= 1 - \frac{N\Delta t}{\tau} + \cdots \\
&= e^{-\frac{N\Delta t}{\tau}} \\
&= e^{-\frac{t}{\tau}} 。
\end{aligned}
$$
（4-6）

其實我們也可以反過來敘述這個結果，即若已知電子不發生碰撞機率爲 $e^{-t/\tau}$，則所有電子連續發生二次碰撞的平均時間爲 τ。

4.2.2　碰撞時間、介電弛豫時間和電磁振盪的關係

我們要證明由古典力學所定義的碰撞時間（Collision time）和介電體（Dielectric）的介電弛豫時間（Dielectric relaxation time）是相同的。如果進一步的把電磁輻射的產生視爲電雙極（Electric dipole）

振盪的結果，則由上述的結果就可以延伸到固態發光的參數解釋。

由 Gauss 定律（Gauss' law）

$$\nabla \cdot \vec{\mathscr{E}} = \frac{q_v}{\varepsilon_r \varepsilon_0} \, ,$$ （4-7）

其中 ε_r 為介質材料的介電常數（Dielectric constant）；$\vec{\mathscr{E}}$ 為電場，
且由 Ohm 定律（Ohm's law）：

$$\vec{\mathscr{J}} = \sigma \vec{\mathscr{E}} \, ,$$ （4-8）

其中連續方程式（Continuity equation）為

$$\nabla \cdot \vec{\mathscr{J}} + \frac{\partial q_v}{\partial t} = 0 \, ,$$ （4-9）

則得 $$\frac{\partial q_v}{\partial t} + \frac{q_v}{\varepsilon_r \varepsilon_0 / \sigma} = 0 \, 。$$ （4-10）

若 $\tau_r = \dfrac{\varepsilon_r \varepsilon_0}{\sigma}$ 為介電弛豫時間，即

$$\frac{\partial q_v}{\partial t} + \frac{q_v}{\tau_r} = 0 \, ,$$ （4-11）

則可解得 $$g_v(t) = g_{vo} e^{\frac{-t}{\tau_r}} \, ,$$ （4-12）

其中 q_{vo} 為 $t = 0$ 時的 q_v。

這個結果顯示，當有 q_{vo} 的電荷注入或施予介電體上，則此電荷量將會以 τ_r 的速率衰減。

因為我們想用一個簡單的模型來說明介電弛豫時間 τ_r 和碰撞時

間 τ_c，所以假設在時間 t 內共有 N 次的碰撞，當然 N 是很大的數值。如果再細分時間與碰撞次數，則假設有 n_1 次的碰撞是在 t_1 時間內發生的；有 n_2 次的碰撞是在 t_2 時間內發生的；……，即有 n_i 次的碰撞是在 n_i 時間內發生的，$i = 1, 2, 3\cdots$；則碰撞的平均時間（Mean free time between collisions）為

$$\tau_c = \sum \frac{n_i t_i}{N} , \tag{4-13}$$

從另一方面說，如果 n 和 t 是連續的，則上式應為

$$\tau_c = \int \frac{t dn}{N} 。 \tag{4-14}$$

因為介電弛豫過程（Dielectric relaxation process）是一連串電子碰撞的結果，所以我們可以預期這個過程是取決於 τ_c，

即 $$\frac{dn}{dt} = Ae^{\frac{-t}{\tau_c}} , \tag{4-15}$$

其中 dn 為在 dt 時間內發生碰撞的次數，$e^{\frac{-t}{\tau_c}}$ 為發生碰撞的機率。

上式中，係數 A 是可以被確定的，

即 $$N = \int_0^\infty dn = \int_0^\infty Ae^{\frac{-t}{\tau_r}} dt = A\tau_r , \tag{4-16}$$

得 $$A = \frac{N}{\tau_r} , \tag{4-17}$$

則 $$dn = Ae^{\frac{-t}{\tau_r}} dt$$

$$= \frac{N}{\tau_r} e^{\frac{-t}{\tau_r}} dt , \tag{4-18}$$

所以 $\qquad \tau_c = \int \frac{t\,dn}{N} = \frac{1}{N}\int_0^\infty \left(\frac{N}{\tau_r}\right) t e^{\frac{-t}{\tau_r}} \, dt = \tau_r \,,$ （4-19）

即碰撞的平均時間等於介電弛豫時間。

4.2.3　Drude 模型的推導

如圖 4-3 所示，$\vec{p}(t+\Delta t)$ 為在 $t+\Delta t$ 時刻的動量；$\vec{p}(t)$ 為在 t 時刻的動量；$\vec{f}(t)\,\Delta t$ 為在 Δt 時間中所受的外力。

因為經過 Δt 之後未受碰撞的機率為 $1-\dfrac{\Delta t}{\tau}$，所以動量和外力的關係可寫為

$$\vec{p}(t+\Delta t) = \left(1 - \frac{\Delta t}{\tau}\right)\vec{p}\,(t) + \vec{f}(t)\Delta t \,,$$ （4-20）

其物理意義為「在 $t+\Delta t$ 時刻的動量」等於「在 t 時刻的動量經過了 Δt 時間之後仍沒有受到碰撞影響的動量」加上「在 Δt 時間內的外力作用影響的動量變化」。

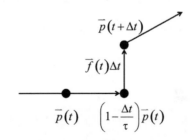

圖 4-3　有外力介入的碰撞過程

移項整理 $$\vec{p}(t + \Delta t) - \vec{p}(t) = -\frac{\vec{p}(t)}{\tau}\Delta t + \vec{f}(t)\Delta t，\qquad (4\text{-}21)$$

則 $$\lim_{\Delta t \to \infty}\frac{\vec{p}(t + \Delta t) - \vec{p}(t)}{\Delta t} = \frac{d\vec{p}(t)}{dt} = -\frac{\vec{p}(t)}{\tau} + \vec{f}(t)，\quad (4\text{-}22)$$

得到 Drude 模型的數學表示式為

$$\frac{d\vec{p}(t)}{dt} = -\frac{\vec{p}(t)}{\tau} + \vec{f}(t)。 \qquad (4\text{-}23)$$

接下來將以 Drude 模型簡單的說明我們所熟知的固態電、光、磁、熱特性，而其所外加的電場、光場、磁場、溫度梯度就是（4-23）式中的外力 $\vec{f}(t)$。再一次強調的是，所有的特性推導，一定要從這個式子出發，否則怎麼能稱其為 Drude 模型呢？

4.3　金屬導電特性的 Drude 模型

金屬導電率可以分成直流導電率（DC electrical conductivity）和交流導電率（AC electrical conductivity），以下分別說明。

4.3.1　直流導電率

由 Drude 模型 $$\frac{d\vec{p}(t)}{dt} = -\frac{\vec{p}(t)}{\tau} + \vec{f}(t)，\qquad (4\text{-}24)$$

在穩定狀態下（Steady state），$\dfrac{d\vec{p}(t)}{dt} = 0 = \dfrac{\vec{p}(t)}{\tau} + \vec{f}(t)$

$$= -\frac{m\vec{v}}{\tau} - e\vec{\mathscr{E}} \ , \quad\quad (4\text{-}25)$$

則
$$\vec{v} = \frac{-e\tau}{m}\vec{\mathscr{E}} \ , \quad\quad (4\text{-}26)$$

因為
$$\vec{\mathscr{J}} = -ne\vec{v}$$

$$= \frac{ne^2\tau}{m}\vec{\mathscr{E}}$$

$$= \sigma_0\vec{\mathscr{E}} \ 。 \quad\quad (4\text{-}27)$$

可得我們所熟知的 Ohm 定律（Ohm's law）的形式。

4.3.2　交流導電率

若交流電場為
$$\vec{\mathscr{E}}(t) = \vec{\mathscr{E}}(\omega)e^{-i\omega t} \ , \quad\quad (4\text{-}28)$$

由 Drude 模型
$$\frac{d\vec{p}(t)}{dt} = -\frac{\vec{p}(t)}{\tau} + \vec{f}(t) \ , \quad\quad (4\text{-}29)$$

其中 $\vec{p}(t) = \vec{p}(\omega)e^{-i\omega t}$ ，

則
$$-i\omega\vec{p}(\omega) = -\frac{\vec{p}(\omega)}{\tau} - e\vec{\mathscr{E}}(\omega) \ , \quad\quad (4\text{-}30)$$

即
$$-i\omega m\vec{v}(\omega) = -\frac{m\vec{v}(\omega)}{\tau} - e\vec{\mathscr{E}}(\omega) \ , \quad\quad (4\text{-}31)$$

因為
$$\vec{\mathscr{J}}(\omega) = -ne\vec{v}(\omega)$$

$$= \frac{ne^2/m}{\frac{1}{\tau} - i\omega}\vec{\mathscr{E}}(\omega)$$

$$= \frac{ne^2\tau/m}{1 - i\omega\tau}\vec{\mathscr{E}}(\omega)$$

$$= \frac{\sigma_0}{1 - i\omega\tau}\vec{\mathscr{E}}(\omega)$$

$$= \sigma(\omega)\vec{\mathscr{E}}(\omega) \ 。 \quad\quad (4\text{-}32)$$

和直流導電率相似的結果，這也是我們所熟知的 Ohm 定律的形式。

4.4 金屬光學特性的 Drude 模型

如圖 4-4 所示，光入射至金屬，則光波的交流電場可以表示為 $\vec{\mathcal{E}}(t) = \vec{\mathcal{E}}(\omega)e^{-i\omega t}$，則基於 Drude 模型，

$$\frac{d\vec{p}(t)}{dt} = -\frac{\vec{p}(t)}{\tau} + \vec{f}(t) ，\tag{4-33}$$

其中 $\vec{p}(\omega) = \vec{p}(0)e^{-i\omega t}$，

所以
$$-i\omega\vec{p}(\omega) = -\frac{\vec{p}(\omega)}{\tau} - e\vec{\mathcal{E}}(\omega) ，\tag{4-34}$$

則
$$-i\omega m\vec{v}(\omega) = -\frac{m\vec{v}(\omega)}{\tau} - e\vec{\mathcal{E}}(\omega)\tag{4-35}$$

得
$$\vec{J}(\omega) = \sigma(\omega)\vec{\mathcal{E}}(\omega) 。\tag{4-36}$$

若光波的時變電場可表示為 $\vec{\mathcal{E}}(\vec{r}, \omega) = \vec{\mathcal{E}}(\vec{r})e^{i\omega t}$，

則
$$\frac{\partial\vec{\mathcal{E}}(\vec{r}, \omega)}{\partial t} = i\omega\vec{\mathcal{E}}(\vec{r})e^{i\omega t} = i\omega\vec{\mathcal{E}}(\vec{r}, \omega)\tag{4-37}$$

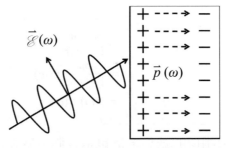

圖 4-4　金屬光學特性的 Drude 模型

且
$$\frac{\partial^2 \vec{\mathscr{E}}(\vec{r}, \omega)}{\partial t^2} = (i\omega)^2 \vec{\mathscr{E}}(\vec{r})e^{i\omega t} = -\omega^2 \vec{\mathscr{E}}(\vec{r}, \omega) \qquad (4\text{-}38)$$

當物質是勻相的介質，即介電函數 ε 和磁導函數（Magnetic permeability function）μ 不隨位置而變化，也就是 $\nabla\varepsilon = 0$ 且 $\nabla\mu = 0$，則波動方程式可簡化為

$$\nabla^2 \vec{\mathscr{E}}(\vec{r}, \omega) - \mu(\omega)\varepsilon(\omega)\frac{\partial^2}{\partial t^2}\vec{\mathscr{E}}(\vec{r}, \omega) = 0, \qquad (4\text{-}39)$$

代入電場 $\vec{\mathscr{E}}(\vec{r}, \omega)$ 表示式之後，非磁性（Non-magnetic, $\mu(\omega) = \mu_0$）波動方程式為

$$\nabla^2 \vec{\mathscr{E}}(\vec{r}, \omega) + \omega^2 \mu_0 \varepsilon(\omega)\vec{\mathscr{E}}(\vec{r}, \omega) = 0, \qquad (4\text{-}40)$$

其中 $\varepsilon(\omega)$ 為複介電函數，從固態物理的觀點來說，複介電函數決定了固態物質的光學特性。

如果外加的光波或電磁波的波長遠大於平均自由徑（Mean free path）或晶格常數，如圖 4-5 所示，則電流密度是被局部的電場（Local electrical field）所支配，

即
$$\vec{\mathscr{J}}(\vec{r}, \omega) = \sigma(\omega)\vec{\mathscr{E}}(\vec{r}, \omega), \qquad (4\text{-}41)$$

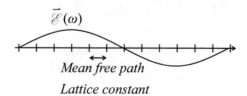

圖 4-5　光波或電磁波的波長遠大於平均自由徑或晶格常數

代入波動方程式

$$\nabla^2\vec{\mathscr{E}}(\vec{r}, \omega) - i\omega\mu_0\sigma(\omega)\vec{\mathscr{E}}(\vec{r}, \omega) + \omega^2\mu_0\varepsilon_0\vec{\mathscr{E}}(\vec{r}, \omega) = 0 \text{,} \quad (4\text{-}42)$$

則 $\quad \nabla^2\vec{\mathscr{E}}(\vec{r}, \omega) + \omega^2\mu_0\left[\varepsilon_0 + i\frac{\sigma(\omega)}{\omega}\right]\vec{\mathscr{E}}(\vec{r}, \omega) = 0 \text{,} \quad\quad (4\text{-}43)$

和前述的波動方程式比較後，可得複介電函數 $\varepsilon(\omega)$ 為

$$\varepsilon(\omega) = \varepsilon_0\varepsilon_r(\omega)$$

$$= \varepsilon_0 + i\frac{\sigma(\omega)}{\omega}$$

$$= \varepsilon_0 + i\frac{1}{\omega}\frac{ne^2\tau/m}{1 - i\omega\tau}$$

$$= \varepsilon_0 + i\frac{ne^2/m}{\dfrac{\omega}{\tau} - i\omega^2}$$

$$= \varepsilon_0 + i\frac{ne^2/m\left(\dfrac{\omega}{\tau} + i\omega^2\right)}{\dfrac{\omega^2}{\tau^2} + \omega^4}$$

$$= \varepsilon_0 + i\frac{\dfrac{\omega}{\tau}ne^2/m}{\dfrac{\omega^2}{\tau^2} + \omega^4} - \frac{\dfrac{\omega}{\tau}ne^2/m}{\dfrac{\omega^2}{\tau^2} + \omega^4}$$

$$= \varepsilon_0 - \frac{ne^2/m}{\dfrac{1}{\tau^2} + \omega^2} + i\frac{\dfrac{1}{\tau}ne^2/m}{\dfrac{\omega}{\tau^2} + \omega^3}$$

$$= \varepsilon_0 - \frac{ne^2/m}{\omega^2 + \dfrac{1}{\tau^2}} + i\frac{\tau ne^2/m}{\omega + \omega^3\tau^2}$$

$$= \varepsilon_0 - \frac{ne^2/m}{\omega^2 + \dfrac{1}{\tau^2}} + i\frac{ne^2\tau/m}{\omega(1 + \omega^2\tau^2)}$$

$$= \varepsilon_0 \left[1 - \frac{\dfrac{ne^2}{m\varepsilon_0}}{\omega^2 + \dfrac{1}{\tau^2}} + i\frac{\dfrac{ne^2}{m\varepsilon_0}\tau}{\omega(1 + \omega^2\tau^2)} \right]$$

$$= \varepsilon_0 \left[1 - \frac{\omega_p^2}{\omega^2 + \dfrac{1}{\tau^2}} + i\frac{\omega_p^2\tau}{\omega(1 + \omega^2\tau^2)} \right]$$

$$= \varepsilon_0 [\varepsilon'(\omega) - i\varepsilon''(\omega)] , \tag{4-44}$$

其中 $\omega_p^2 = \dfrac{ne^2}{m\varepsilon_0}$ 為電漿頻率（Plasma frequency）；而且我們採用

了上一小節的結果，$\sigma(\omega) = \dfrac{ne^2\tau/m}{1 - i\omega\tau} = \dfrac{\sigma_0}{1 - i\omega\tau}$。

如圖 4-6 所示，分別為複介電常數的實數部分與虛數部分。

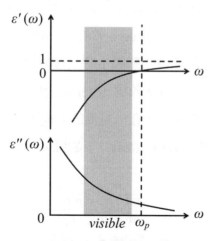

圖 4-6　複介電常數的實數部分與虛數部分

這些結果可以解釋可見光在金屬表面被反射；而紫外線則會穿透
金屬的現象，簡單說明如下：

若 $\omega\tau \gg 1$，則複介電常數可近似為

$$\varepsilon_r(\omega) \cong 1 - \frac{\omega_p^2}{\omega^2} , \qquad\qquad (4\text{-}45)$$

當 $\omega < \omega_p$，發生反射；當 $\omega > \omega_p$，直接穿透。

更仔細的討論，我們會在第 9 章 9.2.5 介紹。

4.5　固態磁學特性的 Drude 模型

磁場電效應（Galvomagnetic effect）主要的議題包括：Hall 效應：金屬導體置於與電流方向相垂直的磁場中時，將產生一個方向與電流方向和磁場方向相垂直的電場，使導電的電荷運動方向產生偏折；磁阻效應（Magnetoresistance effect）：對金屬導體施加磁場時，金屬導體的電阻將發生變化；Ettinghausen 效應（Ettinghausen effect）：金屬導體置於與電流方向相垂直的磁場中時，在垂直於電流和磁場的方向上出現溫度落差現象；Nernst 效應（Nernst effect）：金屬導體置於與電流方向相垂直的磁場中時，在沿電流的方向上出現溫度落差現象。

我們以 Hall 效應（Hall effect），如圖 4-7 所示，來說明外加磁場對固態的效應。

基於 Drude 模型，
$$\frac{d\vec{p}(t)}{dt} = -\frac{\vec{p}(t)}{\tau} + \vec{f}(t) , \qquad\qquad (4\text{-}46)$$

其中 Lorentz 力（Lorentz force）為 $\vec{f} = -e\,(\vec{\mathscr{E}} + \vec{v} \times \vec{\mathscr{B}})$， $\qquad (4\text{-}47)$

則在平衡狀態下，
$$\frac{d\vec{p}(t)}{dt} = 0 , \qquad\qquad (4\text{-}48)$$

所以
$$0 = -\frac{m\vec{v}}{\tau} - e\,(\vec{\mathscr{E}} + \vec{v} \times \vec{\mathscr{B}}) , \qquad\qquad (4\text{-}49)$$

移項
$$e\vec{\mathscr{E}} = -\frac{m\vec{v}}{\tau} - e\vec{v} \times \vec{\mathscr{B}} , \qquad\qquad (4\text{-}50)$$

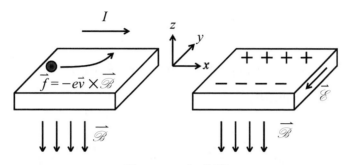

圖 4-7　Hall 效應

整理 $$\frac{ne^2\tau}{m}\vec{\mathscr{E}} = -ne\vec{v} - \frac{ne^2\tau}{m}\vec{v}\times\vec{\mathscr{B}} \ ,$$ （4-51）

又 $$\vec{\mathscr{J}}(\omega) = -ne\vec{v}(\omega) = \sigma(\omega)\vec{\mathscr{E}}(\omega) \ ,$$ （4-52）

得 $$\vec{\mathscr{J}}(0) = \frac{ne^2/m}{\dfrac{1}{\tau} - i0}\vec{\mathscr{E}}(0)$$

$$= \sigma(0)\vec{\mathscr{E}}(0)$$

$$= \sigma_0\vec{\mathscr{E}}(0) \circ$$ （4-53）

若外加磁場爲 $\vec{\mathscr{B}} = -\hat{z}\,\mathscr{B}_z$,

則 $$\sigma_0\vec{\mathscr{E}}(\omega) = \vec{\mathscr{J}}(\omega) - \frac{e\tau}{m}\vec{\mathscr{J}}(\omega)\times\vec{\mathscr{B}}(\omega)$$

$$= (\mathscr{J}_x \quad \mathscr{J}_y \quad \mathscr{J}_z) - \frac{e\tau}{m}\begin{vmatrix} \hat{x} & \hat{y} & \hat{z} \\ \mathscr{J}_x & \mathscr{J}_y & \mathscr{J}_z \\ 0 & 0 & -\mathscr{B}_z \end{vmatrix} \ ,$$ （4-54）

所以 $$\begin{cases} \sigma_0\mathscr{E}_x(\omega) = \mathscr{J}_x(\omega) + \dfrac{e\tau\mathscr{B}_z(\omega)}{m}\mathscr{J}_y(\omega) \\[3mm] \sigma_0\mathscr{E}_y(\omega) = \mathscr{J}_y(\omega) - \dfrac{e\tau\mathscr{B}_z(\omega)}{m}\mathscr{J}_x(\omega) \end{cases} \ ,$$ （4-55）

然而因爲沒有橫向電流（Transverse current），即

$$\mathscr{J}_y(\omega) = 0,\qquad\qquad(4\text{-}56)$$

如圖 4-7 所示，所以當電流方向為 $+\hat{x}$，磁場方向為 $-\hat{z}$，則在 $-\hat{y}$ 方向上建立了一個電場為

$$\mathscr{E}_y(\omega) = -\frac{e\mathscr{B}_z(\omega)}{m}\frac{\tau}{\sigma_0}\mathscr{J}_x(\omega) = -\frac{\mathscr{B}_z(\omega)}{ne}\mathscr{J}_x(\omega),\qquad(4\text{-}57)$$

其中 $\omega_c = -\dfrac{e\mathscr{B}_z(\omega)}{m}$，

這個效應也被稱為 Hall 效應，Hall 係數（Hall coefficient）為

$$R_H = \frac{\mathscr{E}_y(\omega)}{\mathscr{J}_x(\omega)\,\mathscr{B}_z(\omega)} = -\frac{1}{ne}。\qquad\qquad(4\text{-}58)$$

我們只介紹了簡單的結果，比較完整而實際可用的說明，要參考第 8 章的 van der Pauw 法（van der Pauw method）。

4.6　金屬導熱特性的 Drude 模型

以 Drude 模型的數學式介紹金屬的導熱特性（Thermal conductivity），會和電特性、光特性、磁特性有很大的不同，因為 Drude 模型是從古典力學開始說明，討論的主題是粒子或質點，所以前面的電、光、磁都是從電子的觀點來說明的，但是「熱」卻沒有所謂的「熱的質點」，但是為了套用 Drude 模型的形式，我們介紹二個可以信賴的方法來導出熱流與溫度梯度的關係，如圖 4-8 所示。

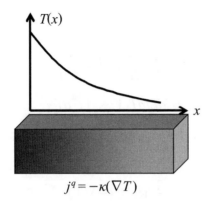

$$j^q = -\kappa(\nabla T)$$

圖 4-8　熱流與溫度梯度

4.6.1　熱流與溫度梯度的關係──方法一

基於 Drude 模型，可得

$$\frac{d\vec{p}(t)}{dt} = -\frac{\vec{p}(t)}{\tau} + \vec{f}(t) , \qquad (4\text{-}59)$$

則在平衡狀態下，

$$\frac{d\vec{p}(t)}{dt} = 0 , \qquad (4\text{-}60)$$

則

$$\frac{\vec{p}}{\tau} = \vec{f} = -\nabla(\tau\xi) , \qquad (4\text{-}61)$$

其中 ξ 為熱功率（Thermal power）。

所以熱流為

$$\begin{aligned}
\vec{j}^q &= nv_x \frac{2 \cdot \frac{1}{2} k_B T}{\tau} \\
&= nv_x \frac{2E_k}{\tau} \\
&= nv_x \frac{\vec{p} \cdot \vec{v}}{\tau} \\
&= nv_x^2 \tau \left(-\frac{d\xi}{dx} \right)
\end{aligned}$$

$$= nv_x^2\tau \frac{d\xi}{dT}\left(-\frac{dT}{dx}\right)$$

$$= \frac{N}{V}\frac{d\xi}{dT}v_x^2\tau\left(-\frac{dT}{dx}\right)$$

$$= \frac{dE/dT}{V}\frac{1}{3}v^2\tau\left(-\frac{dT}{dx}\right)$$

$$= C_v\frac{1}{3}v^2\tau(-\nabla T)$$

$$= \frac{1}{3}v^2\tau C_v(-\nabla T)$$

$$= \frac{1}{3}lvC_v(-\nabla T)$$

$$= -\kappa(\nabla T)\,, \qquad\qquad (4\text{-}62)$$

而熱導率（Thermal conductivity）為 $\kappa = \frac{1}{3}v^2\tau C_v = \frac{1}{3}lvC_v$，其中 C_v 為理想氣體比熱；E_k 為電子的熱動能；n 為單位體積的電子數；V 為體積；N 為電子數。

4.6.2　熱流與溫度梯度的關係——方法二

電子的熱動能為 $\qquad E_q = \frac{3}{2}k_B T\,,$

則 $\qquad\qquad \vec{f} = -\nabla E_q = -\frac{3}{2}k_B\nabla T\,, \qquad (4\text{-}63)$

由 Drude 模型 $\qquad \frac{d\vec{p}(t)}{dt} = -\frac{\vec{p}(t)}{\tau} + \vec{f}(t)\,, \qquad (4\text{-}64)$

則在平衡狀態下，$\qquad \frac{\vec{p}(t)}{dt} = 0\,, \qquad\qquad (4\text{-}65)$

所以 $\qquad\qquad -\frac{\vec{p}(t)}{\tau} + \vec{f}(t) = 0\,, \qquad\qquad (4\text{-}66)$

則 $\qquad\qquad -m\frac{\vec{v_D}}{\tau} + \frac{-3}{2}k_B\nabla T = 0\,, \qquad (4\text{-}67)$

則電子的漂移速度為 $\qquad \vec{v_D} = \dfrac{-3}{2}\left(\dfrac{k_B}{m}\right)\tau\nabla T$ 。 $\qquad$ （4-68）

而且，如前所述，每一個電子具有 $E_q = \dfrac{3}{2}k_B T$ 的能量，

所以可得 $\qquad$
$$
\begin{aligned}
\vec{j^q} &= nE_q\vec{v_D} \\
&= n\cdot\dfrac{3}{2}k_B T\cdot\dfrac{3}{2}\left(\dfrac{k_B}{m}\right)\tau\,(-\nabla T) \\
&= \left(\dfrac{3}{2}\right)^2 n\dfrac{k_B^2}{m}T\tau\,(-\nabla T) \\
&= -\kappa\nabla T \text{ 。}
\end{aligned}
$$
（4-69）

4.6.3　導熱與導電的關係

在綜合了金屬導熱與導電的關係之後，我們可以得到 Wiedmann-Franz 定律（Wiedmann-Franz law）。

由 $\kappa = \dfrac{1}{3}v^2\tau C_v = \left(\dfrac{3}{2}\right)^2 n\dfrac{k_B^2}{m}T\tau$，且 $\sigma = \dfrac{ne^2\tau}{m}$，

所以 $\qquad\qquad \dfrac{\kappa}{\sigma} = \dfrac{\frac{1}{3}v^2\tau C_v}{ne^2\tau/m}$， $\qquad$ （4-70）

又由古典理想氣體定律（Classical ideal gas law）的結果，
$C_v = \dfrac{3}{2}nk_B$ 及 $\dfrac{1}{2}mv^2 = \dfrac{3}{2}k_B T$，

可得 $\qquad\qquad \dfrac{\kappa}{\sigma} = \dfrac{3}{2}\left(\dfrac{k_B}{e}\right)^2 T$， $\qquad$ （4-71）

或 $\qquad\qquad \dfrac{\kappa}{\sigma T} = \dfrac{3}{2}\left(\dfrac{k_B}{e}\right)^2$， $\qquad$ （4-72）

即熱導係數與電導係數的比例和溫度成正比，換言之，電的良導體也

是熱的良導體，當然我們稍後會知道，導熱不只依賴電子，還要靠晶格原子的振動。可以說是這個結果奠定了 Drude 模型在固態物理的地位。

思考題

4-1　試由熱平衡條件，導出金屬導熱行爲的 Drude 模型。

4-2　試以 Drude 模型討論熱電效應（Thermoelectric effect）。

4-3　試以 Drude 模型討論 Faraday 效應（Faraday effect）。

4-4　試以 Drude 模型討論光子晶體（Drude-photonic crystal）。

4-5　試以 Drude 模型討論光旋能力（Optical rotary power）。

4-6　試以機率的理論，求出電子的漂移速度（Drift velocity）。

4-7　試以諧振子的觀點討論 van der Waal 交互作用（van der Waal interaction）。

4-8　試以 Drude 模型討論 van der Waal 交互作用。

4-9　試討論量子 Drude 模型（Quantum Drude model）。

4-10 試以二個球對稱系統（Spherically symmetrical systems）討論分子力（Molecular force）。

第 5 章

晶體結構

5.1 　晶體概論

　　雖然 Drude 模型相當程度的解決了固態物理的一些問題，但是接下來還是需要作修正，因爲 Drude 模型假設電子是和堅硬的原子（Hard sphere）有作用，忽略了電子與晶格原子的 Coulomb 作用，所以，要修正 Drude 模型的首要方向就是加入電子與晶格原子的交互作用，然而要討論電子與晶格原子的交互作用的第一個工作，就是要先知道晶體的結構（Crystal structures）。

　　1912 年 von Laue 提出了可以藉由光被晶體繞射的結果來測定晶體結構的方法。這個光繞射技術不但提供了晶格結構的大量訊息，也很自然的衍生出倒晶格（Reciprocal lattice）的觀念。實晶格（Real lattices 或 Crystal lattice）和倒晶格其實是把晶體結構分別定義在位置空間（Coordinate space），或稱爲眞實空間（Real space）與動量空間（Momentum space），或稱爲倒置空間（Reciprocal space），的方法，二者之間在數學上是互爲 Fourier 轉換（Fourier transformation）的關係；在實驗上是互爲繞射的結果，換言之，二者是晶體結構的一體二面，都可以用來分析晶格結構，如圖 5-1 所示。

　　我們可以把實晶格和倒晶格之間的關係想像是一個太極，一陰一陽互爲表裡；實則一體，這就是實晶格和倒晶格要表達的觀念，示意如圖 5-2。

　　當這個太極置於一個透鏡之前成像，也是繞射，也是作 Fourier 轉換，則實晶格的「點點」就變成了倒晶格的「叉叉」，如圖 5-3 所示。

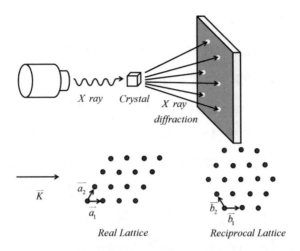

圖 5-1　*X* 光被晶體繞射之後的繞射圖形就是倒晶格

圖 5-2　實晶格和倒晶格的關係

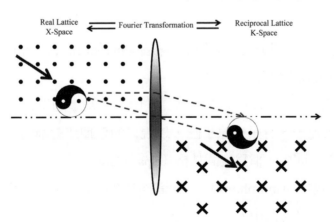

圖 5-3　繞射同義於 Fourier 轉換

　　然而，有別於原子系統，固態物質所包含的原子數量非常龐大，對於求解 Schrödinger 方程式，造成很大的困擾，但是，晶體是由原子的週期性有規律的排列著，在足夠低的溫度下，相對於很多的元素、塑膠和玻璃……等非晶態的材料而言，晶體的分析與描述要容易的多了。由晶體的平移對稱（Translational symmetry）操作，我們可以在 Bravais 晶格上，藉由重複的基底（Basis）建構出一個晶體，這個所謂的基底可以是一個簡單的原子，當然也可以是一個複雜的 DNA 分子。除了平移對稱之外，大部分的晶體還具有其他的對稱性，諸如反射（Reflection）、旋轉（Rotation）、反對稱（Inversion Symmetry）或更複雜的對稱操作，這些晶體所具有的對稱性，將允許我們在求解波函數的過程中作大量的簡化。

　　以下我們先介紹晶體的對稱性的概念，再進行晶格結構、倒晶格與 X 光繞射的說明。

5.2　晶體的對稱性

　　固態物理的研究有很大的部分和晶體的幾何形狀有關係，所有的固態物質可以大致分成二大部分：

[1]　晶態（Crystals）：晶態物質是由一些基礎的單位，例如：原子、離子、分子或原子團，以規律的週期或對稱的方式排列在三度空間中，稱為空間晶格（Space lattice）。

[2]　非晶態（Amorphous）：非晶態物質是基礎單位沒有次序的排列在三度空間中。

　　晶態物質的一個典型的例子就是鑽石，鑽石呈現非常高的對稱性；而非晶態物質就如同塑膠和玻璃之類的物質。為了分析晶體不同的特性，所以對於晶體結構會有不同的定義方式，一般而言，在三度空間中，我們把晶體分成：14 種 Bravais 晶格（Bravais lattices）、7 個晶系（Crystal systems）及 32 個晶類（Crystal classes）。

　　如果固態物質包含了許多小的晶體結構，彼此相對地散亂地排列著，則稱為多晶物質（Polycrystalline），和非晶體材料是不同的。無論是有次序的或是無次序的，所有的基礎單位在三度空間中的排列都是由相互之間的鍵結力或鍵結形態所決定的，這些鍵結力和排列的方式也主導著固態物質的性質。探索鍵結的形態對於描述晶體的物理和化學特性非常重要，然而，由鍵結形態來作固態物質的分類並不是唯一的，因為實際上大部分固態物質的鍵結形態會有二種以上的理想鍵結的特性，所以固態的性質是這些組合的綜合表現，而非單一基礎單元所呈現的單一特性。當然基礎單元的特性，即尺寸、電荷、極化、原子結構……等等，也十分的重要，但是它們會強烈的受到缺陷、雜質、或物質受熱的過程的影響，所謂的晶體結構，就是指各別的基礎單位在三度空間上的排列情形，稱為空間晶格（Crystal space lattices）。我們定義晶體空間晶格為無限多的數學點在三度空間上的分布，而這些點分布必須滿足一個重要的條件，就是在這個三度空間上的任何一點的周遭環境，都必須和另一個在此三度空間上的點完全相同。我們由對稱的角度也可以定義出一維、二維、三維空間群（Space group）、點群、晶格，當然它們的種類與數量是不同的，如表 5-1 所示：

表 5-1 一維、二維、三維空間群、點群、晶格的數量

	空間群	點群	晶格
一維	2	2	1
二維	17	10	5
三維	230	32	14

對晶格（Lattice）來說：在一維空間中，有 1 種晶格；在二維空間中，有 5 種晶格；在三維空間中，有 14 種晶格（或稱為 14 種 Bravais 晶格）。

對點群或晶類來說：在一維空間中，有 2 種點群；在二維空間中，有 10 種點群；在三維空間中，有 32 種點群。

由於 32 種晶體點群滿足了晶格平移的對稱，換言之，晶格受到點群對稱的限制，所以只可能有 14 種不同的 Bravais 晶格結構，且隸屬於 7 種晶體系統。我們可以再做一次分類，先從光學折射率開始，再劃分出 7 種晶體系統、14 種 Bravais 晶格結構與 32 種點群，如圖 5-4 所示。

但是，這樣的認知還是無法全然的描述一個晶體所有的對稱關係，一個固態晶體的全對稱群（Full symmetry group）必須除了點群的操作之外，還包含了平移對稱操作（Translation symmetry operation）的空間群，當所有的點群操作，結合了在 Bravais 晶格內各種可能的平移操作之後，就形成了 230 種不同的空間群，又稱為 Federov 群（Federov group）。

在非人為的自然條件下的晶態物質的空間週期大多是三維的，並且：

[1] 隸屬 32 個點群的晶體數量並非都是一樣多的，真實的晶體中，

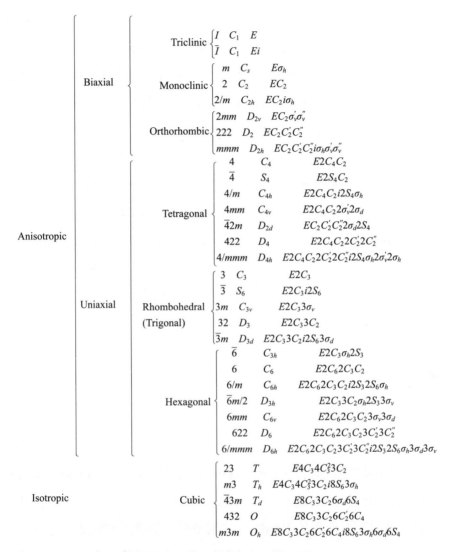

圖 5-4 7 種晶體系統、14 種 Bravais 晶格結構與 32 種點群

就完全沒有屬於點群 432 = 43 和 $\bar{6}$ = 3/m，大約有 50% 的無機晶體屬於點群 m = $\bar{2}$ 和 2/m。有機化合物中，點群 2/m 是最重要的，而對生物學的重要物質，包含左手對映（Left-handed enantiomorphic）和右手對映（Right-handed enantiomorphic）分子則有屬於點群 2 的傾向。在任何晶體系統中，全對稱（Holosymmetric）類，意即擁有最高對稱性的一類，是最常見的一個點群類，而具有最高對稱性的全對稱立方晶類（Holosymmetric cubic）$m3m$，雖然只有幾個百分比的晶體屬於此類，但仍然包含了許多商品化的陶瓷等材料。

[2]　並非 230 個空間群都是一樣多的，有許多空間群就完全沒有真實的晶體與之對應。大約有 70% 的元素屬於空間群 $Fm3m$、$Im3m$、$Fd3m$（同屬點群 $m3m$）、$F\bar{4}3m$（同屬點群 $\bar{4}3m$）和 63/mmc（同屬點群 $61mmm$）；超過 60% 的有機無機晶體屬於空間群 $P2_1/C$、$P2/C$、$P2_1$、$P\bar{1}$、$Pbca$ 和 $P2_12_12_1$。其中空間群 $P2_1/C$（屬點群 $2/m$）是最常見的。

5.3　張量

以晶體特性而言，von Neumann 原理（von Neumann principle）點出了對稱性的關鍵地位；而 Curie 原理（Curie principle）點出了物質與外場交互作用的對稱性。二個重要的原理分別簡單敘述如下：

[1]　von Neumann 原理：晶體任何物理的對稱元素一定被包含在該晶體點群當中，即

$$G_a \supset G_k,$$

其中 G_a 為晶體對稱群；G_k 為物理特性張量所屬的對稱群。

[2] Curie 原理：當晶體受到外在干擾所呈現的對稱元素只能是晶體在沒有干擾下的對稱群與該干擾的對稱群所共有的對稱元素，即

$$\tilde{K} = K \cap G，$$

其中 $\tilde{K}$ 為晶體受到外在干擾下所呈現的對稱群；K 為晶體沒有外在干擾下所呈現的對稱群；G 為外在干擾下所屬的對稱群。

這二個原理已經非常成功的應用於晶體材料、元件、系統的分析，我們可以進一步將以上的關係式把這二個重要的原理寫成一個因果關係式如下：

〔效應參數〕＝〔特性係數〕〔起因參數〕

（[Effect Parameter] = [Property Coefficient][Cause Parameter]）。

基於以上的這二個原理，所以在介紹了對稱的概念之後，現在我們簡單的說明一些固態物理學經常用以定義與分析晶體特性的張量（Tensors）。張量是「物質對稱軸」和「實驗室座標軸」的關係，可以用來表示物質對外場干擾的反應過程。

一階張量（First rank tensor）是三度空間向量（Spatial vector），其三個分量是某個參考座標的三個軸。

二階張量（Second rank tensor）在三度空間中，有九個分量，和矩陣一樣，每一個分量都對應著二個軸：一個軸是源自於參考座標的軸；一個軸是源自於材料座標的軸。我們可以把二階張量視為二個向量或二個一階張量的線性關係。

三階張量（Third rank tensor）在三度空間中，是一個一階張量和一個二階張量的線性關係，共有 27 個分量。

N 階張量（N-rank tensor）雖然有 3^N 個分量，但是可能可以藉由對稱的關係，有效的減少獨立分量的個數。

5.4 晶體晶格（Crystal lattices）

晶體晶格和晶體結構（Crystal structure）是不同的，一個晶格結構是由基礎原子或鍵結單位以一種相同的方式來安置排列而成的，即

$$晶格 + 基底 = 結構$$
$$（Lattice + Basis = Structure）$$

例如圖 5-5 所示，以相同的晶格配合不同的基底原子就可構成不同的晶體結構。

由三個向量可以定義出晶格空間的單位晶胞（Unit cell），這三個向量稱為基礎向量（Basis vector 或 fundamental vector）。如果被這些基礎向量所定義出來的晶胞，僅含有一個晶格點，則這個晶胞被稱為基礎晶胞（Primitive cell）或簡稱元胞，而這些基礎向量則稱為基礎平移向量（Primitive translation vector），另一方面，如果所選擇的基礎向量定義出的晶胞，包含了一個以上的晶格點，則此晶胞稱為非基礎晶胞（Non-primitive cell），這些基礎向量也稱為非基礎平移向量（Non-primitive translation vector）。

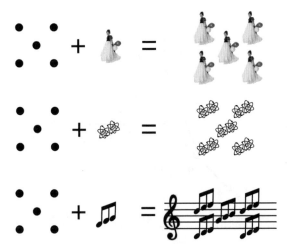

圖 5-5　相同晶格配合不同的基底所構成的不同晶體結構

5.4.1　晶面的標示法

5.4.1.1　Miller 標示法

Miller 標示法是晶體學中，最常用來標示晶面及相關參數的方法之一。Miller 標示晶面的步驟，如圖 5-6 所示，說明如下：

[1]　求出晶面在 x、y、z 軸的截矩，a、b、c。

[2]　取倒數，$\dfrac{1}{a}$、$\dfrac{1}{b}$、$\dfrac{1}{c}$。

[3]　同乘上分母的最小公倍數，若 a、b、c 互質，則 $bc = h$、$ca = k$、$ab = l$。

[4]　該晶面的 Miller 指標（Miller index）為 (hkl)，如圖 5-7 所示。

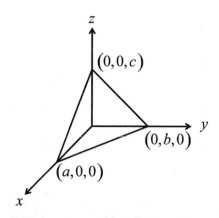

圖 5-6　晶面在 x、y、z 軸的截矩，分別為 a、b、c

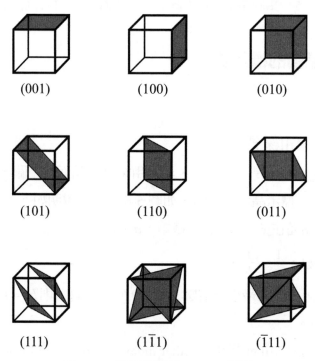

圖 5-7　幾個晶面的 Miller 指標

其他與晶面相關參數的 Miller 標示還有：

(*hkl*) 指垂直於 [*hkl*] 方向之晶體面（Crystal planes）；對六方晶系（Hexagonal system）則以表示 (*hkl*)，其中 $i = -(h+k)$。

[*hkl*] 指 $\hat{i}h + \hat{j}k + \hat{k}l$ 晶面方向。要特別注意的是只有對立方晶系和其他幾種個別的情況的 [*hkl*] 才是垂直於 (*hkl*) 晶面的。

⟨*hkl*⟩ 指同義於 [*hkl*] 的所有方向的集合，換言之，這些方向是可以藉由適當的對稱操作，把 (*hkl*) 晶面連結在一起的方向。

{*hkl*} 指同義於 (*hkl*) 晶面或所有垂直於 [*hkl*] 方向的晶體面的集合。

5.4.1.2　使用 Miller 標示法的優點

為什麼要採用 Miller 標示法呢？我們可以列舉幾個優點如下：

[1]　簡單且易於瞭解。

[2]　可以簡單的描述正交（Orthorhombic）、單斜（Monoclinic）、三斜（Triclinic）晶格的對角面（Diagonal planes）。

[3]　無論對實晶格和倒晶格的數學分析都很方便，簡單來說，在第二個步驟取倒數，可以把比 1 大的數轉換到 0～1 的區間，換言之，我們討論了 0～1 之間的特性，就同義於討論了整個空間。

5.4.2　常用的晶胞定義

在固態物理中，以科學家的名字命名的單位晶格相關的定義，基本上有三種：[1]Wigner-Seitz 晶胞（Wigner-Seitz cell）、[2]Bravais 晶格（Bravais lattice）、[3]Brillouin 區域（Brillouin zone），簡單說

明如下：

[1] Wigner-Seitz 晶胞或對稱單位晶胞（Symmetrical unit cell）：可以在任意空間中，定義基礎晶胞的一種方式，可以定義在真實空間（Real space 或 x-space），也可以定義在動量空間（Momentum space 或 k-space）。

[2] Bravais 晶格：在真實空間中，以平移向量定義出來的晶格。

[3] Brillouin 區域：在動量空間中，以倒晶格向量（Reciprocal vectors）定義出來的區域。

如圖 5-8 所示，Wigner-Seitz 晶胞是依據以下四個步驟來求得基礎晶胞：

[1] 任意選定一個晶格點作爲原點，如圖 5-8(a) 所示。

[2] 由原點出發，到鄰近所有的格點，畫出晶格向量，如圖 5-8(b) 所示。

[3] 通過所有這些向量的中點，建構出與其垂直的平面，如圖 5-8(c) 所示。

[4] 被這些相互交錯的平面圍在原點四周所圍成的最小的體積即爲 Wigner-Seitz 基礎晶胞，如圖 5-8(d) 所示。

雖然基礎晶胞的定義方式有無限多種，可以依據所要解決的問題而有所不同，然而因爲由 Wigner-Seitz 晶胞所得出的基礎晶胞可以包含該晶格的所有對稱特性，所以無論是需要在真實空間或動量空間中定義，這個方法是最常被使用的，如前所述，在真實空間中，以平移向量定義出來的實晶格被稱爲 Bravais 晶格；在動量空間中，以倒晶格向量定義出來的能量——波向量（$(E (\vec{k}) - \vec{k})$）區域被稱爲 Brillouin 區域。

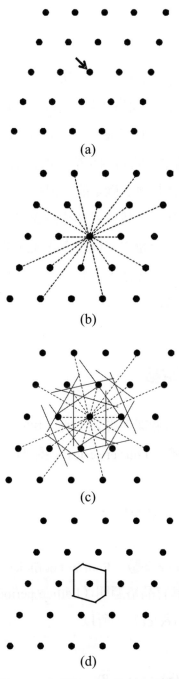

(a)

(b)

(c)

(d)

圖 5-8　二維 Wigner-Seitz 晶胞

5.5 倒晶格

倒置空間或動量空間的觀念對於晶體中之電子狀態的分類解析是很重要的。對晶體而言，因為雖然無法在眞實空間中直接觀察到眞實晶格的結構，但是可以直接觀察到 X 光繞射圖形（X-ray diffraction patterns），也就是動量空間的倒晶格（Reciprocal lattices）；對電子而言，單一電子的位置是無法確定的；但是，單一電子的動量卻是可以精確測得的。正因如此，我們就必須研究在倒置空間或動量空間中定義出來的倒晶格，以及藉由在倒置空間或動量空間中所標示的電子狀態來分析晶體的特性。然而，研究人員是如何從實晶格建構出倒晶格的呢？以下我們將做簡單的說明。

5.5.1 倒晶格的定義

因為晶體的原子是週期性排列，所以我們可以把屬於晶體的物理量 $\rho(\vec{r})$ 以 Fourier 級數（Fourier series）展開如下：

$$\rho(\vec{r}) = \sum_{\vec{k}} p(\vec{k}) e^{i\vec{k} \cdot \vec{r}} , \qquad (5\text{-}1)$$

其中 $p(\vec{k})$ 為 Fourier 係數（Fourier coefficient）。

因為函數 $\rho(\vec{r})$ 具有晶格週期（Lattice periodicity）$\vec{R}$，當然 $\vec{R}$ 也是晶格向量（Lattice vector），所以

$$\rho(\vec{r}) = \rho(\vec{r} + \vec{R}) , \qquad (5\text{-}2)$$

$$\text{則} \quad \sum_{\vec{k}} p(\vec{k}) e^{i\vec{k} \cdot \vec{r}} = \sum_{\vec{k}} p(\vec{k}) e^{i\vec{k} \cdot (\vec{r} + \vec{R})}, \tag{5-3}$$

又因 $e^{i\vec{k} \cdot (\vec{r} + \vec{R})} = e^{i\vec{k} \cdot \vec{r}}$ 必須成立，所以對於任意晶格向量 $\vec{R}$，都必須滿足 $e^{i\vec{k} \cdot \vec{R}} = 1$，即

$$\vec{k} \cdot \vec{R} = 2\pi m, \tag{5-4}$$

其中 $\qquad\qquad\qquad m = 0, \pm1, \pm2, \pm3 \cdots,$

然而因為 $\qquad\qquad \vec{R} = n_1 \vec{a_1} + n_2 \vec{a_2} + n_3 \vec{a_3}, \tag{5-5}$

其中 $n_{1,2,3} = 0, \pm1, \pm2, \pm3 \cdots$；$\vec{a_1}, \vec{a_2}, \vec{a_3}$ 是我們選定的平移向量（Translation vectors），

則 $\qquad n_1 (\vec{k} \cdot \vec{a_1}) + n_2 (\vec{k} \cdot \vec{a_2}) + n_3 (\vec{k} \cdot \vec{a_3}) = 2\pi m \text{。} \tag{5-6}$

很顯然的，$\vec{k} \cdot \vec{a_1}$、$\vec{k} \cdot \vec{a_2}$、$\vec{k} \cdot \vec{a_3}$ 都是 2π 的整數倍，即

$$\begin{cases} \vec{k} \cdot \vec{a_1} = 2\pi l_1 \\ \vec{k} \cdot \vec{a_2} = 2\pi l_2, \\ \vec{k} \cdot \vec{a_3} = 2\pi l_3 \end{cases} \tag{5-7}$$

其中 $l_{1,2,3} = 0, \pm1, \pm2, \pm3 \cdots$。

基於以上的條件要求，我們可以引入三個新的基向量（Basis vectors）（$\vec{b_1}, \vec{b_2}, \vec{b_3}$）來表示 $\vec{k}$，所以任何一個倒晶格向量（Reciprocal lattice vectors）$\vec{k}$ 可以寫成

$$\vec{k} = l_1 \vec{b_1} + l_2 \vec{b_2} + l_3 \vec{b_3} \, , \qquad (5\text{-}8)$$

所以
$$l_1 (\vec{b_1} \cdot \vec{a_1}) + l_2 (\vec{b_2} \cdot \vec{a_1}) + l_3 (\vec{b_3} \cdot \vec{a_1}) = 2\pi l_1 \, ; \qquad (5\text{-}9)$$

$$l_1 (\vec{b_1} \cdot \vec{a_2}) + l_2 (\vec{b_2} \cdot \vec{a_2}) + l_3 (\vec{b_3} \cdot \vec{a_3}) = 2\pi l_2 \, ; \qquad (5\text{-}10)$$

$$l_1 (\vec{b_1} \cdot \vec{a_3}) + l_2 (\vec{b_2} \cdot \vec{a_3}) + l_3 (\vec{b_3} \cdot \vec{a_3}) = 2\pi l_3 \, 。 \qquad (5\text{-}11)$$

為了直接由晶格向量 ($\vec{a_1}, \vec{a_2}, \vec{a_3}$) 建構倒晶格向量 ($\vec{b_1}, \vec{b_2}, \vec{b_3}$)，於是我們定義二者的關係為

$$\vec{b_1} \cdot \vec{a_1} = \vec{b_2} \cdot \vec{a_2} = \vec{b_3} \cdot \vec{a_3} = 2\pi \, , \qquad (5\text{-}12)$$

且 $\vec{b_1} \cdot \vec{a_2} = 0$、$\vec{b_1} \cdot \vec{a_3} = 0$、$\vec{b_2} \cdot \vec{a_1} = 0$、$\vec{b_2} \cdot \vec{a_3} = 0$、$\vec{b_3} \cdot \vec{a_2} = 0$、$\vec{b_3} \cdot \vec{a_1} = 0$，

即
$$\vec{b_i} \cdot \vec{a_j} = \delta_{ij} \, , \qquad (5\text{-}13)$$

其中 δ_{ij} 為 Kroneck delta 函數（Kroneck delta function），

所以
$$\begin{cases} \vec{b_1} = 2\pi \dfrac{\vec{a_2} \times \vec{a_3}}{\vec{a_1} \cdot (\vec{a_2} \times \vec{a_3})} \\[3mm] \vec{b_2} = 2\pi \dfrac{\vec{a_3} \times \vec{a_1}}{\vec{a_1} \cdot (\vec{a_2} \times \vec{a_3})} \\[3mm] \vec{b_3} = 2\pi \dfrac{\vec{a_1} \times \vec{a_2}}{\vec{a_1} \cdot (\vec{a_2} \times \vec{a_3})} \end{cases} 。 \qquad (5\text{-}14)$$

上面的關係都有共同的分母為 $\Omega_0 = \vec{a_1} \cdot (\vec{a_2} \times \vec{a_3})$，其物理意義為元胞的體積（Volume of the primitive cell）。

定義出倒晶格的基向量之後，除了可以建構出對應於每一個實晶格的倒晶格之外，很自然的衍生出一個很重要的物理量，也就是我們

可以對任意的二個倒晶格點畫直線，加上一個箭頭就形成了一個向量——倒晶格向量，當然，如果箭頭加在另外一端，就形成了另一個新的倒晶格向量，如圖 5-9 所示。

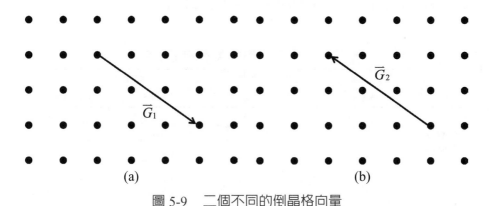

圖 5-9　二個不同的倒晶格向量

　　稍微估算一下就可以知道，如果任意的二個倒晶格點就形成了二個倒晶格向量，則每立方公分單位體積中含有 $10^{22} \sim 10^{23}$ 個原子的晶體就有多少個倒晶格向量？

　　倒晶格向量對於固態物理初學者可能只是一個抽象的參數，實際上，每一個晶體都有一組倒晶格向量與之對應，換言之，每一個晶體都可以用一組倒晶格向量來代表該晶體的結構特性，所以幾乎所有固態物質的特性都離不開倒晶格向量的影響，簡單來說，所有發生在晶體中的現象與過程都必須滿足能量守恆與動量守恆，而倒晶格向量的大小與方向就和動量有關。在第 6 章討論能帶理論時，我們會直接應用到倒晶格向量的概念。

基礎固態物理

5.5.2 四個典型晶格與倒晶格的關係

定義出晶格向量和倒晶格向量的關係之後，我們很容易的可以得到四個典型晶格與倒晶格的關係，列表 5-2 如下：

表 5-2　四個典型晶格與倒晶格的關係

晶格		倒晶格	
向量表示	矩陣表示	向量表示	矩陣表示
簡單立方 (Simple Cubic) $\begin{cases}\vec{a_1}=a\hat{i}\\\vec{a_2}=a\hat{j}\\\vec{a_3}=a\hat{k}\end{cases}$	$\begin{bmatrix} a & 0 & 0 \\ 0 & a & 0 \\ 0 & 0 & a \end{bmatrix}$	簡單立方 (Simple Cubic) $\begin{cases}\vec{b_1}=\frac{2\pi}{a}\hat{i}\\\vec{b_2}=\frac{2\pi}{a}\hat{j}\\\vec{b_3}=\frac{2\pi}{a}\hat{k}\end{cases}$	$2\pi\begin{bmatrix} \frac{1}{a} & 0 & 0 \\ 0 & \frac{1}{a} & 0 \\ 0 & 0 & \frac{1}{a} \end{bmatrix}$
體心立方 (Body-Centered Cubic) $\begin{cases}\vec{a_1}=\frac{a}{2}(-\hat{i}+\hat{j}+\hat{k})\\\vec{a_2}=\frac{a}{2}(\hat{i}-\hat{j}+\hat{k})\\\vec{a_3}=\frac{a}{2}(\hat{i}+\hat{j}-\hat{k})\end{cases}$	$\begin{bmatrix} -\frac{a}{2} & \frac{a}{2} & \frac{a}{2} \\ \frac{a}{2} & -\frac{a}{2} & \frac{a}{2} \\ \frac{a}{2} & \frac{a}{2} & -\frac{a}{2} \end{bmatrix}$	面心立方 (Face-Centered Cubic) $\begin{cases}\vec{b_1}=\frac{2\pi}{a}(\hat{j}+\hat{k})\\\vec{b_2}=\frac{2\pi}{a}(\hat{i}+\hat{k})\\\vec{b_3}=\frac{2\pi}{a}(\hat{i}+\hat{j})\end{cases}$	$2\pi\begin{bmatrix} 0 & \frac{1}{a} & \frac{1}{a} \\ \frac{1}{a} & 0 & \frac{1}{a} \\ \frac{1}{a} & \frac{1}{a} & 0 \end{bmatrix}$
面心立方 (Face-Centered Cubic) $\begin{cases}\vec{a_1}=\frac{a}{2}(\hat{j}+\hat{k})\\\vec{a_2}=\frac{a}{2}(\hat{i}+\hat{k})\\\vec{a_3}=\frac{a}{2}(\hat{i}+\hat{j})\end{cases}$	$\begin{bmatrix} 0 & \frac{a}{2} & \frac{a}{2} \\ \frac{a}{2} & 0 & \frac{a}{2} \\ \frac{a}{2} & \frac{a}{2} & 0 \end{bmatrix}$	體心立方 (Body-Centered Cubic) $\begin{cases}\vec{b_1}=\frac{2\pi}{a}(-\hat{i}+\hat{j}+\hat{k})\\\vec{b_2}=\frac{2\pi}{a}(\hat{i}-\hat{j}+\hat{k})\\\vec{b_3}=\frac{2\pi}{a}(\hat{i}+\hat{j}-\hat{k})\end{cases}$	$2\pi\begin{bmatrix} -\frac{1}{a} & \frac{1}{a} & \frac{1}{a} \\ \frac{1}{a} & -\frac{1}{a} & \frac{1}{a} \\ \frac{1}{a} & \frac{1}{a} & -\frac{1}{a} \end{bmatrix}$
六方最密堆積 (Hexagonal Close Packed) $\begin{cases}\vec{a_1}=a\hat{i}\\\vec{a_2}=a\left(-\frac{1}{2}\hat{i}+\frac{\sqrt{3}}{2}\hat{j}\right)\\\vec{a_3}=c\hat{k}\end{cases}$	$\begin{bmatrix} a & 0 & 0 \\ -\frac{a}{2} & \frac{a\sqrt{3}}{2} & 0 \\ 0 & 0 & c \end{bmatrix}$	六方最密堆積 (Hexagonal Close Packed) $\begin{cases}\vec{b_1}=\frac{2\pi}{a}\left(\hat{i}+\frac{1}{\sqrt{3}}\hat{j}\right)\\\vec{b_2}=\frac{2\pi}{a}\frac{2}{\sqrt{3}}\hat{j}\\\vec{b_3}=\frac{2\pi}{c}\hat{k}\end{cases}$	$2\pi\begin{bmatrix} \frac{1}{a} & \frac{1}{a\sqrt{3}} & 0 \\ 0 & \frac{2}{a\sqrt{3}} & 0 \\ 0 & 0 & \frac{1}{c} \end{bmatrix}$

5.5.2.1 倒晶格的向量表示

5.5.2.1.1 簡單立方晶格

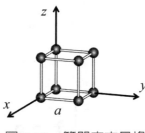

圖 5-10 簡單立方晶格

如圖 5-10 所示，簡單立方晶格的晶格向量為

$$
\begin{cases}
\vec{a_1} = a\hat{i} \\
\vec{a_2} = a\hat{j} \\
\vec{a_3} = a\hat{k}
\end{cases}, \tag{5-15}
$$

由

$$
\begin{cases}
\vec{b_1} = 2\pi \dfrac{\vec{a_2} \times \vec{a_3}}{\vec{a_1} \cdot (\vec{a_2} \times \vec{a_3})} \\[2mm]
\vec{b_2} = 2\pi \dfrac{\vec{a_3} \times \vec{a_1}}{\vec{a_1} \cdot (\vec{a_2} \times \vec{a_3})} \\[2mm]
\vec{b_3} = 2\pi \dfrac{\vec{a_1} \times \vec{a_2}}{\vec{a_1} \cdot (\vec{a_2} \times \vec{a_3})}
\end{cases}, \tag{5-16}
$$

所以得

$$
\vec{b_1} = 2\pi \frac{\vec{a_2} \times \vec{a_3}}{\vec{a_1} \cdot (\vec{a_2} \times \vec{a_3})} = 2\pi \frac{a\hat{j} \times a\hat{k}}{a\hat{i} \cdot (a\hat{j} \times a\hat{k})} = \frac{2\pi}{a}\hat{i} ; \tag{5-17}
$$

$$
\vec{b_2} = 2\pi \frac{\vec{a_3} \times \vec{a_1}}{\vec{a_1} \cdot (\vec{a_2} \times \vec{a_3})} = 2\pi \frac{a\hat{k} \times a\hat{i}}{a\hat{i} \cdot (a\hat{j} \times a\hat{k})} = \frac{2\pi}{a}\hat{j} ; \tag{5-18}
$$

$$
\vec{b_3} = 2\pi \frac{\vec{a_1} \times \vec{a_2}}{\vec{a_1} \cdot (\vec{a_2} \times \vec{a_3})} = 2\pi \frac{a\hat{i} \times a\hat{j}}{a\hat{i} \cdot (a\hat{j} \times a\hat{k})} = \frac{2\pi}{a}\hat{k} , \tag{5-19}
$$

即簡單立方晶格的倒晶格向量為 $\begin{cases} \vec{b_1} = \dfrac{2\pi}{a}\hat{i} \\[2mm] \vec{b_2} = \dfrac{2\pi}{a}\hat{j} \\[2mm] \vec{b_3} = \dfrac{2\pi}{a}\hat{k} \end{cases}$ 。 （5-20）

5.5.2.1.2 體心立方晶格

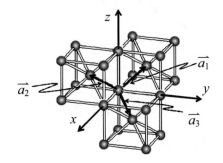

圖 5-11　體心立方晶格

如圖 5-11 所示，體心立方晶格的晶格向量為

$$\begin{cases} \vec{a_1} = \dfrac{a}{2}(-\hat{i}+\hat{j}+\hat{k}) \\[2mm] \vec{a_2} = \dfrac{a}{2}(\hat{i}-\hat{j}+\hat{k}) \\[2mm] \vec{a_3} = \dfrac{a}{2}(\hat{i}+\hat{j}-\hat{k}) \end{cases} , \qquad (5\text{-}21)$$

由 $\begin{cases} \vec{b_1} = 2\pi \dfrac{\vec{a_2}\times\vec{a_3}}{\vec{a_1}\cdot(\vec{a_2}\times\vec{a_3})} \\[3mm] \vec{b_2} = 2\pi \dfrac{\vec{a_3}\times\vec{a_1}}{\vec{a_1}\cdot(\vec{a_2}\times\vec{a_3})} \\[3mm] \vec{b_3} = 2\pi \dfrac{\vec{a_1}\times\vec{a_2}}{\vec{a_1}\cdot(\vec{a_2}\times\vec{a_3})} \end{cases}$, （5-22）

所以得

$$\vec{b_1} = 2\pi \frac{\vec{a_2} \times \vec{a_3}}{\vec{a_1} \cdot (\vec{a_2} \times \vec{a_3})} = 2\pi \frac{\frac{a}{2}(\hat{i} - \hat{j} + \hat{k}) \times \frac{a}{2}(\hat{i} + \hat{j} - \hat{k})}{\frac{a}{2}(-\hat{i} + \hat{j} + \hat{k})\left[\frac{a}{2}(\hat{i} - \hat{j} + \hat{k}) \times \frac{a}{2}(\hat{i} + \hat{j} - \hat{k})\right]}$$

$$= \frac{2\pi}{a}(\hat{j} + \hat{k}) \; ; \tag{5-23}$$

$$\vec{b_2} = 2\pi \frac{\vec{a_3} \times \vec{a_1}}{\vec{a_1} \cdot (\vec{a_2} \times \vec{a_3})} = 2\pi \frac{\frac{a}{2}(\hat{i} + \hat{j} - \hat{k}) \times \frac{a}{2}(-\hat{i} + \hat{j} + \hat{k})}{\frac{a}{2}(-\hat{i} + \hat{j} + \hat{k})\left[\frac{a}{2}(\hat{i} - \hat{j} + \hat{k}) \times \frac{a}{2}(\hat{i} + \hat{j} - \hat{k})\right]}$$

$$= \frac{2\pi}{a}(\hat{i} + \hat{k}) \; ; \tag{5-24}$$

$$\vec{b_3} = 2\pi \frac{\vec{a_1} \times \vec{a_2}}{\vec{a_1} \cdot (\vec{a_2} \times \vec{a_3})} = 2\pi \frac{\frac{a}{2}(-\hat{i} + \hat{j} + \hat{k}) \times \frac{a}{2}(\hat{i} - \hat{j} + \hat{k})}{\frac{a}{2}(-\hat{i} + \hat{j} + \hat{k})\left[\frac{a}{2}(\hat{i} - \hat{j} + \hat{k}) \times \frac{a}{2}(\hat{i} + \hat{j} - \hat{k})\right]}$$

$$= \frac{2\pi}{a}(\hat{i} + \hat{j}) \; , \tag{5-25}$$

即體心立方晶格的倒晶格向量為 $\begin{cases} \vec{b_1} = \dfrac{2\pi}{a}(\hat{j} + \hat{k}) \\[2mm] \vec{b_2} = \dfrac{2\pi}{a}(\hat{i} + \hat{k}) \\[2mm] \vec{b_3} = \dfrac{2\pi}{a}(\hat{i} + \hat{j}) \end{cases}$ 。 (5-26)

5.5.2.1.3　面心立方晶格

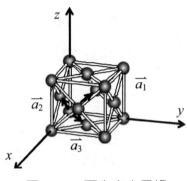

圖 5-12　面心立方晶格

如圖 5-12 所示，面心立方晶格的晶格向量為

$$
\begin{cases}
\vec{a_1} = \dfrac{a}{2}(\hat{j}+\hat{k}) \\[2mm]
\vec{a_2} = \dfrac{a}{2}(\hat{i}+\hat{k}) \ , \\[2mm]
\vec{a_3} = \dfrac{a}{2}(\hat{i}+\hat{j})
\end{cases}
\tag{5-27}
$$

由

$$
\begin{cases}
\vec{b_1} = 2\pi\dfrac{\vec{a_2}\times\vec{a_3}}{\vec{a_1}\cdot(\vec{a_2}\times\vec{a_3})} \\[3mm]
\vec{b_2} = 2\pi\dfrac{\vec{a_3}\times\vec{a_1}}{\vec{a_1}\cdot(\vec{a_2}\times\vec{a_3})} \ , \\[3mm]
\vec{b_3} = 2\pi\dfrac{\vec{a_1}\times\vec{a_2}}{\vec{a_1}\cdot(\vec{a_2}\times\vec{a_3})}
\end{cases}
\tag{5-28}
$$

所以得

$$\vec{b}_1 = 2\pi \frac{\vec{a}_2 \times \vec{a}_3}{\vec{a}_1 \cdot (\vec{a}_2 \times \vec{a}_3)} = 2\pi \frac{\frac{a}{2}(\hat{i}+\hat{k}) \times \frac{a}{2}(\hat{i}+\hat{j})}{\frac{a}{2}(\hat{j}+\hat{k})\left[\frac{a}{2}(\hat{i}+\hat{k}) \times \frac{a}{2}(\hat{i}+\hat{j})\right]}$$

$$= \frac{2\pi}{a}(-\hat{i}+\hat{j}+\hat{k}) ; \qquad (5\text{-}29)$$

$$\vec{b}_2 = 2\pi \frac{\vec{a}_3 \times \vec{a}_1}{\vec{a}_1 \cdot (\vec{a}_2 \times \vec{a}_3)} = 2\pi \frac{\frac{a}{2}(\hat{i}+\hat{j}) \times \frac{a}{2}(\hat{j}+\hat{k})}{\frac{a}{2}(\hat{j}+\hat{k})\left[\frac{a}{2}(\hat{i}+\hat{k}) \times \frac{a}{2}(\hat{i}+\hat{j})\right]}$$

$$= \frac{2\pi}{a}(\hat{i}-\hat{j}+\hat{k}) ; \qquad (5\text{-}30)$$

$$\vec{b}_3 = 2\pi \frac{\vec{a}_1 \times \vec{a}_2}{\vec{a}_1 \cdot (\vec{a}_2 \times \vec{a}_3)} = 2\pi \frac{\frac{a}{2}(\hat{j}+\hat{k}) \times \frac{a}{2}(\hat{i}+\hat{k})}{\frac{a}{2}(\hat{j}+\hat{k})\left[\frac{a}{2}(\hat{i}+\hat{k}) \times \frac{a}{2}(\hat{i}+\hat{j})\right]}$$

$$= \frac{2\pi}{a}(\hat{i}+\hat{j}+\hat{k}) , \qquad (5\text{-}31)$$

即面心立方晶格的倒晶格向量為
$$\begin{cases} \vec{b}_1 = \dfrac{2\pi}{a}(-\hat{i}+\hat{j}+\hat{k}) \\ \vec{b}_2 = \dfrac{2\pi}{a}(\hat{i}-\hat{j}+\hat{k}) \\ \vec{b}_3 = \dfrac{2\pi}{a}(\hat{i}+\hat{j}-\hat{k}) \end{cases} 。 \qquad (5\text{-}32)$$

5.5.2.1.4 六方最密堆積晶格

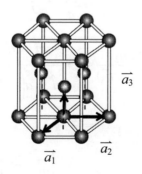

圖 5-13 六方最密堆積晶格

如圖 5-13 所示，六方最密堆積晶格的晶格向量為

$$\begin{cases} \vec{a_1} = a\hat{i} \\ \vec{a_2} = a\left(-\dfrac{1}{2}\hat{i} + \dfrac{\sqrt{3}}{2}\hat{j}\right), \\ \vec{a_3} = c\hat{k} \end{cases} \tag{5-33}$$

由

$$\begin{cases} \vec{b_1} = 2\pi\dfrac{\vec{a_2} \times \vec{a_3}}{\vec{a_1} \cdot (\vec{a_2} \times \vec{a_3})} \\ \vec{b_2} = 2\pi\dfrac{\vec{a_3} \times \vec{a_1}}{\vec{a_1} \cdot (\vec{a_2} \times \vec{a_3})}, \\ \vec{b_3} = 2\pi\dfrac{\vec{a_1} \times \vec{a_2}}{\vec{a_1} \cdot (\vec{a_2} \times \vec{a_3})} \end{cases} \tag{5-34}$$

所以得

$$\vec{b_1} = 2\pi\frac{\vec{a_2} \times \vec{a_3}}{\vec{a_1} \cdot (\vec{a_2} \times \vec{a_3})} = 2\pi\frac{a\left(-\dfrac{1}{2}\hat{i} + \dfrac{\sqrt{3}}{2}\hat{j}\right) \times c\hat{k}}{a\hat{i} \cdot \left[a\left(-\dfrac{1}{2}\hat{i} + \dfrac{\sqrt{3}}{2}\hat{j}\right) \times c\hat{k}\right]}$$

$$= \frac{2\pi}{a}\left(\hat{i} + \frac{1}{\sqrt{3}}\hat{j}\right) ; \tag{5-35}$$

$$\vec{b_2} = 2\pi\frac{\vec{a_3} \times \vec{a_1}}{\vec{a_1} \cdot (\vec{a_2} \times \vec{a_3})} = 2\pi\frac{c\hat{k} \times a\hat{i}}{a\hat{i} \cdot \left[a\left(-\dfrac{1}{2}\hat{i} + \dfrac{\sqrt{3}}{2}\hat{j}\right) \times c\hat{k}\right]}$$

$$= \frac{2\pi}{a}\frac{2}{\sqrt{3}}\hat{j} ; \tag{5-36}$$

$$\vec{b_3} = 2\pi\frac{\vec{a_1} \times \vec{a_2}}{\vec{a_1} \cdot (\vec{a_2} \times \vec{a_3})} = 2\pi\frac{a\hat{i} \times a\left(-\dfrac{1}{2}\hat{i} + \dfrac{\sqrt{3}}{2}\hat{j}\right)}{a\hat{i} \cdot \left[a\left(-\dfrac{1}{2}\hat{i} + \dfrac{\sqrt{3}}{2}\hat{j}\right) \times c\hat{k}\right]}$$

$$= \frac{2\pi}{c}\hat{k} , \tag{5-37}$$

即六方最密堆積晶格的倒晶格向量為

$$\begin{cases} \vec{b_1} = \dfrac{2\pi}{a}\left(\hat{i} + \dfrac{1}{\sqrt{3}}\hat{j}\right) \\ \vec{b_2} = \dfrac{2\pi}{a}\dfrac{2}{\sqrt{3}}\hat{j} \\ \vec{b_3} = \dfrac{2\pi}{c}\hat{k} \end{cases} 。 \tag{5-38}$$

5.5.2.2 倒晶格的矩陣表示（Matrix formulation）

如果我們用矩陣表示來看晶格向量與倒晶格向量之間的關係，則似乎簡單多了。

若矩陣 A 是由基礎平移向量（Primitive translation vectors）所構成的，即

$$\vec{a}_1 = \hat{i}a_{11} + \hat{j}a_{12} + \hat{k}a_{13}；\qquad (5\text{-}39)$$

$$\vec{a}_2 = \hat{i}a_{21} + \hat{j}a_{22} + \hat{k}a_{23}；\qquad (5\text{-}40)$$

$$\vec{a}_3 = \hat{i}a_{31} + \hat{j}a_{32} + \hat{k}a_{33}，\qquad (5\text{-}41)$$

或

$$\begin{bmatrix} \vec{a}_1 \\ \vec{a}_2 \\ \vec{a}_3 \end{bmatrix} = \begin{bmatrix} a_{11} & a_{12} & a_{13} \\ a_{21} & a_{22} & a_{23} \\ a_{31} & a_{32} & a_{33} \end{bmatrix} \begin{bmatrix} \hat{i} \\ \hat{j} \\ \hat{k} \end{bmatrix} = A \begin{bmatrix} \hat{i} \\ \hat{j} \\ \hat{k} \end{bmatrix}，\qquad (5\text{-}42)$$

其中 $A = \begin{bmatrix} a_{11} & a_{12} & a_{13} \\ a_{21} & a_{22} & a_{23} \\ a_{31} & a_{32} & a_{33} \end{bmatrix}$，$\qquad (5\text{-}43)$

而矩陣 B 是由基礎倒置向量（Primitive reciprocal vectors）所構成的，即

$$\vec{b}_1 = \hat{i}b_{11} + \hat{j}b_{12} + \hat{k}b_{13}；\qquad (5\text{-}44)$$

$$\vec{b}_2 = \hat{i}b_{21} + \hat{j}b_{22} + \hat{k}b_{23}；\qquad (5\text{-}45)$$

$$\vec{b}_3 = \hat{i}b_{31} + \hat{j}b_{32} + \hat{k}b_{33}，\qquad (5\text{-}46)$$

或

$$\begin{bmatrix} \vec{b}_1 \\ \vec{b}_2 \\ \vec{b}_3 \end{bmatrix} = \begin{bmatrix} b_{11} & b_{12} & b_{13} \\ b_{21} & b_{22} & b_{23} \\ b_{31} & b_{32} & b_{33} \end{bmatrix} \begin{bmatrix} \hat{i} \\ \hat{j} \\ \hat{k} \end{bmatrix} = B \begin{bmatrix} \hat{i} \\ \hat{j} \\ \hat{k} \end{bmatrix}，\qquad (5\text{-}47)$$

其中 $B = \begin{bmatrix} b_{11} & b_{12} & b_{13} \\ b_{21} & b_{22} & b_{23} \\ b_{31} & b_{32} & b_{33} \end{bmatrix}$，　　　　　　　　　　　　　　　　（5-48）

則矩陣 A 轉置（Tramspose）之後和矩陣 B 會滿足

$$A^T \cdot B = \begin{bmatrix} a_{11} & a_{12} & a_{13} \\ a_{21} & a_{22} & a_{23} \\ a_{31} & a_{32} & a_{33} \end{bmatrix}^T \begin{bmatrix} b_{11} & b_{12} & b_{13} \\ b_{21} & b_{22} & b_{23} \\ b_{31} & b_{32} & b_{33} \end{bmatrix} = \begin{bmatrix} 2\pi & 0 & 0 \\ 0 & 2\pi & 0 \\ 0 & 0 & 2\pi \end{bmatrix} = 2\pi I，\quad （5\text{-}49）$$

其中 A^T 為矩陣 A 的轉置矩陣（Tramspose matrix）。

也就是晶格向量矩陣與倒晶格向量矩陣互為逆矩陣，當然還有一個 2π 的因子。

以下，我們分別以向量形式及矩陣形式來表示簡單立方晶格、體心立方晶格、面心立方晶格、六方最密堆積晶格的晶格向量及倒晶格向量。

5.5.2.2.1 簡單立方晶格

已知簡單立方晶格的晶格向量為 $\begin{cases} \vec{a_1} = a\hat{i} \\ \vec{a_2} = a\hat{j} \\ \vec{a_3} = a\hat{k} \end{cases}$ ；　　　　（5-50）

倒晶格向量為 $\begin{cases} \vec{b_1} = \dfrac{2\pi}{a}\hat{i} \\[2mm] \vec{b_2} = \dfrac{2\pi}{a}\hat{j} \\[2mm] \vec{b_3} = \dfrac{2\pi}{a}\hat{k} \end{cases}$ ，　　　　（5-51）

所以晶格向量矩陣為 $\quad A = \begin{bmatrix} a & 0 & 0 \\ 0 & a & 0 \\ 0 & 0 & a \end{bmatrix}$ ；　　　　（5-52）

倒晶格向量矩陣爲
$$B = 2\pi \begin{bmatrix} \dfrac{1}{a} & 0 & 0 \\ 0 & \dfrac{1}{a} & 0 \\ 0 & 0 & \dfrac{1}{a} \end{bmatrix} \text{。}$$
（5-53）

5.5.2.2.2 體心立方晶格

已知體心立方晶格的晶格向量爲
$$\begin{cases} \vec{a_1} = \dfrac{a}{2}(-\hat{i}+\hat{j}+\hat{k}) \\ \vec{a_2} = \dfrac{a}{2}(\hat{i}-\hat{j}+\hat{k}) \\ \vec{a_3} = \dfrac{a}{2}(\hat{i}+\hat{j}-\hat{k}) \end{cases} ；$$
（5-54）

倒晶格向量爲
$$\begin{cases} \vec{b_1} = \dfrac{2\pi}{a}(\hat{j}+\hat{k}) \\ \vec{b_2} = \dfrac{2\pi}{a}(\hat{i}+\hat{k}) \\ \vec{b_3} = \dfrac{2\pi}{a}(\hat{i}+\hat{j}) \end{cases} ，$$
（5-55）

所以晶格向量矩陣爲
$$A = \begin{bmatrix} -\dfrac{a}{2} & \dfrac{a}{2} & \dfrac{a}{2} \\ \dfrac{a}{2} & -\dfrac{a}{2} & \dfrac{a}{2} \\ \dfrac{a}{2} & \dfrac{a}{2} & -\dfrac{a}{2} \end{bmatrix} ；$$
（5-56）

倒晶格向量矩陣爲
$$B = 2\pi \begin{bmatrix} 0 & \dfrac{1}{a} & \dfrac{1}{a} \\ \dfrac{1}{a} & 0 & \dfrac{1}{a} \\ \dfrac{1}{a} & \dfrac{1}{a} & 0 \end{bmatrix} \text{。}$$
（5-57）

5.5.2.2.3 面心立方晶格

已知面心立方晶格的晶格向量為
$$\begin{cases} \vec{a_1} = \dfrac{a}{2}(\hat{j}+\hat{k}) \\[2mm] \vec{a_2} = \dfrac{a}{2}(\hat{i}+\hat{k}) \\[2mm] \vec{a_3} = \dfrac{a}{2}(\hat{i}+\hat{j}) \end{cases} ; \qquad （5\text{-}58）$$

倒晶格向量為
$$\begin{cases} \vec{b_1} = \dfrac{2\pi}{a}(-\hat{i}+\hat{j}+\hat{k}) \\[2mm] \vec{b_2} = \dfrac{2\pi}{a}(\hat{i}-\hat{j}+\hat{k}) \\[2mm] \vec{b_3} = \dfrac{2\pi}{a}(\hat{i}+\hat{j}-\hat{k}) \end{cases} , \qquad （5\text{-}59）$$

所以晶格向量矩陣為
$$A = \begin{bmatrix} 0 & \dfrac{a}{2} & \dfrac{a}{2} \\[2mm] \dfrac{a}{2} & 0 & \dfrac{a}{2} \\[2mm] \dfrac{a}{2} & \dfrac{a}{2} & 0 \end{bmatrix} ; \qquad （5\text{-}60）$$

倒晶格向量矩陣為
$$B = 2\pi \begin{bmatrix} -\dfrac{1}{a} & \dfrac{1}{a} & \dfrac{1}{a} \\[2mm] \dfrac{1}{a} & -\dfrac{1}{a} & \dfrac{1}{a} \\[2mm] \dfrac{1}{a} & \dfrac{1}{a} & -\dfrac{1}{a} \end{bmatrix} 。 \qquad （5\text{-}61）$$

5.5.2.2.4 六方最密堆積晶格

已知六方最密堆積晶格的晶格向量為
$$\begin{cases} \vec{a_1} = a\hat{i} \\[2mm] \vec{a_2} = a\left(-\dfrac{1}{2}\hat{i}+\dfrac{\sqrt{3}}{2}\hat{j}\right) \\[2mm] \vec{a_3} = c\hat{k} \end{cases} ; （5\text{-}62）$$

倒晶格向量為

$$\begin{cases} \vec{b_1} = \dfrac{2\pi}{a}\left(\hat{i} + \dfrac{1}{\sqrt{3}}\hat{j}\right) \\[2mm] \vec{b_2} = \dfrac{2\pi}{a}\dfrac{2}{\sqrt{3}}\hat{j} \\[2mm] \vec{b_3} = \dfrac{2\pi}{a}\hat{k} \end{cases} \quad , \quad （5\text{-}63）$$

所以晶格向量矩陣為

$$A = \begin{bmatrix} a & 0 & 0 \\[2mm] -\dfrac{a}{2} & \dfrac{a\sqrt{3}}{2} & 0 \\[2mm] 0 & 0 & c \end{bmatrix} ; \quad （5\text{-}64）$$

倒晶格向量矩陣為

$$B = 2\pi \begin{bmatrix} \dfrac{1}{a} & \dfrac{1}{a\sqrt{3}} & 0 \\[2mm] 0 & \dfrac{2}{a\sqrt{3}} & 0 \\[2mm] 0 & 0 & \dfrac{1}{c} \end{bmatrix} 。 \quad （5\text{-}65）$$

另一種定義方式的晶格向量為

$$\begin{cases} \vec{a_1} = a\left(\dfrac{1}{2}\hat{i} + \dfrac{\sqrt{3}}{2}\hat{j}\right) \\[2mm] \vec{a_2} = a\left(-\dfrac{1}{2}\hat{i} + \dfrac{\sqrt{3}}{2}\hat{j}\right) ; \\[2mm] \vec{a_3} = c\hat{k} \end{cases} （5\text{-}66）$$

倒晶格向量為

$$\begin{cases} \vec{b_1} = \dfrac{2\pi}{a}\left(\hat{i} + \dfrac{1}{\sqrt{3}}\hat{j}\right) \\[2mm] \vec{b_2} = \dfrac{2\pi}{a}\left(-\hat{i} + \dfrac{1}{\sqrt{3}}\hat{j}\right) , \\[2mm] \vec{b_3} = \dfrac{2\pi}{c}\hat{k} \end{cases} （5\text{-}67）$$

所以晶格向量矩陣為

$$A = \begin{bmatrix} \dfrac{a}{2} & \dfrac{a\sqrt{3}}{2} & 0 \\[2ex] -\dfrac{a}{2} & \dfrac{a\sqrt{3}}{2} & 0 \\[2ex] 0 & 0 & c \end{bmatrix} ; \quad (5\text{-}68)$$

倒晶格向量矩陣為

$$B = 2\pi \begin{bmatrix} \dfrac{1}{a} & \dfrac{1}{a\sqrt{3}} & 0 \\[2ex] -\dfrac{1}{a} & \dfrac{2}{a\sqrt{3}} & 0 \\[2ex] 0 & 0 & \dfrac{1}{c} \end{bmatrix} 。\quad (5\text{-}69)$$

5.6 晶體中的 X 光繞射

當 X 光被晶體散射出來，其建設性干射（Constructive Interference）構成了一個獨特對應於該晶體結構的 X 光繞射圖形（Diffraction pattern），當然這個繞射圖形富含著晶體豐富的訊息，端賴研究人員如何去判別與解讀，在本節我們只作最基本的繞射圖形與晶體結構的關係說明。

一般來說，繞射圖形的形成主要有二個基本的部分要解讀，一是有沒有建設性干射？二是如果已經產生了建設性干射，則干射訊號的強度大小？如果我們很簡單的分類，可以說前者的判斷依據是繞射條件是否遵守或滿足 Bragg 定律（Bragg's law）或 Laue 條件（Laue condition）；後者的判斷依據是結構因子（Structure factor）、原子散射因子（Atomic scattering factor 或 Atomic form factor）、溫度因子（Temperature factor）或稱為 Debye-Waller 因子（Debye-Waller factor）。

5.6.1 X 光建設性干射

對於建設性干射的條件，我們可以簡單說明如下：通常可以用波長及波向量來描述 X 光，前者就是在真實空間中分析繞射條件，也就是我們熟知的 Bragg 定律；後者就是在動量空間中的建設性干射條件爲 Laue 條件，這二個條件的關係式爲：

Bragg 條件：$n\lambda = 2d\sin\theta$；　　　　　　　　　（5-70）

Laue 條件：$\Delta\vec{K} = \vec{G}$，　　　　　　　　　　（5-71）

其中 d 爲發生繞射晶面之間的間距；若發生繞射晶面的 Miller 指數爲 (hkl)，則 $n = \sqrt{h^2 + k^2 + l^2}$；$\lambda$ 爲入射 X 光的波長；θ 爲繞射角；$\Delta\vec{K}$ 爲入射 X 光的波向量與散射 X 光的波向量的差；$\vec{G}$ 爲倒晶格向量。

雖然，有些學者認爲 von Laue 在動量空間所建立的散射條件，在立論上比較嚴謹，但是，其實 Bragg 條件和 Laue 條件二者是同義的，示意如圖 5-14，以下我們介紹三種簡單的證明方法，分別由 Laue 條件的結果推導出 Bragg 條件，以及由 Bragg 條件的結果推導出 Laue 條件。

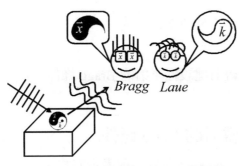

圖 5-14　晶體繞射現象的二個觀點

5.6.1.1　X 光繞射的 Bragg 條件

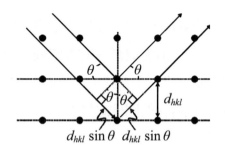

圖 5-15　　二束散射光的建設性干射條件

如圖 5-15 所示，以二束散射光為例，如果要滿足建設性干射的條件，則在真實空間中，這二束光的光程差必須是入射光波長的整數倍，即

$$2d_{hkl}\sin\theta = \lambda，\tag{5-72}$$

其中 $d_{hkl} = \dfrac{d}{\sqrt{h^2+k^2+l^2}}$ 是發生散射的二個晶面之距離，而 d 為二個晶格面（Lattice plane）的距離。

或　　　　　　　　$2d\sin\theta = \sqrt{h^2+k^2+l^2}\,\lambda，\tag{5-73}$

這就是 X 光繞射建設性干射的 Bragg 條件。

5.6.1.2　X 光繞射的 Laue 條件

X 光繞射的 Laue 條件有好幾種表示方式。

由圖 5-16 所示，$\qquad \vec{K} + \vec{G} = \vec{K'}$， $\qquad\qquad$ （5-74）

則 $\qquad\qquad (\vec{K} + \vec{G})^2 = (\vec{K'})^2$， $\qquad\qquad$ （5-75）

所以 $\qquad |\vec{K}|^2 + |\vec{G}|^2 + 2\vec{K} \cdot \vec{G} = |\vec{K'}|^2$， $\qquad$ （5-76）

假設 *X* 光在發生散射前後的波長不會改變，即光子的能量不會改變，

則 $\qquad\qquad\qquad \lambda = \lambda'$， $\qquad\qquad$ （5-77）

所以 $\qquad\qquad |\vec{K}| = \dfrac{2\pi}{\lambda} = \dfrac{2\pi}{\lambda'} = |\vec{K'}|$， $\qquad$ （5-78）

得 $\qquad\qquad 2\vec{K} \cdot \vec{G} + |\vec{G}|^2 = 0$。 $\qquad\qquad$ （5-79）

這就是 Laue 條件的一種表示法。

我們還可以換一個方式來說明：

由 $\qquad\qquad\qquad \vec{K'} - \vec{G} = \vec{K}$， $\qquad\qquad$ （5-80）

則 $\qquad\qquad (\vec{K'} - \vec{G})^2 = (\vec{K})^2$， $\qquad\qquad$ （5-81）

所以 $\qquad |\vec{K'}|^2 + |\vec{G}|^2 - 2\vec{K'} \cdot \vec{G} = |\vec{K}|^2$， $\qquad$ （5-82）

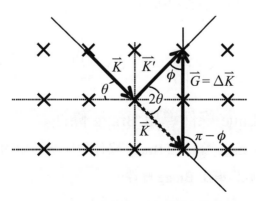

圖 5-16 倒晶格空間的繞射條件

　　則可以得到 Laue 條件另外等價的表示方式，

即 $\qquad\qquad\qquad 2\vec{K'} \cdot \vec{G} = |\vec{G}|^2$ ， $\qquad$ （5-83）

或 $\qquad\qquad\qquad \vec{K'} \cdot \vec{G} = \dfrac{1}{2}|\vec{G}|^2$ ； $\qquad$ （5-84）

　　將上式二側同除 $\vec{G}$ ，

可得 $\qquad\qquad\qquad \vec{K'} \cdot \dfrac{\vec{G}}{|\vec{G}|} = \dfrac{1}{2}|\vec{G}|$ ， $\qquad$ （5-85）

或 $\qquad\qquad\qquad \vec{K'} \cdot \hat{G} = \dfrac{1}{2}|\vec{G}|$ ， $\qquad$ （5-86）

注意其中 $\hat{G} = \dfrac{\vec{G}}{|\vec{G}|}$ 為單位向量。

也可以由 $\qquad\qquad\qquad \vec{K'} = \vec{K} + \vec{G}$ ， $\qquad$ （5-87）

二側平方 $\qquad\qquad |\vec{K'}|^2 = |\vec{K} + \vec{G}|^2 = |\vec{K}|^2 + |\vec{G}|^2 + 2\vec{K} \cdot \vec{G}$ ， $\qquad$ （5-88）

則 $\qquad\qquad\qquad 2\vec{K} \cdot \vec{G} = -|\vec{G}|^2$ ， $\qquad$ （5-89）

可得 Laue 條件的另一個表示法為

$$\vec{K} \cdot \dfrac{\vec{G}}{|\vec{G}|} = \vec{K} \cdot \hat{G} = -\dfrac{1}{2}|\vec{G}| 。 \qquad （5-90）$$

5.6.1.3　由 Laue 條件導出 Bragg 條件

　　如前所述，Laue 條件和 Bragg 條件是完全等價的，在本節中，我們先由 Laue 條件導出 Bragg 條件。

如前所述，由 $\vec{K} + \vec{G} = \vec{K'}$ ，

則　　　　　$(\vec{K}+\vec{G})^2=(\vec{K'})^2$，　　　　　　　　　　　（5-91）

所以　　　$|\vec{K}|^2+|\vec{G}|^2+2\vec{K}\cdot\vec{G}=|\vec{K'}|^2$，　　　　（5-92）

得　　　　$2\vec{K}\cdot\vec{G}+|\vec{G}|^2=0$。　　　　　　　　　　（5-93）

又　　　　$2\theta+\phi+\phi=\pi$，　　　　　　　　　　　（5-94）

則　　　　$\phi=\dfrac{\pi}{2}-\theta$，　　　　　　　　　　　　（5-95）

代入上式，　$2\vec{K}\cdot\vec{G}\cos(\pi-\phi)+|\vec{G}|^2=0$，　　　　（5-96）

則　　　　$2\dfrac{2\pi}{\lambda}\dfrac{2\pi}{d_{hkl}}\cos(\pi-\phi)+\left|\dfrac{2\pi}{d_{hkl}}\right|^2=0$，　　　（5-97）

所以　　　$2\dfrac{2\pi}{\lambda}\dfrac{2\pi}{d_{hkl}}\cos\left(\pi-\dfrac{\pi}{2}+\theta\right)+\left|\dfrac{2\pi}{d_{hkl}}\right|^2=0$，　　（5-98）

則　　　　$-2\dfrac{2\pi}{\lambda}\dfrac{2\pi}{d_{hkl}}\sin\theta+\dfrac{2\pi}{d_{hkl}}\dfrac{2\pi}{d_{hkl}}=0$，　　　（5-99）

得　　　　$2d_{hkl}\sin\theta=\lambda$，　　　　　　　　　　（5-100）

因為　　　$d_{hkl}=\dfrac{d}{\sqrt{h^2+k^2+l^2}}$，　　　　　　　（5-101）

所以　　　$2d\sin\theta=\sqrt{h^2+k^2+l^2}\lambda$。　　　　　（5-102）

或者也可由　$\vec{K}+\vec{G}=\vec{K'}$，　　　　　　　　　　（5-103）

則　　　　$-2\vec{K}\cdot\vec{G}=|\vec{G}|^2$，　　　　　　　　（5-104）

則　　　　$-2\vec{K'}\cdot\hat{G}=\dfrac{|\vec{G}|^2}{\vec{G}}=|\vec{G}|$，　　　　　（5-105）

則　　　　$-2\vec{K'}\cdot\hat{G}=-2|\vec{K}|\cos\left(\dfrac{\pi}{2}+\theta\right)=2|\vec{K}|\sin(\theta)=|\vec{G}|$，（5-106）

則　　　　$2\dfrac{2\pi}{\lambda}\sin\theta=\dfrac{2\pi}{d}$，　　　　　　　（5-107）

得　　　　$2d\sin\theta=\lambda$。　　　　　　　　　　　（5-108）

5.6.1.4　由 Bragg 條件導出 Laue 條件

在本節中，我們將由 Bragg 條件導出 Laue 條件。

因為
$$\Delta \vec{K} = \vec{K'} - \vec{K}$$
$$= 2|\vec{K'}|\hat{G}\sin\theta$$
$$= 2\sin\theta|\vec{K}|\hat{G}$$
$$= \left[\frac{4\pi\sin\theta}{\lambda}\right]\hat{G}$$
$$= \left[\frac{4\pi\sin\theta}{\lambda|\vec{G}_{hkl}|}\right]\vec{G}_{hkl}$$
$$= \left[\frac{2d_{hkl}\sin\theta}{\lambda}\right]\vec{G}_{hkl} = \vec{G}_{hk} \ , \tag{5-109}$$

其中
$$\frac{d_{hkl}}{2\pi}|\vec{G}_{hkl}| = \frac{d_{hkl}}{2\pi}\frac{2\pi}{d_{hkl}} = 1 \ ,$$

則由
$$\frac{2d_{hkl}\sin\theta}{\lambda} = 1 \ , \tag{5-110}$$

所以
$$\Delta\vec{K} = \vec{G}_{hkl} \ , \tag{5-111}$$

即
$$\Delta\vec{K} = \vec{K'} - \vec{K} = \vec{G} \ , \tag{5-112}$$

這也是 Laue 條件的一種表示方式。

5.6.1.5 判斷繞射亮點的幾何作圖法

基於 Bragg 條件或 Laue 條件，Ewald 發展出一個幾何作圖的方法，可以用來判斷哪一個晶格點會產生繞射亮點？這個方法就是所謂的 Ewald 製圖法（Ewald construction）。

Ewald 製圖法的步驟簡述如下：

[1] 畫一個倒晶格，如圖 5-17 所示。

[2] 畫一個對應於入射 X 光的波向量 $\vec{K}$，這個射線的箭頭要碰到任何一個倒晶格點，如圖 5-18 所示，而其長度為 $|\vec{K}| = \frac{2\pi}{\lambda}$，其中 λ 為入射 X 光的波長。

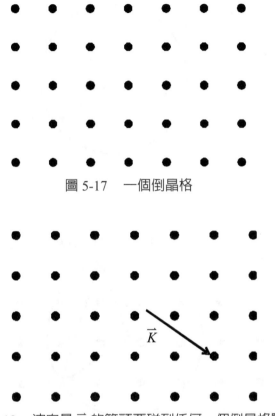

圖 5-17　一個倒晶格

圖 5-18　波向量 $\vec{K}$ 的箭頭要碰到任何一個倒晶格點

[3]　以 $\vec{K}$ 的原點為中心；以 $|\vec{K}|$ 的大小為半徑畫圓，因為是在平面
　　　上，所以這個圓就稱為 Ewald 圓（Ewald circle），如圖 5-19 所
　　　示，如果是在三度空間中，則為 Ewald 球（Ewald sphere）。

[4]　所有在 Ewald 圓上的 $\vec{K}$ 就是滿足 Laue 條件的倒晶格點，如圖
　　　5-20 所示的點 (1)、點 (2)、點 (3) 都滿足 $\Delta\vec{K}=\vec{G}$ 的條件，都會
　　　產生繞射亮點。

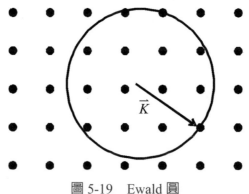

圖 5-19　Ewald 圓

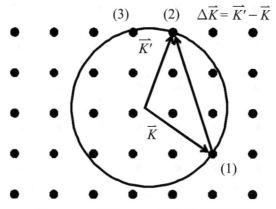

圖 5-20　滿足 Laue 條件的倒晶格點

5.6.2　影響繞射強度的三個基本因子

由 X 光繞射圖形（Diffraction pattern）可以判別晶體的結構，然而並非只要滿足 Bragg 條件或 Laue 條件就可以觀察到繞射譜線，實際上，在線性且不吸收的光學前提下，還有三個重要的因子（Factor）會影響繞射譜線的出現與否或強度大小：

[1]　結構因子（Structure factor）。

[2] 原子散射因子（Atomic scattering factor 或 Atomic form factor）。

[3] 溫度因子（Temperature factor）或 Debye-Waller（Debye-Waller factor）。

說明如下。

5.6.2.1　*X* 光繞射的結構因子

假設散射電磁波的電場或磁場的振幅大小和散射振幅（Scattering amplitude）$F_{[hkl]}$ 或 $F_{\vec{G}}$ 成正比，若晶體由 N 個晶胞所構成，則

$$F_{\vec{G}} = N \int_{Cell} n(\vec{r}) e^{-i\vec{G} \cdot \vec{r}} d^3\vec{r} = NS_{\vec{G}} = NS_{[hkl]} , \qquad （5\text{-}113）$$

上式的 $S_{\vec{G}}$ 或 $S_{[hkl]}$ 爲結構因子，即

$$S_{\vec{G}} = S_{[hkl]} = \int_{Cell} n(\vec{r}) e^{-i\vec{G} \cdot \vec{r}} d^3\vec{r} , \qquad （5\text{-}114）$$

其積分定義在單一個晶胞中，而 $n(\vec{r})$ 爲電子濃度，是單一個晶胞中所有原子之電子濃度總和，如果晶胞含有 s 個原子，則處於 $\vec{r}$ 位置的電子濃度定義爲

$$n(\vec{r}) = \sum_{j=1}^{s} n_j(\vec{r} - \vec{r}_j) , \qquad （5\text{-}115）$$

顯然，$n(\vec{r})$ 的分解表示並非唯一的，端視我們如何定義晶胞。將 $n(\vec{r})$ 代入得

$$S_{\vec{G}} = \int\limits_{Cell} n(\vec{r}) e^{-i\vec{G}\cdot\vec{r}} d^3\vec{r}$$

$$= \int\limits_{Cell} \left(\sum_{j=1}^{s} n_j(\vec{r}-\vec{r}_j) \right) e^{-i\vec{G}\cdot\vec{r}} d^3\vec{r}$$

$$= \sum_{j=1}^{s} \int\limits_{All} n_j(\vec{r}-\vec{r}_j) e^{-i\vec{G}\cdot\vec{r}} d^3\vec{r}$$

$$= \sum_{j=1}^{s} \left[e^{-i\vec{G}\cdot\vec{r}_j} \int\limits_{\substack{All \\ Space}} n_j(\underline{\vec{r}}) e^{-i\vec{G}\cdot\underline{\vec{r}}} d^3\underline{\vec{r}} \right]$$

$$= \sum_{j=1}^{s} f_j e^{-i\vec{G}\cdot\vec{r}_j} , \qquad\qquad （5\text{-}116）$$

其中 $\underline{\vec{r}} = \vec{r} - \vec{r}_j$，

則我們定義原子散射因子 f_j 為

$$f_j \equiv \int\limits_{\substack{All \\ Space}} n_j(\vec{r}) e^{-i\vec{G}\cdot\vec{r}} d^3\vec{r} 。 \qquad\qquad （5\text{-}117）$$

　　如果再更進一步分析可知，如果是中心對稱的晶體，則 $S_{\vec{G}}$ 只有實數部分，但是一般而言，$S_{\vec{G}}$ 的組成可以分解成實數部分和虛數部分，即

$$S_{\vec{G}} = A_{\vec{G}} + iB_{\vec{G}}$$

$$= \sum_{j=1}^{N} f_j \cos(\vec{G}\cdot\vec{r}_j) + i\sum_{j=1}^{N} f_j \sin(\vec{G}\cdot\vec{r}_j) , \qquad（5\text{-}118）$$

顯然，對應於每一個 $S_{\vec{G}}$ 都有一個相位角（Phase angle）$\phi_{\vec{G}}$ 為

$$\tan\phi_{\vec{G}} = \frac{B_{\vec{G}}}{A_{\vec{G}}} 。 \qquad\qquad （5\text{-}119）$$

然而散射光強度正比於 $I_{\vec{G}}$，所以

$$I_{\vec{G}} = |S_{\vec{G}}|^2 = A_{\vec{G}}^2 + B_{\vec{G}}^2$$

$$= \left[\sum_{j=1}^{N} f_j \cos(\vec{G} \cdot \vec{r_j}) \right]^2 + \left[\sum_{j=1}^{N} f_j \sin(\vec{G} \cdot \vec{r_j}) \right]^2$$

$$= \sum_{i=1}^{N} \sum_{j=1}^{N} f_i f_j \left[\cos(\vec{G} \cdot \vec{r_i}) \cos(\vec{G} \cdot \vec{r_j}) + \sin(\vec{G} \cdot \vec{r_i}) \sin(\vec{G} \cdot \vec{r_j}) \right]$$

$$= \sum_{i=1}^{N} \sum_{j=1}^{N} f_i f_j \cos \vec{G} \cdot (\vec{r_i} - \vec{r_j}) \, \circ \tag{5-120}$$

所以散射光強度只取決於原子與原子之間的向量，和原子的真實座標無關，這個結果對於量測分析非常重要，因為原子的真實座標和座標原點的定義有關，也就是說，原點改變了，座標就改變了。

5.6.2.2　*X* 光繞射的原子散射因子

如果第 *j* 個原子的電子密度分布是呈球對稱的，則如圖 5-21 所示，

$$f_j = \int_\infty n_j(\vec{r}) e^{-i\vec{G} \cdot \vec{r}} d^3\vec{r}$$

$$= \int_{r=0}^{\infty} \int_{\psi=0}^{\pi} \int_{\phi=0}^{2\pi} n_j(\vec{r}) e^{-i|\vec{G}||\vec{r}|\cos\psi} r^2 \sin\psi \, dr \, d\psi \, d\phi$$

$$= 2\pi \int_{r=0}^{\infty} \int_{-1}^{+1} r^2 n_j(\vec{r}) e^{-i|\vec{G}||\vec{r}|\cos\psi} dr \, d(\cos\psi)$$

$$= 2\pi \int_{r=0}^{\infty} r^2 n_j(\vec{r}) \frac{e^{-i|G||\vec{r}|} - e^{+i|G||\vec{r}|}}{-i|\vec{G}||\vec{r}|} dr$$

$$= 2\pi \int_{r=0}^{\infty} r^2 n_j(\vec{r}) \frac{-i \, 2\sin(|\vec{G}||\vec{r}|)}{-i|\vec{G}||\vec{r}|} dr$$

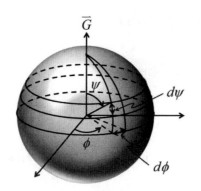

圖 5-21　球對稱的積分

$$= 4\pi \int_{r=0}^{\infty} r^2\, n_j\,(\vec{r})\, \frac{\sin(|\vec{G}||\vec{r}|)}{|\vec{G}||\vec{r}|}\, dr\, 。 \qquad （5\text{-}121）$$

5.6.2.3　X 光繞射的溫度因子

其實晶體原子並非靜止不動的，在熱擾動的情況下原子的位置是時間的函數，

即 $$\vec{r}_j\,(t) = \vec{r}_j + \vec{u}_j\,(t)\, ， \qquad （5\text{-}122）$$

所以結構因子的熱平均量 $\langle S_{\vec{G}} \rangle$ 為

$$\langle S_{\vec{G}} \rangle = \left\langle \sum_{j=1}^{N} f_j\, e^{-i\vec{G}\,\cdot\,\vec{r}_j(t)} \right\rangle$$

$$= \sum_{j=1}^{N} f_j\, e^{-i\vec{G}\,\cdot\,\vec{r}_j(t)}\, \left\langle e^{-i\vec{G}\,\cdot\,\vec{u}_j(t)} \right\rangle\, ， \qquad （5\text{-}123）$$

所以 $\left\langle e^{-i\vec{G}\,\cdot\,\vec{u}_j(t)} \right\rangle$ 和溫度有關。

我們把 $\left\langle e^{-i\vec{G} \cdot \vec{u}_j(t)} \right\rangle$ 展開為

$$\left\langle e^{-i\vec{G} \cdot \vec{u}_j(t)} \right\rangle = 1 - i \left\langle \vec{G} \cdot \vec{u}_j(t) \right\rangle - \frac{1}{2} \left\langle (\vec{G} \cdot \vec{u}_j(t))^2 \right\rangle + \cdots, \quad （5\text{-}124）$$

因為 $\vec{u}_j(t)$ 是一個隨機的熱擾動位移量，和 $\vec{G}$ 的方向沒有關係，

所以 $\qquad\qquad \left\langle \vec{G} \cdot \vec{u}_j(t) \right\rangle = 0，\qquad\qquad\qquad （5\text{-}125）$

而 $\qquad\qquad \left\langle (\vec{G} \cdot \vec{u}_j(t))^2 \right\rangle = \left\langle |\vec{G}|^2 |\vec{u}_j \cdot (t)|^2 \cos^2\theta \right\rangle$

$$= \left\langle \cos^2\theta \right\rangle \left\langle \vec{u}_j{}^2(t) \right\rangle |\vec{G}|^2$$

$$= \frac{1}{3} \left\langle \vec{u}_j{}^2(t) \right\rangle |\vec{G}|^2，\qquad\qquad （5\text{-}126）$$

其中，如圖 5-22 所示，$\left\langle \cos^2\theta \right\rangle = \dfrac{\displaystyle\int_0^\pi \cos^2\theta \, d(\cos\theta)}{\displaystyle\int_0^\pi d(\cos\theta)}$

$$= \frac{\displaystyle\int_0^\pi \cos^2\theta \sin\theta \, d\theta}{2}$$

$$= \frac{1}{2} \int_0^\pi \cos^2\theta \sin\theta \, d\theta$$

$$= \frac{1}{3} \text{。} \qquad\qquad （5\text{-}127）$$

很顯然的，如果我們找到一個函數，$e^{-\frac{1}{6} \left\langle u^2 \right\rangle G^2}$，且將它作級數展開到前二項，

即 $\qquad\qquad e^{-\frac{1}{6} \left\langle u^2 \right\rangle G^2} = 1 - \frac{1}{6} \left\langle u^2 \right\rangle G^2 + \cdots$

$$\approx 1 - \frac{1}{6} \left\langle u^2 \right\rangle G^2，\qquad\qquad （5\text{-}128）$$

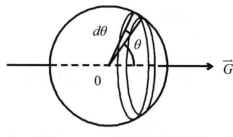

圖 5-22　$\cos^2\theta$ 的平均值積分

和 $\left\langle e^{-i\vec{G}\cdot\vec{u}_j(t)} \right\rangle$ 的級數展開是相同的，所以我們就用 $e^{-\frac{1}{6}\langle u^2\rangle G^2}$ 來取代 $\left\langle e^{-i\vec{G}\cdot\vec{u}_j(t)} \right\rangle$。

　　因為每個原子都有相同的結果，所以散射光強度 $I_{\vec{G}}$ 為和 $\left(e^{-\frac{1}{6}\langle u^2\rangle G^2}\right)^2$ 成正比例，即 $I = I_0\, e^{-\frac{1}{3}\langle u^2\rangle G^2}$，其中 I_0 為剛體晶格的散射光強度，不隨溫度變化。

　　由古典力學得知，三度空間的諧波振盪（Harmonic oscillator）的熱平均位能 $\langle U\rangle$ 為 $\langle U\rangle = \frac{1}{2}M\omega^2\langle u^2\rangle = \frac{3}{2}k_B T$，其中 M 為原子質量；ω 為振動頻率，

所以
$$I = I_0 e^{\frac{-k_B G^2 T}{m\omega^2}} \text{。}$$
（5-129）

　　這個隨溫度變化的指數因子，$e^{\frac{-k_B G^2 T}{m\omega^2}}$，就是溫度因子（Temperature factor）或稱為 Debye-Waller 因子（Debye-Waller factor）。

5.6.3　X 光繞射的基本技術

　　X 光繞射的基本技術有三種：[1]Laue 法（The Laue method）、[2]

旋轉晶體法（The rotating-crystal method）、[3] 粉末法（The powder method）或 Debye-Scherrer 法（Debye-Scherrer method）。簡單說明如下。

5.6.3.1 Laue 法

若晶體和 X 光源的位置是固定不動的，而偵測器是可以移動的，則如果入射光的波長由短漸漸到長，其所對應的波向量大小，$|\vec{K}| = \dfrac{2\pi}{\lambda}$ 將是由大到小。

如圖 5-23 所示，波長爲 λ_1 的波向量爲 $|\vec{K_1}| = \dfrac{2\pi}{\lambda_1}$，也是大圓的半徑，可以觀察到的倒晶格點有點 (1)、點 (2)、點 (3)；而波長爲 $\lambda_2 (> \lambda_1)$ 的波向量爲 $|\vec{K_2}| = \dfrac{2\pi}{\lambda_2}$，也是小圓的半徑，可以觀察到的倒晶格點有點 (4)、點 (5)，也就是如果入射的 X 光波長介於 λ_1 與 λ_2 之間，作連續變化，則理論上我們可以觀察介於 $\vec{K_1}$ 和 $\vec{K_2}$ 之間的所有的倒晶格點。這樣的方法稱爲 Laue 法。

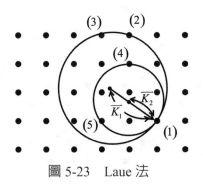

圖 5-23　Laue 法

5.6.3.2 旋轉晶體法

要連續改變 X 光源的波長，實務上並不是很容易的，用單色 X 光，即單一波長 X 光作 X 光源是比較方便的。我們固定 X 光源的波長和偵測器的位置，而轉動晶體。

如圖 5-24 所示，當晶體是在 (a) 的位置時，會觀察到倒晶格點 (1)；當晶體是在 (b) 和 (c) 的位置時，是沒有繞射亮點的；當晶體是在 (d) 和 (e) 的位置時，會觀察到倒晶格點 (2) 和 (3)。這樣的方法稱為旋轉晶體法。

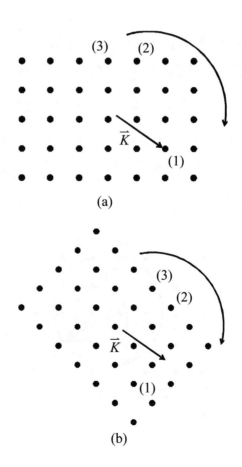

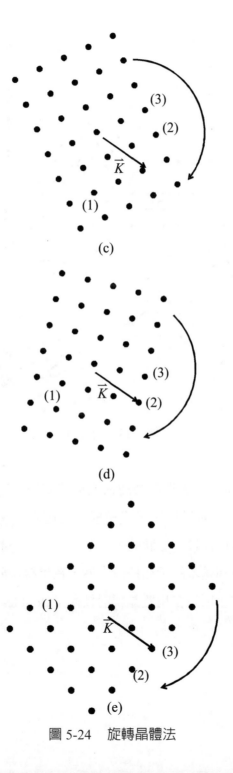

圖 5-24　旋轉晶體法

5.6.4.3　粉末法

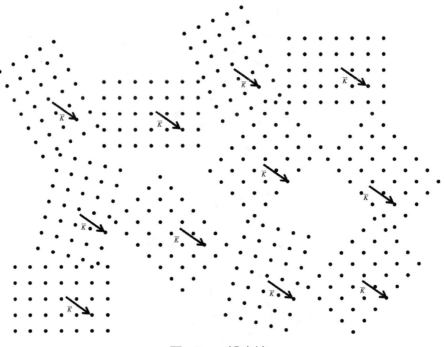

圖 5-25　粉末法

　　如圖 5-25 所示，將單晶製成粉末或沒有單晶時，可用粉末法。
晶體以粉末或以多晶材料作 X 光繞射，且因在粉末中，各方向的晶
粒都有，所以繞射條紋是環狀的。

　　除了上述三種基本的量測技術之外，在半導體研究應用上，因為
高解析度的要求，所以多用雙晶繞射技術（Double-crystal-ray diffrac-
tion）。

思考題

5-1 試以幾何作圖說明眞實晶格與倒晶格之間的關係。

5-2 若一個二維的晶體，其基向量爲 $\hat{a}_1 = d_1 \begin{bmatrix} \cos\phi \\ \sin\phi \\ 0 \end{bmatrix}$ 和 $\hat{a}_2 = d_2 \begin{bmatrix} -\sin\phi \\ \cos\phi \\ 0 \end{bmatrix}$，

其中 d_1 和 d_2 爲晶格間距（Real lattice spacing）；ϕ 爲晶面旋轉的角度，已知入射角爲 α，試求此二維晶體的倒晶格向量 $\vec{G}$。

5-3 試定義出二維晶格基向量，及其倒晶格向量。

5-4 三維、二維、一維晶格的繞射圖樣分別爲點、線、面，試說明之。

5-5 試分別推導出簡單立方、體心立方、面心立方、六方最密堆積的結構因子。

5-6 試說明晶體只有 1、2、3、4、6 重對稱（One-, two-, three-, four-, six-fold symmetry）。

5-7 試說明 5 重對稱（Five-fold symmetry）。

5-8 試說明原子散射因子（Atomic scattering factor）。

5-9 試說明 Debye Waller 因子的意義。

5-10 試說明如何由雙晶體 X 光繞射的搖擺曲線（Rocking curve），測得晶格常數（Lattice constant）。

第 6 章

電子能帶

6.1　電子能帶的引入

　　晶格結構因為 X 光繞射實驗的確定之後，接下來要看看這樣的結構會對固態科學產生什麼影響？因為於此同時，量子力學也正快速的發展，所以想要有新發現，最直接的作法就是求解 Schrödinger 方程式。

　　晶格結構的週期性，其實就是位能的週期性，

即

$$V(\vec{r}) = V(\vec{r} + \vec{R}) ，$$

其中 $\vec{R}$ 為晶格週期性。

　　把這樣的位能代入 Schrödinger 方程式之後，首先遇到的問題就是邊界條件（Boundary conditions），如果每一個界面都有二個邊界條件，則對於具有週期性位能的晶體而言將有無窮多個界面，那麼 Schrödinger 方程式似乎是解不出來了！？還好有 Bloch 理論（Bloch theorem），或是量子力學中的 Floquet 理論（Floquet theorem），終於使 Schrödinger 方程式在週期性位能的條件下的波函數是可解的。

　　Kronig 和 Penney 率先求出了晶體中電子能量的形式，他們計算的結果發現，週期性的位能將導致能帶（Energy bands）的產生，且能帶與能帶之間還有能隙（Energy gap 或 Band gap），而電子只可以在允許帶（Allowed band）中運動，無法在禁止帶（Forbidden band）中運動，所以我們可以說，當我們掌握了晶體的能帶結構（Band structures），我們就可以了解電子在晶體的行為。於是能帶理論的發展變得迫切需要，在經過實驗數據的測定，校正一些參數之後，由能帶理論所計算出來的結果，基本上已經具有相當可靠的準確性了。

因為大多數的能帶結構都是考慮微擾之後的結果，也就是建立在完美或未受干擾的基礎之上，所以我們可以先瞭解二個極端情況的模型，即近似自由電子模型（Nearly free electron model, NFEM）和緊束縛模型（Tight-binding model, TBM），再依實際情況所需，於二者之間作修正。

從電子運動的範圍來說，如果晶體中的電子可以近似自由的移動，或者說電子是去局域化的（Delocalization），例如：金屬和高摻雜濃度的簡併半導體（Degenerate semiconductors），則採用近似自由電子模型；如果晶體中的電子是被束縛在晶格原子附近的，或者說電子是局域化的（Localization），例如：絕緣體和低摻雜濃度的半導體，則採用緊束縛模型，因為電子被束縛在晶格原子附近，所以能帶結構就可以由原子的軌道的線性組合所構成，於是緊束縛模型也稱為原子軌域的線性組合法（Linear combinations of atomic orbital, LCAO）。

從電子運動的空間來說，因為近似自由電子模型的電子的波函數在真實空間中分布的範圍太大了，所以在動量空間中描述比較方便，於是我們採用 Bloch 函數（Bloch function），因為 Bloch 函數是定義在動量空間的函數；反之，因為緊束縛模型的電子的波函數在真實空間中描述比較方便，在動量空間中電子的波函數反而因為分布太廣而不方便做完整的描述，於是我們採用 Wannier 函數（Wannier function），因為 Wannier 函數是定義在真實空間的，我們把以上的敘述製成表 6-1。

為了熟悉者二個模型的運算，我們會用這二個方法在簡單立方、體心立方、面心立方、六方最密堆積，四種晶格結構上求出能帶結構。

表 6-1　近似自由電子模型的 Bloch 函數與 Wannier 函數

	近似自由電子模型	緊束縛模型
電子的運動特性	Delocalization	Localization
波函數（Bloch 函數和 Wannier 函數互為 Fourier 轉換）	Bloch	Wannier
方便敘述電子的空間	k-space	x-space

此外，因為常見的 III-V 化合物半導體和元素半導體具有立方晶體對稱（Cubic crystal symmetry）的特性，所以我們除了介紹常見的 $\vec{k} \cdot \vec{p}$ 法（$\vec{k} \cdot \vec{p}$ method）之外，也將藉由 Löwdin 微擾方法（Löwdin's perturbation method）或 Löwdin 再歸一化法（Löwdin's renormalization method）來討論閃鋅結構（Zinc-blende）或鑽石（Diamond）結構中電子自旋－軌道交互作用（Spin-orbit interaction）對導帶（Conduction bands）和價帶（Valence bands）結構的影響，雖然推導的過程十分冗長，但是希望對於希望了解當中細節的讀者應該會有所助益。

最後我們要介紹因為能帶結構的發展而衍生出來的幾個物理概念。

6.2　固態能帶的形狀

為了能在二種不同的空間裡描述波函數，或者為了能描述二種不同運動特性的電子，在下一節會定義出 Bloch 函數和 Wannier 函數，接下來在介紹固態能帶理論之前，我們先說明固態能帶的整體概略的

輪廓。

　　首先，圖 6-1 是實驗所得的幾個半導體的能帶結構；而圖 6-2 則是理論計算所得的結果，可以很明顯的看出無論是實驗或理論所得的能帶結構都很近似，所以如果我們可以解出其中一種的結果，也許只要再作一些修改，諸如：構成晶格的原子種類的改變或晶格的結構的調整，就可以得到另外一種晶體的能帶結構。

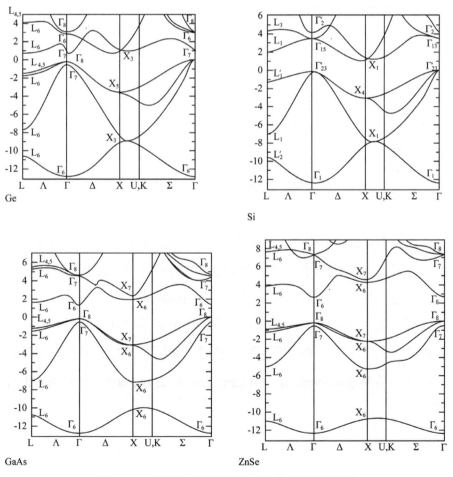

圖 6-1　實驗所得的幾個半導體的能帶結構

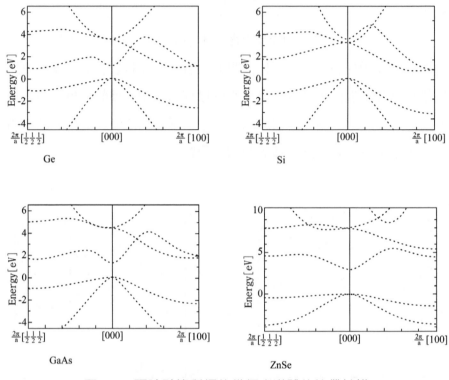

圖 6-2　理論計算所得的幾個半導體的能帶結構

　　所謂的「作一些修改」，以量子力學的語彙來說就是「微擾」，我們可以作這樣的理解：如果把晶體中的電子分成二種極端理想化的情況，也就是「很自由的在晶格原子之間移動的電子，即近似自由電子模型」和「被束縛在晶格原子附近的電子，即緊束縛模型」，則所有的眞實晶體中電子的行爲都將介於這二種極端理想的情況，處理的方法通稱爲 Wigner-Seitz 法（Wigner and Seitz method），如圖 6-3 所示。

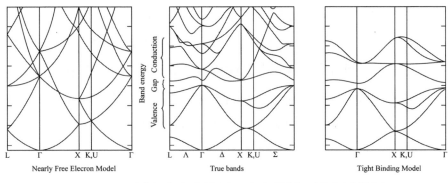

圖 6-3　近似自由電子模型、真實晶體、緊束縛模型

　　所以對於近似自由電子模型和緊束縛模型的瞭解,將有助於我們學習固態能帶理論或甚至是瞭解固態物質特性,但是為了求出真實晶體能帶,於是發展了許多求解或近似微擾的方法,諸如:贋勢法(Pseudopotential method)、正交平面波法(Orthogonalizd plane wave methods, OPW)、綴飾平面波法(Augmented plane wave method, APW)、Green 函數法(Green's function method)、元胞法(Cellular method)……等等,在本書中,我們只介紹二種在能帶理論裡最基本的微擾方法,即 Löwdin 微擾方法(Löwdin's perturbation method)和 Kane $\vec{k} \cdot \vec{p}$ 法(Kane's $\vec{k} \cdot \vec{p}$ method)。

　　由近似自由電子模型和緊束縛模型所建構出的能帶結構比較簡單,只是一些拋物面或弦波面的組合,但是真實晶體的能帶結構會因為一些因素而發生形變,例如我們可以由圖 6-3 中看出近似自由電子模型是沒有能隙(Energy gap)的;然而緊束縛模型就會形成能隙,這也是改變能帶形狀的因素之一。

　　如同晶格結構理論的提出是以 X 光繞射實驗作支持的,所以當能帶結構被提出之後,即使能帶的形狀非常複雜,也還是需要驗證,比較容易的是三度空間的 Fermi 面(Fermi surfaces)測定。

然而，能帶理論並非解釋固態特性模型的萬靈丹，基本上如我們所知，因爲建立能帶理論的前提是「完美的週期性位能」，所以能帶理論並不十分適合用來說明非晶態物質，於是有些物理學者「借用」了能帶理論的一些名詞建立了非晶態的模型，也有物理學家從另一個面向，發展了其他的方式來論述金屬與絕緣體的轉換（Metal-insulator transition）。

6.2.1　Fermi 面

由 Schrödinger 方程式加上晶格的週期性位能所得到的能帶結構結果或 Fermi 面是無法僅由單一個實驗得到的，而必須由好幾種實驗結果來測定，在此我們沒有打算仔細的敘述每種實驗方法的理論，僅以圖 6-4 來說明實驗方法與 Fermi 面的關係。

[1]　Fermi 面的最大的面積（Extremal area）是由 de Haas-van Alphen 效應（de Haas-van Alphen effect）所測定。

[2]　Fermi 面的線性尺度（Linear dimension）是由磁聲效應（Magnetoacoustic effect）所測定。

[3]　Fermi 面的表面曲率（Curvature）是由異常皮膚效應（Anomalous skin effect）所測定。

[4]　Fermi 面接觸到 Brillouin 區域的區域（Region of contact）是藉由測定磁阻（Magnetoresistance）所確定。

[5]　Fermi 面的一個切片的電子數目（Number of electrons）是藉由測定正子湮滅（Positron annihilation）所確定。

[6]　在 Fermi 面上運動的電子速度（Electron velocity）是由電子迴

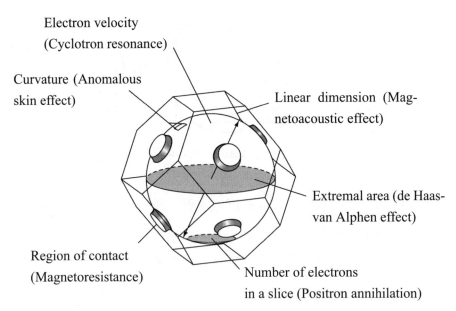

Electron velocity
(Cyclotron resonance)

Curvature (Anomalous
skin effect)

Linear dimension (Magnetoacoustic effect)

Extremal area (de Haas-van Alphen effect)

Region of contact
(Magnetoresistance)

Number of electrons
in a slice (Positron annihilation)

圖 6-4　幾種實驗方法或效應與 Fermi 面的關係

旋共振（Cyclotron resonance）所測定。

此外，由 $\vec{k} \cdot \nabla_{\vec{k}} E(\vec{k}) = 0$ 的關係式，Harrison 提出了一套方法畫出簡單的 Fermi 面，這個方法被稱為 Harrison 方法（Harrison's construction）。Harrison 方法的原則主要是要看看當 Fermi 面在 Brillouin 區（Brillouin zone）的邊界上所發生的現象。以下的推導結果將顯示在波向量空間（$\vec{k}$ space）中的能量法向梯度（Normal gradient）在 Brillouin 區的邊界上為零，或者換一種說法，Fermi 面的等位面在 Brillouin 區的邊界上是「垂直」於區域邊界（Zone boundary）的。

如圖 6-5 所示，以二個 Fermi 面為例，如果我們先不考慮 Brillouin 區的效應，則原來的二個 Fermi 面是各向同性的（Isotropic），圓半徑的大小就是 $\vec{k}$ 的大小，且 Fermi 面的能量和 $\vec{k}^2$ 的大小成正比例的關係。當引入一個正方形的 Brillouin 區之後，因為能量比較小

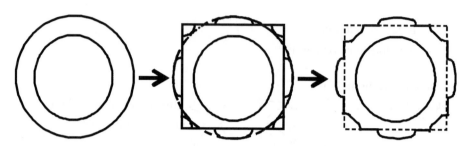

圖 6-5　當 Fermi 面接觸到 Brillouin 區域邊界的變化

的 Fermi 面不會接觸到 Brillouin 區域邊界，所以保持原狀；然而能量比較大的 Fermi 面有些超過了 Brillouin 區域邊界，所以形狀改變了，尤其是 Fermi 面與區域邊界「接觸點」變化最明顯。

　　當 Fermi 面接觸到區域邊界時，二者必須互相垂直，以數學語彙表示則爲

$$\vec{k} \cdot \nabla_{\vec{k}} E(\vec{k}) = 0 , \tag{6-1}$$

其中 $\vec{k}$ 爲倒晶格向量（Reciprocal lattice vector），說明如下。

　　假設 $\vec{k}$ 是垂直於鏡面（Mirror plane）的，所以 $E(\vec{k})$ 就必須沿著呈對稱，這個鏡面是爲了描述晶格的對稱特性，最後將被指定爲「區域邊界」，因爲 Brillouin 區本來就是對稱的，當然 $E(\vec{k})$ 也是倒晶格向量 $\vec{k}$ 的對稱函數，把以上的描述用數學形式表示即爲：

　　當 $E(\vec{k}) = E(-\vec{k})$ ，

則
$$\left.\frac{\partial E(\vec{k})}{\partial \vec{k}}\right|_{\vec{k}} = -\left.\frac{\partial E(\vec{k})}{\partial \vec{k}}\right|_{-\vec{k}} ; \tag{6-2}$$

　　當 $E(\vec{k}) = E(\vec{k} + \vec{K})$ ，

則
$$\frac{\partial E(\vec{k})}{\partial \vec{k}}\bigg|_{\vec{k}} = -\frac{\partial E(\vec{k})}{\partial \vec{k}}\bigg|_{-\vec{k}+\vec{K}} \, , \qquad (6\text{-}3)$$

在區域邊界上，即 $\vec{k}=\pm\dfrac{1}{2}\vec{K}$ 時，

則爲
$$\frac{\partial E(\vec{k})}{\partial \vec{k}}\bigg|_{\vec{k}=+\frac{\vec{K}'}{2}} = -\frac{\partial}{\partial \vec{k}} E(\vec{k})\bigg|_{-\vec{k}=\frac{\vec{K}}{2}} \, ,$$

且
$$\frac{\partial E(\vec{k})}{\partial \vec{k}}\bigg|_{\vec{k}=+\frac{\vec{K}}{2}} = -\frac{\partial}{\partial \vec{k}} E(\vec{k})\bigg|_{\vec{k}+\vec{K}=\frac{+3}{2}\vec{K}\rightarrow\frac{\vec{K}}{2}} \, , \qquad (6\text{-}4)$$

如果二個關係要同時成立，則只有 $\dfrac{\partial}{\partial \vec{k}} E(\vec{k})\bigg|_{zone\ Boundary} = 0$，即能量法

向梯度在 Brillouin 區的邊界上垂直於區域邊界的，如圖 6-6 所示，這

個邊界也就是下一小節的 Bragg 面（Bragg plane）。

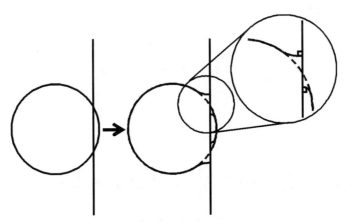

圖 6-6　當 Fermi 面接觸到 Brillouin 區域邊界的細部變化

6.2.2　能隙

　　能隙的成因可以有幾種觀點：(1) 晶體位能：交互作用的存在、(2) 外力的干擾、(3)Bragg 波在區域邊緣的反射、(4) 對稱。

　　我們在這一節將採第一種觀點做討論，簡單來說，能隙乃是源自於電子與電子之間經由晶體位能所產生的交互作用所致，換句話說，如果不考慮晶體的位能，例如：近似自由電子模型所得的能帶結構是不會有能隙存在的。

　　由近似自由電子模型得

$$\frac{\hbar^2}{2m}(\vec{k}+\vec{G})^2 A_{\vec{k},\vec{G}} + \sum_{\vec{G}'} V_{\vec{G}-\vec{G}'} A_{\vec{k},\vec{G}'} = E A_{\vec{k},\vec{G}} \text{ ,} \qquad （6\text{-}5）$$

若只考慮單一個 Bragg 平面，

則當　　$\vec{G}=0$，

得　　　$\left(\dfrac{\hbar^2 k^2}{2m} - E\right) A_{\vec{k},0} + V_0 A_{\vec{k},0} + V_{-\vec{G}} A_{\vec{k},\vec{G}} = 0$；　　（6-6）

則當　　$\vec{G}=\vec{G}$，

得　　　$\left[\dfrac{\hbar^2}{2m}(\vec{k}+\vec{G})^2 - E\right] A_{\vec{k},\vec{G}} + V_{\vec{G}} A_{\vec{k},0} + V_0 A_{\vec{k},\vec{G}} = 0$。　　（6-7）

因為　　　　　　　　　　$V_{-\vec{G}} = V_{\vec{G}}$，　　　　　　　　　　（6-8）

所以如果以上二個方程式有解，則必

$$\begin{vmatrix} \dfrac{\hbar^2 \vec{k}^2}{2m} - E + V_0 & V_{\vec{G}} \\[3mm] V_{\vec{G}} & \dfrac{\hbar^2}{2m}(\vec{k}+\vec{G}) - E + V_0 \end{vmatrix} = 0 , \qquad （6\text{-}9）$$

則 $\quad \left[\left(\dfrac{\hbar^2 \vec{k}^2}{2m} + V_0\right) - E\right]\left[\dfrac{\hbar^2}{2m}(\vec{k}+\vec{G})^2 + V_0 - E\right] - |V_{\vec{G}}|^2 = 0 , \qquad （6\text{-}10）$

則 $\quad E^2 - \left[\dfrac{\hbar^2}{2m}\vec{k}^2 + \dfrac{\hbar^2}{2m}(\vec{k}+\vec{G})^2 + 2V_0\right]E + \left(\dfrac{\hbar^2 \vec{k}^2}{2m} + V_0\right)\left[\dfrac{\hbar^2}{2m}(\vec{k}+\vec{G})^2 + V_0\right]$

$\quad - |V_{\vec{G}}|^2 = 0 , \hfill （6\text{-}11）$

則 $E = \dfrac{1}{2}\left[\dfrac{\hbar^2}{2m}\vec{k}^2 + \dfrac{\hbar^2}{2m}(\vec{k}+\vec{G})^2\right]$

$$\pm \frac{1}{2}\left\{ \begin{array}{c} \left[\dfrac{\hbar^2}{2m}\vec{k}^2 + \dfrac{\hbar^2}{2m}(\vec{k}+\vec{G})^2 + 2V_0\right]^2 \\[3mm] -4\left[\left(\dfrac{\hbar^2\vec{k}^2}{2m} + V_0\right)\left(\dfrac{\hbar^2}{2m}(\vec{k}+\vec{G})^2 + V_0\right)\right] - |V_{\vec{G}}|^2 \end{array} \right\}^{\frac{1}{2}}$$

$$= \frac{1}{2}\left[\frac{\hbar^2\vec{k}^2}{2m} + \frac{\hbar^2}{2m}(\vec{k}+\vec{G})^2\right] \pm \frac{1}{2}\sqrt{\left[\frac{\hbar^2\vec{k}^2}{2m} - \frac{\hbar^2}{2m}(\vec{k}+\vec{G})^2\right]^2 + 4|V_{\vec{G}}|^2}$$

$$= \frac{1}{2}\left[\frac{\hbar^2\vec{k}^2}{2m} + \frac{\hbar^2}{2m}(\vec{k}+\vec{G})^2\right] \pm \sqrt{\left[\frac{\frac{\hbar^2\vec{k}^2}{2m} + \frac{\hbar^2}{2m}(\vec{k}+\vec{G})^2}{2}\right]^2 + |V_{\vec{G}}|^2} \, 。\ （6\text{-}12）$$

若波向量 $\vec{k}$ 的箭頭落在 Bragg 面上，則向量 $\vec{k} - \dfrac{1}{2}\vec{G}$ 也會在這個

Bragg 面上，如圖 6-7 所示，

即 $\hfill \vec{k} = \pm \dfrac{1}{2}\vec{G} , \hfill （6\text{-}13）$

則 $\quad \dfrac{\hbar^2\vec{k}^2}{2m} - \dfrac{\hbar^2}{2m}(\vec{k}+\vec{G})^2 = \dfrac{\hbar^2\left(\frac{1}{2}\vec{G}\right)^2}{2m} - \dfrac{\hbar^2}{2m}\left(\dfrac{1}{2}\vec{G} - \vec{G}\right)^2 = 0 , \quad （6\text{-}14）$

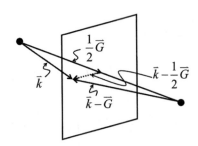

圖 6-7　波向量 $\vec{k}$ 的箭頭在 Bragg 面上，向量 $\vec{k} - \dfrac{1}{2}\vec{G}$ 在 Bragg 面上

得
$$E = \frac{\hbar^2 \vec{k}^2}{2m} \pm |V_{\vec{G}}| \,。 \qquad\qquad （6\text{-}15）$$

所以如圖 6-8 所示，當波向量 $\vec{k}$ 的箭頭落在這個 Bragg 面上，即能量 $E(\vec{k})$ 在 $\vec{k} = \pm\dfrac{1}{2}\vec{G}$ 時，將會同時向上及向下移動 $V_{\vec{G}}$。

如果我們可以再多畫幾個能帶，除了補充介紹三個名詞之外，還可以更清楚的瞭解近似自由電子模型和下一節的 Kronig-Penney 模型的差異。

如圖 6-9 所示，我們把所有的能帶都集中在第一 Brillouin 區域

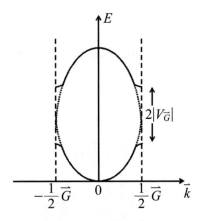

圖 6-8　在 Bragg 面上能量 E 向上及向下移動 $V_{\vec{G}}$

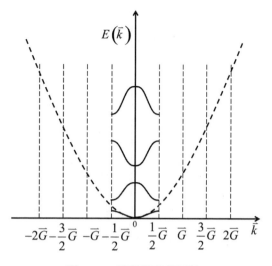

圖 6-9　簡約區域圖示

（First Brillouin zone），即 $-\dfrac{1}{2}\vec{G}<\vec{k}<+\dfrac{1}{2}\vec{G}$ 之間，這樣的表示法稱為簡約區域圖示（Reduced zone scheme）。

如圖 6-10 所示，我們把所有的能帶畫在原有的位置，換言之，把第一 Brillouin 區域的能帶都加減整數倍的倒晶格向量，即 $\vec{k}\pm n\vec{G}$，其中 $n = 0,\ \pm 1,\ \pm 2,\cdots$，這樣的表示法稱為擴展區域圖示（Extended zone scheme）。

如圖 6-11 所示，我們還可以把所有的能帶在整個週期中都畫出來，這樣的表示法稱為週期區域圖示（Periodic zone scheme）。

6.2.3　金屬－絕緣體轉換

由於能帶理論的提出，使許多固態物質的特性得到相當合理的解釋，例如導體、半導體、絕緣體的定義不再從導電度的大小來判定劃

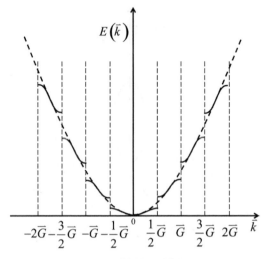

圖 6-10　擴展區域圖示

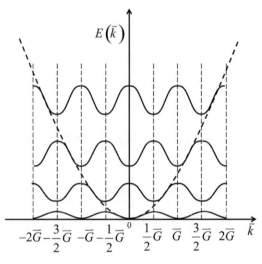

圖 6-11　週期區域圖示

分，而改由價帶與導帶的相對位置來決定：(1) 導體：價帶與導帶重疊；(2) 半導體：價帶與導帶的能量差異約在 $k_B T$ 的範圍內；(3) 絕緣體：價帶與導帶的能量差異遠大於 $k_B T$。

　　然而其實除了以能帶結構的定義方法之外，還可以從電子和電子交互作用的大小來界定晶體的分類。在固態物理中有幾種金屬－絕緣體轉換的討論方式：對於晶態物質有：Mott 轉換（Mott transition）和 Wigner 結晶（Wigner crystallization）或稱為 Wigner 假設（Wigner hypothesis）；對於非晶態物質有：Anderson 侷域（Anderson localization）。

　　分別簡單說明如下：

　　Mott 轉換：由緊束縛模型開始討論，當電子的數量逐漸增加，因為外層的電子藉由重疊的軌域而在晶格原子之間運動，則材料的電導度會突然增加，也就是說絕緣體會突然變成金屬，如圖 6-12 所示。

　　Wigner 結晶：由近似自由電子模型開始討論，當電子的數量逐漸減少，只剩內層電子被束縛在晶格原子附近，則金屬性的傳導（Metallic conduction）就越來越不可能，也就是金屬會變成絕緣體，如圖 6-13 所示。

　　因為數量很少的電子會處在能量的最低點或者說這些電子會彼此離的越遠越好，最後達到平衡而形成一個晶體似的排列（Crystal-like

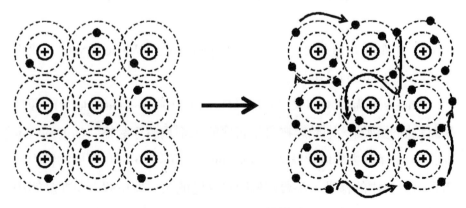

圖 6-12　Mott 轉換

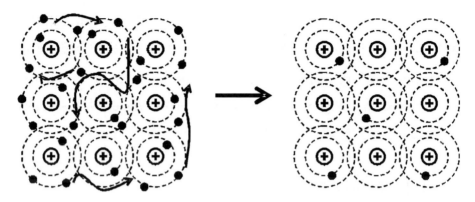

圖 6-13　Wigner 結晶

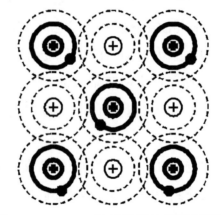

圖 6-14　Wigner 結晶模型的晶體似排列

Array），如圖 6-14 所示，也稱為 Wigner 晶體（Wigner crystal）或電子晶體（Electron crystal）。

　　Anderson 侷域：如果以有序（Order）與無序（Disorder）的觀點來討論固態物質，則晶態物質是有序的，稱為有序晶格（Ordered lattice），充滿著去局域化狀態（Delocalized states），所以晶態物質中的電子可以自由的移動，不會被侷限在晶體的某一個位置上；非晶態物質是無序的，稱為無序晶格（Disordered lattice），充滿著局域化狀

態（Localized states），所以非晶態物質中的電子無法自由的移動，被侷限在晶體的某些位置上，例如：晶格離子的附近。所以我們可以用無序程度的觀點來描述非晶態物質，當無序的程度增加了，則去局域化狀態的波函數就必須修正為局域化狀態的波函數。

當晶格離子的排列在 x 空間中的位置由規律變成不規律，如圖 6-15(a) 所示，則在 k 空間中的能量分布也由規律變成不規律，如圖 6-15(b) 所示。當然，這樣的不規律將大大的造成 Schrödinger 方程式求解過程的困難。

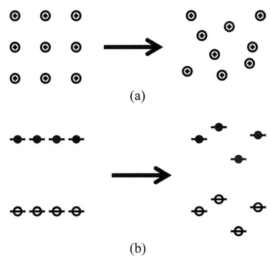

(a)

(b)

圖 6-15　Anderson 侷域

綜合以上所述，列表 6-2 如下。

表 6-2　Mott 轉換、Wigner 結晶、Anderson 侷域

Solids	Models	Approaches
Crystals	Mott Transition	Localization→Delocalization
	Wigner Crystallization	Delocalization→Localization
Amorphous	Anderson Localization	Order→Disorder

如此的處理方式，無論是 Mott 轉換、Wigner 結晶和 Anderson 侷域，當然皆是有別於以能帶結構的方式來討論固態物質的特性。

6.3　Bloch 理論

Bloch 理論（Bloch's theorem）對於求解晶體中的波函數具有非常關鍵的影響。簡單來說，Bloch 理論就是，如果具有週期性位能的 Schrödinger 方程式有解，則波函數的形式為：「平面波」乘以「晶格原子的波函數」。在本節中，我們將採取二種方式來介紹 Bloch 理論，即對稱分析（Symmetry analysis）與 Fourier 分析（Fourier analysis）。從對稱的角度來分析 Bloch 理論，過程比較簡單；用 Fourier 分析的方式，過程雖然複雜一點，然而卻是理解或發展能帶理論的基礎。此外，如前所述，Fourier 分析的結果是有利於轉換成矩陣形式來表示的，也就便於計算機程式化計算，所以值得下一點功夫瞭解。

介紹了 Bloch 理論之後，我們可以把 Bloch 理論代入 Schrödinger 方程式作一個簡單的波函數計算。最後，我們再由 Bloch 函數定義出 Wannier 函數，除了介紹 Wannier 函數的特性之外，並比較 Bloch 函數和 Wannier 函數的異同。

6.3.1　Bloch 理論的對稱分析

由 Schrödinger 方程式為

$$\hat{H}\psi(x) = -\frac{\hbar^2}{2m}\frac{d^2}{dx^2}\psi(x) + V(x)\psi(x) = E\psi(x) ， \quad （6\text{-}16）$$

若 Γ 是一個平移操作（Translation operator），其作用為

$$x \rightarrow x + a ， \quad （6\text{-}17）$$

則
$$\frac{d}{d(x+a)} = \frac{d}{dx} ， \quad （6\text{-}18）$$

所以當平移操作 Γ 作用在 Schrödinger 方程式左側可得

$$\Gamma\hat{H}\psi(x) = \left[-\frac{h^2}{2m}\frac{d^2}{d(x+a)^2} + V(x+a) \right]\psi(x+a) ， \quad （6\text{-}19）$$

因為位能的週期性，

即
$$V(x+a) = V(x) ， \quad （6\text{-}20）$$

則
$$\Gamma\hat{H}\psi(x) = \hat{H}\psi(x+a) = \hat{H}\Gamma\psi(x) ， \quad （6\text{-}21）$$

得
$$(\Gamma\hat{H} - \hat{H}\Gamma)\psi(x) = 0 。 \quad （6\text{-}22）$$

所以我們可以寫出交換子的關係為

$$[\Gamma, \hat{H}] = 0 ， \quad （6\text{-}23）$$

這個交換子的關係表示這二個運算子有相同的本徵函數。

接下來，我們要求出平移操作 Γ 的本徵值，

則
$$\Gamma\psi(x) = \psi(x+a) = \gamma\psi(x) ， \quad （6\text{-}24）$$

其中 γ 爲本徵值，

所以 $\qquad \Gamma\psi(x+a)=\psi(x+2a)=\gamma\,[\gamma\psi(x)]=\gamma^2\psi(x)$ ； （6-25）

$\qquad\qquad \Gamma\psi(x+2a)=\psi(x+3a)=\gamma\,[\gamma^2\,\psi(x)]=\gamma^3\,\psi(x)$ ； （6-26）

$$\vdots$$

即 $\qquad\qquad \psi(x+na)=\gamma^n\,\psi(x) \text{。}$ （6-27）

因爲波函數具有週期性條件，

則 $\qquad\qquad\qquad \psi(x)=\psi(x+Na)$ ， （6-28）

代入上式可得 $\qquad \psi(x+Na)=\gamma^N\psi(x)=\psi(x)$ ， （6-29）

其中 $N=\dfrac{L}{a}$ ，且 a 爲晶格常數（Lattice constant）。

則 $\qquad\qquad\qquad \gamma^N=1=e^{in2\pi}$ ， （6-30）

其中 $n = 0, \pm1, \pm2, \pm3\cdots$ ，

所以 γ 必須是 1 的 N 重根，

即 $\qquad\qquad\qquad \gamma=\exp\left(in\,\dfrac{2\pi}{N}\right) \text{。}$ （6-31）

如果我們定義 $\qquad k \equiv n \cdot \dfrac{2\pi}{L}=\dfrac{n\cdot 2\pi}{Na}$ ， （6-32）

其中 $n = 0, \pm1, \pm2, \pm3\cdots, N$ 且 $L = Na$ ，

則
$$ka = \frac{2\pi n}{N} \, ,$$
(6-33)

得
$$\psi(x+a) = \gamma \psi(x) = e^{i\frac{n2\pi}{N}} \psi(x)$$
$$= e^{ika} \psi(x) \, ,$$
(6-34)

這個關係式也被稱爲 Bloch 條件（Bloch condition）。

如果我們選定一個具有該晶格週期的函數 $u_{\bar{k}}(x)$，

即
$$u_{\bar{k}}(x) = u_{\bar{k}}(x+a) \, 。$$
(6-35)

則如果 $\psi(x) = u_{\bar{k}}(x) e^{ika}$ 是波動方程式的解，

則由
$$\psi(x+a) = u_{\bar{k}}(x+a) e^{ik(x+a)}$$
$$= u_{\bar{k}}(x) e^{ikx} e^{ika}$$
$$= e^{ika} \psi(x) \, 。$$
(6-36)

也就是 $\psi(x) = u_{\bar{k}}(x) e^{ika}$ 滿足了 $\psi(x+a) = e^{ika} \psi(x)$ 的關係，所以 $\psi(x) = u_{\bar{k}}(x) e^{ika}$ 可視爲波動方程式之解的形式，也被稱爲 Bloch 函數（Bloch function）。

Bloch 理論的結果告訴我們，存在晶體中的電子波函數，將具有 $\psi_{nk}(\bar{r}) = e^{i\bar{k} \cdot \bar{r}} u_{nk}(\bar{r})$ 的週期性形式，仔細觀察一下就可以發現：$e^{i\bar{k} \cdot \bar{r}}$ 是一個平面波；$u_{nk}(\bar{r})$ 是晶格原子的波函數，而二者的乘積構成了 Bloch 電子波函數，如圖 6-16 所示。

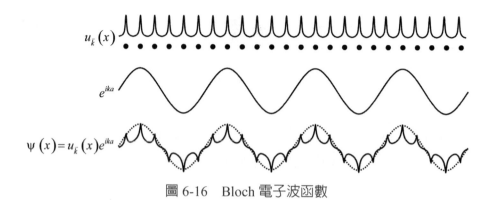

圖 6-16　Bloch 電子波函數

6.3.2　Bloch 理論的 Fourier 分析

由 Schrödinger 方程式為

$$\hat{H}\psi(x) = -\frac{\hbar^2}{2m}\frac{d^2}{dx^2}\psi(x) + V(x)\psi(x) = E\psi(x) ,\qquad (6\text{-}37)$$

其中位能具有週期性，即 $V(\vec{r}) = V(\vec{r}+\vec{r}_n)$；$\vec{r}_n = n_1\vec{a}_1 + n_2\vec{a}_2 + n_3\vec{a}_3$ 是一個平移向量；$\vec{a}_1$、$\vec{a}_2$、$\vec{a}_3$ 是真實晶格空間的基向量。

因為位能具有週期性，所以可以作 Fourier 展開為

$$V(\vec{r}) = \sum_{\vec{G}} V_{\vec{G}}\, e^{i\vec{G}\cdot\vec{r}} ,\qquad (6\text{-}38)$$

其中 $\vec{G} = \dfrac{2\pi}{a}(h\vec{b}_1 + k\vec{b}_2 + l\vec{b}_3)$；$\vec{b}_1$、$\vec{b}_2$、$\vec{b}_3$ 為倒晶格的基向量且 h、k、l 都是整數。

因為波函數也具有週期性，所以也可以作 Fourier 展開為

$$\psi(\vec{r}) = \sum_{\vec{k}} C_{\vec{k}} \, e^{i\vec{k}\cdot\vec{r}} , \tag{6-39}$$

其中 $\vec{k} = \dfrac{2\pi}{a}(l_1\vec{b}_1 + l_2\vec{b}_2 + l_3\vec{b}_3)$，且 l_1, l_2, l_3 爲整數。

將 $\psi(\vec{r})$ 及 $V(\vec{r})$ 代入 Schrödinger 方程式爲

$$\sum_{\vec{k}} \frac{\hbar^2 k^2}{2m} C_{\vec{k}} \, e^{i\vec{k}\cdot\vec{r}} + \sum_{\vec{k}'} \sum_{\vec{G}} C_{\vec{k}'} V_{\vec{G}} \, e^{i(\vec{k}'+\vec{G})\cdot\vec{r}} = E \sum_{\vec{k}} C_{\vec{k}} \, e^{i\vec{k}\cdot\vec{r}} ,$$

又 $\qquad V(\vec{r})\,\psi(\vec{r}) = \left(\sum_{\vec{G}} V_{\vec{G}} \, e^{i\vec{G}\cdot\vec{r}}\right)\left(\sum_{\vec{k}} C_{\vec{k}} \, e^{i\vec{k}\cdot\vec{r}}\right)$

$$= \sum_{\vec{k}'} \sum_{\vec{G}} C_{\vec{k}'} V_{\vec{G}} \, e^{i(\vec{k}'+\vec{G})\cdot\vec{r}}$$

$$= \sum_{\vec{k}} \sum_{\vec{G}} C_{\vec{G}} C_{\vec{k}-\vec{G}} \, e^{i\vec{k}\cdot\vec{r}} , \tag{6-40}$$

上式因爲 $\vec{G} + \vec{k}' = \vec{k}$，則 $\vec{k}' = \vec{k} - \vec{G}$。

所以 $\qquad \displaystyle\sum_{\vec{k}} \left\{ e^{i\vec{k}\cdot\vec{r}} \left[\left(\frac{\hbar^2 k^2}{2m} - E \right) C_{\vec{k}} + \sum_{\vec{G}} V_{\vec{G}} \, C_{\vec{k}-\vec{G}} \right] \right\} = 0 , \tag{6-41}$

則 $\qquad \left(\dfrac{\hbar^2 k^2}{2m} - E \right) C_{\vec{k}} + \displaystyle\sum_{\vec{G}} V_{\vec{G}} \, C_{\vec{k}-\vec{G}} = 0 , \tag{6-42}$

得 $\qquad C_{\vec{k}} = \displaystyle\sum_{\vec{G}} \frac{V_{\vec{G}} \, C_{\vec{k}-\vec{G}}}{\left(\dfrac{\hbar^2 k^2}{2m} - E \right)} , \tag{6-43}$

即 $\qquad \psi_{\vec{k}}(\vec{r}) = \displaystyle\sum_{\vec{G}=0,\ \vec{G}',\ \vec{G}'',\ \vec{G}''' \cdots} C_{\vec{k}-\vec{G}} \, e^{i(\vec{k}-\vec{G})\cdot\vec{r}}$

$$= \sum_{\vec{G}=0,\ \vec{G}',\ \vec{G}'',\ \vec{G}''', \cdots} C_{\vec{k}-\vec{G}} \, e^{-i\vec{G}\cdot r} e^{i\vec{k}\cdot r} . \tag{6-44}$$

要注意上式的第一個的等號關係，已經限制了 $\vec{k}$ 值，只能爲 $\vec{k} - 0$、

$\vec{k} - \overrightarrow{G'}$、$\vec{k} - \overrightarrow{G''}$、$\vec{k} - \overrightarrow{G'''}$、$\cdots$,

所以波函數 $\psi_{\vec{k}}(\vec{r}) = u_{\vec{k}}(\vec{r}) e^{i\vec{k} \cdot \vec{r}}$ 中的 $u_{\vec{k}} = \sum\limits_{\vec{G}} C_{\vec{k}-\vec{G}} \, e^{-i\vec{G} \cdot \vec{r}}$ 是一個展開在倒晶格點 $\vec{G}$ 的 Fourier 級數，且具有該晶格的週期性。

6.3.3　Bloch 理論的波函數計算

由 Bloch 理論可知，如果晶體中的電子波函數具有 $\psi_{nk}(\vec{r}) = e^{i\vec{k} \cdot \vec{r}} u_{nk}(\vec{r})$ 的形式，我們將這個波函數代入 Schrödinger 方程式之後的波方程式為

$$\left[H_0 + \frac{\hbar}{m_0} \vec{k} \cdot \vec{p} \right] u_{nk}(\vec{r}) = \left[E_n(\vec{k}) - \frac{\hbar^2 k^2}{2m_0} \right] u_{nk}(\vec{r}) , \qquad （6\text{-}45）$$

其中 $H_0 = \dfrac{p^2}{2m_0} + V(\vec{r})$。

在固態物理中，類似的計算和形式經常出現，以下作介紹。

因為晶體是週期性結構，所以假設電子看到的位能也是週期性的，所以波函數可以表示成週期性函數，

$$\psi_{nk}(\vec{r}) = e^{i\vec{k} \cdot \vec{r}} u_{nk}(\vec{r}) , \qquad （6\text{-}46）$$

其中 $u_{nk}(\vec{r})$ 為本徵態且是週期性函數。

代入 Schrödinger 方程式，$\hat{H}|\psi\rangle = E|\psi\rangle$， $\qquad （6\text{-}47）$

即 $\qquad\qquad\qquad \left[\dfrac{\hat{p}^2}{2m_0} + V(\vec{r}) \right] |\psi\rangle = E|\psi\rangle$。 $\qquad （6\text{-}48）$

我們先針對 $\dfrac{\hat{p}^2}{2m_0}\Big|\psi\rangle$ 來作計算。

因為動量算符對應的算式為 $\qquad \hat{p} \to \dfrac{\hbar}{i}\nabla$, $\qquad\qquad$ （6-49）

所以 $\quad \hat{p}^2|\psi\rangle = \hat{p}\,\hat{p}|\psi\rangle$

$$= \hat{p}\,\frac{\hbar}{i}\frac{\partial}{\partial r}e^{i\vec{k}\cdot\vec{r}}\big|u(\vec{r})\rangle$$

$$= \hat{p}\,\frac{\hbar}{i}\left(i\vec{k}e^{i\vec{k}\cdot\vec{r}}\big|u\rangle + e^{i\vec{k}\cdot\vec{r}}\frac{\partial}{\partial r}\big|u\rangle\right)$$

$$= \hat{p}\left(\frac{i\hbar\vec{k}}{i}e^{i\vec{k}\cdot\vec{r}}\big|u\rangle + e^{i\vec{k}\cdot\vec{r}}\hat{p}|u\rangle\right)$$

$$= \hbar\vec{k}\left(\hbar\vec{k}e^{i\vec{k}\cdot\vec{r}}\big|u\rangle + e^{i\vec{k}\cdot\vec{r}}\hat{p}|u\rangle\right) + \left(\frac{\hbar}{i}\,i\vec{k}e^{i\vec{k}\cdot\vec{r}}\hat{p}\,|u\rangle + e^{i\vec{k}\cdot\vec{r}}\hat{p}^2|u\rangle\right)$$

$$= \hbar^2 k^2 e^{i\vec{k}\cdot\vec{r}}|u\rangle + 2\hbar\vec{k}\cdot\hat{p}e^{i\vec{k}\cdot\vec{r}}|u\rangle + e^{i\vec{k}\cdot\vec{r}}\hat{p}^2|u\rangle , \qquad （6-50）$$

所以 $\qquad \dfrac{\hat{p}^2}{2m_o}|\psi\rangle = e^{i\vec{k}\cdot\vec{r}}\left[\dfrac{\hat{p}^2}{2m_0} + \dfrac{\hbar^2 k^2}{2m_0} + \hbar\dfrac{\vec{k}\cdot\hat{p}}{m_0}\right]|u\rangle$, $\qquad$ （6-51）

則 Schrödinger 方程式 $\quad \left[\dfrac{\hat{p}^2}{2m_0} + V(\vec{r})\right]|\psi\rangle = E|\psi\rangle$, $\qquad$ （6-52）

可整理得 $\quad e^{i\vec{k}\cdot\vec{r}}\left[\dfrac{\hat{p}^2}{2m_0} + V(\vec{r}) + \dfrac{\hbar\vec{k}\cdot\hat{p}}{m_0} + \dfrac{\hbar^2 k^2}{2m_0}\right]|\psi\rangle = e^{i\vec{k}\cdot\vec{r}}E|u\rangle$, （6-53）

得 $\qquad \left[\dfrac{\hat{p}^2}{2m_0} + V(\vec{r}) + \dfrac{\hbar\vec{k}\cdot\hat{p}}{m_0}\right]|u\rangle = E - \dfrac{\hbar^2 k^2}{2m_0}|u\rangle$, $\qquad$ （6-54）

或 $\qquad \left(\hat{H}_0 + \dfrac{\hbar}{m_0}\vec{k}\cdot\hat{p}\right)|u\rangle = \left(E - \dfrac{\hbar^2 k^2}{2m_0}\right)|u\rangle$ 。 $\qquad$ （6-55）

6.3.4 Bloch 函數和 Wannier 函數

因為晶格的週期性結構，所以可以很方便的用二個觀點來定義晶體結構：[1] 實晶格向量 $\vec{R}_l = l_1\vec{a}_1 + l_2\vec{a}_2 + l_3\vec{a}_3$ ，其中不同的實晶格用

不同的下標 l 表示；[2] 倒晶格向量 $\vec{G}_m = m_1\vec{b}_1 + m_2\vec{b}_2 + m_3\vec{b}_3$，其中不同的倒晶格用不同的下標 m 表示。

相似的思考脈絡，當我們要討論因晶格的週期性結構所形成的能帶結構，也會視電子的去局域化或局域化而分別採用 Bloch 函數和 Wannier 函數來作為描述該電子的基礎。

6.3.4.1 Bloch 函數和 Wannier 函數的比較

若滿足 Schrödinger 方程式的波函數為

$$\psi_n(\vec{k}, \vec{r}) = \psi_n(\vec{k} + \vec{G}_m, \vec{r}) \text{，} \tag{6-56}$$

其中 n 表示第 n 個能帶（Band）或狀態（State），則

[1] 在倒置空間中，我們用 Bloch 函數來描述擴展狀態（Extended states），

即
$$\psi_n(\vec{k}, \vec{r}) = \exp(i\vec{k} \cdot \vec{r})\, u_n(\vec{k}, \vec{r}) \text{，} \tag{6-57}$$

其中 $u_n(\vec{k}, \vec{r} + \vec{R}_l) = u_n(\vec{k}, \vec{r})$ 保留了晶格的週期性。

[2] 在真實空間中，我們用 Wannier 函數來描述局域狀態（Localized states），採用的方法是把 Bloch 函數以 Fourier 級數展開（Fourier expansion），

即
$$\psi_n(\vec{k}, \vec{r}) = \frac{1}{\sqrt{N}} \sum_l \left[W_n(\vec{R}_l, \vec{r}) \exp(i\vec{k} \cdot \vec{R}_l) \right] \text{，} \tag{6-58}$$

其中 N 為原子個數；$W_n(\vec{R}_l, \vec{r})$ 稱為 Wannier 函數，

且為
$$W_n(\vec{R}_l, \vec{r}) = \frac{1}{\sqrt{N}} \sum_{\vec{k}} \left[\psi_n(\vec{k}, \vec{r}) \exp(-i\vec{k} \cdot \vec{R}_l) \right] \circ \qquad （6\text{-}59）$$

6.3.4.2　Bloch 函數和 Wannier 函數的關係

　　這一節，我們介紹幾個基本的 Wannier 函數特性，先列出如下：

[1]　Bloch 函數可以被 Wannier 函數展開。

[2]　正交的性質（Orthogonality property）。

　　Bloch 函數和 Wannier 函數具有不同的正交性質：

[2.1]　Bloch 函數　　　　　$\langle \psi_n | \psi_{n'} \rangle = \delta_{n,n'}$：　　　　　　　（6-60）

　　不同的能態（State），即 $n \neq n'$，彼此正交。

[2.2]　Wannier 函數　　　$\langle W_n(\vec{R}_l, \vec{r}) | W_{n'}(\vec{R}_{l'}, \vec{r}) \rangle = \delta_{n,n'} \delta_{l,l'}$：　　　（6-61）

　　不同的能態（State）彼此正交，即 $n \neq n'$；不同的晶格，即 $\vec{R}_l \neq \vec{R}_{l'}$ 或 $l \neq l'$，彼此也正交。

[3]　Wannier 函數具有描述局域化狀態的特性。

　　我們可以最簡單的情況來說明。若 a 為晶格常數（Lattice constant），則在晶格原子附近的波函數可以有二種不同的表示方法，因為電子的擴展狀態特性，如圖 6-17 的平面波 e^{ikx} 所示，所以我們用 Bloch 函數來描述，

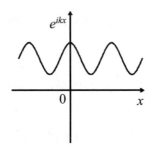

圖 6-17　以平面波表示電子的擴展狀態

即 $\qquad \psi(k, x) = e^{ikx} u_0(x)$ ； $\qquad$ （6-62）

　　反之，因為電子的局域狀態，如圖 6-18 的 sinc(x) 函數所示，所以我們用 Wannier 函數來描述，

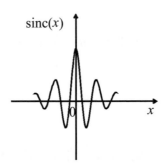

圖 6-18　以 sinc(x) 函數表示電子的局域狀態

即 $\qquad W(x_l, x) = u_0(x) \dfrac{\sin[\pi(x - x_1)/a]}{\pi(x - x_l)/a}$ 。 $\qquad$ （6-63）

　　現在分項說明：

[1]　把 Wannier 函數 $W_n(\vec{R}_l, \vec{r})$ 代入 Bloch 函數 $\psi_n(\vec{k}, \vec{r})$ 中，

則 $\qquad \psi_n(\vec{k}, \vec{r}) = \dfrac{1}{\sqrt{N}} \sum_l \left[W_n(\vec{R}_l, \vec{r}) \exp(i\vec{k} \cdot \vec{R}_l) \right]$

$$= \frac{1}{\sqrt{N}} \sum_l \left\{ \left[\exp(i\vec{k} \cdot \vec{R}_l) \frac{1}{\sqrt{N}} \sum_{\vec{k}'} \left[\psi_n(\vec{k}', \vec{r}) \exp(-i\vec{k}' \cdot \vec{R}_l) \right] \right] \right\}$$

$$= \frac{1}{N} \sum_l \sum_{\vec{k}'} \left[\exp(i(\vec{k} - \vec{k}') \cdot \vec{R}_l) \, \psi_n(\vec{k}', \vec{r}) \right]$$

$$= \delta_{\vec{k}, \vec{k}'} \, \psi_n(\vec{k}', \vec{r})$$

$$= \psi_n(\vec{k}, \vec{r}) \, 。 \tag{6-64}$$

所以 Bloch 函數可以被 Wannier 函數展開。

[2]　Wannier 函數所具有正交性質的說明。

$$\langle W_n(\vec{R}_l, \vec{r}) | W_{n'}(\vec{R}_{l'}, \vec{r}) \rangle$$

$$= \int d\vec{r} \, W_n^*(\vec{R}_l, \vec{r}) \, W_{n'}(\vec{R}_{l'}, \vec{r})$$

$$= \int d\vec{r} \left\{ \frac{1}{\sqrt{N}} \sum_{\vec{k}} \left[\psi_n^*(\vec{k}, \vec{r}) \exp(+i\vec{k} \cdot \vec{R}_l) \right] \right\} \left\{ \frac{1}{\sqrt{N}} \sum_{\vec{k}'} \left[\psi_{n'}(\vec{k}', \vec{r}) \exp(-i\vec{k}' \cdot \vec{R}_{l'}) \right] \right\}$$

$$= \frac{1}{N} \sum_{\vec{k}} \sum_{\vec{k}'} \left\{ \exp\left[i(\vec{k} \cdot \vec{R}_l - \vec{k}' \cdot \vec{R}_{l'}) \right] \int \psi_n^*(\vec{k}, \vec{r}) \, \psi_{n'}(\vec{k}', \vec{r}) \, d\vec{r} \right\}$$

$$= \frac{1}{N} \sum_{\vec{k}} \left\{ \exp\left[i\vec{k}(\vec{R}_l - \vec{R}_{l'}) \right] \delta_{n, n'} \right\}$$

$$= \delta_{l, l'} \delta_{n, n'} \, 。 \tag{6-65}$$

即不同能態的 Wannier 函數之間彼此正交；不同晶格的 Wannier 函數之間也彼此正交。

[3]　我們用最簡單的 Wannier 函數來看看 Wannier 函數在眞實空間中的侷限性。

在一度空間中，Bloch 函數爲 $\psi(k, x) = e^{ikx} u_0(x)$，

則
$$W(x_l, x) = \frac{1}{\sqrt{N}} \sum_k \left[\psi(k, x) e^{-ikx_l} \right]$$

$$= \frac{1}{\sqrt{N}} \sum_k \left[u_0(x) e^{ik(x-x_l)} \right]$$

$$= \frac{1}{\sqrt{N}} u_0(x) \sum_k e^{ik(x-x_l)} \text{ 。} \tag{6-66}$$

若一維晶體的晶格常數爲 a，

則
$$k = m \frac{2\pi}{Na} , \tag{6-67}$$

其中 m 爲介於 $\pm \frac{1}{2} N$ 之間的整數，

且
$$\sum_k e^{ik\zeta} = \sum_m e^{im\frac{2\pi}{Na}\zeta} \underset{N \gg 1}{\cong} \frac{\sin(\pi\zeta/a)}{\pi\zeta/a} = \operatorname{sinc}(\pi\zeta/a) , \tag{6-68}$$

所以得
$$W(x_l, x) = \frac{1}{\sqrt{N}} u_0(x) \sum_k e^{ik(x-x_l)}$$

$$= \frac{1}{\sqrt{N}} u_0(x) \frac{\sin\left[\dfrac{\pi(x-x_l)}{a}\right]}{\dfrac{\pi(x-x_l)}{a}}$$

$$= \frac{1}{\sqrt{N}} u_0(x) \operatorname{sinc}\left[\frac{\pi(x-x_l)}{a}\right] , \tag{6-69}$$

當 $x \neq x_l$，則
$$W(x_l, x) = 0 ; \tag{6-70}$$

當 $x = x_l$，則
$$W(x_l, x_l) = \frac{1}{\sqrt{N}} u_0(x_l) \text{ 。} \tag{6-71}$$

由這個結果再次顯示 Wannier 函數具有描述局域化狀態的特性。

6.4 理想條件下的三個能帶理論

在本節中，我們要推導近似自由電子模型和緊束縛模型，並且分別把這二種模型代入簡單立方、體心立方、面心立方、六方最密堆積四種晶格中做運算。但是在此之前，要先說明第一個把 Bloch 理論運用在 Schrödinger 方程式，而得出「能帶」結果的 Kronig-Penney 模型。

6.4.1 Kronig-Penney 模型

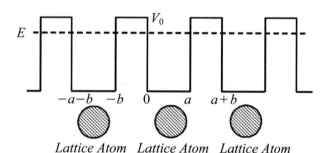

圖 6-19 Kronig-Penney 模型

如圖 6-19 所示，Kronig-Penney 模型建立在一維週期性晶格原子的排列上，我們可以在這個結構中建立並求解波動方程式。

我們把這個結構分成 $0 < x < a$ 和 $-b < x < 0$ 二個區域，則其穩定態的 Schrödinger 方程式分別為

在 $0 < x < a$ 區域中，
$$\frac{d^2\psi}{dx^2} + \frac{2mE}{\hbar^2}\psi = 0 \; ; \tag{6-72}$$

在 $-b < x < 0$ 區域中，
$$\frac{d^2\psi}{dx^2} + \frac{2m(E-V_0)}{\hbar^2}\psi = 0 \, , \tag{6-73}$$

其中，E 爲晶體中電子的能量；而要特別再說明一次的是 Schrödinger 方程式已經被 Hartree 模型或 Hartree-Fock 模型修正過了，

根據 Bloch 理論，波函數的解應該可以表示爲

$$\psi(x) = u_x(x)\, e^{ikx} \, 。 \tag{6-74}$$

列出 Schrödinger 方程式後，應該要在 $E < V_0$ 的條件下開始求解微分方程式，然而爲了簡化演算過程，所以我們可以先在 $E > V_0$ 的條件求解，求出結果之後，再作一些轉換，即可得到在 $E < V_0$ 的解。

假設 $E > V_0$，我們可以定義二個新參數

$$\alpha^2 = \frac{2mE}{\hbar^2} \, , \tag{6-75}$$

且

$$\beta^2 = \frac{2m(E - V_0)}{\hbar^2} \, , \tag{6-76}$$

則在 $0 < x < a$ 區域中，波動方程式爲

$$\frac{d^2\psi}{dx^2} + \alpha^2\, \psi = 0 \, , \tag{6-77}$$

解爲

$$\psi_1(x) = u_1(x)\, e^{ikx} \, ; \tag{6-78}$$

在 $-b < x < 0$ 區域中，波動方程式爲

$$\frac{d^2\psi}{dx^2} + \beta^2\psi = 0 \, , \tag{6-79}$$

解爲

$$\psi_2(x) = u_2(x)\, e^{ikx} \, 。 \tag{6-80}$$

把 $\psi(x) = u_x(x)e^{ikx}$ 代入微分方程式得

$$\frac{d^2\psi}{dx^2} = -k^2 e^{ikx}u_k + i2ke^{ikx}\frac{du_k}{dx} + e^{ikx}\frac{d^2u_k}{dx^2} \, , \qquad (6\text{-}81)$$

如果在 $0 < x < a$ 區間中的 $u_k(x)$ 用 u_1 表示；在 $-b < x < 0$ 區間中的 $u_k(x)$ 用 u_2 表示，則

在 $0 < x < a$ 區域中， $\qquad \dfrac{d^2u_1}{dx^2} + i2k\dfrac{du_1}{dx} + (\alpha^2 - k^2)u_1 = 0 \, ;$ $\qquad (6\text{-}82)$

在 $-b < x < 0$ 區域中， $\qquad \dfrac{d^2u_2}{dx^2} + i2k\dfrac{du_2}{dx} - (\beta^2 + k^2)\mu_2 = 0 \, ,$ $\qquad (6\text{-}83)$

假設這二個微分方程式的解的形式為

$$u_1(x) = e^{m_1 x} \, , \qquad (6\text{-}84)$$

和 $\qquad\qquad\qquad u_2(x) = e^{m_2 x} \, , \qquad (6\text{-}85)$

則將 $u_1(x) = e^{m_1 x}$ 代入（6-82）微分方程式得

$$m_1^2 e^{m_1 x} + i2km_1 e^{m_1 x} + (\alpha^2 - k^2)u_1 e^{m_1 x} = 0 \, , \qquad (6\text{-}86)$$

則 $\qquad\qquad\qquad m_1^2 + i2km_1 + (\alpha^2 - k^2) = 0 \, , \qquad (6\text{-}87)$

所以 $\qquad\qquad m_1 = \dfrac{-i2k \pm \sqrt{-4k^2 - 4(\alpha^2 - k^2)}}{2} \, , \qquad (6\text{-}88)$

即 $\qquad\qquad\qquad m_1 = -ik \pm i\alpha \, , \qquad (6\text{-}89)$

所以這個微分方程式的通解為

$$u_1(x) = Ae^{i(\alpha-k)x} + Be^{-i(\alpha+k)x} \; , \qquad (6\text{-}90)$$

其中 A 和 B 為常數。

同理，（6-83）微分方程式的解 $u_2(x) = e^{m_2 x}$ 也會滿足

$$m_2^2 + i2km_2 + (\beta^2 - k^2) = 0 \; , \qquad (6\text{-}91)$$

則
$$m_2 = \frac{-i2k \pm \sqrt{-4k^2 - 4(\beta^2 - k^2)}}{2} = -ik \pm i\beta \; , \qquad (6\text{-}92)$$

所以這個微分方程式的通解

$$u_2(x) = Ce^{i(\beta-k)x} + De^{-i(\beta+k)x} \; , \qquad (6\text{-}93)$$

其中 C 和 D 為常數。

由邊界條件可以求解常數 A、B、C、D，

即
$$u_1(x)\big|_{x=0} = u_2(x)\big|_{x=0} \; ; \qquad (6\text{-}94)$$

$$\frac{du_1(x)}{dx}\bigg|_{x=0} = \frac{du_2(x)}{dx}\bigg|_{x=0} \; ; \qquad (6\text{-}95)$$

$$u_1(x)\big|_{x=a} = u_2(x)\big|_{x=-b} \; ; \qquad (6\text{-}96)$$

$$\frac{du_1(x)}{dx}\bigg|_{x=a} = \frac{du_2(x)}{dx}\bigg|_{x=-b} \; , \qquad (6\text{-}97)$$

則

$$\begin{cases} A + B = C + D \\ i(\alpha - k)A - i(\alpha + k)B = i(\beta - k)C - i(\beta + k)D \\ e^{i(\alpha-k)a}A + e^{-i(\alpha+k)a}B = e^{-i(\beta-k)b}C + e^{i(\beta+k)b}D \\ i(\alpha - k)e^{i(\alpha-k)a}A - i(\alpha + k)e^{-i(\alpha+k)a}B = i(\beta - k)e^{-(\beta-k)b}C - i(\beta+k)e^{i(\beta+k)b}D \end{cases}$$
（6-98）

　　若 A、B、C、D 要有解，則 A、B、C、D 係數的行列式值必須為零，

即

$$\begin{vmatrix} 1 & 1 & -1 & -1 \\ i(\alpha - k) & -i(\alpha + k) & -i(\beta - k) & i(\beta + k) \\ e^{i(\alpha-k)a} & e^{-i(\alpha+k)a} & -e^{-i(\beta-k)b} & -e^{i(\beta+k)b} \\ i(\alpha - k)e^{i(\alpha-k)a} & -i(\alpha+k)e^{-i(\alpha+k)a} & -i(\beta - k)e^{-i(\beta-k)b} & i(\beta + k)e^{i(\beta+k)b} \end{vmatrix} = 0,$$
（6-99）

或 $$\begin{vmatrix} 1 & 1 & 1 & 1 \\ (\alpha - k) & -(\alpha + k) & (\beta - k) & -(\beta + k) \\ e^{i(\alpha-k)a} & e^{-i(\alpha+k)a} & e^{-i(\beta-k)b} & e^{i(\beta+k)b} \\ (\alpha - k)e^{i(\alpha-k)a} & -(\alpha+k)e^{-i(\alpha+k)a} & (\beta - k)e^{-i(\beta-k)b} & -(\beta + k)e^{i(\beta+k)b} \end{vmatrix} = 0,$$
（6-100）

則

$$\begin{vmatrix} 1 & 0 & 0 & 0 \\ \alpha - k & -2\alpha & \beta - \alpha & -\alpha - \beta \\ e^{i(\alpha-k)a} & e^{-i(\alpha+k)a} - e^{-i(\alpha-k)a} & e^{-i(\beta-k)b} - e^{i(\alpha-k)a} & e^{i(\beta+k)b} - e^{i(\alpha-k)a} \\ (\alpha - k)e^{i(\alpha-k)a} & -(\alpha+k)e^{-i(\alpha+k)a} & (\beta - k)e^{-i(\beta-k)b} & -(\beta + k)e^{i(\beta+k)b} \\ & -(\alpha-k)e^{i(\alpha-k)a} & -(\alpha - k)e^{i(\alpha-k)a} & -(\alpha - k)e^{i(\alpha-k)a} \end{vmatrix} = 0,$$
（6-101）

則

$$\begin{vmatrix} 2\alpha & \alpha-\beta \\ e^{-i(\alpha+k)a}-e^{i(\alpha-k)a} & e^{-i(\beta-k)b}-e^{i(\alpha-k)a} \\ (\alpha+k)\,e^{-i(\alpha+k)a}+(\alpha-k)\,e^{i(\alpha-k)a} & (\alpha-k)\,e^{i(\alpha-k)a}+(\beta-k)\,e^{-i(\beta-k)b} \\[2mm] \alpha+\beta & \\ e^{i(\beta+k)b}-e^{i(\alpha-k)a} & \\ (\alpha-k)\,e^{i(\alpha-k)a}+(\beta+k)\,e^{i(\beta+k)b} & \end{vmatrix}=0 \text{ ，} \tag{6-102}$$

則

$$\begin{vmatrix} 2\alpha & 2\alpha & \alpha+\beta \\ e^{-i(\alpha+k)a}-e^{i(\alpha-k)a} & 2e^{i(\alpha-k)a}-e^{-i(\beta-k)b}-e^{i(\beta+k)b} & e^{i(\beta+k)b}-e^{i(\alpha-k)a} \\ (\alpha+k)\,e^{-i(\alpha+k)a} & 2(\alpha-k)\,e^{i(\alpha-k)a} & (\alpha-k)\,e^{i(\alpha-k)a} \\ +(\alpha-k)\,e^{i(\alpha-k)a} & -(\beta-k)\,e^{-i(\beta-k)b}+(\beta+k)\,e^{i(\beta+k)b} & +(\beta+k)\,e^{i(\beta+k)b} \end{vmatrix}=0 \text{ ，} \tag{6-103}$$

則

$$\begin{vmatrix} 0 & 2\alpha \\ -e^{-i(\alpha+k)a}-e^{i(\alpha-k)a}+e^{-i(\beta-k)b}+e^{i(\beta+k)b} & 2e^{i(\alpha-k)a}-e^{-i(\beta-k)b}-e^{i(\beta+k)b} \\ (\alpha+k)\,e^{-i(\alpha+k)a}-(\alpha-k)\,e^{i(\alpha-k)a} & 2(\alpha-k)\,e^{i(\alpha-k)a} \\ +(\beta-k)\,e^{-i(\beta-k)b}-(\beta+k)\,e^{i(\beta+k)b} & -(\beta-k)\,e^{-i(\beta-k)b}+(\beta+k)\,e^{i(\beta+k)b} \\[2mm] \alpha+\beta & \\ e^{i(\beta+k)b}-e^{i(\alpha-k)a} & \\ (\alpha-k)\,e^{i(\alpha-k)a} & \\ +(\beta+k)\,e^{i(\beta+k)b} & \end{vmatrix}=0 \text{ ，} \tag{6-104}$$

則

$$\begin{bmatrix} e^{-i(\alpha+k)a}+e^{i(\alpha-k)a} \\ -e^{-i(\beta-k)b}-e^{i(\beta+k)b} \end{bmatrix} \begin{Bmatrix} 2\alpha\left[(\alpha-k)\,e^{i(\alpha-k)a}+(\beta+k)\,e^{i(\beta+k)b}\right] \\ -(\alpha+\beta)\left[2(\alpha-k)\,e^{i(\alpha-k)a}-(\beta-k)\,e^{-i(\beta-k)b}+(\beta+k)\,e^{i(\beta+k)b}\right] \end{Bmatrix}$$

$$+\begin{bmatrix} (\alpha+k)\,e^{-i(\alpha+k)a}-(\alpha-k)\,e^{i(\alpha-k)a} \\ +(\beta-k)\,e^{-i(\beta-k)b}-(\beta+k)\,e^{i(\beta+k)b} \end{bmatrix} \begin{Bmatrix} 2\alpha[e^{i(\beta+k)b}-e^{i(\alpha-k)a}] \\ -(\alpha+\beta)\begin{bmatrix} 2(\alpha-k)\,e^{i(\alpha-k)a} \\ -(\beta-k)\,e^{-i(\beta-k)b} \\ +(\beta+k)\,e^{i(\beta+k)b} \end{bmatrix} \end{Bmatrix}=0 \text{ ，} \tag{6-105}$$

則
$$
\begin{bmatrix} e^{-i(\alpha+k)a} + e^{i(\alpha-k)a} \\ -e^{-i(\beta-k)b} - e^{i(\beta+k)b} \end{bmatrix}
\begin{Bmatrix} -2\beta(\alpha-k)\,e^{i(\alpha-k)a} \\ +(\alpha-\beta)(\beta+k)\,e^{i(\beta+k)b} \\ +(\alpha+\beta)(\beta-k)\,e^{-i(\beta-k)b} \end{Bmatrix}
$$

$$
+ \begin{bmatrix} (\alpha+k)\,e^{-i(\alpha+k)a} - (\alpha-k)\,e^{i(\alpha-k)a} \\ +(\beta-k)\,e^{-i(\beta-k)b} - (\beta+k)\,e^{i(\beta+k)b} \end{bmatrix}
\begin{Bmatrix} -2\beta e^{i(\alpha-k)a} \\ -(\alpha-\beta)\,e^{i(\beta+k)b} \\ +(\alpha+\beta)\,e^{-i(\beta-k)b} \end{Bmatrix} = 0 \ , \quad （6\text{-}106）
$$

上式為二項之和，現在為了方便，我們分別對前後二項作運算，則前一項為

$$
-2\beta(\alpha-k)\,e^{i2(\alpha-k)a} + (\alpha-\beta)(\beta+k)\,e^{i(\alpha-k)a}\,e^{i(\beta+k)b}
$$

$$
+(\alpha+\beta)(\beta-k)\,e^{i(\alpha-k)a}\,e^{-i(\beta-k)b} - 2\beta(\alpha-k)\,e^{-i2ka}
$$

$$
+2\beta(\alpha-k)\,e^{i(\alpha-k)a}\,e^{-i(\beta-k)b} + 2\beta(\alpha-k)\,e^{i(\alpha-k)a}\,e^{-i(\beta-k)b}
$$

$$
+(\alpha-\beta)(\beta+k)\,e^{-i(\alpha+k)a}\,e^{i(\beta+k)b} + (\alpha+\beta)(\beta-k)\,e^{-i(\alpha+k)a}\,e^{-i(\beta-k)b}
$$

$$
-(\alpha-\beta)(\beta+k)\,e^{i2kb} - (\alpha+\beta)(\beta-k)\,e^{i2kb}
$$

$$
-(\alpha+\beta)(\beta-k)\,e^{-i2(\beta-k)b} - (\alpha-\beta)(\beta+k)\,e^{i2(\beta+k)b} \ , \quad （6\text{-}107）
$$

作整理得

$$
-2\beta(\alpha-k)\,e^{i2(\alpha-k)a} + (3\alpha\beta - 3\beta k + \alpha k - \beta^2)\,e^{i(\alpha-k)a}\,e^{i(\beta+k)b}
$$

$$
+(3\alpha\beta - 3\beta k + \beta^2 - \alpha k)\,e^{i(\alpha-k)a}\,e^{-i(\beta-k)b} - 2\beta(\alpha-k)\,e^{-i2ka}
$$

$$
+(\alpha-\beta)(\beta+k)\,e^{-i(\alpha+k)a}\,e^{i(\beta+k)b} + (\alpha+\beta)(\beta-k)\,e^{-i(\alpha+k)a}\,e^{-i(\beta-k)b}
$$

$$
-2\beta(\alpha-k)\,e^{i2kb}
$$

$$
-(\alpha+\beta)(\beta-k)\,e^{-i2(\beta-k)b} - (\alpha-\beta)(\beta+k)\,e^{i2(\beta+k)b} \ 。 \quad （6\text{-}108）
$$

後一項爲

$$-2\beta(\beta-k)\,e^{i(\alpha-k)a}\,e^{-i(\beta-k)b}-(\alpha-\beta)(\beta-k)\,e^{i2kb}$$

$$+(\alpha+\beta)(\beta-k)\,e^{-i2(\beta-k)b}-2\beta(\alpha+k)\,e^{-i2ka}$$

$$-(\alpha+\beta)(\alpha-k)\,e^{i(\alpha-k)a}\,e^{-i(\beta-k)b}-(\alpha+\beta)(\beta+k)\,e^{i2kb}$$

$$-(\alpha-\beta)(\alpha+k)\,e^{i(\alpha+k)a}\,e^{i(\beta+k)b}+(\alpha+\beta)(\alpha+k)\,e^{-i(\alpha+k)a}\,e^{-i(\beta-k)b}$$

$$+2\beta(\alpha-k)\,e^{i2(\alpha-k)a}+(\alpha-\beta)(\alpha-k)\,e^{i(\alpha-k)a}\,e^{i(\beta+k)b}$$

$$+(\alpha-\beta)(\beta+k)\,e^{i2(\beta+k)b}+2\beta(\beta+k)\,e^{i(\alpha-k)a}\,e^{i(\beta+k)b}\,,\qquad(6\text{-}109)$$

作整理得

$$+(3\beta k-\alpha^2-2\beta^2-\alpha\beta+\alpha k)\,e^{i(\alpha-k)a}\,e^{-i(\beta-k)b}-2\beta(\alpha+k)\,e^{i2kb}$$

$$+(\alpha+\beta)(\beta-k)\,e^{-i2(\beta-k)b}-2\beta(\alpha+k)\,e^{-i2ka}$$

$$-(\alpha-\beta)(\alpha+k)\,e^{-i(\alpha+k)a}\,e^{-i(\beta+k)b}+(\alpha+\beta)(\alpha+k)\,e^{-i(\alpha+k)a}\,e^{-i(\beta-k)b}$$

$$+2\beta(\alpha-k)\,e^{i2(\alpha-k)a}$$

$$+(3\beta k+\alpha^2+2\beta^2-\alpha\beta-\alpha k)\,e^{i(\alpha-k)a}\,e^{i(\beta+k)b}+(\alpha-\beta)(\beta+k)\,e^{i2(\beta+k)b}\,\text{。}\quad(6\text{-}110)$$

綜合前後二項（6-108）式和（6-110）式的結果，把等號加上去，得

$$(\alpha+\beta)^2\,e^{i(\alpha-k)a}\,e^{i(\beta+k)b}-(\alpha-\beta)^2\,e^{i(\alpha-k)a}\,e^{-i(\beta-k)b}-4\alpha\beta e^{-i2ka}$$

$$-(\alpha-\beta)^2\,e^{-i(\alpha+k)a}\,e^{i(\beta+k)b}+(\alpha+\beta)^2\,e^{-i(\alpha+k)a}\,e^{-i(\beta-k)b}-4\alpha\beta e^{i2kb}=0\,,\quad(6\text{-}111)$$

且

$$-(\alpha-\beta)^2[e^{i(\alpha-k)a}\,e^{-i(\beta-k)b}+e^{-i(\alpha+k)a}\,e^{i(\beta+k)b}]$$

$$+ (\alpha + \beta)^2 \left[e^{i(\alpha - k)a}\, e^{i(\beta + k)b} + e^{-i(\alpha + k)a}\, e^{-i(\beta - k)b} \right]$$

$$= 4\alpha\beta \left(e^{-i2ka} + e^{i2kb} \right) \text{,} \tag{6-112}$$

則 $\quad -(\alpha - \beta)^2 \{ \cos[(\alpha - k)\,a - (\beta - k)\,b] + \cos[(\alpha + k)\,a - (\beta + k)\,b] \}$

$$+ (\alpha + \beta)^2 \{ \cos[(\alpha - k)\,a + (\beta + k)\,b] + \cos[(\alpha + k)\,a + (\beta - k)\,b] \}$$

$$= 4\alpha\beta[\cos(2ka) - \cos(2kb)] \text{,} \tag{6-113}$$

則 $-(\alpha - \beta)^2 \cos(\alpha a - \beta b) \cos(ka - kb) + (\alpha + \beta)^2 \cos(\alpha a + \beta b) \cos(ka - kb)$

$$= 4\alpha\beta \cos(ka + kb) \cos(ka - kb) \text{,} \tag{6-114}$$

則 $-(\alpha - \beta)^2 \cos(\alpha a - \beta b) + (\alpha + \beta)^2 \cos(\alpha a + \beta b) = 4\alpha\beta \cos(ka + kb) \text{,} \tag{6-115}$

則 $\quad -(\alpha^2 - 2\alpha\beta + \beta^2)[\cos(\alpha a)\cos(\beta b) + \sin(\alpha a)\sin(\beta b)]$

$$+ (\alpha^2 + 2\alpha\beta + \beta^2)[\cos(\alpha a)\cos(\beta b) - \sin(\alpha a)\sin(\beta b)]$$

$$= 4\alpha\beta \cos[k(a + b)] \text{,} \tag{6-116}$$

則 $\quad 4\alpha\beta \cos(\alpha a)\cos(\beta b) - 2(\alpha^2 + \beta^2)\sin(\alpha a)\sin(\beta b)$

$$= 4\alpha\beta \cos[k(a + b)] \text{,} \tag{6-117}$$

則在 $E > V_0$ 的情況下，

可得 $-\dfrac{\alpha^2 + \beta^2}{2\alpha\beta} \sin(\alpha a)\sin(\beta b) + \cos(\alpha a)\cos(\beta b) = \cos[k(a + b)] \text{,} \tag{6-118}$

如果 $E < V_0$，則我們只要作一個變數轉換，即 $\beta \to i\beta$，就可以得到我們所要的結果。

由 $\qquad \begin{cases} \sin(ix) = i \sinh(x) \\ \cos(ix) = i \cosh(x) \end{cases} \text{,} \tag{6-119}$

可得 $\dfrac{\beta^2 - \alpha^2}{2\alpha\beta} \sinh(\beta b)\sin(\alpha a) + \cosh(\beta b)\cos(\alpha a) = \cos[k(a + b)] \text{。} \tag{6-120}$

如果 $V_0 \gg E$，

則
$$\beta^2 = \frac{2m(V_0 - E)}{\hbar^2} \approx \frac{2mV_0}{\hbar^2} \, , \qquad (6\text{-}121)$$

可得
$$\beta b = \sqrt{\frac{2mV_0}{\hbar^2}b^2} = \sqrt{\frac{2mV_0 \, b}{\hbar^2}} \sqrt{b} \, , \qquad (6\text{-}122)$$

其中假設所謂的位能障強度（Potential barrier strength）$V_0 b$ 是一個有限的常數。

當位能障的寬度（Barrier width）b 非常小，即 $b \to 0$，則 $\beta b \to 0$，

則
$$\cosh(\beta b) \approx 1 \text{ 且 } \sinh(\beta b) \approx \beta b \, 。 \qquad (6\text{-}123)$$

所以 $\dfrac{\beta^2 - \alpha^2}{2\alpha\beta} \sinh(\beta b) \sin(\alpha a) + \cosh(\beta b) \cos(\alpha a) = \cos[k(a+b)]$ 可以簡化為

$$\frac{mV_0 b}{\alpha\hbar^2} \sin(\alpha a) + \cos(\alpha a) = \cos(ka) \, , \qquad (6\text{-}124)$$

上式的左側可以畫成 αa 的函數，如圖 6-20 所示。

因為 $|\cos(ka)| \leq 1$，所以只有可以使上式左側的函數值落在 ± 1 之間的 αa，才是被允許的，我們在圖 6-20 中用比較粗的線表示被允許的部分。因為每一個 αa 都有一個 ka 與之對應，而且 α 是直接和電子的能量 E 有關，如（6-75）式和（6-76）式所示，所以我們可以得到一個能量 E 與 ka 的關係圖，如圖 6-21 所示。

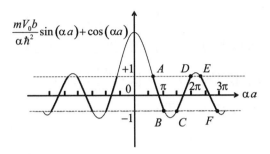

圖 6-20　Kronig-Penney 模型的結果

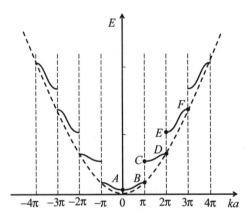

圖 6-21　Kronig-Penney 模型的能帶圖

　　圖 6-20 和圖 6-21 中的 A、B、C、D、E、F 是對應的，其中 AB、CD、EF 是被允許的能帶（Allowed energy bands），具有這些範圍能量的電子可以自由的從一個元胞到另一個元胞；然而如果電子的能量是在 BC 或 DE 範圍，則因為其所對應的 k 是虛數，所以電子的波動會快速的衰減，因此這些能量範圍就被稱為禁止的能帶（Forbidden energy bands）。

　　接著，基於 Kronig-Penney 模型的結果，我們來看看位能障強度 $V_0 b$ 的變化對能態的影響：

[1]　因為圖 6-20 中的波形會隨著位能障強度 $V_0 b$ 的增加而逐漸陡峭，所以可以想見允許的能帶也隨之越來越窄。然而當位能障強度 $V_0 b$ 增加到無限大時，因為 $\dfrac{m V_0 b}{\alpha \hbar^2} \sin(\alpha a) + \cos(\alpha a)$ 還得保持是有限值，即在 ±1 之間，

則由 $V_0 b \to \infty$，且 $\sin(\alpha a) = 0$ 必須成立，即 $\overbrace{\dfrac{m V_0 b}{\alpha \hbar^2}}^{\infty} \overbrace{\sin(\alpha a)}^{0}$ 是有限值，

所以因
$$\sin(\alpha a) = 0 , \tag{6-125}$$
得
$$\alpha a = n\pi , \tag{6-126}$$

其中 $n = 1, 2, 3 \cdots$ ，

又
$$\alpha^2 \frac{2mE}{\hbar^2} = \frac{n^2 \pi^2}{a^2} , \tag{6-127}$$
得
$$E = n^2 \frac{\pi^2 \hbar^2}{2ma^2} 。 \tag{6-128}$$

　　這個結果的物理意義是當晶格位能的強度夠高，則會把電子限制在晶格離子附近，並形成量子化能態。

[2]　因為圖 6-20 中的波形會隨著位能障強度 $V_0 b$ 的減少而逐漸平緩，所以可以想見允許的能帶也隨之越來越寬。然而當位能障強度 $V_0 b$ 減小到 0 時，
則由 $V_0 b = 0$，

得
$$\cos(\alpha a) = \cos(ka) , \tag{6-129}$$

即 $$\alpha = k = \sqrt{\frac{2mE}{\hbar^2}} ,$$ （6-130）

所以 $$E = \frac{\hbar^2 k^2}{2m} 。$$ （6-131）

這個結果的物理意義是當晶格位能消失，則電子就是自由電子。

綜合以上的論述，我們用三張圖來說明單一原子與電子的關係以及晶格位能與電子的關係：

如圖 6-22(a) 所示，電子被單一原子所束縛形成的量子化能態；若電子被置於週期性的晶格結構中，如果晶格位能不為零，則電子能態為圖 6-22(b) 所示；如果雖然晶格位能為零，但是晶格結構依然存在，則電子能態為圖 6-22(c) 所示。

最後，我們可以比較一下 Kronig-Penney 模型和 Harrison 法（Harrison method）所得的能帶結果的差異。如圖 6-23(a) 所示，Kronig-Penney 模型在每個能帶「起始點」的能量值都會略高一點；而在區域邊界則會「碰到」或恰等於拋物線 $E = \frac{\hbar^2 \vec{k}^2}{2m}$ 的能量值。然而，如圖

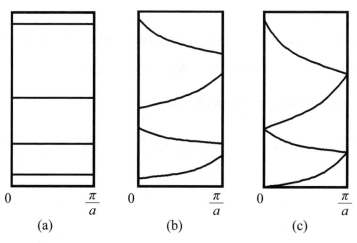

圖 6-22　隨著位能不同，電子的量子化能態變化

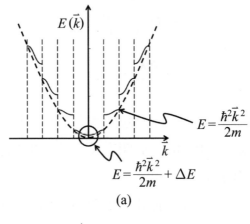

(a)

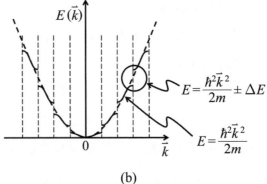

(b)

圖 6-23　Kronig-Penney 模型 (a) 和 Harrison 法 (b) 所得的能帶結果的差異

6-23(b) 所示，Harrison 法則在二個能帶區域邊界之間的能量值會同時向上及向下移動一點；而在同一個能帶中，介於區域邊界之間的能量值則將等於拋物線 $E = \dfrac{\hbar^2 \vec{k}^2}{2m}$ 的能量值。

6.4.2　近似自由電子模型

在能帶的計算過程中，最重要的過程是先獲得所謂的「空晶格能帶」（Empty-lattice bands），而近似自由電子模型所求得的結果就是空晶格能帶。

6.4.2.1　近似自由電子模型的推導

由 Hartree-Fock 近似或 Hartree 近似所得之單一電子的 Hamiltonian（Single electron Hamiltonian）為

$$\hat{H} = -\frac{\hbar^2}{2m}\nabla^2 + V(\vec{r}) \, ,　　　　（6-132）$$

其中 $V(\vec{r})$ 是一個複雜的形式，包含著電子與電子的交互作用、電子與離子的交互作用。

因為晶體位能具有週期性，

即　　　　　　　　$$V(\vec{r}+\vec{t}_n) = V(\vec{r}) \, ,　　　　（6-133）$$

其中 $\vec{t}_n$ 為平移向量（Translational vector 或 Translations），不同的晶格結構的平移向量也是不同的，

所以 $V(\vec{r})$ 可以展開成為　$$V(\vec{r}) = \sum_{\vec{G}} V_{\vec{G}}\, e^{i\vec{G}\cdot\vec{r}} \, ,　　　　（6-134）$$

上面的加總的意義是為了完整的描述晶體中的倒置空間或真實空間。

Schrödinger 方程式爲

$$\left[-\frac{\hbar^2}{2m}\nabla^2 + V(\vec{r})\right]\psi(\vec{r}) = E\,\psi(\vec{r})\,,\qquad (6\text{-}135)$$

如前所述，因爲晶體位能具有週期性，即 $V(\vec{r}+\vec{t}_n)=V(\vec{r})$，所以電子的波函數 $\psi(\vec{r})$ 也具有相同的週期性，則可由 Bloch 理論得

$$\psi(\vec{r})\xrightarrow{\text{Bloch Theorem}}\psi_{\vec{k}}(\vec{r}) = e^{i\vec{k}\cdot\vec{r}}\,u_{\vec{k}}(\vec{r})\,,\qquad (6\text{-}136)$$

因爲 $u_{\vec{k}}(\vec{r})$ 是週期性函數，即 $\qquad u_{\vec{k}}(\vec{r}+\vec{t}_n)=u_{\vec{k}}(\vec{r})\,,\qquad (6\text{-}137)$

所以可以展開爲 $\qquad\qquad u_{\vec{k}}(\vec{r}) = \sum_{\vec{G}} A_{\vec{k},\vec{G}}\,e^{i\vec{G}\cdot\vec{r}}\,,\qquad (6\text{-}138)$

由（6-133）式和（6-134）式，將 $\psi_{\vec{k}}(\vec{r})=e^{i\vec{k}\cdot\vec{r}}\sum_{\vec{G}} A_{\vec{k},\vec{G}}\,e^{i\vec{G}\cdot\vec{r}}$ 和 $V(\vec{r})=\sum_{\vec{G}} V_{\vec{G}}\,e^{i\vec{G}\cdot\vec{r}}$ 代入 Schrödinger 方程式得

$$\left[-\frac{\hbar^2}{2m}\nabla^2 + \left(\sum_{\vec{G}''} V_{\vec{G}''}\,e^{i\vec{G}''\cdot\vec{r}}\right)\right]e^{i\vec{k}\cdot\vec{r}}\sum_{\vec{G}'} A_{\vec{k},\vec{G}'}\,e^{i\vec{G}'\cdot\vec{r}}$$
$$= E e^{i\vec{k}\cdot\vec{r}}\sum_{\vec{G}'} A_{\vec{k},\vec{G}'}\,e^{i\vec{G}'\cdot\vec{r}}\,,\qquad (6\text{-}139)$$

則 $\quad\left[-\frac{\hbar^2}{2m}\nabla^2 + \left(\sum_{\vec{G}''} V_{\vec{G}''}\,e^{i\vec{G}''\cdot\vec{r}}\right)\right]\sum_{\vec{G}'} A_{\vec{k},\vec{G}'}\,e^{i(\vec{k}+\vec{G}')\cdot\vec{r}} = E\sum_{\vec{G}'} A_{\vec{k},\vec{G}'}\,e^{i(\vec{k}+\vec{G}')\cdot\vec{r}}\,,\ (6\text{-}140)$

則 $\quad\underbrace{\left[\sum_{\vec{G}'} A_{\vec{k},\vec{G}'}\frac{\hbar^2}{2m}(\vec{k}+\vec{G}')^2 e^{i(\vec{k}+\vec{G}')\cdot\vec{r}}\right]}_{-\frac{\hbar^2}{2m}\nabla^2\psi(\vec{r})} + \underbrace{\left[\sum_{\vec{G}''}\sum_{\vec{G}'} V_{\vec{G}''} A_{\vec{k},\vec{G}'}\,e^{i(\vec{k}+\vec{G}'+\vec{G}'')\cdot\vec{r}}\right]}_{V(\vec{r})\psi(\vec{r})}$

$$= E\underbrace{\sum_{\vec{G}'} A_{\vec{k},\vec{G}'}\,e^{i(\vec{k}+\vec{G}')\cdot\vec{r}}}_{\psi(\vec{r})}\,,\qquad (6\text{-}141)$$

爲了求出本徵函數和本徵能量，所以在上式二側乘上 $\dfrac{1}{\sqrt{\Omega}}e^{i(\vec{k}+\vec{G}')\cdot\vec{r}}$，

且在單位元胞中作積分，即左右二側作 $\dfrac{1}{\sqrt{\Omega}} \displaystyle\int_\Omega d\vec{r} e^{-i(\vec{k}+\vec{G'})\cdot\vec{r}}$ 運算，

$$\left[\sum_{\vec{G'}} A_{\vec{k},\vec{G'}} \frac{\hbar^2}{2m} (\vec{k}+\vec{G'})^2 e^{i(\vec{k}+\vec{G'})\cdot\vec{r}} \frac{1}{\sqrt{\Omega}} \int_\Omega d\vec{r} e^{i(\vec{G'}-\vec{G})\cdot\vec{r}} \right]$$

$$+ \left[\sum_{\vec{G''}} \sum_{\vec{G'}} V_{\vec{G''}} A_{\vec{k},\vec{G'}} \frac{1}{\sqrt{\Omega}} \int_\Omega d\vec{r} e^{i(\vec{G'}+\vec{G''}-\vec{G})\cdot\vec{r}} \right]$$

$$= E \sum_{\vec{G'}} A_{\vec{k},\vec{G'}} \frac{1}{\sqrt{\Omega}} \int_\Omega d\vec{r} e^{i(\vec{G'}-\vec{G})\cdot\vec{r}} , \qquad (6\text{-}142)$$

且考慮正交關係，

$$\frac{1}{\sqrt{\Omega}} \int_\Omega d\vec{r} e^{i(\vec{G'}-\vec{G})\cdot\vec{r}} = \delta(\vec{G'}-\vec{G}) ; \qquad (6\text{-}143)$$

$$\frac{1}{\sqrt{\Omega}} \int_\Omega d\vec{r} e^{i(\vec{G'}+\vec{G''}-\vec{G})\cdot\vec{r}} = \delta(\vec{G'}+\vec{G''}-\vec{G}) , \qquad (6\text{-}144)$$

所以 Schrödinger 方程式為

$$\frac{\hbar^2}{2m} (\vec{k}+\vec{G})^2 A_{\vec{k},\vec{G}} + \sum_{\vec{G'}} V_{\vec{G}-\vec{G'}} A_{\vec{k},\vec{G'}} = E A_{\vec{k},\vec{G}} , \qquad (6\text{-}145)$$

其中的 $\vec{G}$ 是所有的倒晶格向量（Reciprocal lattice vector），即 $\vec{G}=\vec{G}_1$，$\vec{G}_2, \vec{G}_3, \vec{G}_4, \cdots, \vec{G}_N$。

為了能更清楚的呈現 N 個倒晶格向量的結果，我們把它們列出來，

當　$\vec{G}=\vec{G}_1$，則 $\dfrac{\hbar^2}{2m}(\vec{k}+\vec{G}_1)^2 A_{\vec{k},\vec{G}_1} + \sum_{\vec{G'}} V_{\vec{G}_1-\vec{G'}} A_{\vec{k},\vec{G'}} = E A_{\vec{k},\vec{G}_1}$ ；　（6-146）

當　$\vec{G}=\vec{G}_2$，則 $\dfrac{\hbar^2}{2m}(\vec{k}+\vec{G}_2)^2 A_{\vec{k},\vec{G}_2} + \sum_{\vec{G'}} V_{\vec{G}_2-\vec{G'}} A_{\vec{k},\vec{G'}} = E A_{\vec{k},\vec{G}_2}$ ；　（6-147）

當　$\vec{G} = \vec{G}_3$，則 $\dfrac{\hbar^2}{2m}(\vec{k}+\vec{G}_3)^2 A_{\vec{k},\vec{G}_3} + \sum\limits_{\vec{G}'} V_{\vec{G}_3-\vec{G}'} A_{\vec{k},\vec{G}'} = EA_{\vec{k},\vec{G}_3}$；　（6-148）

……

當　$\vec{G} = \vec{G}_N$，則 $\dfrac{\hbar^2}{2m}(\vec{k}+\vec{G}_N)^2 A_{\vec{k},\vec{G}_N} + \sum\limits_{\vec{G}'} V_{\vec{G}_N-\vec{G}'} A_{\vec{k},\vec{G}'} = EA_{\vec{k},\vec{G}_N}$，　（6-149）

接著，我們把 $\sum\limits_{\vec{G}'}$ 用 $\sum\limits_{\vec{G}_1}^{\vec{G}_N}$ 展開，則方程式為

$$\dfrac{\hbar^2}{2m}(\vec{k}+\vec{G}_1)^2 A_{\vec{k},\vec{G}_1} + V_{\vec{G}_1-\vec{G}_1} A_{\vec{k},\vec{G}'} + V_{\vec{G}_1-\vec{G}_2} A_{\vec{k},\vec{G}'} + V_{\vec{G}_1-\vec{G}_3} A_{\vec{k},\vec{G}'} + V_{\vec{G}_1-\vec{G}_4} A_{\vec{k},\vec{G}'}$$

$$\cdots + V_{\vec{G}_1-\vec{G}_N} A_{\vec{k},\vec{G}'} = EA_{\vec{k},\vec{G}_1}，\tag{6-150}$$

$$\dfrac{\hbar^2}{2m}(\vec{k}+\vec{G}_2)^2 A_{\vec{k},\vec{G}_2} + V_{\vec{G}_2-\vec{G}_1} A_{\vec{k},\vec{G}'} + V_{\vec{G}_2-\vec{G}_2} A_{\vec{k},\vec{G}'} + V_{\vec{G}_2-\vec{G}_3} A_{\vec{k},\vec{G}'} + V_{\vec{G}_2-\vec{G}_4} A_{\vec{k},\vec{G}'}$$

$$\cdots + V_{\vec{G}_2-\vec{G}_N} A_{\vec{k},\vec{G}'} = EA_{\vec{k},\vec{G}_2}，\tag{6-151}$$

$$\dfrac{\hbar^2}{2m}(\vec{k}+\vec{G}_3)^2 A_{\vec{k},\vec{G}_3} + V_{\vec{G}_3-\vec{G}_1} A_{\vec{k},\vec{G}'} + V_{\vec{G}_3-\vec{G}_2} A_{\vec{k},\vec{G}'} + V_{\vec{G}_3-\vec{G}_3} A_{\vec{k},\vec{G}'} + V_{\vec{G}_3-\vec{G}_4} A_{\vec{k},\vec{G}'}$$

$$\cdots + V_{\vec{G}_3-\vec{G}_N} A_{\vec{k},\vec{G}'} = EA_{\vec{k},\vec{G}_3}，\tag{6-152}$$

……

$$\dfrac{\hbar^2}{2m}(\vec{k}+\vec{G}_N)^2 A_{\vec{k},\vec{G}_N} + V_{\vec{G}_N-\vec{G}_1} A_{\vec{k},\vec{G}_1} + V_{\vec{G}_N-\vec{G}_2} A_{\vec{k},\vec{G}_2} + V_{\vec{G}_N-\vec{G}_3} A_{\vec{k},\vec{G}_3} + V_{\vec{G}_N-\vec{G}_4} A_{\vec{k},\vec{G}_4}$$

$$\cdots + V_{\vec{G}_N-\vec{G}_N} A_{\vec{k},\vec{G}_N} = EA_{\vec{k},\vec{G}_N}，\tag{6-153}$$

以上的方程式可以簡潔的表示為

$$\sum\limits_{\vec{G}'} \left[\dfrac{\hbar^2}{2m}(\vec{k}+\vec{G})^2 \delta(\vec{G}-\vec{G}') + V_{\vec{G}-\vec{G}'} \right] A_{\vec{k},\vec{G}'} = EA_{\vec{k},\vec{G}}，\tag{6-154}$$

其中 $\vec{G}$ 可以是任何的倒晶格向量，如上所述，即 $\vec{G} = \vec{G}_1$，$\vec{G}_2$，$\vec{G}_3$，$\vec{G}_4$，

$\cdots, \vec{G}_N$，

上式也可以用矩陣的形式表示成一個 $N \times N$ 矩陣方程式

$$
\begin{bmatrix}
\frac{\hbar^2}{2m}(\vec{k}+\vec{G}_1)^2+V_0 & V_{\vec{G}_1-\vec{G}_2} & V_{\vec{G}_1-\vec{G}_3} & \cdots & V_{\vec{G}_1-\vec{G}_N} \\
V_{\vec{G}_2-\vec{G}_1} & \frac{\hbar^2}{2m}(\vec{k}+\vec{G}_2)^2+V_0 & V_{\vec{G}_2-\vec{G}_3} & \cdots & V_{\vec{G}_2-\vec{G}_N} \\
V_{\vec{G}_3-\vec{G}_1} & V_{\vec{G}_3-\vec{G}_2} & \frac{\hbar^2}{2m}(\vec{k}+\vec{G}_3)^2+V_0 & \cdots & V_{\vec{G}_3-\vec{G}_N} \\
\vdots & \vdots & \vdots & \cdots & \vdots \\
V_{\vec{G}_N-\vec{G}_1} & V_{\vec{G}_N-\vec{G}_2} & V_{\vec{G}_N-\vec{G}_3} & \cdots & \frac{\hbar^2}{2m}(\vec{k}+\vec{G}_N)^2+V_0
\end{bmatrix}
\begin{bmatrix}
A_{\vec{k},\vec{G}_1} \\ A_{\vec{k},\vec{G}_2} \\ A_{\vec{k},\vec{G}_3} \\ \vdots \\ A_{\vec{k},\vec{G}_N}
\end{bmatrix}
= E
\begin{bmatrix}
A_{\vec{k},\vec{G}_1} \\ A_{\vec{k},\vec{G}_2} \\ A_{\vec{k},\vec{G}_3} \\ \vdots \\ A_{\vec{k},\vec{G}_N}
\end{bmatrix},
$$

$$（6\text{-}155）$$

　　所以對一個給定的 $\vec{k}$，就可以有 N 個本徵能量 $E_{1\vec{k}}$、$E_{2\vec{k}}$、$E_{3\vec{k}}$、$\cdots$、$E_{N\vec{k}}$；而每一個本徵能量都有一個本徵向量與之對應，換言之，我們可以把這些描述用一個流程表示出來，即

當本徵能量為 $E_{1\vec{k}}$，

則本徵向量為
$$
\begin{bmatrix}
A_{\vec{k},\vec{G}_1}^{(1)} \\
A_{\vec{k},\vec{G}_2}^{(1)} \\
A_{\vec{k},\vec{G}_3}^{(1)} \\
\vdots \\
A_{\vec{k},\vec{G}_N}^{(1)}
\end{bmatrix},
$$
$$（6\text{-}156）$$

則　　$u_{1\vec{k}}(\vec{r}) = A_{\vec{k},\vec{G}_1}^{(1)}\, e^{i\vec{G}_1 \cdot \vec{r}} + A_{\vec{k},\vec{G}_2}^{(1)}\, e^{i\vec{G}_2 \cdot \vec{r}} + A_{\vec{k},\vec{G}_3}^{(1)}\, e^{i\vec{G}_3 \cdot \vec{r}} + \cdots + A_{\vec{k},\vec{G}_N}^{(1)}\, e^{i\vec{G}_N \cdot \vec{r}}$

$$\qquad = \sum_{\vec{G}=\vec{G}_1}^{\vec{G}_N} A_{\vec{k},\vec{G}}^{(1)}\, e^{i\vec{G} \cdot \vec{r}}, \qquad （6\text{-}157）$$

所以對應的本徵函數為　　$\psi_{1\vec{k}}(\vec{r}) = e^{i\vec{k} \cdot \vec{r}} u_{1\vec{k}}(\vec{r})$；　　$（6\text{-}158）$

當本徵能量為 $E_{2\vec{k}}$，

則本徵向量為 $\begin{bmatrix} A^{(2)}_{\vec{k},\vec{G_1}} \\ A^{(2)}_{\vec{k},\vec{G_2}} \\ A^{(2)}_{\vec{k},\vec{G_3}} \\ \vdots \\ A^{(2)}_{\vec{k},\vec{G_N}} \end{bmatrix}$，　　　　　　　　　　（6-159）

則　$u_{2\vec{k}}(\vec{r}) = A^{(2)}_{\vec{k},\vec{G_1}} e^{i\vec{G_1}\cdot\vec{r}} + A^{(2)}_{\vec{k},\vec{G_2}} e^{i\vec{G_2}\cdot\vec{r}} + A^{(2)}_{\vec{k},\vec{G_3}} e^{i\vec{G_3}\cdot\vec{r}} + \cdots + A^{(2)}_{\vec{k},\vec{G_N}} e^{i\vec{G_N}\cdot\vec{r}}$

$= \sum\limits_{\vec{G}=\vec{G_1}}^{\vec{G_N}} A^{(1)}_{\vec{k},\vec{G}} e^{i\vec{G}\cdot\vec{r}}$ ，　　　　　　　　　　（6-160）

所以對應的本徵函數為　　　　　　$\psi_{2\vec{k}}(\vec{r}) = e^{i\vec{k}\cdot\vec{r}} u_{2\vec{k}}(\vec{r})$ ；　　　　（6-161）

當本徵能量為 $E_{3\vec{k}}$，

則本徵向量為 $\begin{bmatrix} A^{(3)}_{\vec{k},\vec{G_1}} \\ A^{(3)}_{\vec{k},\vec{G_2}} \\ A^{(3)}_{\vec{k},\vec{G_3}} \\ \vdots \\ A^{(3)}_{\vec{k},\vec{G_N}} \end{bmatrix}$，　　　　　　　　　　（6-162）

則　$u_{3\vec{k}}(\vec{r}) = A^{(3)}_{\vec{k},\vec{G_1}} e^{i\vec{G_1}\cdot\vec{r}} + A^{(3)}_{\vec{k},\vec{G_2}} e^{i\vec{G_2}\cdot\vec{r}} + A^{(3)}_{\vec{k},\vec{G_3}} e^{i\vec{G_3}\cdot\vec{r}} + \cdots + A^{(3)}_{\vec{k},\vec{G_N}} e^{i\vec{G_N}\cdot\vec{r}}$

$= \sum\limits_{\vec{G}=\vec{G_1}}^{\vec{G_N}} A^{(3)}_{\vec{k},\vec{G}} e^{i\vec{G}\cdot\vec{r}}$ ，　　　　　　　　　　（6-163）

所以對應的本徵函數為　　　　　　$\psi_{3\vec{k}}(\vec{r}) = e^{i\vec{k}\cdot\vec{r}} u_{3\vec{k}}(\vec{r})$ ；　　　　（6-164）

$\vdots$

當本徵能量為 $E_{N\vec{k}}$，

則本徵向量為
$$\begin{bmatrix} A^{(N)}_{\vec{k},\vec{G}_1} \\ A^{(N)}_{\vec{k},\vec{G}_2} \\ A^{(N)}_{\vec{k},\vec{G}_3} \\ \vdots \\ A^{(N)}_{\vec{k},\vec{G}_N} \end{bmatrix},$$
（6-165）

則
$$u_{N\vec{k}}(\vec{r}) = A^{(N)}_{\vec{k},\vec{G}_1} e^{i\vec{G}_1 \cdot \vec{r}} + A^{(N)}_{\vec{k},\vec{G}_2} e^{i\vec{G}_2 \cdot \vec{r}} + A^{(N)}_{\vec{k},\vec{G}_3} e^{i\vec{G}_3 \cdot \vec{r}} + \cdots + A^{(N)}_{\vec{k},\vec{G}_N} e^{i\vec{G}_N \cdot \vec{r}}$$

$$= \sum_{\vec{G}=\vec{G}_1}^{\vec{G}_N} A^{(N)}_{\vec{k},\vec{G}} e^{i\vec{G} \cdot \vec{r}},$$
（6-166）

所以對應的本徵函數為
$$\psi_{N\vec{k}}(\vec{r}) = e^{i\vec{k} \cdot \vec{r}} u_{N\vec{k}}(\vec{r})。$$
（6-167）

歸納上述的過程，可知要建構一個晶體的能帶結構的三步驟為：

[1] 選定晶體位能。

[2] 選定基函數。

[3] 數值運算。

或者用示意圖來說明：

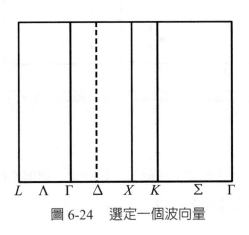

$L \quad \Lambda \quad \Gamma \quad \Delta \quad X \quad K \quad \Sigma \quad \Gamma$

圖 6-24 選定一個波向量

如圖 6-24 所示，選定一個 $\vec{k}_1$；

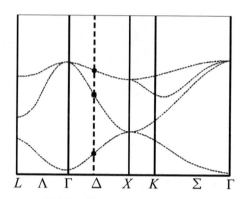

圖 6-25　三個倒晶格向量可得對應的三個本徵能量

　　如圖 6-25 所示，選定三個倒晶格向量 $\vec{G}_1$、$\vec{G}_2$、$\vec{G}_3$ 之後，可得三個本徵能量 $E_{1\vec{k}_1}$、$E_{2\vec{k}_1}$、$E_{3\vec{k}_1}$；

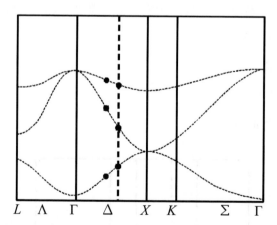

圖 6-26　選定另一個波向量，相同的三個倒晶格向量，可得對應的三個本徵能量

　　如圖 6-26 所示，選定另一個 $\vec{k}_2$，相同的三個倒晶格向量 $\vec{G}_1$、$\vec{G}_2$、$\vec{G}_3$，可得三個本徵能量 $E_{1\vec{k}_2}$、$E_{2\vec{k}_2}$、$E_{3\vec{k}_2}$；

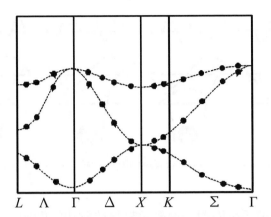

圖 6-27　在幾個重要的對稱點和對稱線上選定幾個波向量，相同的三個倒晶格向量，即可得對應的本徵能量

如圖 6-27 所示，在幾個重要的對稱點和對稱線上選定幾個 $\vec{k}$，相同的三個倒晶格向量 $\vec{G}_1$、$\vec{G}_2$、$\vec{G}_3$，即可得對應的本徵能量。因為我們只取三個倒晶格向量，所以最後的結果就只有三條曲線。

　　直觀上，越多的 $\vec{k}$ 和越多的 $\vec{G}$，可以得到更完整的能帶結構圖，但是其實，如圖 6-28 所示，因為波函數在晶格原子的附近會劇烈的振盪，所以需要大量的 $\vec{G}$ 才足以精確的表示波函數，

即

$$\psi_{1\vec{k}}(\vec{r}) = \sum_{\vec{G}=\vec{G}_1}^{\vec{G}_N} A_{\vec{k},\vec{G}}^{(1)} e^{i(\vec{k}+\vec{G}) \cdot \vec{r}} \; ; \qquad (6\text{-}168)$$

$$\psi_{2\vec{k}}(\vec{r}) = \sum_{\vec{G}=\vec{G}_1}^{\vec{G}_N} A_{\vec{k},\vec{G}}^{(2)} e^{i(\vec{k}+\vec{G}) \cdot \vec{r}} \; ; \qquad (6\text{-}169)$$

$$\psi_{3\vec{k}}(\vec{r}) = \sum_{\vec{G}=\vec{G}_1}^{\vec{G}_N} A_{\vec{k},\vec{G}}^{(3)} e^{i(\vec{k}+\vec{G}) \cdot \vec{r}} \; ; \qquad (6\text{-}170)$$

…

$$\psi_{N\vec{k}}(\vec{r}) = \sum_{\vec{G}=\vec{G}_1}^{\vec{G}_N} A_{\vec{k},\vec{G}}^{(N)} e^{i(\vec{k}+\vec{G}) \cdot \vec{r}} \; , \qquad (6\text{-}171)$$

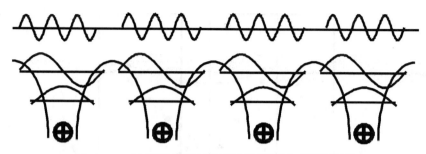

圖 6-28　波函數在晶格原子的附近會劇烈振盪

所以，我們必須至少面對一個幾乎是無法解決的問題：「大量的位能 $V_{\vec{G}-\vec{G}'}$ 必須是已知的」。

接下來，根據以上的討論，我們開始介紹近似自由電子模型，即所謂的空晶格模型（Empty-lattice model）。

所謂空晶格能帶是意指：「不考慮晶格位能；但考慮晶格結構」，即「晶格位能為零；但晶格向量不為零」，以數學式子表示就是「$V(\vec{r})=0$；$\vec{G} \neq 0$」。

如圖 6-29 所示，若 $V(\vec{r})=0$；$\vec{G} \neq 0$，則這些電子就是自由電子，所以電子運動是直線前進的。

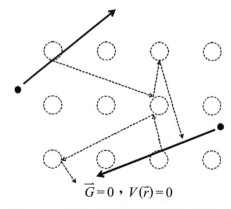

$$\vec{G}=0，V(\vec{r})=0$$

圖 6-29　自由電子運動是直線前進的

如圖 6-30 所示，若 $V(\vec{r}) \neq 0$；$\vec{G} \neq 0$，則因電子受到晶格位能和晶格結構的影響，所以電子運動是曲折前進的。

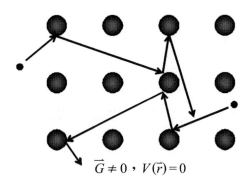

$$\vec{G} \neq 0, V(\vec{r}) = 0$$

圖 6-30　電子受到晶格位能和晶格結構的影響，所以電子運動是曲折前進的

如圖 6-31 所示，若 $V(\vec{r}) = 0$；$\vec{G} \neq 0$，則電子雖然實際上沒有受到晶格結構的影響，也沒有受到晶格位能的影響，但是電子仍然在「空無一原子」的「晶體」中，「看到了」晶格結構，所以電子的運動仍然是曲折前進的。這就是近似自由電子模型的假設前提。

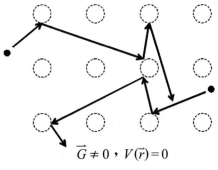

$$\vec{G} \neq 0, V(\vec{r}) = 0$$

圖 6-31　空晶格模型

重複前面的結果，我們已經知道對所有的倒晶格向量$\vec{G}$，即 $\vec{G} = \vec{G}_1$、$\vec{G}_2$、$\vec{G}_3$、$\vec{G}_4$、$\cdots$、$\vec{G}_N$，都滿足以下的關係

$$\frac{\hbar^2}{2m}(\vec{k}+\vec{G})^2 A_{\vec{k},\vec{G}} + \sum_{\vec{G}'}(V_{\vec{G}-\vec{G}'}A_{\vec{k},\vec{G}'}) = EA_{\vec{k},\vec{G}} , \qquad (6\text{-}172)$$

很顯然的，這是一組耦合方程式，也就是每一個方程式都與其他所有的方程式因為 $V_{\vec{G}-\vec{G}'} \neq 0$ 而產生關聯，所以無法就單一個方程式求解，但是，

當　$V(\vec{r}) = 0$，

即 $\qquad\qquad\qquad\qquad V_{\vec{G}-\vec{G}'} = 0 , \qquad\qquad\qquad (6\text{-}173)$

則 $\qquad\qquad\qquad \frac{\hbar^2}{2m}(\vec{k}+\vec{G})^2 A_{\vec{k},\vec{G}} = EA_{\vec{k},\vec{G}} , \qquad (6\text{-}174)$

上式只有一個未知數 $A_{\vec{k},\vec{G}}$，所以直接可解，其中的 $\vec{G}$ 還是可以代入所有的倒晶格向量，

得 $\qquad\qquad\qquad E_{n\vec{k}} = \frac{\hbar^2}{2m}(\vec{k}+\vec{G}_n)^2 , \qquad\qquad (6\text{-}175)$

其中 $n = 1, 2, 3, \cdots, N$，

所以 $\qquad\qquad\qquad E_{1\vec{k}} = \frac{\hbar^2}{2m}(\vec{k}+\vec{G}_1)^2 ; \qquad\qquad (6\text{-}176)$

$$E_{2\vec{k}} = \frac{\hbar^2}{2m}(\vec{k}+\vec{G}_2)^2 ; \qquad\qquad (6\text{-}177)$$

$$\vdots$$

$$E_{N\vec{k}} = \frac{\hbar^2}{2m}(\vec{k}+\vec{G}_N)^2 , \qquad\qquad (6\text{-}178)$$

又因
$$A_{\vec{k},\vec{G}} = \frac{1}{\sqrt{\Omega}} \delta(\vec{G}_n - \vec{G}) \text{,} \qquad (6\text{-}179)$$

其中 $\dfrac{1}{\sqrt{\Omega}}$ 是歸一化常數，

所以得波函數為
$$\psi_{n\vec{k}}(\vec{r}) = e^{i\vec{k}\cdot\vec{r}} u_{n\vec{k}}(\vec{r}) = e^{i\vec{k}\cdot\vec{r}} \sum_{\vec{G}} A_{\vec{k},\vec{G}'} e^{i\vec{G}\cdot\vec{r}}$$

$$= e^{i\vec{k}\cdot\vec{r}} \sum_{\vec{G}'} \frac{1}{\sqrt{\Omega}} \delta(\vec{G}' - \vec{G}) e^{i\vec{G}\cdot\vec{r}}$$

$$= \frac{1}{\sqrt{\Omega}} e^{i(\vec{k}+\vec{G})\cdot\vec{r}} \text{。} \qquad (6\text{-}180)$$

我們可以藉由（6-175）式來建構出完整的近似自由電子能帶，步驟為

[1]　選定對稱點 A 和 B 的座標，可得波向量
　　　$\vec{k}_{AB} = （A \text{ 的座標}） + t(B - A)$。

[2]　選定晶格向量 $\vec{G}_n$。

[3]　代入 $E_{n\vec{k}} = \dfrac{\hbar^2}{2m}(\vec{k}+\vec{G}_n)^2$。

其中要特別提出來說明的是步驟 [1]，如果我們所選的對稱點為 A 和 B，則波向量並不是 $\overrightarrow{AB}$，而是 $\vec{k}_{AB}$。波向量 $\vec{k}_{AB}$ 的端點是對稱點 Γ，而箭頭處則是由對稱點 A 漸次地移動到對稱點 B。

波向量 $\vec{k}_{AB}$，如圖 6-32(a) 所示，可以表示為

$$\vec{k}_{AB} = \overrightarrow{\Gamma A} + \overrightarrow{Ab} \text{,} \qquad (6\text{-}181)$$

因為「箭頭處是由對稱點 A 漸次地移動到對稱點 B」，所以我們定義一個向量 $\overrightarrow{Ab}$ 為

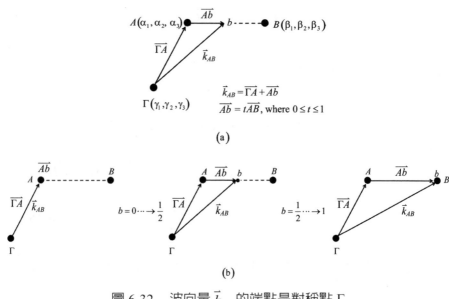

(a)

(b)

圖 6-32　波向量 $\vec{k}_{AB}$ 的端點是對稱點 Γ

$$\overrightarrow{Ab} = \vec{t}AB \text{,} \tag{6-182}$$

其中 $0 \leq t \leq 1$。

隨著參數 t 的增加，由 0 連續增加到 1，波向量 $\vec{k}_{AB}$ 的箭頭處也隨之由對稱點 A 移動到對稱點 B，如圖 6-32(b) 所示。

現在我們把對稱點的座標代入運算。

如果對稱點 Γ、A、B 的座標分別為 $\Gamma\,(\gamma_1, \gamma_2, \gamma_3)$、$A\,(\alpha_1, \alpha_2, \alpha_3)$、$B\,(\beta_1, \beta_2, \beta_3)$，

則　$\overrightarrow{\Gamma A} = (\alpha_1 - \gamma_1, \alpha_2 - \gamma_2, \alpha_3 - \gamma_3)$， $\tag{6-183}$

$\overrightarrow{Ab} = \vec{t}AB = t(\beta_1 - \alpha_1, \beta_2 - \alpha_2, \beta_3 - \alpha_3)$， $\tag{6-184}$

$\vec{k}_{AB} = \overrightarrow{\Gamma A} + \overrightarrow{Ab}$

$\quad = (\alpha_1 - \gamma_1, \alpha_2 - \gamma_2, \alpha_3 - \gamma_3) + t(\beta_1 - \alpha_1, \beta_2 - \alpha_2, \beta_3 - \alpha_3)$。 $\tag{6-185}$

我們常用到的波向量 $\vec{k}_{AB}$ 為

$$\vec{k}_{AB} = (\alpha_1, \alpha_2, \alpha_3) + t(\beta_1 - \alpha_1, \beta_2 - \alpha_2, \beta_3 - \alpha_3)。 \quad （6\text{-}186）$$

因為在晶體中，對稱點 Γ 的座標定為 $\Gamma(0, 0, 0)$，所以如果波向量是由對稱點 Γ 到對稱點 B，即波向量 $\vec{k}_{\Gamma B}$，則波向量 $\vec{k}_{\Gamma B}$ 為

$$\vec{k}_{\Gamma B} = (0, 0, 0) + t\,(\beta_1, \beta_2, \beta_3) = t\,(\beta_1, \beta_2, \beta_3)。 \quad （6\text{-}187）$$

這個 $\vec{k}_{\Gamma B} = t\,(\beta_1, \beta_2, \beta_3)$ 的結果，很容易被誤會是波向量的定義，在進行能帶理論計算或晶體相關特性分析時，我們會誤以為波向量永遠都是「$t \cdot$（對稱點座標向量）」。

在開始介紹四個基本能帶結構之前，還需要注意的是，我們選擇的對稱點與對稱軸的次序分別為：

簡單立方：$X \xrightarrow{\Delta} \Gamma \xrightarrow{\Sigma} M \xrightarrow{T} R \xrightarrow{\Lambda} \Gamma \xrightarrow{\Delta} X \xrightarrow{Z} M$，所以 X 的座標採

$X\left(0, \dfrac{\pi}{a}, 0\right)$；

體心立方：$\Gamma \xrightarrow{\Delta} H \xrightarrow{F} P \xrightarrow{\Lambda} \Gamma \xrightarrow{\Sigma} N \xrightarrow{G} H$，所以 H 的座標採 $H\left(0, \dfrac{2\pi}{a}, 0\right)$；

面心立方：$\Gamma \xrightarrow{\Delta} X \xrightarrow{Z} W \xrightarrow{Q} L \xrightarrow{\Lambda} \Gamma \xrightarrow{\Sigma} K \xrightarrow{\Sigma} X'$，所以最後的一段 $\Gamma \xrightarrow{\Sigma}$

$K \xrightarrow{\Sigma} X'$ 的 X' 座標採 $X'\left(\dfrac{2\pi}{a}, \dfrac{2\pi}{a}, 0\right)$；

六方最密堆積：$\Gamma \xrightarrow{T} K \xrightarrow{T} M \xrightarrow{\Sigma} \Gamma \xrightarrow{\Delta} A \xrightarrow{S} H \xrightarrow{S} L \xrightarrow{R} A$。

這個次序在計算單一波向量 $\vec{k}_{AB}$ 的能帶時，不太需要考慮，但是如果要計算完整的晶格結構能帶時，就必須注意。當然這樣的對稱選

擇次序並非唯一的，所以如果選擇的次序不同，則倒晶格向量 $\vec{G}_n$ 的標示也會對應的隨之改變。

我們當然沒有辦法，也沒有必要算出所有晶體的近似自由電子能帶，然而如圖 6-33 所示，可以看出大多數的元素的晶格形態爲簡單立方、體心立方、面心立方、六方最密堆積，因此，以下將以簡單立方、體心立方、面心立方、六方最密堆積爲例，選定一條對稱線，代入幾個晶格向量，計算出該對稱線上的幾個近似自由電子能帶。

H HCP																	He HCP
Li BCC	Be HCP											B Rhomb	C Diamond	N Cubic	O Complex	F	Ne FCC
Na BCC	Mg HCP											Al FCC	Si Diamond	P Complex	S Complex	Cl Complex	Ar FCC
K BCC	Ca FCC	Sc HCP	Ti HCP	V BCC	Cr BCC	Mn Cubic Complex	Fe BCC	Co HCP	Ni FCC	Cu FCC	Zn HCP	Ga Complex	Ge Diamond	As Rhomb	Se HEX	Br Complex	Kr FCC
Rb BCC	Sr FCC	Y HCP	Zr HCP	Nb BCC	Mo BCC	Tc HCP	Ru HCP	Rh FCC	Pd FCC	Ag FCC	Cd HCP	In Tetr	Sn Diamond	Sb Rhomb	Te HEX	I Complex	Xe FCC
Cs BCC	Ba BCC	La HEX	Hf HCP	Ta BCC	W BCC	Re HCP	Os HCP	Ir FCC	Pt FCC	Au FCC	Hg Rhomb	Tl HCP	Pb FCC	Bi Rhomb	Po SC	At	Rn
Fr	Ra																

Ce FCC	Pr HEX	Nd HEX	Pm	Sm Complex	Eu BCC	Gd HCP	Tb HCP	Dy HCP	Ho HCP	Er HCP	Tm HCP	Yb FCC	Lu HCP
Th FCC	Pa Tetr	U Complex	Np Complex	Pu Complex	Am HEX	Cm	Bk	Cf	Es	Fm	Md	No	Lr

圖 6-33　元素的晶格形態

6.4.2.2　簡單立方的近似自由電子能帶

如圖 6-34 所示爲簡單立方的單位晶胞，

則

$$\vec{b_1}=\frac{2\pi}{a}\hat{i}=\frac{2\pi}{a}(1, 0, 0)\ ; \qquad (6\text{-}188)$$

$$\vec{b_2}=\frac{2\pi}{a}\hat{j}=\frac{2\pi}{a}(0, 1, 0)\ ; \qquad (6\text{-}189)$$

$$\vec{b_3}=\frac{2\pi}{a}\hat{k}=\frac{2\pi}{a}(0, 0, 1)\ , \qquad (6\text{-}190)$$

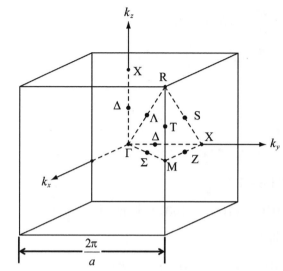

$$\Gamma = (0, 0, 0) \cdot X = \left(0, 0, \frac{\pi}{a}\right) \cdot M = \left(\frac{\pi}{a}, \frac{\pi}{a}, 0\right) \cdot R = \left(\frac{\pi}{a}, \frac{\pi}{a}, \frac{\pi}{a}\right)$$

圖 6-34　簡單立方的單位晶胞

[1]　選定對稱點 $\Gamma = (0, 0, 0)$ 和 $X = \left(0, 0, \frac{\pi}{a}\right)$，

則波向量　　　　　　　　　　$\vec{k}_{\Gamma X} = \frac{2\pi}{a}(0, 0, t)$，　　　　　　　　（6-191）

其中 $0 \le t \le \frac{1}{2}$。

[2]　若晶格向量 $\vec{G}_{\alpha\beta\gamma} = (\alpha\beta\gamma) = \alpha\vec{b}_1 + \beta\vec{b}_2 + \gamma\vec{b}_3 = \frac{2\pi}{a}[\alpha(1, 0, 0) + \beta(0, 1, 0)$

$$+ \gamma(0, 1, 0)] = \frac{2\pi}{a}(\alpha, \beta, \gamma)。 \qquad （6\text{-}192）$$

[3]　$E_{\alpha\beta\gamma} = \frac{\hbar^2}{2m}(\vec{k}_{\Gamma X} + \vec{G}_{\alpha\beta\gamma})^2$

$$= \frac{\hbar^2}{2m}\frac{4\pi^2}{a^2}[(0+\alpha), (0+\beta), (t+\gamma)]^2$$

$$= \frac{\hbar^2}{2m} \frac{4\pi^2}{a^2} [\alpha, \beta, (t+\gamma)]^2$$

$$= \frac{\hbar^2}{2m} \frac{4\pi^2}{a^2} [\alpha^2 + \beta^2 + (t+\gamma)^2] , \qquad (6\text{-}193)$$

其中$0 \leq t \leq \frac{1}{2}$。

當$\vec{G} = (000)$，則$E = 0 \rightarrow \frac{1}{4}$。

當$\vec{G} = (00\bar{1})$，則$E = 1 \rightarrow \frac{1}{4}$。

當$\vec{G} = (010)$、$(0\bar{1}0)$、(100)、$(\bar{1}00)$，則$E = 1 \rightarrow \frac{5}{4}$。

當$\vec{G} = (001)$，則$E = 1 \rightarrow \frac{9}{4}$。

當$\vec{G} = (10\bar{1})$、$(\bar{1}0\bar{1})$、$(01\bar{1})$、$(0\bar{1}\bar{1})$，則$E = 2 \rightarrow \frac{5}{4}$。

綜合以上的結果，可得簡單立方晶體由 $\Gamma = (0, 0, 0)$ 至 $X = \left(0, 0, \frac{\pi}{a}\right)$ 的近似自由電子能帶，如圖 6-35 所示。

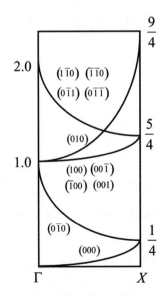

圖 6-35　簡單立方晶體由 Γ 至 X 的近似自由電子能帶

6.4.2.3 體心立方的近似自由電子能帶

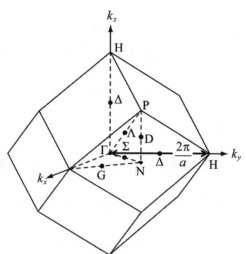

$$\Gamma = (0, 0, 0) \,\text{、}\, H = \left(0, 0, \frac{2\pi}{a}\right) \,\text{、}\, N = \left(\frac{\pi}{a}, \frac{\pi}{a}, 0\right) \,\text{、}\, P = \left(\frac{\pi}{a}, \frac{\pi}{a}, \frac{\pi}{a}\right)$$

圖 6-36　體心立方的單位晶胞

如圖 6-36 所示為體心立方的單位晶胞，

則
$$\vec{b_1} = \frac{2\pi}{a}(\hat{j} + \hat{k}) = \frac{2\pi}{a}(0, 1, 1)\,\text{；} \qquad (6\text{-}194)$$

$$\vec{b_2} = \frac{2\pi}{a}(\hat{i} + \hat{k}) = \frac{2\pi}{a}(1, 0, 1)\,\text{；} \qquad (6\text{-}195)$$

$$\vec{b_3} = \frac{2\pi}{a}(\hat{i} + \hat{j}) = \frac{2\pi}{a}(1, 1, 0)\,\text{，} \qquad (6\text{-}196)$$

[1]　選定對稱點 $\Gamma = (0, 0, 0)$ 和 $H = \left(0, 0, \frac{2\pi}{a}\right)$，

則波向量為
$$\vec{k}_{\Gamma H} = \frac{2\pi}{a}(0, 0, t)\,\text{，} \qquad (6\text{-}197)$$

其中 $0 \leq t \leq 1$。

[2]　若晶格向量　$\vec{G}_{\alpha\beta\gamma} = (\alpha\beta\gamma) = \alpha\vec{b_1} + \beta\vec{b_2} + \gamma\vec{b_3}$

$$= \frac{2\pi}{a}[\alpha(0,1,1) + \beta(1,0,1) + \gamma(1,1,0)]$$

$$= \frac{2\pi}{a}(\beta+\gamma, \alpha+\gamma, \alpha+\beta)。 \quad (6\text{-}198)$$

[3]　　　　　$E_{\alpha\beta\gamma} = \frac{\hbar^2}{2m}(\vec{k}_{\Gamma H} + \vec{G}_{\alpha\beta\gamma})^2$

$$= \frac{\hbar^2}{2m}\left[\frac{2\pi}{a}(0,0,t) + \frac{2\pi}{a}(\beta+\gamma, \alpha+\gamma, \alpha+\beta)\right]^2$$

$$= \frac{\hbar^2}{2m}\frac{4\pi^2}{a^2}[\beta+\gamma, \alpha+\gamma, t+(\alpha+\beta)]^2$$

$$= \frac{4\hbar^2\pi^2}{2ma^2}[(\beta+\gamma)^2 + (\alpha+\gamma)^2 + (t+(\alpha+\beta))^2]， \quad (6\text{-}199)$$

其中 $0 \leq t \leq 1$。

當 $\vec{G} = (000)$，則 $E = 0 \rightarrow 1$。

當 $\vec{G} = (0\bar{1}1)$、$(\bar{1}01)$、$(0\bar{1}0)$、$(\bar{1}00)$，則 $E = 2 \rightarrow 1$。

當 $\vec{G} = (001)$、$(1\bar{1}0)$、$(\bar{1}10)$、$(10\bar{1})$，則 $E = 2 \rightarrow 3$。

當 $\vec{G} = (100)$、(010)、$(01\bar{1})$、$(10\bar{1})$，則 $E = 2 \rightarrow 5$。

當 $\vec{G} = (\bar{1}\,\bar{1}1)$，則 $E = 4 \rightarrow 1$。

當 $\vec{G} = (\bar{1}\,\bar{1}0)$、$(0\bar{2}1)$、$(\bar{2}01)$、$(\bar{1}\,\bar{1}2)$，則 $E = 6 \rightarrow 3$。

　　綜合以上的結果，可得體心立方晶體由 $\Gamma = (0,0,0)$ 至 $H = \left(0, 0, \frac{2\pi}{a}\right)$ 的近似自由電子能帶，如圖 6-37 所示。

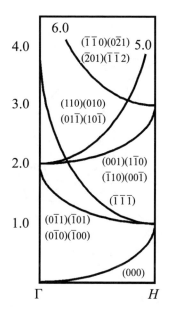

圖 6-37 　體心立方晶體由 Γ 至 H 的近似自由電子能帶

6.4.2.4　面心立方的近似自由電子能帶

如圖 6-38 所示為面心立方的單位晶胞，

則

$$\vec{b}_1 = \frac{2\pi}{a}(-\hat{i}+\hat{j}+\hat{k}) = \frac{2\pi}{a}(-1,1,1)；\tag{6-200}$$

$$\vec{b}_2 = \frac{2\pi}{a}(\hat{i}-\hat{j}+\hat{k}) = \frac{2\pi}{a}(1,-1,1)；\tag{6-201}$$

$$\vec{b}_3 = \frac{2\pi}{a}(\hat{i}+\hat{j}-\hat{k}) = \frac{2\pi}{a}(1,1,-1)，\tag{6-202}$$

[1]　選定對稱點 $\Gamma = (0,0,0)$ 和 $L = \left(\dfrac{\pi}{a}, \dfrac{\pi}{a}, \dfrac{\pi}{a}\right)$，

則波向量為

$$\vec{k}_{\Gamma L} = \frac{2\pi}{a}(t,t,t)，\tag{6-203}$$

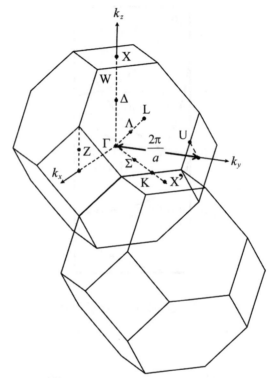

$$\Gamma=(0,0,0) \cdot W=\left(\frac{\pi}{a}, 0, \frac{2\pi}{a}\right) \cdot X=\left(0, 0, \frac{2\pi}{a}\right) \cdot K=\left(\frac{3\pi}{2a}, \frac{3\pi}{2a}, 0\right) \cdot L=\left(\frac{\pi}{a}, \frac{\pi}{a}, \frac{\pi}{a}\right)$$

圖 6-38　面心立方的單位晶胞

其中$0 \leq t \leq \frac{1}{2}$。

[2]　若晶格向量　$\vec{G}_{\alpha\beta\gamma}=(\alpha\beta\gamma)=\alpha\vec{b}_1+\beta\vec{b}_2+\gamma\vec{b}_3$。

$$=\frac{2\pi}{a}[\alpha(-1,1,1)+\beta(1,-1,1)+\gamma(1,1,-1)]$$

$$=\frac{2\pi}{a}[(-\alpha+\beta+\gamma),(\alpha-\beta+\gamma),(\alpha+\beta-\gamma)]。$$

$$(6\text{-}204)$$

[3]　$E_{\alpha\beta\gamma}=\frac{\hbar^2}{2m}(\vec{k}_{\Gamma L}+\vec{G}_{\alpha\beta\gamma})^2$

$$= \frac{h^2}{2m} \frac{4\pi^2}{a^2} [(t, t, t) + [(-\alpha + \beta + \gamma), (\alpha - \beta + \gamma), (\alpha + \beta - \gamma)]]^2$$

$$= \frac{h^2}{2m} \frac{4\pi^2}{a^2} [(t - \alpha + \beta + \gamma)^2 + (t + \alpha - \beta + \gamma)^2 + (t + \alpha + \beta - \gamma^2)] \text{ ,}$$

（6-205）

其中 $0 \leq t \leq \frac{1}{2}$。

當 $\vec{G} = (000)$，則 $E = 0 \rightarrow \frac{4}{3}$。

當 $\vec{G} = (\bar{1}\,\bar{1}\,\bar{1})$，則 $E = 3 \rightarrow \frac{3}{4}$。

當 $\vec{G} = (\bar{1}00)$、$(0\bar{1}0)$、$(00\bar{1})$，則 $E = 3 \rightarrow \frac{11}{4}$。

當 $\vec{G} = (100)$、(010)、(001)，則 $E = 3 \rightarrow \frac{19}{4}$。

當 $\vec{G} = (111)$，則 $E = 3 \rightarrow \frac{27}{4}$。

當 $\vec{G} = (\bar{1}0\bar{1})$、$(\bar{1}\,\bar{1}0)$、$(0\bar{1}\,\bar{1})$，則 $E = 4 \rightarrow \frac{11}{4}$。

當 $\vec{G} = (110)$、(101)、(011)，則 $E = 4 \rightarrow \frac{27}{4}$。

綜合以上的結果，可得面心立方晶體由 $\Gamma = (0, 0, 0)$ 至 $L = \left(\frac{\pi}{a}, \frac{\pi}{a}, \frac{\pi}{a}\right)$ 的近似自由電子能帶，如圖 6-39 所示。

6.4.2.5 六方最密堆積的近似自由電子能帶

如圖 6-40 所示為六方最密堆積的單位晶胞。

若 $c = \sqrt{\frac{8}{3}} a$，

則 $\vec{b_1} = \frac{2\pi}{a} \left(\hat{i} + \frac{1}{\sqrt{3}} \hat{j}\right) = \frac{2\pi}{a} \left(1, \frac{1}{\sqrt{3}}, 0\right)$； （6-206）

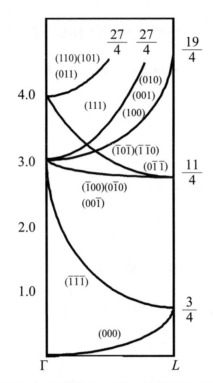

圖 6-39　面心立方晶體由 Γ 至 L 的近似自由電子能帶

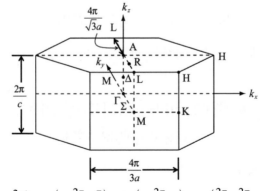

$\Gamma = (0, 0, 0)$、$A = \left(0, 0, \dfrac{2\pi}{c}\right)$、$L = \left(0, \dfrac{2\pi}{\sqrt{3}a}, \dfrac{\pi}{c}\right)$、$M = \left(0, \dfrac{2\pi}{\sqrt{3}a}, 0\right)$、$K = \left(\dfrac{2\pi}{3a}, \dfrac{2\pi}{\sqrt{3}a}, 0\right)$、$H = \left(\dfrac{2\pi}{3a}, \dfrac{2\pi}{\sqrt{3}a}, \dfrac{\pi}{c}\right)$

圖 6-40　六方最密堆積的單位晶胞

$$\vec{b_2} = \frac{2\pi}{a}\frac{2}{\sqrt{3}}\hat{j} = \frac{2\pi}{a}\left(0, \frac{2}{\sqrt{3}}, 0\right) ; \qquad (6\text{-}207)$$

$$\vec{b_3} = \frac{2\pi}{c}\hat{k} = \frac{2\pi}{a}\sqrt{\frac{3}{8}}\hat{k} = \frac{2\pi}{a}\left(0, 0, \sqrt{\frac{3}{8}}\right) , \qquad (6\text{-}208)$$

[1] 選定對稱點 $\Gamma = (0, 0, 0)$ 和 $M = \left(0, \frac{2\pi}{\sqrt{3}a}, 0\right)$,

則波向量為 $\qquad \vec{k}_{\Gamma M} = \frac{2\pi}{a}(0, t, 0)$, $\qquad (6\text{-}209)$

其中 $0 \le t \le \frac{1}{\sqrt{3}}$。

[2] 若晶格向量 $\vec{G}_{\alpha\beta\gamma} = (\alpha\beta\gamma) = \alpha\vec{b_1} + \beta\vec{b_2} + \gamma\vec{b_3}$

$$= \frac{2\pi}{a}\left[\alpha\left(1, \frac{1}{\sqrt{3}}, 0\right) + \beta\left(0, \frac{2}{\sqrt{3}}, 0\right) + \gamma\left(0, 0, \sqrt{\frac{3}{8}}\right)\right]$$

$$= \frac{2\pi}{a}\left(\alpha, \frac{1}{\sqrt{3}}\alpha + \frac{2}{\sqrt{3}}\beta, \sqrt{\frac{3}{8}}\gamma\right)。 \qquad (6\text{-}210)$$

[3] $E_{\alpha\beta\gamma} = \frac{\hbar^2}{2m}(\vec{k}_{\Gamma M} + \vec{G}_{\alpha\beta\gamma})^2$

$$= \frac{\hbar^2}{2m}\frac{4\pi^2}{a^2}\left[(0, t, 0) + \left(\alpha, \frac{1}{\sqrt{3}}\alpha + \frac{2}{\sqrt{3}}\beta, \sqrt{\frac{3}{8}}\gamma\right)\right]^2$$

$$= \frac{\hbar^2}{2m}\frac{4\pi^2}{a^2}\left[\alpha^2 + \left(t + \frac{1}{\sqrt{3}}\alpha + \frac{2}{\sqrt{3}}\beta\right)^2 + \left(\sqrt{\frac{3}{8}}\gamma\right)^2\right]。 \qquad (6\text{-}211)$$

當 $\vec{G} = (000)$,則 $E = 0 \rightarrow \frac{1}{3}$。

當 $\vec{G} = (001)$、$(00\bar{1})$,則 $E = \frac{3}{8} \rightarrow \frac{17}{24}$。

當 $\vec{G} = (0\bar{1}0)$,則 $E = \frac{4}{3} \rightarrow \frac{1}{3}$。

當 $\vec{G} = (\bar{1}00)$、$(1\bar{1}0)$,則 $E = \frac{4}{3} \rightarrow 1$。

當 $\vec{G} = (100) \cdot (\overline{1}10)$，則 $E = \dfrac{4}{3} \rightarrow \dfrac{7}{3}$。

當 $\vec{G} = (010)$，則 $E = \dfrac{4}{3} \rightarrow 3$。

當 $\vec{G} = (0\overline{1}\,\overline{1}) \cdot (0\overline{1}\,\overline{1})$，則 $E = 2 \rightarrow \dfrac{17}{24}$。

當 $\vec{G} = (1\overline{1}\,\overline{1}) \cdot (\overline{1}01) \cdot (\overline{1}0\overline{1}) \cdot (1\overline{1}1)$，則 $E = 2 \rightarrow \dfrac{11}{8}$。

綜合以上的結果，可得六方最密堆積晶體由 $\Gamma = (0,0,0)$ 至 $M = \left(0, \dfrac{2\pi}{\sqrt{3}a}, 0\right)$ 的近似自由電子能帶，如圖 6-41 所示。

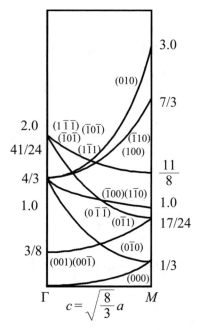

圖 6-41　六方最密堆積晶體由 Γ 至 M 的近似自由電子能帶

6.4.3　緊束縛模型

　　緊束縛模型被認為是所有的能帶理論中最簡單的描述觀念。這個方法發展得非常早,在化學的領域中,也被稱為原子軌域的線性組合法(Linear combination of atomic orbital, LCAO)。

6.4.3.1　緊束縛模型的推導

　　因為緊束縛模型的前提是電子被束縛在晶格原子附近,所以我們希望可以藉由電子在晶格原子附近的軌跡來描述整個晶體的特性。若在每個晶格點附近的 Hamiltonian 為 H_{atom},則整個晶體的 Hamiltonian 為 H 或 $H_{crystal}$ 可以假設近似表示為位於該晶格位置的單一原子 Hamiltonian H_{atom} 與所有在晶體中產生週期性的原子位能之修正項 ΔU 之和,

即
$$H = H_{atom} + \Delta U = H_{crystal} \text{,} \qquad (6\text{-}212)$$

所以電子在原子附近的 Schrödinger 方程式(Atom Schrödinger equation)為

$$H_{atom}\psi(\vec{r}) = E_n\psi(\vec{r}) \text{,} \qquad (6\text{-}213)$$

而電子在整個晶體的 Schrödinger 方程式(Full crystal Schrödinger equation)為

$$\hat{H}\psi(\vec{r}) = (H_{atom} + \Delta U)\psi(\vec{r}) = E(\vec{k})\psi(\vec{r}) \text{,} \qquad (6\text{-}214)$$

我們的目標是要在滿足 Bloch 條件的要求下，求解整個晶體的 Schrödinger 方程式，所以由 Bloch 理論得知

$$\psi(\vec{r}+\vec{R}) = e^{i\vec{k}\cdot\vec{R}}\psi(\vec{r}) ，\tag{6-215}$$

其中 $\psi(\vec{r}) = \sum_{\vec{R}} e^{i\vec{k}\cdot\vec{R}} \phi(\vec{r}-\vec{R})$，而 $\phi(\vec{r}-\vec{R})$ 被稱為 Wannier 函數。
Wannier 函數 $\phi(\vec{r})$ 和局域化原子波函數（Localized atomic wave functions）s、p、d、f、…的關係為

$$\phi(\vec{r}) = \sum_{l=s,p,d,f,\cdots} e^{i\vec{k}\cdot\vec{R}} \psi_l(\vec{r}) ，\tag{6-216}$$

其中 $\psi_l(\vec{r})$ 為 s、p、d、f、…波函數，

則
$$\begin{aligned}
\psi(\vec{r}) &= \sum_{\vec{R}} e^{i\vec{k}\cdot\vec{R}} \phi(\vec{r}) \\
&= \sum_{\vec{R}} e^{i\vec{k}\cdot\vec{R}} \sum_{l=s,p,d,f\cdots} b_l \psi_l(\vec{r}-\vec{R}) \\
&= \sum_{l=s,p,d,f\cdots} \sum_{\vec{R}} b_l e^{i\vec{k}\cdot\vec{R}} \psi_l(\vec{r}-\vec{R}) ，
\end{aligned}\tag{6-217}$$

現在，我們把原子波函數的共軛函數 $\psi_m^*(\vec{r})$ 乘入原子的 Schrödinger 方程式，且對全空間積分，

得
$$\langle \psi_m(\vec{r})|H_{atom}|\psi(\vec{r})\rangle = E_m \langle \psi_m(\vec{r})|\psi(\vec{r})\rangle ，\tag{6-218}$$

其中 $m = s, p, d, f, \cdots$，

接著，也把原子波函數的共軛函數 $\psi_m^*(\vec{r})$ 乘入晶體的 Schrödinger 方程式，並對全空間 $\vec{r}$ 積分，得

$$\langle \psi_m(\vec{r})|H|\psi(\vec{r})\rangle = \langle \psi_m(\vec{r})|H_{atom}|\psi(\vec{r})\rangle + \langle \psi_m(\vec{r})|\Delta U|\psi(\vec{r})\rangle , \quad （6\text{-}219）$$

則 $E(\vec{k})\langle \psi_m(\vec{r})|\psi(\vec{r})\rangle = E_m \langle \psi_m(\vec{r})|\psi(\vec{r})\rangle + \langle \psi_m(\vec{r})|\Delta U|\psi(\vec{r})\rangle ,$ （6-220）

則 $\quad\quad \left[E(\vec{k}) - E_m\right] \langle \psi_m(\vec{r})|\psi(\vec{r})\rangle = \langle \psi_m(\vec{r})|\Delta U|\psi(\vec{r})\rangle ,$ （6-221）

把 $\psi(\vec{r}) = \sum\limits_{l=s,p,d,f\cdots} \sum\limits_{\vec{R}} b_l e^{i\vec{k}\cdot\vec{R}} \psi_l(\vec{r}-\vec{R})$ 代入，得

$$\left[E(\vec{k}) - E_m\right] \langle \psi_m(\vec{r})|\psi(\vec{r})\rangle = \sum\limits_{l=s,p,d,f\cdots} \sum\limits_{\vec{R}} b_l e^{i\vec{k}\cdot\vec{R}} \langle \psi_m(\vec{r})|\psi_l(\vec{r}-\vec{R})\rangle$$

$$= \sum\limits_{l=s,p,d,f\cdots} \sum\limits_{\vec{R}} b_l e^{i\vec{k}\cdot\vec{R}} \langle \psi_m(\vec{r})|\Delta U|\psi_l(\vec{r}-\vec{R})\rangle ,$$
（6-222）

則由原子波函數的正交性質，

即 $\quad\quad\quad\quad\quad\quad \langle \psi_m(\vec{r})|\psi_n(\vec{r})\rangle = \delta_{mn} ,$ （6-223）

可以得到針對特別的軌域，即 $m=m'$，的方程式關係，要特別說明的是我們會把 $\sum\limits_{\vec{R}}$ 分成 $\sum\limits_{\vec{R}=0}$ 和 $\sum\limits_{\vec{R}\neq0}$ 二個部分，

則上式左側爲

$$\left[E(\vec{k}) - E_{m'}\right] \sum\limits_{l=s,p,d,f\cdots} \sum\limits_{\vec{R}} b_l e^{i\vec{k}\cdot\vec{R}} \langle \psi_{m'}(\vec{r})|\psi_l(\vec{r}-\vec{R})\rangle$$

$$= \left[E(\vec{k}) - E_{m'}\right] \underbrace{\sum\limits_{l=s,p,d,f\cdots} b_l e^{i\vec{k}\cdot(\vec{R}=0)} \langle \psi_{m'}(\vec{r})|\psi_l(\vec{r}-(\vec{R}=0))\rangle + \sum\limits_{l=s,p,d,f\cdots} \sum\limits_{\vec{R}\neq0} b_l e^{i\vec{k}\cdot\vec{R}} \langle \psi_{m'}(\vec{r})|\psi_l(\vec{r}-\vec{R})\rangle}_{\text{the summation of crystal space } \vec{R} \text{ can be separated into two parts}}$$

$$= \left[E(\vec{k}) - E_{m'}\right] \sum_{l=s,p,d,f\cdots} b_l \left\langle \psi_{m'}(\vec{r}) | \psi_l(\vec{r} - (\vec{R}=0)) \right\rangle + \sum_{l=s,p,d,f\cdots} \sum_{\vec{R}\neq 0} b_l e^{i\vec{k}\cdot\vec{R}} \left\langle \psi_{m'}(\vec{r}) | \psi_l(\vec{r} - \vec{R}) \right\rangle$$

$$= \left[E(\vec{k} - E_{m'})\right] \left\{ \underset{\underset{\langle \psi_m | \psi_l \rangle = \delta_{m'l} \Rightarrow b_l = b_{m'}}{\uparrow}}{b_{m'}} + \sum_{l=s,p,d,f\cdots} \sum_{\vec{R}\neq 0} b_l e^{i\vec{k}\cdot\vec{R}} \left\langle \psi_{m'}(\vec{r}) | \psi_l(\vec{r} - \vec{R}) \right\rangle \right\} ; \quad (6\text{-}224)$$

且右側爲

$$\sum_{l=s,p,d,f\cdots} b_l e^{i\vec{k}\cdot(\vec{R}=0)} \left\langle \psi_{m'}(\vec{r}) | \Delta U | \psi_l(\vec{r} - (\vec{R}=0)) \right\rangle$$

$$+ \sum_{\vec{R}\neq 0} b_l e^{i\vec{k}\cdot\vec{R}} \left\langle \psi_{m'}(\vec{r}) | \Delta U | \psi_l(\vec{r} - \vec{R}) \right\rangle$$

$$= \sum_{l=s,p,d,f\cdots} b_l \left\langle \psi_{m'}(\vec{r}) | \Delta U | \psi_l(\vec{r}) \right\rangle$$

$$+ \sum_{l=s,p,d,f\cdots} \sum_{\vec{R}\neq 0} b_l e^{i\vec{k}\cdot\vec{R}} \left\langle \psi_{m'}(\vec{r}) | \Delta U | \psi_l(\vec{r} - \vec{R}) \right\rangle , \quad (6\text{-}225)$$

若 $m'=m$，左側爲

$$\left[E(\vec{k}) - E_m\right] \left\{ b_m + \sum_{l=s,p,d,f\cdots} \sum_{\vec{R}\neq 0} b_l e^{i\vec{k}\cdot\vec{R}} \left\langle \psi_m(\vec{r}) | \psi_l(\vec{r} - \vec{R}) \right\rangle \right\} , \quad (6\text{-}226)$$

代入（6-225）式得

$$\left[E(\vec{k}) - E_m\right] b_m = -\left[E(\vec{k}) - E_m\right] \sum_{l=s,p,d,f\cdots} \sum_{\vec{R}\neq 0} b_l e^{i\vec{k}\cdot\vec{R}} \left\langle \psi_m(\vec{r}) | \psi_l(\vec{r} - \vec{R}) \right\rangle$$

$$+ \sum_{l=s,p,d,f\cdots} b_l \left\langle \psi_m(\vec{r}) | \Delta U | \psi_l(\vec{r}) \right\rangle$$

$$+ \sum_{l=s,p,d,f\cdots} \sum_{\vec{R}\neq 0} b_l e^{i\vec{k}\cdot\vec{R}} \left\langle \psi_m(\vec{r}) | \Delta U | \psi_l(\vec{r} - \vec{R}) \right\rangle , \quad (6\text{-}227)$$

其中 $\left\langle \psi_m(\vec{r}) | \psi_l(\vec{r} - \vec{R}) \right\rangle$ 被稱爲重疊積分（Overlap integral）；
$\left\langle \psi_m(\vec{r}) | \Delta U | \psi_l(\vec{r}) \right\rangle$ 被稱爲晶體場積分（Crystal field integral）；

$\langle \psi_m (\vec{r}) | \Delta U | \psi_l (\vec{r} - \vec{R}) \rangle$ 被稱爲交互作用積分（Interaction integral）。

這就是緊束縛模型的通式結果。

6.4.3.2 緊束縛模型的 s 帶

如果除了單一的 s 原子軌域的係數 b_s 不爲零之外，其他的係數 b_l 都爲零，代入（6-227）式，

則 $\left[E(\vec{k}) - E_s \right] \left[b_s + \sum_{\vec{R} \neq 0} b_s e^{i\vec{k} \cdot \vec{R}} \langle \psi_s (\vec{r}) | \psi_s (\vec{r} - \vec{R}) \rangle \right]$

$$= b_s \langle \psi_s (\vec{r}) | \Delta U | \psi_s (\vec{r}) \rangle + \sum_{\vec{R} \neq 0} b_s e^{i\vec{k} \cdot \vec{R}} \langle \psi_s (\vec{r}) | \Delta U | \psi_s (\vec{r} - \vec{R}) \rangle, \quad （6\text{-}228）$$

所以對應之能帶結構的 s 帶（bands）爲

$$E(\vec{k}) = E_s + \frac{\langle \psi_s (\vec{r}) | \Delta U | \psi_s (\vec{r}) \rangle + \sum_{\vec{R} \neq 0} e^{i\vec{k} \cdot \vec{R}} \langle \psi_s (\vec{r}) | \Delta U | \psi_s (\vec{r} - \vec{R}) \rangle}{1 + \sum_{\vec{R} \neq 0} e^{i\vec{k} \cdot \vec{R}} \langle \psi_s (\vec{r}) | \psi_s (\vec{r} - \vec{R}) \rangle}$$

$$= E_s - \frac{\beta + \sum_{\vec{R} \neq 0} \gamma(\vec{R}) e^{i\vec{k} \cdot \vec{R}}}{1 + \sum_{\vec{R} \neq 0} \alpha(\vec{R}) e^{i\vec{r} \cdot \vec{R}}}, \quad （6\text{-}229）$$

其中 $\quad \beta = - \langle \psi_s (\vec{r}) | \Delta U | \psi_s (\vec{r}) \rangle = - \int d\vec{r} \, \Delta U | \psi_s (\vec{r}) |^2 ; \quad （6\text{-}230）$

$$\gamma(\vec{R}) = - \langle \psi_s (\vec{r}) | \Delta U | \psi_s (\vec{r} - \vec{R}) \rangle = - \int d\vec{r} \, \psi_s^* (\vec{r}) \, \Delta U \psi_s (\vec{r} - \vec{R}) ;$$

$$（6\text{-}231）$$

$$\alpha(\vec{R}) = - \langle \psi_s (\vec{r}) | \psi_s (\vec{r} - \vec{R}) \rangle = - \int d\vec{r} \psi_s^* (\vec{r}) \, \psi_s (\vec{r} - \vec{R}) 。 \quad （6\text{-}232）$$

上式的結果可以視爲緊束縛的 s 帶是一個 (1×1) 矩陣。

6.4.3.3　緊束縛模型的 p 帶

接著，我們可以求出三個緊束縛模型的 p 帶的能量。

把（6-227）式做個簡單的移項，

得　$\left[E(\vec{k})-E_m\right]\left\{b_m+\sum\limits_{l=s,p,d,f\cdots}\sum\limits_{\vec{R}\neq 0}b_l e^{i\vec{k}\cdot\vec{R}}\langle\psi_m(\vec{r})|\psi_l(\vec{r}-\vec{R})\rangle\right\}$

$\qquad =\sum\limits_{l=s,p,d,f\cdots}b_l\langle\psi_m(\vec{r})|\Delta U|\psi_l(\vec{r})\rangle$

$\qquad\quad +\sum\limits_{l=s,p,d,f\cdots}\sum\limits_{\vec{R}\neq 0}b_l e^{i\vec{k}\cdot\vec{R}}\langle\psi_m(\vec{r})|\Delta U|\psi_l(\vec{r}-\vec{R})\rangle,$　　　（6-233）

則對於 p 帶而言，因為上式左側的第二項

$\sum\limits_{l=p_x,p_y,p_z}\sum\limits_{\vec{R}\neq 0}b_l e^{i\vec{k}\cdot\vec{R}}\langle\psi_m(\vec{r})|\psi_l(\vec{r}-\vec{R})\rangle$ 是很小的修正量，所以可以被忽略。

因為 p 軌域有 p_x、p_y、p_z，

所以　$\left[E(\vec{k})-E_{p_x}\right]b_{p_x}=b_{p_x}\langle\psi_{p_x}(\vec{r})|\Delta U|\psi_{p_x}(\vec{r})\rangle$

$\qquad\qquad\qquad +b_{p_y}\langle\psi_{p_x}(\vec{r})|\Delta U|\psi_{p_y}(\vec{r})\rangle$

$\qquad\qquad\qquad +b_{p_z}\langle\psi_{p_x}(\vec{r})|\Delta U|\psi_{p_z}(\vec{r})\rangle$

$\qquad\qquad\qquad +\sum\limits_{\vec{R}\neq 0}b_{p_x}e^{i\vec{k}\cdot\vec{R}}\langle\psi_{p_x}(\vec{r})|\Delta U|\psi_{p_x}(\vec{r}-\vec{R})\rangle$

$\qquad\qquad\qquad +\sum\limits_{\vec{R}\neq 0}b_{p_y}e^{i\vec{k}\cdot\vec{R}}\langle\psi_{p_x}(\vec{r})|\Delta U|\psi_{p_y}(\vec{r}-\vec{R})\rangle$

$\qquad\qquad\qquad +\sum\limits_{\vec{R}\neq 0}b_{p_z}e^{i\vec{k}\cdot\vec{R}}\langle\psi_{p_x}(\vec{r})|\Delta U|\psi_{p_z}(\vec{r}-\vec{R})\rangle,$　（6-234）

則

$$b_{p_x} \left[E(\vec{k}) - E_{p_x} \right]$$

$$= -b_{p_x} \left[\langle \psi_{p_x}(\vec{r}) | \Delta U | \psi_{p_x}(\vec{r}) \rangle + \sum_{\vec{R} \neq 0} e^{i\vec{k} \cdot \vec{R}} \langle \psi_{p_x}(\vec{r}) | \Delta U | \psi_{p_x}(\vec{r} - \vec{R}) \rangle \right]$$

$$-b_{p_y} \left[\langle \psi_{p_x}(\vec{r}) | \Delta U | \psi_{p_y}(\vec{r}) \rangle + \sum_{\vec{R} \neq 0} e^{i\vec{k} \cdot \vec{R}} \langle \psi_{p_x}(\vec{r}) | \Delta U | \psi_{p_y}(\vec{r} - \vec{R}) \rangle \right]$$

$$-b_{p_z} \left[\langle \psi_{p_x}(\vec{r}) | \Delta U | \psi_{p_z}(\vec{r}) \rangle + \sum_{\vec{R} \neq 0} e^{i\vec{k} \cdot \vec{R}} \langle \psi_{p_x}(\vec{r}) | \Delta U | \psi_{p_z}(\vec{r} - \vec{R}) \rangle \right] ,$$

$$（6\text{-}235）$$

為了表示方便，我們可以定義

$$\beta_{xx} = - \langle \psi_{p_x}(\vec{r}) | \Delta U | \psi_{p_x}(\vec{r}) \rangle ; \qquad （6\text{-}236）$$

$$\tilde{\gamma}_{xx}(\vec{k}) = - \sum_{\vec{R} \neq 0} e^{i\vec{k} \cdot \vec{R}} \langle \psi_{p_x}(\vec{r}) | \Delta U | \psi_{p_x}(\vec{r} - \vec{R}) \rangle ; \qquad （6\text{-}237）$$

$$\beta_{xy} = - \langle \psi_{p_x}(\vec{r}) | \Delta U | \psi_{p_y}(\vec{r}) \rangle ; \qquad （6\text{-}238）$$

$$\tilde{\gamma}_{xy}(\vec{k}) = - \sum_{\vec{R} \neq 0} e^{i\vec{k} \cdot \vec{R}} \langle \psi_{p_x}(\vec{r}) | \Delta U | \psi_{p_y}(\vec{r} - \vec{R}) \rangle ; \qquad （6\text{-}239）$$

$$\beta_{xz} = - \langle \psi_{p_x}(\vec{r}) | \Delta U | \psi_{p_z}(\vec{r}) \rangle ; \qquad （6\text{-}240）$$

$$\tilde{\gamma}_{xz}(\vec{k}) = - \sum_{\vec{R} \neq 0} e^{i\vec{k} \cdot \vec{R}} \langle \psi_{p_x}(\vec{r}) | \Delta U | \psi_{p_z}(\vec{r} - \vec{R}) \rangle 。 \qquad （6\text{-}241）$$

則 $\quad b_{p_x} \left\{ \left[E(\vec{k}) - E_{p_x} \right] + \beta_{xx} + \tilde{\gamma}_{xx}(\vec{k}) \right\} + b_{p_y} \left[\beta_{xy} + \tilde{\gamma}_{xy}(\vec{k}) \right] + b_{p_z} \left[\beta_{xz} + \tilde{\gamma}_{xz}(\vec{k}) \right] = 0 ,$

$$（6\text{-}242）$$

同理

$$b_{p_x} \left[\beta_{yx} + \tilde{\gamma}_y(\vec{k}) \right] + b_{p_y} \left[E(\vec{k}) - E_{p_y} \right] + \beta_{yy} + \tilde{\gamma}_{yy}(\vec{k}) + b_{p_z} \left[\beta_{yz} + \tilde{\gamma}_{yz}(\vec{k}) \right] = 0 ;$$

$$（6\text{-}243）$$

且 $b_{p_x} \left[\beta_{zx} + \tilde{\gamma}_{zx}(\vec{k}) \right] + b_{p_y} \left[\beta_{zy} + \tilde{\gamma}_{zy}(\vec{k}) \right] + b_{p_z} \left[E(\vec{k}) - E_{p_z} \right] + \beta_{zz} + \tilde{\gamma}_{zz}(\vec{k}) = 0 。$

$$（6\text{-}244）$$

若b_{p_x}、b_{p_y}、b_{p_z}有解，則必

$$\begin{vmatrix} [E(\vec{k}) - E_{p_x}] + \beta_{xx} + \tilde{\gamma}_{xx}(\vec{k}) & \beta_{xy} + \tilde{\gamma}_{xy}(\vec{k}) & \beta_{xz} + \tilde{\gamma}_{xz}(\vec{k}) \\ \beta_{yx} + \tilde{\gamma}_{yx}(\vec{k}) & [E(\vec{k}) - E_{p_y}] + \beta_{yy} + \tilde{\gamma}_{yy}(\vec{k}) & \beta_{yz} + \tilde{\gamma}_{yz}(\vec{k}) \\ \beta_{zx} + \tilde{\gamma}_{zx}(\vec{k}) & \beta_{zy} + \tilde{\gamma}_{zy}(\vec{k}) & [E(\vec{k}) - E_{p_z}] + \beta_{zz} + \tilde{\gamma}_{zz}(\vec{k}) \end{vmatrix} = 0 ,$$

（6-245）

這是緊束縛模型 p 帶的 (3×3) 特性方程式，或久期方程式（Secular equation）。

如果再綜合了緊束縛模型的 s 帶的非簡併結果，我們可以知道：對於 s 帶，緊束縛模型是一個 (1×1) 的特性方程式；對於 p 帶，緊束縛模型是一個 (3×3) 的特性方程式；對於 d 帶，緊束縛模型將是一個 (5×5) 的特性方程式；更複雜的如 $s - d$ 混成帶（$s - d$ mixing 或 $s - d$ hybridization），則緊束縛模型會是一個 (6×6) 的特性方程式。

6.4.3.4　簡單立方的緊束縛能帶

用緊束縛模型處理簡單立方晶格的 s 態電子，如果只考慮最鄰近晶格點的交互作用時，如圖 6-42 所示，其能帶的表示式為

$$E_S^{sc}(\vec{k}) = E_S^{at} - C_S - J_S \sum_n e^{+i\vec{k} \cdot \vec{R}_n} ,$$

（6-246）

對於簡單立方任一晶格點有六個最鄰近的晶格點取參考晶格點的座標為 (0, 0, 0)，則六個最鄰近晶格點的座標為 (±a, 0, 0)、(0, ±a, 0)、(0, 0, ±a)，

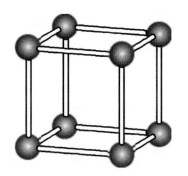

圖 6-42 簡單立方晶格

則 $\quad E_S^{SC}(\vec{k}) = E_S^{at} - C_S - J_S \sum_n e^{i\vec{k} \cdot \vec{R}_n}$

$$= E_S^{at} - C_S - J_S \left[e^{+ik_x a} + e^{-ik_x a} + e^{+ik_y a} + e^{-ik_y a} + e^{+ik_z a} + e^{-ik_z a} \right]$$

$$= E_S^{at} - C_S - 2J_S (\cos k_x\, a + \cos k_y\, a + \cos k_z\, a) \text{。} \qquad (6\text{-}247)$$

6.4.3.5 體心立方的緊束縛能帶

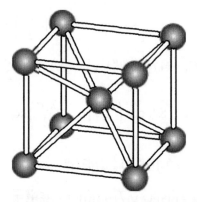

圖 6-43 體心立方晶格

　　用緊束縛模型處理體心立方晶格的 s 態電子，如果只考慮最鄰近晶格點的交互作用時，如圖 6-43 所示，其能帶的表示式為

$$E_S^{BCC}(\vec{k}) = E_S^{at} - C_S - J_S \sum_n e^{+i\vec{k}\cdot\vec{R}_n}, \qquad (6\text{-}248)$$

　　對體心立方取參考晶格點的座標為 (0, 0, 0)，則八個最鄰近的座標為 $\left(\pm\dfrac{a}{2}, \pm\dfrac{a}{2}, \pm\dfrac{a}{2}\right)$，

則　　$E_S^{BCC}(\vec{k}) = E_S^{at} - C_S - J_S \sum_n e^{i\vec{k}\cdot\vec{R}_n}$

$$= E_S^{at} - C_S - J_S \begin{bmatrix} e^{+i\frac{a}{2}(k_x+k_y+k_z)} + e^{+i\frac{a}{2}(k_x+k_y-k_z)} \\ +e^{+i\frac{a}{2}(k_x-k_y+k_z)} + e^{+i\frac{a}{2}(-k_x+k_y+k_z)} + e^{+i\frac{a}{2}(k_x-k_y-k_z)} \\ +e^{+i\frac{a}{2}(-k_x+k_y-k_z)} + e^{+i\frac{a}{2}(-k_x-k_y+k_z)} + e^{+i\frac{a}{2}(-k_x-k_y-k_z)} \end{bmatrix}$$

$$= E_S^{at} - C_S - 2J_S \begin{bmatrix} e^{+i\frac{a}{2}(k_x+k_y)}\cos\left(\dfrac{k_z a}{2}\right) + e^{+i\frac{a}{2}(k_x-k_y)}\cos\left(\dfrac{k_z a}{2}\right) \\ +e^{+i\frac{a}{2}(-k_x+k_y)}\cos\left(\dfrac{k_z a}{2}\right) + e^{+i\frac{a}{2}(-k_x-k_y)}\cos\left(\dfrac{k_z a}{2}\right) \end{bmatrix}$$

$$= E_S^{at} - C_S - 4J_S \left[\left(e^{+i\frac{a}{2}k_x} + e^{-i\frac{a}{2}k_x}\right)\cos\left(\dfrac{k_y a}{2}\right)\cos\left(\dfrac{k_z a}{2}\right)\right]$$

$$= E_S^{at} - C_S - 8J_S \cos\left(\dfrac{k_x a}{2}\right)\cos\left(\dfrac{k_y a}{2}\right)\cos\left(\dfrac{k_z a}{2}\right)。 \qquad (6\text{-}249)$$

6.4.3.6　面心立方的緊束縛能帶

　　用緊束縛模型處理面心立方晶格的 s 態電子，如果只考慮最鄰近晶格點的交互作用時，如圖 6-44 所示，其能帶的表示式為

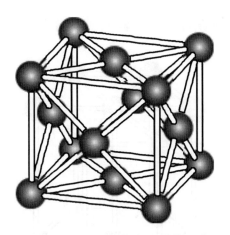

圖 6-44　面心立方晶格

$$E_S^{FCC}(\vec{k}) = E_S^{at} - C_S - J_S \sum_n e^{+i\vec{k}\cdot\vec{R}_n} ,\qquad（6\text{-}250）$$

對於面心立方任一個晶格點有十二個最鄰近晶格點，若參考晶格點的座標為（0,0,0），

則十二個最鄰近的晶格點座標為 $\left(\pm\dfrac{a}{2},\pm\dfrac{a}{2},0\right)$、$\left(\pm\dfrac{a}{2},0,\pm\dfrac{a}{2}\right)$、$\left(0,\pm\dfrac{a}{2},\pm\dfrac{a}{2}\right)$

則

$$
\begin{aligned}
E_S^{FCC}(\vec{k}) &= E_S^{at} - C_S - J_S \sum_n e^{i\vec{k}\cdot\vec{R}_n}\\
&= E_S^{at} - C_S - J_S\left[
\begin{array}{l}
e^{+i\frac{a}{2}(k_x+k_y)}+e^{-i\frac{a}{2}(k_x+k_y)}+e^{+i\frac{a}{2}(k_x-k_y)}+e^{-i\frac{a}{2}(k_x-k_y)}+e^{+i\frac{a}{2}(k_x+k_z)}+e^{-i\frac{a}{2}(k_x+k_z)}\\
+e^{+i\frac{a}{2}(k_x-k_z)}+e^{-i\frac{a}{2}(k_x-k_z)}+e^{+i\frac{a}{2}(k_y+k_z)}+e^{-i\frac{a}{2}(k_y+k_z)}+e^{i\frac{a}{2}(k_y-k_z)}+e^{-i\frac{a}{2}(k_y-k_z)}
\end{array}
\right]\\
&= E_S^{at} - C_S - 4J_S\left[\cos\left(\frac{k_x a}{2}\right)\cos\left(\frac{k_y a}{2}\right)+\cos\left(\frac{k_y a}{2}\right)\cos\left(\frac{k_z a}{2}\right)+\cos\left(\frac{k_z a}{2}\right)\cos\left(\frac{k_x a}{2}\right)\right].
\end{aligned}
$$

$$（6\text{-}251）$$

6.4.3.7　六方最密堆積的緊束縛能帶

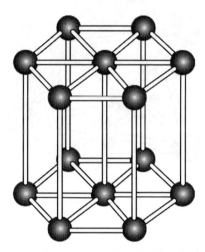

圖 6-45　六方最密堆積晶格

用緊束縛模型處理六方最密堆積晶格的 s 態電子，如果只考慮最鄰近晶格點的交互作用時，如圖 6-45，其能帶的表示式爲

$$E_S^{HCP}(\vec{k}) = E_S^{at} - C_S - J_S \sum_n e^{+i\vec{k} \cdot \vec{R}_n} ,　　（6-252）$$

六方最密堆積結構中距離中心原子最近的六個原子如圖 6-46 所示：

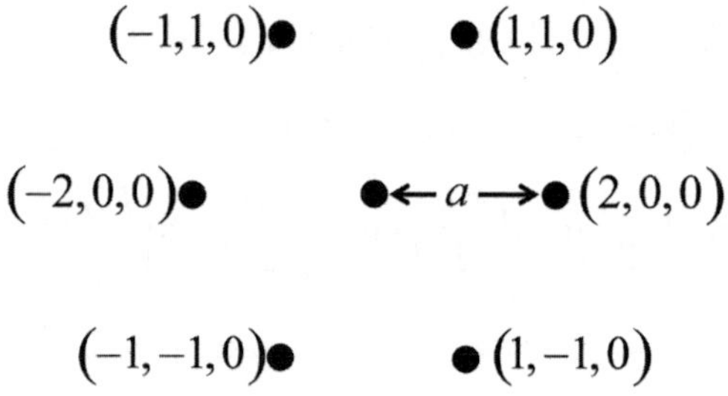

$$(-1,1,0)\bullet \qquad\qquad \bullet(1,1,0)$$

$$(-2,0,0)\bullet \qquad \bullet\leftarrow a \rightarrow\bullet(2,0,0)$$

$$(-1,-1,0)\bullet \qquad\qquad \bullet(1,-1,0)$$

圖 6-46　六方最密堆積結構中距離中心原子最近的六個原子

所以可以定義基本平移向量（Primitive translation vectors）為

$$\vec{A_1} = \left(\frac{1}{2}a, -\frac{\sqrt{3}}{2}a, 0\right) \cdot \vec{A_2} = \left(\frac{1}{2}a, \frac{\sqrt{3}}{2}a, 0\right) \cdot \vec{A_3} = (0, 0, c) \text{,} \quad （6\text{-}253）$$

若令 $\alpha = \frac{1}{2}a$，$\beta = \frac{\sqrt{3}}{2}a$，$\gamma = \frac{1}{2}c$ 分別對應 x、y、z 軸的單位長度，所以對應於六個最近晶格點的位置向量分別為

$$(2,0,0) = (2\alpha, 0, 0) = (a, 0, 0) \text{；} \quad\quad （6\text{-}254）$$

$$(1,1,0) = (\alpha, \beta, 0) = \left(\frac{1}{2}a, \frac{\sqrt{3}}{2}a, 0\right) \text{；} \quad\quad （6\text{-}255）$$

$$(-1, 1, 0) = (-\alpha, \beta, 0) = \left(-\frac{1}{2}a, \frac{\sqrt{3}}{2}a, 0\right) \text{；} \quad （6\text{-}256）$$

$$(-2, 0, 0) = (-2\alpha, 0, 0) = (-a, 0, 0) \text{；} \quad\quad （6\text{-}257）$$

$$(-1, -1, 0) = (-\alpha, -\beta, 0) = \left(-\frac{1}{2}a, \frac{-\sqrt{3}}{2}a, 0\right) \text{；} \quad （6\text{-}258）$$

$$(1, -1, 0) = (\alpha, -\beta, 0) = \left(\frac{1}{2}a, \frac{-\sqrt{3}}{2}a, 0\right) \text{,} \quad\quad （6\text{-}259）$$

（有些文獻中，會再定義 $\xi = \frac{1}{2}k_x a$、$\eta = \frac{\sqrt{3}}{2}k_y a$、$\xi = \frac{1}{2}k_z c = \sqrt{\frac{2}{3}}k_z a$）

$$E_S^{HCP}(\vec{k}) = E_S^{at} - C_S - J_S \sum_n e^{i\vec{k} \cdot \vec{R}_n}$$

$$= E_S^{at} - C_S - J_S \left[e^{ik_x a} + e^{i\frac{1}{2}k_x a + ik_y a} e^{i\frac{1}{2}k_x a - i\frac{1}{2}k_y a} + e^{-ik_x a} + e^{-i\frac{1}{2}k_x a - i\frac{1}{2}k_y a} + e^{-i\frac{1}{2}k_x a + i\frac{1}{2}k_y a} \right]$$

$$= E_S^{at} - C_S - J_S \left[2\cos(k_x, a) + 2\cos\left(\frac{1}{2}k_x a + \frac{\sqrt{3}}{2}k_y a\right) + 2\cos\left(\frac{1}{2}k_x a - \frac{\sqrt{3}}{2}k_y a\right) \right]$$

$$= E_S^{at} - C_S - 2J_S \left[\cos(k_x a) + 2\cos\left(\frac{1}{2}k_x a\right)\cos\left(\frac{\sqrt{3}}{2}k_y a\right) \right] \text{。} \quad （6\text{-}260）$$

6.5　能帶理論的二個微擾理論及其應用

　　求解具有晶體位能的 Schrödinger 方程式無論是解析解或是計算機得出的數值解都是一項浩瀚的工作，因此發展了許多微擾的近似方法，本節將介紹二個最基本應用在能帶理論上的微擾理論：$\vec{k} \cdot \vec{p}$ 法和 Löwdin 微擾方法，並說明這二個微擾理論在導帶與價帶結構計算上的應用。

6.5.1　$\vec{k} \cdot \vec{p}$ 法

　　如果要用微擾論來解電子的能量與波函數，則必先找出微擾算符，而 $\vec{k} \cdot \vec{p}$ 法正提供了這個微擾算符。$\vec{k} \cdot \vec{p}$ 法是由 Bardeen 在 1983 年和 Satz 在 1940 年所提出的，而和 $\vec{k} \cdot \vec{p}$ 法相關的 Kane 模型（Kane model, 1957）是考慮了自旋與軌道交互作用，而 Luttinger-Kohn 模型（Luttinger-Kohn's model, 1955）則再考慮了簡併能帶。

　　要特別提出的是 $\vec{k} \cdot \vec{p}$ 法不是只有應用在能帶的極值處，而是普遍的適用於任何的 k_0，當我們在 k_0 處找到了對應的能量和波函數，我們就可以用 $\vec{k} \cdot \vec{p}$ 法的原則，引入 k_0 附近的微擾算符，繼而找出其能量與波函數。在半導體材料中，最常發生的特性現象多發生在導帶的底部和價帶的頂部，即 $k_0 = 0$ 的位置，當然 $\vec{k} \cdot \vec{p}$ 法就是一個很適合的選擇！

　　首先我們要推導出 $\vec{k} \cdot \vec{p}$ Hamiltonian。在不考慮電子自旋的條件下，和時間無關且是經過 Hartree-Fock 近似或 Hartree 近似的單一電子 Schrödinger 方程式爲

$$\hat{H}\psi_{n\vec{k}}(\vec{r}) = E_{n\vec{k}}\,\psi_{n\vec{k}}(\vec{r})\,, \tag{6-261}$$

其中 $\hat{H} = \dfrac{p^2}{2m} + V(\vec{r})$；$V(\vec{r}+\vec{t}_n) = V(\vec{r})$，$\vec{t}_n$ 為平移向量（Translational vector）；$\psi_{n\vec{k}}(\vec{r}) = e^{i\vec{k}\cdot\vec{k}}u_{n\vec{k}}(\vec{r})$，且 $u_{n\vec{k}}(\vec{r}+\vec{t}_n) = u_{n\vec{k}}(\vec{r})$，這是一個 Bloch 形式；$E_{n\vec{k}}$ 為本徵能量；n 為能帶指標（Band index）；$\vec{k}$ 是在第一 Brillouin 區域的波向量。

因為晶體是週期性結構，所以假設電子看到的位能也是週期性的，所以波函數可以表示成週期性函數，

即
$$\psi_{n\vec{k}}(\vec{r}) = e^{i\vec{k}\cdot\vec{r}}u_{n\vec{k}}(\vec{r})\,, \tag{6-262}$$

代入 Schrödinger 方程式
$$\hat{H}|\psi\rangle = E|\psi\rangle\,, \tag{6-263}$$

即
$$\left[\frac{\hat{p}^2}{2m_0} + V(\vec{r})\right]|\psi\rangle = E|\psi|\,, \tag{6-264}$$

我們先針對 $\dfrac{\hat{p}^2}{2m_0}|\psi\rangle$ 來作計算，由算符對應的算式為 $\hat{p}\rightarrow\dfrac{\hbar}{i}\nabla$，

所以 $\quad \hat{p}^2|\psi\rangle = \hat{p}\,\hat{p}|\psi\rangle$

$$= \hat{p}\frac{\hbar}{i}\frac{\partial}{\partial r}e^{i\vec{k}\cdot\vec{r}}\Big|u(\vec{r})\rangle$$

$$= \hat{p}\frac{\hbar}{i}\left(i\vec{k}\,e^{i\vec{k}\cdot\vec{r}}|u\rangle + e^{i\vec{k}\cdot\vec{r}}\frac{\partial}{\partial r}\rangle|u\rangle\right)$$

$$= \hat{p}\left(\frac{i\hbar\vec{k}}{i}e^{i\vec{k}\cdot\vec{r}}|u\rangle + e^{i\vec{k}\cdot\vec{r}}\hat{p}|u\rangle\right)$$

$$= \hbar\vec{k}\left(\hbar\vec{k}\,e^{i\vec{k}\cdot\vec{r}}|u\rangle + e^{i\vec{k}\cdot\vec{r}}\hat{p}\,|u\rangle\right) + \left(\frac{\hbar}{i}i\vec{k}e^{i\vec{k}\cdot\vec{r}}\hat{p}|u\rangle + e^{i\vec{k}\cdot\vec{r}}\hat{p}^2|u\rangle\right)$$

$$= \hbar^2k^2\,e^{i\vec{k}\cdot\vec{r}}|u\rangle + 2\hbar\vec{k}\cdot\vec{p}\,e^{i\vec{k}\cdot\vec{r}}|u\rangle + e^{i\vec{k}\cdot\vec{r}}\hat{p}^2|u\rangle\,, \tag{6-265}$$

即
$$\hat{p}^2\,\psi_{n\vec{k}}(\vec{r}) = e^{i\vec{k}\cdot\vec{r}}(\vec{p}+\hbar\vec{k})^2\,u_{n\vec{k}}(\vec{r})\,, \tag{6-266}$$

所以
$$\frac{\hat{p}^2}{2m_0}|\psi\rangle = e^{i\vec{k}\cdot\vec{r}}\left[\frac{p^2}{2m_0}+\frac{\hbar^2 k^2}{2m_0}+\hbar\frac{\vec{k}\cdot\vec{p}}{m_0}\right]|u\rangle , \quad (6\text{-}267)$$

代入
$$\left[\frac{\hat{p}^2}{2m_0}+V(\vec{r})\right]\psi_{n\vec{k}}(\vec{r}) = E_{n\vec{k}}\,\psi_{n\vec{k}}(\vec{r}) , \quad (6\text{-}268)$$

則
$$e^{i\vec{k}\cdot\vec{r}}\left[\frac{1}{2m}(\vec{p}+\hbar\vec{k})^2+V(\vec{r})\right]u_{n\vec{k}}(\vec{r}) = e^{i\vec{k}\cdot\vec{r}}E_{n\vec{k}}u_{n\vec{k}}(\vec{r}) , \quad (6\text{-}269)$$

得
$$\left[\frac{p^2}{2m}+V(\vec{r})+\frac{\hbar}{m}\vec{k}\cdot\vec{p}+\frac{\hbar^2 k^2}{2m}\right]u_{n\vec{k}}(\vec{r}) = E_{n\vec{k}}u_{n\vec{k}}(\vec{r}) , \quad (6\text{-}270)$$

所以 Schrödinger 方程式為

$$\left[\frac{p^2}{2m}+V(r)+\frac{\hbar}{m}\vec{k}\cdot\vec{p}\right]u_{n\vec{k}}(\vec{r}) = \left[E_{n\vec{k}}-\frac{\hbar^2 k^2}{2m}\right]u_{n\vec{k}}(\vec{r}) , \quad (6\text{-}271)$$

則若 $H^{(0)}=\frac{p^2}{2m}+V(\vec{r})$ 為未受微擾之 Hamiltonian（unperturbed Hamiltonian）；$H^{(1)}=\frac{\hbar}{m}\vec{k}\cdot\vec{p}$ 為 $\vec{k}\cdot\vec{p}$ 微擾項；

且
$$E'_{n\vec{k}}=E_{n\vec{k}}-\frac{\hbar^2 k^2}{2m} , \quad (6\text{-}272)$$

所以
$$[H^{(0)}+H^{(1)}]u_{n\vec{k}}(\vec{r}) = E'_{n\vec{k}}u_{n\vec{k}}(\vec{r}) 。 \quad (6\text{-}273)$$

我們可以藉由微擾論在 $u_{n0}(\vec{r})$ 和 E_{n0} 的基礎上計算出 $u_{n\vec{k}}(\vec{r})$ 和 $E'_{(n\vec{k})}$，然而，能量需要二階微擾的修正（Second-order perturbation correction）；波函數需一階微擾的修正（First-order perturbation correction）。

6.5.2 單一能帶的色散關係

現在我們將以 $\vec{k} \cdot \vec{p}$ 理論來分析單一能帶（Single band）或非簡併能帶（Nondegenerate band）的能量－波向量關係或 $E(\vec{k})$-$\vec{k}$ 色散關係（$E(\vec{k})$-$\vec{k}$ dispersion relation）。如果想要得到某個能帶的能量色散關係，而該能帶接近另一個我們熟悉的單一能帶，例如：導帶（Conduction band），如圖 6-47 所示，則我們可以從導帶的能量耦合作二階微擾的修正而求得該能帶的能量色散關係。

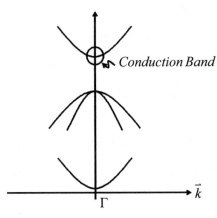

圖 6-47　導帶為單一能帶

由微擾論得

$$E'_{n\vec{k}} = E'_{n0} + H^{(1)}_{nn} + \sum_{n \neq n'} \frac{H^{(1)}_{nn'} H(1)_{n'n}}{E'_{n0} - E'_{n'0}} \; , \tag{6-274}$$

其中

$$H^{(1)} = \frac{\hbar}{m} \vec{k} \cdot \vec{p} \; , \tag{6-275}$$

接著我們要一項一項的分解開：

$$E'_{n\vec{k}} = E_{n\vec{k}} - \frac{\hbar^2 k^2}{2m} \; ; \tag{6-276}$$

$$E'_{n0} = E_{n0} \; ; \tag{6-277}$$

$$H^{(1)}_{nn} = \frac{\hbar}{m} \vec{k} \cdot \vec{p}_{nn'} \Big|_{\vec{p}_{nn}=0} = 0 \; , \tag{6-278}$$

而要說明 $H^{(1)}_{nn} = 0$ 這個結果的方法有很多，主要都源自於證明 $\vec{p}_{nn} = 0$，其物理意義爲位於 Brillouin 區域邊界中心的元胞函數（Zone edge central cell function）所具有的對稱特性，簡單說明如下：

由
$$[\hat{H}, \hat{r}] = \hat{H}\hat{r} - \hat{r}\hat{H} = \frac{i\hbar}{m} \hat{p} \; , \tag{6-279}$$

所以
$$\langle n'|[\hat{H}, \hat{r}]|n\rangle = \langle n'|\hat{H}\hat{r}|n\rangle - \langle n'|\hat{r}\hat{H}|n\rangle$$

$$= E_{n'}(\vec{k}_0) \langle n'|\hat{H}\hat{r}|n\rangle - E_n(\vec{k}_0) \langle n'|\hat{r}\hat{H}|n\rangle$$

$$= \left[E_{n'}(\vec{k}_0) - E_n(\vec{k}_0) \right] \langle n'|\hat{r}|n\rangle \; , \tag{6-280}$$

則
$$\vec{p}_{n'n}(\vec{k}_0) = \frac{m}{i\hbar} \left[E_{n'}(\vec{k}_0) - E_n(\vec{k}_0) \right] \langle n'|\hat{r}|n\rangle \; , \tag{6-281}$$

若 $n' = n$，則 $\vec{p}_{nn} = 0$，即能量一階微擾項的矩陣對角元素都等於 0；

若 $n' \neq n$，則 $H^{(1)}_{nn'} = \frac{\hbar}{m} \vec{k} \cdot \vec{p}_{nn'} = \frac{\hbar}{m} \sum_{\alpha=x,y,z} k_\alpha p^\alpha_{nn'}$，即能量一階微擾項的矩陣非對角元素的表示式。

綜合以上的結果，

得
$$E_{n\vec{k}} - E_{n0} = \frac{\hbar^2 k^2}{2m} + \frac{\hbar^2}{m^2} \sum_{n \neq n'} \sum_{\substack{\alpha=x,y,z \\ \beta=x,y,z}} \frac{k_\alpha k_\beta p^\alpha_{nn'} p^\beta_{n'n}}{E'_{n0} - E'_{n'0}} \; , \tag{6-282}$$

上式第二項的分母爲
$$E'_{n0} - E'_{n'0} = E_{n0} - E_{n'0} \; ; \tag{6-283}$$

分子爲
$$\sum_{\substack{\alpha=x,y,z \\ \beta=x,y,z}} k_\alpha k_\beta p^\alpha_{nn'} p^\beta_{n'n} = \frac{1}{2} \sum_{\substack{\alpha=x,y,z \\ \beta=x,y,z}} (k_\alpha k_\beta p^\alpha_{nn'} p^\beta_{n'n} - k_\beta k_\alpha p^\beta_{nn'} p^\alpha_{n'n})$$

$$= \frac{1}{2} \sum_{\substack{\alpha=x,y,z \\ \beta=x,y,z}} (p^\alpha_{nn'} p^\beta_{n'n} - p^\beta_{nn'} p^\alpha_{n'n}) k_\alpha k_\beta \; , \tag{6-284}$$

可得 $$E_{n\vec{k}} - E_{n0} = \sum_{\alpha\beta} D^{\alpha\beta} k_\alpha k_\beta ,\qquad (6\text{-}285)$$

其中因為對稱，所以 $$D^{\alpha\beta} = D^{\beta\alpha} ,\qquad (6\text{-}286)$$

則 $$D^{\alpha\beta} = D^{\beta\alpha} = \frac{\hbar^2}{2m}\delta_{\alpha\beta} + \frac{\hbar^2}{2m^2}\sum_{n\neq n'}\frac{p_{nn'}^\alpha p_{n'n}^\beta - p_{nn'}^\beta p_{n'n}^\alpha}{E_{n0} - E_{n'0}} ,\qquad (6\text{-}287)$$

為求得等效質量張量（Effective mass tensor），我們可以重寫 $D^{\alpha\beta}$ 或 $D^{\beta\alpha}$ 為

$$\frac{2}{\hbar^2}D^{\alpha\beta} = \frac{1}{m}\delta_{\alpha\beta} + \frac{1}{m^2}\sum_{n\neq n'}\frac{p_{nn'}^\alpha p_{n'n}^\beta - p_{nn'}^\beta p_{n'n}^\alpha}{E_{n0} - E_{n'0}} ,\qquad (6\text{-}288)$$

所以 $E(\vec{k}) - \vec{k}$ 色散關係為

$$E_{n\vec{k}} - E_{n0} = \frac{\hbar^2}{2}\sum_{\alpha,\beta}\left[\frac{1}{m}\delta_{\alpha\beta} + \frac{1}{m^2}\sum_{n\neq n'}\frac{p_{nn'}^\alpha p_{n'n}^\beta - p_{nn'}^\beta p_{n'n}^\alpha}{E_{n0} - E_{n'0}}\right] k_\alpha k_\beta ,$$

$$= \frac{\hbar^2}{2}\sum_{\alpha,\beta}\left(\frac{1}{m^*}\right)_{\alpha,\beta} k_\alpha k_\beta ,\qquad (6\text{-}289)$$

其中 $\left(\dfrac{m}{m^*}\right)_{\alpha\beta} = \delta_{\alpha\beta} + \dfrac{1}{m}\sum_{n\neq n'}\dfrac{p_{nn'}^\alpha p_{n'n}^\beta - p_{nn'}^\beta p_{n'n}^\alpha}{E_{n0} - E_{n'0}}$ 為非等方的（Anisotropic）等效質量張量。因為 u_{n0} 和 E_{n0} 是已知的，所以 $\left(\dfrac{1}{m^*}\right)_{\alpha\beta}$ 是可以計算求出的，實際上，非等方的等效質量張量是由實驗量測出來的。

6.5.3　Löwdin 微擾方法

在能帶理論中有一個非常重要的微擾理論，即 Löwdin 微擾方法（Löwdin's perturbation method）或 Löwdin 再歸一化法（Löwdin's renormalization method）。Löwdin 微擾方法的主要原則在於如果把本

徵函數和本徵能量分成二類，即 *class A* 和 *class B*，而 *class A* 的狀態是我們所要重視的，則 Löwdin 把 *class B* 視爲對 *class A* 的微擾，再找出描述 *class A* 狀態的表示式。

假設未受微擾的狀態是正交歸一的（Orthonormalization），其本徵方程式（Eigenequation）爲

$$\sum_{n=0}^{N} (H_{mn} - E\delta_{mn})\, C_n = 0 \; , \tag{6-290}$$

則經過 Hartree 近似或 Hartree-Fock 近似的 Schrödinger 方程式爲

$$H\psi = E\psi \; , \tag{6-291}$$

其中 $H = H^{(0)} + H'$，$H^{(0)}$ 是未受微擾的 Hamiltonian，H' 是微擾項。

如果我們已知一組正交歸一函數（Orthonormal functions）$\phi_n^{(0)}$，其中 $n = 1, 2, 3, \cdots, N$，即 n 是有限的，而且是滿足未受微擾的 Hamiltonian 的，

即
$$H^{(0)}\phi_n^{(0)} = E_n^{(0)}\phi_n^{(0)} \; , \tag{6-292}$$

其中 $n = 1, 2, 3, \cdots, N$，

所以最佳的本徵函數（Best eigenfunctions）可以用這一組正交歸一函數展開爲

$$\psi = \sum_{n=1}^{N} C_n \phi_n^{(0)} \; , \tag{6-293}$$

所謂的「最佳的」意指「最佳的近似」，而 $\phi_n^{(0)}$ 可以同時也是簡併的

波函數（Degenerate wave functions）。

將 $\psi = \sum\limits_{n=1}^{N} C_n \phi_n^{(0)}$ 代入 $H\psi = E\psi$，且對 $\phi_m^{(0)}$，$m = 1, 2, 3, \cdots, N$，作

內積得

$$\langle\psi|H|\psi\rangle = \langle\psi|H^{(0)} + H'|\psi\rangle = E\langle\psi|\psi\rangle, \qquad (6\text{-}294)$$

則 $\sum\limits_{m=1}^{N}\sum\limits_{n=1}^{N} C_m^* C_n \langle\phi_m^{(0)}|H^{(0)} + H'|\phi_n^{(0)}\rangle = E\sum\limits_{m=1}^{N}\sum\limits_{n=1}^{N} C_m^* C_n \langle\phi_m^{(0)}|\phi_n^{(0)}\rangle, \quad (6\text{-}295)$

為了能更清楚的看出這個式子的具體形式，我們逐項把它展開如

下：

當 $m = 1$，則 $\sum\limits_{n=1}^{N} \langle\phi_1^{(0)}|H^{(0)} + H'|\phi_n^{(0)}\rangle C_1^* C_n = E\sum\limits_{n=1}^{N} \langle\phi_1^{(0)}|\phi_n^{(0)}\rangle C_1^* C_n \quad (6\text{-}296)$

所以 $\quad \langle\phi_1^{(0)}|H^{(0)} + H'|\phi_1^{(0)}\rangle C_1 + \langle\phi_1^{(0)}|H^{(0)} + H'|\phi_2^{(0)}\rangle C_2$

$\quad + \langle\phi_1^{(0)}|H^{(0)} + H'|\phi_3^{(0)}\rangle C_3 + \cdots + \langle\phi_1^{(0)}|H^{(0)} + H'|\phi_N^{(0)}\rangle C_N = E\delta_{1n} C_n,$

$$(6\text{-}297)$$

當 $m = 2$，則 $\sum\limits_{n=1}^{N} \langle\phi_2^{(0)}|H^{(0)} + H'|\phi_n^{(0)}\rangle C_2^* C_n = E\sum\limits_{n=1}^{N} \langle\phi_2^{(0)}|\phi_n^{(0)}\rangle C_2^* C_n, \quad (6\text{-}298)$

所以 $\quad \langle\phi_2^{(0)}|H^{(0)} + H'|\phi_1^{(0)}\rangle C_1 + \langle\phi_2^{(0)}|H^{(0)} + H'|\phi_2^{(0)}\rangle C_2$

$\quad + \langle\phi_2^{(0)}|H^{(0)} + H'|\phi_3^{(0)}\rangle C_3 + \cdots + \langle\phi_2^{(0)}|H^{(0)} + H'|\phi_N^{(0)}\rangle C_N = E\delta_{2n} C_n,$

$$(6\text{-}299)$$

當 $m = 3$，則 $\sum\limits_{n=1}^{N} \langle\phi_3^{(0)}|H^{(0)} + H'|\phi_n^{(0)}\rangle C_3^* C_n = E\sum\limits_{n=1}^{N} \langle\phi_3^{(0)}|\phi_n^{(0)}\rangle C_3^* C_n, \quad (6\text{-}300)$

所以 $\quad \langle\phi_3^{(0)}|H^{(0)} + H'|\phi_1^{(0)}\rangle C_1 + \langle\phi_3^{(0)}|H^{(0)} + H'|\phi_2^{(0)}\rangle C_2$

$\quad + \langle\phi_3^{(0)}|H^{(0)} + H'|\phi_3^{(0)}\rangle C_3 + \cdots + \langle\phi_3^{(0)}|H^{(0)} + H'|\phi_N^{(0)}\rangle C_N = E\delta_{3n} C_n,$

$$(6\text{-}301)$$

$$\vdots$$

當 $m=N$ ，則 $\sum\limits_{n=1}^{N} \langle \phi_N^{(0)}|H^{(0)}+H'|\phi_n^{(0)}\rangle C_N^* C_n = E\sum\limits_{n=1}^{N} \langle \phi_N^{(0)}|\phi_n^{(0)}\rangle C_N^* C_n$ ，（6-302）

所以　$\langle \phi_N^{(0)}|H^{(0)}+H'|\phi_1^{(0)}\rangle C_1 + \langle \phi_N^{(0)}|H^{(0)}+H'|\phi_2^{(0)}\rangle C_2$

$\qquad + \langle \phi_N^{(0)}|H^{(0)}+H'|\phi_3^{(0)}\rangle C_3 + \cdots + \langle \phi_N^{(0)}|H^{(0)}+H'|\phi_N^{(0)}\rangle C_N = E\delta_{Nn} C_n$ ，

$$（6\text{-}303）$$

而為了簡化符號，我們定義

$$
\begin{aligned}
H_{mn} &\equiv \langle \phi_m^{(0)}|H|\phi_n^{(0)}\rangle , \\
&= \langle \phi_m^{(0)}|H^{(0)}+H'|\phi_n^{(0)}\rangle \\
&= \langle \phi_m^{(0)}|H^{(0)}|\phi_n^{(0)}\rangle + \langle \phi_m^{(0)}|H'|\phi_n^{(0)}\rangle \\
&= E_n^{(0)}\delta_{mn} + H'_{mn} ,
\end{aligned}
\qquad （6\text{-}304）
$$

所以　　$H_{11} C_1 + H_{12} C_2 + H_{13} C_3 + \cdots + H_{1N} C_N = EC_1$ ；　（6-305）

$\qquad\quad H_{21} C_1 + H_{22} C_2 + H_{23} C_3 + \cdots + H_{2N} C_N = EC_2$ ；　（6-306）

$\qquad\quad H_{31} C_1 + H_{32} C_2 + H_{33} C_3 + \cdots + H_{3N} C_N = EC_3$ ；　（6-307）

$$\vdots$$

$\qquad\quad H_{N1} C_1 + H_{N2} C_2 + H_{N3} C_3 + \cdots + H_{NN} C_N = EC_N$ ，　（6-308）

可以把上面的方程組寫成加總的形式，

即　　　　　　$\sum\limits_{n=1}^{N} (H_{mn} - E\delta_{mn}) C_n = 0$ ，　　（6-309）

或者也可以換成另一種形式，

因為 $\qquad H_{mn} = E_n^{(0)} \delta_{mn} + H'_{mn}$， $\qquad\qquad$（6-310）

所以 $\qquad \displaystyle\sum_{n=1}^{N} (H_{mn} - E\delta_{mn}) C_n = \sum_{n=1}^{N} \left[E_n^{(0)} \delta_{mn} + H'_{mn} - E\delta_{mn} \right] C_n$

$$= \sum_{n=1}^{N} \left[H'_{mn} - (E - E_n^{(0)}) \delta_{mn} \right] C_n = 0，\quad（6\text{-}311）$$

所以這個方程組的二個不同的矩陣形式可以為

$$\begin{bmatrix} H_{11} - E & H_{12} & H_{13} & \cdots & H_{1N} \\ H_{21} & H_{22} - E & \vdots & \vdots & H_{2N} \\ H_{31} & H_{32} & H_{33} - E & \vdots & H_{3N} \\ \vdots & \vdots & \vdots & \vdots & \vdots \\ H_{N1} & H_{N2} & H_{N3} & \cdots & H_{NN} \end{bmatrix} \begin{bmatrix} C_1 \\ C_2 \\ C_3 \\ \vdots \\ C_N \end{bmatrix} = 0，\quad（6\text{-}312）$$

或

$$\begin{bmatrix} H'_{11} - (E - E_1^{(0)}) & H'_{12} & H'_{13} & \cdots & H'_{1N} \\ H'_{21} & H'_{22} - (E - E_2^{(0)}) & H'_{23} & \cdots & H'_{2N} \\ H'_{31} & H'_{32} & H'_{33} - (E - E_3^{(0)}) & \cdots & H'_{3N} \\ \vdots & \vdots & \vdots & \vdots & \vdots \\ H'_{N1} & H'_{N2} & H'_{N3} & \cdots & H'_{NN} - (E - E_N^{(0)}) \end{bmatrix}$$

$$\begin{bmatrix} C_1 \\ C_2 \\ C_3 \\ \vdots \\ C_N \end{bmatrix} = 0。\qquad\qquad（6\text{-}313）$$

我們可以獲得本徵值為 E_1、E_2、$\cdots$、E_N，且對應的本徵態為 $(C_1^{(1)}, C_2^{(1)},$ $C_3^{(1)}, \cdots, C_N^{(1)})$、$(C_1^{(2)}, C_2^{(2)}, C_3^{(2)}, \cdots, C_N^{(2)})$、$\cdots$、$(C_1^{(N)}, C_2^{(N)}, C_3^{(N)}, \cdots, C_N^{(N)})$。

　　要解這些久期方程式（Secular equation）之前，首先我們必須先知道 $H_{mn} = E_n^{(0)} \delta_{mn} + H'_{mn}$，然而實際上要求出在 $\vec{k} \cdot \vec{p}$ 理論中所有的 H'_{mn} 是很困難的。Löwdin 根據能量的不同，把基函數（Basis functions）$\phi_n^{(0)}$，其中 $n = 1, 2, 3, \cdots, N$，分成 A、B 二類，class A 和 class B，也就是把前述的 $\overset{N}{\underset{n=1}{\sum}} (H_{mn} - E\delta_{mn}) C_n = 0$ 改寫為

$$(E - H_{mm}) C_m = \overset{N}{\underset{n \neq m}{\sum}} H_{mn} C_n$$

$$= \overset{A}{\underset{n \neq m}{\sum}} H_{mn} C_n + \overset{B}{\underset{\alpha \neq m}{\sum}} H_{m\alpha} C_\alpha \text{,} \qquad （6\text{-}314）$$

又　　　　　　$H_{mn} = E_n^{(0)} + H'_{mn}$

$$= \begin{cases} E_n^{(0)} + H'_{nn} \text{, 當 } m = n \\ H'_{mn} \qquad \text{, 當 } m \neq n \end{cases} \text{,} \qquad （6\text{-}315）$$

則因為（6-314）式的等號右側都是 $m \neq n$ 的情況，所以右側 H_{mn} 的都等於 H'_{mn}，

則　　　　　　$$(E - H_{mm}) C_m = \overset{A}{\underset{n \neq m}{\sum}} H'_{mn} C_n + \overset{B}{\underset{\alpha \neq m}{\sum}} H'_{m\alpha} C_\alpha \text{,} \qquad （6\text{-}316）$$

可得係數為　$$C_m = \frac{1}{E - H_{mm}} \left[\overset{A}{\underset{n \neq m}{\sum}} H'_{mm} C_n + \overset{B}{\underset{\alpha \neq m}{\sum}} H'_{m\alpha} C_\alpha \right]$$

$$= \overset{A}{\underset{n \neq m}{\sum}} \frac{H'_{mn}}{E - H_{mm}} C_n + \overset{B}{\underset{\alpha \neq m}{\sum}} \frac{H'_{m\alpha}}{E - H_{mm}} C_\alpha \text{,} \qquad （6\text{-}317）$$

為了簡化符號，我們可以定義

$$h_{mm} = \begin{cases} \dfrac{H'_{mn}}{E - H_{mm}} \text{, 當 } m \neq n \\ 0 \qquad \text{, 當 } m = n \end{cases} \text{,} \qquad （6\text{-}318）$$

或者也可以換成另一種形式來表達這個定義，

$$h_{mn} \equiv \frac{\overline{H}'_{mn}}{E - H_{mm}} , \qquad\qquad (6\text{-}319)$$

其中

$$\overline{H}'_{mn} = \begin{cases} H'_{mn} \text{，當 } m \neq n \\ 0 \text{，當 } m = n \end{cases}。 \qquad (6\text{-}320)$$

代入得

$$C_m = \sum_{n \neq m}^{A} \frac{H'_{mn}}{E - H_{mm}} C_n + \sum_{\alpha \neq m}^{B} \frac{H'_{m\alpha}}{E - H_{mm}} C_\alpha = \sum_{n}^{A} h_{mn} C_n + \sum_{\alpha}^{B} h_{m\alpha} C_\alpha。$$
$$(6\text{-}321)$$

因為我們想知道的是 *class A* 的係數 C_n，所以將藉由迭代（Iteration）的步驟，把 *class B* 的係數 C_α 消去，

迭代步驟如下

$$C_m = \sum_{n}^{A} h_{mn} C_n + \sum_{\alpha}^{B} h_{m\alpha} C_\alpha ; \qquad (6\text{-}322)$$

其中

$$C_\alpha = \sum_{n}^{A} h_{\alpha n} C_n + \sum_{\beta}^{B} h_{\alpha\beta} C_\beta ; \qquad (6\text{-}323)$$

其中

$$C_\beta = \sum_{n}^{A} h_{\beta n} C_n + \sum_{\gamma}^{B} h_{\beta\gamma} C_\gamma ; \qquad (6\text{-}324)$$

其中

$$C_\gamma = \cdots ,$$

所以

$$\begin{aligned} C_m &= \sum_{n}^{A} h_{mn} C_n + \sum_{\alpha}^{B} \left[\sum_{n}^{A} h_{m\alpha} h_{\alpha n} C_n + \sum_{\beta}^{B} h_{m\alpha} h_{\alpha\beta} C_\beta \right] \\ &= \sum_{n}^{A} h_{mn} C_n + \sum_{n}^{A} \sum_{\alpha}^{B} h_{m\alpha} h_{\alpha n} C_n + \sum_{\alpha}^{B} \sum_{\beta}^{B} \left[\sum_{n}^{A} h_{m\alpha} h_{\alpha\beta} h_{\beta n} C_n + \sum_{\gamma}^{B} h_{m\alpha} h_{\alpha\beta} h_{\beta\gamma} C_\gamma \right] \\ &= \sum_{n}^{A} \left[h_{mn} + \sum_{\alpha}^{B} h_{m\alpha} h_{\alpha n} + \sum_{\alpha,\beta}^{B} h_{m\alpha} h_{\alpha\beta} h_{\beta n} + \cdots \right] C_n \end{aligned}$$

$$= \frac{1}{E - H_{mm}} \sum_{n}^{A} \left[\overline{H}'_{mm} + \sum_{\alpha}^{B} \frac{\overline{H}'_{m\alpha} \overline{H}'_{\alpha n}}{E - H_{\alpha\alpha}} + \sum_{\alpha,\beta}^{B} \frac{\overline{H}'_{m\alpha} \overline{H}'_{\alpha\beta} \overline{H}'_{\beta n}}{(E - H_{\alpha\alpha})(E - E_{\beta\beta})} + \cdots \right] C_n \text{ ,}$$

$$(6\text{-}325)$$

然而因為 $\overline{H}'_{mn} = H_{mn} - H_{mn} \delta_{mn}$，所以再作一次變數轉換，

由
$$\overline{H}'_{mn} = H_{mn} - H_{mn} \delta_{mn}$$
$$= (H'_{mn} - E_n^{(0)} \delta_{mn}) - (H'_{mn} - E_n^{(0)} \delta_{mn}) \delta_{mn}$$
$$= H'_{mn} - H'_{mn} \delta_{mn}$$
$$= \begin{cases} H'_{mn} \text{ , 當 } m \neq n \\ 0 \text{ , 當 } m = n \end{cases} \text{ ,}$$

$$(6\text{-}326)$$

這個結果和前述的定義相同。

所以

$$C_m = \frac{1}{E - H_{mm}} \sum_{n}^{A} \left[-H_{mn} \delta_{mn} + \overline{H}'_{mn} + \sum_{\alpha}^{B} \frac{\overline{H}'_{m\alpha} \overline{H}'_{\alpha n}}{E - H_{\alpha\alpha}} \right.$$
$$\left. + \sum_{\alpha,\beta}^{B} \frac{\overline{H}'_{m\alpha} \overline{H}'_{\alpha\beta} \overline{H}'_{\beta n}}{(E - H_{\alpha\alpha})(E - H_{\beta\beta})} + \cdots \right] C_n \text{ ,}$$

$$(6\text{-}327)$$

引入一個新的符號，

$$U_{mn}^{A} = H_{mn} + \sum_{\alpha}^{B} \frac{\overline{H}'_{m\alpha} \overline{H}'_{\alpha n}}{E - H_{\alpha\alpha}} + \sum_{\alpha,\beta}^{B} \frac{\overline{H}'_{m\alpha} \overline{H}'_{\alpha\beta} \overline{H}'_{\beta n}}{(E - H_{\alpha\alpha})(E - H_{\beta\beta})} + \cdots \text{ ,} \quad (6\text{-}328)$$

則得 $\quad C_m = \dfrac{1}{E - H_{mm}} \displaystyle\sum_{n}^{A} (U_{mn}^{A} - H_{mn} \delta_{mn}) C_n$ 。 $\quad (6\text{-}329)$

上式中的 n 是屬於 *class A*，而 m 可以屬於 *class A* 或屬於 *class B*，所以我們必須分成二種情況來說明。

情況一：若 C_m 屬於 class A，即 m 和 n 都是屬於 class A，即 $m, n \in A$，

則
$$(E - H_{mm}) C_m = \sum_n^A (U_{mn}^A - H_{mn} \delta_{mn}) C_n \, , \qquad (6\text{-}330)$$

又
$$(E - H_{mm}) C_m = \sum_n^A (E - H_{mn}) \delta_{mn} C_n \, , \qquad (6\text{-}331)$$

所以
$$\sum_n^A (U_{mn}^A - E\delta_{mn}) C_n = 0 \, 。 \qquad (6\text{-}332)$$

上式表示一個線性方程組的系統，而其中所含的方程式的數量是少的，不會太多，

且
$$U_{mn}^A = H_{mn} + \sum_\alpha^B \frac{\overline{H}'_{m\alpha} \overline{H}'_{\alpha n}}{E - H_{\alpha\alpha}} + \sum_{\alpha, \beta}^B \frac{\overline{H}'_{m\alpha} \overline{H}'_{\alpha\beta} \overline{H}'_{\beta n}}{(E - H_{\alpha\alpha})(E - H_{\beta\beta})} \, , \qquad (6\text{-}333)$$

其中 m 和 n 都是屬於 class A，
或者也可以表示成

$$U_{mn}^A = H_{mn} + \sum_{\alpha \neq m, n}^B \frac{H'_{m\alpha} H'_{\alpha n}}{E - E_{\alpha\alpha}} + \sum_{\substack{\alpha \neq \beta \\ \alpha, \beta \neq m, n}}^B \frac{H'_{m\alpha} H'_{\alpha\beta} H'_{\beta n}}{(E - H_{\alpha\alpha})(E - H_{\beta\beta})} \, , \qquad (6\text{-}334)$$

其中 m 和 n 都是屬於 class A，而 U_{mn}^A 是可以藉由群論的考慮以及實驗量測獲得。

情況二：若 C_m 屬於 class B，即 m 是屬於 class B，而 n 仍是屬於 class A，即 $m \in B$，但 $n \in A$，則因 $m \neq n$，所以 $\delta_{mn} = 0$，

故
$$C_m = \frac{1}{E - H_{mm}} \sum_n^A (U_{mn}^A - H_{mn} \delta_{mn}) C_n = \frac{1}{E - H_{mm}} \sum_n^A U_{mn}^A C_n \, 。 \qquad (6\text{-}335)$$

所以藉由情況一所求得的 E 及 C_n 可以立刻求得 class B 的 C_m。

綜合以上二種情況，對於 class A 和 class B 的係數的求解過程，我們可以簡單的歸納如下：

首先求解本徵方程式 $\sum_{n}^{A} (U_{mn}^{A} - E\delta_{mn}) C_n = 0$，其中 m 和 n 都是屬於 class A，得到 C_n，

則當得到 class A 的 C_n 之後，

再由
$$C_\gamma = \sum_{n}^{A} \frac{U_{\gamma n}^{A}}{E - H_{\gamma\gamma}} C_n \qquad (6\text{-}336)$$

的關係求出 class B 的 C_y，其中 n 屬於 class A，且 γ 屬於 class B。

然而，值得注意的是使 U_{mn}^{A} 展開式收斂的必要條件為

$$|H_{m\alpha}| \ll |E - H_{\alpha\alpha}|, \qquad (6\text{-}337)$$

或
$$\Delta \equiv \left| \frac{H_{m\alpha}}{E - H_{\gamma\gamma}} \right| \ll 1, \qquad (6\text{-}338)$$

其中 m 屬於 class A，且 α 屬於 class B，

這個條件的物理意義是當 class A 和 class B 的能量差距必須要足夠大，才可以把 class B 對 class A 的影響視為微擾。

以下我們將應用 Löwdin 方法來說明非簡併態與簡併態的運算。

[1] 非簡併態

如果 class A 只有單一非簡併能態 n，而其他的能態都是屬於 class B，

則由
$$\sum_{n}^{A} (U_{mn}^{A} - E\delta_{mn}) C_n = 0, \qquad (6\text{-}339)$$

其中 m 和 n 都是屬於 class A，

僅可得到單一個方程式爲

$$(U_{nn}^A - E) C_n = 0，\qquad（6\text{-}340）$$

所以 $E = U_{nn}^A = H_{nn} + \sum_{\alpha \neq n}^{B} \frac{H'_{n\alpha} H'_{\alpha n}}{E - H_{\alpha\alpha}} + \sum_{\substack{\alpha \neq \beta \\ \alpha, \beta \neq n}}^{B} \frac{H_{n\alpha} H_{\alpha\beta} H_{\beta n}}{(E - H_{\alpha\alpha})(E - H_{\beta\beta})} + \cdots$

$= H_{nn} + O(\Delta)$

$= E_n^{(0)} + H'_{nn} + \sum_{\alpha \neq n}^{B} \frac{H'_{n\alpha} H'_{\alpha n}}{E - H_{\alpha\alpha}} + \sum_{\substack{\alpha \neq \beta \\ \alpha, \beta \neq n}}^{B} \frac{H'_{n\alpha} H'_{\alpha\beta} H'_{\beta n}}{(E - H_{\alpha\alpha})(E - H_{\beta\beta})} + \cdots，\quad（6\text{-}341）$

則因 $E = H_{nn} + O(\Delta)$，

所以 $\quad \dfrac{1}{E - H_{\alpha\alpha}} = \dfrac{1}{H_{nn} + O(\Delta) - H_{\alpha\alpha}}$

$$= \frac{1}{E_n^{(0)} + H'_{nn} + O(\Delta) - (E_\alpha^{(0)} + H'_\alpha)}$$

$$= \frac{1}{E_n^{(0)} - E_\alpha^{(0)} + H'_{nn} - H'_{\alpha\alpha} + O(\Delta)} \approx \frac{1}{E_n^{(0)} - E_\alpha^{(0)}}，（6\text{-}342）$$

代入（6-341）式得 $\quad E = E_n^{(0)} + H'_{nn} + \sum_{\alpha \neq n}^{B} \frac{H'_{n\alpha} H'_{\alpha n}}{E_n^{(0)} - E_\alpha^{(0)}} + O(\Delta^2)。$ （6-343）

這就是我們所熟悉的非簡併能態的微擾表示式，而 class B 的係數 C_m，其中 m 屬於 class B，且只有單一個非簡併態 n，所以也可以用 class A 的係數 C_n 來表示如下：

$$C_m = \sum_{n}^{A} \frac{U_{mn}^A}{E - H_{mm}} C_n = \frac{U_{mn}^A}{E - H_{mm}} C_n。\qquad（6\text{-}344）$$

[2] 簡併態

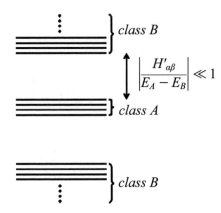

圖 6-48　　class A 的能態是簡併的或是在能量上非常接近，且能態的平均
　　　　　值為 E_A

如圖 6-48 所示，若屬於 class A 的能態是簡併的或是在能量上非
常接近，則矩陣的對角元素都相等或幾乎相等，即 $H_m \approx E_A$，或者換
句話說，所有屬於 class A 的能態的平均值為 E_A。

由
$$\sum_{n}^{A} (U_{mn}^{A} - E\delta_{mn}) C_n = 0 ，$$（6-345）

其中 m 和 n 都是屬於 class A，

而
$$U_{mn}^{A} = H_{mn}^{A} + \sum_{\alpha \neq m}^{B} \frac{H'_{m\alpha} H'_{\alpha n}}{E - H_{\alpha\alpha}} + O(\Delta^2)$$

$$= E_m^{(0)} + H'_{mn} + \sum_{\alpha \neq m}^{B} \frac{H'_{m\alpha} H'_{\alpha n}}{E_A - E_\alpha^{(0)}} + O(\Delta^2) ，$$（6-346）

則我們可以用以上的 U_{mn}^{A} 來求解本徵方程式。

令
$$\det|U_{mn}^A - E\delta_{mn}| = 0 \text{ ,} \tag{6-347}$$

如果我們把這個行列式展開，可以看得更清楚其具體形式，

即
$$\begin{vmatrix} U_{11}^A - E & U_{12}^A & U_{13}^A & \cdots & U_{1n}^A \\ U_{21}^A & U_{22}^A - E & U_{23}^A & \cdots & U_{2n}^A \\ U_{31}^A & U_{32}^A & U_{33}^A - E & \cdots & U_{3n}^A \\ \vdots & \vdots & \vdots & \vdots & \vdots \\ U_{n1}^A & U_{n2}^A & U_{n3}^A & \cdots & U_{nn}^A - E \end{vmatrix} = 0 \text{ ,} \tag{6-348}$$

E 的本徵值和 C_n 的本徵向量也可以接著被求出來，而屬於 class B 的係數 C_m，其中 m 屬於 class B，也可以藉由下式求出，

$$C_m = \sum_n^A \left(\frac{U_{mm}^A}{E - H_{mm}} \right) C_n = \frac{1}{E_A - E_m^{(0)}} \sum_n^A U_{mn}^A C_n \text{ ,} \tag{6-349}$$

且 n 屬於 class A，m 屬於 class B，

綜合 class A 和 class B 的係數可解得（6-293）式波函數為

$$\psi = \sum_{n \neq m}^A C_n \phi_n^{(0)} + \sum_{n \neq m}^B C_m \phi_m^{(0)} = \sum_n C_n \phi_n^{(0)} \text{ ,} \tag{6-350}$$

當然（6-350）式還要歸一化。

6.5.4 不考慮自旋與軌道交互作用的價帶結構

本節的內容中，我們將在不考慮自旋與軌道交互作用（Valence bands without spin-orbit interaction）的條件下，要找出一個 (3×3) 的

矩陣以求價帶結構。

如圖 6-49 所示的能帶結構，class A 的平均能量為 E_{v0}。

經過 Hartree 近似或 Hartree-Fock 近似的 Schrödinger 方程式為

$$Hu_{n\vec{k}} = \left(E_{n\vec{k}} - \frac{\hbar^2 k^2}{2m}\right) u_{n\vec{k}} = E' u_{n\vec{k}} ，\qquad (6\text{-}351)$$

其中 $H = H^{(0)} + H^{(1)}$；$H^{(1)} = \frac{\hbar}{m} \vec{k} \cdot \vec{p}$；$u_{n\vec{k}} = \sum\limits_{n'}^{A} C_{n'} u_{n'0} + \sum\limits_{n'}^{B} C_{n'} u_{n'0}$；

而 $\sum\limits_{n'}^{A} C_{n'} u_{n'0} = C_X X + C_Y Y + C_Z Z$，基函數 X、Y、Z 都具有在 Γ 點的 Bloch 函數 u_{n0} 的形式且屬於 Γ_{4v} 的群表示（Representation）。

現在考慮 $\qquad U_{mn}^A = E_m^{(0)} \delta_{mn} + H_{mn}^{(1)} + \sum\limits_{i \neq m,n}^{B} \frac{H_{mi}^{(1)} H_{in}^{(1)}}{E_A - E_i^{(0)}} ，\qquad (6\text{-}352)$

其中 m 和 n 都是屬於 class A，

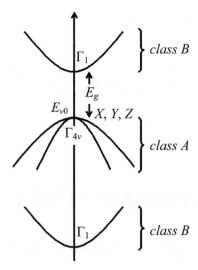

圖 6-49　價帶結構的平均能量為 E_{v0}

由

$$\sum_{n}^{A} (U_{mn}^A - E'\delta_{mn})\, C_n = 0 \,，\qquad（6\text{-}353）$$

且

$$E' = E_{n\vec{k}} - \frac{\hbar^2 k^2}{2m} \,，\qquad（6\text{-}354）$$

則

$$\sum_{i \neq m,\,n}^{B} \left(U_{mn}^A + \frac{\hbar^2 k^2}{2m}\delta_{mn} - E\delta_{mn} \right) C_n = 0 \,，\qquad（6\text{-}355）$$

或

$$\sum_{n}^{A} \left(U_{mn}^A + \frac{\hbar^2 k^2}{2m}\delta_{mn} \right) C_n = 0 = \sum_{n}^{A} E\delta_{mn}\, C_n \,，\qquad（6\text{-}356）$$

上式的矩陣表示（Matrix representation）為

$$\begin{bmatrix} U_{XX}^A + \dfrac{\hbar^2 k^2}{2m} & U_{XY}^A & U_{XZ}^A \\[2ex] U_{YX}^A & U_{YY}^A + \dfrac{\hbar^2 k^2}{2m} & U_{YZ}^A \\[2ex] U_{ZX}^A & U_{ZY}^A & U_{ZZ}^A + \dfrac{\hbar^2 k^2}{2m} \end{bmatrix} \begin{bmatrix} C_X \\ C_Y \\ C_Z \end{bmatrix} = E \begin{bmatrix} C_X \\ C_Y \\ C_Z \end{bmatrix} \,，\qquad（6\text{-}357）$$

通常有二個方法，即群論和宇稱對稱，都可以確定矩陣中的元素，然而即使在本書中我們將採取後者作為主要的論述方法，但是在說明宇稱對稱過程中仍然稍微摻雜了一些群論的語彙。常見的 III-V 化合物半導體和元素半導體的價帶（Valance bands）頂端，因為具有立方晶體對稱（Cubic crystal symmetry）的特性，所以我們可以簡單的令其基函數為 $|X\rangle = x$，$|Y\rangle = y$，$|Z\rangle = z$，這些基函數的特性和電子的不可約三維簡併原子的 p 狀態（Irreducible three-dimensional degenerate atomic p-state）相似，所以以下的討論，我們都簡單的採用這些呈現 x、y、z 對稱的基函數來說明，從群論的結果可知閃鋅結構或鑽石結構的半導體的區域中心波函數必須屬於某些不可約表示（Irreducible representations）或某些基函數。實際上，能帶和群表示（Group representations）的對應關係是必須透過理論與實驗的仔細比對而獲得的。

現在開始逐項的確定 (3×3) 矩陣中的每一個元素，

在（6-357）式中 $\qquad U_{XX}^A = E_{v0} + H_{XX}^{(1)} + \sum_{i \neq X}^B \frac{H_{Xi}^{(1)} H_{iX}^{(1)}}{E_{v0} - E_{i0}}$, $\qquad$ （6-358）

其中 $\qquad H_{XX}^{(1)} = \frac{\hbar}{m} \vec{k} \cdot \vec{p}_{XX} = 0$ ； $\qquad$ （6-359）

且由 $\qquad H_{Xi}^{(1)} = \frac{\hbar}{m} \vec{k} \cdot \vec{p}_{Xi} = \frac{\hbar}{m} (\hat{x} k_x + \hat{y} k_y + \hat{z} k_z)(\hat{x} p_{Xi}^x + \hat{y} p_{Xi}^y + \hat{z} p_{Xi}^z)$

$$= \frac{\hbar}{m} \sum_{\alpha=x,y,z} k_\alpha p_{Xi}^\alpha ;$$ （6-360）

及 $\qquad H_{iX}^{(1)} = \frac{\hbar}{m} \vec{k} \cdot \vec{p}_{iX} = \frac{\hbar}{m} \sum_{\beta=x,y,z} k_\beta p_{iX}^\beta$, $\qquad$ （6-361）

可得 $\qquad H_{Xi}^{(1)} H_{iX}^{(1)} = \frac{\hbar^2}{m^2} \sum_{\alpha,\beta=x,y,z} k_\alpha k_\beta p_{Xi}^\alpha p_{iX}^\beta$, $\qquad$ （6-362）

現在我們列出 p_{Xi}^α 和 p_{iX}^β 的所有可能的對稱關係如下：

即 $\qquad \langle X|p^\alpha|i \rangle$ 包含有 $\langle X|p^x|i \rangle$、$\langle X|p^y|i \rangle$、$\langle X|p^z|i \rangle$ ； $\qquad$ （6-363）

$\qquad \langle i|p^\beta|X \rangle$ 包含有 $\langle i|p^x|X \rangle$、$\langle i|p^y|X \rangle$、$\langle i|p^z|X \rangle$, $\qquad$ （6-364）

其中的 $\langle X|p^x$ 和 $p^x|X \rangle$ 在 x、y、z 是偶宇稱的；$\langle X|p^y$ 和 $p^y|X \rangle$ 在 x、y 是奇宇稱的，而在 z 是偶宇稱的；$\langle X|p^z$ 和 $p^z|X \rangle$ 在 x、z 是奇宇稱的，而在 y 是偶宇稱的。

檢視這些宇稱對稱關係之後，可以清楚的發現只有 $\alpha = \beta$ 的項才存在；而其他的 $\alpha \neq \beta$ 的項都為零。因為積分的範圍是 (x, y, z) 的全空間，所以只有對 x 是偶宇稱的項才不為零；反之，對 x 是奇宇稱的全空間積分結果都為零。

所以
$$H_{Xi}^{(1)} H_{iX}^{(1)} = \frac{\hbar^2}{m^2} \sum_{\alpha=x,y,z} k_\alpha^2 p_{Xi}^\alpha p_{iX}^\alpha ,$$
（6-365）

則
$$U_{XX}^A + \frac{\hbar^2 k^2}{2m} = E_{v0} + \frac{\hbar^2}{m^2} \sum_{\alpha=x,y,z} k_\alpha^2 p_{Xi}^\alpha P_{iX}^\alpha + \frac{\hbar^2 (k_x^2 + k_y^2 + k_z^2)}{2m}$$

$$= E_{v0} + \sum_{\alpha=x,y,z} k_\alpha^2 \left\{ \frac{\hbar^2}{2m} + \frac{\hbar^2}{m^2} \left[\sum_i^B \frac{p_{Xi}^\alpha p_{iX}^\alpha}{E_{v0} - E_{i0}} \right] \right\} 。$$（6-366）

為了能更清楚的看出上式的具體的形式，我們以 x、y、z 把 $p_{Xi}^\alpha p_{iX}^\alpha$ 展開，

即
$$U_{XX}^A + \frac{\hbar^2 k^2}{2m} = E_{v0} + k_x^2 \left\{ \frac{\hbar^2}{2m} + \frac{\hbar^2}{m^2} \sum_i^B \frac{p_{Xi}^x p_{iX}^x}{E_{v0} - E_{i0}} \right\} + k_y^2 \left\{ \frac{\hbar^2}{2m} + \frac{\hbar^2}{m^2} \sum_i^B \frac{p_{Xi}^y p_{iX}^y}{E_{v0} - E_{i0}} \right\}$$

$$+ k_z^2 \left\{ \frac{\hbar^2}{2m} + \frac{\hbar^2}{m^2} \sum_i^B \frac{p_{Xi}^z p_{iX}^z}{E_{v0} - E_{i0}} \right\} ,$$
（6-367）

若考慮晶體的立方對稱（Cubic symmetry），即所有的項在 $x \rightarrow y$、$y \rightarrow z$、$z \rightarrow x$ 的轉換下，都必須保持不變，

則我們定義
$$A \equiv \frac{\hbar^2}{2m} + \frac{\hbar^2}{m^2} \sum_i^B \frac{p_{Xi}^x p_{iX}^x}{E_{v0} - E_{i0}}$$

$$= \frac{\hbar^2}{2m} + \frac{\hbar^2}{m^2} \sum_i^B \frac{p_{Yi}^y p_{iY}^y}{E_{v0} - E_{i0}}$$

$$= \frac{\hbar^2}{2m} + \frac{\hbar^2}{m^2} \sum_i^B \frac{p_{Zi}^z p_{iZ}^z}{E_{v0} - E_{i0}} ;$$
（6-368）

且
$$B \equiv \frac{\hbar^2}{2m} + \frac{\hbar^2}{m^2} \sum_i^B \frac{p_{Xi}^y p_{iX}^y}{E_{v0} - E_{i0}}$$

$$= \frac{\hbar^2}{2m} + \frac{\hbar^2}{m^2} \sum_i^B \frac{p_{Zi}^y p_{iZ}^y}{E_{v0} - E_{i0}}$$

$$= \cdots$$

$$= \frac{\hbar^2}{2m} + \frac{\hbar^2}{m^2} \sum_i^B \frac{p_{\alpha i}^\beta p_{i\alpha}^\beta}{E_{v0} - E_{i0}} ,$$
（6-369）

其中 $\alpha, \beta = x, y, z$ 或 X, Y, Z，但 $\alpha \neq \beta$。

現在 U_{XX}^A、U_{YY}^A、U_{ZZ}^A 表示式相關的每一項都被確定了，所以所有矩陣對角元素可得為

$$U_{XX}^A + \frac{\hbar^2 k^2}{2m} = E_{v0} + A k_x^2 + B(k_y^2 + k_z^2) \; ; \qquad (6\text{-}370)$$

$$U_{YY}^A + \frac{\hbar^2 k^2}{2m} = E_{v0} + A k_y^2 + B(k_z^2 + k_x^2) \; ; \qquad (6\text{-}371)$$

$$U_{ZZ}^A + \frac{\hbar^2 k^2}{2m} = E_{v0} + A k_z^2 + B(k_x^2 + k_y^2) \; 。 \qquad (6\text{-}372)$$

接著，我們要討論二階非對角矩陣元素（Second-order off-diagonal matrix elements），

即 $\qquad U_{XY}^A = H_{XY}^{(1)} + \sum_{i}^{B} \frac{H_{Xi}^{(1)} H_{iY}^{(1)}}{E_{v0} - E_{i0}} \; , \qquad (6\text{-}373)$

其中 $\qquad H_{XY}^{(1)} = \frac{\hbar}{m} \vec{k} \cdot \vec{p}_{XY} = \frac{\hbar}{m} \sum_{\alpha = x, y, z} k_\alpha p_{XY}^\alpha \; , \qquad (6\text{-}374)$

即 $H_{XY}^{(1)}$ 為 $\vec{k}$ 的線性項。

因為動量運算子 $\hat{p}$ 在空間反轉的操作下是奇宇稱，所以可以把偶函數轉換為奇函數；把奇函數轉換為偶函數，以至於對鑽石結構與閃鋅結構的運算結果不相同。對鑽石結構而言，$p_{XY}^\alpha = 0$；對閃鋅結構而言，因為閃鋅結構的導帶和價帶的波函數具有混合的宇稱，導致 p_{XY}^α 雖然不為零，但是很小，可以忽略，所以我們將捨去 $\vec{k}$ 的線性項。

又 $$H_{Xi}^{(1)} = \frac{\hbar}{m} \sum_{\alpha} k_\alpha p_{Xi}^\alpha \, , \tag{6-375}$$

且 $$H_{iY}^{(1)} = \frac{\hbar}{m} \sum_{\beta} k_\beta p_{iY}^\beta \, , \tag{6-376}$$

則 $$U_{XY}^A = \frac{\hbar^2}{m^2} \sum_{\alpha,\beta} \left[k_\alpha k_\beta \frac{p_{Xi}^\alpha p_{iY}^\beta}{E_{v0} - E_{i0}} \right] , \tag{6-377}$$

如同前面所討論的，我們列出 p_{Xi}^α 和 p_{iY}^β 的所有可能的對稱關係如下：

$$\langle X|p^\alpha|i \rangle \text{ 包含有} \langle X|p^x|i \rangle \text{、} \langle X|p^y|i \rangle \text{、} \langle X|p^z|i \rangle , \tag{6-378}$$

其中的 $\langle X|p^x$ 在 x、y、z 是偶宇稱的；$\langle X|p^y$ 在 x、y 是奇宇稱的，而在 z 是偶宇稱的；$\langle X|p^z$ 在 x、z 是奇宇稱的，而在 y 是偶宇稱的，

又 $$\langle i|p^\beta|Y \rangle \text{ 包含有} \langle i|p^x|Y \rangle \text{、} \langle i|p^y|Y \rangle \text{、} \langle i|p^z|Y \rangle \tag{6-379}$$

其中的 $p^x|Y\rangle$ 在 x、y 是奇宇稱的，而在 z 是偶宇稱的；$p^y|Y\rangle$ 在 x、y、z 是偶宇稱的；$p^z|Y\rangle$ 在 x、z 是奇宇稱的，而在 y 是偶宇稱的。

很明顯的只有 $\langle X|p^x|i \rangle \langle i|p^y|Y \rangle$ 及 $\langle X|p^y|i \rangle \langle i|p^x|Y \rangle$ 才對 U_{XY}^A 有貢獻，

則 $$U_{XY}^A = \frac{\hbar^2}{m^2} \left[k_x k_y \sum_i^B \left(\frac{p_{Xi}^x p_{iY}^y}{E_{v0} - E_{i0}} \right) + k_y k_x \sum_i^B \left(\frac{p_{Xi}^y p_{iY}^x}{E_{v0} - E_{i0}} \right) \right] 。 \tag{6-380}$$

又由於晶體的立方對稱特性，所以我們可以定義

$$C \equiv \frac{\hbar^2}{m^2} \sum_i^B \left(\frac{p_{Xi}^x p_{iY}^y + p_{Xi}^y p_{iY}^x}{E_{v0} - E_{i0}} \right)$$

$$= \frac{\hbar^2}{m^2} \sum_i^B \left(\frac{p_{Zi}^z p_{iY}^y + p_{Zi}^y p_{iY}^z}{E_{v0} - E_{i0}} \right)$$

$$= \cdots$$

$$= \frac{\hbar^2}{m^2} \sum_i^B \left(\frac{p_{\alpha i}^\alpha p_{i\beta}^\beta + p_{\alpha i}^\beta p_{i\beta}^\alpha}{E_{v0} - E_{i0}} \right), \tag{6-381}$$

其中 $\alpha, \beta = x, y, z$ 或 X, Y, Z，但 $\alpha \neq \beta$，

所以
$$U_{XY}^A = Ck_x k_y, \tag{6-382}$$

同理
$$U_{YX}^A = Ck_x k_y ; \tag{6-383}$$

$$U_{XZ}^A = U_{ZX}^A = Ck_z k_x ; \tag{6-384}$$

$$U_{YZ}^A = U_{ZY}^A = Ck_y k_z, \tag{6-385}$$

綜合以上對角元素與非對角元素的結果，我們可以寫出完整的 $\vec{k} \cdot \vec{p}$ (3×3) 矩陣為

$$\begin{bmatrix} Ak_x^2 + B(k_y^2 + k_z^2) & Ck_x k_y & Ck_x k_z \\ Ck_y k_x & Ak_y^2 + B(k_x^2 + k_z^2) & Ck_y k_z \\ Ck_z k_x & Ck_z k_y & Ak_z^2 + B(k_x^2 + k_y^2) \end{bmatrix} \begin{bmatrix} C_X \\ C_Y \\ C_Z \end{bmatrix}$$

$$= (E - E_{v0}) \begin{bmatrix} C_X \\ C_Y \\ C_Z \end{bmatrix} \,。 \tag{6-386}$$

從完整的 $\vec{k} \cdot \vec{p}$ 矩陣可以看出，只要確定 A、B、C 三個參數，價帶頂端附近的能帶結構就可以確定了，而參數 A、B、C 可以藉由電子迴旋共振量測結果得知。

6.5.5 考慮自旋與軌道交互作用的價帶結構

上一節，在不考慮自旋與軌道交互作用（Valence band with spin-orbit interaction）的條件下，為了求價帶結構，我們要找出一個(3×3)的矩陣，但是這一節，我們開始考慮自旋與軌道交互作用，為了求價帶結構，則是要找出一個(6×6)的矩陣。

經過 Hartree 近似或 Hartree-Fock 近似的 Schrödinger 方程式為

$$\left[\frac{p^2}{2m} + V(\vec{r}) + H_{SO} \right] \psi = E\psi \, , \qquad (6\text{-}387)$$

其中 H_{SO} 為自旋與軌道交互作用的 Hamiltonian，

即

$$\begin{aligned}
H_{SO} &\equiv -\vec{\mu}_s \cdot \overrightarrow{\mathscr{H}} \\
&= -\left(\frac{e\hbar}{2m} \vec{\sigma} \right) \cdot \left(\frac{\vec{v} \times \overrightarrow{\mathscr{E}}}{c^2} \right) \\
&= \frac{e\hbar}{2m} \vec{\sigma} \cdot \frac{\overrightarrow{\mathscr{E}} \times \vec{v}}{c^2} \\
&= \frac{e\hbar}{2mc^2} \vec{\sigma} \cdot (\overrightarrow{\mathscr{E}} \times \vec{v}) \, , \qquad (6\text{-}388)
\end{aligned}$$

其中 $\overrightarrow{\mathscr{H}}$ 為磁場強度；$\overrightarrow{\mathscr{E}}$ 為電場強度，

則因

$$\vec{\mathscr{E}} = -\frac{\partial V}{\partial r} \hat{r} = \frac{1}{e} \frac{\partial \mathscr{U}}{\partial r} \hat{r} \, , \qquad (6\text{-}389)$$

其中 V 為電位；$\mathscr{U}$ 為電位能，

所以
$$H_{SO} = \frac{e\hbar}{2mc^2} \vec{\sigma} \cdot \left(\frac{1}{e} \frac{\partial \mathscr{U}}{\partial r} \frac{\vec{r} \times \vec{v}}{r} \right)$$

$$= \frac{\hbar}{2m^2c^2} \vec{\sigma} \cdot \left(\frac{1}{r} \frac{\partial \mathscr{U}}{\partial r} \vec{r} \times m\vec{v} \right)$$

$$= \frac{\hbar}{2m^2c^2} \vec{\sigma} \cdot (\nabla V \times \vec{p}) \,, \qquad (6\text{-}390)$$

又再考慮 Thomas 因子（Thomas factor），

則得
$$H_{SO} = \frac{\hbar}{4m^2c^2} \vec{\sigma} \cdot (\nabla V \times \vec{p}) \,\text{。} \qquad (6\text{-}391)$$

對於中心力場而言，因為電位 $V(\vec{r})$ 呈球對稱，所以電位只和距離成比例，即 $V(\vec{r}) = V(r)$，

則
$$\nabla V = \hat{r} \frac{\partial}{\partial r} V(r) = \frac{\vec{r}}{r} \frac{\partial}{\partial r} V(r) \,, \qquad (6\text{-}392)$$

又
$$\vec{L} = \vec{r} \times \vec{p} \,, \qquad (6\text{-}393)$$

所以
$$H_{SO} = \frac{\hbar}{4m^2c^2} \frac{1}{r} \frac{\partial V}{\partial r} \vec{\sigma} \cdot (\vec{r} \times \vec{p}) = \frac{\hbar}{4m^2c^2} \frac{1}{r} \frac{\partial V}{\partial r} \vec{\sigma} \cdot \vec{L} \,\text{。} \qquad (6\text{-}394)$$

將 $\psi_{n\vec{k}} = e^{i\vec{k} \cdot \vec{r}} u_{n\vec{k}}$ 帶入 Schrödinger 方程式，

得
$$\left[\frac{1}{2m} (\vec{p} + \hbar\vec{k})^2 + V(\vec{r}) + \frac{\hbar}{4m^2c^2} \vec{\sigma} \cdot (\nabla V \times (\vec{p} + \hbar\vec{k})) \right] u_{n\vec{k}} = E_{n\vec{k}} e^{i\vec{k} \cdot \vec{r}} u_{n\vec{k}} \,,$$
$$(6\text{-}395)$$

則

$$\left\{ \left[\frac{p^2}{2m} + V(\vec{r}) + \frac{\hbar}{4m^2c^2} \vec{\sigma} \cdot (\nabla V \times \vec{p}) \right] + \frac{\hbar}{m} \vec{k} \cdot \vec{p} + \frac{\hbar^2}{4m^2c^2} \vec{\sigma} \cdot (\nabla V \times \vec{k}) \right\} u_{n\vec{k}}$$

$$= E'_{n\vec{k}} u_{n\vec{k}} \text{,} \tag{6-396}$$

其中
$$\vec{\sigma} \cdot (\nabla V \times \vec{k}) = \vec{k} \cdot (\vec{\sigma} \times \nabla V) \text{,} \tag{6-397}$$

且
$$E'_{n\vec{k}} = E_{n\vec{k}} - \frac{\hbar^2 k^2}{2m} \text{,} \tag{6-398}$$

令
$$\overrightarrow{\Pi} \equiv \vec{p} + \frac{\hbar}{4mc^2} \vec{\sigma} \times \nabla V \text{,} \tag{6-399}$$

則得
$$\left[\frac{p^2}{2m} + V(\vec{r}) + \frac{\hbar}{4m^2c^2} \vec{\sigma} \cdot (\nabla V \times \vec{p}) + \frac{\hbar}{m} \vec{k} \cdot \overrightarrow{\Pi} \right] u_{n\vec{k}} = E'_{n\vec{k}} u_{n\vec{k}} \text{,} \tag{6-400}$$

其中
$$E'_{n\vec{k}} = E_{n\vec{k}} - \frac{\hbar^2 k^2}{2m} \text{。} \tag{6-401}$$

接下來，我們要分成 $\vec{k} = 0$ 和 $\vec{k} \neq 0$ 二個部分來討論。

[1]　在 $\vec{k} = 0$ 的位置，

由
$$\left[\frac{p^2}{2m} + V(\vec{r}) + \frac{\hbar}{4m^2c^2} \vec{\sigma} \cdot (\nabla V \times \vec{p}) \right] u_{no} = E_{no} u_{no} \text{,} \tag{6-402}$$

其中
$$H_{SO} = \frac{\hbar}{4m^2c^2} \vec{\sigma} \cdot (\nabla V \times \vec{p}) \text{,} \tag{6-403}$$

而
$$H^{(0)} \begin{bmatrix} X \\ Y \\ Z \end{bmatrix} = \left[\frac{p^2}{2m} + V(\vec{r}) \right] \begin{bmatrix} X \\ Y \\ Z \end{bmatrix} = E_{vo} \begin{bmatrix} X \\ Y \\ Z \end{bmatrix} \text{。} \tag{6-404}$$

由前述所介紹的 Löwdin 微擾方法，

即
$$\sum_{n}^{A} (U_{mn}^{A} - E\delta_{mn}) C_n = 0 \text{,} \tag{6-405}$$

而 m 屬於 *class A*，

其中
$$U_{mn}^A = E_{vo}\,\delta_{mn} + H_{SO,mn} + \sum_i^B \frac{H_{SO,mi}\,H_{SO,in}}{E_{vo}-E_{io}}\,,\qquad(6\text{-}406)$$

當中第二項的 $\sum_i^B \dfrac{H_{SO,mi}\,H_{SO,in}}{E_{vo}-E_{io}}$ 是可以被忽略的，而因為考慮電子自旋，所以選擇 $X\uparrow$、$Y\uparrow$、$Z\uparrow$、$X\downarrow$、$Y\downarrow$、$Z\downarrow$ 為 class A 的基函數，也就是上式 U_{mn}^A 的下標 m、n 是要把所有的基函數 $X\uparrow$、$Y\uparrow$、$Z\uparrow$、$X\downarrow$、$Y\downarrow$、$Z\downarrow$ 全部代入，即 m、$n = X\uparrow$、$Y\uparrow$、$Z\uparrow$、$X\downarrow$、$Y\downarrow$、$Z\downarrow$，所以我們將要建立一個 (6×6) 的矩陣 U^A，

$$
U^A=
\begin{array}{c}
\begin{array}{cccccc}
X\uparrow & Y\uparrow & Z\uparrow & X\downarrow & Y\downarrow & Z\downarrow
\end{array}\\
\left[\begin{array}{ccc|ccc}
\boxed{1} & \boxed{2} & \boxed{3} & \boxed{10} & \boxed{11} & \boxed{12}\\
\boxed{4} & \boxed{5} & \boxed{6} & \boxed{13} & \boxed{14} & \boxed{15}\\
\boxed{7} & \boxed{8} & \boxed{9} & \boxed{16} & \boxed{17} & \boxed{18}\\
\hline
\cdot & \cdot & \cdot & \cdot & \cdot & \cdot\\
\cdot & \boxed{19} & \cdot & \cdot & \boxed{20} & \cdot\\
\cdot & \cdot & \cdot & \cdot & \cdot & \cdot
\end{array}\right]
\begin{array}{c}
X\uparrow\\ Y\uparrow\\ Z\uparrow\\ X\downarrow\\ Y\downarrow\\ Z\downarrow
\end{array}
\end{array}
\qquad(6\text{-}407)
$$

雖然 (6×6) 的矩陣 U^A 有 36 個矩陣元素要確定，但是我們把矩陣分成四個區域，左上角的 9 個元素和右上角的 9 個元素依序編號由 1 至 18，以下將分別求出；而左下角的 9 個元素則將由編號 19 的關係式獲得；右下角的 9 個元素則將由編號 20 的關係式獲得。

我們可以用 $U^A_{X\uparrow,X\uparrow}$ 作為計算的起始點，

由
$$U^A_{X\uparrow,X\uparrow} = E_{vo} + \langle X\uparrow|H_{SO}|X\uparrow\rangle$$
$$= E_{vo} + \langle\uparrow|\vec{\sigma}|\uparrow\rangle\,\frac{\hbar}{4m^2c^2}\,\langle X|\nabla V \times \vec{p}|X\rangle\,,\qquad(6\text{-}408)$$

現在只要分別算出 $\langle\uparrow|\vec{\sigma}|\uparrow\rangle$ 和 $\langle X|\nabla V\times\vec{p}|X\rangle$，就可以求出 $U^A_{X\uparrow,X\uparrow}$，細節如下：

[1.1] 由 $\qquad \vec{\sigma}|\uparrow\rangle = \hat{x}\sigma_x|\uparrow\rangle + \hat{y}\sigma_y|\uparrow\rangle + \hat{z}\sigma_z|\uparrow\rangle$， （6-409）

而 $\qquad \vec{\sigma}_x|\uparrow\rangle = \begin{bmatrix} 0 & 1 \\ 1 & 0 \end{bmatrix}\begin{bmatrix} 1 \\ 0 \end{bmatrix} = \begin{bmatrix} 0 \\ 1 \end{bmatrix} = |\downarrow\rangle$； （6-410）

$$\vec{\sigma}_y|\uparrow\rangle = \begin{bmatrix} 0 & -i \\ i & 0 \end{bmatrix}\begin{bmatrix} 1 \\ 0 \end{bmatrix} = i\begin{bmatrix} 0 \\ 1 \end{bmatrix} = i|\downarrow\rangle ；\qquad（6\text{-}411）$$

$$\vec{\sigma}_z|\uparrow\rangle = \begin{bmatrix} 1 & 0 \\ 0 & -1 \end{bmatrix}\begin{bmatrix} 1 \\ 0 \end{bmatrix} = \begin{bmatrix} 1 \\ 0 \end{bmatrix} = |\uparrow\rangle ，\qquad（6\text{-}412）$$

所以 $\qquad \vec{\sigma}|\uparrow\rangle = \hat{x}|\downarrow\rangle + \hat{y}i|\downarrow\rangle + \hat{z}|\uparrow\rangle$， （6-413）

則 $\qquad \langle\uparrow|\vec{\sigma}|\uparrow\rangle = \hat{z}$； （6-414）

$\qquad\qquad \langle\downarrow|\vec{\sigma}|\uparrow\rangle = \hat{x}+i\hat{y}$； （6-415）

$\qquad\qquad \langle\uparrow|\vec{\sigma}|\downarrow\rangle = \langle\uparrow|\vec{\sigma}^{\dagger}|\downarrow\rangle = \langle\downarrow|\vec{\sigma}|\uparrow\rangle^* = (\hat{x}+i\hat{y})^* = (\hat{x}-i\hat{y})$， （6-416）

其中因為 $\vec{\sigma}$ 是 Hermitian，

所以 $\qquad\qquad \langle\uparrow|\vec{\sigma}|\downarrow\rangle = \langle\uparrow|\vec{\sigma}^{\dagger}|\downarrow\rangle$， （6-417）

同理 $\qquad\qquad \langle\downarrow|\vec{\sigma}|\downarrow\rangle = -\hat{z}$。 （6-418）

[1.2] 閃鋅結構或鑽石結構是屬於 T_d 群，而轉換 $\begin{bmatrix} X \\ Y \\ Z \end{bmatrix}$ 和轉換 $\begin{bmatrix} yz \\ zx \\ xy \end{bmatrix}$ 都同屬

T_d 群的 Γ_4 表示，如表 6-3 的特徵值表所示。

而因為 $(\nabla V\times\vec{p})_y$ 和 X 在同一個列，

所以 $\qquad (\nabla V\times\vec{p})_y Z$ 可以用基函數 XZ 來表示； （6-419）

T_d	E	$8C_3$	$3C_2$	$6S_4$	$6\sigma_d$	Basis
Γ_1	1	1	1	1	1	$x^2+y^2+z^2,\ xyz$
Γ_2	1	1	1	-1	-1	
Γ_3	2	-1	2	0	0	$(2z^2-x^2-y^2, x^2-y^2)$
Γ_4	3	0	-1	-1	1	$(x,y,z),(yz,zx,xy),(x^3,y^3,z^3)$
Γ_5	3	0	-1	1	-1	$(R_x,R_y,R_z),[x(z^2-y^2),y(z^2-x^2),z(x^2-y^2)]$

表 6-3　T_d 群的特徵值表

因為 $(\nabla V\times\vec{p})_z X$ 和 Y 在同一個列，

所以　　　　$(\nabla V\times\vec{p})_z X$ 可以用基函數 YX 來表示；　　　　（6-420）

因為 $(\nabla V\times\vec{p})_x Y$ 和 Z 在同一個列，

所以　　　　$(\nabla V\times\vec{p})_x Y$ 可以用基函數 ZY 來表示；　　　　（6-421）

　　綜合以上所述，$(\nabla V\times\vec{p})_y Z$、$(\nabla V\times\vec{p})_z X$、$(\nabla V\times\vec{p})_x Y$ 屬於 T_d 群的 Γ_4 表示，同理，$(\nabla V\times\vec{p})_z Y$、$(\nabla V\times\vec{p})_y X$、$(\nabla V\times\vec{p})_x Z$ 屬於 T_d 群的 Γ_4 表示。

將 [1.1] 和 [1.2] 的結果代入，

得　　　　　$\langle X\uparrow|H_{SO}|X\uparrow\rangle = \langle\uparrow|\vec{\sigma}|\uparrow\rangle\,\dfrac{\hbar}{4m^2c^2}\langle X|\nabla V\times\vec{p}|X\rangle$

$\qquad\qquad\qquad\quad = \hat{z}\dfrac{\hbar}{4m^2c^2}\langle X|\nabla V\times\vec{p}|x\rangle$

$\qquad\qquad\qquad\quad = \dfrac{\hbar}{4m^2c^2}\langle X|(\nabla V\times\vec{p})_z|X\rangle = 0$，　　　（6-422）

其中因為 $(\nabla V \times \vec{p})_z|X\rangle$ 和 Y 在同一個列，

所以 $$\langle X|(\nabla V \times \vec{p})_z|X\rangle \propto \langle X|Y\rangle = 0，\qquad (6\text{-}423)$$

得 ① $$U^A_{X\uparrow,X\uparrow} = E_{vo}。\qquad (6\text{-}424)$$

相似的步驟可以用來求出其他的結果，

② $$\begin{aligned}U^A_{X\uparrow,Y\uparrow} &= \langle X\uparrow|H_{SO}|Y\uparrow\rangle\\ &= \langle\uparrow|\vec{\sigma}|\uparrow\rangle \frac{\hbar}{4m^2c^2}\langle X|\nabla V \times \vec{p}|Y\rangle\\ &= \frac{\hbar}{4m^2c^2}\langle X|(\nabla V \times \vec{p})_z|Y\rangle\\ &\equiv \frac{\Delta}{3i}，\qquad (6\text{-}425)\end{aligned}$$

其中 $\langle\uparrow|\vec{\sigma}|\uparrow\rangle = \hat{z}$，且 Δ 為實數。此外，以上的結果還利用了已知 $\vec{p}$ 為純虛數，且由於 $(\Delta V \times \vec{p})_z|Y\rangle$ 和 X 在同一個列，所以 $\langle X|(\nabla V \times \vec{p})_z|Y\rangle \neq 0$ 的關係而得。

因為 $\langle X|(\nabla V \times \vec{p})_z$ 和 Y 在同一個列，

所以 $$\langle X|(\nabla V \times \vec{p})_z|Z\rangle = 0，\qquad (6\text{-}426)$$

則得 ③ $$U^A_{X\uparrow,Z\uparrow} = \frac{\hbar}{4m^2c^2}\langle X|(\nabla V \times \vec{p})_z|Z\rangle = 0。\qquad (6\text{-}427)$$

其實，我們也可以用群論的對稱運算得到 $U^A_{X\uparrow,Z\uparrow} = 0$ 的結果，說明如下：

由 C_2^z 的對稱操作 $C_2^z = \begin{bmatrix} x \\ y \\ z \end{bmatrix} = \begin{bmatrix} -x \\ -y \\ z \end{bmatrix}$ 可看出：由於經過 C_2^z 的對稱操作之後的轉換為

$$X \rightarrow -X \; ; \tag{6-428}$$

$$(\nabla V \times \vec{p})_z \rightarrow (\nabla V \times \vec{p})_z \; ; \tag{6-429}$$

$$Z \rightarrow Z \; , \tag{6-430}$$

則 $\quad \langle X|(\nabla V \times \vec{p})_z|Z \rangle = -\langle X|(\nabla V \times \vec{p})_z|Z \rangle \; , \tag{6-431}$

因為 $\quad +\langle \; \rangle = -\langle \; \rangle \; , \tag{6-432}$

所以 $\quad \langle X|(\nabla V \times \vec{p})_z|Z \rangle = -\langle X|(\nabla V \times \vec{p})_z|Z \rangle = 0 \; 。 \tag{6-433}$

④ $\quad U^A_{Y\uparrow,X\uparrow} = \left(=(U^{A\dagger})_{Y\uparrow,X\uparrow}\right) = (U^A_{X\uparrow,Y\uparrow})^* = \left(\frac{\Delta}{3i}\right)^* = -\frac{\Delta}{3i} \; , \tag{6-434}$

⑤ $\quad U^A_{Y\uparrow,Y\uparrow} = E_{vo} \; ; \tag{6-435}$

因為 $\langle Y|(\nabla V \times \vec{p})_z$ 和 X 在同一個列,

所以 $\quad \langle Y|(\nabla V \times \vec{p})_z|Z \rangle = 0 \; , \tag{6-436}$

得⑥ $\quad U^A_{Y\uparrow,Z\uparrow} = \frac{\hbar}{4m^2c^2} \langle Y|(\nabla V \times \vec{p})_z|Z \rangle = 0 \; , \tag{6-437}$

⑦ $\quad U^A_{Z\uparrow,X\uparrow} = (U^A_{X\uparrow,Z\uparrow})^* = 0 \; ; \tag{6-438}$

⑧ $\quad U^A_{Z\uparrow,Y\uparrow} = (U^A_{Y\uparrow,Z\uparrow})^* = 0 \; ; \tag{6-439}$

⑨ $\quad U^A_{Z\uparrow,Z\uparrow} = E_{vo} + \frac{\hbar}{4m^2c^2} \langle Z|(\nabla V \times \vec{p})_z|Z \rangle = E_{vo} \; 。 \tag{6-440}$

我們也可以再一次用群論的對稱運算得到 $\langle Z|(\nabla V \times \vec{p})_z|Z \rangle = 0$ 的結果,說明如下:

由 C_2^x 的對稱操作 $C_2^x \begin{bmatrix} x \\ y \\ z \end{bmatrix} = \begin{bmatrix} x \\ -y \\ -z \end{bmatrix}$ 可看出:經過 C_2^x 的對稱操作之後的

轉換為 $\quad\quad\quad\quad\quad Z \rightarrow -Z \; ; \tag{6-441}$

$$(\nabla V \times \vec{p})_z \rightarrow -(\nabla V \times \vec{p})_z \; , \tag{6-442}$$

則 $\qquad \langle Z|(\nabla V \times \vec{p})_z|Z\rangle = -\langle Z|(\nabla V \times \vec{p})_z|Z\rangle = 0 \,。$ （6-443）

接著我們要計算一個「通式」，

由 $\qquad\qquad\qquad \langle \downarrow|\vec{\sigma}|\downarrow\rangle = -\hat{z} \,,$ （6-444）

可得20 $\qquad U_{\alpha\downarrow,\beta\downarrow}^A = \langle \downarrow|\vec{\sigma}|\downarrow\rangle \left\langle \alpha \left| \frac{\hbar}{4m^2c^2}\nabla V \times \vec{p} \right| \beta \right\rangle + E_{vo}\,\delta_{\alpha,\beta}$

$$= E_{vo}\,\delta_{\alpha\downarrow,\beta\downarrow} - H_{SO,\alpha\uparrow,\beta\uparrow} \,。$$ （6-445）

其實，由1到9的結果，也可以發現如下的關係式

$$U_{\alpha\downarrow,\beta\downarrow}^A = E_{vo}\,\delta_{\alpha\uparrow,\beta\uparrow} - H_{SO,\alpha\uparrow,\beta\uparrow} \,。$$ （6-446）

由 $\qquad\qquad\qquad \langle \uparrow|\vec{\sigma}|\downarrow\rangle = \hat{x} - i\hat{y} \,,$ （6-447）

可得10 $U_{X\uparrow,X\downarrow}^A = \langle \uparrow|\vec{\sigma}|\downarrow\rangle \dfrac{\hbar}{4m^2c^2} \langle X|\nabla V \times \vec{p}|X\rangle$

$$= \frac{\hbar}{4m^2c^2}\big[\,\langle X|(\nabla V \times \vec{p})_x|X\rangle - i\,\langle X|(\nabla V \times \vec{p})_y|X\rangle\,\big]$$

$$= 0 \,,$$ （6-448）

且11 $U_{X\uparrow,Y\downarrow}^A = \dfrac{\hbar}{4m^2c^2}\big[\,\langle X|(\nabla V \times \vec{p})_x|Y\rangle - i\,\langle X|(\nabla V \times \vec{p})_y|Y\rangle\,\big] = 0 \,。$ （6-449）

因為 $\qquad \langle X|(\nabla V \times \vec{p})_x|Z\rangle = 0 \,,$ （6-450）

則 $\qquad U_{X\uparrow,Z\downarrow}^A = \dfrac{\hbar}{4m^2c^2}\big[\,\langle X|(\nabla V \times \vec{p})_x|Z\rangle - i\,\langle X|(\nabla V \times \vec{p})_y|Z\rangle\,\big]$

$$= -i\frac{\hbar}{4m^2c^2}\langle X|(\nabla V \times \vec{p})_y|Z\rangle \,,$$ （6-451）

又因為 T_d 群的 S_4^x 操作為

$$S_4^x \begin{bmatrix} x \\ y \\ z \end{bmatrix} = \begin{bmatrix} -x \\ +z \\ -y \end{bmatrix} , \quad (6\text{-}452)$$

所以
$$X \rightarrow -X , \quad (6\text{-}453)$$

且
$$(\nabla V \times \vec{p})_y |Z\rangle \rightarrow -(\nabla V \times \vec{p})_z |Y\rangle , \quad (6\text{-}454)$$

可得 $\boxed{12}$ $U_{X\uparrow,Z\downarrow}^A = -i \left[\frac{\hbar}{4m^2c^2} \langle X|(\nabla V \times \vec{p})_y|Y\rangle \right] = -i\frac{\Delta}{3i} = -\frac{\Delta}{3} \circ$ $(6\text{-}455)$

$\boxed{13}$ $U_{Y\uparrow,X\downarrow}^A = \frac{\hbar}{4m^2c^2} \left[\langle Y|(\nabla V \times \vec{p})_x|X\rangle - i\langle Y|(\nabla V \times \vec{p})_y|X\rangle \right] = 0 \circ (6\text{-}456)$

$\boxed{14}$ $U_{Y\uparrow,X\uparrow}^A = \frac{\hbar}{4m^2c^2} \left[\langle Y|(\nabla V \times \vec{p})_x|Y\rangle - i\langle Y|(\nabla V \times \vec{p})_y|Y\rangle \right] = 0 \triangleleft (6\text{-}457)$

由
$$\langle Y|(\nabla V \times \vec{p})_y|Z\rangle = 0 , \quad (6\text{-}458)$$

則得 $\boxed{15}$
$$U_{Y\uparrow,Z\downarrow}^A = \frac{\hbar}{4m^2c^2} \left[\langle Y|(\nabla V \times \vec{p})_x|Z\rangle - i\langle Y|(\nabla V \times \vec{p})_y|Z\rangle \right]$$

$$= \frac{\hbar}{4m^2c^2} \langle Y|(\nabla V \times \vec{p})_x|Z\rangle$$

$$= \frac{\hbar}{4m^2c^2} \langle Y|(\nabla V \times \vec{p})_z|X\rangle$$

$$= U_{Y\uparrow,X\uparrow}^A = -\frac{\Delta}{3i} \circ \quad (6\text{-}459)$$

由
$$\langle Z|(\nabla V \times \vec{p})_x|Z\rangle = 0 , \quad (6\text{-}460)$$

則得 $\boxed{16}$
$$U_{Z\uparrow,X\downarrow}^A = \frac{\hbar}{4m^2c^2} \left[\langle Z|(\nabla V \times \vec{p})_x|X\rangle - i\langle Z|(\nabla V \times \vec{p})_y|X\rangle \right]$$

$$= -i\frac{\hbar}{4m^2c^2} \langle Z|(\nabla V \times \vec{p})_y|X\rangle$$

$$= -i\frac{\hbar}{4m^2c^2} \langle Y|(\nabla V \times \vec{p})_z|X\rangle$$

$$= -iU_{Y\uparrow,X\uparrow}^A = -i\left(-\frac{\Delta}{3i}\right) = \frac{\Delta}{3} \circ \quad (6\text{-}461)$$

由
$$\langle Z|(\nabla V \times \vec{p})_y|Y\rangle = 0 , \quad (6\text{-}462)$$

則得 $\boxed{17}$
$$U_{Z\uparrow,Y\downarrow}^A = \frac{\hbar}{4m^2c^2} \left[\langle Z|(\nabla V \times \vec{p})_x|Y\rangle - i\langle Z|(\nabla V \times \vec{p})_y|Y\rangle \right]$$

$$= \frac{\hbar}{4m^2c^2} \langle X|(\nabla V \times \vec{p})_z|Y\rangle$$

$$= U^A_{X\uparrow, Y\uparrow} = \frac{\Delta}{3i} \, 。 \tag{6-463}$$

由 $\qquad \langle Z|(\nabla V \times \vec{p})_x|Z\rangle = 0 \, , \tag{6-464}$

且 $\qquad \langle Z|(\nabla V \times \vec{p})_y|Z\rangle = 0 \, , \tag{6-465}$

則得 $\boxed{18}$ $U^A_{Z\uparrow, Z\downarrow} = \frac{\hbar}{4m^2c^2}[\langle Z|(\nabla V \times \vec{p})_x|Z\rangle - i\langle Z|(\nabla V \times \vec{p})_y|Z\rangle] = 0 \, 。 \tag{6-466}$

相似的過程可得 $\qquad U^A_{X\downarrow, X\uparrow} = (U^A_{X\uparrow, X\downarrow})^* = 0 \, , \tag{6-467}$

及 $\qquad U^A_{X\downarrow, Y\uparrow} = (U^A_{Y\uparrow, X\downarrow})^* = 0 \, 。 \tag{6-468}$

綜合以上的結果可得關係式如下：

$\boxed{19}$ $\qquad\qquad U^A_{\alpha\downarrow, \beta\uparrow} = (U^A_{\beta\uparrow, \alpha\downarrow})^* \, 。 \tag{6-469}$

所以矩陣 U^A 為

$$U^A = \begin{bmatrix} E_{vo} & \dfrac{\Delta}{3i} & 0 & 0 & 0 & \dfrac{-\Delta}{3} \\[2ex] \dfrac{-\Delta}{3i} & E_{vo} & 0 & 0 & 0 & \dfrac{-\Delta}{3i} \\[2ex] 0 & 0 & E_{vo} & \dfrac{\Delta}{3} & \dfrac{\Delta}{3i} & 0 \\[2ex] 0 & 0 & \dfrac{\Delta}{3} & E_{vo} & \dfrac{-\Delta}{3i} & 0 \\[2ex] 0 & 0 & \dfrac{-\Delta}{3i} & \dfrac{\Delta}{3i} & E_{vo} & 0 \\[2ex] \dfrac{-\Delta}{3} & \dfrac{\Delta}{3i} & 0 & 0 & 0 & E_{vo} \end{bmatrix} \, , \tag{6-470}$$

則可求本徵值及其本徵向量，

即
$$U^A C = EC，\qquad (6\text{-}471)$$

其中
$$C = \begin{bmatrix} C_{X\uparrow} \\ C_{Y\uparrow} \\ C_{Z\uparrow} \\ C_{X\downarrow} \\ C_{Y\downarrow} \\ C_{Z\downarrow} \end{bmatrix}，\qquad (6\text{-}472)$$

所以本徵值為行列式 $\det(U^A - EI) = 0$ 之解，

即
$$\begin{vmatrix} E_{vo} - E & \dfrac{\Delta}{3i} & 0 & 0 & 0 & \dfrac{-\Delta}{3} \\[2mm] \dfrac{-\Delta}{3i} & E_{vo} - E & 0 & 0 & 0 & \dfrac{-\Delta}{3i} \\[2mm] 0 & 0 & E_{vo} - E & \dfrac{\Delta}{3} & \dfrac{\Delta}{3i} & 0 \\[2mm] 0 & 0 & \dfrac{\Delta}{3} & E_{vo} - E & \dfrac{-\Delta}{3i} & 0 \\[2mm] 0 & 0 & \dfrac{-\Delta}{3i} & \dfrac{\Delta}{3i} & E_{vo} - E & 0 \\[2mm] \dfrac{-\Delta}{3} & \dfrac{\Delta}{3i} & 0 & 0 & 0 & E_{vo} - E \end{vmatrix} = 0，\qquad (6\text{-}473)$$

可解得四重根 $E = E_{vo} + \dfrac{\Delta}{3}$ 與二重根 $E = E_{vo} - \dfrac{2\Delta}{3}$，

對應於四重根 $E = E_{vo} + \dfrac{\Delta}{3}$ 的四個本徵向量為

$$C = \begin{bmatrix} C_{X\uparrow} \\ C_{Y\uparrow} \\ C_{Z\uparrow} \\ C_{X\downarrow} \\ C_{Y\downarrow} \\ C_{Z\downarrow} \end{bmatrix} = \begin{bmatrix} \dfrac{1}{\sqrt{2}} \\ \dfrac{i}{\sqrt{2}} \\ 0 \\ 0 \\ 0 \\ 0 \end{bmatrix} 、 \begin{bmatrix} 0 \\ 0 \\ 0 \\ \dfrac{i}{\sqrt{2}} \\ \dfrac{1}{\sqrt{2}} \\ 0 \end{bmatrix} 、 \begin{bmatrix} 0 \\ 0 \\ \dfrac{-2i}{\sqrt{6}} \\ \dfrac{i}{\sqrt{6}} \\ \dfrac{-1}{\sqrt{6}} \\ 0 \end{bmatrix} 、 \begin{bmatrix} \dfrac{1}{\sqrt{6}} \\ \dfrac{-i}{\sqrt{6}} \\ 0 \\ 0 \\ 0 \\ \dfrac{2}{\sqrt{6}} \end{bmatrix} ,$$ （6-474）

所以四個基函數為

$$u_{\frac{3}{2}}^{\left(\frac{3}{2}\right)} = \frac{1}{\sqrt{2}} X\uparrow + \frac{i}{\sqrt{2}} Y\uparrow = \frac{1}{\sqrt{2}}(X+iY)\uparrow ;$$ （6-475）

$$u_{-\frac{3}{2}}^{\left(\frac{3}{2}\right)} = \frac{i}{\sqrt{2}} X\downarrow + \frac{i}{\sqrt{2}} Y\downarrow = \frac{1}{\sqrt{2}}(X+iY)\downarrow ;$$ （6-476）

$$u_{\frac{1}{2}}^{\left(\frac{3}{2}\right)} = \frac{-2i}{\sqrt{6}} Z\uparrow + \frac{i}{\sqrt{6}} X\downarrow - \frac{1}{\sqrt{6}} Y\downarrow$$

$$= \frac{1}{\sqrt{6}}[(X+iY)\downarrow - 2Z\uparrow] ;$$ （6-477）

$$u_{-\frac{1}{2}}^{\left(\frac{3}{2}\right)} = \frac{1}{\sqrt{6}} X\uparrow + \frac{-i}{\sqrt{6}} Y\uparrow + \frac{2}{\sqrt{6}} Z\downarrow$$

$$= \frac{1}{\sqrt{6}}[(X-iY)\uparrow + 2Z\downarrow] 。$$ （6-478）

對應於二重根 $E = E_{vo} - \dfrac{2\Delta}{3}$ 的二個本徵向量為

$$C = \begin{bmatrix} C_{X\uparrow} \\ C_{Y\uparrow} \\ C_{Z\uparrow} \\ C_{X\downarrow} \\ C_{Y\downarrow} \\ C_{Z\downarrow} \end{bmatrix} = \begin{bmatrix} 0 \\ 0 \\ \dfrac{1}{\sqrt{3}} \\ \dfrac{1}{\sqrt{3}} \\ \dfrac{i}{\sqrt{3}} \\ 0 \end{bmatrix} \; \; \begin{bmatrix} \dfrac{-i}{\sqrt{3}} \\ \dfrac{1}{\sqrt{3}} \\ 0 \\ 0 \\ 0 \\ \dfrac{i}{\sqrt{3}} \end{bmatrix}, \qquad (6\text{-}479)$$

所以二個基函數為

$$u_{\frac{1}{2}}^{\left(\frac{1}{2}\right)} = \frac{1}{\sqrt{3}} Z\uparrow + \frac{1}{\sqrt{3}} X\downarrow + \frac{i}{\sqrt{3}} Y\downarrow$$

$$= \frac{1}{\sqrt{3}}[(X+iY)\downarrow + Z\uparrow] ; \qquad (6\text{-}480)$$

$$u_{-\frac{1}{2}}^{\left(\frac{1}{2}\right)} = \frac{-i}{\sqrt{3}} X\uparrow + \frac{1}{\sqrt{3}} Y\uparrow + \frac{i}{\sqrt{3}} Z\downarrow$$

$$= \frac{1}{\sqrt{3}}[-(X+iY)\uparrow + Z\downarrow] \text{。} \qquad (6\text{-}481)$$

如圖 6-50 所示，我們可以比較考慮自旋與軌道交互作用前後在 $\vec{k}=0$ 位置的價帶結構。

如果再作深入一點的討論，我們會發現

$u_{\frac{3}{2}}^{\left(\frac{3}{2}\right)}$ 和 $u_{-\frac{3}{2}}^{\left(\frac{3}{2}\right)}$ 是時間逆轉（Time reversal）的關係；

$u_{\frac{1}{2}}^{\left(\frac{3}{2}\right)}$ 和 $u_{-\frac{1}{2}}^{\left(\frac{3}{2}\right)}$ 是時間逆轉的關係；

$u_{\frac{1}{2}}^{\left(\frac{1}{2}\right)}$ 和 $u_{-\frac{1}{2}}^{\left(\frac{1}{2}\right)}$ 是時間逆轉的關係。

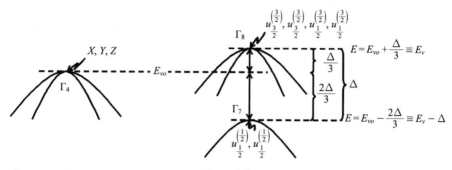

圖 6-50　自旋與軌道交互作用前後在 $\vec{k}=0$ 位置的價帶結構

[2]　在 $\vec{k}\neq 0$ 的位置，

我們將由 [1] $\vec{k}=0$ 所找出的基函數 $u_{\frac{3}{2}}^{\left(\frac{3}{2}\right)}$、$u_{-\frac{3}{2}}^{\left(\frac{3}{2}\right)}$、$u_{\frac{1}{2}}^{\left(\frac{3}{2}\right)}$、$u_{-\frac{1}{2}}^{\left(\frac{3}{2}\right)}$、$u_{\frac{1}{2}}^{\left(\frac{1}{2}\right)}$、$u_{-\frac{1}{2}}^{\left(\frac{1}{2}\right)}$ 來求 $\vec{k}\neq 0$ 的情況。

經過 Hartree 近似或 Hartree-Fock 近似的 Schrödinger 方程式爲

$$(H^{(0)}+H^{(1)})\,u_{n\vec{k}}=E'_{n\vec{k}}\,u_{n\vec{k}}=\left(E_{n\vec{k}}-\frac{\hbar^2 k^2}{2m}\right)u_{n\vec{k}}\,,\qquad（6\text{-}482）$$

上式中，未受微擾的 Hamiltonian $H^{(1)}$ 滿足

$$H^{(0)}=\frac{p^2}{2m}+V(\vec{r})+H_{SO}\,;\qquad（6\text{-}483）$$

$$H^{(0)}u_i^{\left(\frac{3}{2}\right)}=E_v\,u_i^{\left(\frac{3}{2}\right)}\,,\qquad（6\text{-}484）$$

其中 $i=\dfrac{3}{2},\,-\dfrac{3}{2},\,\dfrac{1}{2},\,-\dfrac{1}{2}$ ；

$$H^{(0)} u_i^{\left(\frac{1}{2}\right)} = (E_v - \Delta) u_i^{\left(\frac{1}{2}\right)} , \qquad\qquad (6\text{-}485)$$

其中 $i = \dfrac{1}{2}$, $-\dfrac{1}{2}$,

微擾的 Hamiltonian $H^{(1)}$ 爲

$$H^{(1)} = \frac{\hbar}{m} \vec{k} \cdot \overrightarrow{\Pi} , \qquad\qquad (6\text{-}486)$$

其中 $\qquad\qquad \overrightarrow{\Pi} \equiv \vec{p} + \dfrac{\hbar}{4mc^2} \vec{\sigma} \times \nabla V 。 \qquad\qquad (6\text{-}487)$

如圖 6-51 所示，我們把距離 class A 比較遠的能帶全部定義爲 class B，所以除了 class A 之外，還要把 class B 納進來考慮。

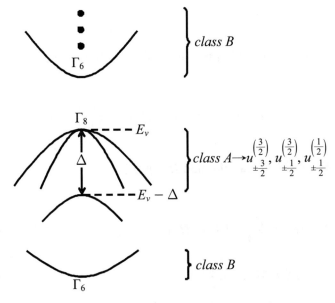

圖 6-51　距離 class A 比較遠的能帶全部定義爲 class B

還是以 Löwdin 微擾方法來討論，

則
$$\sum_{n}^{A} \left(U_{mn}^A - E'\delta_{mn} \right) C_n = 0 \,,$$
（6-488）

而 *m* 屬於 *class* A，

即
$$\sum_{n}^{A} \left[U_{mn}^A - \left(E - \frac{\hbar^2 k^2}{2m} \right) \delta_{mn} \right] C_n = 0 \,,$$
（6-489）

或者可以寫成
$$\sum_{n}^{A} \left[U_{mn}^A + \frac{\hbar^2 k^2}{2m} \delta_{mn} \right] C_n = E C_m \,,$$
（6-490）

其中
$$U_{mn}^A = E_m^{(0)} \delta_{mn} + H_{mn}^{(1)} + \sum_{i}^{B} \frac{H_{mi}^{(1)} H_{in}^{(1)}}{E_A - E_i^{(0)}} \,。$$
（6-491）

令基函數為 $u_1 = u_{\frac{3}{2}}^{\left(\frac{3}{2}\right)}$、$u_2 = u_{\frac{1}{2}}^{\left(\frac{3}{2}\right)}$、$u_3 = u_{-\frac{1}{2}}^{\left(\frac{3}{2}\right)}$、$u_4 = u_{-\frac{3}{2}}^{\left(\frac{3}{2}\right)}$、$u_5 = u_{\frac{1}{2}}^{\left(\frac{1}{2}\right)}$、$u_6 = u_{-\frac{1}{2}}^{\left(\frac{1}{2}\right)}$，則其矩陣方程式為

$$U^A C = E C \,,$$
（6-492）

其中

$U^A =$

$$\begin{bmatrix} U_{11}^A + \dfrac{\hbar^2 k^2}{2m} & U_{12}^A & U_{13}^A & U_{14}^A & U_{15}^A & U_{16}^A \\[2ex] U_{21}^A & U_{22}^A + \dfrac{\hbar^2 k^2}{2m} & U_{23}^A & U_{24}^A & U_{25}^A & U_{26}^A \\[2ex] U_{31}^A & U_{32}^A & U_{33}^A + \dfrac{\hbar^2 k^2}{2m} & U_{34}^A & U_{35}^A & U_{36}^A \\[2ex] U_{41}^A & U_{42}^A & U_{43}^A & U_{44}^A + \dfrac{\hbar^2 k^2}{2m} & U_{45}^A & U_{46}^A \\[2ex] U_{51}^A & U_{52}^A & U_{53}^A & U_{54}^A & U_{55}^A + \dfrac{\hbar^2 k^2}{2m} & U_{56}^A \\[2ex] U_{61}^A & U_{62}^A & U_{63}^A & U_{64}^A & U_{65}^A & U_{66}^A + \dfrac{\hbar^2 k^2}{2m} \end{bmatrix},$$

$$(6\text{-}493)$$

且
$$C = \begin{bmatrix} C_1 \\ C_2 \\ C_3 \\ C_4 \\ C_5 \\ C_6 \end{bmatrix}, \qquad (6\text{-}494)$$

所以和 $[1] k = 0$ 的情況相似，我們也要建立一個 (6×6) 的矩陣 U^A。

在 $\vec{k}\,(\neq 0)$ 位置的 Bloch 函數 $u_{n\vec{k}}$ 之週期性部分可以表示為 *class A* 和 *class B* 之和，

即
$$u_{n\vec{k}} = \underbrace{\sum_{n'=1}^{6} C_{n'}\, u_{n'}}_{class\,A} + \underbrace{\sum_{n'}^{B} C_{n'}\, u_{n'0}}_{class\,B} \; 。 \qquad (6\text{-}495)$$

接著開始找矩陣 U^A 的元素。

由 Löwdin 微擾方法可知

$$U_{mn}^A = E_m^{(0)} \delta_{mn} + H_{mn}^{(1)} + \sum_i^B \frac{H_{mi}^{(1)} H_{in}^{(1)}}{E_A - E_i^{(0)}} \text{,} \qquad (6\text{-}496)$$

且

$$E_i^{(0)} = \begin{cases} E_v, & i=1,2,3,4 \\ E_v - \Delta, & i=5,6 \end{cases} \text{,} \qquad (6\text{-}497)$$

則

$$U_{11}^A = E_1^{(0)} + E_{11}^{(1)} + \sum_i^B \frac{H_{1i}^{(1)} H_{i1}^{(1)}}{E_A - E_i^{(0)}} \text{。} \qquad (6\text{-}498)$$

若微擾項為

$$H^{(1)} = \frac{\hbar}{m} \vec{k} \cdot \vec{p} + \frac{\hbar^2}{4m^2c^2} \vec{k} \cdot (\vec{\sigma} \times \nabla V) \text{,} \qquad (6\text{-}499)$$

但沒有微擾的項為

$$H^{(0)} = \frac{p^3}{2m} + V(\vec{r}) + H_{SO} \text{,} \qquad (6\text{-}500)$$

其中

$$H_{SO} = \frac{\hbar}{4m^2c^2} \vec{p} \cdot (\vec{\sigma} \times \nabla V) \text{,} \qquad (6\text{-}501)$$

則因為 $\vec{k} \cdot \vec{p}$ 理論的假設條件是 $|\vec{k}| \ll \left| \frac{\vec{p}}{\hbar} \right|$，所以 $H_{11}^{(1)}$ 中的 $\frac{\hbar}{4m^2c^2} \vec{k} \cdot (\vec{\sigma} \times \nabla V)$ 是可以被忽略的，

將 $u_1 = \frac{1}{\sqrt{2}}(X + iY)\uparrow$ 代入一階微擾表示式，即 $H_{nn'}^{(1)} = \frac{\hbar}{m} \vec{k} \cdot \vec{p}_{nn'} = \frac{\hbar}{m} \sum_{\alpha=x,y,z} k_\alpha p_{nn'}^\alpha$

得

$$H_{11}^{(1)} = \langle u_1 | H^{(1)} | u_1 \rangle$$

$$= \frac{\hbar}{m} \sum_\alpha |k_\alpha \langle u_1 | p^\alpha | u_1 \rangle$$

$$= \frac{\hbar}{m} \sum_\alpha k_\alpha (\langle X | - i \langle Y |) p^\alpha (|X\rangle + i |Y\rangle)$$

$$= \frac{\hbar}{m} \sum_\alpha k_\alpha \left(p^\alpha_{XX} + i p^\alpha_{XY} - i p^\alpha_{YX} + p^\alpha_{YY} \right)$$

$$= \frac{\hbar}{m} \sum_\alpha k_\alpha \left(0 + 2 i p^\alpha_{XY} + 0 \right)$$

$$\approx 0 \, \text{。} \tag{6-502}$$

$H^{(1)}_{11} \approx 0$ 的結果告訴我們 k 的線性項是可以被忽略的，同理，屬於 class A 的所有 m 和 n，

其
$$H^{(1)}_{mn} \approx 0 \text{，} \tag{6-503}$$

則
$$U^A_{11} = E_v + \sum_i^B \frac{H^{(1)}_{1i} H^{(1)}_{i1}}{E_A - E^{(0)}_i} \text{，} \tag{6-504}$$

如果我們不考慮 class B 能帶中的自旋與軌道交互作用，

則
$$\sum_i^B \frac{H^{(1)}_{1i} H^{(1)}_{i1}}{E_A - E_{io}} = \sum_i^B \frac{\langle u_1 | H^{(1)} | u_{io} \rangle \, \langle u_{io} | H^{(1)} | u_1 \rangle}{E_A - E_{io}}$$

$$= \frac{1}{2} \sum_i^B \frac{H^{(1)}_{Xi} H^{(1)}_{iX} + i H^{(1)}_{Xi} H^{(1)}_{iY} - i H^{(1)}_{Yi} H^{(1)}_{iX} + H^{(1)}_{Yi} H^{(1)}_{iY}}{E_A - E_{io}} \text{，} \tag{6-505}$$

而如前所述

$$\sum_i^B \frac{H^{(1)}_{Xi} H^{(1)}_{iX}}{E_A - E_i} + \frac{\hbar^2 k^2}{2m} = A k_x^2 + B \left(k_y^2 + k_z^2 \right) \text{；} \tag{6-506}$$

$$\sum_i^B \frac{H^{(1)}_{Yi} H^{(1)}_{iY}}{E_A - E_{vo}} + \frac{\hbar^2 k^2}{2m} = A k_y^2 + B \left(k_y^2 + k_z^2 \right) \text{；} \tag{6-507}$$

$$\sum_i^B \frac{H^{(1)}_{Xi} H^{(1)}_{iY}}{E_A - E_{i0}} = \sum_i^B \frac{H^{(1)}_{Yi} H^{(1)}_{iX}}{E_A - E_{i0}} = C k_x k_y \text{，} \tag{6-508}$$

代入得　$U_{11}^A + \dfrac{\hbar^2 k^2}{2m} = E_v + \dfrac{\hbar^2 k^2}{2m} + \sum\limits_{i}^{B} \dfrac{H_{1i}^{(1)} H_{i1}^{(1)}}{E_A - E_{i0}}$

$$= E_v + \frac{1}{2} A (k_x^2 + k_y^2) + \frac{1}{2} B (k_x^2 + k_y^2 + 2k_z^2)$$

$$= E_v + \frac{1}{2} (A + B) (k_x^2 + k_y^2) + B k_z^2 \text{。} \qquad (6\text{-}509)$$

其實，我們可以用矩陣來表示這個結果。

如果基函數 $u_1 = \dfrac{1}{\sqrt{2}} X \uparrow + \dfrac{i}{\sqrt{2}} Y \uparrow$ 以矩陣方式表示，則為

$$u_1 = \begin{bmatrix} \dfrac{1}{\sqrt{2}} \\[2mm] \dfrac{i}{\sqrt{2}} \\[2mm] 0 \\ 0 \\ 0 \\ 0 \end{bmatrix}, \qquad (6\text{-}510)$$

所以

$$U_{11}^A + \frac{\hbar^2 k^2}{2m} = E_v + \begin{bmatrix} \dfrac{1}{2} & \dfrac{i}{\sqrt{2}} & 0 & 0 & 0 & 0 \end{bmatrix} \begin{bmatrix} U_{3\times 3}^A & 0 \\ 0 & U_{3\times 3}^A \end{bmatrix} \begin{bmatrix} \dfrac{1}{\sqrt{2}} \\[2mm] \dfrac{i}{\sqrt{2}} \\[2mm] 0 \\ 0 \\ 0 \\ 0 \end{bmatrix}, \quad (6\text{-}511)$$

其中

$$U_{3\times3}^A = \begin{bmatrix} Ak_x^2 + B(k_y^2 + k_z^2) & Ck_xk_y & Ck_xk_z \\ Ck_xk_y & Ak_y^2 + B(k_x^2 + k_z^2) & Ck_yk_z \\ Ck_xk_z & Ck_yk_z & Ak_z^2 + B(k_x^2 + k_y^2) \end{bmatrix} \text{。} \quad (6\text{-}512)$$

同理，如果基函數 $u_2 = \dfrac{-2i}{\sqrt{6}} Z\uparrow + \dfrac{i}{\sqrt{6}} X\downarrow + \dfrac{-1}{\sqrt{6}} Y\downarrow$ 以矩陣方式表示則爲

$$u_2 = \begin{bmatrix} 0 \\ 0 \\ \dfrac{-2i}{\sqrt{6}} \\ \dfrac{i}{\sqrt{6}} \\ \dfrac{-1}{\sqrt{6}} \\ 0 \end{bmatrix}, \quad (6\text{-}513)$$

則

$$U_{12}^A = \begin{bmatrix} \dfrac{1}{\sqrt{2}} & \dfrac{i}{\sqrt{2}} & 0 & 0 & 0 & 0 \end{bmatrix} \begin{bmatrix} U_{3\times3}^A & 0 \\ 0 & U_{3\times3}^A \end{bmatrix} \begin{bmatrix} 0 \\ 0 \\ \dfrac{-2i}{\sqrt{6}} \\ \dfrac{i}{\sqrt{6}} \\ \dfrac{-1}{\sqrt{6}} \\ 0 \end{bmatrix}$$

$$= \dfrac{-i}{\sqrt{3}} C(k_x - ik_y)k_z \text{。} \quad (6\text{-}514)$$

依據這些過程，我們現在可以先把矩陣元素寫成一般式，再得出矩陣的完整形式。

由
$$U_{mn}^A + \frac{\hbar^2 k^2}{2m}\delta_{mn} = E_{mo}\,\delta_{mn} + \frac{\hbar^2 k^2}{2m}\delta_{mn} + \sum_i^B \frac{\langle u_m|H^{(1)}|u_{io}\rangle\,\langle u_{io}|H^{(1)}|u_n\rangle}{E_A - E_{io}} \;,$$

（6-515）

則等號右側的第二項為
$$\frac{\hbar^2 k^2}{2m}\delta_{mn} = \frac{\hbar^2 k^2}{2m}\langle u_m|u_n\rangle$$

$$= \sum_{\substack{\alpha,\beta=\\X,Y,Z}}\,\sum_{\sigma=\uparrow,\downarrow}\langle u_m|\alpha\sigma\rangle\,\frac{\hbar^2 k^2}{2m}\langle \alpha\sigma|\beta\sigma\rangle\,\langle\beta\alpha|u_n\rangle$$

$$= \sum_{\substack{\alpha,\beta=\\X,Y,Z}}\,\sum_{\sigma=\uparrow,\downarrow}\langle u_m|\alpha\sigma\rangle\,\frac{\hbar^2 k^2}{2m}\,\delta_{\alpha\beta}\,\langle\beta\alpha|u_n\rangle\,,$$

（6-516）

等號右側的第三項為

$$\sum_i^B \frac{\langle u_m|H^{(1)}|u_{io}\rangle\,\langle u_{io}|H^{(1)}|u_n\rangle}{E_A - E_{io}}$$

$$= \sum_{\substack{\alpha,\beta=\\X,Y,Z}}\,\sum_{\sigma=\uparrow,\downarrow}\langle u_m|\alpha\sigma\rangle\left[\sum_i^B \frac{\langle \alpha\sigma|H^{(1)}|u_{io}\rangle\,\langle u_{io}|H^{(1)}|\beta\sigma\rangle}{E_A - E_{io}}\right]\langle\beta\sigma|u_n\rangle$$

$$= \sum_{\substack{\alpha,\beta=\\X,Y,Z}}\,\sum_{\sigma=\uparrow,\downarrow}\langle u_m|\alpha\sigma\rangle\left[\sum_i^B \frac{H_{\alpha i}^{(1)}\,H_{i\beta}^{(1)}}{E_A - E_{io}}\right]\langle\beta\sigma|u_n\rangle\;,$$

（6-517）

代入得

$$U_{mn}^A + \frac{\hbar^2 k^2}{2m}\delta_{mn} = E_{mo}\,\delta_{mn} + \sum_{\substack{\alpha,\beta=\\X,Y,Z}}\,\sum_{\sigma=\uparrow,\downarrow}\langle u_m|\alpha\sigma\rangle\left[\frac{\hbar^2 k^2}{2m}\delta_{\alpha\beta} + \sum_i^B \frac{H_{\alpha i}^{(1)}\,H_{i\beta}^{(1)}}{E_A - E_i}\right]\langle\beta\sigma|u_n\rangle$$

$$= E_{mo}\,\delta_{mn} + \sum_{\substack{\alpha,\beta=\\X,Y,Z}}\,\sum_{\sigma=\uparrow,\downarrow}\langle u_m|\alpha\sigma\rangle\,(U_{3\times3}^A)_{\alpha\beta}\,\langle\beta\sigma|u_n\rangle\,,$$

（6-518）

或者可以表示為

$$U_{mn}^A + \frac{\hbar^2 k^2}{2m} \delta_{mn}$$

$$= E_{mo}\, \delta_{mn}$$

$$+ \begin{bmatrix} \langle X\uparrow|u_m\rangle & \langle Y\uparrow|u_m\rangle & \langle Z\uparrow|u_m\rangle & \langle X\downarrow|u_m\rangle & \langle Y\downarrow|u_m\rangle & \langle Z\downarrow|u_m\rangle \end{bmatrix} \begin{bmatrix} U_{3\times3}^A & 0 \\ 0 & U_{3\times3}^A \end{bmatrix} \begin{bmatrix} \langle X\uparrow|u_n\rangle \\ \langle Y\uparrow|u_n\rangle \\ \langle Z\uparrow|u_n\rangle \\ \langle X\downarrow|u_n\rangle \\ \langle Y\downarrow|u_n\rangle \\ \langle Z\downarrow|u_n\rangle \end{bmatrix},$$

$$（6\text{-}519）$$

所以矩陣為

$$U^A = \begin{bmatrix} E_v & 0 & 0 & 0 & 0 & 0 \\ 0 & E_v & 0 & 0 & 0 & 0 \\ 0 & 0 & E_v & 0 & 0 & 0 \\ 0 & 0 & 0 & E_v & 0 & 0 \\ 0 & 0 & 0 & 0 & E_v - \Delta & 0 \\ 0 & 0 & 0 & 0 & 0 & E_v - \Delta \end{bmatrix} + M^+ \begin{bmatrix} U_{3\times3}^A & 0 \\ 0 & U_{3\times3}^A \end{bmatrix} M， \quad （6\text{-}520）$$

其中 M 是由基函數

$$u_1 = \begin{bmatrix} \dfrac{1}{\sqrt{2}} \\ \dfrac{i}{\sqrt{2}} \\ 0 \\ 0 \\ 0 \\ 0 \end{bmatrix} \text{、} u_2 = \begin{bmatrix} 0 \\ 0 \\ \dfrac{-2i}{\sqrt{6}} \\ \dfrac{i}{\sqrt{6}} \\ \dfrac{-1}{\sqrt{6}} \\ 0 \end{bmatrix} \text{、} u_3 = \begin{bmatrix} \dfrac{1}{\sqrt{6}} \\ \dfrac{-i}{\sqrt{6}} \\ 0 \\ 0 \\ 0 \\ \dfrac{2}{\sqrt{6}} \end{bmatrix} \text{、} u_4 = \begin{bmatrix} 0 \\ 0 \\ 0 \\ \dfrac{i}{\sqrt{2}} \\ \dfrac{1}{\sqrt{2}} \\ 0 \end{bmatrix} \text{、} u_5 = \begin{bmatrix} 0 \\ 0 \\ \dfrac{1}{\sqrt{3}} \\ \dfrac{1}{\sqrt{3}} \\ \dfrac{i}{\sqrt{3}} \\ 0 \end{bmatrix} \text{、}$$

$$u_6 = \begin{bmatrix} 0 \\ \dfrac{-i}{\sqrt{3}} \\ \dfrac{1}{\sqrt{3}} \\ 0 \\ 0 \\ \dfrac{i}{\sqrt{3}} \end{bmatrix}, \qquad\qquad （6\text{-}521）$$

所構成的，

即
$$M = \begin{bmatrix} \dfrac{1}{\sqrt{2}} & 0 & \dfrac{1}{\sqrt{6}} & 0 & 0 & 0 \\[2mm] \dfrac{i}{\sqrt{2}} & 0 & \dfrac{-i}{\sqrt{6}} & 0 & 0 & \dfrac{-i}{\sqrt{3}} \\[2mm] 0 & \dfrac{2i}{\sqrt{6}} & 0 & 0 & \dfrac{1}{\sqrt{3}} & \dfrac{1}{\sqrt{3}} \\[2mm] 0 & \dfrac{i}{\sqrt{6}} & 0 & \dfrac{i}{\sqrt{2}} & \dfrac{1}{\sqrt{3}} & 0 \\[2mm] 0 & \dfrac{-1}{\sqrt{6}} & 0 & \dfrac{1}{\sqrt{2}} & \dfrac{i}{\sqrt{3}} & 0 \\[2mm] 0 & 0 & \dfrac{2}{\sqrt{6}} & 0 & 0 & \dfrac{i}{\sqrt{3}} \end{bmatrix}, \qquad （6\text{-}522）$$

而 M^+ 是 M 的轉置矩陣（Transpose matrix）。

我們把所有的矩陣乘開作整理可得 Luttinger Hamiltonian 為

$$U^A = \begin{bmatrix} \frac{1}{2}P & L & M & 0 & \frac{iL}{\sqrt{2}} \\[2mm] L^* & \frac{1}{6}P+\frac{2}{3}Q & 0 & M & \frac{-i}{3\sqrt{2}}(P-2Q) \\[2mm] M^* & 0 & \frac{1}{6}P+\frac{2}{3}Q & -L & \frac{-i\sqrt{3}}{\sqrt{1}}L^* \\[2mm] 0 & M^* & -L^* & \frac{1}{2}P & -i\sqrt{2}\,M^* \\[2mm] \frac{-iL^*}{\sqrt{2}} & \frac{i}{3\sqrt{2}}(P-2Q) & \frac{i\sqrt{3}}{\sqrt{2}}L & i\sqrt{2}\,M & \frac{1}{3}(P+Q)-\Delta \\[2mm] i\sqrt{2}\,M^* & \frac{-i\sqrt{3}}{\sqrt{2}}L^* & \frac{i}{3\sqrt{2}}(P-2Q) & \frac{i}{\sqrt{2}}L & 0 \end{bmatrix}$$

$$\begin{matrix} -i\sqrt{2}M \\[2mm] \frac{i\sqrt{3}}{\sqrt{2}}L \\[2mm] \frac{-i}{3\sqrt{2}}(P-2Q) \\[2mm] \frac{-i}{\sqrt{2}}L^* \\[2mm] 0 \\[2mm] \frac{1}{3}(P+Q)-\Delta \end{matrix} \Bigg] + E_v\,I \ ,$$

$$\tag{6-523}$$

其中

$$P \equiv (A+B)\,(k_x^2+k_y^2)+2Bk_z^2 \ ; \tag{6-524}$$

$$Q \equiv B\,(k_x^2+k_y^2)+Ak_z^2 \ ; \tag{6-525}$$

$$L \equiv -\frac{i}{\sqrt{3}}C\,(k_x-ik_y)\,k_z \ ; \tag{6-526}$$

$$M \equiv \frac{1}{\sqrt{12}}\left[(A-B)\,(k_x^2-k_y^2)-2iCk_xk_y\right] \ ; \tag{6-527}$$

$$
\text{且} \quad I = \begin{bmatrix} 1 & 0 & 0 & 0 & 0 & 0 \\ 0 & 1 & 0 & 0 & 0 & 0 \\ 0 & 0 & 1 & 0 & 0 & 0 \\ 0 & 0 & 0 & 1 & 0 & 0 \\ 0 & 0 & 0 & 0 & 1 & 0 \\ 0 & 0 & 0 & 0 & 0 & 1 \end{bmatrix} \circ \tag{6-528}
$$

或者為了能獲得一個我們所熟知的矩陣形式，也可以定義三個 Luttinger 參數（Luttinger parameters）為

$$
\gamma_1 \equiv \frac{-2m}{\hbar^2} \frac{1}{3} (A + 2B) \; ; \tag{6-529}
$$

$$
\gamma_2 \equiv \frac{-2m}{\hbar^2} \frac{1}{6} (A - B) \; ; \tag{6-530}
$$

$$
\gamma_3 \equiv \frac{-2m}{\hbar^2} \frac{1}{6} C \; , \tag{6-531}
$$

則

$$
U^A = E_v I - \begin{bmatrix} P+Q & -S & R & 0 & \dfrac{-1}{\sqrt{2}}S & \sqrt{2}R \\[2mm] -S^* & P-Q & 0 & R & -\sqrt{2}Q & \sqrt{\dfrac{3}{2}}S \\[2mm] R^* & 0 & P-Q & S & \sqrt{\dfrac{3}{2}}S^* & \sqrt{2}Q \\[2mm] 0 & R^* & S^* & P+Q & -\sqrt{2}R^* & \dfrac{-1}{\sqrt{2}}S^* \\[2mm] \dfrac{-1}{\sqrt{2}}S^* & -\sqrt{2}Q^* & \sqrt{\dfrac{3}{2}}S & -\sqrt{2}R & P+\Delta & 0 \\[2mm] \sqrt{2}R^* & \sqrt{\dfrac{3}{2}}S^* & \sqrt{2}Q^* & \dfrac{-1}{\sqrt{2}}S & 0 & P+\Delta \end{bmatrix} ,
$$

$$
\tag{6-532}
$$

其中

$$
P \equiv \frac{\hbar^2 \gamma_1}{2m} (k_x^2 + k_y^2 + k_z^2) \; ; \tag{6-533}
$$

$$Q \equiv \frac{\hbar^2 \gamma_2}{2m} (k_x^2 + k_y^2 + 2k_z^2) \; ; \tag{6-534}$$

$$R \equiv \frac{\hbar^2}{2m} \left[-\sqrt{3} \gamma_2 (k_x^2 - k_y^2) + i2\sqrt{3} \, \gamma_3 k_x k_y \right] \; ; \tag{6-535}$$

$$S \equiv \frac{\hbar^2 \gamma_3}{2m} 2\sqrt{3} \, (k_x - ik_y) \, k_z \; 。 \tag{6-536}$$

經由求解 $(U^A - EI) \, C = 0$，如圖 6-52 所示，我們就可以建構六個價帶的色散關係。

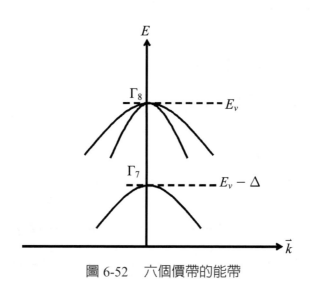

圖 6-52　六個價帶的能帶

6.6　由能帶理論衍生出的一些物理量

　　由於能帶理論的引入，以至於許多重要的新增的或舊有的特性與參數被定義出來或重新闡述，我們在此介紹幾個：[1] 等效質量（Effective masses）、[2]Bloch 速度（Bloch velocity）或 Bloch 電子

的速度（Velocity of Bloch electrons）、[3] 晶體動量（Crystal momen-
tum）、[4]狀態密度（Density of states）。依序分別簡單的說明如下：

[1]　等效質量

　　古典力學中，質量是一個很重要的物理量，通常以天秤來測量質
量，若以慣性天秤量測出來的質量稱為慣性質量；若以重力天秤量測
出來的質量稱為重力質量。量子力學發展之後，我們仍然還是想沿用
「質量」的觀念來描述所觀察到的現象和特性，但是，如上所述，最
容易混淆的是要注意不同的量測方法所得到的「質量」是不同的。

　　當量子力學告訴我們有能帶的「存在」，則等效質量 m^* 可以被
定義為

$$\frac{1}{m^*} \equiv \frac{1}{\hbar^2}\frac{\partial^2}{\partial \vec{k}^2}E(\vec{k}) \,, \tag{6-537}$$

如圖 6-53 所示，$E(\vec{k})$ - $\vec{k}$ 圖的斜率絕對值越大，則等效質量越小；反
之斜率絕對值越小，則等效質量越大。

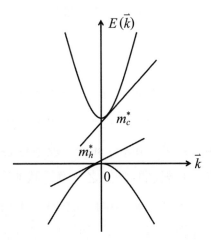

圖 6-53　等效質量與能帶結構

如果又再考慮 k_x、k_y、k_z 三個方向的差異,其實 m^* 是一個張量(Tensor)。由這個定義可以看出,任何的特性或過程只要有色散關係,即 $E(\vec{k}) - \vec{k}$ 關係,就可以得到對應的等效質量。除此之外,當然不同的量測分析方式,就會有不同的等效質量,千萬不可混淆誤用。然而,不同的等效質量之間也許會有一些特別的代數關係。

[2] Bloch 速度或 Bloch 電子的速度

在晶體中運動的電子被稱為 Bloch 電子(Bloch electrons),Bloch 電子的運動速度除了可以用半經典(Semi-classical)的方式導出,我們還要從 Schrödinger 方程式出發,推導出 $\vec{k} = \dfrac{1}{\hbar} \nabla_{\vec{k}} E(\vec{k})$ 的結果。

[3] 晶體動量

由 Crystal momentum 的英文字面意義,很容易被混淆誤會是「晶體的動量」。如果是「晶體的動量」,則應該等於晶體的質量與晶體的速度乘積。為了釐清這個概念,我們分別從古典物理和量子物理的觀點來簡單的說明其物理意義。從古典力學的觀點可知晶體動量是在晶體中電子的受力狀態;從量子力學的觀點可知所謂的晶體動量並非動量。

[4] 狀態密度

狀態密度的概念在科學研究分析上,佔有非常重要的地位,因為所有的狀態改變只要涉及能量變化,就不可能毫無止境的持續進行,也就是說,無論是初始態(Initial state)或最終態(Final state)的狀態數目都是有限的,其限制的條件之一就是狀態密度。其實,狀態密度是一個能量的函數,其定義為單位體積中具有這個能量的狀態有多少。我們將簡單的介紹三個一般常見的決定狀態密度的因素或影響狀態密度的因素:色散關係、粒子自由度、外場干擾。

6.6.1　等效質量

在固態物理中經常遇到的等效質量主要有五種，分別為比熱等效質量（Specific heat effective mass 或 Thermal effective mass）、狀態密度等效質量（Density of state effective mass）、光學等效質量（Optical effective mass）、電導率等效質量（Conductivity effective mass 或 Mobility effective mass）、電子迴旋共振等效質量（Electron cyclotron resonance effective mass）。

顧名思義，比熱等效質量是藉由固態溫度特性定義出來的；狀態密度等效質量是和狀態密度相關量測所得；光學等效質量是由光學特性分析所得、電導率等效質量是由 Hall 量測（Hall measurement）；電子迴旋共振等效質量則由電子迴旋共振（Electron cyclotron resonance, ECR）所測得，當中電導率等效質量和電子迴旋共振等效質量和載子傳輸有直接的關係。

五種等效質量定義並不相同，物理意義也不同。基本上，如前所述，只要有色散關係，即 $E(\vec{k})$ v.s. $\vec{k}$ 圖，就可以 $\dfrac{1}{m^*} = \dfrac{1}{\hbar^2}\dfrac{d^2 E(\vec{k})}{d\vec{k}^2}$ 的關係，定義出對應的等效質量。比較特別的諸如第 12 章要介紹的激子（Exciton）、磁子（Magnon）、聲子（Phonon）、電漿子（Plasmon）、極化子（Polaron）、偏振子（Polariton）等等準粒子都可以定義出對應的等效質量。

6.6.1.1　比熱等效質量

比熱等效質量是藉由量測晶體中電子的比熱而得。

我們會在第 10 章介紹固態物質的比熱定義為 $C_V = \dfrac{dU}{dT}\Big|_{volume}$ ，現在先直接寫出結果，也就是固態的比熱特性主要由電子和晶格二個部分所構成，

電子比熱和溫度的關係為 $C_V^{Electronic} = \gamma T$ ；   （6-538）

晶格比熱和溫度的關係為 $C_V^{Lattice} = AT^3$ ，   （6-539）

其中 γ 和 A 都是比例常數，

綜合這二個比熱的結果可得 $C_V = C_V^{Electronic} + C_V^{Lattice}$

$$= \gamma T + AT^3 ，$$ （6-540）

然而為了量測分析所需，所以經常表示成

$$\frac{C_V}{T} = \gamma + AT^2 ，$$ （6-541）

而其中 $\gamma = \dfrac{1}{3}\pi^2 k_B^2\, D(E_F)$ ，   （6-542）

且狀態密度為 $D(E) = \dfrac{3}{2}\dfrac{N}{E}$ ，   （6-543）

則 $D(E_F) = \dfrac{3}{2}\dfrac{N}{E_F}$ ，   （6-544）

又 $E_F = \dfrac{\hbar^2}{2m^*}\left(\dfrac{3\pi^2 N}{V}\right)^{2/3}$ ，   （6-545）

所以 $\gamma = \dfrac{1}{3}\pi^2 k_B^2 \dfrac{3}{2}\dfrac{N}{E_F}$

$$= \frac{1}{3}\pi^2 k_B^2 \frac{3}{2} N \frac{2m^*}{\hbar^2}\left(\frac{V}{3\pi^2 N}\right)^{2/3} ，$$ （6-546）

即
$$\gamma \propto m^* \text{,} \tag{6-547}$$

則比熱等效質量 $m^*_{Specific\,Heat}$ 和自由電子 m^*_0 的質量比值可以寫成

$$\frac{m^*_{Specific\,Heat}}{m^*_0} \equiv \frac{\gamma_{observed}}{\gamma_{free}} \text{。} \tag{6-548}$$

6.6.1.2 狀態密度等效質量

首先將說明一種通式來推導元素半導體或化合物半導體的電子電洞的狀態密度等效質量。

設
$$E(\vec{k}) = E_g + \frac{\hbar^2}{2}\left(\frac{k_x^2}{m_x} + \frac{k_y^2}{m_y} + \frac{k_z^2}{m_z}\right) \text{,} \tag{6-549}$$

則
$$\frac{k_x^2}{m_x} + \frac{k_y^2}{m_y} + \frac{k_z^2}{m_z} = \frac{2}{\hbar^2}\left[E(\vec{k}) - E_g\right] \text{,} \tag{6-550}$$

則
$$\frac{k_x^2}{\frac{2m_x}{\hbar^2}\left[E(\vec{k}) - E_g\right]} + \frac{k_y^2}{\frac{2m_y}{\hbar^2}\left[E(\vec{k}) - E_g\right]} + \frac{k_z^2}{\frac{2m_z}{\hbar^2}\left[E(\vec{k}) - E_g\right]} = 1 \text{,} \tag{6-551}$$

化簡成
$$\frac{k_x^2}{b_x^2} + \frac{k_y^2}{b_y^2} + \frac{k_z^2}{b_z^2} = 1 \text{,} \tag{6-552}$$

在 k- 空間中，上式表示一個橢球，其體積為

$$V_k = \frac{4\pi}{3} b_x b_y b_z$$
$$= \frac{4\pi}{3}\left(\frac{2}{\hbar^2}\right)^{3/2} (m_x m_y m_z)^{1/2}\left[E(\vec{k}) - E_g\right]^{3/2} \text{,} \tag{6-553}$$

則
$$dV_k = \frac{dV_k}{dE} dE$$
$$= 2\pi\left(\frac{2}{\hbar^2}\right)^{3/2} (m_x m_y m_z)^{1/2}\left[E(\vec{k}) - E_g\right]^{1/2} dE \text{,} \tag{6-554}$$

又
$$D(E)\,dE = 2\left(\frac{L}{2\pi}\right)^3 dk_x\,dk_y\,dk_z$$

$$= 2\left(\frac{L}{2\pi}\right)^3 dV_k$$

$$= 2\frac{L^3}{(2\pi)^3}\left(\frac{2}{\hbar^2}\right)^{3/2}(m_x\,m_y\,m_z)^{1/2}\left[E(\vec{k})-E_g\right]^{1/2}dE$$

$$= L^3\frac{\sqrt{2}}{\pi^2\hbar^3}\left[E(\vec{k})-E_g\right]^{1/2}(m^*)^{3/2}\,dE\,, \qquad (6\text{-}555)$$

若以單位體積來看，

則為
$$D(E)\,dE = \frac{\sqrt{2}}{\pi^2\hbar^2}\left[E(\vec{k})-E_g\right]^{1/2}(m^*)^{3/2}\,dE\,, \qquad (6\text{-}556)$$

其中值得注意的是，狀態密度等效質量的導出是從載子密度或等效狀態密度得到的結果，並非單純的從狀態密度導出，有大部分的原因是因為載子密度是直接可觀測的物理量，而等效狀態密度也可藉由一些量測測得。

由 $D(E)\,dE = \dfrac{\sqrt{2}}{\pi^2\hbar^3}\left[E(\vec{k})-E_g\right]^{1/2}(m^*)^{3/2}\,dE$ 得電子濃度 $n(T)$ 為

$$n(T) = \int_{E_c}^{E} D(E)f(E)\,dE$$

$$= \int_{E_c}^{E}\frac{\sqrt{2}}{\pi^2\hbar^3}\left[E(\vec{k})-E_g\right]^{1/2}(m^*)^{3/2}\frac{1}{1+\exp\left(\dfrac{E-E_F}{k_BT}\right)}\,dE\,, \qquad (6\text{-}557)$$

當 $E \to \infty$ 時，

則
$$n(T) = N_c\frac{2}{\sqrt{\pi}}F_{1/2}\left(\frac{E_F-E_C}{k_BT}\right)\,, \qquad (6\text{-}558)$$

其中 $N_c = 2\left(\dfrac{2\pi m^* k_B T}{\hbar^2}\right)^{3/2}$ 稱爲等效狀態密度；$F_{1/2}\left(\dfrac{E_F - E_C}{k_B T}\right)$ 稱爲 Fermi-Dirac 積分（Fermi-Dirac integral）。

若 $\dfrac{E_C - E_F}{k_B T} \gg 1$，即非簡併半導體（Nondegenerate semiconductor），

則
$$F_{1/2}\left(\frac{E_F - E_C}{k_B T}\right) \cong \exp\left(\frac{E_F - E_C}{k_B T}\right)\int_0^\infty \sqrt{x}\,\exp\left(-x\right)dx$$

$$= \frac{\sqrt{\pi}}{2}\exp\left(\frac{E_F - E_C}{k_B T}\right), \qquad (6\text{-}559)$$

則電子濃度爲
$$n\left(T\right) = N_C \exp\left(\frac{E_F - E_C}{k_B T}\right), \qquad (6\text{-}560)$$

實際上，在 $n\left(T\right) = \int_{E_C}^{E} D\left(E\right) f\left(E\right) dE$ 的表示式中，應該把所有的狀態密度都要考慮進來，以 Si 爲例，在 ΓX 方向有導帶的最低點，即有六個最低點，

所以
$$n_{Si}\left(T\right) = \int_{E_C}^{E} 6D\left(E\right) f\left(E\right) dE \text{。} \qquad (6\text{-}561)$$

對 Ge 而言，在 ΓL 方向上有四個最低點，

即
$$n_{Ge}\left(T\right) = \int_{E_C}^{E} 4D\left(E\right) f\left(E\right) dE \text{。} \qquad (6\text{-}562)$$

然而因爲最後的結果都要表示成 $n\left(T\right) = N_c \exp\left(\dfrac{E_F - E_C}{k_B T}\right)$，所以其中的 6 和 4 被考慮在等效質量內。

對 Si 而言，

$$N_c|_{Si} = 2\left(\frac{2\pi k_B T}{h^2}\right)^{3/2}(m_{Ge}^*)^{3/2} = 2\left(\frac{2\pi k_B T}{\hbar^2}\right)^{3/2} 6\,(m_x m_y m_z)^{1/2}\,, \quad (6\text{-}563)$$

則
$$(m_{Si}^*)^{\frac{3}{2}} = 6\,(m_x m_y m_z)^{1/2}\,, \quad (6\text{-}564)$$

即等效質量為
$$m_{Si}^* = 6^{2/3}\,(m_x m_y m_z)^{1/3}\,。 \quad (6\text{-}565)$$

同理，對 Ge 而言，

$$N_c|_{Ge} = 2\left(\frac{2\pi k_B T}{\hbar^2}\right)(m_{Ge}^*)^{3/2} = 2\left(\frac{2\pi k_B T}{\hbar^2}\right)^{3/2} 4\,(m_x m_y m_z)^{1/2}\,, \quad (6\text{-}566)$$

則
$$(m_{Ge}^*)^{3/2} = 4\,(m_x m_y m_z)^{1/2}\,, \quad (6\text{-}567)$$

即等效質量為
$$m_{Ge}^* = 4^{2/3}\,(m_x m_y m_z)^{1/3}\,。 \quad (6\text{-}568)$$

　　對化合物半導體而言，電子所佔據的導帶比較簡單，就是 Γ 帶的等效質量，但是價帶上的電洞就有嚴重的能帶混合（Band mixing），如圖 6-54 所示，其中 m_{hh} 為重電洞（Heavy hole）的等效質量；m_{lh} 為輕電洞（Light hole）的等效質量；m_{so} 為自旋軌道分裂帶（Split-off band）的等效質量。

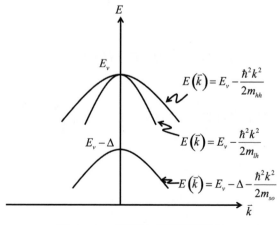

圖 6-54　價帶上的能帶混合

即
$$E(\vec{k}) = E_v - \frac{\hbar^2 k^2}{2m_{hh}} ; \qquad (6\text{-}569)$$

$$E(\vec{k}) = E_v - \frac{\hbar^2 k^2}{2m_{lh}} ; \qquad (6\text{-}570)$$

$$E(\vec{k}) = E_v - \Delta - \frac{\hbar^2 k^2}{2m_{sh}} , \qquad (6\text{-}571)$$

則電洞濃度為
$$p(T) = \int [D_{hh}(E) + D_{lh}(E) + D_{sh}(E)] [1 - f(E)] dE$$

$$= \frac{\sqrt{2}}{\pi^2 \hbar^3} \int \left\{ \begin{array}{l} [E_V - E(\vec{k})]^{1/2} m_{hh}^{3/2} + [E_V - E(\vec{k})]^{1/2} m_{lh}^{3/2} \\ + [E_V - \Delta - E(\vec{k})]^{1/2} m_{sh}^{3/2} \end{array} \right\} [1 - f(E)] dE$$

$$= \left[2 \left(\frac{2\pi m_{hh} k_B T}{h^2} \right)^{3/2} F_{1/2} \left(\frac{E_V - E_F}{k_B T} \right) + 2 \left(\frac{2\pi m_{lh} k_B T}{\hbar^2} \right)^{3/2} F_{1/2} \left(\frac{E_V - E_F}{k_B T} \right) \right.$$

$$\left. + 2 \left(\frac{2\pi m_{sh} k_B T}{\hbar^2} \right)^{3/2} F_{1/2} \left(\frac{E_V - \Delta - E_F}{k_B T} \right) , \qquad (6\text{-}572)$$

當 $\dfrac{E_V - E_F}{k_B T} \gg 1$,

則
$$p(T) = N_V \exp\left(-\frac{E_F - E_V}{k_B T} \right) = 2 \left(\frac{2\pi k_B T}{\hbar^2} \right)^{3/2} (m^*)^{3/2} \exp s\left(-\frac{E_F - E_V}{k_B T} \right) ,$$
$$(6\text{-}573)$$

其中
$$N_V = 2 \left(\frac{2\pi m_{hh} k_B T}{\hbar^2} \right)^{3/2} + 2 \left(\frac{2\pi m_{lh} kT}{h^2} \right)^{3/2} + 2 \left(\frac{2\pi m_{sh} k_B T}{\hbar^2} \right)^{3/2} \exp\left(-\frac{\Delta}{k_B T} \right) ,$$
$$(6\text{-}574)$$

則
$$(m^*)^{3/2} = m_{hh}^{3/2} + m_{lh}^{3/2} + m_{sh}^{3/2} \exp\left(-\frac{\Delta}{k_B T} \right) 。 \qquad (6\text{-}575)$$

6.6.1.3　光學等效質量

由 Drude 模型,在豫弛近似(Relaxation time approximation)的條件下,可以得到複數形式的介電常數(Complex dielectric constant)為

$$\varepsilon(\omega) = \varepsilon_0 \varepsilon_r(\omega)$$

$$= \varepsilon_0 + i \frac{\sigma(\omega)}{\omega}$$

$$= \varepsilon_0 - \frac{ne^2/m^*}{\omega^2 + \dfrac{1}{\tau^2}} + i \frac{ne^2\tau/m^*}{\omega(1+\omega^2\tau^2)}$$

$$= \varepsilon_0 - \frac{ne^2/m^*}{\omega^2 + \omega_0^2} + i \frac{\sigma_0}{\omega(1+\omega^2/\omega_0^2)} \text{ ,} \qquad (6\text{-}576)$$

其中 $\omega_0 = 1/\tau$ 且 $\sigma_0 = ne^2\tau/m^*$。

所以光學等效質量 m^* 可以由介電常數的虛數部分定義出來。

6.6.1.4 電導率等效質量

狀態密度等效質量是用來描述和狀態密度有關的物理量，例如：化學位能（Chemical potential）、載子濃度（Carrier concentration）、熱致電動勢（Thermoelectromotive force）、屏蔽半徑（Screening radius）……等，而電導率等效質量則是用來描述帶電載子的動力特性，可由 Hall 量測量測而得。

由
$$\vec{J} = \sum_i en_i\mu_i\vec{\mathscr{E}} \text{ ,} \qquad (6\text{-}577)$$

又
$$\mu_i = \frac{e\langle\tau_i\rangle}{m_{\sigma i}^*} \text{ ,} \qquad (6\text{-}578)$$

所以
$$\vec{J} = \sum_i \frac{e^2 n_i\langle\tau_i\rangle\vec{\mathscr{E}}}{m_{\sigma i}^*} = e^2 \sum_i \frac{n_i\langle\tau_i\rangle}{m_{\sigma i}^*}\vec{\mathscr{E}} \text{ 。} \qquad (6\text{-}579)$$

對 GaAs 而言，可簡化成重電洞與輕電洞，且忽略能帶與能帶之間的躍遷（Band-to-band transition），

即 $$\langle \tau_1 \rangle = \langle \tau_2 \rangle = \langle \tau \rangle ，\tag{6-580}$$

則 $$\frac{n}{m_\sigma^*} = \frac{n_1}{m_{\sigma1}^*} + \frac{n_2}{m_{\sigma2}^*} ，\tag{6-581}$$

即 $$\frac{1}{m_\sigma^*} = \frac{n_1}{n}\frac{1}{m_{\sigma1}^*} + \frac{n_2}{n}\frac{1}{m_{\sigma2}^*} ，\tag{6-582}$$

上式表示電導率等效質量 m_σ^* 與各種電導率等效質量的算數平均數關係，

又 $$n \propto m_d^{*3/2} ，\tag{6-583}$$

其中 m_d^* 為狀態密度等效質量，

則
$$
\begin{aligned}
\frac{1}{m_\sigma^*} &= \frac{1}{m_d^{*3/2}}\left(\frac{m_{d1}^{*3/2}}{m_{\sigma1}^*} + \frac{m_{d2}^{*3/2}}{m_{\sigma2}^*}\right)\\
&= \frac{m_{\sigma1}^* m_{d2}^{*3/2} + m_{\sigma2}^* m_{d1}^{*3/2}}{m_{\sigma1}^* m_{\sigma2}^* (m_{d1}^{*3/2} + m_{d2}^{*3/2})} ，
\end{aligned}\tag{6-584}
$$

其中 m_σ^*、$m_{\sigma1}^*$、$m_{\sigma2}^*$ 為電導率等效質量，m_d^*、m_{d1}^*、m_{d2}^* 為狀態密度等效質量，若重電洞與輕電洞在每個方向上都是相同的（Isotropic），

即 $$m_{\sigma1}^* = m_{d1}^* ；\tag{6-585}$$

且 $$m_{\sigma2}^* = m_{d2}^* ，\tag{6-586}$$

得 $$\frac{1}{m_\sigma^*} = \frac{m_{\sigma1}^{*1/2} + m_{\sigma2}^{*1/2}}{m_{\sigma1}^{*3/2} + m_{\sigma2}^{*3/2}} 。\tag{6-587}$$

對 Si 而言，因為有六個等能面橢球（Ellipsoidal constant energy surface）(100)、($\bar{1}$00)、(010)、(0$\bar{1}$0)、(001)、(00$\bar{1}$)且都有相等的載子濃度，即 $n = \sum_{i=1}^{6} n_i$ 且 $n_1 = n_2 = n_3 = n_4 = n_5 = n_6$，則

$$\frac{n}{m_\sigma^*} = \sum \frac{n_i}{m_{\sigma 1}^*}$$

$$= \frac{1}{6}\left(\frac{4}{m_t^*} + \frac{2}{m_l^*}\right)$$

$$= \frac{1}{3}\left(\frac{2}{m_t^*} + \frac{1}{m_l^*}\right),$$ 　　　　（6-588）

無論沿哪一個方向。都會遇到二個等能橢球為 $\dfrac{2}{m_l^*} + \dfrac{1}{m_l^*}$。

6.6.1.5 　電子迴旋共振等效質量

　　電子迴旋共振等效質量是由電子迴旋共振所測得，依照古典物理的理論來看，自由電子以垂直磁場的方向進入磁場，則自由電子將在磁場中環繞磁場方向做螺旋運動。在半導體中電子或電洞的運動和自由電子相似，在有效質量的基礎上，可以得到類似於自由電子的結果。在 k 空間中，若等能面是一個曲面，則電子作迴旋運動的有效質量應與磁場的取向有關。如果我們重新定義 k_x、k_y、k_z 方向，以磁場方向作為 k_z 方向，則可表示成圖 6-55 所示。

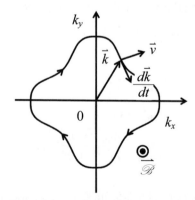

圖 6-55　電子作迴旋運動的有效質量與磁場的取向

注意 $\vec{k}$ 和 $d\vec{k}$ 的意義，分別為電子動量和電子動量的變化量，而圖 6-55 的曲線是由磁場和等能橢球（Constant-energy ellipsoid）所交出來的面，如圖 6-56 所示。

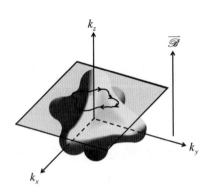

圖 6-56　電子將在電磁場和等能橢球所交出來的面上作迴旋運動

現在我們要說明「在 k 空間中，半導體中的電子在均勻磁場存在時的運動軌跡是沿著垂直磁場的平面和等能面的交線運動」。

以下我們將以數學來描述上面這個特性：在直流均勻磁場中，電子運動的半經典運動方程式

$$\begin{cases} \dot{\vec{r}} = \vec{v}(\vec{k}) = \dfrac{1}{\hbar}\left(\dfrac{\partial}{\partial k_x} + \dfrac{\partial}{\partial k_y} + \dfrac{\partial}{\partial k_z}\right)\vec{\mathscr{E}}(\vec{k}) = \dfrac{1}{\hbar}\nabla\vec{\mathscr{E}}(\vec{k}) \\ \hbar\dot{\vec{k}} = q\vec{v}(\vec{k}) \times \vec{\mathscr{B}} \end{cases} \quad ，\quad （6\text{-}589）$$

則在 $\vec{k}$ 空間中，$\vec{k}$ 的變化 $\delta\vec{k}$ 的特性為

[1]　垂直於 $\vec{\mathscr{B}}$ 的方向，即 $\delta\vec{k} \perp \vec{\mathscr{B}}$。

[2]　垂直於 $\vec{v}$ 的方向，即 $\delta\vec{k} \perp \vec{v}$。

說明如下：

[1]　由 $\hbar\dot{\vec{k}} = q\vec{v}(\vec{k}) \times \vec{\mathscr{B}}$ 得 $\hbar\dot{\vec{k}} \cdot \vec{\mathscr{B}} = 0$，

設　$\vec{\mathscr{B}}=\hat{z}\mathscr{B}_z$，則$\delta\vec{k}=\dfrac{d\vec{k}_z}{dt}=0$，

即$\vec{k}$在z方向的分量k_z隨時間保持定值。

[2]　由$\hbar\vec{k}\cdot\vec{v}(\vec{k})=\hbar\dfrac{d\vec{k}}{dt}\cdot\dfrac{1}{\hbar}\nabla_{\vec{k}}E(\vec{k})=\dfrac{d\vec{k}}{dt}\cdot\dfrac{dE(\vec{k})}{d\vec{k}}=\dfrac{dE(\vec{k})}{dt}=0$；

且$q\vec{v}(\vec{k})\times\vec{\mathscr{B}}\cdot\vec{v}=0$，

表示能量不變且$\delta\vec{k}$垂直於$\vec{v}$。

接著我們將推導出在不同方向的磁場下，載子作迴旋運動的有效質量。

假設等能橢球的旋轉對稱軸是沿$\hat{z}$方向，且磁場$\vec{\mathscr{B}}$與各座標軸的分量，如圖 6-57 所示，可表示成：

$$\mathscr{B}_x=l\,\mathscr{B}\,、 \tag{6-590}$$

$$\mathscr{B}_y=m\,\mathscr{B}\,、 \tag{6-591}$$

$$\mathscr{B}_z=n\,\mathscr{B}\,， \tag{6-592}$$

其中l,m,n分別是三個軸的方向餘弦（Direct cosine）。

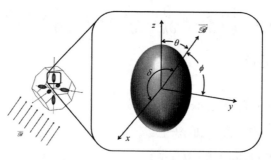

圖 6-57　磁場$\vec{\mathscr{B}}$與各座標軸的夾角

則運動方程式為，

即
$$\begin{cases} m_x \dfrac{dv_x}{dt} = q\mathscr{B}(v_y n - v_z m) \\[2mm] m_y \dfrac{dv_y}{dt} = q\mathscr{B}(v_z l - v_x n) \\[2mm] m_z \dfrac{dv_z}{dt} = q\mathscr{B}(v_x m - v_y l) \end{cases} , \qquad (6\text{-}593)$$

對於迴旋運動，v_x、v_y、v_z 應正比於 $e^{i\omega_c t}$，

代入（6-593）式得

$$\begin{cases} i\omega_c m_x v_x - qn v_y \mathscr{B} + qm v_z \mathscr{B} = 0 \\[1mm] qn v_x \mathscr{B} + i\omega_c m_y v_y - ql v_z \mathscr{B} = 0 \\[1mm] -qm v_x \mathscr{B} + ql v_y \mathscr{B} + i\omega_c m_z v_z = 0 \end{cases} , \qquad (6\text{-}594)$$

則方程式有解的條件為

$$\begin{vmatrix} i\omega_c m_x & -qn\mathscr{B} & qm\mathscr{B} \\ qn\mathscr{B} & i\omega_c m_y & -ql\mathscr{B} \\ -qm\mathscr{B} & ql\mathscr{B} & i\omega_c m_z \end{vmatrix} = 0 , \qquad (6\text{-}595)$$

$$-\omega_c^3 m_x m_y m_z + q^3 \mathscr{B}^3 lmn - q^3 \mathscr{B}^3 lmn - (-i\omega_c \mathscr{B}^2 q^2 m_y m^2 - i\omega_c \mathscr{B}^2 q^2 m_z n^2$$
$$- i\omega_c \mathscr{B}^2 q^2 m_x l^2) = 0 , \qquad (6\text{-}596)$$

整理得
$$\omega_c = q\mathscr{B}\sqrt{\frac{l^2}{m_y m_z} + \frac{m^2}{m_x m_z} + \frac{n^2}{m_x m_y}} \equiv \frac{q\mathscr{B}}{m^*} , \qquad (6\text{-}597)$$

則
$$\frac{1}{m^*} = \sqrt{\frac{m_x l^2 + m_y m^2 + m_z n^2}{m_x m_y m_z}}$$

$$= \sqrt{\frac{m_x l^2 + m_y m^2 + m_z n^2}{m_x m_y m_z}} 。 \qquad (6\text{-}598)$$

若　　　$m_x = m_y = m_t$，$m_z = m_l$，

則
$$\omega_c = q\mathscr{B}\sqrt{\frac{\sin^2\theta}{m_t m_l}+\frac{\cos^2\theta}{m_t^2}}=\frac{q\mathscr{B}}{m^*}\,,\qquad (6\text{-}599)$$

其中 θ 為 $\overrightarrow{\mathscr{B}}$ 與橢球對稱軸之間的夾角，則迴旋共振有效質量為

$$\frac{1}{m^*}=\sqrt{\frac{\sin^2\theta}{m_t m_l}+\frac{\cos^2\theta}{m_t^2}}\,\text{。}\qquad (6\text{-}600)$$

以下，我們可以透過迴旋共振實驗的觀察來驗證上式。

在 Si 的導帶極小值附近的等能面為橢球，沿 $\langle 100 \rangle$ 方向共有六個導帶的極小值，如圖 6-58 所示。

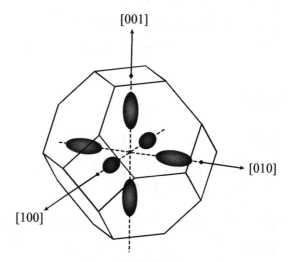

圖 6-58　Si 沿 $\langle 100 \rangle$ 方向共有六個導帶的極小值

其橫向有效質量 $m_t = 0.2m$，縱向有效質量 $m_l = 1.0m$，其中 m 為自由電子質量。

若所給的磁場 $\overrightarrow{\mathscr{H}}$ 在 (110) 平面上，並 [001] 與方向成 30° 角，如圖 6-59 所示，則磁場方向的單位向量在 x、y、z 軸上的分量可以表示為

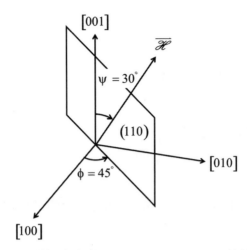

圖 6-59　磁場方向與 [100]、[010]、[001] 軸的關係

$$\vec{\mathcal{H}} = (\sin\psi \cos\phi, \sin\psi \sin\phi, \cos\psi)$$

$$= \left(\frac{1}{2} \cdot \frac{\sqrt{2}}{2}, \frac{1}{2} \cdot \frac{\sqrt{2}}{2}, \frac{\sqrt{3}}{2} \right)$$

$$= \frac{1}{\sqrt{8}} (1, -1, \sqrt{6}) , \tag{6-601}$$

且有效質量為　$m^* = \sqrt{\dfrac{m_x m_y m_z}{m_x l^2 + m_y m^2 + m_z n^2}}$

$$= \sqrt{\dfrac{m_t^2 \, m_l}{m_t \sin^2 \theta + m_l \cos^2 \theta}} , \tag{6-602}$$

要注意（6-602）式的 θ 和（6-601）式的 ψ 不同，（6-602）式的 θ 表示與磁場與橢球縱軸的夾角，而不是和晶體 [001] 方向的夾角，如圖 6-57 所示。

　　首先考慮沿 x 軸方向的一對橢球，則 x 方向的分量的方向餘弦為

$$\cos\theta = \frac{1}{\sqrt{8}} , \tag{6-603}$$

則
$$\cos^2\theta = \frac{1}{8} \text{ 且} \sin^2\theta = \frac{7}{8} \text{ ,} \tag{6-604}$$

所以電子迴旋共振等效質量 m_x^* 為

$$m_x^* = \sqrt{\frac{m_t^2 m_l}{\frac{7}{8}m_t + \frac{1}{8}m_l}} \text{ 。} \tag{6-605}$$

再考慮沿 y 軸方向的一對橢球，則 y 方向的分量的方向餘弦為

$$\cos\theta = -\frac{1}{\sqrt{8}} \text{ ,} \tag{6-606}$$

所以
$$\cos^2\theta = \frac{1}{8} \text{ ,} \tag{6-607}$$

且
$$\sin^2\theta = \frac{8}{7} \text{ ,} \tag{6-608}$$

所以電子迴旋共振等效質量 m_y^* 為

$$m_y^* = \sqrt{\frac{m_t^2 m_l}{\frac{7}{8}m_t + \frac{1}{8}m_l}} \text{ 。} \tag{6-609}$$

結果與（6-605）式相同，

即
$$m_y^* = m_x^* \text{ 。} \tag{6-610}$$

最後考慮沿 z 軸方向的一對橢球，則 z 方向的分量的方向餘弦為

$$\cos\theta = \frac{\sqrt{6}}{\sqrt{8}} ，\tag{6-611}$$

所以　　　　　$$\cos^2\theta = \frac{3}{4} ，\tag{6-612}$$

且　　　　　$$\sin^2\theta = \frac{1}{4} ，\tag{6-613}$$

電子迴旋共振等效質量 m_z^* 為

$$m_z^* = \sqrt{\frac{m_t^2\, m_l}{\frac{1}{4}\, m_t + \frac{3}{4}\, m_l}} ，\tag{6-614}$$

綜合以上 m_x^*、m_y^*、m_z^* 的結果，由於只有二個不同的 $\cos^2\theta$ 值，所以也只有二個 m^*，所以 Si 的電子迴旋共振實驗結果，如圖 6-60 所示，就出現二個電子迴旋共振訊號。

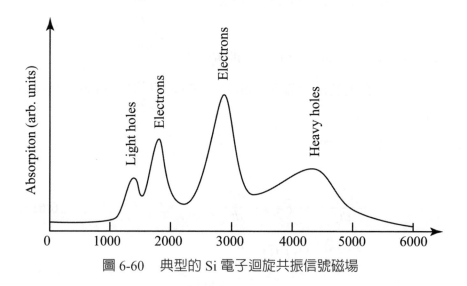

圖 6-60　典型的 Si 電子迴旋共振信號磁場

6.6.2　晶體中電子的速度

因爲我們用 Bloch 理論來討論晶體中電子的行爲，所以晶體中的電子就被稱爲 Bloch 電子（Bloch electrons），而 Bloch 電子的速度就被稱爲 Bloch 速度（Bloch velocity），Bloch 電子的平均速度 $\vec{v}$（Mean velocity）和能帶結構 $E(\vec{k})$ 有直接的關係，即

$$\vec{v} = \frac{1}{\hbar} \nabla_{\vec{k}} E(\vec{k})。 \tag{6-615}$$

本節將分別從古典和量子二種觀點來證明 Bloch 速度的關係式，古典物理是從電子受力的情況來說明，其中當然電子所受的力包含晶格位能及外界施力；量子物理是從 Schrödinger 方程式開始，求出 Bloch 速度的平均值，雖然過程有一點繁複，但是值得演練一遍，當中不乏含有固態物理相關的基本概念。

6.6.2.1　Bloch 速度的半經典模型

現在我們先簡單的說明最常見的半經典模型（Semi-classical model）的結果。

由古典力學得知

$$\frac{dE(\vec{k})}{dt} = \vec{v} \cdot \vec{F} = \vec{v} \cdot \frac{d\vec{p}}{dt}, \tag{6-616}$$

又
$$\frac{dE(\vec{k})}{dt} = \nabla_{\vec{k}} E(\vec{k}) \cdot \frac{d\vec{k}}{dt}$$
$$= \frac{1}{\hbar} \nabla_{\vec{k}} E(\vec{k}) \cdot \frac{d(\hbar\vec{k})}{dt}$$

$$= \frac{1}{\hbar} \nabla_{\vec{k}} (\vec{k}) \cdot \frac{d\vec{p}}{dt} , \qquad (6\text{-}617)$$

所以 Bloch 速度為

$$\vec{v}(\vec{k}) = \frac{1}{\hbar} \nabla_{\vec{k}} E(\vec{k}) 。 \qquad (6\text{-}618)$$

6.6.2.2 Bloch 速度的量子模型

為了簡單起見，我們以一維的情況來說明，再把一維的結果推廣到三維的情況。

在一維週期性位能中運動的電子必須滿足 Schrödinger 方程式，

$$\hat{H}\phi_k(x) = E(k)\phi_k(x) , \qquad (6\text{-}619)$$

則
$$\left[-\frac{\hbar^2}{2m} \frac{d^2}{dx^2} + V(x) - E(k) \right] \phi_k(x) = 0 , \qquad (6\text{-}620)$$

把上式對 k 微分，

即
$$\frac{d}{dk} \left[\hat{H}\phi_k(x) \right] = \frac{d}{dk} \left[E(k)\phi_k(x) \right] , \qquad (6\text{-}621)$$

則
$$\phi_k(x) \frac{d\hat{H}}{dk} + \hat{H} \frac{d}{dk} \phi_k(x) = \phi_k(x) \frac{d}{dk} E(k) + E(k) \frac{d}{dk} \phi_k(x) , \quad (6\text{-}622)$$

又
$$\frac{d\hat{H}}{dk} = 0 , \qquad (6\text{-}623)$$

則
$$\left[\hat{H} - E(k) \right] \frac{d\phi_k(x)}{dk} = \frac{dE(k)}{dk} \phi_k(x) , \qquad (6\text{-}624)$$

由 Bloch 理論所得之 $\phi_k(x) = e^{ikx} u_k(x)$ 關係，代入上式，

所以 $\quad \left[\hat{H}-E(k)\right]\dfrac{d\phi_k(x)}{dk}=\left[\hat{H}-E(k)\right]\left[\dfrac{\phi_k(x)}{u_k(x)}\dfrac{du_k(x)}{dk}+ix\phi_k(x)\right]$，（6-625）

且 $\qquad\qquad \dfrac{d^2}{dx^2}[x\phi_k(x)]=x\dfrac{d^2\phi_k(x)}{dx^2}+2\dfrac{d\phi_x(x)}{dx}$ ， （6-626）

由（6-626）式和（6-620）式得

$$\left[\hat{H}-E(k)\right]x\phi_k(x)=x\left[\hat{H}-E(k)\right]\phi_k(x)-\dfrac{\hbar}{m}\dfrac{d\phi_k(x)}{dx}$$

$$=-\dfrac{\hbar^2}{m}\dfrac{d\phi_k(x)}{dx} \ , \qquad （6-627）$$

代入（6-625）式得

$$\left[\hat{H}-E(k)\right]\dfrac{d\phi_k(x)}{dk}=\dfrac{dE(k)}{dk}\phi_k(x)$$

$$=-\dfrac{i\hbar^2}{m}\dfrac{d\phi_k(x)}{dx}+\left[\hat{H}-E(k)\right]\dfrac{\phi_k(x)}{u_k(x)}\dfrac{du_k(x)}{dk} \ , \quad （6-628）$$

為求平均值，將上式左邊乘上 $\phi_k^*(x)$，再對整個空間積分，

且 $\quad \langle u_k(x)|u_k(x)\rangle=1$ ， $\qquad\qquad\qquad\qquad$ （6-629）

則 $\dfrac{dE}{dk}=\int\left\{\phi_k^*(x)\left[\hat{H}-E(k)\right]\dfrac{v_k(x)}{u_k(x)}\dfrac{d\phi_k(x)}{dk}\right\}dx+\dfrac{\hbar}{m}\int\left[\phi_k^*(x)\dfrac{\hbar}{i}\dfrac{d\phi_k(x)}{dx}\right]$ 。

$\qquad\qquad\qquad\qquad\qquad\qquad\qquad\qquad\qquad\qquad\qquad\qquad$ （6-630）

　　接下來要說明，因為晶格的週期性，所以上式等號右邊的第一個積分可以被簡化成在一個單位元胞中的積分，且其結果為零。

由 $\qquad\qquad\qquad u_k(x)=u_k(x+na)$ ， $\qquad\qquad\qquad$ （6-631）

且
$$\phi_k^*(x+na)=e^{-ikna}\phi_k^*(x)，\tag{6-632}$$

則
$$\int \phi_k^*(x+na)\left[V(x)-E(k)\right]\phi_k(x+na)\,dx$$

$$=\int \phi_k^*(x)\left[V(x)-E(k)\right]\phi_k(x)\,dx，\tag{6-633}$$

所以
$$\int \left\{\phi_k^*(x+na)\frac{d^2}{dx^2}\left[\frac{\phi_k(x+na)}{u_k(x+na)}\right]\frac{du_k(x+na)}{dk}\right\}dx$$

$$=\int \left\{\phi_k^*(x)\frac{d^2}{dx^2}\left[\frac{\phi_k(x)}{u_k(x)}\right]\frac{du_k(x)}{dk}\right\}dx，\tag{6-634}$$

因而原來積分的範圍可化成在 $\pm\dfrac{a}{2}$ 之間，

即
$$\int \phi_k^*(x)\left[\hat{H}-E(k)\right]\left[\frac{\phi_k(x)}{u_k(x)}\frac{du_k(x)}{dk}\right]dx$$

$$=-N\int_{-\frac{a}{2}}^{+\frac{a}{2}} \phi_k^*(x)\left[\hat{H}-E(k)\right]\left[\frac{\phi_k(x)}{u_k(x)}\frac{du_k}{dk}\right]dx。\tag{6-635}$$

接著要證明上式為零。

首先將
$$\hat{H}=-\frac{\hbar^2}{2m}\frac{d^2}{dx^2}+V(x)，\tag{6-636}$$

代入（6-635）式得
$$\int_{-\frac{a}{2}}^{+\frac{a}{2}} \phi_k^*(x)\left[-\frac{\hbar^2}{2m}\frac{d^2}{dx^2}+V(x)-E(k)\right]\left[\frac{\phi_k(x)}{u_k(x)}\frac{du_k(x)}{dk}\right]dx$$

$$=\int_{-\frac{a}{2}}^{+\frac{a}{2}} \phi_k^*(x)\left[-\frac{\hbar^2}{2m}\frac{d^2}{dx^2}\left(e^{ikx}\frac{du_k(x)}{dk}\right)\right]dx$$

$$+\int_{-\frac{a}{2}}^{+\frac{a}{2}} \phi_k^*(x)\left[V(x)-E(x)\right]\left[e^{ikx}\frac{d\phi_k(x)}{dk}\right]dx。\tag{6-637}$$

令
$$\Phi_k(x) = e^{ikx}\frac{du_k(x)}{dk} , \qquad (6\text{-}638)$$

則（6-637）式右邊第一項可以寫成

$$\int_{-\frac{a}{2}}^{+\frac{a}{2}} \phi_k^*(x)\frac{d^2}{dx^2}\Phi_k(x)\,dx$$

$$= \int_{-\frac{a}{2}}^{+\frac{a}{2}}\left[\Phi_k(x)\frac{d^2}{dx^2}\phi_k^*(x)\right]dx$$

$$+ \phi_k^*(k)\frac{d}{dx}\Phi_k(x)\Big|_{-\frac{a}{2}}^{+\frac{a}{2}} - \Phi_k(x)\frac{d}{dx}\phi_k^*(x)\Big|_{-\frac{a}{2}}^{+\frac{a}{2}} , \quad (6\text{-}639)$$

因為 $u_k(x)$ 的週期性，

所以
$$u_k\left(\frac{a}{2}\right) = u_k\left(-\frac{a}{2}\right) , \qquad (6\text{-}640)$$

則
$$\phi_k^*(x)\frac{d}{dx}\Phi_k(x) = e^{-ikx}u_k^*(x)\frac{d}{dx}\left[e^{ikx}u_k(x)\right]$$

$$= iku_k^*(x)\frac{du_k(x)}{dx} + u_k^*(x)\frac{\partial^2 u_k(x)}{\partial k\partial x} , \;(6\text{-}641)$$

所以
$$\phi_k^*(x)\frac{d}{dx}\Phi_k(x)\Big|_{-\frac{a}{2}}^{+\frac{a}{2}} = 0 \circ \qquad (6\text{-}642)$$

同理，
$$\Phi_k(x)\frac{d}{dx}\phi_k^*(x) = e^{ikx}\frac{du_k(x)}{dk}\frac{d}{dx}\left[e^{ikx}u_k^*(x)\right]$$

$$= -iku_k^*(x)\frac{du_k(x)}{dk} + \frac{du_k(x)}{dx}\frac{du_k(x)}{dk} , \quad (6\text{-}643)$$

所以
$$\Phi_k(x)\frac{d}{dx}\phi_k^*(x)\Big|_{-\frac{a}{2}}^{+\frac{a}{2}} = 0 \circ \qquad (6\text{-}644)$$

綜合以上的結果即（6-639）式的最後二項為零，則（6-637）式可化為

$$\int\limits_{-\frac{a}{2}}^{+\frac{a}{2}} \phi_k^*(x)\left[-\frac{\hbar^2}{2m}\frac{d^2}{dx^2}+V(x)-E(k)\right]\left[\frac{\phi_k(x)}{u_k(x)}\frac{du_k(x)}{dk}\right]dx$$

$$=\int\limits_{-\frac{a}{2}}^{+\frac{a}{2}}\left[\frac{\phi_k(x)}{u_k(x)}\frac{du_k(x)}{dk}\right]\left[-\frac{\hbar^2}{2m}\frac{d^2}{dx^2}+V(x)-E(k)\right]\phi_k^*(x)\,dx，\quad（6\text{-}645）$$

因為 $\phi_k(x)$ 必須滿足 Schrödinger 方程式，所以上式為零，則（6-632）式為

$$\frac{dE}{dk}=\frac{\hbar}{m}\int\left[\phi_k^*(x)\frac{\hbar}{i}\frac{d}{dx}\phi_k(x)\right]dx=\hbar\frac{p_x}{m}=\hbar v_x，\quad（6\text{-}646）$$

可把結果推廣到三維空間，

即 $$\vec{v}=\frac{1}{\hbar}\,\nabla_{\vec{k}}E(\vec{k})。\qquad\qquad（6\text{-}647）$$

其實，Bloch 速度是一個平均速度，是 Bloch 電子在週期性位能中運動的平均速度，也就是速度的期望值。由量子力學的原理可以知道，要求速度的期望值，就必須要「使用可存在於週期性位能的波函數，從二側去夾速度的算符」。

由此結果可知，在週期性位能中的電子，即 Bloch 電子，和沒有位能干擾的電子，即自由電子，的運動方式是不同的，如圖 6-61 所示，尤其是當 Bloch 電子傳遞或運動到 Brillouin 區域邊緣時，方向改變了。有許多不同的觀點都可以用來解釋這個現象，包括位能的干擾、波動的反射，或對稱……，因而 Bloch 速度必須要垂直等能面。

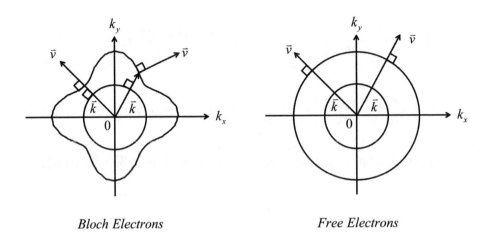

Bloch Electrons   Free Electrons

圖 6-61   Bloch 電子的速度和等能面的關係

6.6.3   晶體動量

晶體動量雖然不是「動量」，但是卻有動量的字眼，所以也被稱為類動量（Quasi-momentum 或 Pseudomomentum）。從古典物理的觀點可知：晶體動量帶有晶體對電子之作用力的訊息，並且帶出等效質量的觀念；從量子物理的觀點更可以得知：晶體動量帶有晶體結構週期排列的訊息。

6.6.3.1   晶體動量的古典解釋

電子所「感受」的總外力可以分成外部施力及晶體作用力二類，

即 $\qquad\qquad F_{外力給電子的} + F_{晶體給電子的} = ma$ ，$\qquad\qquad$（6-648）

其中 m 爲電子質量；a 電子所呈現的加速度。

　　然而因爲晶體給電子的作用力 $F_{晶體給電子的}$ 不易量測，我們只能巨觀的認爲只有外部施力 $F_{外力給電子的}$，而測得加速度 a，

即
$$F_{外力給電子的} = m^* a \text{。} \tag{6-649}$$

其中 m^* 就是等效質量，

所以
$$\frac{F_{外力給電子的}}{m^*} = \frac{F_{外力給電子的}}{m} + \frac{F_{晶體給電子的}}{m} \text{，} \tag{6-650}$$

乘上作用時間 Δt，

則
$$\frac{F_{外力給電子的}\Delta t}{m^*} = \frac{F_{外力給電子的}\Delta t}{m} + \frac{F_{晶體給電子的}\Delta t}{m} \text{，} \tag{6-651}$$

由古典物理的動量 ΔP 與作用力 F、作用時間 Δt 的關係爲

$$\Delta P = F \Delta t \text{，} \tag{6-652}$$

則
$$\frac{\Delta P_{外力給電子的}}{m^*} = \frac{1}{m}(\Delta P_{外力給電子的} + P_{晶體給電子的})$$
$$= \frac{1}{m}(\Delta P_{外力給電子的} - \Delta P_{電子給晶體的}) \text{。} \tag{6-653}$$

[1]　如果電子和晶體之間沒有交互作用，則 $\Delta P_{電子給晶體的} = 0$。

[2]　當電子和晶體之間產生交互作用，則因爲 $\Delta P_{外力給電子的}$ 也表示我們可以觀測到的動量，所以很明顯的，這個動量值並非單純的電子的動量，而是包含著晶體施予電子的過程，所以被定義

為晶體動量。

[3] 當電子給晶體的動量大於外力給電子的動量，則 $m^* < 0$；

當電子給晶體的動量小於外力給電子的動量，則 $m^* > 0$；

當電子給晶體的動量等於外力給電子的動量，則 $m^* \to \infty$。

6.6.3.2 晶體動量的量子解釋

由 Bloch 理論我們已經知道晶體中的電子或 Bloch 電子的波函數 $\psi(\vec{r})$ 為 Bloch 函數，

即
$$\psi(\vec{r}) = e^{i\vec{k} \cdot \vec{r}} u(\vec{r}) ，\qquad (6\text{-}654)$$

所以如果我們把動量算符 $\hat{p} = \dfrac{\hbar}{i} \nabla$ 操作在波函數 $\psi(\vec{r})$ 上，應該會得到動量的本徵值，則

$$
\begin{aligned}
\vec{p}\,\psi(\vec{r}) &= \frac{\hbar}{i} \nabla \psi(\vec{r}) \\
&= \frac{\hbar}{i} \nabla (e^{i\vec{k} \cdot \vec{r}} u(\vec{r})) \\
&= \frac{\hbar}{i} \nabla (e^{i\vec{k} \cdot \vec{r}}) u(\vec{r}) + e^{i\vec{k} \cdot \vec{r}} \left(\frac{\hbar}{i} \nabla u(\vec{r}) \right) \\
&= \hbar k e^{i\vec{k} \cdot \vec{r}} u(\vec{r}) + e^{i\vec{k} \cdot \vec{r}} \left(\frac{\hbar}{i} \nabla u(\vec{r}) \right) \\
&= p\psi(\vec{r}) + e^{i\vec{k} \cdot \vec{r}} \left(\frac{\hbar}{i} \nabla u(\vec{r}) \right) ，\qquad (6\text{-}655)
\end{aligned}
$$

顯然波函數 $\psi(\vec{r})$ 不是動量算符 $\hat{p}$ 的本徵函數，或者我們也可以換一種說法，就是所謂的晶體動量並非「動量」，而是「晶體中的動量」，否則「晶體動量」應該會是動量算符 $\hat{p}$ 的本徵值。實際上，

由上式右側的第二項可以看出，如果空間變化（Spatial variation）$\nabla u(\bar{r})$ 為零，則波函數 $\psi(\bar{r})$ 就是動量算符 $\hat{p}$ 的本徵函數。

這個結果非常明顯的揭示：晶體動量帶有晶格結構空間變化的訊息。

6.6.4　狀態密度

本節我們將簡單的介紹三個決定或影響狀態密度的因素，依序為：色散關係、粒子自由度、外場干擾。

6.6.4.1　色散關係對狀態密度的影響

在晶體中運動的粒子或準粒子的能量與動量的特性可以用一個色散關係來描述，這個色散關係也就影響著狀態密度函數。電子的色散關係就是能帶結構，我們將介紹 von Hove 奇異性（von Hove singularity），這個觀念的建立對於定義在具有能帶結構下的晶體的所有特性觀察相當有幫助。

因為電子狀態的改變實際上是二個能態之間的躍遷，最常見就是導帶 $E_c(\bar{k})$ 與價帶 $E_v(\bar{k})$ 之間的躍遷，而聯合狀態密度（Joint density of states）$J_{cv}(\hbar\omega)$ 就是用來描述發生在二個狀態之間的相關行為，好像是藉由這個函數把二個狀態「聯合」起來了。稍後在第 8 章我們會知道當 $\nabla_{\bar{k}}\left[E_c(\bar{k}) - E_v(\bar{k})\right] = 0$ 時，聯合狀態密度會發散（Divergence），此時的光學躍遷的機率會達到極大值，這樣的特性會發生在 Brillouin 區的各個不同的點上，而在 Brillouin 區具有這樣行為的點就被稱為臨界點（Critical point）或 van Hove 奇異點（van Hove singularity），簡稱奇異點（Singularity）。

因為奇異點的條件是$\nabla_{\vec{k}}[E_c(\vec{k}) - E_r(\vec{k})] = 0$，所以通常被預期會在二種情況發生：

[1] $\quad \nabla_{\vec{k}} E_c(\vec{k}) = \nabla_{\vec{k}} E_v(\vec{k}) = 0$

這個關係表示二個能帶的斜率是互相平行且水平的，這樣的點是在 Brillouin 區具有高對稱性的，例如：Γ 點。

[2] $\quad \nabla_{\vec{k}} E_c(\vec{k}) = \nabla_{\vec{k}} E_v(\vec{k}) \neq 0$

這樣的點是在 Brillouin 區是對稱性比較低的。

我們把在三維、二維、一維結構的奇異點附近的解析行為（Analytical behavior）及示意圖，作表 6-4，其中奇異點的形態（Type）並沒有統一的符號，但是下標的數字意義是適用於所有符號系統的，一言以蔽之，下標的數字代表著「負號的個數」。

對三維能帶結構而言，因為能量表示式為

$$E(\vec{k}) = \frac{\hbar^2}{2}\left(\pm \frac{k_x^2}{m_x} \pm \frac{k_y^2}{m_y} \pm \frac{k_z^2}{m_z}\right), \qquad (6\text{-}656)$$

所以可能會有 0 個負號、1 個負號、2 個負號、3 個負號，則分別標示 M_0、M_1、M_2、M_3，而 0 個負號的極值代表的是三個方向都是極小值，所以代表的是極小值（Minimum）；1 個負號的極值代表的是二個方向是極小值，一個方向是極大值，所以 M_1 代表的是鞍點（Saddle）；2 個負號的極值代表的是一個方向是極小值；二個方向是極大值，所以 M_2 代表的也是鞍點；3 個負號的極值代表是三個方向都是極大值，所以 M_3 代表的是極大值（Maximum）。

同理，對二維能帶結構而言，因為能量表示式為

$$E(\vec{k}) = \frac{\hbar^2}{2}\left(\pm \frac{k_x^2}{m_x} \pm \frac{k_y^2}{m_y}\right), \tag{6-657}$$

所以可能會有 0 個負號、1 個負號、2 個負號，則分別標示 P_0、P_1、P_2。

同理，對一維能帶結構而言，因為能量表示式為

$$E(\vec{k}) = \frac{\hbar^2}{2}\left(\frac{k_x^2}{m_x}\right), \tag{6-658}$$

所以可能會有 0 個負號、1 個負號，則分別標示 Q_0、Q_1。

我們把三維、二維，一維結構的聯合狀態密度的結果，列如表 6-4。

以下我們將只有推導三維結構奇異點的聯合狀態密度，對於二維結構及一維結構的演算過程也是類似的，原則是適當的作一些座標系的轉換。

聯合狀態密度 $J_{cv}(\hbar\omega)$ 在奇異點附近的解析行為可以藉由 $E_c(\vec{k}) - E_v(\vec{k})$ 在奇異點附近的 Taylor 級數展開而求得，

即 $\quad E_c(\vec{k}) - E_v(\vec{k}) = E_c(0) - E_v(0)$

$$+ \frac{1}{1!}\left\{\frac{\partial\left[E_c(k) - E_v(k)\right]}{\partial\vec{k}}\right\}\vec{k} + \frac{1}{2!}\left\{\frac{\partial^2\left[E_c(k) - E_v(k)\right]}{\partial\vec{k}^2}\right\}\vec{k}^2 + \cdots$$

$$= E_g + \left\{\frac{\partial\left[E_c(\vec{k}) - E_v(\vec{k})\right]}{\partial\vec{k}}\right\}\vec{k} + \frac{\hbar^2}{2}\left[\frac{k_x^2}{m_x} + \frac{k_y^2}{m_y} + \frac{k_z^2}{m_z}\right] + \cdots,$$

$$\tag{6-659}$$

表 6-4 三維結構、二維結構、一維結構的聯合狀態密度

Dimension	Type	Joint Density of States	Schematic
3	M_0	$J_{cv}(\hbar\omega) = \begin{cases} B + O(E - E_0) & , \ as\ E < E_0 \\ B + A\sqrt{E - E_0} + O(E - E_0) & , \ as\ E > E_0 \end{cases}$	
	M_1	$J_{cv}(\hbar\omega) = \begin{cases} B - A\sqrt{E_0 - E} + O(E - E_0) & , \ as\ E < E_0 \\ B + O(E - E_0) & , \ as\ E > E_0 \end{cases}$	
	M_2	$J_{cv}(\hbar\omega) = \begin{cases} B + O(E - E_0) & , \ as\ E < E_0 \\ B - A\sqrt{E - E_0} + O(E - E_0) & , \ as\ E > E_0 \end{cases}$	
	M_3	$J_{cv}(\hbar\omega) = \begin{cases} B + A\sqrt{E_0 - E} + O(E - E_0) & , \ as\ E < E_0 \\ B + O(E - E_0) & , \ as\ E > E_0 \end{cases}$	
2	P_0	$J_{cv}(\hbar\omega) = \begin{cases} B + O(E - E_0) & , \ as\ E < E_0 \\ B + A + O(E - E_0) & , \ as\ E > E_0 \end{cases}$	
	P_1	$J_{cv}(\hbar\omega) = B - \dfrac{A}{\pi}\ln\left|1 - \dfrac{E}{E_0}\right| + O(E - E_0)$	
	P_2	$J_{cv}(\hbar\omega) = \begin{cases} B + A + O(E - E_0) & , \ as\ E < E_0 \\ B + O(E - E_0) & , \ as\ E > E_0 \end{cases}$	
1	Q_0	$J_{cv}(\hbar\omega) = \begin{cases} B + O(E - E_0) & , \ as\ E < E_0 \\ B + \dfrac{A}{\sqrt{E - E_0}} + O(E - E_0) & , \ as\ E > E_0 \end{cases}$	
	Q_1	$J_{cv}(\hbar\omega) = \begin{cases} B + \dfrac{A}{\sqrt{E - E_0}} + O(E - E_0) & , \ as\ E < E_0 \\ B + O(E - E_0) & , \ as\ E > E_0 \end{cases}$	

然而因為

$$\nabla_{\vec{k}}\left[E_c(\vec{k}) - E_v(\vec{k})\right] = 0，\tag{6-660}$$

或 $$\nabla_{\vec{k}} E_c(\vec{k}) = 0 = \nabla_{\vec{k}} E_v(\vec{k})，\tag{6-661}$$

所以上式的線性項為零，因此，我們可以定義出四種形態的奇異點，

M_0 為極小值：$E_c(\vec{k}) - E_v(\vec{k}) = E_g + \dfrac{\hbar^2}{2}\left(\dfrac{k_x^2}{m_x} + \dfrac{k_y^2}{m_y} + \dfrac{k_z^2}{m_z}\right)；\tag{6-662}$

M_1 為鞍點：$E_c(\vec{k}) - E_v(\vec{k}) = E_g + \dfrac{\hbar^2}{2}\left(\dfrac{k_x^2}{m_x} + \dfrac{k_y^2}{m_y} - \dfrac{k_z^2}{m_z}\right)；\tag{6-663}$

M_2 為鞍點：$E_c(\vec{k}) - E_v(\vec{k}) = E_g + \dfrac{\hbar^2}{2}\left(\dfrac{k_x^2}{m_x} - \dfrac{k_y^2}{m_y} - \dfrac{k_z^2}{m_z}\right)；\tag{6-664}$

M_3 為極大值：$E_c(\vec{k}) - E_v(\vec{k}) = E_g - \dfrac{\hbar^2}{2}\left(\dfrac{k_x^2}{m_x} + \dfrac{k_y^2}{m_y} + \dfrac{k_z^2}{m_z}\right)。\tag{6-665}$

要特別說明「＋」「－」符號的位置並不是一定要特定在那個位置上，但是「數量」要符合下標的數字即可。

在推導之前，我們先定義聯合狀態密度 $J_{cv}(\hbar\omega)$ 為

$$J_{cv}(\hbar\omega) = \sum_{k_c, k_v} \delta(E_c - E_v - \hbar\omega) = \frac{2}{(2\pi)^3} \int d^3\vec{k}\, \delta(E_c - E_v - \hbar\omega)，\tag{6-666}$$

其中我們已經考慮了自旋簡併因子（Spin degenerate factor），所以最右側的分子有一個 2。

現在依序介紹如下：

[1]　M_0

由聯合狀態密度的定義，

則　　$J_{cv}(\hbar\omega) = \dfrac{2}{(2\pi)^3} \displaystyle\int\limits_{B.Z.} dk\delta\left[E_g + \dfrac{\hbar^2}{2}\left(\dfrac{k_x^2}{m_x} + \dfrac{k_y^2}{m_y} + \dfrac{k_z^2}{m_z}\right) - \hbar\omega\right]$，　　（6-667）

現在引入三個新座標，

$$q_x = \dfrac{\hbar k_x}{\sqrt{2m_x}} \ ; \ q_y = \dfrac{\hbar k_y}{\sqrt{2m_y}} \ ; \ q_z = \dfrac{\hbar k_z}{\sqrt{2m_z}} \ , \qquad （6\text{-}668）$$

則$J_{cv}(\hbar\omega) = \dfrac{2}{(2\pi)^2}\dfrac{2^{3/2}(m_x m_y m_z)^{1/2}}{\hbar^3}\displaystyle\int\limits_{B..Z.} dq_x\, dq_y\, dq_z\, \delta\left[E_g + q_x^2 + q_y^2 + q_z^2 - \hbar\omega\right]$，

（6-669）

對於三維結構奇異點，我們將採用圓柱座標系（Cylindrical coordinates）做計算，

則　　　　　　$q_z = q_z \ ; \ q_x = q\cos\phi \ ; \ q_y = q\sin\phi$，　　　　（6-670）

且　　　　　　$q^2 = q_x^2 + q_y^2$，　　　　　　　　　　　　　（6-671）

及　　　　　　$dq_x\, dq_y\, dq_z = q\,dq\,dq_z d\phi$。　　　　　　　（6-672）

所以我們可以把積分式作轉換爲

$$\begin{aligned}
J_{cv}(\hbar\omega) &= \dfrac{2}{(2\pi)^3}\dfrac{2^{3/2}(m_x m_y m_z)^{1/2}}{\hbar^3}\int\limits_{B.Z.} dq_x\, dq_y\, dq_z\, \delta\left[E_g + q_x^2 + q_y^2 + q_z^2 - \hbar\omega\right] \\
&= \dfrac{2}{(2\pi)^3}\dfrac{2^{3/2}(m_x m_y m_z)^{1/2}}{\hbar^3}\int q\,dq\,d\phi \int \delta\left[E_g + q^2 + q_z^2 - \hbar\omega\right] \\
&= \dfrac{2^{5/2}(m_x m_y m_z)^{1/2}}{(2\pi)^3\,\hbar^3}\,2\pi \int q\,dq\,\dfrac{1}{2\sqrt{\hbar\omega - E_g - q^2}} \\
&= \dfrac{2^{3/2}(m_x m_y m_z)^{1/2}}{4\pi^2\hbar^3}\int\dfrac{q\,dq}{2\sqrt{\hbar\omega - E_g - q^2}} \ 。 \qquad （6\text{-}673）
\end{aligned}$$

這個積分範圍可以擴展到圍繞在臨界點（Critical point）周圍的區域。為了方便的緣故，所以我們用了一個半徑為 $R = |\hbar\omega - E_g|$ 的圓球來代表這個區域，隨著球半徑的增加，積分範圍也隨之擴展。

當 $\hbar\omega - E_g - q^2 \geq 0$，則 $q \leq \sqrt{\hbar\omega - E_g} = R$，

假設
$$A = \frac{2^{3/2}(m_x m_y m_z)^{1/2}}{4\pi^2\hbar^3},$$
（6-674）

則在 $\hbar\omega > E_g$ 的區域，

可得
$$
\begin{aligned}
J_{cv}(\hbar\omega) &= A \int_0^R \frac{qdq}{\sqrt{\hbar\omega - E_g - q^2}} \\
&= A\left(-\sqrt{\hbar\omega - E_g - R^2} + \sqrt{\hbar\omega - E_g}\right) \\
&= A\left(\sqrt{\hbar\omega - E_g}\right) + O(\hbar\omega - E_g) ;
\end{aligned}
$$
（6-675）

在 $\hbar\omega < E_g$ 的區域，

則得
$$
\begin{aligned}
J_{cv}(\hbar\omega) &= A \int_{\sqrt{\hbar\omega - E_g}}^R \frac{qdq}{\sqrt{\hbar\omega - E_g - q^2}} \\
&= -A\left(\sqrt{\hbar\omega - E_g - R^2}\right) \\
&= O(\hbar\omega - E_g) ,
\end{aligned}
$$
（6-676）

其中 $O(\hbar\omega - E_g)$ 可能為零或是和能量有線性關係的平滑變化量。

[2]　M_1

　　如前所述，三維結構奇異點的聯合狀態密度經由圓柱座標系積分式作轉換為

$$J_{cv}(\hbar\omega) = \frac{2^{3/2}(m_x m_y m_z)^{1/2}}{4\pi^2 \hbar^3} \int \frac{q\,dq}{\sqrt{q^2 + \hbar\omega - E_g}}\,, \qquad (6\text{-}677)$$

則在 $\hbar\omega > E_g$ 的區域，

$$
\begin{aligned}
J_{cv}(\hbar\omega) &= A \int_0^R \frac{q\,dq}{\sqrt{q^2 + \hbar\omega - E_g}} \\
&= A\left(\sqrt{R^2 + \hbar\omega - E_g} - \sqrt{E_g - \hbar\omega}\right) \\
&= -A\sqrt{E_g - \hbar\omega} + O(E_g - \hbar\omega)\,;
\end{aligned}
\qquad (6\text{-}678)
$$

在 $\hbar\omega < E_g$ 的區域，

$$
\begin{aligned}
J_{cv}(\hbar\omega) &= A \int_{\sqrt{\hbar\omega - E_g}}^R \frac{q\,dq}{\sqrt{q^2 + \hbar\omega - E_g}} \\
&= A\left(\sqrt{E_g - \hbar\omega + R^2}\right) \\
&= O(E_g - \hbar\omega)\,\text{。}
\end{aligned}
\qquad (6\text{-}679)
$$

[3]　M_2

如前所述，三維結構奇異點的聯合狀態密度經由圓柱座標系積分式作轉換為

$$J_{cv}(\hbar\omega) = \frac{2^{3/2}(m_x m_y m_z)^{1/2}}{4\pi^2 \hbar^3} \int \frac{q\,dq}{\sqrt{q^2 + \hbar\omega - E_g}}\,, \qquad (6\text{-}680)$$

則在 $\hbar\omega > E_g$ 的區域，

$$J_{cv}(\hbar\omega) = A \int_0^R \frac{q\,dq}{\sqrt{q^2 + \hbar\omega - E_g}}$$

$$= A\left(\sqrt{R^2 + \hbar\omega - E_g} - \sqrt{\hbar\omega - E_g}\right)$$
$$= -A\sqrt{\hbar\omega - E_g} + O(\hbar\omega - E_g) \; ; \qquad (6\text{-}681)$$

在 $\hbar\omega < E_g$ 的區域，

$$J_{cv}(\hbar\omega) = A\int_{\sqrt{E_g - \hbar\omega}}^{R} \frac{qdq}{\sqrt{q^2 + \hbar\omega - E_g}}$$
$$= A\sqrt{R^2 + \hbar\omega - E_g}$$
$$= O(\hbar\omega - E_g) \, \circ \qquad (6\text{-}682)$$

[4] M_3

如前所述，三維結構奇異點的聯合狀態密度經由圓柱座標系積分式作轉換為

$$J_{cv}(\hbar\omega) = \frac{2^{3/2}(m_x m_y m_z)^{1/2}}{4\pi^2\hbar^3}\int \frac{qdq}{\sqrt{E_g - \hbar\omega + q^2}} \, , \qquad (6\text{-}683)$$

則在 $\hbar\omega > E_g$ 的區域，

$$J_{cv}(\hbar\omega) = A\int_0^R \frac{qdq}{\sqrt{E_g - \hbar\omega + q^2}}$$
$$= A\left(-\sqrt{E_g - \hbar\omega + R^2} + \sqrt{E_g - \hbar\omega}\right)$$
$$= A\sqrt{E_g - \hbar\omega} + O(E_g - \hbar\omega) \; ; \qquad (6\text{-}684)$$

在 $\hbar\omega < E_g$ 的區域，

$$J_{cv}(\hbar\omega) = A \int_{\sqrt{\hbar\omega - E_g}}^{R} \frac{q\,dq}{\sqrt{E_g - \hbar\omega + q^2}}$$

$$= -A\sqrt{E_g - \hbar\omega + R^2}$$

$$= O(E_g - \hbar\omega)\,。 \qquad\qquad (6\text{-}685)$$

6.6.4.2　粒子自由度對狀態密度的影響

當粒子或準粒子的自由度（Freedom）受到限制時，因為侷限性將造成不同的能量函數關係，所以也產生了不同的狀態密度。我們將說明四種典型的結構之狀態密度：

[1]　塊狀結構（Bulk）：因為粒子的運動沒有受限，所以具有三維自由度（Three-dimensional freedom）。

[2]　量子井結構（Quantum well）：因為粒子的運動在一度空間中受限，所以具有二維自由度（Two-dimensional freedom）。

[3]　量子線結構（Quantum wire）：因為粒子的運動在二度空間中受限，所以具有一維自由度（One-dimensional freedom）。

[4]　量子點結構（Quantum dot）：因為粒子的運動在三度空間中全都受限，所以具有零維自由度（Zero-dimensional freedom）。

我們把結構與狀態密度的關係，列表 6-5 如下。

要討論狀態密度和粒子自由度的相依性，基本上可以有二種方式來說明，分別是由低侷限性至高侷限性；及由高侷限性至低侷限性，第一種方式是由狀態密度的定義，從零維自由度的 δ 函數（δ-function）開始，藉由每一次積分的運算來增加一個自由維度，過程中可以幾乎不需要有太多的物理意義考慮在內；第二種方式是以一般我們比較熟悉的三維自由度結構為物理基礎，依相似的步驟可得二維和一維的結果，但是零維自由度的 δ 函數結果，還是得以狀態密

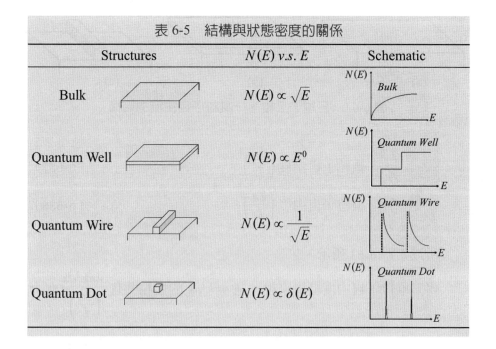

表 6-5　結構與狀態密度的關係

Structures		$N(E)$ v.s. E	Schematic
Bulk		$N(E) \propto \sqrt{E}$	
Quantum Well		$N(E) \propto E^0$	
Quantum Wire		$N(E) \propto \dfrac{1}{\sqrt{E}}$	
Quantum Dot		$N(E) \propto \delta(E)$	

度的定義來求得。

　　本節將以第二種方式作介紹，我們把三維、二維、一維自由度結構放在一起討論；零維自由度結構則單獨說明。

6.6.4.2.1　三維、二維、一維自由度的粒子之狀態密度

　　如圖 6-62 所示為粒子有三維、二維、一維自由度的結構，則在 $\vec{k}$ 空間中，因為波數（Wavenumber）$k = \dfrac{2\pi}{L}$ 中，含有一個狀態，所以單位波數 Δk 中，就含有 $\dfrac{L}{2\pi}$ 個狀態，其中 L 為結構的單一維度之長度。則在三維、二維、一維粒子自由度的情況下，每個狀態所佔的體積分別為：

$$三維粒子自由度 \left(\frac{2\pi}{L} \right)^3 ; \tag{6-686}$$

355

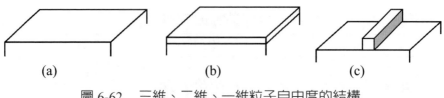

(a)　　　　　　　　　　(b)　　　　　　　　　　(c)

圖 6-62　　三維、二維、一維粒子自由度的結構

$$二維粒子自由度 \left(\frac{2\pi}{L}\right)^2 ; \tag{6-687}$$

$$一維粒子自由度 \left(\frac{2\pi}{L}\right) , \tag{6-688}$$

所以如圖 6-63 所示，

對三維粒子自由度結構來說，在 $4\pi k^2 dk$ 的體積共有 $\dfrac{4\pi k^2 dk}{\left(\frac{2\pi}{L}\right)^3}$ 個狀態；

對二維粒子自由度結構來說，在 $2\pi k dk$ 的體積共有 $\dfrac{2\pi k dk}{\left(\frac{2\pi}{L}\right)^2}$ 個狀態；

對一維粒子自由度結構來說，在 $2dk$ 的體積共有 $\dfrac{2dk}{\left(\frac{2\pi}{L}\right)}$ 個狀態。

然而，狀態密度 $N(E)$ 的意義是：在 E 和 $E + dE$ 之間有 $N(E)dE$ 個狀態，所以綜合以上二種表達方式，得

三維粒子自由度　　　　　$N(E)\,dE = \dfrac{4\pi k^2 dk}{\left(\frac{2\pi}{L}\right)^3} ;$ 　　　　　（6-689）

二維粒子自由度　　　　　$N(E)\,dE = \dfrac{2\pi k dk}{\left(\frac{2\pi}{L}\right)^2} ;$ 　　　　　（6-690）

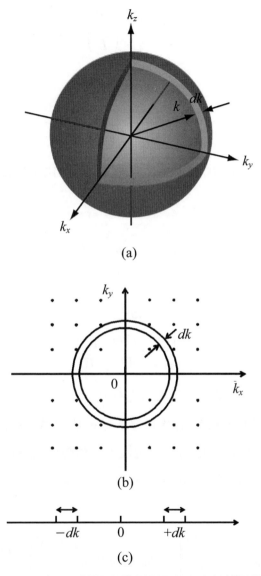

(a)

(b)

(c)

圖 6-63　三維、二維、一維粒子自由度結構的狀態數

一維粒子自由度 $\qquad N(E)\,dE = \dfrac{2dk}{\left(\dfrac{2\pi}{L}\right)}$ ， $\qquad$ （6-691）

又 $\qquad E = \dfrac{\hbar^2 k^2}{2m}$ ， $\qquad$ （6-692）

則 $\qquad dE = \dfrac{\hbar^2 k dk}{m}$ ， $\qquad$ （6-693）

所以，如圖 6-64 所示，可得三種粒子自由度的狀態密度 $N(E)$ 分別爲：

三維粒子自由度 $\qquad \dfrac{N(E)}{L^3} = \dfrac{\sqrt{2}\,m^{\frac{3}{2}}\,\sqrt{E}}{\pi^2 \hbar^3}$ ； $\qquad$ （6-694）

二維粒子自由度 $\qquad \dfrac{N(E)}{L^2} = \dfrac{m}{\pi \hbar^2}$ ； $\qquad$ （6-695）

一維粒子自由度 $\qquad \dfrac{N(E)}{L} = \dfrac{\sqrt{2m}}{\pi \hbar}\dfrac{1}{\sqrt{E}}$ 。 $\qquad$ （6-696）

6.6.4.2.2 零維自由度的粒子之狀態密度

對於粒子具有零維自由度的量子點系統而言，如圖 6-65 所示，我們可以用另一種很簡單的演算過程，就可瞭解爲什麼零維自由度的狀態密度是 δ 函數，如圖 6-66 所示。

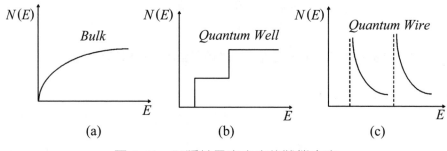

圖 6-64 三種粒子自由度的狀態密度

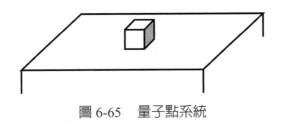

圖 6-65　　量子點系統

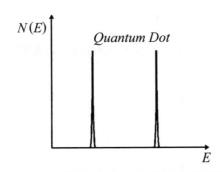

圖 6-66　　零維自由度的函數狀態密度

我們仔細看看狀態密度的數學表示式：

$$N(E) = \frac{d（單位體積內存在的 \ state \ 數）}{dE} \ , \qquad （6\text{-}697）$$

所以，我們只要知道單位體積內所存在的狀態數就可以求得
$N(E)$，這也是前面所介紹的步驟。

因為所謂的三維自由度、二維自由度、一維自由度，是表示載子
在三維、二維，或甚至一維空間有自由移動的能力，所以載子的總能
量是連續的值，並非完全是分立的能量（Discrete energy），現在，
以 $L \times L \times L$ 的量子點爲例，如果三個方向的質量都是相同的，則其
所存在的能量可表示爲

$$E = \frac{\hbar^2 k^2}{2m}(n_x^2 + n_y^2 + n_z^2) \, , \qquad\qquad (6\text{-}698)$$

滿足 $E_1 = 3\dfrac{\hbar^2 k}{2m}$ 的量子數只有 $(1, 1, 1)$；

滿足 $E_2 = 6\dfrac{\hbar^2 k^2}{2m}$ 的量子數則有 $(1, 1, 2)$、$(1\ 2, 1)$、$(2, 1, 1)$；

滿足 $E_3 = 9\dfrac{\hbar^2 k^2}{2m}$ 的量子數則有 $(1, 2, 2)$、$(2, 2, 1)$、$(2, 1, 2)$，

所以「存在的狀態數」對「能量」的關係可以繪圖 6-67 如下：

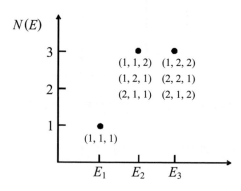

圖 6-67 「存在的狀態數」對「能量」的關係

對能量微分 dE 得零維自由度的狀態密度是 δ 函數的結果，如圖 6-68 所示。

因為半導體科技的發展，所以三維、二維、一維、零維粒子自由度的結構已經被廣泛的運用在各種元件設計中，這些結構分別也被稱為塊狀系統（Bulk system）、量子井系統（Quantum well system）、量子線系統（Quantum wire system）、量子點系統（Quantum dot system），如圖 6-62 和圖 6-65 所示，我們把四種結構的狀態密度綜合在一起，則如圖 6-69 所示。

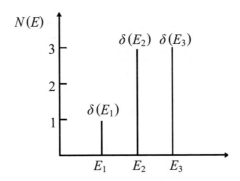

圖 6-68　零維自由度的狀態密度

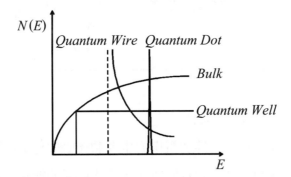

圖 6-69　塊狀系統、量子井系統、量子線系統、量子點系統的狀態密度

6.6.4.3　外場干擾對狀態密度的影響

　　當有外場加在晶體上，則晶體能帶結構將會因為受到干擾而有變化，能帶改變了，狀態密度也隨之變化，所以在討論外場干擾對狀態密度的影響之前，我們要先介紹二種最常見的外場的干擾效應，即外加電場、外加磁場，其效應分別稱為 Franz-Keldysh 效應（Franz-Keldysh effect）及 Landau 效應（Landau effect），其基本特性如表 6-6 所示。

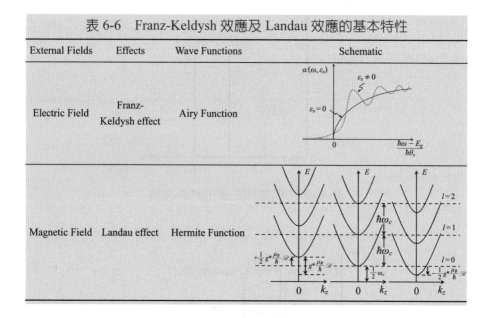

表 6-6 Franz-Keldysh 效應及 Landau 效應的基本特性

External Fields	Effects	Wave Functions	Schematic
Electric Field	Franz-Keldysh effect	Airy Function	
Magnetic Field	Landau effect	Hermite Function	

6.6.4.3.1　Franz-Keldysh 效應

　　本節中，我們將藉由外加電場對半導體光吸收係數的影響來說明電場對能帶結構的效應。如我們所知，當入射光的能量大於半導體的能隙，則會被大量的吸收，換言之，光吸收係數很大；然而，當入射光的能量小於半導體的能隙，則不會被吸收，或者說，光吸收係數很小。W. Franz 和 L. V. Keldysh 首先提出，電子將會因爲我們所施加的電場 $\vec{\varepsilon}$ 而得到額外的位能 $-e\vec{\varepsilon}\cdot\vec{r}$，所以如果原來是不會發生躍遷的能量，會因爲有了外加電場而觀察到躍遷的發生，或者換句話說：原來不會被吸收的長波長光子，會因爲有了外加電場而被吸收。

　　因爲有了外加電場，所以在電場的方向，Hamiltonian 不再呈現平移對稱，若不考慮 Coulomb 交互作用，則一個電子 - 電洞對（Electron-hole pair）之相對運動的等效質量方程式可以表示爲

$$\left[\frac{-\hbar^2}{2\mu}\nabla^2 - e\vec{\mathscr{E}}\cdot\vec{r}\right]\psi(\vec{r}) = E\psi(\vec{r}) \text{ ,} \tag{6-699}$$

或　$$\left[\frac{-\hbar^2}{2\mu_x}\frac{d^2}{dx^2} - \frac{\hbar^2}{2\mu_y}\frac{d^2}{dy^2} - \frac{\hbar^2}{2\mu_z}\frac{d^2}{dz^2} - e(\mathscr{E}_x x + \mathscr{E}_y y + \mathscr{E}_z z)\right]\psi(x,y,z)$$
$$= E\psi(x,y,z) \text{ ,} \tag{6-700}$$

其中 μ_x、μ_y、μ_z 爲約化等效質量張量的各主軸方向上之值，
各方向的波函數的乘積 $\psi(x)\psi(y)\psi(z)$ 爲方程式之解，且每一個方向
的波函數必須分別滿足

$$\left[-\frac{\hbar^2}{2\mu_x}\frac{d^2}{dx^2} - e\mathscr{E}_x x - E_x\right]\psi(x) = 0 \text{ ;} \tag{6-701}$$

$$\left[-\frac{\hbar^2}{2\mu_y}\frac{d^2}{dy^2} - e\mathscr{E}_y y - E_y\right]\psi(y) = 0 \text{ ;} \tag{6-702}$$

$$\left[-\frac{\hbar^2}{2\mu_z}\frac{d^2}{dz^2} - e\mathscr{E}_z z - E_z\right]\psi(z) = 0 \text{ ,} \tag{6-703}$$

且總能量爲　$E = E_x + E_y + E_z$ 。 $\tag{6-704}$

以上的方程式只要做變數轉換就可以輕易求解，

即令　$$\hbar\theta_x = \left(\frac{e^2\mathscr{E}_x^2\hbar^2}{2\mu_x}\right)^{1/3} \text{ ;} \tag{6-705}$$

$$\hbar\theta_y = \left(\frac{e^2\mathscr{E}_y^2\hbar^2}{2\mu_y}\right)^{1/3} \text{ ;} \tag{6-706}$$

$$\hbar\theta_z = \left(\frac{e^2\mathscr{E}_z^2\hbar^2}{2\mu_z}\right)^{1/3} \text{ ,} \tag{6-707}$$

$\hbar\theta_x$、$\hbar\theta_y$、$\hbar\theta_z$ 也被稱爲電光能量（Electrooptical energy），

又
$$\xi_x = \frac{E_x + e\mathscr{E}_x x}{\hbar\theta_x} \ ; \tag{6-708}$$

$$\xi_y = \frac{E_y + e\mathscr{E}_y y}{\hbar\theta_y} \ ; \tag{6-709}$$

$$\xi_z = \frac{E_z + e\mathscr{E}_z z}{\hbar\theta_z} \ , \tag{6-710}$$

則波動方程式可以改寫為

$$\begin{cases} \dfrac{d^2}{d\xi_x^2}\,\psi(\xi_x) = -\xi_x\,\psi(\xi_x) \\[2mm] \dfrac{d^2}{d\xi_y^2}\,\psi(\xi_y) = -\xi_y\,\psi(\xi_y) \ , \\[2mm] \dfrac{d^2}{d\xi_z^2}\,\psi(\xi_z) = -\xi_z\,\psi(\xi_z) \end{cases} \tag{6-711}$$

而這些方程式的解就是 Airy 函數（Airy function），

即
$$\begin{cases} \psi(\xi_x) = C_x\,Ai(-\xi_x) \\ \psi(\xi_y) = C_y\,Ai(-\xi_y) \ , \\ \psi(\xi_z) = C_z\,Ai(-\xi_z) \end{cases} \tag{6-712}$$

其中 $C_x = \dfrac{\sqrt{e|\mathscr{E}_x|}}{\hbar\theta_x}$、$C_y = \dfrac{\sqrt{e|\mathscr{E}_y|}}{\hbar\theta_y}$、$C_z = \dfrac{\sqrt{e|\mathscr{E}_z|}}{\hbar\theta_z}$ 為函數 $\psi(\xi_x)$、$\psi(\xi_y)$、$\psi(\xi_z)$ 的歸一化常數。

所以完整的波函數為

$$\psi(\xi_x, \xi_y, \xi_z) = C_x\,C_y\,C_z\,Ai(-\xi_x)\,Ai(-\xi_y)\,Ai(-\xi_z) \, 。 \tag{6-713}$$

上式值得特別注意的是「ξ_x、ξ_y、ξ_z 的符號」，正負符號取決於

位能場與波函數的方向定義，如圖 6-70 所示是以 x 方向爲例。

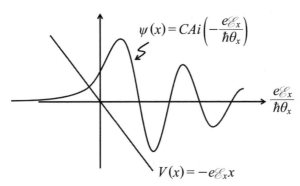

$$\psi(x) = CAi\left(-\frac{e\mathscr{E}_x}{\hbar\theta_x}\right)$$

$$\frac{e\mathscr{E}_x}{\hbar\theta_x}$$

$$V(x) = -e\mathscr{E}_x x$$

圖 6-70　位能場與波函數的方向定義

波函數求出來了，現在我們來看看在一個導帶中的電子行爲。因爲要找波函數的近似解，所以我們先列出幾個簡單的 Airy 函數的特性，如圖 6-71 所示：

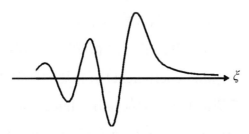

$$\xi$$

圖 6-71　Airy 函數的特性

[1]　$Ai(z) = \dfrac{1}{2\pi}\displaystyle\int_{-\infty}^{\infty} \exp\left\{i\left(sz+\dfrac{1}{3}s^3\right)\right\} ds = \dfrac{1}{\pi}\displaystyle\int_{0}^{\pi} \cos\left(sz+\dfrac{1}{3}s^3\right) ds$ 。

$$(6\text{-}714)$$

[2]　$\displaystyle\int_{-\infty}^{\infty} Ai(s)\, ds = 1$ 。

$$(6\text{-}715)$$

$$
[3] \quad Ai(z) \simeq \begin{cases} \dfrac{2}{\sqrt{\pi}} z^{-1/4} \exp\left(-\dfrac{2}{3} z^{3/2}\right), \ \text{當}\ z \to +\infty \\[4mm] \dfrac{1}{\sqrt{\pi}} |z|^{-1/4} \sin\left(\dfrac{2}{3} |x|^{3/2} + \dfrac{\pi}{4}\right), \ \text{當}\ z \to -\infty \end{cases} \text{。} \tag{6-716}
$$

基於 Airy 函數的特性，可知：

在導帶內的波函數近似為

$$
|\xi|^{-1/4} \sin\left(\dfrac{2}{3} |\xi|^{3/2} + \dfrac{\pi}{4}\right)\text{；} \tag{6-717}
$$

而在禁帶或能隙當中的波函數則近似為

$$
|\xi|^{-1/4} \exp\left(-\dfrac{2}{3} |\xi|^{3/2}\right)\text{。} \tag{6-718}
$$

有趣的是在禁帶中的波函數呈現指數衰減近似，因為在沒有外加電場之前，在禁帶中的波函數是不存在的，這個結果顯然是因為有外加電場的引入所致，由於在 x 位置發現電子的機率為 $|\psi(x)|^2 dx$，而吸收係數（Absorption coefficient）α 正比於機率積分，現在積分的範圍要擴大到能隙當中，由分部積分（Integration by parts），即 $udv = uv - vdu$，令 $u = |\psi(\xi)|^2 \triangleq \eta^2$ 且 $dv \triangleq d\xi$，則 $du = 2\eta d\eta$ 且 $v = \xi$，

由 $\qquad\qquad \alpha \propto \displaystyle\int |\psi(\xi)|^2 \, d\xi = \eta^2 \xi - 2\xi\eta d\eta\ ,$ $\qquad$ (6-719)

但因為 $\qquad \dfrac{d^2}{d\xi^2} \psi(\xi) = \xi\psi(\xi)\ ,$ $\qquad\qquad$ (6-720)

或 $\qquad\qquad \xi\eta = \dfrac{d^2}{d\xi^2}\eta\ ,$

所以 $\qquad\qquad \alpha \propto \displaystyle\int |\psi(\xi)|^2 \, d\xi = \eta^2 \xi - 2\xi\eta d\eta$

$$= \eta^2 \xi - 2\frac{d^2\eta}{d\xi^2}d\eta$$

$$= |\psi(\xi)|^2 \xi - 2\frac{d^2}{d\xi^2}|\psi(\xi)|d(|\psi(\xi)|)\,,$$

$$\frac{d^2}{d\xi^2}\eta = \xi\eta$$

$$= |\psi(\xi)|^2 \xi - 2\left(\frac{d}{d\xi}|\psi(\xi)|\right)^2\,, \tag{6-721}$$

又因為

$$\psi(\xi) \propto \xi^{-1/4}\exp\left(-\frac{4}{3}\xi^{3/2}\right)\,, \tag{6-722}$$

代入得

$$\alpha \propto \xi^{1/2}\exp\left(-\frac{4}{3}\xi^{3/2}\right) - 2\begin{bmatrix} -\dfrac{1}{4}\xi^{-5/4}\exp\left(-\dfrac{2}{3}\xi^{3/2}\right) \\ -\xi^{1/2}\xi^{\frac{1}{4}}\exp\left(-\dfrac{2}{3}\xi^{3/2}\right) \end{bmatrix}^2$$

$$= \xi^{1/2}\exp\left(-\frac{4}{3}\xi^{3/2}\right) - 2\left[\left(\frac{1}{4}\xi^{\frac{-5}{4}} + \xi^{\frac{1}{4}}\right)\exp\left(-\frac{2}{3}\xi^{3/2}\right)\right]^2$$

$$= \xi^{1/2}\exp\left(-\frac{4}{3}\xi^{3/2}\right) - 2\left[\frac{1}{16}\xi^{-\frac{5}{2}} + \frac{1}{4\xi} + \xi^{1/2}\right]\exp\left(-\frac{4}{3}\xi^{3/2}\right)$$

$$\sim \exp\left(-\frac{4}{3}\xi^{3/2}\right)\,。 \tag{6-723}$$

上式顯示，當 ξ 是個很大的正數，則吸收係數 α 和 ξ 的任何次冪的關係都可以忽略，只要考慮吸收係數 α 顯示與 ξ 的指數衰減行為。所以在 $x = 0$ 的位置上，被光子激發之電子的能量 E_x 為

$$E_x = \hbar\omega - E_g\,, \tag{6-724}$$

所以
$$\alpha(\xi_x) = \alpha(\omega, \mathscr{E}_x) \propto \exp\left(-\frac{4}{3}\xi_x^{3/2}\right)$$

$$= \exp\left[-\frac{4}{3}\left(\frac{E_x + e\mathscr{E}_x x}{\hbar\theta_x}\right)^{3/2}\right]\bigg|_{\substack{x=0,\\E_x=\hbar\omega-E_g}}$$

$$= \exp\left[-\frac{4}{3}\left(\frac{\hbar\omega - E_g}{\hbar\theta_x}\right)^{3/2}\right], \qquad (6\text{-}725)$$

加入比例常數，使等號成立，且若入射光子的能量 $\hbar\omega$ 小於能隙 E_g，由 Airy 函數的近似關係可得

$$\alpha(\omega, \mathscr{E}_x) = \frac{1}{2}\alpha(\omega, 0)\exp\left[-\frac{4}{3}\left(\frac{E_g - \hbar\omega}{\hbar\theta_x}\right)^{3/2}\right], \qquad (6\text{-}726)$$

如圖 6-72 所示為吸收係數 $\alpha(\omega, \mathscr{E})$ 對 $\dfrac{E_g - \hbar\omega}{\hbar\theta_x}$ 的函數關係，原點表示能帶邊緣（Band edge），則在沒有外加電場時，即 $\mathscr{E}_x = 0$，對能帶邊緣以下的光波是不吸收的，即 $\alpha(\omega, \mathscr{E}_x = 0) = 0$；然而一旦有了外加電場，即 $\mathscr{E}_x \neq 0$，吸收係數不但向能帶邊緣以下延伸，也就是說，原來是禁帶（Forbidden band）的區域也會吸收光波，而且能帶邊緣以上的區域之吸收係數也發生了振盪的現象，這個振盪的現象被稱為 Franz-Keldysh 振盪（Franz-Keldysh oscillation）。

6.6.4.3.2　Landau 效應

我們將以二個步驟來討論 Landau 效應，首先在有外加磁場的情況下，求出量子化能量；再考慮電子自旋所造成的能態分裂，二者效應將構成 Landau 能階（Landau levels）。

有外加磁場的情況下的 Hamiltonian 為

$$H = \frac{1}{2m^*}(\vec{p} - q\overrightarrow{\mathscr{A}})^2, \qquad (6\text{-}727)$$

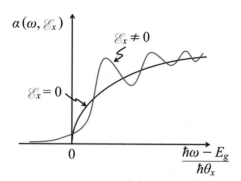

圖 6-72　所示為吸收係數的函數關係

若均勻外加磁場為 $\overrightarrow{\mathscr{B}} = \hat{z}\mathscr{B}$

則因為
$$\overrightarrow{\mathscr{B}}(\vec{r}) = \nabla \times \overrightarrow{\mathscr{A}}(\vec{r}) \text{ ,} \tag{6-728}$$

　　也就是向量位能 $\overrightarrow{\mathscr{A}}(\vec{r})$ 有很多的規範（Gauge）可以表示，而這些不同的 $\overrightarrow{\mathscr{A}}(\vec{r})$ 所對應的都是相同的 $\overrightarrow{\mathscr{B}}(\vec{r})$，現在我們選擇了 Landau 規範（Landau gauge），

使
$$\overrightarrow{\mathscr{A}}(\vec{r}) = (-y\mathscr{B}, 0, 0) \text{ ,} \tag{6-729}$$

代入 Hamiltonian，

$$\hat{H}\psi(\vec{r}) = E\psi(\vec{r}) \text{ ,} \tag{6-730}$$

即
$$\frac{1}{2m^*}[(\hat{p}_x + yq\mathscr{B})^2 + \hat{p}_y{}^2 + \hat{p}_z{}^2]\psi(\vec{r}) = E\psi(\vec{r}) \text{ ,} \tag{6-731}$$

其中 $\psi(\vec{r})$ 為等效質量波函數（Effective mass wave function），

得 Schrödinger 方程式為

$$\left[\frac{-\hbar^2}{2m^*} \nabla^2 - \frac{iq\hbar \mathscr{B}_y}{m^*} y \frac{\partial}{\partial x} + \frac{(q\mathscr{B}_y y)^2}{2m} \right] \psi(\vec{r}) = E\psi(\vec{r}) , \quad (6\text{-}732)$$

我們把 x、y、z 三個分量稍作整理，

$$得 \frac{-\hbar^2}{2m^*} \left[\frac{\partial^2}{\partial x^2} - \frac{2}{i} \left(\frac{q\mathscr{B}}{\hbar} \right) y \frac{\partial}{\partial x} - \left(\frac{q\mathscr{B}}{\hbar} \right)^2 y^2 + \frac{\partial^2}{\partial y^2} + \frac{\partial^2}{\partial z^2} \right] \psi(\vec{r}) = E\psi(\vec{r}) ,$$
$$(6\text{-}733)$$

現在引入一個參數磁性常數（Magnetic length）l_B 為

$$l_B = \sqrt{\frac{\hbar}{q\mathscr{B}}} , \quad (6\text{-}734)$$

則波函數為

$$\frac{-\hbar^2}{2m^*} \left[\frac{\partial^2}{\partial x^2} - \frac{2}{i} \frac{1}{l_B^2} y \frac{\partial}{\partial x} - \frac{y^2}{l_B^4} + \frac{\partial^2}{\partial y^2} + \frac{\partial^2}{\partial z^2} \right] \psi(\vec{r}) = E\psi(\vec{r}) , \quad (6\text{-}735)$$

因為沿 x 和 z 方向的座標只有微分的運算，所以本徵函數在這二個方向就具有平面波的特性，

即
$$\psi(\vec{r}) = \frac{1}{\sqrt{L_x L_z}} \varphi(y) \exp(ik_x x + ik_z z) , \quad (6\text{-}736)$$

其中 L_x、L_z 是樣品在 x 和 z 方向上的大小，

代入 Schrödinger 方程式得

$$\frac{-\hbar^2}{2m^*} \left[\frac{d^2}{dy^2} \left(\frac{y}{l_B^2} - k_x \right)^2 \right] \varphi(y) = \left(E - \frac{\hbar^2 k_z^2}{2m^*} \right) \varphi(y) , \quad (6\text{-}737)$$

經過變數轉換，$\qquad\qquad \eta = y - l_B^2 k_x$， $\qquad\qquad$ （6-738）

則 $\qquad \dfrac{-\hbar^2}{2m^*}\dfrac{d^2\varphi(\eta)}{d\eta^2} + \dfrac{1}{2}\dfrac{q^2\mathscr{B}^2}{m^*}\eta^2\varphi(\eta) = \left(E - \dfrac{\hbar^2 k_z^2}{2m^*}\right)\varphi(\eta)$， $\qquad$ （6-739）

引入迴旋頻率（Cyclotron frequency）為 $\omega_c = \dfrac{q\mathscr{B}}{m^*}$，

得 $\qquad \dfrac{-\hbar^2}{2m^*}\dfrac{d^2\varphi(\eta)}{d\eta^2} + \dfrac{1}{2}m^*\omega_c^2\eta^2\varphi(\eta) = \left(E - \dfrac{\hbar^2 k_z^2}{2m^*}\right)\varphi(\eta)$， $\qquad$ （6-740）

如果再做一次變數轉換，

$$\xi = \dfrac{\eta}{l_B}，\qquad\qquad\qquad （6\text{-}741）$$

則可看出本徵函數為

$$\varphi_n(\xi) = \sqrt{\dfrac{1}{2^n\, n!\sqrt{\pi}\, l_B}}\, e^{-\xi^2} H_n(\xi)，\qquad （6\text{-}742）$$

其中 $H_n(\xi)$ 為 n 次的 Hermite 多項式，且 n 為非負整數，

所以本徵能量為 $\qquad E(n, k_z) = \left(n + \dfrac{1}{2}\right)\hbar\omega_c + \dfrac{\hbar^2 k_z^2}{2m^*}$， $\qquad$ （6-743）

其中 $n = 0, 1, 2\cdots$，

且等效質量波函數為

$$\psi_n(\vec{r}) = \dfrac{1}{\sqrt{L_x L_z}}\varphi_n(\xi)\exp(ik_x x + ik_z z)。\qquad （6\text{-}744）$$

如果沒有外加磁場，則自由載子的本徵能量是連續的；當有外加

磁場，則本徵能量則被量子化成 Landau 能階。

現在把電子自旋考慮進來，則 Hamiltonian 為

$$H = \frac{1}{2m^*}(\vec{p} - q\vec{\mathscr{A}})^2 + H_{spin}$$

$$= \frac{1}{2m^*}(\vec{q} - q\vec{\mathscr{A}})^2 + g\frac{\mu_B}{\hbar}\vec{S}\cdot\vec{\mathscr{B}} , \tag{6-745}$$

若 $\vec{\mathscr{B}} = \hat{z}\mathscr{B}$，

則 $$H_{spin} = g\frac{\mu_B}{\hbar}S_z\mathscr{B} , \tag{6-746}$$

又考慮固態物質中的電子之等效 g 因子（Effective g-factor）為 g^*，且 S_z 的本徵值為 $\pm\frac{1}{2}$，所以 H_{spin} 的本徵能量為 $\pm\frac{1}{2}g^*\frac{\mu_B}{\hbar}\mathscr{B}$，則在有外加磁場的情況下，綜合了（6-743）式的結果，如圖 6-73 所示，固態物質中電子的本徵能量一般表示式應為

$$E(n, k_z, \sigma_z) = \left(n + \frac{1}{2}\right)\hbar\omega_c + \frac{\hbar^2 k_z^2}{2m^*} \pm \sigma_z g^*\frac{\mu_B}{\hbar}\mathscr{B} , \tag{6-747}$$

其中 $\sigma_z = \pm\frac{1}{2}$ 為自旋本徵值（Spin eigenvalue）。

6.6.4.3.3 外加電場對狀態密度的影響

外加電場對狀態密度的影響，其實就是把前述的電場效應加在各種維度結構的狀態密度函數結合起來，在本節內容中，我們只簡單的列出結果，沒有詳細的推導，但是透過圖示，應該還是可以理解當中的意涵。

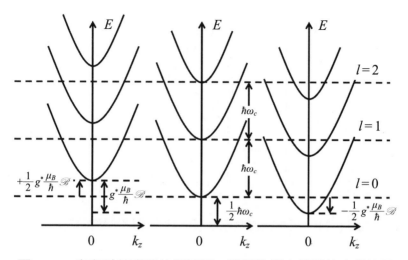

圖 6-73 在有外加磁場的情況下，固態物質中電子的本徵能量

我們可以從狀態密度的一般定義來討論局域狀態密度（Local density of states），也就是將

$$g(E, z) = \sum_{\vec{k}} \delta(E - E_{\vec{k}}) \text{，} \tag{6-748}$$

加入每個狀態的比重 $|\psi_{\vec{k}}(z)|^2$，

即

$$g^{\vec{z}}(E, z) = \sum_{\vec{k}} |\psi_{\vec{k}}(z)|^2 \delta(E - E_{\vec{k}}) \text{，} \tag{6-749}$$

而電場的作用就是在原來的狀態密度函數上加入 Airy 函數的作用。在此為了簡化，我們忽略了歸一化系數。

[1] 對三維結構而言，其狀態密度的 $\sqrt{E}$ 函數受電場的影響，所以在原來的狀態密度函數上加入 Airy 函數，如圖 6-74 所示，

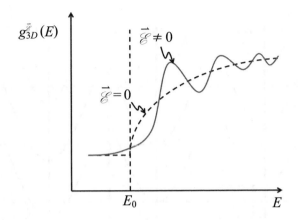

圖 6-74　三維結構狀態密度函數受電場影響的結果

即　　　$$g_{3D}^{\vec{\mathscr{E}}}(E,z) = \frac{m^*}{\pi\hbar^3}\sqrt{2E_0\,m^*}\left\{\left[\frac{dAi(S)}{dS}\right]^2 - S[Ai(S)]^2\right\}。\qquad（6\text{-}750）$$

[2]　對二維結構而言，其狀態密度的步階函數（Step function）受電場的影響，所以在原來的狀態密度函數上加入 Airy 函數，如圖 6-75 所示，

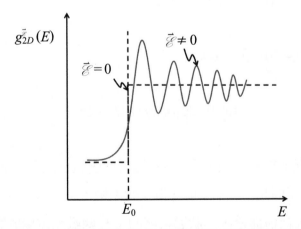

圖 6-75　二維結構狀態密度函數受電場影響的結果

即
$$g_{2D}^{\vec{\mathscr{E}}}(E,z)=\frac{m^*}{2\pi}AiI(2^{2/3}S)。 \qquad （6\text{-}751）$$

[3] 對一維結構而言，其狀態密度的 $\dfrac{1}{\sqrt{E}}$ 函數受電場的影響，所以在原來的狀態密度函數上加入 Airy 函數，如圖 6-76 所示，

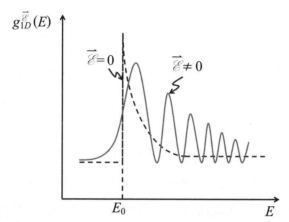

$$g_{1D}^{\vec{\mathscr{E}}}(E)$$

$$\vec{\mathscr{E}}=0 \qquad \vec{\mathscr{E}}\neq 0$$

$$E_0 \qquad E$$

圖 6-76 　一維結構狀態密度函數受電場影響的結果

即
$$g_{1D}^{\vec{\mathscr{E}}}(E,z)=\frac{2}{\hbar}\sqrt{\frac{2m^*}{\varepsilon_0}}Ai^2\left(-\frac{E-e\mathscr{E}z}{E_0}\right)。 \qquad （6\text{-}752）$$

[4] 對零維結構而言，其狀態密度的 δ 函數不會受電場的影響，所以保持原來的函數，如圖 6-77 所示，

即
$$g_{0D}^{\vec{\mathscr{E}}}(E,z)=\sum_{\vec{k}}|\psi_{\vec{k}}(z)|^2\,\delta(E-E_{\vec{k}})， \qquad （6\text{-}753）$$

其中 $E_0=\left[\dfrac{(e\mathscr{E}\hbar)^2}{2m^*}\right]^{1/3}=e\mathscr{E}z_0$ ； $z_0=\left[\dfrac{\hbar^2}{2m^*e\mathscr{E}}\right]^{1/3}$ ； $S=\dfrac{E-e\mathscr{E}z}{E_0}$ ；

$$AiI(x)=\int_{x}^{\infty}Ai(y)\,dy。$$

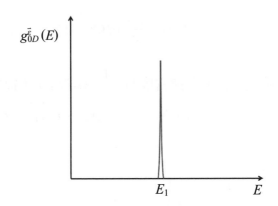

圖 6-77　零維結構狀態密度函數不受電場影響

6.6.4.3.4　外加磁場對狀態密度的影響

外加磁場對狀態密度的影響，和電場之於狀態密度的影響的討論方式是類似的，也是把前述的磁場效應加在各種維度結構的狀態密度函數結合起來，但是如我們所知，帶電粒子以垂直磁場方向進入磁場的運動軌跡是圓形的，也就是說，當有外加磁場，晶體中的電子之自由度會減少二個維度，所以磁場作用下的三維結構中的電子將呈現以一維狀態密度爲基礎的 Landau 效應的行爲，同理，磁場作用下的二維、一維、零維結構中的電子理論上都將呈現以零維狀態密度爲基礎的 Landau 效應的行爲。

在本節內容中，我們仍然只簡單的列出結果，透過圖示以表達其中的意涵。

如上所述，我們把 Landau 效應加入原來的狀態密度函數，

即　$g^{\vec{\mathscr{B}}}(E) = \sum_{n,\sigma_z} g_n^{\vec{\mathscr{B}}}(E)$

$$= \sum_{n,\sigma_z} \delta\left(E - \left(n + \frac{1}{2}\right)\hbar\omega - \sigma_z g^* \mu_B \mathscr{B}\right)。 \qquad (6\text{-}754)$$

[1] 對三維結構而言，其狀態密度的 $\sqrt{E}$ 函數受磁場的影響，也就是電子之自由度只有一維，所以在原來的狀態密度函數上加入 Landau 效應，如圖 6-78 所示，

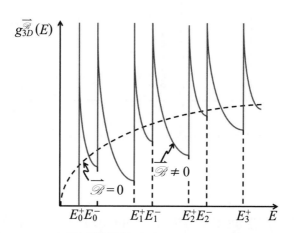

圖 6-78 三維結構狀態密度函數受磁場影響的結果

即 $g_{3D}^{\vec{\mathscr{B}}}(E) = \dfrac{1}{4\pi^2}\left(\dfrac{2m^*}{\hbar^2}\right)^{3/2}\hbar\psi_c \sum\limits_{n,\,\sigma_z}\left(E - \left(n+\dfrac{1}{2}\right)\hbar\omega_c - \sigma_z g^*\mu_B\mathscr{B}\right)$。（6-755）

[2] 對二維、一維、零維結構而言，因為在有外加磁場的情況下，電子之自由度都是零維度，所以其狀態密度都保持為 δ 函數，如圖 6-79 所示，

$$g_{2D}^{\vec{\mathscr{B}}}(E) \propto \sum\limits_{n,\,\sigma_z}\delta\left(E - \left(n+\frac{1}{2}\right)\hbar\omega_c - \sigma_z g^*\mu_B\mathscr{B}\right);\qquad（6\text{-}756）$$

$$g_{1D}^{\vec{\mathscr{B}}}(E) \propto \sum\limits_{n,\,\sigma_z}\delta\left(E - \left(n+\frac{1}{2}\right)\hbar\omega_c - \sigma_z g^*\mu_B\mathscr{B}\right);\qquad（6\text{-}757）$$

$$g_{0D}^{\vec{\mathscr{B}}}(E) \propto \sum\limits_{n,\,\sigma_z}\delta\left(E - \left(n+\frac{1}{2}\right)\hbar\omega_c - \sigma_z g^*\mu_B\mathscr{B}\right),\qquad（6\text{-}758）$$

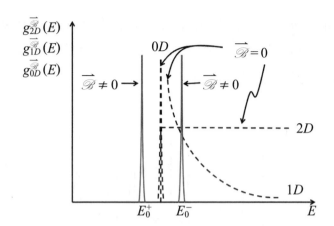

圖 6-79　二維、一維、零維結構，在有外加磁場的情況下，其狀態密度都
是 δ 函數

其中 $\omega_c = \dfrac{e\mathscr{B}}{m^*c}$ 爲迴旋頻率；μ_B 爲 Bohr 磁子，g^* 爲等效 Lande 因子
（Effect Lande factor 或 Lande g-factor）；$\sigma_z = \pm\dfrac{1}{2}$ 爲自旋本徵值。

思考題

6-1　若導帶（Conduction band）和價帶（Valence band）是球形的，
試以 $\vec{k} \cdot \vec{p}$ 法求出等效質量。並說明有效質量隨能隙增加而增
加。

6-2　試討論等效質量和能量呈線性關係的意義。

6-3　試以 Kronig-Penney 模型爲基礎，討論非結晶形材料的能隙。

6-4　試以一維無序晶格（One-dimensional disordered lattices）討論
Anderson 局域化（Anderson localization）。

6-5　試以 Hubbard 模型（Hubbard model）討論 Mott 絕緣體（Mott
insulator）。

6-6　試在倒晶格空間中討論 Kronig-Penney 模型。

6-7　試由 Laue 條件（Laue condition）得到能量法向梯度在 Brillouin 區的邊界上垂直於區域邊界。

6-8　試以古典力學討論 Bloch 方程式（Bloch equation）。

6-9　試求出晶體動量算符（Crystal momentum operator）。

6-10 試分別求出簡單立方、體心立方、面心立方、六方最密堆積的近似自由電子能帶通式。

第 7 章

晶格動力學

7.1 晶格振動

固態物質的特性討論發仞於 Drude 所提出的自由電子模型，解釋了固體的電、光、磁、熱的特性，接著引入晶格結構，再由晶格週期性的排列導出能帶結構之後，又再討論固體的電、光、磁、熱的特性，顯然，基於晶體能帶的結構所得的電、光、磁、熱的特性一定和 Drude 模型所得的電、光、磁、熱的特性不同。

如果要再進一步修正各種特性，則必須考慮晶格的振動（Lattice vibration）現象，因為晶格結構與原子間的鍵結不相同，所以振動的模式就不相同，在實際的問題分析上，靜止的晶格所提供的倒晶格向量（Reciprocal vector）和振動的晶格所提供的晶格波（Crystal waves）都會在固態物質的電、光、磁、熱特性觀察中呈現出來。

因為晶格振動量子化的結果被稱為聲子（Phonon），類同於將晶格原子排列的週期性位能代入量子力學的波動方程式得到電子的色散曲線，所以我們將晶格原子排列的週期性結構代入古典力學的波動方程式就可以得到聲子的色散曲線。因為有了色散曲線，所以聲子的能量和動量就確定了，進而可以和晶體中的各種粒子和準粒子產生耦合或交互作用，換言之，在考慮了晶格振動之後，晶體的結構、電、光、磁、熱特性分析就更準確了。

7.2 晶格動力學的古典理論

我們將先以半經典的方法來簡單的介紹晶格振動的特性，為什麼

稱為「半經典」呢？其中一個主要的原因在於，雖然我們以古典力學來描述晶格的振動，但是晶格振動的能量是量子化的能量。

任何原子的古典運動特性都可以用 Newton 定律（Newton's law）來確定，即 $\vec{F} = m\vec{a}$，所以如果 $\vec{r}(t)$ 是原子在時間 t 的位置，則

$$\frac{\partial^2 \vec{r}}{\partial t^2} = -\frac{1}{m} \nabla \varphi(\vec{r}, t)，\tag{7-1}$$

其中 m 為原子的質量；$\varphi(\vec{r}, t)$ 為原子的瞬時位能，這個位能源自於該原子和晶體中其他所有原子的交互作用。

如圖 7-1 所示，因為引力與斥力的平衡，所以晶格原子的間距為 $\vec{r}_0$，為了數學上的運算方便，我們把半經典的討論與說明都限定在簡諧近似（Harmonic approximation）的前題上，在這個條件下，位能 $\varphi(\vec{r}, t)$ 的 Taylor 展開式被終止在二次項，

即 $$\varphi(\vec{r}, t) = \varphi(\vec{r}_0, t) + \frac{1}{1!} \left.\frac{\partial \varphi(\vec{r}, t)}{\partial \vec{r}}\right|_{\vec{r} = \vec{r}_0} (\vec{r} - \vec{r}_0) + \frac{1}{2!} \left.\frac{\partial^2 \varphi(\vec{r}, t)}{\partial \vec{r}^2}\right|_{\vec{r} = \vec{r}_0} (\vec{r} - \vec{r}_0)^2$$

$$+ \frac{1}{3!} \left.\frac{\partial^3 \varphi(\vec{r}, t)}{\partial \vec{r}^3}\right|_{\vec{r} = \vec{r}_0} (\vec{r} - \vec{r}_0)^3 + \cdots，\tag{7-2}$$

在平衡位置上，即當 $\vec{r} = \vec{r}_0$ 則 $\dfrac{\partial \varphi(\vec{r}, t)}{\partial \vec{r}} = 0$，又 $\varphi(\vec{r}_0, t)$ 為常數，可以設為零，所以

$$\underbrace{\varphi(\vec{r}, t) = \varphi(\vec{r}_0, t) + \frac{1}{1!} \left.\frac{\partial \varphi(\vec{r}, t)}{\partial \vec{r}}\right|_{\vec{r} = \vec{r}_0} (\vec{r} - \vec{r}_0) + \frac{1}{2!} \left.\frac{\partial^2 \varphi(\vec{r}, t)}{\partial \vec{r}^2}\right|_{\vec{r} = \vec{r}_0} (\vec{r} - \vec{r}_0)^2}_{Harmonic}$$

$$\underbrace{+ \frac{1}{3!} \left.\frac{\partial^3 \varphi(\vec{r}, t)}{\partial \vec{r}^3}\right|_{\vec{r} = \vec{r}_0} (\vec{r} - \vec{r}_0)^3 + \cdots}_{Anharmonic}$$

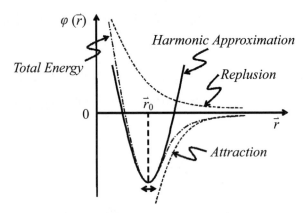

圖 7-1　晶格原子之間的引力與斥力

$$= 0 + 0 + \frac{1}{2!} \frac{\partial^2 \varphi(\vec{r}, t)}{\partial \vec{r}^2} \bigg|_{\vec{r} = \vec{r}_0} (\vec{r} - \vec{r}_0)^2 + \frac{1}{3!} \frac{\partial^3 \varphi(\vec{r}, t)}{\partial \vec{r}^3} \bigg|_{\vec{r} = \vec{r}_0} (\vec{r} - \vec{r}_0)^3 + \cdots$$

$$\cong \frac{1}{2} \frac{\partial^2 \varphi(\vec{r}, t)}{\partial \vec{r}^2} \bigg|_{\vec{r} = \vec{r}_0} (\vec{r} - \vec{r}_0)^2 \; 。 \tag{7-3}$$

　　上式中，我們特別標示出簡諧與非簡諧（Anharmonic）的部分，基本上，因為平衡的緣故，所以一次項為零，於是二次項之前的項稱為簡諧項；而二次項之後的項稱為非簡諧項（Anharmonic）。

　　換言之，我們假設原子所受的力正比於原子在平衡位置附近的位移量，即原子所受的力遵守 Hooke 定律（Hooke's law）。

7.2.1　聲模聲子

　　若構成晶體的原子只有一種，且原子質量為 M 且彼此的間距為 a，以遵守 Hooke 定律的鍵結連結成一直鏈，且為了簡化運算，我們只考慮縱向的形變（Longitudinal deformation），即原子的位移平行

於直鏈，則第 n 個原子所受的力 F_n 為

$$F_n = \beta (U_{n+1} - 2U_n + U_{n-1})，\tag{7-4}$$

其中 U_n 為第 n 個原子距離其平衡位置的位移；U_{n-1} 為第 $n-1$ 個原子距離其平衡位置的位移；U_{n+1} 為第 $n+1$ 個原子距離其平衡位置的位移；β 為鍵結的彈性常數（Spring constant）。

由 F_n 的表示式可看出，對於第 n 個原子的受力，我們只考慮它自己的位移和其相鄰原子的位移，所以運動方程式為

$$M\frac{\partial^2 U_n}{\partial t^2} = F_n = \beta (U_{n+1} - 2U_n + U_{n-1})。\tag{7-5}$$

我們從這個式子無法很明顯的看出其波動性質，但是當以

$$U_n = U_0 \exp[i\,(kna \pm \omega t)]\tag{7-6}$$

代入 $\qquad -M\omega^2 U_0\, e^{ikna} = \beta\,(e^{ik(n+1)a} - 2e^{ikna} + e^{ik(n-1)a})，\tag{7-7}$

消去，$\qquad -M\omega^2 = \beta\,(e^{ika} - 2 + e^{-ika})，\tag{7-8}$

得 $\qquad -M\omega^2 = \beta[2\cos(ka) - 2]，\tag{7-9}$

又 $\cos(2\theta) = 2\cos^2\theta - 1 = 1 - 2\sin^2\theta$，則 $\dfrac{1 - \cos(2\theta)}{2} = 2\sin^2\theta$，

所以 $\qquad\qquad \omega^2 = \dfrac{4\beta}{M}\dfrac{2 - 2\cos(ka)}{4}$

$$= \frac{4\beta}{M}\sin^2\left(\frac{ka}{2}\right)，\tag{7-10}$$

可得單一原子直鏈的晶格波的色散關係爲

$$\omega = \pm \sqrt{\frac{4\beta}{M}} \sin\left(\frac{ka}{2}\right) , \qquad (7\text{-}11)$$

其色散曲線如圖 7-2 所示爲

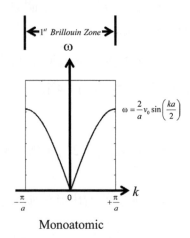

圖 7-2　單一原子直鏈的晶格波的色散曲線

　　這個色散曲線有一個值得注意的特性，就是函數的週期性，如果單位晶胞（Unit cell）的長度爲 a，則色散曲線的週期爲 $\frac{2\pi}{a}$，即爲倒晶格單位晶胞的長度，所以這個波所包含所有有用的訊息都蘊含在 $\pm \frac{2\pi}{a}$ 的範圍內，

即 $$-\frac{\pi}{a} < k < +\frac{\pi}{a} , \qquad (7\text{-}12)$$

其中 k 爲波向量；a 爲晶格常數，

這個波向量的範圍稱爲第一 Brillouin 區（First Brillouin zone），
則

[1] 當 $k = \pm\dfrac{2\pi}{a}$，即在 Brillouin 區域的邊界（Brillouin zone boundary）時，相鄰的原子的振動方向是相反的，而且此彈性波爲駐波。

[2] 當 $k = 0 \left(= \dfrac{2\pi}{\lambda}\Big|_{\lambda \to 0} \right)$，即在長波長近似的情況下，

則
$$\lim_{k=0} \sin\left(\frac{ka}{2}\right) = \frac{ka}{2}，\qquad (7\text{-}13)$$

所以
$$\omega\big|_{k=0} = \sqrt{\frac{4\beta}{M}} \sin\left(\frac{ka}{2}\right) = \frac{4\beta}{M}\frac{ka}{2} = v_0 k，\qquad (7\text{-}14)$$

其中 v_0 爲相速度（Phase velocity），等於晶體中聲波的速度，在 $k \to 0$ 的限制下，頻率趨近於零的聲子稱爲聲模聲子（Acoustical phonons）。

7.2.2 光模聲子

如果晶格是由二種不同的原子所構成的，也就是長鏈晶格的初始晶胞（Primitive cell）的基底是由二種原子組成的，其質量分別爲 M 和 m 且 M 大於 m，則其二個運動方程式分別爲

$$M\frac{\partial^2 U_{2n}}{\partial t^2} = \beta\left(U_{2n+1} - 2U_{2n} + U_{2n-1}\right)；\qquad (7\text{-}15)$$

$$m\frac{\partial^2 U_{2n+1}}{\partial t^2} = \beta\left(U_{2n+2} - 2U_{2n+1} + U_{2n}\right)。\qquad (7\text{-}16)$$

假設
$$U_{2n} = A \exp[i(2nka \pm \omega t)] \; ; \qquad (7\text{-}17)$$

$$U_{2n+1} = B \exp[i(2\,(n+1)ka \pm \omega t)] \, , \qquad (7\text{-}18)$$

代入，
$$-M\omega^2 A e^{i2nqa} = \beta[Be^{i(2n+1)qa} - 2Ae^{i2nqa} + Be^{i(2n-1)qa}] \; ; \quad (7\text{-}19)$$

$$-m\omega^2 Be^{i(2n+1)qa} = \beta[Ae^{i(2n+1)qa} - 2Be^{i(2n+1)qa} + Ae^{i2nqa}] \, , \quad (7\text{-}20)$$

由
$$\cos\theta = \frac{e^{i\theta} + e^{-i\theta}}{2} \, ,$$

$$(M\omega^2 - 2\beta)\,A + (2\beta\cos(qa))\,B = 0 \; ; \qquad (7\text{-}21)$$

$$(2\beta\cos(qa))A + (m\omega^2 - 2\beta)\,B = 0 \, , \qquad (7\text{-}22)$$

則
$$\begin{vmatrix} M\omega^2 - 2\beta & 2\beta\cos(qa) \\ 2\beta\cos(qa) & m\omega^2 - 2\beta \end{vmatrix} , \qquad (7\text{-}23)$$

則
$$(M\omega^2 - 2\beta)(m\omega^2 - 2\beta) - 4\beta^2\cos^2(qa) = 0 \, , \qquad (7\text{-}24)$$

所以
$$\omega^4 - 2\left(\frac{1}{m} + \frac{1}{M}\right)\beta\omega^2 + \frac{4\beta^2}{mM}\sin^2(qa) = 0 \, , \qquad (7\text{-}25)$$

則在雙原子晶格結構的情況下，色散關係的二個解爲

$$\omega^2 = \beta\left(\frac{1}{m} + \frac{1}{M}\right) \pm \beta\sqrt{\left(\frac{1}{m} + \frac{1}{M}\right)^2 - \frac{4\sin^2(ka)}{Mm}} \, , \qquad (7\text{-}26)$$

這二個頻率的解顯示彈性波分裂成二個分支，上面的分支是高頻的，稱爲光學分支（Optical branch）；下面的分支是低頻的，稱爲聲學分支（Acoustical branch），如圖 7-3 所示，第一 Brillouin 區的範圍是在 $-\frac{\pi}{2a}k < +\frac{\pi}{2a}$ 中，其中的分母還是晶格常數，而非原子間距。這二個分支之間的頻帶是無法傳遞彈性波的，此禁帶的寬度和二種原子質量的差值有關，原子質量的差值越大；禁帶的寬度就越大。有關原子質量和色散曲線的關係會在下一節作進一步的說明。

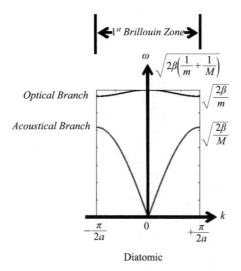

圖 7-3　雙原子晶格結構的色散曲線

　　聲學分支和光學分支的差異主要是在長波長近似的情況下，如前所述，若晶格振動方向和波向量的方向平行，則為縱模；若晶格振動方向和波向量的方向垂直，則為橫模。當單位晶胞的二個原子如果位移振幅相同，且振動相位同相，則為聲學分支，所以若再考慮晶格振動方向，則可細分為縱聲模聲子（Longitudinal acoustical phonons, LA phonons）和橫聲模聲子（Transverse acoustical phonons, TA phonons）；當單位晶胞的二個原子如果位移振幅不同，原子質量小的振幅比較大，原子質量大的振幅比較小，且振動相位反相，則為光學分支，所以若再考慮晶格振動方向，則可細分為縱光模聲子（Longitudinal optical phonons, LO phonons）和橫光模聲子（Transverse optical phonons, TO phonons）。我們可以多重複幾個振動週期，以便於能有更具體的晶格振動的模式圖像。

　　如圖 7-4 所示，圖 7-4(a) 和圖 7-4(b) 都是光模聲子，因為相鄰的二個晶格原子的振動方向是反相的，但是圖 7-4(a) 的振動方向和波

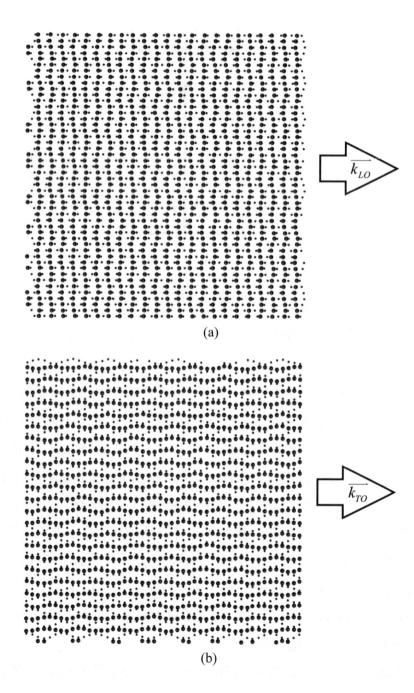

(a)

(b)

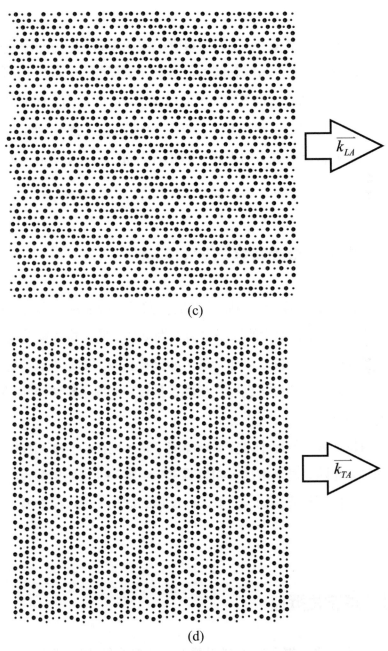

(c)

(d)

圖 7-4 　縱模與橫模的光模聲子及聲模聲子

的行進方向平行,即和波向量的方向 $\vec{k}$ 平行,所以是 LO 聲子;而圖 7-4(b) 的振動方向和波的行進方向垂直,即和波向量的方向 $\vec{k}$ 垂直,所以是 TO 聲子。圖 7-4(c) 和圖 7-4(d) 都是聲模聲子,因為相鄰的二個晶格原子的振動方向是同相的,但是圖 7-4(c) 的振動方向和波的行進方向平行,即和波向量的方向 $\vec{k}$ 平行,所以是 LA 聲子;而圖 7-4(d) 的振動方向和波的行進方向垂直,即和波向量的方向 $\vec{k}$ 垂直,所以是 TA 聲子。

7.2.3　原子質量對聲子色散的影響

這一節我們要看看晶格原子質量對聲子色散曲線的影響。如圖 7-5 所示,當質量比較大的原子之質量漸漸增加時,則光模分支和聲模分支的振動頻率也隨之漸漸降低,如果質量較大的原子質量是無限大的,也就是固定不動,則因為相鄰質量較小的原子無法作同相的振動,所以振動模式只有光模分支。

當質量比較小的原子之質量漸漸減小時,則光模分支和聲模分支的振動頻率也隨之漸漸增加,如果質量減至零,則因為相鄰的原子可以一直持續作同相的振動,而無法作反相的振動,所以振動模式只有聲模分支。

7.2.4　長波長近似

在討論與聲子耦合的相關問題上,我們會經常特別注意或強調長波長近似（Long wavelength approximation）或長波長極限（Long

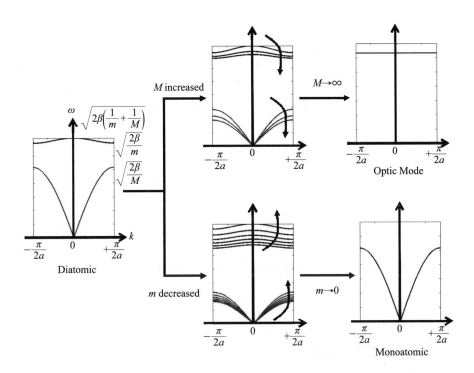

圖 7-5 晶格原子質量對聲子色散曲線的影響

wavelength limit），所謂長波長近似就是意指在色散關係的原點附近，即 $\vec{k} \cong 0$，這個位置附近的聲子和其他粒子或準粒子作耦合的機率較大，因此才需要特別提出來做說明。

我們可以從二個簡單的想法來理解為什麼這個位置附近的聲子和其他粒子或準粒子作耦合的機率較大：

[1]　因為 $|\vec{k}| = \dfrac{2\pi}{\lambda} \cong 0$ 的意義就是晶格波的波長 λ 趨近於無限大，也就是晶格波的波長 λ 比晶格常數 a 大很多的意思，即 $\lambda \gg a$，如圖 7-6 所示，就是因為晶格波的波長通常都比晶格常數大很多，所以當然量子化的晶格波的波向量也就很小，趨近於零。

[2]　因為要完成任何一個過程，都必須滿足質能守恆和動量守恆，

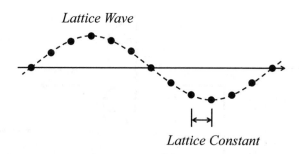

Lattice Wave

Lattice Constant

圖 7-6　晶格波與晶格常數的對比

所以 $|\vec{k}| = \dfrac{2\pi}{\lambda} \cong 0$ 也可以理解為動量差為零，即 $\Delta|\vec{p}| = \hbar\Delta|\vec{k}| \cong 0$，或者說當和聲子耦合的粒子或準粒子的動量相當於聲子的動量時，則產生交互作用的機率將大幅增加。

我們也可以從能量的觀點來理解長波長近似的意義。因為原子的束縛能（Binding energy）大約在數百 e.V.（Electron voltage）到數個 e.V. 之間，而固態物質中，令人感到興趣的激發狀態之能量相對比較小，範圍大多在 $k_B T$ 左右，約為數十個 me.V. 到數個 me.V. 之間，所以這些在固態中小小的能量交換過程也就適用於長波長的近似計算。

7.3　動力學矩陣

雖然我們在上一節，以直鏈的模型，簡單的瞭解了晶格波的基本定義及特性，但是因為晶體是三維的，所以如果要估算真實晶體的晶格波的色散關係，最常使用的方法就是動力學矩陣（Dynamical matrix）法。本節內容中，推導出動力學矩陣的一般表示式之後，並以面心立方晶體為例，求出其正則模態的色散曲線。

7.3.1　動力學矩陣的推導

　　動力學矩陣的方法是靜態晶體能量（Static lattice energy）或晶體基態總能量（Total ground state energy）的簡諧近似（Harmonic approximation）的結果。所謂簡諧近似意指電子 - 原子核系統的基態總能量 $\phi\,(\vec{r})$ 的 Taylor 展開式只取到相對於平衡位置位移量 $\vec{r}$ 的二次項，即

$$\phi\,(\vec{r}) = \phi\,(\vec{r})\Big|_{\vec{r}=\vec{r}_0} + \frac{1}{1!}\frac{d\phi(\vec{r})}{dr}\Big|_{\vec{r}=\vec{r}_0}(\vec{r}-\vec{r}_0) + \frac{1}{2!}\frac{d^2\phi(\vec{r})}{dr^2}\Big|_{\vec{r}=\vec{r}_0}(\vec{r}-\vec{r}_0)^2$$

$$+ \frac{1}{3!}\frac{d^3\phi(\vec{r})}{dr^3}\Big|_{\vec{r}=\vec{r}_0}(\vec{r}-\vec{r}_0)^3 + \cdots$$

$$\simeq \phi\,(\vec{r})\Big|_{\vec{r}=\vec{r}_0} + \frac{1}{2!}\frac{d^2\phi(\vec{r})}{dr^2}\Big|_{\vec{r}=\vec{r}_0}(\vec{r}-\vec{r}_0)^2 \,, \qquad （7\text{-}27）$$

其中因為在平衡點，所以 $\dfrac{d\phi(\vec{r})}{dr}\Big|_{\vec{r}=\vec{r}_0} = 0$。

　　如果靜態晶格模型（Static lattice model）是正確的，而且每一個原子或離子固定在其 Braivis 晶格位置，則晶體的總位能就恰等於所有相對位能之和。

　　在介紹這個理論之前，首先說明位移符號的定義方式。如圖 7-7 所示，如果 Braivis 晶格是由單一個離子所構成，則圖 7-7(a) 是 Braivis 晶格在平衡位置的情況，每一個離子的平衡位置以 $\vec{R}$ 標示，圖 7-7(b) 為離子偏離平衡位置的某一瞬間，每一個離子的平衡位置以 $\vec{r}\,(\vec{R})$ 標示，要特別強調的是在靜態晶格模型的定義下，構成 Braivis 晶格中的每一個離子即使因為熱擾動而偏離平衡位置，但是離子仍然保持在其原有的 Braivis 晶格位置，所以離子位移符號定義為

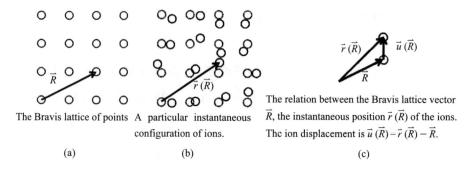

The Bravis lattice of points A particular instantaneous configuration of ions.

The relation between the Bravis lattice vector $\vec{R}$, the instantaneous position $\vec{r}(\vec{R})$ of the ions. The ion displacement is $\vec{u}(\vec{R}) = \vec{r}(\vec{R}) - \vec{R}$.

(a)　　　　　　　　　(b)　　　　　　　　　(c)

圖 7-7　(a) 在平衡位置的 Braivis 晶格點，(b) 偏離平衡位置的某一瞬間，
　　　　(c) 位移符號的定義方式

$\vec{u}(\vec{R}) = \vec{r}(\vec{R}) - \vec{R}$，如圖 7-7(c) 所示。

　　爲了計算方便，我們先假設有一個晶體是由四個 Braivis 晶格所構成，且每一個 Braivis 晶格都只包含一個離子，如圖 7-8 所示，因爲只有四個 Braivis 晶格離子，所以我們很容易的可以知道總位能（Total potential energy）U 爲

$$U = \phi\,[\vec{r}(\vec{R}_1)] + \phi\,[\vec{r}(\vec{R}_2)] + \phi\,[\vec{r}(\vec{R}_3)] + \phi\,[\vec{r}(\vec{R}_1) - \vec{r}(\vec{R}_2)]$$
$$+ \phi\,[\vec{r}(\vec{R}_2) - \vec{r}(\vec{R}_3)] + \phi\,[\vec{r}(\vec{R}_3) - \vec{r}(\vec{R}_1)] , \qquad （7\text{-}28）$$

　　如果從個別的 Braivis 晶格離子來分析，則在 $\vec{R}=0$ 的晶格離子位能爲

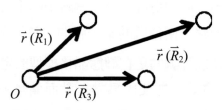

圖 7-8　四個 Braivis 晶格的系統

$$\phi\left[\vec{r}(0)-\vec{r}(0)\right]+\phi\left[\vec{r}(0)-\vec{r}(\vec{R_1})\right]+\phi\left[\vec{r}(0)-\vec{r}(\vec{R_2})\right]+\phi\left[\vec{r}(0)-\vec{r}(\vec{R_3})\right]；$$
$$（7\text{-}29）$$

在 $\vec{R}=\vec{R_1}$ 的晶格離子位能為

$$\phi\left[\vec{r}(\vec{R_1})-\vec{r}(0)\right]+\phi\left[\vec{r}(\vec{R_1})-\vec{r}(\vec{R_1})\right]+\phi\left[\vec{r}(\vec{R_1})-\vec{r}(\vec{R_2})\right]+\phi\left[\vec{r}(\vec{R_1})-\vec{r}(\vec{R_3})\right]；$$
$$（7\text{-}30）$$

在 $\vec{R}=\vec{R_2}$ 的晶格離子位能為

$$\phi\left[\vec{r}(\vec{R_2})-\vec{r}(0)\right]+\phi\left[\vec{r}(\vec{R_2})-\vec{r}(\vec{R_1})\right]+\phi\left[\vec{r}(\vec{R_2})-\vec{r}(\vec{R_2})\right]+\phi\left[\vec{r}(\vec{R_2})-\vec{r}(\vec{R_3})\right]；$$
$$（7\text{-}31）$$

在 $\vec{R}=\vec{R_3}$ 的晶格離子位能為

$$\phi\left[\vec{r}(\vec{R_3})-\vec{r}(0)\right]+\phi\left[\vec{r}(\vec{R_3})-\vec{r}(\vec{R_1})\right]+\phi\left[\vec{r}(\vec{R_3})-\vec{r}(\vec{R_2})\right]+\phi\left[\vec{r}(\vec{R_3})-\vec{r}(\vec{R_3})\right]。$$
$$（7\text{-}32）$$

　　把 $\vec{R}=0$、$\vec{R}=\vec{R_1}$、$\vec{R}=\vec{R_2}$、$\vec{R}=\vec{R_3}$ 的晶格離子位能加起來的結果和（7-28）式做比較，我們就可以把總位能 U 表示成

$$U=\frac{1}{2}\sum_{\substack{\vec{R}=\\0,\vec{R_1},\vec{R_2},\vec{R_3},\cdots}}\sum_{\substack{\vec{R'}=\\0,\vec{R_1},\vec{R_2},\vec{R_3},\cdots}}\phi\left[\vec{r}(\vec{R})-\vec{r}(\vec{R'})\right]，\qquad（7\text{-}33）$$

其中要特別說明的是為了要把最後的結果推廣到 Braivis 晶格數更多

397

的系統中，所以我們在「Σ」符號的加總範圍都標示為 $\vec{R}$ 或 $\vec{R'}=0$, $\vec{R}_1$, $\vec{R}_2$, $\vec{R}_3$, $\cdots$ ，除了有些 $\vec{R}$ 值是不存在的之外，還要注意由於 $\vec{r}(0)=0$ 的關係導致有些數值為零。

接下來為了分析因晶格振動位移所引起的總位能的變化，所以我們要分別來看看在熱平衡與非平衡的總位能。

[1]　當 Braivis 晶格在熱平衡或靜止狀態下，

即　　$\vec{u}(\vec{R})=\vec{r}(\vec{R})-\vec{R}=0$ ，所以 $\vec{r}(\vec{R})=\vec{R}$ ，

則位能　　$U=U_{eq}=\dfrac{1}{2}\displaystyle\sum_{\substack{\vec{R}= \\ 0,\vec{R}_1,\vec{R}_2,\vec{R}_3,\cdots}}\displaystyle\sum_{\substack{\vec{R'}= \\ 0,\vec{R}_1,\vec{R}_2,\vec{R}_3,\cdots}}\phi\,[\vec{r}(\vec{R})-\vec{r}(\vec{R'})]$

$$=\dfrac{1}{2}\displaystyle\sum_{\substack{\vec{R}= \\ 0,\vec{R}_1,\vec{R}_2,\vec{R}_3,\cdots}}\displaystyle\sum_{\substack{\vec{R'}= \\ 0,\vec{R}_1,\vec{R}_2,\vec{R}_3,\cdots}}\phi\,(\vec{R}-\vec{R'})\,\circ \qquad （7\text{-}34）$$

[2]　當 Braivis 晶格受到熱擾動時，

即　　$\vec{r}(\vec{R})\neq\vec{R}$ ，

則位能　　$U=\dfrac{1}{2}\displaystyle\sum_{\vec{R},\vec{R'}}\phi\left[\vec{r}(\vec{R})-\vec{r}(\vec{R'})\right]$

$$=\dfrac{1}{2}\displaystyle\sum_{\vec{R},\vec{R'}}\phi\left[R-R'+\vec{u}(R)-\vec{u}(R')\right]$$

$$=\dfrac{1}{2}\displaystyle\sum_{\substack{\vec{R}=0,\vec{R}_1,\vec{R}_2,\vec{R}_3,\cdots \\ \vec{R'}=0,\vec{R}_1,\vec{R}_2,\vec{R}_3,\cdots}}\phi\,(\vec{R}-\vec{R'})+\dfrac{1}{2}\displaystyle\sum_{\substack{\vec{R}=0,\vec{R}_1,\vec{R}_2,\vec{R}_3,\cdots \\ \vec{R'}=0,\vec{R}_1,\vec{R}_2,\vec{R}_3,\cdots}}\phi\,\big[\vec{u}(\vec{R})$$

$$-\vec{u}(\vec{R'})\big]\cdot\nabla\phi\,(\vec{R}-\vec{R'})$$

$$+\dfrac{1}{4}\displaystyle\sum_{\substack{\vec{R}=0,\vec{R}_1,\vec{R}_2,\vec{R}_3,\cdots \\ \vec{R'}=0,\vec{R}_1,\vec{R}_2,\vec{R}_3,\cdots}}\big[\,(\vec{u}(\vec{R})-\vec{u}(\vec{R'}))\cdot\nabla\,\big]^2\nabla\phi\,(\vec{R}-\vec{R'})+\cdots$$

$$= U_{eq} + U_{harmonic} + U_{Anharmonic} \text{，} \tag{7-35}$$

以上的結果是參考了 Taylor 理論（Taylor theorem）：

$$f(\vec{r}+\vec{a}) = \frac{1}{0!}f(\vec{r}) + \frac{1}{1!}\vec{a} \cdot \nabla f(\vec{r}) + \frac{1}{2!}(\vec{a} \cdot \nabla)^2 f(\vec{r}) + \frac{1}{3!}(\vec{a} \cdot \nabla)^3 f(\vec{r}) + \cdots \text{，} \tag{7-36}$$

如果令 $\vec{r} = \vec{R} - \vec{R}'$ 且 $\vec{a} = \vec{u}(\vec{R}) - \vec{u}(\vec{R}')$ 則可得線性項中的 $\vec{u}(\vec{R})$ 的係數為 $\sum\limits_{\vec{R}'}\nabla\phi(\vec{R}-\vec{R}')$，其實它的負值的物理意義就是在晶體系統中位於 $\vec{R}$ 處的原子受到系統中其他原子的作用力，即 $\vec{F}_{ex}(\vec{R}) = -\sum\limits_{\vec{R}'}\nabla\phi(\vec{R}-\vec{R}')$，然而因為在力平衡狀態下，晶體中的每一個原子的受力為零，所以 $\sum\limits_{\vec{R}'}\nabla\phi\,(\vec{R}-\vec{R}') = 0$。在簡諧近似下，只有二次項（Quadratic term）被保留下來，而略去其他的高次項 $U_{Anharmonic}$，所以位能可以近似表示成

$$U \cong U_{eq} + U_{harmonic} \text{。} \tag{7-37}$$

則

$$U_{harmonic} = \frac{1}{4}\sum_{\substack{\vec{R}=0,\vec{R}_1,\vec{R}_2,\vec{R}_3,\cdots \\ \vec{R}'=0,\vec{R}_1,\vec{R}_2,\vec{R}_3,\cdots}} \left[(\vec{u}(\vec{R}) - \vec{u}(\vec{R}')) \cdot \nabla \right]^2 \nabla\phi(\vec{R}-\vec{R}')$$

$$= \frac{1}{4}\sum_{\substack{\vec{R}=0,\vec{R}_1,\vec{R}_2,\vec{R}_3,\cdots \\ \vec{R}'=0,\vec{R}_1,\vec{R}_2,\vec{R}_3,\cdots}} \left\{ \left[\vec{u}(\vec{R}) - \vec{u}(\vec{R}') \cdot \nabla\right] \right\} \left\{ \left[\vec{u}(\vec{R}) - \vec{u}(\vec{R}')\right] \right.$$

$$\left. \cdot \left(\hat{x}\frac{\partial}{\partial r_x} + \hat{y}\frac{\partial}{\partial r_y} + \hat{z}\frac{\partial}{\partial r_z}\right)\phi(\vec{R}-\vec{R}') \right\}$$

$$= \frac{1}{4} \sum_{\substack{\vec{R}=0,\vec{R}_1,\vec{R}_2,\vec{R}_3,\cdots \\ \vec{R}'=0,\vec{R}_1,\vec{R}_2,\vec{R}_3,\cdots}} \left\{ \left[\vec{u}(\vec{R}) - \vec{u}(\vec{R}') \cdot \nabla \right] \right\}$$

$$\left\{ \begin{array}{l} \left[\vec{u}_x(\vec{R}) - \vec{u}_x(\vec{R}') \right] \dfrac{\partial \phi(\vec{R}-\vec{R}')}{\partial r_x} + \left[\vec{u}_y(\vec{R}) - \vec{u}_y(\vec{R}') \right] \dfrac{\partial \phi(\vec{R}-\vec{R}')}{\partial r_y} \\ \qquad\qquad + \left[\vec{u}_z(\vec{R}) - \vec{u}_z(\vec{R}') \right] \dfrac{\partial \phi(\vec{R}-\vec{R}')}{\partial r_z} \end{array} \right\}$$

$$= \frac{1}{4} \sum_{\substack{\vec{R}=0,\vec{R}_1,\vec{R}_2,\vec{R}_3,\cdots \\ \vec{R}'=0,\vec{R}_1,\vec{R}_2,\vec{R}_3,\cdots}} \left\{ \left[\vec{u}_x(\vec{R}) - \vec{u}_x(\vec{R}') \right] \left[\frac{\partial}{\partial r_x} \frac{\partial}{\partial r_x} \phi(\vec{R}-\vec{R}') \right] \left[\vec{u}_x(\vec{R}) - \vec{u}_x(\vec{R}') \right] \right.$$

$$+ \left[\vec{u}_x(\vec{R}) - \vec{u}_x(\vec{R}') \right] \left[\frac{\partial}{\partial r_x} \frac{\partial}{\partial r_y} \phi(\vec{R}-\vec{R}') \right] \left[\vec{u}_y(\vec{R}) - \vec{u}_y(\vec{R}') \right]$$

$$+ \left[\vec{u}_x(\vec{R}) - \vec{u}_x(\vec{R}') \right] \left[\frac{\partial}{\partial r_x} \frac{\partial}{\partial r_z} \phi(\vec{R}-\vec{R}') \right] \left[\vec{u}_z(\vec{R}) - \vec{u}_z(\vec{R}') \right]$$

$$+ \left[\vec{u}_y(\vec{R}) - \vec{u}_y(\vec{R}') \right] \left[\frac{\partial}{\partial r_y} \frac{\partial}{\partial r_x} \phi(\vec{R}-\vec{R}') \right] \left[\vec{u}_x(\vec{R}) - \vec{u}_x(\vec{R}') \right]$$

$$+ \left[\vec{u}_y(\vec{R}) - \vec{u}_y(\vec{R}') \right] \left[\frac{\partial}{\partial r_y} \frac{\partial}{\partial r_y} \phi(\vec{R}-\vec{R}') \right] \left[\vec{u}_y(\vec{R}) - \vec{u}_y(\vec{R}') \right]$$

$$+ \left[\vec{u}_y(\vec{R}) - \vec{u}_y(\vec{R}') \right] \left[\frac{\partial}{\partial r_y} \frac{\partial}{\partial r_z} \phi(\vec{R}-\vec{R}') \right] \left[\vec{u}_z(\vec{R}) - \vec{u}_z(\vec{R}') \right]$$

$$+ \left[\vec{u}_z(\vec{R}) - \vec{u}_z(\vec{R}') \right] \left[\frac{\partial}{\partial r_z} \frac{\partial}{\partial r_x} \phi(\vec{R}-\vec{R}') \right] \left[\vec{u}_x(\vec{R}) - \vec{u}_x(\vec{R}') \right]$$

$$+ \left[\vec{u}_z(\vec{R}) - \vec{u}_z(\vec{R}') \right] \left[\frac{\partial}{\partial r_z} \frac{\partial}{\partial r_y} \phi(\vec{R}-\vec{R}') \right] \left[\vec{u}_y(\vec{R}) - \vec{u}_y(\vec{R}') \right]$$

$$\left. + \left[\vec{u}_z(\vec{R}) - \vec{u}_z(\vec{R}') \right] \left[\frac{\partial}{\partial r_z} \frac{\partial}{\partial r_z} \phi(\vec{R}-\vec{R}') \right] \left[\vec{u}_z(\vec{R}) - \vec{u}_z(\vec{R}') \right] \right\}$$

$$= \frac{1}{4} \sum_{\substack{\vec{R}=0,\vec{R}_1,\vec{R}_2,\vec{R}_3,\cdots \\ \vec{R}'=0,\vec{R}_1,\vec{R}_2,\vec{R}_3,\cdots}} \left[\vec{u}_x(\vec{R}) - \vec{u}_x(\vec{R}') \quad \vec{u}_y(\vec{R}) - \vec{u}_y(\vec{R}') \quad \vec{u}_z(\vec{R}) - \vec{u}_z(\vec{R}') \right]$$

$$\begin{bmatrix} \dfrac{\partial}{\partial r_x} \dfrac{\partial}{\partial r_x} \phi(\vec{R}-\vec{R}') & \dfrac{\partial}{\partial r_x} \dfrac{\partial}{\partial r_y} \phi(\vec{R}-\vec{R}') & \dfrac{\partial}{\partial r_x} \dfrac{\partial}{\partial r_z} \phi(\vec{R}-\vec{R}') \\ \dfrac{\partial}{\partial r_y} \dfrac{\partial}{\partial r_x} \phi(\vec{R}-\vec{R}') & \dfrac{\partial}{\partial r_y} \dfrac{\partial}{\partial r_y} \phi(\vec{R}-\vec{R}') & \dfrac{\partial}{\partial r_y} \dfrac{\partial}{\partial r_z} \phi(\vec{R}-\vec{R}') \\ \dfrac{\partial}{\partial r_z} \dfrac{\partial}{\partial r_x} \phi(\vec{R}-\vec{R}') & \dfrac{\partial}{\partial r_z} \dfrac{\partial}{\partial r_y} \phi(\vec{R}-\vec{R}') & \dfrac{\partial}{\partial r_z} \dfrac{\partial}{\partial r_z} \phi(\vec{R}-\vec{R}') \end{bmatrix} \begin{bmatrix} \vec{u}_x(\vec{R}) - \vec{u}_x(\vec{R}') \\ \vec{u}_y(\vec{R}) - \vec{u}_y(\vec{R}') \\ \vec{u}_z(\vec{R}) - \vec{u}_z(\vec{R}') \end{bmatrix}$$

$$= \frac{1}{4} \sum_{\substack{\vec{R}=0, \vec{R}_1, \vec{R}_2, \vec{R}_3, \cdots \\ \vec{R}'=0, \vec{R}_1, \vec{R}_2, \vec{R}_3, \cdots \\ \mu=x,y,z \\ \nu=x,y,z}} \left[\vec{u}_\mu(\vec{R}) - \vec{u}_\mu(\vec{R}') \right] \phi_{\mu\nu}(\vec{R}-\vec{R}') \left[\vec{u}_\nu(\vec{R}) - \vec{u}_\nu(\vec{R}') \right], \quad （7\text{-}38）$$

其中 $\phi_{\mu\nu}(\vec{R}-\vec{R}') = \dfrac{\partial^2 \phi(\vec{R}-\vec{R}')}{\partial r_\mu \partial r_\nu}$。

把（7-38）式中的括號「[]」乘開，得

$$U_{harmonic} = \frac{1}{4} \sum_{\substack{\vec{R}=0, \vec{R}_1, \vec{R}_2, \vec{R}_3, \cdots \\ \vec{R}'=0, \vec{R}_1, \vec{R}_2, \vec{R}_3, \cdots \\ \mu=x,y,z \\ \nu=x,y,z}} \left[\vec{u}_\mu(\vec{R}) - \vec{u}_\mu(\vec{R}') \right] \phi_{\mu\nu}(\vec{R}-\vec{R}') \left[\vec{u}_\nu(\vec{R}) - \vec{u}_\nu(\vec{R}') \right]$$

$$= \frac{1}{4} \sum_{\substack{\vec{R}=0, \vec{R}_1, \vec{R}_2, \vec{R}_3, \cdots \\ \vec{R}'=0, \vec{R}_1, \vec{R}_2, \vec{R}_3, \cdots \\ \mu=x,y,z \\ \nu=x,y,z}} \left\{ \begin{array}{l} \vec{u}_\mu(\vec{R})\phi_{\mu\nu}(\vec{R}-\vec{R}')\vec{u}_\nu(\vec{R}) + \vec{u}_\mu(\vec{R}')\phi_{\mu\nu}(\vec{R}-\vec{R}')\vec{u}_\nu(\vec{R}') \\ -\vec{u}_\mu(\vec{R}')\phi_{\mu\nu}(\vec{R}-\vec{R}')\vec{u}_\nu(\vec{R}) + \vec{u}_\mu(\vec{R})\phi_{\mu\nu}(\vec{R}-\vec{R}')\vec{u}_\nu(\vec{R}') \end{array} \right\},$$

$$（7\text{-}39）$$

接下來我們要做更進一步的整理，除了最前面的因子 1/4 之外，為了能更清楚的看出上式的加總的結果，我們將要更仔細的把它展開，為了減少計算的項次，所以僅有取三個 $\vec{R}$ 值，即 0、$\vec{R}_1$、$\vec{R}_2$，且仍以 x、y、z 來展開加總的結果，特別要知道的是但即使如此，最後所求的一般性結果是不會受到任何的影響的，因為我們只是為了說明在推導過程中所有的等號成立。所以，

當 $\vec{R} = 0$，

（則當 $\vec{R}'=0$）$4U_{harmonic} = \vec{u}_\mu(0)\,\phi_{\mu\nu}(0-0)\vec{u}_\nu(0) + \vec{u}_\mu(0)\,\phi_{\mu\nu}(0-0)\vec{u}_\nu(0)$

$$- \vec{u}_\mu(0)\,\phi_{\mu\nu}(0-0)\vec{u}_\nu(0) - \vec{u}_\mu(0)\,\phi_{\mu\nu}(0-0)\vec{u}_\nu(0)$$

（則當 $\vec{R}'=\vec{R}_1$）$\quad + \vec{u}_\mu(0)\,\phi_{\mu\nu}(0-\vec{R}_1)\vec{u}_\nu(0) + \vec{u}_\mu(\vec{R}_1)\,\phi_{\mu\nu}(0-\vec{R}_1)\vec{u}_\nu(\vec{R}_1)$

$$- \vec{u}_\mu(\vec{R}_1)\,\phi_{\mu\nu}(0-\vec{R}_1)\vec{u}_\nu(0) - \vec{u}_\mu(0)\,\phi_{\mu\nu}(0-\vec{R}_1)\vec{u}_\nu(\vec{R}_1)$$

（則當 $\vec{R}'=\vec{R}_2$）$\quad + \vec{u}_\mu(0)\,\phi_{\mu\nu}(0-\vec{R}_2)\vec{u}_\nu(0) + \vec{u}_\mu(\vec{R}_2)\,\phi_{\mu\nu}(0-\vec{R}_2)\vec{u}_\nu(\vec{R}_2)$

$$- \vec{u}_\mu(\vec{R}_2)\,\phi_{\mu\nu}(0-\vec{R}_2)\vec{u}_\nu(0) - \vec{u}_\mu(0)\,\phi_{\mu\nu}(0-\vec{R}_2)\vec{u}_\nu(\vec{R}_2)$$

當 $\vec{R}=\vec{R}_1$，

（則當 $\vec{R}'=0$）$\quad + \vec{u}_\mu(\vec{R}_1)\,\phi_{\mu\nu}(\vec{R}_1-0)\vec{u}_\nu(\vec{R}_1) + \vec{u}_\mu(0)\,\phi_{\mu\nu}(\vec{R}_1-0)\vec{u}_\nu(0)$

$$- \vec{u}_\mu(0)\,\phi_{\mu\nu}(\vec{R}_1-0)\vec{u}_\nu(\vec{R}_1) - \vec{u}_\mu(\vec{R}_1)\,\phi_{\mu\nu}(\vec{R}_1-0)\vec{u}_\nu(0)$$

（則當 $\vec{R}'=\vec{R}_1$）$\quad + \vec{u}_\mu(\vec{R}_1)\,\phi_{\mu\nu}(\vec{R}_1-\vec{R}_1)\vec{u}_\nu(\vec{R}_1) + \vec{u}_\mu(\vec{R}_1)\,\phi_{\mu\nu}(\vec{R}_1-\vec{R}_1)\vec{u}_\nu(\vec{R}_1)$

$$- \vec{u}_\mu(\vec{R}_1)\,\phi_{\mu\nu}(\vec{R}_1-\vec{R}_1)\vec{u}_\nu(\vec{R}_1) - \vec{u}_\mu(\vec{R}_1)\,\phi_{\mu\nu}(\vec{R}_1-\vec{R}_1)\vec{u}_\nu(\vec{R}_1)$$

（則當 $\vec{R}'=\vec{R}_2$）$\quad + \vec{u}_\mu(\vec{R}_1)\,\phi_{\mu\nu}(\vec{R}_1-\vec{R}_2)\vec{u}_\nu(\vec{R}_1) + \vec{u}_\mu(\vec{R}_2)\,\phi_{\mu\nu}(\vec{R}_1-\vec{R}_2)\vec{u}_\nu(\vec{R}_2)$

$$- \vec{u}_\mu(\vec{R}_2)\,\phi_{\mu\nu}(\vec{R}_1-\vec{R}_2)\vec{u}_\nu(\vec{R}_1) - \vec{u}_\mu(\vec{R}_1)\,\phi_{\mu\nu}(\vec{R}_1-\vec{R}_2)\vec{u}_\nu(\vec{R}_2)$$

當 $\vec{R}=\vec{R}_2$，

（則當 $\vec{R}'=0$）$\quad + \vec{u}_\mu(\vec{R}_2)\,\phi_{\mu\nu}(\vec{R}_2-0)\vec{u}_\nu(\vec{R}_1) + \vec{u}_\mu(0)\,\phi_{\mu\nu}(\vec{R}_2-0)\vec{u}_\nu(0)$

$$- \vec{u}_\mu(0)\,\phi_{\mu\nu}(\vec{R}_2-0)\vec{u}_\nu(\vec{R}_2) - \vec{u}_\mu(\vec{R}_2)\,\phi_{\mu\nu}(\vec{R}_2-0)\vec{u}_\nu(0)$$

（則當 $\vec{R}'=\vec{R}_1$）$\quad + \vec{u}_\mu(\vec{R}_2)\,\phi_{\mu\nu}(\vec{R}_2-\vec{R}_1)\vec{u}_\nu(\vec{R}_2) + \vec{u}_\mu(\vec{R}_1)\,\phi_{\mu\nu}(\vec{R}_2-\vec{R}_1)\vec{u}_\nu(\vec{R}_1)$

$$- \vec{u}_\mu(\vec{R}_1)\,\phi_{\mu\nu}(\vec{R}_2-\vec{R}_1)\vec{u}_\nu(\vec{R}_2) - \vec{u}_\mu(\vec{R}_2)\,\phi_{\mu\nu}(\vec{R}_2-\vec{R}_1)\vec{u}_\nu(\vec{R}_1)$$

（則當 $\vec{R}'=\vec{R}_2$）$\quad + \vec{u}_\mu(\vec{R}_2)\,\phi_{\mu\nu}(\vec{R}_2-\vec{R}_2)\vec{u}_\nu(\vec{R}_2) + \vec{u}_\mu(\vec{R}_2)\,\phi_{\mu\nu}(\vec{R}_2-\vec{R}_2)\vec{u}_\nu(\vec{R}_2)$

$$- \vec{u}_\mu(\vec{R}_2)\,\phi_{\mu\nu}(\vec{R}_2-\vec{R}_2)\vec{u}_\nu(\vec{R}_2) - \vec{u}_\mu(\vec{R}_2)\,\phi_{\mu\nu}(\vec{R}_2-\vec{R}_2)\vec{u}_\nu(\vec{R}_2)$$

$$
\begin{aligned}
&= \vec{u}_\mu(0) \begin{bmatrix} \phi_{\mu\nu}(0-0) + \phi_{\mu\nu}(0-0) + \phi_{\mu\nu}(0-\vec{R}_1) + \phi_{\mu\nu}(0-\vec{R}_2) \\ + \phi_{\mu\nu}(\vec{R}_1-0) + \phi_{\mu\nu}(\vec{R}_2-0) - \phi_{\mu\nu}(0-0) - \phi_{\mu\nu}(0-0) \end{bmatrix} \vec{u}_\nu(0) \\
&\quad + \vec{u}_\mu(0) \left[-\phi_{\mu\nu}(0-\vec{R}_1) - \phi_{\mu\nu}(\vec{R}_1-0) \right] \vec{u}_\nu(\vec{R}_1) \\
&\quad + \vec{u}_\mu(0) \left[-\phi_{\mu\nu}(0-\vec{R}_2) - \phi_{\mu\nu}(\vec{R}_2-0) \right] \vec{u}_\nu(\vec{R}_2) \\
&\quad + \vec{u}_\mu(\vec{R}_2) \left[-\phi_{\mu\nu}(\vec{R}_1-\vec{R}_2) - \phi_{\mu\nu}(\vec{R}_2-\vec{R}_1) \right] \vec{u}_\nu(\vec{R}_1) \\
&+ \vec{u}_\mu(\vec{R}_1) \begin{bmatrix} \phi_{\mu\nu}(0-\vec{R}_1) + \phi_{\mu\nu}(\vec{R}_1-0) + \phi_{\mu\nu}(\vec{R}_1-\vec{R}_1) + \phi_{\mu\nu}(\vec{R}_1-\vec{R}_2) \\ + \phi_{\mu\nu}(\vec{R}_1-\vec{R}_2) + \phi_{\mu\nu}(\vec{R}_2-\vec{R}_1) - \phi_{\mu\nu}(\vec{R}_1-\vec{R}_1) - \phi_{\mu\nu}(\vec{R}_1-\vec{R}_1) \end{bmatrix} \vec{u}_\nu(\vec{R}_1) \\
&+ \vec{u}_\mu(\vec{R}_1) \left[-\phi_{\mu\nu}(\vec{R}_2-\vec{R}_1) - \phi_{\mu\nu}(\vec{R}_1-\vec{R}_2) \right] \vec{u}_\nu(\vec{R}_2) \\
&+ \vec{u}_\mu(\vec{R}_2) \left[-\phi_{\mu\nu}(0-\vec{R}_2) - \phi_{\mu\nu}(\vec{R}_2-0) \right] \vec{u}_\nu(0) \\
&+ \vec{u}_\mu(\vec{R}_2) \left[-\phi_{\mu\nu}(\vec{R}_1-\vec{R}_2) - \phi_{\mu\nu}(\vec{R}_2-\vec{R}_1) \right] \vec{u}_\nu(\vec{R}_1) \\
&+ \vec{u}_\mu(\vec{R}_2) \begin{bmatrix} \phi_{\mu\nu}(0-\vec{R}_2) + \phi_{\mu\nu}(\vec{R}_1-\vec{R}_2) + \phi_{\mu\nu}(\vec{R}_2-0) + \phi_{\mu\nu}(\vec{R}_2-\vec{R}_1) \\ + \phi_{\mu\nu}(\vec{R}_2-\vec{R}_2) + \phi_{\mu\nu}(\vec{R}_2-\vec{R}_2) - \phi_{\mu\nu}(\vec{R}_2-\vec{R}_2) - \phi_{\mu\nu}(\vec{R}_2-\vec{R}_2) \end{bmatrix} \vec{u}_\nu(\vec{R}_2) ,
\end{aligned}
$$

$$(7\text{-}40)$$

然而每一個 Braivis 晶格都具有反對稱性（Inversion symmetry），即 $\phi_{\mu\nu}(\vec{R}) = \phi_{\mu\nu}(-\vec{R})$，則

$$
\begin{aligned}
4U_{harmonic} &= \vec{u}_\mu(0) \left[2\phi_{\mu\nu}(0-0) + 2\phi_{\mu\nu}(0-\vec{R}_1) + 2\phi_{\mu\nu}(0-\vec{R}_2) - 2\phi_{\mu\nu}(0-0) \right] \vec{u}_\nu(0) \\
&\quad + \vec{u}_\mu(0) \left[-2\phi_{\mu\nu}(0-\vec{R}_1) \right] \vec{u}_\nu(\vec{R}_1) \\
&\quad + \vec{u}_\mu(0) \left[-2\phi_{\mu\nu}(R_2-0) \right] \vec{u}_\nu(R_2) \\
&\quad + \vec{u}_\mu(\vec{R}_1) \left[-2\phi_{\mu\nu}(\vec{R}_1-0) \right] \vec{u}_\nu(0) \\
&\quad + \vec{u}_\mu(\vec{R}_1) \left[2\phi_{\mu\nu}(\vec{R}_1-0) + 2\phi_{\mu\nu}(\vec{R}_1-\vec{R}_1) + 2\phi_{\mu\nu}(\vec{R}_1-\vec{R}_2) \right. \\
&\qquad \left. - 2\phi_{\mu\nu}(\vec{R}_1-0) \right] \vec{u}_\nu(\vec{R}_1)
\end{aligned}
$$

$$+\vec{u}_\mu(\vec{R}_1)\Big[-2\phi_{\mu\nu}(\vec{R}_1-\vec{R}_2)\Big]\vec{u}_\nu(\vec{R}_2)$$

$$+\vec{u}_\mu(\vec{R}_2)\Big[-2\phi_{\mu\nu}(\vec{R}_2-0)\Big]\vec{u}_\nu(0)$$

$$+\vec{u}_\mu(\vec{R}_2)\Big[-2\phi_{\mu\nu}(\vec{R}_2-\vec{R}_1)\Big]\vec{u}_\nu(\vec{R}_1)$$

$$+\vec{u}_\mu(\vec{R}_2)\Big[2\phi_{\mu\nu}(\vec{R}_2-0)+2\phi_{\mu\nu}(\vec{R}_2-\vec{R}_1)+2\phi_{\mu\nu}(\vec{R}_2-\vec{R}_2)$$

$$-2\phi_{\mu\nu}(\vec{R}_2-\vec{R}_2)\Big]\vec{u}_\nu(\vec{R}_2)\ , \tag{7-41}$$

把 1/4 乘過去，得

$$U_{harmonic}=\frac{2}{4}\sum_{\substack{\mu=x,y,z\\ \nu=x,y,z}}\Big[\vec{u}_\mu(0)\quad\vec{u}_\mu(\vec{R}_1)\quad\vec{u}_\mu(\vec{R}_2)\Big]$$

$$\begin{bmatrix} D_{\mu\nu}(0-0) & D_{\mu\nu}(0-\vec{R}_1) & D_{\mu\nu}(0-\vec{R}_2)\\ D_{\mu\nu}(\vec{R}_1-0) & D_{\mu\nu}(\vec{R}_1-\vec{R}_1) & D_{\mu\nu}(\vec{R}_1-\vec{R}_2)\\ D_{\mu\nu}(\vec{R}_2-0) & D_{\mu\nu}(\vec{R}_2-\vec{R}_1) & D_{\mu\nu}(\vec{R}_2-\vec{R}_2) \end{bmatrix}\begin{bmatrix}\vec{u}_\nu(0)\\ \vec{u}_\nu(\vec{R}_1)\\ \vec{u}_\nu(\vec{R}_2)\end{bmatrix}$$

$$=\frac{1}{2}\sum_{\substack{\vec{R}=0,\vec{R}_1,\vec{R}_2,\\ \vec{R}'=0,\vec{R}_1,\vec{R}_2,\\ \mu=x,y,z\\ \nu=x,y,z}}\vec{u}_\mu(\vec{R})\,D_{\mu\nu}(\vec{R}-\vec{R}')\vec{u}_\nu(\vec{R}')\ , \tag{7-42}$$

依照數學歸納法的原理，我們可以把四個 Braivis 晶格的系統推廣到 n 個 Braivis 晶格的系統，即

$$U_{harmonic} = \frac{1}{2} \sum_{\substack{\vec{R}=0, \vec{R}_1, \vec{R}_2, \cdots, \vec{R}_n, \\ \vec{R}'=0, \vec{R}_1, \vec{R}_2, \cdots, \vec{R}_n, \\ \mu=x,y,z \\ v=x,y,z}} \vec{u}_\mu(\vec{R}) \, D_{\mu v}(\vec{R} - \vec{R}') \vec{u}_v(\vec{R}')$$

$$= \frac{1}{2} \sum_{\substack{\mu=x,y,z \\ v=x,y,z}} \begin{bmatrix} \vec{u}_\mu(\vec{R}_1) & \vec{u}_\mu(\vec{R}_2) \cdots \vec{u}_\mu(\vec{R}_n) \end{bmatrix}$$

$$\begin{bmatrix} D_{\mu v}(\vec{R}_1 - \vec{R}_1) & D_{\mu v}(\vec{R}_1 - \vec{R}_2) & \cdots & D_{\mu v}(\vec{R}_1 - \vec{R}_n) \\ D_{\mu v}(\vec{R}_2 - \vec{R}_1) & D_{\mu v}(\vec{R}_2 - \vec{R}_2) & \cdots & D_{\mu v}(\vec{R}_2 - \vec{R}_n) \\ \vdots & \vdots & \vdots & \vdots \\ D_{\mu v}(\vec{R}_n - \vec{R}_1) & D_{\mu v}(\vec{R}_n - \vec{R}_2) & \cdots & D_{\mu v}(\vec{R}_n - \vec{R}_n) \end{bmatrix} \begin{bmatrix} \vec{u}_v(\vec{R}_1) \\ \vec{u}_v(\vec{R}_2) \\ \vdots \\ \vec{u}_v(\vec{R}_n) \end{bmatrix} \quad (7\text{-}43)$$

這個 $D_{\mu v}(\vec{R})$ 就被稱為「動力學矩陣」（Dynamical matrix）。

有時候，我們會把這個矩陣寫成另一種同義的形式，作一些適當的對應之後，如下：

$$D_{\mu v}(\vec{R}_1 - \vec{R}_1) = \phi_{\mu v}(\vec{R}_1 - 0) + \phi_{\mu v}(\vec{R}_1 - \vec{R}_1) + \phi_{\mu v}(\vec{R}_1 - \vec{R}_2) - \phi_{\mu v}(\vec{R}_1 - \vec{R}_1)$$

$$\Downarrow \Downarrow \qquad \Downarrow \Downarrow \qquad \Downarrow \Downarrow \qquad \Downarrow \Downarrow \qquad \Downarrow \Downarrow$$

$$\vec{R} \quad \vec{R}' \qquad \vec{R} \quad \vec{R}'' \qquad \vec{R} \quad \vec{R}'' \qquad \vec{R} \quad \vec{R}'' \qquad \vec{R} \quad \vec{R}'$$

$$= \left[\sum_{\vec{R}''=0, \vec{R}_1, \vec{R}_2} \phi_{\mu v}(\underset{\underset{\vec{R}}{\Downarrow}}{\vec{R}_1 - \vec{R}''}) \right] - \phi_{\mu v}(\underset{\underset{\vec{R}}{\Downarrow}}{\vec{R}_1 - \vec{R}'}) , \qquad (7\text{-}44)$$

即 $\quad D_{\mu v}(\vec{R} - \vec{R}') = \delta_{\vec{R}, \vec{R}'} \left[\sum_{\vec{R}, \vec{R}''} \phi_{\mu v}(\vec{R} - \vec{R}'') \right] - \phi_{\mu v}(\vec{R} - \vec{R}') 。 \qquad (7\text{-}45)$

7.3.2 正則模態的色散曲線與極化向量

找出了動力學矩陣 $D(\vec{R})$ 之後，再加上三個對稱關係：

[1]　　$D_{\mu\nu}(\vec{R}-\vec{R}')=D_{\nu\mu}(\vec{R}'-\vec{R})$。　　　　　　　　　　（7-46）

[2]　　$D_{\mu\nu}(\vec{R}-\vec{R}')=D_{\mu\nu}(\vec{R}'-\vec{R})$ 或 $D(\vec{R})=D(-\vec{R})$。　　　（7-47）

[3]　　$\sum_{\vec{R}}D_{\mu\nu}(\vec{R})=0$ 或 $\sum_{\vec{R}}D(\vec{R})=0$。　　　　　　　　　（7-48）

就可以求出正則模態（Normal mode）的色散曲線（Dispersion curve）及正則模態的極化向量（Polarization vector）。具體的步驟如下：

[1]　　可以藉對稱關係，由 $D(\vec{R})$ 得到 $D(\vec{k})$。

$$
\begin{aligned}
D(\vec{k}) &= \frac{1}{2}\sum_{\vec{R}}D(\vec{R})\left[e^{-i\vec{k}\cdot\vec{R}}+e^{+i\vec{k}\cdot\vec{R}}-2\right] \\
&= \sum_{\vec{R}}D(\vec{R})\left[\cos(\vec{k}\cdot\vec{R})-1\right] \\
&= -2\sum_{\vec{R}}D(\vec{R})\sin^2\left(\frac{1}{2}\vec{k}\cdot\vec{R}\right)。
\end{aligned}
$$
　（7-49）

[2]　　找出 $M\omega^2 E=D(\vec{k})E$ 的特徵值（Eigenvalue）。

[3]　　色散曲線為 $\omega=\sqrt{\dfrac{\lambda}{M}}$。

[4]　　由對應於特徵值的特徵向量 E 就是極化向量 $\vec{\varepsilon}$，

若 $\vec{\mathscr{E}}\parallel\vec{k}$，則為縱模（Longitudinal mode）；

若 $\vec{\mathscr{E}}\perp\vec{k}$，則為橫模（Transverse mode）。

依照以上的步驟，我們可以開始計算一個三維晶體的簡正模式了。

7.3.3 面心立方晶體正則模態的色散曲線

現在考慮一個單原子的面心立方晶體，其中每個原子只和它的最鄰近的十二個原子有交互作用，假設最鄰近原子之間的交互作用可以用位能 $\phi(\vec{r})$ 來描述，其中 $\phi(\vec{r})$ 只是原子之間的距離 $\vec{r}$ 的函數，則我們可以求得

[1] 動力學矩陣 $D(\vec{k})$ 為

$$D = \sum_{\vec{R}} \sin^2\left(\frac{1}{2}\vec{k}\cdot\vec{R}\right)\left[AI + B\hat{R}\hat{R}\right], \qquad (7\text{-}50)$$

其中 $\sum$ 的下標是對 $\vec{R}=0$ 的十二個最鄰近的位置求和，即 $\frac{a}{2}(\pm\hat{x}\pm\hat{y})$、$\frac{a}{2}(\pm\hat{y}\pm\hat{z})$、$\frac{a}{2}(\pm\hat{z}\pm\hat{x})$，而 I 是單位矩陣，$(I)_{\mu\nu}=\delta_{\mu\nu}$，$\mu, \nu = x, y, z$；$\hat{R}\hat{R}$ 是單位向量 $\hat{R}=\dfrac{\vec{R}}{|\vec{R}|}$ 的雙值乘積（Diadic），即 $(\hat{R}\hat{R})_{\mu\nu}=\hat{R}_\mu\hat{R}_\nu$，$\mu, \nu = x, y, z$；常數 $A=\dfrac{2\phi'(d)}{d}$，$B=2\left[\phi''(d)-\dfrac{\phi'(d)}{d}\right]$，其中 $\phi'(d)$、$\phi''(d)$ 是 $\phi(\vec{r})$ 分別對空間的一次、二次微分，d 為原子間平衡的最近距離。

[2] 當 $\vec{k}$ 在直角坐標的 [100] 方向時，即 $\vec{k}=(k, 0, 0)$，有一個簡正模式是嚴格的縱波，其頻率為

$$\omega_L = \sqrt{\frac{8A+4B}{M}}\,\sin\left(\frac{1}{4}ka\right); \qquad (7\text{-}51)$$

有二個簡併的簡正模式是嚴格的橫波，其頻率為

$$\omega_T = \sqrt{\frac{8A+2B}{M}}\,\sin\left(\frac{1}{4}ka\right). \qquad (7\text{-}52)$$

[3]　當 $\vec{k}$ 沿 [111] 方向時，即 $\vec{k} = \dfrac{1}{\sqrt{3}}(k, k, k)$，有一個縱波，其頻率為

$$\omega_1 = \omega_L = \sqrt{\dfrac{6A + 4B}{M}} \sin\left(\dfrac{1}{2\sqrt{3}}ka\right), \tag{7-53}$$

有二個簡併的橫波，其頻率為

$$\omega_2 = \omega_3 = \omega_T = \sqrt{\dfrac{6A + B}{M}} \sin\left(\dfrac{1}{2\sqrt{3}}ka\right)。 \tag{7-54}$$

逐項說明如下：

[1]　由

$$\phi_{\mu\nu}(\vec{k}) = \dfrac{\partial^2}{\partial r_\mu \partial r_\nu} \phi(\vec{r}), \tag{7-55}$$

其中 $\vec{r} = \hat{x}x + \hat{y}y + \hat{z}z$，

則由

$$r = \sqrt{t} = \sqrt{x^2 + y^2 + z^2}, \tag{7-56}$$

故

$$\dfrac{\partial r}{\partial x} = \dfrac{\partial \sqrt{t}}{\partial t} \dfrac{\partial t}{\partial x} = \dfrac{1}{2\sqrt{t}} 2x = \dfrac{x}{r}, \tag{7-57}$$

所以

$$\dfrac{\partial \phi(\vec{r})}{\partial x} = \dfrac{\partial \phi(\vec{r})}{\partial r} \dfrac{\partial \vec{r}}{\partial r} = \phi'(\vec{r}) \dfrac{x}{r}, \tag{7-58}$$

而綜合

$$\dfrac{\partial^2 \phi(\vec{r})}{\partial x^2} = \dfrac{\partial^2 \phi(\vec{r})}{\partial r^2}\left(\dfrac{x}{r}\right)^2 + \dfrac{\partial \phi(\vec{r})}{\partial r}\left(\dfrac{1}{r} - \dfrac{x^2}{r^3}\right)$$

$$= \left[\phi''(\vec{r}) - \dfrac{1}{r}\phi'(\vec{r})\right]\left(\dfrac{x}{r}\right)\left(\dfrac{x}{r}\right) + \dfrac{1}{r}\phi'(r), \tag{7-59}$$

且

$$\dfrac{\partial^2 \phi(\vec{r})}{\partial x \partial y} = \left[\phi''(\vec{r}) - \dfrac{1}{r}\phi'(\vec{r})\right]\left(\dfrac{x}{r}\right)\left(\dfrac{y}{r}\right)$$

$$= \left[\phi''(\vec{r}) - \dfrac{1}{r}\phi'(\vec{r})\right]\left(\dfrac{x}{r}\right)\left(\dfrac{y}{r}\right) + \left[\dfrac{1}{r}\phi'(\vec{r})\right]\delta_{xy}, \tag{7-60}$$

二者的結果，可以寫成

$$\frac{\partial^2 \phi(\vec{r})}{\partial r_\mu \partial r_\nu} = \left[\phi''(\vec{r}) - \frac{1}{r}\phi(\vec{r})\right]\left(\frac{r_\mu}{r}\right)\left(\frac{r_\nu}{r}\right) + \left[\frac{1}{r}\phi'(\vec{r})\right]\delta_{\mu\nu} \, , \qquad （7\text{-}61）$$

或 $\quad \phi_{\mu\nu}(\vec{R}) = \frac{\partial^2 \phi(\vec{r})}{\partial r_\mu \partial r_\nu}\bigg|_{\vec{r}=\vec{R}}$

$$= \left[\phi''(\vec{r}) - \frac{\phi'(\vec{R})}{|\vec{R}|}\right]\hat{R}_\mu \hat{R}_\nu + \frac{\phi'(\vec{R})}{|\vec{R}|}\delta_{\mu\nu} \, , \qquad （7\text{-}62）$$

其中 $\hat{R} = \dfrac{\vec{R}}{|\vec{R}|}$ 為 $\vec{R}$ 方向的單位向量。

由 $D_{\mu\nu}(\vec{R}-\vec{R}') = \delta_{\vec{R},\vec{R}'}\left[\sum\limits_{\vec{R}''}\phi_{\mu\nu}(\vec{R}-\vec{R}'')\right] - \phi_{\mu\nu}(\vec{R}-\vec{R}')$，且 $\vec{R}' = 0$，

則 $$D_{\mu\nu}(\vec{R}) = \delta_{\vec{R},0}\left[\sum\limits_{\vec{R}''}\phi_{\mu\nu}(\vec{R}-\vec{R}'')\right] - \phi_{\mu\nu}(\vec{R}) \, , \qquad （7\text{-}63）$$

當 $\vec{R} \neq 0$，則 $D_{\mu\nu}(\vec{R}) = -\phi_{\mu\nu}(\vec{R})$，又依據動力學矩陣的定義和對稱性可得

$$D(\vec{k}) = \sum_{\vec{R}} D(\vec{R}) e^{-i\vec{k}\cdot\vec{R}}$$

$$= -2\sum_{\vec{R}} D(\vec{R}) \sin^2\left(\frac{1}{2}\vec{k}\cdot\vec{R}\right) \, , \qquad （7\text{-}64）$$

將 $D_{\mu\nu}(\vec{R}) = -\phi_{\mu\nu}(\vec{R})$ 代入，

則 $$D(\vec{k}) = 2\sum_{\vec{R}}\phi_{\mu\nu}(\vec{R}) \sin^2\left(\frac{1}{2}\vec{k}\cdot\vec{R}\right) \, , \qquad （7\text{-}65）$$

再代入 $\phi_{\mu\nu}(\vec{R})$，

則 $D_{\mu v}(\vec{k}) = 2 \sum_{\vec{R}} \left\{ \dfrac{\phi'(\vec{R})}{|\vec{R}|} \delta_{\mu v} + \left[\phi''(\vec{R}) - \dfrac{\phi'(\vec{R})}{|\vec{R}|} \right] \hat{R}_\mu \hat{R}_v \right\} \sin^2 \left(\dfrac{1}{2} \vec{k} \cdot \vec{R} \right)$，（7-66）

令 $A = 2 \dfrac{\phi'(d)}{d}$，$B = 2 \left[\phi''(d) - \dfrac{\phi'(d)}{d} \right]$，且 $I_{\mu v} = \delta_{\mu v}$，$I$ 為單位矩陣，則動力學矩陣為

$$D(\vec{k}) = \sum_{\vec{R}} \left[AI + B\hat{R}\hat{R} \right] \sin^2 \left(\dfrac{1}{2} \vec{k} \cdot \vec{R} \right) \text{。} \qquad (7\text{-}67)$$

[2]　當 $\vec{k} = \hat{x}k$ 時，即 $\vec{k} = (k, 0, 0)$，

則 $\qquad D(\vec{k}) = \sum_{\vec{R}} \left[AI + B\hat{R} \cdot \hat{R} \right] \sin^2 \left(\dfrac{1}{2} \vec{k} \cdot \vec{R} \right)$，$\qquad (7\text{-}68)$

　　由於 $D(\vec{R})$ 的對稱性，$D(\vec{R}) = D(-\vec{R})$ 或 $D_{\mu v}(\vec{R}) = D_{v\mu}(\vec{R})$，則把以上的係數列表 7-1 如下：

表 7-1　動力學矩陣的元素

$\vec{R}$	μ, v	$A(I)_{\mu v} + B\hat{R}_\mu \cdot \hat{R}_v$	$\vec{R}$	μ, v	$A(I)_{\mu v} + B\hat{R}_\mu \cdot \hat{R}_v$
$\pm \dfrac{a}{2}(\hat{x}+\hat{y})$	xx	$A+\dfrac{1}{2}B$	$\pm \dfrac{a}{2}(-\hat{x}+\hat{y})$	xx	$A+\dfrac{1}{2}B$
	xy	$\dfrac{1}{2}B$		xy	$-\dfrac{1}{2}B$
	xz	0		xz	0
	yy	$A+\dfrac{1}{2}B$		yy	$A+\dfrac{1}{2}B$
	yz	0		yz	0
	zz	A		zz	A

$\vec{R}$	μ, v	$A(I)_{\mu v}+B\hat{R}_\mu \cdot \hat{R}_v$	$\vec{R}$	μ, v	$A(I)_{\mu v}+B\hat{R}_\mu \cdot \hat{R}_v$
$\pm\frac{a}{2}(\hat{y}+\hat{z})$	xx	A	$\pm\frac{a}{2}(-\hat{y}+\hat{z})$	xx	A
	xy	0		xy	0
	xz	0		xz	0
	yy	$A+\frac{1}{2}B$		yy	$A+\frac{1}{2}B$
	yz	$\frac{1}{2}B$		yz	$-\frac{1}{2}B$
	zz	$A+\frac{1}{2}B$		zz	$A+\frac{1}{2}B$
$\pm\frac{a}{2}(\hat{z}+\hat{x})$	xx	$A+\frac{1}{2}B$	$\pm\frac{a}{2}(-\hat{z}+\hat{x})$	xx	$A+\frac{1}{2}B$
	xy	0		xy	0
	xz	$\frac{1}{2}B$		xz	$-\frac{1}{2}B$
	yy	A		yy	A
	yz	0		yz	0
	zz	$A+\frac{1}{2}B$		zz	$A+\frac{1}{2}B$

以下計算過程以 $\vec{R}=\pm\frac{a}{2}(\hat{x}+\hat{y})$ 為例，其餘結果類同。

由 $\vec{R}=\pm\frac{a}{2}(\hat{x}+\hat{y})$，則 $\hat{R}=\pm\frac{1}{\sqrt{2}}(\hat{x}+\hat{y})$，所以 $\hat{R}_x=\pm\frac{1}{\sqrt{2}}\hat{x}$、$\hat{R}_y=\pm\frac{1}{\sqrt{2}}\hat{y}$、$\hat{R}_z=0$，則當

$$\mu=x \text{，} v=x \text{，} AI_{xx}+B\hat{R}_x\hat{R}_x=A+\frac{1}{2}B \text{；} \tag{7-69}$$

$$\mu=x \text{，} v=y \text{，} AI_{xy}+B\hat{R}_x\hat{R}_y=0+\frac{1}{2}B=\frac{1}{2}B \text{；} \tag{7-70}$$

$$\mu=x \text{，} v=z \text{，} AI_{xz}+B\hat{R}_x\hat{R}_z=0+0=0 \text{；} \tag{7-71}$$

$$\mu=y \text{，} v=y \text{，} AI_{yy}+B\hat{R}_y\hat{R}_y=A+\frac{1}{2}B \text{；} \tag{7-72}$$

$$\mu=y \text{ , } v=z \text{ , } AI_{yz}+B\hat{R}_y\hat{R}_z=0+0=0 \text{ ;} \tag{7-73}$$

$$\mu=z \text{ , } v=z \text{ , } AI_{zz}+B\hat{R}_z\hat{R}_z=A+0=A \text{ ,} \tag{7-74}$$

則動力學矩陣的每一項為

$$D_{xx}(\vec{k})=\sum_{\substack{\vec{R}=\pm\frac{a}{2}(\hat{x}+\hat{y}), \\ \pm\frac{a}{2}(-\hat{x}+\hat{y}), \\ \pm\frac{a}{2}(\hat{y}+\hat{z}), \\ \pm\frac{a}{2}(-\hat{y}+\hat{z}), \\ \pm\frac{a}{2}(\hat{z}+\hat{x}), \\ \pm\frac{a}{2}(-\hat{z}+\hat{x})}}(AI_{xx}+B\hat{R}_x\cdot\hat{R}_x)\sin^2\left(\frac{1}{2}\vec{k}\cdot\vec{R}\right)$$

$$=\left(A+B\cdot\frac{1}{\sqrt{2}}\cdot\frac{1}{\sqrt{2}}\right)\sin^2\left[\frac{1}{2}(\hat{x}k)\cdot\left(\frac{a}{2}(\hat{x}+\hat{y})\right)\right]$$

$$+\left(A+B\cdot\frac{-1}{\sqrt{2}}\cdot\frac{-1}{\sqrt{2}}\right)\sin^2\left[\frac{1}{2}(\hat{x}k)\cdot\left(-\frac{a}{2}(\hat{x}+\hat{y})\right)\right]$$

$$+\left(A+B\cdot\frac{-1}{\sqrt{2}}\cdot\frac{-1}{\sqrt{2}}\right)\sin^2\left[\frac{1}{2}(\hat{x}k)\cdot\left(\frac{a}{2}(-\hat{x}+\hat{y})\right)\right]$$

$$+\left(A+B\cdot\frac{1}{\sqrt{2}}\cdot\frac{1}{\sqrt{2}}\right)\sin^2\left[\frac{1}{2}(\hat{x}k)\cdot\left(\frac{-a}{2}(-\hat{x}+\hat{y})\right)\right]$$

$$+(A+B\cdot0\cdot0)\sin^2\left[\frac{1}{2}(\hat{x}k)\cdot\left(\frac{a}{2}(\hat{y}+\hat{z})\right)\right]$$

$$+(A+B\cdot0\cdot0)\sin^2\left[\frac{1}{2}(\hat{x}k)\cdot\left(\frac{-a}{2}(\hat{y}+\hat{z})\right)\right]$$

$$+(A+B\cdot0\cdot0)\sin^2\left[\frac{1}{2}(\hat{x}k)\cdot\left(\frac{a}{2}(-\hat{y}+\hat{z})\right)\right]$$

$$+(A+B\cdot0\cdot0)\sin^2\left[\frac{1}{2}(\hat{x}k)\cdot\left(\frac{-a}{2}(-\hat{y}+\hat{z})\right)\right]$$

$$+\left(A+B\cdot\frac{1}{\sqrt{2}}\cdot\frac{1}{\sqrt{2}}\right)\sin^2\left[\frac{1}{2}(\hat{x}k)\cdot\left(\frac{a}{2}(\hat{z}+\hat{x})\right)\right]$$

$$+\left(A+B\cdot\frac{-1}{\sqrt{2}}\cdot\frac{-1}{\sqrt{2}}\right)\sin^2\left[\frac{1}{2}(\hat{x}k)\cdot\left(\frac{-a}{2}(\hat{z}+\hat{x})\right)\right]$$

$$+\left(A+B\cdot\frac{1}{\sqrt{2}}\cdot\frac{1}{\sqrt{2}}\right)\sin^2\left[\frac{1}{2}(\hat{x}k)\cdot\left(\frac{a}{2}(-\hat{z}+\hat{x})\right)\right]$$

$$+\left(A+B\cdot\frac{-1}{\sqrt{2}}\cdot\frac{-1}{\sqrt{2}}\right)\sin^2\left[\frac{1}{2}(\hat{x}k)\cdot\left(\frac{-a}{2}(-\hat{z}+\hat{x})\right)\right]$$

$$=2\left[4\left(A+\frac{1}{2}B\right)\right]\sin^2\left(\frac{1}{4}ka\right)$$

$$=(8A+4B)\sin^2\left(\frac{1}{4}ka\right), \tag{7-75}$$

上式也可看出 $\vec{R}=\frac{a}{2}(\hat{x}+\hat{y})$ 和 $\vec{R}=\frac{-a}{2}(\hat{x}+\hat{y})$ 的結果，因對稱而相等，同理

$$\vec{R}=\frac{a}{2}(-\hat{x}+\hat{y}) \text{ 和 } \vec{R}=\frac{-a}{2}(-\hat{x}+\hat{y})\text{ ;} \tag{7-76}$$

$$\vec{R}=\frac{a}{2}(\hat{y}+\hat{z}) \text{ 和 } \vec{R}=\frac{-a}{2}(\hat{y}+\hat{z})\text{ ;} \tag{7-77}$$

$$\vec{R}=\frac{a}{2}(-\hat{y}+\hat{z}) \text{ 和 } \vec{R}=\frac{-a}{2}(-\hat{y}+\hat{z})\text{ ;} \tag{7-78}$$

$$\vec{R}=\frac{a}{2}(\hat{z}+\hat{x}) \text{ 和 } \vec{R}=\frac{-a}{2}(\hat{z}+\hat{x})\text{ ;} \tag{7-79}$$

$$\vec{R}=\frac{a}{2}(-\hat{z}+\hat{x}) \text{ 和 } \vec{R}=\frac{-a}{2}(-\hat{z}+\hat{x})\text{ ,} \tag{7-80}$$

二二相等，所以只要計算 $\frac{a}{2}(\hat{x}+\hat{y})$、$\frac{a}{2}(-\hat{x}+\hat{y})$、$\frac{a}{2}(\hat{y}+\hat{z})$、$\frac{a}{2}(-\hat{y}+\hat{z})$、$\frac{a}{2}(\hat{z}+\hat{x})$、$\frac{a}{2}(-\hat{z}+\hat{x})$，的總和再乘以 2，就可得到最後的結果，

所以

$$D_{xy}(\vec{k})=D_{yx}(\vec{k})=2\left(\frac{B}{2}-\frac{B}{2}\right)\sin^2\left(\frac{1}{4}ka\right)=0\text{ ;} \tag{7-81}$$

$$D_{xz}(\vec{k})=D_{zx}(\vec{k})=2\left(\frac{B}{2}-\frac{B}{2}\right)\sin^2\left(\frac{1}{4}ka\right)=0\text{ ;} \tag{7-82}$$

$$D_{yy}(\vec{k}) = 2\left[2\left(A + \frac{1}{2}B\right) + 2A\right]\sin^2\left(\frac{1}{4}ka\right) = 0$$

$$= (8A + 2B)\sin^2\left(\frac{1}{4}ka\right);$$ （7-83）

$$D_{yz}(\vec{k}) = D_{zy}(\vec{k}) = 0;$$ （7-84）

$$D_{zz}(\vec{k}) = 2\left[2\left(A + \frac{1}{2}B\right) + 2A\right]\sin^2\left(\frac{1}{4}ka\right)$$

$$= (8A + 2B)\sin^2\left(\frac{1}{4}ka\right),$$ （7-85）

所以動力學矩陣 $D(\vec{k})$ 為

$$D(\vec{k}) = \begin{bmatrix} 8A+4B & 0 & 0 \\ 0 & 8A+2B & 0 \\ 0 & 0 & 8A+2B \end{bmatrix}\sin^2\left(\frac{1}{4}ka\right),$$ （7-86）

且矩陣的特徵值為

$$\lambda_1 = (8A + 4B)\sin^2\left(\frac{1}{4}ka\right);$$ （7-87）

$$\lambda_2 = (8A + 2B)\sin^2\left(\frac{1}{4}ka\right);$$ （7-88）

$$\lambda_3 = (8A + 2B)\sin^2\left(\frac{1}{4}ka\right),$$ （7-89）

所以頻率為 $\omega^2 = \dfrac{\lambda}{M}$，

即
$$\omega_1 = \sqrt{\frac{8A + 4B}{M}}\sin\left(\frac{ka}{4}\right);$$ （7-90）

$$\omega_2 = \omega_3 = \sqrt{\frac{8A + 4B}{M}}\sin\left(\frac{ka}{4}\right)。$$ （7-91）

將 $D(\vec{k})$ 代入特徵方程式

$$M\omega^2 E = D(\vec{k})E ，\tag{7-92}$$

其中 $E = \begin{bmatrix} \mathscr{E}_1 \\ \mathscr{E}_2 \\ \mathscr{E}_3 \end{bmatrix}$ 或 $E = \hat{x}\mathscr{E}_1 + \hat{y}\mathscr{E}_2 + \hat{z}\mathscr{E}_3$ ，

可解出 ω_1、ω_2、ω_3 的偏振態。

所以

$$(D_{xx} - M\omega^2)\mathscr{E}_1 + 0\mathscr{E}_2 + 0\mathscr{E}_3 = 0 ；\tag{7-93}$$

$$0\mathscr{E}_1 + (D_{yy} - M\omega^2)\mathscr{E}_2 + 0\mathscr{E}_3 = 0 ；\tag{7-94}$$

$$0\mathscr{E}_1 + 0\mathscr{E}_2 + (D_{zz} - M\omega^2)\mathscr{E}_3 = 0 ，\tag{7-95}$$

其中 $D_{xx} = 8A + 4B$、$D_{yy} = 8A + 2B$、$D_{zz} = 8A + 2B$，而 $\mathscr{E}_1$、$\mathscr{E}_2$、$\mathscr{E}_3$ 分別代表 x、y、z 三個方向的分量。

當 $\omega^2 = \omega_1^2$，

則

$$0\mathscr{E}_1 + 0\mathscr{E}_2 + 0\mathscr{E}_3 = 0 ；\tag{7-96}$$

$$0\mathscr{E}_1 + \left[-2B\sin^2\left(\frac{ka}{4}\right) \right]\mathscr{E}_2 + 0\mathscr{E}_3 = 0 ；\tag{7-97}$$

$$0\mathscr{E}_1 + 0\mathscr{E}_2 + \left[-2B\sin^2\left(\frac{ka}{4}\right) \right]\mathscr{E}_3 = 0 ，\tag{7-98}$$

得 $\mathscr{E}_1 \neq 0$、$\mathscr{E}_2 = 0$、$\mathscr{E}_3 = 0$，即 $E = \hat{x}\mathscr{E}_1$，顯然 ω_1 是縱波。

當 $\omega^2 = \omega_2^2$，

則

$$2B\sin^2\left(\frac{ka}{4}\right)\mathscr{E}_1 + 0\mathscr{E}_2 + 0\mathscr{E}_3 = 0 ；\tag{7-99}$$

$$0\mathscr{E}_1 + 0\mathscr{E}_2 + 0\mathscr{E}_3 = 0 ；\tag{7-100}$$

$$0\mathcal{E}_1+0\mathcal{E}_2+0\mathcal{E}_3=0 , \qquad\qquad (7\text{-}101)$$

得 $\mathcal{E}_1=0$、$\mathcal{E}_2\neq 0$、$\mathcal{E}_3\neq 0$,

所以 $\qquad\qquad E=\hat{y}\mathcal{E}_2+\hat{z}\mathcal{E}_3 , \qquad\qquad (7\text{-}102)$

顯然 ω^2 是橫波,而 $\omega=\omega_3$ 的情況和 $\omega=\omega_2$ 完全相同,所以這二個橫波是簡併的。

綜合以上的結果,

即 $\qquad\qquad \omega_L=\omega_1=\sqrt{\dfrac{8A+4B}{M}}\sin\left(\dfrac{ka}{4}\right) ; \qquad\qquad (7\text{-}103)$

$$\omega_T=\omega_2=\omega_3=\sqrt{\dfrac{8A+2B}{M}}\sin\left(\dfrac{ka}{4}\right) 。 \qquad\qquad (7\text{-}104)$$

[3]　當 $\vec{k}=\dfrac{1}{\sqrt{3}}(k,k,k)$,則以和 [2] 相同的過程,求出動力學矩陣的各項為

$$D_{xx}(\vec{k})=2\left[2\left(A+\dfrac{1}{2}B\right)+A\right]\sin^2\left(\dfrac{1}{2}\vec{k}\cdot\vec{R}\right)$$

$$=(6A+2B)\sin^2\left(\dfrac{1}{2\sqrt{3}}(\hat{x}k+\hat{y}k+\hat{z}k)\vec{R}\right)$$

$$=(6A+2B)\sin^2\left(\dfrac{1}{2\sqrt{3}}ka\right) , \qquad\qquad (7\text{-}105)$$

其中 $\vec{R}=\pm\dfrac{a}{2}(\hat{x}+\hat{y})$、$\pm\dfrac{a}{2}(-\hat{x}+\hat{y})$、$\pm\dfrac{a}{2}(\hat{y}+\hat{z})$、$\pm\dfrac{a}{2}(-\hat{y}+\hat{z})$、$\pm\dfrac{a}{2}(\hat{z}+\hat{x})$、$\pm\dfrac{a}{2}(-\hat{z}+\hat{x})$;

同理可得　$D_{yy}(\vec{k}) = (6A + 2B)\sin^2\left(\dfrac{ka}{2\sqrt{3}}\right)$ ；　　　　　　（7-106）

$\qquad D_{zz}(\vec{k}) = (6A + 2B)\sin^2\left(\dfrac{ka}{2\sqrt{3}}\right)$ ；　　　　　　（7-107）

$\qquad D_{xy}(\vec{k}) = D_{yx}(\vec{k}) = D_{xz}(\vec{k}) = D_{zx}(\vec{k}) = D_{yz}(\vec{k}) = D_{zy}(\vec{k})$

$\qquad\qquad = B\sin^2\left(\dfrac{ka}{2\sqrt{3}}\right)$ ，　　　　　　（7-108）

所以

$$D(\vec{k}) = \begin{bmatrix} 6A+2B & B & B \\ B & 6A+2B & B \\ B & B & 6A+2B \end{bmatrix}\sin^2\left(\dfrac{ka}{2\sqrt{3}}\right) , \quad （7\text{-}109）$$

則特徵方程式為

$$\begin{vmatrix} 6A+2B-\lambda & B & B \\ B & 6A+2B-\lambda & B \\ B & B & 6A+2B-\lambda \end{vmatrix} = 0 , \quad （7\text{-}110）$$

展開得　$[(6A+2B)-\lambda]^3 + 2B^3 - 3B^2(6A+2B-\lambda) = 0$ ，　（7-111）

解得　　$\lambda_1 = 6A + 2B$ ；　　　　　　（7-112）

$\qquad \lambda_2 = \lambda_3 = 6A + B$ ，　　　　　　（7-113）

又　　　$\omega^2 = \left(\dfrac{\lambda}{M}\right)\sin^2\left(\dfrac{ka}{2\sqrt{3}}\right)$ ，　　　　　　（7-114）

所以　　$\omega_1 = \sqrt{\dfrac{6A+4B}{M}}\sin\left(\dfrac{ka}{2\sqrt{3}}\right)$ ；　　　　　　（7-115）

$\qquad \omega_2 = \omega_3 = \sqrt{\dfrac{6A+B}{M}}\sin\left(\dfrac{ka}{2\sqrt{3}}\right)$ 。　　　　　　（7-116）

將 $D(\vec{k})$ 代入 $M\omega^2 E = D(\vec{k})E$ ，

當 $\omega^2 = \omega_1{}^2$，

則
$$-2B\mathscr{E}_1 + B\mathscr{E}_2 + B\mathscr{E}_3 = 0 \ ; \tag{7-117}$$

$$B\mathscr{E}_1 - 2B\mathscr{E}_2 + B\mathscr{E}_3 = 0 \ ; \tag{7-118}$$

$$B\mathscr{E}_1 + B\mathscr{E}_2 - 2B\mathscr{E}_3 = 0 \ , \tag{7-119}$$

解得 $\mathscr{E}_1 = \mathscr{E}$、$\mathscr{E}_2 = \mathscr{E}$、$\mathscr{E}_3 = \mathscr{E}$，即 $E = \hat{x}\mathscr{E} + \hat{y}\mathscr{E} + \hat{z}\mathscr{E}$，所以 ω_1 為縱波。

當 $\omega^2 = \omega_2^2$ 或 $\omega^2 = \omega_2^3$，

則
$$B\mathscr{E}_1 + B\mathscr{E}_2 + B\mathscr{E}_3 = 0 \ , \tag{7-120}$$

即
$$\mathscr{E}_1 + \mathscr{E}_2 + \mathscr{E}_3 = 0 \ , \tag{7-121}$$

所以 ω_2 和 ω_3 皆為橫波，沿 (111) 平面上垂直於 [111] 的任意方向偏振，

$$\omega_1 = \omega_L = \sqrt{\frac{6A+4B}{M}} \sin\left(\frac{ka}{2\sqrt{3}}\right) \ ; \tag{7-122}$$

$$\omega_2 = \omega_3 = \omega_T = \sqrt{\frac{6A+B}{M}} \sin\left(\frac{ka}{2\sqrt{3}}\right) \ 。 \tag{7-123}$$

其實，再以相同的原理，就可以求出沿 [111] 方向的色散關係為

$$\omega_1 = \omega_L = \sqrt{\frac{8A+2B}{M}\sin^2\left(\frac{1}{4\sqrt{2}}ka\right) + \frac{2A+2B}{M}\sin^2\left(\frac{1}{2\sqrt{2}}ka\right)} \ ; \tag{7-124}$$

$$\omega_2 = \omega_{T_1} = \sqrt{\frac{8A+4B}{M}\sin^2\left(\frac{1}{4\sqrt{2}}ka\right) + \frac{2A}{M}\sin^2\left(\frac{1}{2\sqrt{2}}ka\right)} \ ; \tag{7-125}$$

$$\omega_3 = \omega_{T_2} = \sqrt{\frac{8A+2B}{M}\sin^2\left(\frac{1}{4\sqrt{2}}ka\right) + \frac{2A}{M}\sin^2\left(\frac{1}{2\sqrt{2}}ka\right)} \ 。 \tag{7-126}$$

綜合以上 [1][2][3] 三個結果，藉由區域邊緣（Zone edge）的 ω 值，我們可以畫出 ΓX、ΓL、ΓKX 三個方向的色散關係，如圖 7-9 所示。

當 $\vec{k}$ 沿 ΓX 方向，

由
$$\omega_L^{\Gamma X}(k) = \sqrt{\frac{8A+4B}{M}} \sin\left(\frac{ka}{4}\right),\tag{7-127}$$

則
$$\omega_L^{\Gamma X}\left(\frac{2\pi}{a}\right) = \sqrt{\frac{8A+4B}{M}} \sin\left(\frac{1}{4}\frac{2\pi}{a}a\right)$$

$$= \sqrt{\frac{8A+4B}{M}},\tag{7-128}$$

由
$$\omega_T^{\Gamma X}(k) = \sqrt{\frac{8A+2B}{M}} \sin\left(\frac{ka}{4}\right),\tag{7-129}$$

則
$$\omega_T^{\Gamma X}\left(\frac{2\pi}{a}\right) = \sqrt{\frac{8A+2B}{M}} \sin\left(\frac{1}{4}\frac{2\pi}{a}a\right)$$

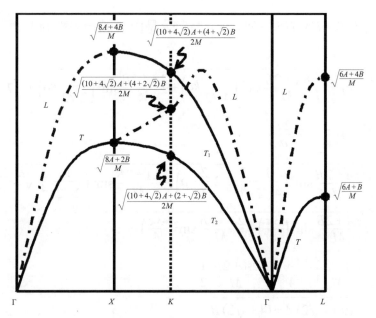

圖 7-9　面心立方晶體正則模態的色散曲線

$$= \sqrt{\frac{8A+2B}{M}} \, 。 \tag{7-130}$$

當 $\vec{k}$ 沿 ΓL 方向，

由
$$\omega_L^{\Gamma L}(k) = \sqrt{\frac{6A+4B}{M}} \sin\left(\frac{ka}{2\sqrt{3}}\right), \tag{7-131}$$

則
$$\omega_L^{\Gamma L}\left(\frac{\sqrt{3}}{2}\frac{2\pi}{a}\right) = \sqrt{\frac{6A+4B}{M}} \sin\left(\frac{1}{2\sqrt{3}}\frac{\sqrt{3}}{2}\frac{2\pi}{a}a\right)$$
$$= \sqrt{\frac{6A+4B}{M}}, \tag{7-132}$$

由
$$\omega_L^{\Gamma L}(k) = \sqrt{\frac{6A+B}{M}} \sin\left(\frac{ka}{2\sqrt{3}}\right), \tag{7-133}$$

則
$$\omega_L^{\Gamma L}\left(\frac{\sqrt{3}}{2}\frac{2\pi}{a}\right) = \sqrt{\frac{6A+B}{M}} \sin\left(\frac{ka}{2\sqrt{3}}\right)$$
$$= \sqrt{\frac{6A+B}{M}} \, 。 \tag{7-134}$$

當 $\vec{k}$ 沿 ΓKX 方向，要特別注意，$\vec{k}$ 是由 Γ 開始先經過 K 再到 X，

由 $\omega_L^{\Gamma KX}(k) = \sqrt{\frac{8A+2B}{M}\sin^2\left(\frac{1}{4\sqrt{2}}ka\right) + \frac{2A+2B}{M}\sin^2\left(\frac{1}{2\sqrt{2}}ka\right)}$，$\tag{7-135}$

則 $\omega_L^{\Gamma KX}(k)\left(\frac{3}{4}\sqrt{2}\frac{2\pi}{a}\right)$

$$= \sqrt{\frac{8A+2B}{M}\sin^2\left(\frac{1}{4\sqrt{2}}\frac{3}{4}\sqrt{2}\frac{2\pi}{a}a\right) + \frac{2A+2B}{M}\sin^2\left(\frac{1}{2\sqrt{2}}\frac{3}{4}\sqrt{2}\frac{2\pi}{a}a\right)}$$

$$= \sqrt{\frac{8A+2B}{M}\sin^2\left(\frac{3\pi}{8}\right) + \frac{2A+2B}{M}\sin^2\left(\frac{3\pi}{4}\right)}$$

$$= \sqrt{\frac{8A+2B}{M}\frac{2+\sqrt{2}}{4} + \frac{2A+2B}{M}\frac{1}{2}}$$

$$= \sqrt{\frac{(10+4\sqrt{2})A + (4+\sqrt{2})B}{2M}}, \tag{7-136}$$

且 $\omega_L^{\Gamma KX}\left(\sqrt{2}\,\dfrac{2\pi}{a}\right)$

$$= \sqrt{\dfrac{8A+2B}{M}\sin^2\left(\dfrac{1}{4\sqrt{2}}\sqrt{2}\,\dfrac{2\pi}{a}\,a\right)+\dfrac{2A+2B}{M}\sin^2\left(\dfrac{1}{2\sqrt{2}}\sqrt{2}\,\dfrac{2\pi}{a}\,a\right)}$$

$$= \sqrt{\dfrac{8A+2B}{M}\sin^2\left(\dfrac{\pi}{2}\right)+\dfrac{2A+2B}{M}\sin^2(\pi)}$$

$$= \sqrt{\dfrac{8A+2B}{M}}\;;\qquad\qquad\qquad\qquad (7\text{-}137)$$

由 $\quad \omega_{T_1}^{\Gamma KX}(k)=\sqrt{\dfrac{8A+4B}{M}\sin^2\left(\dfrac{1}{4\sqrt{2}}ka\right)+\dfrac{2A}{M}\sin^2\left(\dfrac{1}{2\sqrt{2}}ka\right)}\,,\quad (7\text{-}138)$

則 $\quad \omega_{T_1}^{\Gamma KX}\left(\dfrac{3}{4}\sqrt{2}\,\dfrac{2\pi}{a}\right)$

$$= \sqrt{\dfrac{8A+4B}{M}\sin^2\left(\dfrac{1}{4\sqrt{2}}\dfrac{3}{4}\sqrt{2}\,\dfrac{2\pi}{a}\,a\right)+\dfrac{2A}{M}\sin^2\left(\dfrac{1}{2\sqrt{2}}\dfrac{3}{4}\sqrt{2}\,\dfrac{2\pi}{a}\,a\right)}$$

$$= \sqrt{\dfrac{8A+4B}{M}\sin^2\left(\dfrac{3\pi}{8}\right)+\dfrac{2A}{M}\sin^2\left(\dfrac{3\pi}{4}\right)}$$

$$= \sqrt{\dfrac{8A+4B}{M}\dfrac{2+\sqrt{2}}{4}+\dfrac{2A}{M}\dfrac{1}{2}}$$

$$= \sqrt{\dfrac{(10+4\sqrt{2})A+(4+2\sqrt{2})B}{2M}}\,,\qquad\qquad (7\text{-}139)$$

且 $\omega_{T_1}^{\Gamma KX}\left(\sqrt{2}\,\dfrac{2\pi}{a}\right)=\sqrt{\dfrac{8A+4B}{M}\sin^2\left(\dfrac{1}{4\sqrt{2}}\sqrt{2}\,\dfrac{2\pi}{a}\,a\right)+\dfrac{2A}{M}\sin^2\left(\dfrac{1}{2\sqrt{2}}\sqrt{2}\,\dfrac{2\pi}{a}\,a\right)}$

$$= \sqrt{\dfrac{8A+4B}{M}\sin^2\left(\dfrac{\pi}{2}\right)+\dfrac{2A}{M}\sin^2(\pi)}$$

$$= \sqrt{\dfrac{8A+4B}{M}}\;;\qquad\qquad\qquad\qquad (7\text{-}140)$$

由 $\quad \omega_{T_2}^{\Gamma KX}(k)=\sqrt{\dfrac{8A+2B}{M}\sin^2\left(\dfrac{1}{4\sqrt{2}}ka\right)+\dfrac{2A}{M}\sin^2\left(\dfrac{1}{2\sqrt{2}}ka\right)}\,,\quad (7\text{-}141)$

則 $\quad \omega_{T_2}^{\Gamma KX}\left(\dfrac{3}{4}\sqrt{2}\,\dfrac{2\pi}{a}\right)$

$$= \sqrt{\frac{8A+2B}{M}\sin^2\left(\frac{1}{4\sqrt{2}}\frac{3}{4}\sqrt{2}\frac{2\pi}{a}a\right) + \frac{2A}{M}\sin^2\left(\frac{1}{2\sqrt{2}}\frac{3}{4}\sqrt{2}\frac{2\pi}{a}a\right)}$$

$$= \sqrt{\frac{8A+2B}{M}\sin^2\left(\frac{3\pi}{8}\right) + \frac{2A}{M}\sin^2\left(\frac{3\pi}{4}\right)}$$

$$= \sqrt{\frac{8A+2B}{M}\frac{2+\sqrt{2}}{4} + \frac{2A}{M}\frac{1}{2}}$$

$$= \sqrt{\frac{(10+4\sqrt{2})A+(4+\sqrt{2})B}{2M}} \ , \tag{7-142}$$

$$且\,\omega_{T_2}^{\Gamma KX}\left(\sqrt{2}\frac{2\pi}{a}\right) = \sqrt{\frac{8A+2B}{M}\sin^2\left(\frac{1}{4\sqrt{2}}\sqrt{2}\frac{2\pi}{a}a\right) + \frac{2A}{M}\sin^2\left(\frac{1}{2\sqrt{2}}\sqrt{2}\frac{2\pi}{a}a\right)}$$

$$= \sqrt{\frac{8A+2B}{M}\sin^2\left(\frac{\pi}{2}\right) + \frac{2A}{M}\sin^2(\pi)}$$

$$= \sqrt{\frac{8A+2B}{M}} \ 。 \tag{7-143}$$

7.4 黃昆方程式（Huang equation）

簡單來說，黃昆方程式主要的物理圖像是當我們在討論晶體中的陽離子與陰離子的極化（Polarization）現象時，不但要考慮 Coulomb 力（Coulomb force）的作用，還要把帶電粒子的位移所引起的極化現象也納入；反過來說，帶電粒子的位移變化也必須考慮 Coulomb 力的作用。

7.4.1 黃昆方程式的推導

一開始我們得把系統中作用在陽離子與陰離子的作用力分別寫出

$$\begin{cases} M_+ \dfrac{d^2 S_+}{dt^2} = -\kappa (S_+ - S_-) + e^* \mathscr{E}_{eff} \\[3mm] M_- \dfrac{d^2 S_-}{dt^2} = +\kappa (S_+ - S_-) - e^* \mathscr{E}_{eff} \end{cases} , \qquad (7\text{-}144)$$

其中 M_+ 與 M_- 分別為陽離子與陰離子的質量；S_+ 與 S_- 分別為陽離子與陰離子的位移量；κ 為陽離子與陰離子之間鍵結的彈力常數；e^* 為等效電荷量；$\mathscr{E}_{eff}$ 為局部電場（Local field），且局部電場和電極化（Polarization）的關係為

$$\mathscr{E}_{eff} = \mathscr{E} + \frac{1}{3\varepsilon_0} \mathscr{P} , \qquad (7\text{-}145)$$

其中 $\mathscr{E}$ 為外加電場。

接著我們要設法把上述的方程組合成單一個方程式，所以令

$$\begin{cases} M = \dfrac{M_+ M_-}{M_+ + M_-} \\[3mm] S = S_+ - S_- \end{cases} , \qquad (7\text{-}146)$$

代入（7-144）式得

$$\begin{cases} M_+ \dfrac{d^2 \vec{S}_+}{dt^2} = -\kappa S + e^* \mathscr{E}_{eff} \\[3mm] M_- \dfrac{d^2 \vec{S}_-}{dt^2} = +\kappa S - e^* \mathscr{E}_{eff} \end{cases} , \qquad (7\text{-}147)$$

則　　$M \dfrac{d^2 S}{dt^2} = \dfrac{M_+ M_-}{M_+ + M_-} \dfrac{d^2}{dt^2} (S_+ - S_-)$

$$= \frac{M_-}{M_+ + M_-} \left(M_+ \frac{d^2 S_+}{dt^2} \right) - \frac{M_+}{M_+ + M_-} \left(M_- \frac{d^2 S_-}{dt^2} \right)$$

$$= \frac{M_-}{M_+ + M_-}(-\kappa S + e^* \mathscr{E}_{eff}) - \frac{M_+}{M_+ + M_-}(+\kappa S - e^* \mathscr{E}_{eff}) \text{，} \quad （7\text{-}148）$$

再由 $M\dfrac{d^2 S}{dt^2} = -\kappa S + e^* \mathscr{E}_{eff}$ 的關係式，所以可得電極化的總量 $\mathscr{P}$ 爲

$$\mathscr{P} = N_0[e^*(S_+ - S_-) + \alpha_+ \mathscr{E}_{eff} + \alpha_- \mathscr{E}_{eff}]$$
$$= N_0[e^* S + \alpha \mathscr{E}_{eff}] \text{，} \quad （7\text{-}149）$$

其中 N_0 爲晶體的單位體積中的 Wigner-Seitz 晶胞數目（Wigner-Seitz cells）；且 $\alpha = \alpha_+ + \alpha_-$ 爲電子極化率（Electronic polarizability）。

所以
$$\mathscr{P} = N_0\left[e^* S + \alpha\left(\mathscr{E} + \frac{1}{3\varepsilon_0}\mathscr{P}\right)\right] \text{，} \quad （7\text{-}150）$$

則
$$\mathscr{P}\left(1 - \frac{\alpha N_0}{3\varepsilon_0}\right) = N_0[e^* S + \alpha\varepsilon] \text{，} \quad （7\text{-}151）$$

則
$$\mathscr{P} = N_0 \frac{e^* S + \alpha \mathscr{E}}{1 - \dfrac{\alpha N_0}{3\varepsilon_0}} \text{，} \quad （7\text{-}152）$$

再由 Maxwell 方程式得
$$\mathscr{D} = \varepsilon_0 \mathscr{E} + \mathscr{P} = \varepsilon\mathscr{E} \text{，} \quad （7\text{-}153）$$

則
$$\mathscr{P} = (\varepsilon - \varepsilon_0)\mathscr{E} = \varepsilon_0(\varepsilon_r - 1)\mathscr{E} \text{，} \quad （7\text{-}154）$$

所以在頻率很高（High frequency）的情況下，即 $\omega \to \infty$，則
$$\begin{cases} S = 0 \\ \varepsilon \to \varepsilon_0 \varepsilon_r(\infty) \end{cases} \text{，}$$

可得
$$\begin{cases} \mathscr{P} = N_0 \dfrac{\alpha \mathscr{E}}{1 - \dfrac{\alpha N_0}{3\varepsilon_0}} \text{，} \\[4mm] \mathscr{P} = \varepsilon_0[\varepsilon_r(\infty) - 1]\mathscr{E} \end{cases} \quad （7\text{-}155）$$

所以
$$\varepsilon_0[\varepsilon_r(\infty) - 1]\mathscr{E} = N_0 \frac{\alpha \mathscr{E}}{1 - \dfrac{\alpha N_0}{3\varepsilon_0}} \,, \qquad (7\text{-}156)$$

則
$$\alpha = \frac{\varepsilon_0[\varepsilon_r(\infty) - 1]}{\dfrac{N_0}{3\varepsilon_0}\varepsilon_0[\varepsilon_r(\infty) + 2]} \,, \qquad (7\text{-}157)$$

則
$$\mathscr{P} = \frac{N_0}{1 - \dfrac{\alpha N_0}{3\varepsilon_0}}(e^* S + \alpha \mathscr{E})$$

$$= \frac{N_0}{1 - \dfrac{N_0}{3\varepsilon_0}\dfrac{\varepsilon_0[\varepsilon_r(\infty) - 1]}{\dfrac{N_0}{3\varepsilon_0}\varepsilon_0[\varepsilon_r(\infty) + 2]}}\left\{ e^* S + \frac{\varepsilon_0[\varepsilon_r(\infty) - 1]}{\dfrac{N_0}{3\varepsilon_0}\varepsilon_0[\varepsilon_r(\infty) + 2]}\mathscr{E} \right\}$$

$$= N_0 \frac{e^*[\varepsilon_r(\infty) + 2]}{3}S + \varepsilon_0[\varepsilon_r(\infty) - 1]\mathscr{E} \,, \qquad (7\text{-}158)$$

則
$$M\frac{d^2 S}{dt^2} = -\kappa S + e^* \mathscr{E}_{eff}$$

$$= -\kappa S + e^*\left(\mathscr{E} + \frac{1}{3\varepsilon}\mathscr{P} \right)$$

$$= -\kappa S + e^* \mathscr{E} + \frac{e^*}{3\varepsilon_0}\left\{ N_0 \frac{e^*[\varepsilon_r(\infty) + 2]}{3}S + \varepsilon_0[\varepsilon_r(\infty) - 1]\mathscr{E} \right\}$$

$$= -\left[\kappa - \frac{N_0(e^*)^2[\varepsilon_r(\infty) + 2]}{9\varepsilon_0} \right]S + e^*\left[1 + \frac{\varepsilon_r(\infty) - 1}{3} \right]\mathscr{E}$$

$$= -M\left\{ \frac{\kappa}{M} - \frac{N_0(e^*)^2[\varepsilon_r(\infty) + 2]}{9\varepsilon_0 M} \right\}S + \frac{e^*}{3}[\varepsilon_r(\infty) + 2]\mathscr{E}$$

$$= -M\omega_0^2 S + \frac{e^*[\varepsilon_r(\infty) + 2]}{3}\mathscr{E} \,, \qquad (7\text{-}159)$$

其中 $\omega_0^2 = \dfrac{\kappa}{M} - \dfrac{N_0(e^*)^2[\varepsilon_r(\infty) + 2]}{9\varepsilon_0 M}$。

綜合以上位移變化與極化現象的結果則為

$$\begin{cases} M\dfrac{d^2S}{dt^2} = -M\omega_0^2 S + \dfrac{e^*[\varepsilon_r(\infty)+2]}{3}\mathscr{E} \\[4mm] \mathscr{P} = N_0 \dfrac{e^*[\varepsilon_r(\infty)+2]}{3}S + \varepsilon_0[\varepsilon_r(\infty)-1]\mathscr{E} \end{cases}, \qquad (7\text{-}160)$$

如果我們定義一個和離子的位移量有關的參數 $W \equiv \sqrt{N_0 MS}$，置換代入則為

$$M\dfrac{d^2S}{dt^2} = \dfrac{M}{\sqrt{N_0 M}}\dfrac{d^2W}{dt^2} = -\dfrac{M\omega_0^2 W}{\sqrt{N_0 M}} + \dfrac{e^*[\varepsilon_r(\infty)+2]}{3}\mathscr{E}, \quad (7\text{-}161)$$

則
$$\begin{cases} \dfrac{d^2W}{dt^2} = -\omega_0^2 W + \sqrt{\dfrac{N_0}{M}}\dfrac{e^*[\varepsilon_r(\infty)+2]}{3}\mathscr{E} \\[4mm] \mathscr{P} = \sqrt{\dfrac{N_0}{M}}\dfrac{e^*[\varepsilon_r(\infty)+2]}{3}W + \varepsilon_0[\varepsilon_r(\infty)-1]\mathscr{E} \end{cases}, \qquad (7\text{-}162)$$

再把這個結果以矩陣的方式表示則為

$$\begin{cases} \ddot{W} = b_{11}W + b_{12}\mathscr{E} \\ \mathscr{P} = b_{21}W + b_{22}\mathscr{E} \end{cases}, \qquad (7\text{-}163)$$

或
$$\begin{bmatrix} \ddot{W} \\ \mathscr{P} \end{bmatrix} = \begin{bmatrix} b_{11} & b_{12} \\ b_{21} & b_{22} \end{bmatrix}\begin{bmatrix} W \\ \mathscr{E} \end{bmatrix}, \qquad (7\text{-}164)$$

這就是所謂的黃昆方程式（Huang equation），然而因為 $b_{12} = b_{21}$，所以 $\begin{bmatrix} b_{11} & b_{12} \\ b_{21} & b_{22} \end{bmatrix}$ 是一個對稱矩陣。

實際上，黃昆方程式除了表達晶格離子位移與極化之間的關係之外，更關鍵的是我們可以透過實驗把 $\begin{bmatrix} b_{11} & b_{12} \\ b_{21} & b_{22} \end{bmatrix}$ 矩陣中的四個元素 b_{ij}，其中 $i,j = 1, 2$ 都量測出來，介紹如下：

[1]　$b_{12} = b_{21}$ 的物理意義

在靜止狀態下（Static case），因為 $\ddot{W} = 0$，

所以
$$W = -\frac{b_{12}}{b_{11}} \mathscr{E}, \qquad (7\text{-}165)$$

則
$$\mathscr{P} = -b_{21} \frac{b_{12}}{b_{11}} \mathscr{E} + b_{22} \mathscr{E}$$

$$= \left(b_{22} - \frac{b_{12} b_{21}}{b_{11}} \right) \mathscr{E}, \qquad (7\text{-}166)$$

又因 $\mathscr{P} = \varepsilon_0 [\varepsilon_r(0) - 1] \mathscr{E}$，

可得
$$\varepsilon_0 [\varepsilon_r(0) - 1] = b_{22} - \frac{b_{12} b_{21}}{b_{11}}, \qquad (7\text{-}167)$$

則
$$b_{12} b_{21} = b_{11} \{ b_{22} - \varepsilon_0 [\varepsilon_r(0) - 1] \}, \qquad (7\text{-}168)$$

則
$$b_{12} = b_{21} = \sqrt{b_{11} \{ b_{22} - \varepsilon_0 [\varepsilon_r(0) - 1] \}} \, \text{。} \qquad (7\text{-}169)$$

[2]　b_{22} 的物理意義

在高頻的狀態下（High frequency），因為 $W = 0$，

所以
$$\mathscr{P} = b_{22} \mathscr{E} = \varepsilon_0 [\varepsilon_r(\infty) - 1] \mathscr{E}, \qquad (7\text{-}170)$$

則
$$b_{22} = \varepsilon_0 [\varepsilon_r(\infty) - 1] \, \text{。} \qquad (7\text{-}171)$$

[3]　b_{11} 的物理意義

為了分析 b_{11} 的意義，我們必須以向量來表示前述的物理量，首先把原來以純量標示的 W 改以向量標示為 $\vec{W}$，再將其分成縱向（Longitudinal）與橫向（Transverse）二個部分，

即
$$\vec{W} = \vec{W}_L + \vec{W}_T, \qquad (7\text{-}172)$$

　　而縱向分量與橫向分量則分別具有無旋（Irrotational）與無散（Divergence free）的性質，所以

$$\begin{cases} \nabla \times \vec{W}_L = 0 \\ \nabla \cdot \vec{W}_T = 0 \end{cases};$$ （7-173）

或　　　　$$\begin{cases} q \times \vec{W}_L = 0 \\ q \cdot \vec{W}_T = 0 \end{cases},$$ （7-174）

又　　　$$\nabla \cdot \vec{\mathscr{D}} = \nabla \cdot (\varepsilon_0 \vec{\mathscr{E}} + \vec{\mathscr{P}}) = 0,$$ （7-175）

則　　　$$\nabla \cdot (\varepsilon_0 \vec{\mathscr{E}} + b_{21} \vec{W} + b_{22} \vec{\mathscr{E}}) = 0,$$ （7-176）

則　　　$$\nabla \cdot [\varepsilon_0 \vec{\mathscr{E}} + b_{21} (\vec{W}_L + \vec{W}_T) + b_{22} \vec{\mathscr{E}}] = 0,$$ （7-177）

則　　　$$\vec{\mathscr{E}} = \frac{-b_{21}}{\varepsilon_0 + b_{22}} \vec{W}_L.$$ （7-178）

所以　　$$\ddot{\vec{W}} = \ddot{\vec{W}}_L + \ddot{\vec{W}}_T = b_{11} (\vec{W}_T + \vec{W}_L) + b_{12} \vec{\mathscr{E}}$$

$$= b_{11} (\vec{W}_T + \vec{W}_L) - \frac{b_{12} b_{21}}{\varepsilon_0 + b_{22}} \vec{W}_L,$$ （7-179）

則　　　$$\ddot{\vec{W}}_T = b_{11} \vec{W}_T,$$ （7-180）

$$\ddot{\vec{W}}_L = \left(b_{11} - \frac{b_{12} b_{21}}{\varepsilon_0 + b_{22}} \right) \vec{W}_L$$

$$= \left\{ b_{11} - \frac{b_{11} \{ b_{22} - \varepsilon_0 [\varepsilon_r(0) - 1] \}}{\varepsilon_0 + b_{22}} \right\} \vec{W}_L$$

$$= b_{11} \left\{ 1 - \frac{b_{22} - \varepsilon_0 [\varepsilon_r(0) - 1]}{\varepsilon_0 + b_{22}} \right\} \vec{W}_L$$

$$= b_{11} \left[\frac{\varepsilon_0 \varepsilon_r(0)}{\varepsilon_0 + b_{22}} \right] \vec{W}_L$$

$$= b_{11} \left[\frac{\varepsilon_0 \varepsilon_r(0)}{\varepsilon_0 \varepsilon_r(\infty)} \right] \vec{W}_L$$

$$= b_{11} \frac{\varepsilon_r(0)}{\varepsilon_r(\infty)} \vec{W}_L,$$ （7-181）

結果得

$$\ddot{\vec{W}}_T = b_{11}\vec{W}_T = -\omega_{TO}^2\vec{W}_L ，\qquad(7\text{-}182)$$

且

$$\ddot{\vec{W}}_L = b_{11}\frac{\varepsilon_r(0)}{\varepsilon_r(\infty)}\vec{W}_L = -\omega_{LO}^2\vec{W}_L ，\qquad(7\text{-}183)$$

而所謂的 LST 關係（Lyddane-Sach-Teller relation）就是

$$\frac{\omega_{LO}^2}{\omega_{TO}^2} = \frac{\varepsilon_r(0)}{\varepsilon_r(\infty)} 。\qquad(7\text{-}184)$$

綜合以上的結果，矩陣的四個元素為

$$b_{11} = -\omega_{TO}^2 ；\qquad(7\text{-}185)$$

$$b_{22} = \varepsilon_0[\varepsilon_r(\infty) - 1] ；\qquad(7\text{-}186)$$

$$\begin{aligned}b_{12} = b_{21} &= \sqrt{b_{11}\{b_{22} - \varepsilon_0[\varepsilon_r(0) - 1]\}}\\&= \sqrt{-\omega_{TO}^2\{\varepsilon_0[\varepsilon_r(\infty) - 1] - \varepsilon_0[\varepsilon_r(0) - 1]\}}\\&= \omega_{TO}\sqrt{\varepsilon_0[\varepsilon_r(0) - \varepsilon_r(\infty)]} 。\end{aligned}\qquad(7\text{-}187)$$

7.4.2　電子和聲子的耦合、光子和聲子的耦合

　　我們從黃昆方程式的推導過程，再做更進一步的分析就可以由
（7-173）式或（7-174）式得知一個重要的現象與觀念：「電子傾向
和縱光模（LO）聲子耦合；光子傾向和橫光模（TO）聲子耦合」。

　　這樣的現象，我們可以有二個簡單的理解方式：

[1]　因為電子是縱波，所以容易和縱光模（LO）聲子耦合；因為光
　　　子是橫波，所以容易和橫光模（TO）聲子耦合。

[2]　因為縱光模（LO）聲子和橫光模（TO）聲子可以分別示意如圖
　　　7-10：

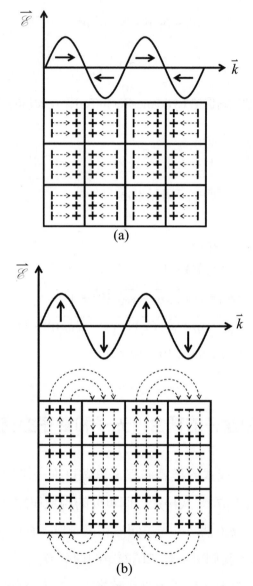

圖 7-10　(a) 電子和縱光模聲子的耦合，(b) 光子和橫光模聲子的耦合

　　圖中的一個小方塊區域代表的是一個 Brillouin 區，則：

[2.1] 縱光模（LO）聲子的圖像就是一個個平行電板所組合成的，而電板建立的電場也直接影響著電子的行為。

[2.2] 橫光模（TO）聲子的圖像構成了渦電流（Eddy current），產生磁場，磁場再感應出電場，電場又感應出磁場……，所以這個電磁場就會和電磁波或光子交換能量。

　　以上我們談的都是光模聲子，然而聲模聲子，即 LA 聲子和 TA 聲子，在耦合的過程中所扮演的角色又是什麼呢？一般說來，粒子或準粒子和聲模聲子的交互作用是比較小的。對於這個現象，我們可以有二個簡單的理解方式：

[1] 在長波長近似下，無論是 LA 聲子或 TA 聲子在 $\vec{k} \cong 0$ 時的能量都為零，即 $E(\vec{k}=0) \cong 0$，在動量與能量都很小的情況下，當然交互作用就不明顯。

[2] 在質能守恆和動量守恆的約束下，粒子或準粒子無論要把能量釋放，交給聲子；或是要從聲子擷取能量，都希望釋放或擷取的時間越短越好；或者是次數越少越好，也就是瞬間且一次性的完成能量與動量的交換的機率是最大的。很明顯的，光模聲子的能量要比聲模聲子的能量大很多，所以當粒子或準粒子要釋放或擷取能量時，只要和一個光模聲子就可以滿足質能守恆和動量守恆，但是如果「選擇」了聲模聲子，就可能需要很多次或很多個聲模聲子的參與，才能達到所需的能量和動量。

　　由是觀之，粒子或準粒子在與晶格進行耦合過程時就會「先選擇」光模聲子。

思考題

7-1 試求一個二維方形晶格的聲子內能（Internal energy）。

7-2 試討論二維六方最密堆積的聲子色散曲線。

7-3 試討論二維正方形的聲子色散曲線。

7-4 試討論石墨烯（Graphene）的聲子色散曲線。

7-5 試討論 Mössbauer 效應（Mössbauer effect）的零聲子躍遷（Zero-phonon transition）。

7-6 試討論 Raman 效應（Raman effect）。

7-7 試討論固體的熱膨脹（Thermal expansion）。

7-8 試討論可適用於聲子輔助過程（Phonon assisted process）的微擾理論形式。

7-9 試討論 Cooper 的超導理論。

7-10 若原子位移是動態的，試討論黃昆方程式。

第 8 章

電子傳輸現象
——導電與導熱

8.1 粒子在固態中的傳輸現象

發展固態能帶理論之後，我們當然可以把固態物質的特性，包含：結構、電、光、磁、熱的模型建立在固態能帶之上，但是其實還可以有另外一個觀點，就是從統計力學的角度來討論這些特性。

Boltzmann 傳輸方程式（Boltzmann transport equation），簡稱 BTE，是一個在各個科學、工程領域應用非常廣泛的方程式，從古典的統計分布開始，即 Maxwell-Boltzmann 分布（Maxwell-Boltzmann distribution），在相空間上，加入所有引起粒子動量變化的擾動條件之後，如果又只考慮線性項，就可以得到固態物理常見的 Boltzmann 傳輸方程式，而弛豫時間近似（Relaxation-time approximation, RTA）也是奠基於此。雖然 Boltzmann 傳輸方程式是古典物理的結果，但是經過適當的定義之後，仍然可以把量子的概念納入，如此更大大增加了 Boltzmann 傳輸方程式的應用範圍。

我們將以 Boltzmann 傳輸方程式描述電子的傳輸行為，因為電子的傳輸現象表現在固態物質的特性就是導電與導熱，這二個性質的相關性可以用 Onsager 關係（Onsager relation），簡潔的整合起來，呈現傳輸的對稱性。此外，我們還將簡單的介紹電子在固態物質中傳遞所發生的一些散射機制（Scattering mechanisms），以及半導體領域中常用來量測分析電子與電洞的遷移率（Mobility）和載子濃度（Carrier concentration）的方法，即 van der Pauw 法（van der Pauw method）。

在推導 Boltzmann 傳輸方程式之前，我們要特別說明一下在固態科學中所謂的「半經典模型」（Semiclassical model），顧名思義，

這個模型是介於古典與量子之間的模型，或者說有一些條件是古典的；有一些條件是量子的，其中的幾個關鍵條件在觀念上是必須釐清的。

8.2 半經典模型（Semiclassical model）

半經典模型可以描述在沒有發生碰撞，但是有外加電場和磁場的情況下在已知的能帶結構 $E_n(\vec{k})$ 中的電子位置 $\vec{r}$ 和波向量 $\vec{k}$。這個模型的目的在於，即使我們缺乏具體的晶體離子的週期位能，我們還是可以在已知能帶結構 $E_n(\vec{k})$ 的條件下，找出電子的運動特性，而所謂的電子的運動特性也就是當有外加電場，外加磁場或溫度梯度時，電子在晶體中的傳遞特性，所以我們可以透過這個模型由已知能帶結構導出固態物質中電子的傳遞特性；或者反過來由固態物質中電子的傳遞特性導出能帶結構。

當給定一個能帶結構函數 $E_n(\vec{k})$，則半經典模型就以位置 $\vec{r}$、波向量 $\vec{k}$、能帶指數（Band index）n 來描述每一個電子，若考慮了時間 t 以及外加的電場 $\vec{\mathscr{E}}(\vec{r}, t)$、磁場 $\vec{\mathscr{B}}(\vec{r}, t)$ 之後，則電子的位置 $\vec{r}(t)$、波向量 $\vec{k}(t)$、能帶指數 n 必須遵守下列三個主要的規則：

[1] 能帶指數 n 不會改變，也就是半經典模型忽略了「帶間躍遷」（Interband transitions）的作用。

[2] 能帶指數 n 的電子位置 $\vec{r}(t)$ 和 $\vec{k}(t)$ 波向量隨時間的變化可以由運動方程式（Equations of motion）來決定。

$$\frac{\partial}{\partial t}\vec{r}(t) = \vec{v}_n(\vec{k}) = \frac{1}{\hbar}\frac{\partial}{\partial \vec{k}}E_n(\vec{k}) \ ; \qquad (8\text{-}1)$$

$$\hbar\frac{\partial}{\partial t}\vec{k}(t) = -q\left[\vec{\mathscr{E}}(\vec{r},t) + \vec{v}_n(\vec{k}) \times \vec{\mathscr{B}}(\vec{r},t)\right] \circ \qquad (8\text{-}2)$$

[3] 描述 n、$\vec{r}(t)$、$\vec{k}(t)$ 和 n、$\vec{r}(t)$、$\vec{k}(t) + \vec{G}$ 的方法是完全相同的，其中 $\vec{G}$ 爲倒波向量（Reciprocal vector）。

以下我們分別說明電場 $\vec{\mathscr{E}}$ 對電子運動的影響以及磁場 $\vec{\mathscr{B}}$ 對電子運動的影響。

8.2.1　電場對電子運動的影響

外加電場 $\vec{\mathscr{E}}$ 對電子的影響可由運動方程式：

$$\hbar\frac{d\vec{k}}{dt} = -q\vec{\mathscr{E}} \ , \qquad (8\text{-}3)$$

來描述，因爲電子帶負電荷，所以每個電子的波向量 $\vec{k}$ 的改變方向和電場的方向是相反的。如圖 8-1 所示，施加外加電場 $\vec{\mathscr{E}}$ 前後，電子的等能面由實線的位置移到虛線的位置。

如果有一個電場施加於充滿在固態物質內的電子上會有什麼作用呢？爲了簡化問題，我們假設固態是在絕對零度下，及所有的電子都處在最低的能量狀態。如圖 8-1 的實線部分所示，沒有外加電場時，在 $\vec{k}$ 空間中可看出，因爲分布的對稱的關係，所以所有的 $+\vec{k}$ 方向的電子都有相等數量的電子以 $-\vec{k}$ 方向與之抵消，所以不會產生電流；有外加電場時，電子的波向量 $\vec{k}$ 的變化將符合

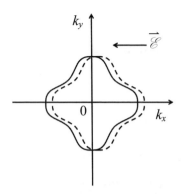

圖 8-1 電子的等能面隨著外加電場而變化

$$\hbar \frac{d\vec{k}}{dt} = -q\vec{\mathcal{E}} \qquad (8\text{-}4)$$

的關係,所以整個包覆著電子的表面會均勻的立刻隨電場的方向,作反向移動,所有的電子受的影響趨勢都是相同的。由圖 8-1 的虛線部分可以看出,向右移動的電子擁有比較大的 $\vec{k}$;向左移動的電子擁有比較小的 $\vec{k}$,則因為電子的重新分布,所以產生了電流,其實只要是有任何的干擾造成電子在 $\vec{k}$ 空間中的分布不對稱,都會產生電流。

8.2.2 磁場對電子運動的影響

在前面我們介紹了外加電場改變了電子的能量,現在要說明外加磁場 $\vec{\mathcal{B}}$ 對電子傳輸的影響,值得注意的是,肇因於磁場的 Lorentz 力(Lorentz force)並不會改變電子的能量。

首先,我們要先說明磁場 $\vec{\mathcal{B}}$ 不會對電子作功。我們從最原始的點電荷(Point charge)q 以 $\vec{v}$ 的速度運動來看,當此點電荷 q 被電磁場作用之後,移動了距離 $d\vec{s}$,則電磁場對電荷所作的功(Work done）為 $\vec{F} \cdot \vec{ds}$，其中 $\vec{F} = q(\vec{\mathscr{E}} + \vec{v} \times \vec{\mathscr{B}})$ 為 Lorentz 力，則單位時間作功（the work done per unit time）為

$$\frac{\vec{F} \cdot \vec{ds}}{dt} = \vec{F} \cdot \frac{\vec{ds}}{dt} = q\,(\vec{\mathscr{E}} + \vec{v} \times \vec{\mathscr{B}}) \cdot \vec{v} = q\vec{\mathscr{E}} \cdot \vec{v}\, 。 \qquad (8\text{-}5)$$

因為磁力（Magnetic force）的方向永遠垂直於電荷運動的速度的方向，所以磁場沒有對點電荷作功。因為外加磁場並不會對電子作功，所以當然也就不會改變電子的能量。

我們也可以從運動方程式來討論帶電粒子在磁場中運動的現象。如圖 8-2 所示，一個 $\hat{z}$ 方向的磁場外加在一個固態物質上，在 $\vec{k}$ 空間中的意義是有一個垂直於 $\hat{z}$ 方向的對應平面切在 Fermi 面（Fermi surface）上，其所截的曲線為被佔據的電子態，

由 $\qquad \frac{\partial}{\partial t}\vec{r} = \vec{v}_n\,(\vec{k}) = \frac{1}{\hbar}\frac{\partial}{\partial \vec{k}}E_n\,(\vec{k})\, ; \qquad (8\text{-}6)$

$\qquad \hbar\frac{\partial}{\partial t}\vec{k} = -q\vec{v}_n\,(\vec{k}) \times \vec{\mathscr{B}}\,(\vec{r},\,t)\, , \qquad (8\text{-}7)$

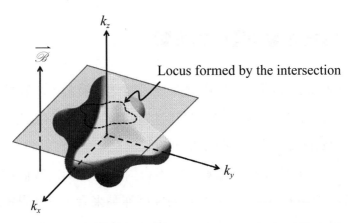

圖 8-2　固態物質的帶電粒子在磁場中的運動軌跡

可知電子在運動中，其波向量 $\vec{k}$ 在沿磁場 $\overrightarrow{\mathscr{B}}$ 方向上的投影量是固定的；其能量 $E_n(\vec{k})$ 也是固定的，這二個守恆限制完全決定了電子在 $\vec{k}$ 空間的運動軌跡，所以上述所圍出的截面的曲線也就是電子在 $\vec{k}$ 空間的運動軌跡，如圖 8-3 所示。

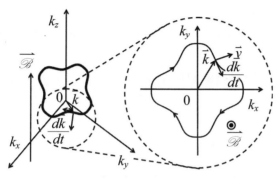

圖 8-3　電子在 $\vec{k}$ 空間的運動軌跡

如果把上述二個方程式合在一起，

得
$$\hbar \frac{\partial}{\partial t}\vec{k} = -q\,\frac{\partial \vec{r}}{\partial t} \times \overrightarrow{\mathscr{B}}\,(\vec{r},\,t)\,, \qquad (8\text{-}8)$$

這個方程式只包含了二個會隨時間變化的項，即 $\dfrac{\partial \vec{k}}{\partial t}$ 和 $\dfrac{\partial \vec{r}}{\partial t}$，所以 $\dfrac{\partial \vec{k}}{\partial t}$ 一定直接的和 $\dfrac{\partial \vec{r}}{\partial t}$ 有關係，因為二者都在垂直於磁場 $\overrightarrow{\mathscr{B}}$ 的截面上，所以除了數值的大小比例為 $\dfrac{q\mathscr{B}}{\hbar}$，以及相位角的差值是固定的 $\dfrac{\pi}{2}$ 之外，電子在 $\vec{k}$ 空間的運動軌跡和在 $\vec{r}$ 空間的運動軌跡是相類似的，只是旋轉了 90 度，為了方便表示，我們假設等能面是橢圓的，如圖 8-4 所示，在 $\vec{k}$ 空間中較大直立的橢圓，在 $\vec{r}$ 空間中則為較小且平躺的橢圓。

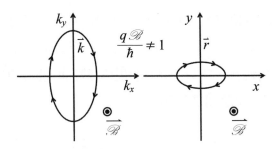

圖 8-4　　電子在 $\vec{k}$ 空間的運動軌跡和在 $\vec{r}$ 空間的運動軌跡

很明顯的，如果軌跡是圓形的，且 $\dfrac{q\mathscr{B}}{\hbar}=1$，如圖 8-5 所示，則二者就完全相同了。

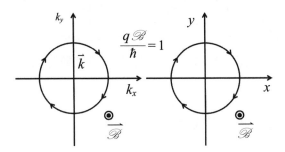

圖 8-5　　電子的圓形運動軌跡

8.3　Boltzmann 傳輸方程式

如果 Schrödinger 方程式是描述晶體中，電子的能量狀態，則 Boltzmann 傳輸方程式（Boltzmann transport equation）就是描述晶體中電子的傳輸狀態（Carrier transport）。Boltzmann 傳輸方程式表示出分布函數 $f(\vec{k},\vec{r},t)$ 隨時間的總變化率 $\dfrac{df}{dt}$，其中 $f(\vec{k},\vec{r},t)$ 描述了在傳

輸過程中所涵蓋的能態被佔據的情況。

因為 $f(\vec{k}, \vec{r}, t)$ 是 $\vec{k}$、$\vec{r}$、t 的函數，所以對時間 t 微分時，可以展開成對 $\vec{k}$、$\vec{r}$、t 的偏微分之和，且 $\vec{k}$、$\vec{r}$ 為向量，

即
$$\vec{k} = \hat{x}k_x + \hat{y}k_y + \hat{z}k_z \ ; \tag{8-9}$$
$$\vec{r} = \hat{x}x + \hat{y}y + \hat{z}z \ , \tag{8-10}$$

展開 $\dfrac{df(\vec{k}, \vec{r}, t)}{dt}$，得

$$\frac{df(\vec{k}, \vec{r}, t)}{dt} = \frac{\partial f}{\partial k_x}\frac{\partial k_x}{\partial t} + \frac{\partial f}{\partial k_y}\frac{\partial k_y}{\partial t} + \frac{\partial f}{\partial k_z}\frac{\partial k_z}{\partial t} + \frac{\partial f}{\partial x}\frac{\partial x}{\partial t} + \frac{\partial f}{\partial y}\frac{\partial y}{\partial t}$$
$$+ \frac{\partial f}{\partial z}\frac{\partial z}{\partial t} + \frac{\partial f}{\partial t}\bigg|_{\vec{r}=const} \ , \tag{8-11}$$

又
$$\vec{v} = \hat{x}\frac{\partial x}{\partial t} + \hat{y}\frac{\partial y}{\partial t} + \hat{z}\frac{\partial z}{\partial t} \ , \tag{8-12}$$

$$\frac{\vec{F}}{\hbar} = \hat{x}\frac{\partial k_x}{\partial t} + \hat{y}\frac{\partial k_y}{\partial t} + \hat{z}\frac{\partial k_z}{\partial t} \ , \tag{8-13}$$

其中 $\vec{F}$ 為外力干擾，

則
$$\nabla_{\vec{k}}f = \hat{x}\frac{\partial f}{\partial k_x} + \hat{y}\frac{\partial f}{\partial k_y} + \hat{z}\frac{\partial f}{\partial k_z} \ , \tag{8-14}$$

且
$$\nabla_{\vec{r}}f = \hat{x}\frac{\partial f}{\partial x} + \hat{y}\frac{\partial f}{\partial y} + \hat{z}\frac{\partial f}{\partial z} \ , \tag{8-15}$$

再整理一次，將 $\vec{v}$、$\dfrac{\vec{F}}{\hbar}$、$\nabla_{\vec{k}}f$、$\nabla_{\vec{r}}f$ 代入 $\dfrac{df}{dt}$，

得
$$\frac{df}{dt} = \frac{\vec{F}}{\hbar} \cdot \nabla_{\vec{k}}f + \vec{v} \cdot \nabla_{\vec{r}}f + \frac{\partial f}{\partial t}\bigg|_{\substack{\vec{r}=const \\ \vec{k}=const}} \ , \tag{8-16}$$

　　然而其中分布函數隨時間的變化，其實是有二個主要來源：平移過程（Translation process）及作用過程（Interaction process），分別說明如下：

[1]　平移過程又稱爲漂移過程（Drift process），是由外力，例如：電場、磁場，和擴散，例如：濃度梯度、溫度，所構成，

　　　即

$$\frac{df}{dt} = \frac{\partial f}{\partial t}\bigg|_{External} + \frac{\partial f}{\partial t}\bigg|_{Diffusion} \text{。}$$ 　　　（8-17）

[2]　作用過程又稱爲碰撞過程（Collision process）或散射過程（Scattering process），

　　　即

$$\frac{df}{dt} = \frac{\partial f}{\partial t}\bigg|_{Scattering} \text{。}$$ 　　　（8-18）

綜合以上所述，

得　　$$\frac{\partial f}{\partial t}\bigg|_{Scattering} = \frac{df}{dt} = \frac{\vec{F}}{\hbar} \cdot \nabla_{\vec{k}}f + \vec{v} \cdot \nabla_{\vec{r}}f + \frac{\partial f}{\partial t}\bigg|_{\substack{\vec{r}=const \\ \vec{k}=const}} ,$$ 　　（8-19）

在穩定狀態下，$\dfrac{\partial f}{\partial t}\bigg|_{\substack{\vec{r}=const \\ \vec{k}=const}} = 0$，

則　　$$\frac{df}{dt}\bigg|_{Scattering} = \frac{\vec{F}}{\hbar} \cdot \nabla_{\vec{k}}f + \vec{v} \cdot \nabla_{\vec{r}}f ,$$ 　　　（8-20）

而散射項又可表示成

$$\frac{df}{dt}\bigg|_{Scattering} \equiv \int [\text{進入}(\vec{k}, \vec{r}, t)\text{的相} + \text{逸出}(\vec{k}, \vec{r}, t)\text{的相}] \, d\vec{k}' \text{。}$$（8-21）

若$S(\vec{k}',\vec{k})$為粒子由初始態$\vec{k}'$轉變至最終態$\vec{k}$的變化率，則上式可表示成

$$\frac{df}{dt} = \int \left\{ f(\vec{k}',\vec{r},t)\left[1-f(\vec{k},\vec{r},t)\right]S(\vec{k}',\vec{k}) - f(\vec{k},\vec{r},t)\left[1-f(\vec{k}',\vec{r},t)\right]S(\vec{k},\vec{k}') \right\}d\vec{k}' \,, \tag{8-22}$$

所以 Boltzmann 傳輸方程式是一個積分微分方程式（Integrodifferential equation），在弛豫時間近似的條件下，進入$(\vec{k},\vec{r},t)$狀態的變化率可近似為

$$\int f(\vec{k}',\vec{r},t)\left[1-f(\vec{k},\vec{r},t)\right]S(\vec{k}',\vec{k})d\vec{k}' \simeq +\frac{f_0(\vec{k})}{\tau(\vec{k})} = +\frac{f_0}{\tau} \,, \tag{8-23}$$

逸出$(\vec{k},\vec{r},t)$狀態的變化率可近似為

$$-\int f(\vec{k}',\vec{r},t)\left[1-f(\vec{k}',\vec{r},t)\right]S(\vec{k},\vec{k}')d\vec{k}' \simeq -\frac{f(\vec{k})}{\tau(\vec{k})} = -\frac{f}{\tau} \,, \tag{8-24}$$

所以 $\dfrac{\partial f}{\partial t}\bigg|_{scattering} = \dfrac{F}{\hbar} \cdot \nabla_{\vec{k}}f + \vec{v} \cdot \nabla_{\vec{r}}f + \dfrac{\partial f}{\partial t}\bigg|_{\substack{\vec{r}=const \\ \vec{k}=const}}$

$$= -\frac{f(\vec{k},\vec{r},t) - f_0(\vec{k},\vec{r})}{\tau(\vec{k})} \,, \tag{8-25}$$

在沒有外場介入，即$\dfrac{F}{\hbar} \cdot \nabla_{\vec{k}}f = 0$；也沒有濃度梯度即$\vec{v} \cdot \nabla_{\vec{r}}f$，而只有散射碰撞的情況下，Boltzmann 方程式為

$$\frac{\partial f}{\partial t}\bigg|_{scattering} = \frac{\partial f}{\partial t}\bigg|_{\substack{\vec{r}=const \\ \vec{k}=const}} = -\frac{f(\vec{k},\vec{r},t) - f_0(\vec{k},\vec{r})}{\tau(\vec{k})} \,, \tag{8-26}$$

其解為 $f(t) = f_0 + (f_i - f_0)e^{-t/\tau}$；其中 f_i 為分布函數的初始值，這個結果顯示，如果只有碰撞散射，則分布函數會以時間常數（Time constant）τ，呈指數型的達到平衡狀態。

8.4　導電與導熱──Onsager 關係

由 Boltzmann 傳輸方程式得

$$\frac{F - F_0}{\tau} = -\vec{v} \cdot \nabla_{\vec{r}} F - \vec{k} \cdot \nabla_{\vec{k}} F , \tag{8-27}$$

或　　　　　$$F = F_0 - \tau\,(\vec{v} \cdot \nabla_{\vec{r}} F) - \tau\,(\vec{k} \cdot \nabla_{\vec{k}} F) , \tag{8-28}$$

其中 F 為載子的分布狀態（Occupation probability），且

$$F_0\,(E\,(\vec{k})) = \frac{1}{\exp\left[\dfrac{E(\vec{k}) - E_F}{k_B T}\right] + 1} 。 \tag{8-29}$$

方程式（8-28）是可以描述所有固態系統中載子運動傳輸現象（Transport phenomena）的基礎，因為等號的二側都含有干擾項 F，所以求解非常困難，然而因為幾乎在所有實際的情況下，F 隨外在條件變化的變化非常的微小，以數學式表示即為：

由　　　　$$F\,(E) = F_0\,(E) + g(E) \text{或} F\,(\vec{k}) = F_0\,(\vec{k}) + g\,(\vec{k}) , \tag{8-30}$$

因為　　　$$F_0\,(E) \gg g(E) \text{ 或 } F_0\,(\vec{k}) \gg g(\vec{k}) , \tag{8-31}$$

則　　　　　　$F(\vec{k}) \simeq F_0(\vec{k})$。　　　　　　　　　　　　　（8-32）

所以 Boltzmann 傳輸方程式的等號右側的分布機率 F 都改成未受干擾的機率 F_0，

即　　　　　$F = F_0 - \tau(\vec{v} \cdot \nabla_{\vec{r}} F_0) - \tau(\vec{\dot{k}} \cdot \nabla_{\vec{k}} F_0)$，　　　（8-33）

這就是線性 Boltzmann 傳輸方程式（Linear Boltzmann transport equation, LBTE），也稱爲 Bloch 方程式（Bloch equation），很明顯的可以看出來，我們只要求解出 F，就可以計算出載子的流量（Carrier fluxes）。

在固態物質中，我們可以由線性 Boltzmann 傳輸方程式得到電子的傳輸，最直接的表現就是電流（Electric current）與熱流（Heat current），即

電流密度（Electric current density）$\vec{j}_E = 2q \int_{-\infty}^{+\infty} \vec{v}(\vec{k}) D(\vec{k}) F(\vec{k}) d^3\vec{k}$；（8-34）

熱流密度（Heat current density）$\vec{j}_Q = \dfrac{1}{4\pi^3} \int_{-\infty}^{+\infty} (E(\vec{k}) - E_F) \vec{v}(\vec{k}) F(\vec{k}) d^3\vec{k}$，
　　　　　　　　　　　　　　　　　　　　　　　　　　（8-35）

其中 $\vec{v}(\vec{k})$ 爲電子的速度；$D(\vec{k})$ 爲能態密度（Density of states）；E 爲電子的能量；E_F 爲 Fermi 能量；$F(\vec{k})$ 爲電子的分布函數。

在溫度保持固定的情況下，線性 Boltzmann 傳輸方程式可以寫成

$$F = F_0 - \tau\left[\vec{v} \cdot \left(\frac{\partial F_0}{\partial E_F} \nabla_{\vec{r}} E_F + \frac{\partial F_0}{\partial T} \nabla_{\vec{r}} T\right) + \frac{q}{\hbar}\left(\vec{\mathscr{E}} \cdot \frac{\partial F_0}{\partial E} \nabla_{\vec{k}} E(\vec{k})\right)\right]$$，（8-36）

其中 $\vec{\varepsilon}$ 為外加電場，

又 $\qquad \vec{v} = \dfrac{1}{\hbar} \nabla_{\vec{k}} E(\vec{k})$ ， $\qquad\qquad$（8-37）

則 $\qquad F = F_0 - \tau \left[\vec{v} \cdot \left(\dfrac{\partial F_0}{\partial E_F} \nabla_{\vec{r}} E_F + \dfrac{\partial F_0}{\partial T} \nabla_{\vec{r}} T + \dfrac{\partial F_0}{\partial E} q\vec{\mathscr{E}} \right) \right]$ ， $\qquad$（8-38）

再對 Fermi-Dirac 函數 F_0 做適當的微分可得

$\dfrac{\partial F_0}{\partial E_F} \simeq -\dfrac{\partial F_0}{\partial E}$ ，且 $\dfrac{\partial F_0}{\partial T} = \dfrac{\partial F_0}{\partial E} \cdot \dfrac{\partial E}{\partial T} \simeq \dfrac{\partial F_0}{\partial E} \left(-\dfrac{E - E_F}{T} \right)$ ， $\quad$（8-39）

所以 $\qquad F = F_0 - \tau \left[\vec{v} \cdot \dfrac{\partial F_0}{\partial E} \left(q\vec{\mathscr{E}} - \nabla_{\vec{r}} E_F - \dfrac{E - E_F}{T} \nabla_{\vec{r}} T \right) \right]$ ， $\qquad$（8-40）

代入 $\vec{j}_E = 2q \displaystyle\int_{-\infty}^{+\infty} \vec{v}(\vec{k}) D(\vec{k}) F(\vec{k}) d^3\vec{k}$ ，又

$$
\begin{aligned}
D(\vec{k}) d^3\vec{k} &= \left(\frac{L}{2\pi} \right)^3 d^3\vec{k} \\
&= \left(\frac{L}{2\pi} \right)^3 dk_x dk_y dk_z \\
&= \left(\frac{L}{2\pi} \right)^3 dS dk_n \\
&= \left(\frac{L}{2\pi} \right)^3 dS \frac{dE}{|\nabla_{\vec{k}} E|} \\
&= \left(\frac{L}{2\pi} \right)^3 \frac{dS dE}{\hbar |\vec{v}|} ，
\end{aligned}
$$
$\qquad$（8-41）

所以 $\vec{j}_E = \dfrac{2q}{\hbar} \left(\dfrac{L}{2\pi} \right)^3 \displaystyle\int_0^\infty \int_{E=const} \dfrac{\vec{v}(\vec{k})}{|\vec{v}|} F(\vec{k}) dS dE$

$\qquad = \dfrac{qL^3}{4\pi^3 \hbar} \displaystyle\int_0^\infty \int_{E=const} \dfrac{\vec{v}}{|\vec{v}|} \left\{ F_0 - \tau \left[\vec{v} \cdot \dfrac{\partial F_0}{\partial E} \left(q\vec{\mathscr{E}} - \nabla_{\vec{r}} E_F - \dfrac{E - E_F}{T} \nabla_{\vec{r}} T \right) \right] \right\} dS dE$ ，

$\qquad\qquad$（8-42）

因為未受干擾的分布機率 $F_0(E)$ 對電子的移動是沒有貢獻的，所以積分的結果為零，

即
$$\int\limits_0^\infty \int\limits_{E=const} \frac{\vec{v}}{|\vec{v}|} F_0 \, dSdE = 0 \; , \qquad (8\text{-}43)$$

所以 $\vec{j}_E = -\dfrac{qL^3}{4\pi^3\hbar} \displaystyle\int\limits_0^\infty \int\limits_{E=const} \tau \dfrac{\partial F_0}{\partial E} \dfrac{\vec{v}}{|\vec{v}|} \left[\vec{v} \cdot \left(q\vec{\mathscr{E}} - \nabla_{\vec{r}} E_F - \dfrac{E-E_F}{T}\nabla_{\vec{r}} T \right) \right] dSdE \; ,$

$$\qquad (8\text{-}44)$$

相似的步驟可得

$$\vec{j}_Q = -\frac{L^3}{4\pi^3\hbar} \int\limits_0^\infty \int\limits_{E=const} (E-E_F)\tau \frac{\partial F_0}{\partial E} \frac{\vec{v}}{|\vec{v}|} \left[\vec{v} \cdot \left(q\vec{\mathscr{E}} - \nabla_{\vec{r}} E_F - \frac{E-E_F}{T}\nabla_{\vec{r}} T \right) \right] dSdE \; ,$$

$$\qquad (8\text{-}45)$$

綜合以上二個結果，我們可以把傳輸方程式中的 $\vec{j}_E$ 和 $\vec{j}_Q$ 寫成另一種形式

$$\vec{j}_E = qL_0 \left(q\vec{\mathscr{E}} - \nabla_{\vec{r}} E_F + \frac{E_F}{T}\nabla_{\vec{r}} T \right) - qL_1 \frac{\nabla_{\vec{r}} T}{T} \; ; \qquad (8\text{-}46)$$

$$\vec{j}_Q = (L_1 - E_F L_0)\left(q\vec{\mathscr{E}} - \nabla_{\vec{r}} E_F + \frac{E_F}{T}\nabla_{\vec{r}} T \right) - (L_2 - E_F L_1)\frac{\nabla_{\vec{r}} T}{T} \; , (8\text{-}47)$$

其中
$$L_s = \frac{1}{4\pi^3\hbar} \int\limits_0^\infty \int\limits_{E=const} \tau \frac{v_i v_j}{|\vec{v}|} \left(-\frac{\partial F_0}{\partial E} \right) E^s \, dSdE \; , \qquad (8\text{-}48)$$

而 $s = 0, 1, 2$，且 $i, j = x, y, z$，

其實如果再經過整理之後就可以得到 Onsager 關係，

$$\begin{bmatrix} \vec{j}_E \\ \vec{j}_Q \end{bmatrix} = \begin{bmatrix} L_{11} & -L_{12} \\ L_{21} & -L_{22} \end{bmatrix} = \begin{bmatrix} \vec{\mathscr{E}} \\ \dfrac{\nabla T}{T} \end{bmatrix}, \tag{8-49}$$

其中 L_{11}、L_{12}、L_{21}、L_{22} 稱為廣義傳輸係數（Generalized transport coefficients），若以張量（Tensor）的形式表示則為 L_{pq}^{ij}，其中 $p, q = 1, 2$，$i, j = x, y, z$，且在對稱的條件下，$L_{21} = L_{12}$。

如果系統是各向同性的（Isotropic），則 L_{pq} 為純量，則由電流密度 $\vec{j}_E$、熱流 $\vec{j}_Q$、電場 $\vec{\mathscr{E}}$、溫度梯度 ∇T 四個物理量之間的關係，可以定義出四個固態物質的特性參數如下：

當 $\nabla T = 0$，則電導率（Electrical conductivity）為 $\sigma = \dfrac{\vec{j}_E}{\vec{\mathscr{E}}} = L_{11}$；(8-50)

當 $\vec{j}_E = 0$，則熱導率（Thermal conductivity）為 $\kappa = \dfrac{\vec{j}_Q}{\nabla T} = \left(-\dfrac{L_{12}^2}{L_{11}} + L_{22} \right) \dfrac{1}{T}$；

$$\tag{8-51}$$

當 $\dfrac{\nabla T}{T} = 0$，則 Peltier 係數（Peltier coefficient）為 $\Pi = \dfrac{\vec{j}_Q}{\vec{j}_E} = \dfrac{L_{12}}{L_{11}}$；

$$\tag{8-52}$$

當 $\vec{j}_E = 0$，則熱功率（Thermopower，或 Seebeck effect）為 $S = \dfrac{\vec{\mathscr{E}}}{\nabla T}$

$= \dfrac{L_{12}}{L_{11}} \dfrac{1}{T}$。 (8-53)

8.4.1 固態的導電現象

在均質晶體（Homogeneous crystal）中，即 $\nabla_{\vec{r}} E_F = 0$ 且 $\nabla_{\vec{r}} T = 0$，如果我們要計算電流密度（Electric current density）$\vec{j}_E$，則因為是在

Fermi 面（Fermi surface）上做運算，所以可以把 $\dfrac{\partial F_0}{\partial E}$ 移出來獨立求積分，即

$$\vec{j}_E = -\frac{q^2 L^3}{4\pi^3 \hbar} \int_0^\infty \int_{E=const} \tau \frac{\vec{v}(\vec{v} \cdot \vec{\mathscr{E}})}{|\vec{v}|} \frac{\partial F_0}{\partial E} dSdE$$

$$= -\frac{q^2 L^3}{4\pi^3 \hbar} \left[\int_{E=E_F} \tau \frac{\vec{v}(\vec{v} \cdot \vec{\mathscr{E}})}{v_F} dS_F \right] \left[\int_0^\infty \frac{\partial F_0}{\partial E} dE \right] , \qquad (8\text{-}54)$$

其中 v_F 為 Fermi 速度（Fermi velocity），dS_F 為 Fermi 面上的面積單元（Surface element），

則因為

$$\int_0^\infty \frac{\partial F_0}{\partial E} dE = F_0(\infty) - F_0(0) = 0 - 1 = -1 , \qquad (8\text{-}55)$$

所以

$$\vec{j}_E = \frac{q^2 L^3}{4\pi^3 \hbar} \int_{E=E_F} \tau \frac{\vec{v}(\vec{v} \cdot \vec{\mathscr{E}})}{v_F} dS_F = \sigma \vec{\mathscr{E}} , \qquad (8\text{-}56)$$

其中電導張量（Conductivity tensor）為

$$\sigma_{ij} = \frac{q^2}{4\pi^3 \hbar} \int_{E=E_F} \tau \frac{v_i v_j}{v_F} dS_F , \qquad (8\text{-}57)$$

其中 $i, j = x, y, z$。

8.4.2 固態的導熱現象

在電流密度 $\vec{j}_E = 0$ 的情況下，我們可以得到電場 $\vec{\mathscr{E}}$ 和溫度梯度 $\nabla_{\vec{r}} T$ 的關係，即

$$\vec{j}_E = 0 = qL_0\left(q\vec{\mathscr{E}} - \nabla_{\vec{r}}E_F + \frac{E_F}{T}\nabla_{\vec{r}}T\right) - qL_1\frac{\nabla_{\vec{r}}T}{T} \, , \qquad (8\text{-}58)$$

則
$$L_0\left(q\vec{\mathscr{E}} - \nabla_{\vec{r}}E_F + \frac{E_F}{T}\nabla_{\vec{r}}T\right) = L_1\frac{\nabla_{\vec{r}}T}{T} \, , \qquad (8\text{-}59)$$

所以
$$\begin{aligned}
\vec{j}_Q &= (L_1 - E_F L_0)\left(q\vec{\mathscr{E}} - \nabla_{\vec{r}}E_F + E_F\frac{\nabla_{\vec{r}}T}{T}\right) - (L_2 - E_F L_1)\frac{\nabla_{\vec{r}}T}{T} \\
&= (L_1 - E_F L_0)\frac{L_1}{L_0}\frac{\nabla_{\vec{r}}T}{T} - (L_2 - E_F L_1)\frac{\nabla_{\vec{r}}T}{T} \\
&= \left(\frac{L_1^2}{L_0} - E_F L_1 - L_2 + E_F L_1\right)\frac{\nabla_{\vec{r}}T}{T} \\
&= \frac{1}{T}\left(\frac{L_1^2}{L_0} - L_2\right)\nabla_{\vec{r}}T = -\kappa\nabla_{\vec{r}}T \, , \qquad (8\text{-}60)
\end{aligned}$$

則熱導係數（Thermal conductivity coefficient）為

$$\kappa = \frac{1}{T}\left(L_2 - \frac{L_1^2}{L_0}\right) \, 。 \qquad (8\text{-}61)$$

8.5　散射機制

　　到目前為止，我們討論的電子運動特性都是在完美的晶體的條件下進行的，所以電子的波函數是一個穩定狀態的 Bloch 函數（Stationary Bloch function），這個函數同時也是和時間無關的 Schrödinger 方程式（Time-independent Schrödinger equation）的解。

　　在完美晶體中運動的電子是不會受到干擾的，一旦施加外場，電子的漂移速度（Drift velocity）應該會沿外場的方向均勻的隨時間作線性的增加，但是在真實的晶體中，並沒有發生漂移速度隨時間線性持續增加的現象。實際的觀察顯示，雖然在小電場時，電子的漂移速

度隨著電場大小的增加而增加，但是在大電場時，電子的漂移速度最後會飽和，達到一個有限的速度，如圖 8-6 所示。

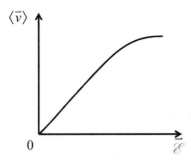

圖 8-6　電子漂移速度的飽和

　　這個飽和的速度是由電子和晶體中的缺陷（Imperfection）透過散射或碰撞過程產生的交互耦合作用所決定的。

　　如果這個缺陷相對於電子是靜止的，我們就可以沿用在完美晶體中的穩態（Stationary state）的波函數來描述電子的行為。電子在接近一個缺陷之前，都一直處在一個穩態上，但是當電子和缺陷產生交互作用，也就是電子所看到的週期性位能已經偏離了原來的完美週期性位能，這個能量的偏離會造成電子波函數的變化，而在交互作用結束之後，電子會有一個新的波函數和一個新的波向量，通常能量也會不同，這個電子就處於這個新的狀態中，直到再一次的和缺陷做交互作用。如果因交互作用所引起的各種偏移相對於完美的晶態位能所得的結果是足夠小的，則缺陷的效應就可以用微擾理論來處理。當然，每一種散射過程的溫度相依性都不同，這是固態物質中電子傳輸理論（Transport theory）的中心議題。

　　每一種散射過程對不同的材料的重要性都不相同，在本節中，我們將簡單扼要的說明三種常見的碰撞散射過程：缺陷散射（Defect

scattering）、晶格散射（Lattice scattering）、載子 - 載子散射（Carri-
er-carrier scattering），如圖 8-7 所示。

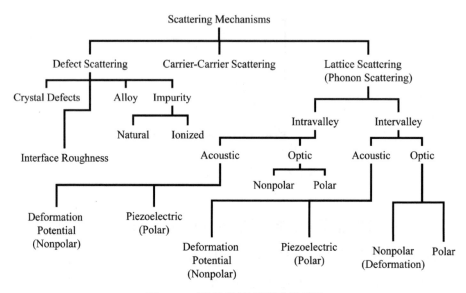

圖 8-7　常見的碰撞散射過程

8.5.1　缺陷散射

因為晶體缺陷（Crystal defect）之間的距離很遠，而且是雜亂沒
有規則的，所以其所對應的散射位能（Scattering potential）相互之間
就不會產生耦合。電子和缺陷碰撞的結果大多只有改變電子的狀態，
而缺陷對於雜質原子或晶體缺陷處的晶格影響不大，所以原來的電子
波函數就可以假設成足以描述缺陷散射的波函數或本徵函數。我們把
晶體缺陷散射分成四類：晶體散射（Crystal scattering）、界面粗糙散
射（Interface roughness）、雜質散射（Impurity scattering）、合金散

射（Alloy scattering），分別說明如下。

8.5.1.1 晶體散射和界面粗糙散射

晶體中週期性位能的不完美或缺陷（Imperfection）的發生原因有很多，在晶體成長的過程中，結構的缺陷或粗糙的界面就會造成原子的位置偏離了完美晶態材料的結構形態。這些晶體缺陷有很多不同的形態，例如：刃位錯（Edge dislocation）、螺位錯（Screw dislocation），當電荷聚集在位錯位置上時，電子就會在這些位置上發生散射現象，當然在適當的成長條件下，位錯的效應相對於其他的晶體缺陷是可以被忽略的。

8.5.1.2 雜質散射

晶格位能週期性的偏移原因最常見的就是因為摻入了雜質原子，這些雜質有時候是在技術上無法避免的；有時候是為了提供所需的某種自由載子的數量而刻意加進去的，即使雜質原子取代了原來晶格原子的位置，雜質原子的位能還是和原來的不同，所以對週期性位能而言，就是一個微擾項。

雜質原子通常在禁帶（Forbidden gap）中提供了能階，在非常低溫，接近液態氮（Liquid nitrogen）的溫度的情況下，對施主原子（Donor atoms）而言，這些能階是被電子佔據的；對受主原子（Acceptor atoms）而言，這些能階是空的，也就是說：

[1] 在極低溫的情況下，雜質原子基本上是呈電中性的（Neutral），所以在極低溫下，和電子發生碰撞的主要對象就是電中性原子（Neutral atoms）；

[2]　當溫度升高之後，雜質原子的外層電子開始游離到導帶（Conduction band）形成施主原子提供外層電子或受主原子從價帶（Valence band）接受電子，所以和電子發生碰撞的主要對象就是游離雜質原子。

8.5.1.3　合金散射

對半導體材料而言，即使晶格結構是完整的，好像沒有晶格缺陷，但是還有一種很重要的散射機制——合金散射，是有別於晶體散射和雜質散射的。半導體合金（Semiconductor alloys）是由二種元素半導體（Element semiconductor）化合而成的，雖然晶體製備的成長條件可以控制得很好，但是因為化合物半導體是由二種不同的化合物所構成的，則由於化合物的特性不同將會導致二種化合物接觸點的能帶結構發生畸變，所以在晶體位能上就會有邊界（Boundary）產生，如果這些邊界的位置或方向是隨機無序的（Disordering），則每一個邊界就像雜質原子一樣，是一個散射中心，但是其散射機致因為源自於能帶邊緣（Bandedge）的不連續，所以是和下一小節要介紹的畸變位能聲模聲子散射（Deformation potential acoustic phonon scattering）相類似。

8.5.2　晶格散射

晶體缺陷和雜質原子二者都可以被視為晶體結構的不完美，其相關的效應可以藉由晶體製備的改善而降低，然而即使是完美的晶體也保持著一些本質的碰撞機制，例如：電子和振動晶格的碰撞就一定存

在。

我們假設晶格原子在空間中是被凍結靜止不動的，在這個基礎上發展了能帶理論，但是實際的情況是，晶格原子是在平衡位置附近做振動，這種振動也被視為晶體的熱能（Thermal energy）。晶格振動的結果造成晶體週期性位能會隨著時間而變化，同時電子的狀態也隨之變化，由晶格振動所引起的電子散射和 [1] 晶格振動的本質以及 [2] 因晶格振動造成的微擾位能（Perturbing potential）形態有關。

通常我們都以量子力學來描述晶格振動的特性，進而定義出聲模聲子（Acoustic phonons）和光模聲子（Optic phonons），因為二種聲子所產生的微擾位能不同，所以散射的機制也不同，於是有聲模聲子散射（Acoustical phonon scattering）和光模聲子散射（Optical phonon scattering）。此外因能帶結構不同，所以視電子在散射前後所處的能帶是否相同，又可以分成谷內散射（Intravalley scattering）和谷間散射（Intervalley scattering），分別說明如下。

8.5.2.1 聲模聲子散射

聲模聲子產生微擾位能的方式有二種：

[1] 畸變位能（Deformation potential）：

因為晶格原子間距的改變，所以能隙的大小和導帶、價帶的邊緣也隨著空間而變化，所以也就產生出導帶和價帶的不連續性（Discontinuity），這種由於晶體畸變所引起的位能就被稱為畸變位能。畸變位能的大小顯然和振動引起的應變（Strain）成比例，而載子通過畸變位能發生的散射也就被稱為畸變位能散射（Deformation potential scattering）或畸變聲模散射（Deformation acoustic scattering）。

[2]　壓電效應（Piezoelectric effect）：

如果構成晶體的原子是部分游離的，而因聲模振動（Acoustic vibration）所致的原子位移就會產生位能，其大小將和晶體中游離化原子的排列有關，如果晶體具有比較低的對稱性，則其壓電位能（Piezoelectric potential）就會比較大。電子和壓電位能的散射就稱為壓電散射（Piezoelectric scattering）。壓電散射對於所有的化合物半導體都很重要，特別是低溫的情況下，因為 Wurtzite 結構的對稱性比 Sphalerite 結構的對稱性低，所以 Wurtzite 晶體的壓電散射就比較強烈。

8.5.2.2　光模聲子散射

光模聲子產生微擾位能的方式也有二種：

[1]　非極性光模散射（Nonpolar optic scattering）：

如前所述，因為聲模聲子會造成晶格畸變，光模振動（Optic vibration）也會造成晶格畸變，所以對於聲模聲子或光模聲子所引起之晶格畸變散射的數學描述是相似的，但是為了區別二個不同的機制，所以分別稱為畸變聲模散射（Deformation acoustic scattering）和畸變光模散射（Deformation optic scattering），而光模聲子產生出的微擾位能和光模應變（Optic strain）成比例，所謂光模應變就是光模振動造成的應變，換言之，相鄰二個不同的原子作反相振動所造成的應變就稱為光模應變。由光模應變所引起的微擾位能和等能面（Constant surface energy）相對於晶相軸（Crystallographic axes）的方向有關，如果等能面是沿著晶相軸方向的，則光模應變可能只有使等能面產生畸變，而不會造成等能面的極大值或極小值位移，於是由於畸變位能

所造成的微擾位能為零；反之，如果等能面並非沿著晶相軸方向，則光模應變不但會使等能面產生畸變，也會造成等能面的極大值或極小值位移，於是由於畸變位能將會產生非零的微擾位能。

電子透過這種畸變位能和晶體作交互作用的機率將對能帶結構的對稱性非常敏感，以三種常見的半導體鍺（Ge）、矽（Si）、砷化鎵（GaAs）為例，如圖 8-8 所示：

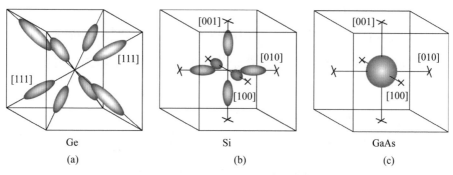

Ge   Si   GaAs
(a)   (b)   (c)

圖 8-8　鍺、矽、砷化鎵能帶的對稱性

鍺的極值是在〈111〉方向上，矽的極值是在〈100〉方向上，砷化鎵的極值是在 Γ 點上，因為晶相軸是在〈111〉方向，所以顯然矽和砷化鎵的能帶結構的對稱性要比鍺的能帶結構的對稱性還高，因此矽和砷化鎵的光模應變造成的微擾位能很小，電子的散射效應就會很弱；反之，鍺的光模應變造成的微擾位能很大，所以電子的散射效應很強。因為大部分的化合物半導體的極值都在 Γ 點上，所以產生畸變光模散射大多在非極性材料（Nonpolar materials）中比較明顯，所以也被稱為非極性光模散射（Nonpolar optic scattering）。

[2]　極性光模散射（Polar optic scattering）：

相對於非極性光模散射，極性光模散射是比較重要的光模散射。

當構成化合物的不同種類的原子被游離之後，則晶格的光模振動將產生極化（Polarization），因為相鄰的二個不同的原子帶著相反的電荷，而且有位移，於是形成了偶極矩（Dipole moments），和第 9 章所提到的相同，也產生出微擾位能，這種電子散射的機制就被稱為極性光模散射。

8.5.2.3　谷內散射和谷間散射

在晶格散射過程中，電子藉由和聲子「分享」電子的能量和動量來改變狀態，其中當然電子和聲子的總能量和總動量永遠是守恆的，所以參與碰撞過程的聲子之波向量的大小，將會影響電子的散射機制是屬於谷內散射或是屬於谷間散射。

如果聲子的波向量是足夠大的，或是短波長的聲子（Short wavelength phonons），只要可以使電子散射的狀態變化是屬於不同能谷（Valley）的，無論是否屬於相同的能帶，則這個聲子就被稱為谷間聲子（Intervalley phonons）；這種散射就被稱為谷間散射。

如圖 8-9 鍺和矽所示，若能帶的極小值在〈111〉或〈100〉方向上，所以電子在散射之後可以在同一個能帶上，從一個能谷躍遷到另外一個能谷，這就是谷間散射。此外，在足夠高的外場影響下，谷間散射也可以是從比較低的能谷躍遷到不同的能帶的比較高的能谷。如果聲子的波向量是小的，或是長波長的聲子（Long wavelength phonons），使電子散射的狀態變化保持在同一個能谷內，則這個聲子就被稱為谷內聲子（Intravalley phonons）；這種散射就被稱為谷內散射。

如圖 8-9 砷化鎵所示，若能帶的極小值在 Γ 點上，則在能量守恆和動量守恆的要求下，電子和具有小的波向量的聲子發生散射前後，在 $E(\vec{k})$ - $\vec{k}$ 空間的位置都將會只在同一個能谷內發生。

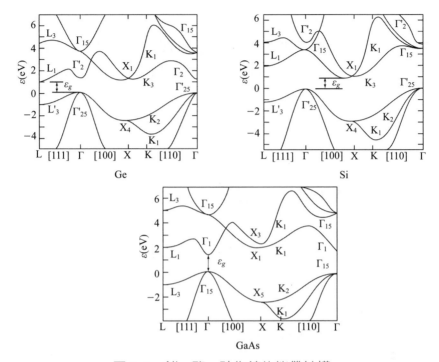

圖 8-9　鍺、矽、砷化鎵的能帶結構

若再作更仔細的分類，則谷間聲子和谷內聲子都分別還有聲模和光模。

8.5.3　載子-載子散射

在真實的晶體中，每立方公分的體積大約有 10^{13} 到 10^{18} 個電子自由的運動，雖然我們習慣把焦點放在單一電子的特性，作單一電子的假設計算分析電子和各種缺陷的碰撞以及電子和晶格的碰撞，但是我們仍然不能忽略電子藉由 Coulomb 場（Coulomb fields）的碰撞而改變狀態，這類碰撞就稱為載子-載子散射或被稱為電子間散射

（Interelectronic scattering）。很明顯的，載子 - 載子散射的機率是隨著電子的濃度增加而增加的，相較於缺陷散射和晶格散射，當載子的濃度在每立方公分只有 10^{13} 到 10^{14} 個時，載子 - 載子散射是可被忽略的。

8.6　van der Pauw 法

　　van der Pauw 法的特點在於可適用於任意形狀的樣品，主要可以用來測量或判別：

[1]　載子的種類是電子還是電洞。

[2]　載子的移動率（Mobility）。

[3]　載子的濃度。

　　其原則簡述如下。

8.6.1　van der Pauw 法的推導

　　圖 8-10 表示任意形狀的樣品可以藉由保角映射（Conformal mapping）的方式，對映成一個半平面，我們將由這個半平面來推導出 $\exp\left(\dfrac{-\pi d}{\rho}R_1\right)+\exp\left(\dfrac{-\pi d}{\rho}R_2\right)=1$ 的關係式，其中 d 為待測樣品的厚度；ρ 為電阻率；R_1 和 R_2 為不同的電流注入點與電壓量測點的電阻值。

　　原本只有上半平面是半導體，由 P 注入電流 I，由 Q 引出電流，在 R 和 S 二端得電位差，如圖 8-11 所示，如果我們把下面也填滿半

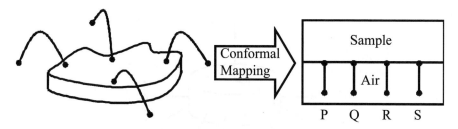

圖 8-10 任意形狀的樣品及其保角映射的半平面

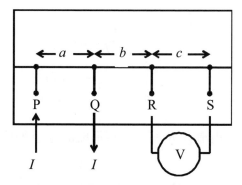

圖 8-11 電流注入點與電壓量測點

導體,且增加注入電流爲 $2I$,則將不會影響上半平面電荷的行爲。

首先我們來看看,當電流爲 $2I$ 注入之後,在距離注入端 r 所建立的電場 $\vec{\mathscr{E}}$ 要如何表示。

由 $$\vec{\mathscr{J}} = \sigma\vec{\mathscr{E}} , \qquad (8\text{-}62)$$

其中 $\vec{\mathscr{J}}$ 爲電流密度;$\sigma = \dfrac{1}{\rho}$ 爲電導率。

則因爲電流注入後,會呈輻射狀的逸出,如圖 8-12 所示,電流經過的面積爲 $2\pi r d$,所以電流密度爲

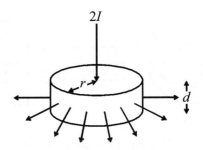

圖 8-12　輻射狀的電流逸出

$$|\vec{\mathcal{J}}| = \frac{2I}{2\pi rd} \text{ ,} \tag{8-63}$$

可得電場爲
$$|\vec{\varepsilon}| = \frac{1}{\sigma}|\vec{\mathcal{J}}| = \rho|\vec{\mathcal{J}}| = \frac{\rho 2I}{2\pi rd} \text{ 。} \tag{8-64}$$

所以由 P 注入電流在 R 和 S 二端造成的電位差爲

$$V'_{RS} = \int_S^R (-\varepsilon)\,dr = \int_S^R \frac{-\rho 2I}{2\pi rd}\,dr = \frac{-\rho I}{\pi d}\ln\frac{PR}{PS} = \frac{-\rho I}{\pi d}\ln\frac{a+b}{a+b+c} \text{ ,} \tag{8-65}$$

由 Q 引出電流在 R 和 S 二端造成的電位差爲

$$V''_{RS} = \frac{\rho I}{\pi d}\ln\frac{QR}{QS} = \frac{\rho I}{\pi d}\ln\frac{b}{b+c} \text{ ,} \tag{8-66}$$

所以
$$V_{RS} = V'_{RS} + V''_{RS} = \frac{\Delta\rho I}{\pi d}\ln\frac{(a+b)(b+c)}{(a+b+c)b} \text{ ,} \tag{8-67}$$

則
$$V_{SR} = \frac{-\rho I_{PQ}}{\pi d}\ln\frac{(a+b+c)b}{(a+b)(b+c)} \text{ ,} \tag{8-68}$$

即
$$\frac{V_{SR}}{I_{PQ}} = R_{PQ,SR} = \frac{-\rho}{\pi d}\ln\frac{(a+b+c)b}{(a+b)(b+c)} \text{ 。} \tag{8-69}$$

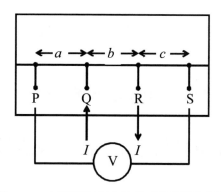

圖 8-13　改變電流注入點與電壓量測點

　　同理，如圖 8-13 所示，我們可以使電流分別由 Q、R 二端注入和引出，並求出電位差 V_{SP}。

　　由 Q 注入電流在 S 和 P 二端造成的電位差爲

$$V'_{SP} = \frac{-I\rho}{\pi d} \ln \frac{QR}{QS} = \frac{-I\rho}{\pi d} \ln \frac{b+c}{a} , \tag{8-70}$$

由 R 引出電流在 S 和 P 二端造成的電位差爲

$$V''_{SP} = \frac{I\rho}{\pi d} \ln \frac{RS}{RP} = \frac{I\rho}{\pi d} \ln \frac{c}{a+b} , \tag{8-71}$$

所以　　　　$$V_{SP} = V'_{SP} + V''_{SP} = \frac{-I\rho}{\pi d} \ln \frac{(b+c)(a+b)}{ac} , \tag{8-72}$$

則　　　　　$$V_{PS} = \frac{-\rho I_{PQ}}{\pi d} \ln \frac{ac}{(a+b)(b+c)} , \tag{8-73}$$

得　　　　　$$\frac{V_{PS}}{I_{QR}} = R_{QR,PS} = \frac{-\rho}{\pi d} \ln \frac{ac}{(a+b)(b+c)} 。 \tag{8-74}$$

綜合以上（8-69）式和（8-74）式所述，

可得

$$\exp\left(\frac{-\pi d}{\rho} R_{PQ,SR}\right) + \exp\left(\frac{-\pi d}{\rho} R_{QR,PS}\right) = 1 \text{。} \quad (8\text{-}75)$$

8.6.2　van der Pauw 法的另一種表示

我們可以把 $\exp\left(\dfrac{-\pi d}{\rho} R_{PQ,SR}\right) + \exp\left(\dfrac{-\pi d}{\rho} R_{QR,PS}\right) = 1$ 換成另一種表示。

令

$$R_1 = R_{PQ,SR} \text{ 且 } R_2 = R_{QR,PS} \text{,}$$

引入一個新的參數

$$f = \frac{\rho \ln 2}{\pi d} \frac{2}{R_1 + R_2} \text{ 或 } \frac{\pi d}{\rho} = \frac{2 \ln 2}{(R_1 + R_2) f} \text{,} \quad (8\text{-}76)$$

則

$$\exp\left(\frac{-2 \ln 2}{f} \frac{R_1}{R_1 + R_2}\right) + \exp\left(\frac{-2 \ln 2}{f} \frac{R_2}{R_1 + R_2}\right) = 1 \text{,} \quad (8\text{-}77)$$

即

$$\exp\left(\frac{\ln 2}{f} \frac{-2R_1}{R_1 + R_2}\right) + \exp\left(\frac{\ln 2}{f} \frac{-2R_2}{R_1 + R_2}\right) = 1 \text{,} \quad (8\text{-}78)$$

且

$$\exp\left(\frac{\ln 2}{f} \frac{-2R_1/R_2}{\frac{R_1}{R_2} + 1}\right) + \exp\left(\frac{\ln 2}{f} \frac{-2}{\frac{R_1}{R_2} + 1}\right) = 1 \text{。} \quad (8\text{-}79)$$

上式二側乘上 $\dfrac{1}{2}\exp\left(\dfrac{\ln 2}{f}\right)$,得

$$\frac{1}{2}\exp\left(\frac{\ln 2}{f}\right)\left[\exp\left(\frac{\ln 2}{f} \frac{\frac{-2R_1}{R_2}}{\frac{R_1}{R_2} + 1}\right) + \exp\left(\frac{\ln 2}{f} \frac{-2}{\frac{R_1}{R_2} + 1}\right)\right] = \frac{1}{2}\exp\left(\frac{\ln 2}{f}\right) \text{,}$$

$$(8\text{-}80)$$

則 $\dfrac{1}{2}\left[\exp\left(\dfrac{\ln 2}{f} \dfrac{1 - \frac{R_1}{R_2}}{\frac{R_1}{R_2} + 1}\right) + \exp\left(\dfrac{\ln 2}{f} \dfrac{\frac{R_1}{R_2} - 1}{\frac{R_1}{R_2} + 1}\right)\right] = \dfrac{1}{2}\exp\left(\dfrac{\ln 2}{f}\right) \text{,} \quad (8\text{-}81)$

所以可得 van der Pauw 法的另一種表示為

$$\cosh\left(\frac{\ln 2}{f}\frac{\dfrac{R_1}{R_2}-1}{\dfrac{R_1}{R_2}+1}\right)=\frac{1}{2}\exp\left(\frac{\ln 2}{f}\right), \tag{8-82}$$

或

$$\frac{\dfrac{R_1}{R_2}-1}{\dfrac{R_1}{R_2}+1}=\frac{f}{\ln 2}\cosh^{-1}\left[\frac{\exp\left(\dfrac{\ln 2}{f}\right)}{2}\right]。 \tag{8-83}$$

因為等號的左側是電阻的比例；右側是電阻之和，所以可以用圖解求出。

思考題

8-1　試比較 Hall 效應（Hall effec）、Righi-Leduc 效應（Righi-Leduc effect）、Ettingshausen 效應（Ettingshausen effect）、Nernst 效應（Nernst effect）。

8-2　試由 Heisenberg 圖像（Heisenberg picture）推導出電子受力的半經典模型。

8-3　試討論電池放電的過程。

8-4　試討論氣體分子動力過程的 Onsager 對稱（Onsager symmetry）。

8-5　試說明 Onsager 對易關係（Onsager's reciprocal relation）。

8-6　試由五個特徵長度，包含：樣品尺度、在 Fermi 面上電子的波長、載子的彈性散射長度（Elastic scattering length）、載子的相位同調長度（Phase coherence length）、載子的磁長度（Magnetic length），討論載子的傳輸現象。

8-7　試討論量子 Hall 效應（Quantum Hall effect）。

8-8 試以 Fokker-Planck 方程式（Fokker-Planck equation）討論載子的傳輸現象。

8-9 試寫出非弛豫近似條件下的 Boltzmann 傳輸方程式。

8-10 試說明 Christoffel 方程式（Christoffel equation）。

第 9 章

固態光學

9.1 固態物質的光學特性

固態物體的光學特性和光電子學（Optoelectronics）重視的焦點不同。光電子學從電動力學（Electrodynamics）開始介紹物質的折射率（Refractive index），以及電場、磁場、聲波或機械波、溫度梯度……等等變化對折射率的影響；而固態物理對於固態物質光學特性的探討，基本上是從二個觀點來進行：

[1] 電子受力時的運動狀態。

[2] 電子吸收或釋放能量前後的能態躍遷及分布。

要討論電子受力的狀態，包括自由電子和束縛電子，我們藉由古典力學（Classical mechanics）加上 Coulomb 力（Coulomb force）或 Lorentz 力（Lorentz force）介紹出介電函數；要討論電子在能態之間的躍遷，則是藉由量子力學（Quantum mechanics）找出躍遷的電雙極近似（Electric dipole approximation），並且由能量守恆和動量守恆的約束下，得到允許發生躍遷的選擇規律（Selection rules）。要特別強調的是，無論我們是以古典力學或是以量子力學來解釋固態的光學特性，都是以電子為主體。就微觀而言，電子藉由吸收光子或是釋放光子的過程產生了躍遷；而其巨觀的表現，則為介電函數或是折射率函數的變化，於是固態的介電函數就可以用來描述其光學特性，但是因為電子在真實空間或在動量空間的分布決定了介電函數，所以固態物理的闡述精神就是以電子的分布狀態描述固態的光學行為，換言之，電子的分布狀態決定了固態的光學特性。其實，我們可以說固態物質的巨觀表現都是因為電子分布的結果，而外場的干擾就是使電子的狀態重新分布。

9.2 固態的古典光學特性

9.2.1 固態介質中的波動方程式

　　我們所要介紹的固態物質之光學特性，有很大的一部分是在討論光和物質之間的交互作用。所以在說明固態光學模型之前，我們先從電場、磁場的波動方程式開始。

9.2.1.1 光波對金屬、非金屬、半導體的作用

　　若 ε 為物質的介電函數，μ 為物質的磁導函數（Magnetic permeability function），則對非勻相介質（Inhomogeneous media）而言，$\nabla \varepsilon \neq 0$，$\nabla \mu \neq 0$；對勻相介質（Homogeneous media）而言，$\nabla \varepsilon = 0$，$\nabla \mu = 0$。以下我們在忽略介質的非勻相效應的前提下，來看看光波對金屬、非金屬、半導體的作用。

　　若　　$\nabla \varepsilon = 0$ 且 $\nabla \mu = 0$， $\qquad\qquad$ （9-1）

由　　$\nabla \times \vec{\mathscr{E}} = -\dfrac{\partial}{\partial t}\vec{\mathscr{B}} = -\mu\dfrac{\partial}{\partial t}\vec{\mathscr{H}}$ 和 $\nabla \times \vec{\mathscr{H}} = \vec{\mathscr{J}} + \dfrac{\partial}{\partial t}\vec{\mathscr{D}}$， （9-2）

則　　$\dfrac{1}{\mu}\nabla \times \vec{\mathscr{E}} + \dfrac{\partial}{\partial t}\vec{\mathscr{H}} = 0$， $\qquad\qquad$ （9-3）

即　　$\nabla \times \left(\dfrac{1}{\mu}\nabla \times \vec{\mathscr{E}}\right) + \dfrac{\partial}{\partial t}\nabla \times \vec{\mathscr{H}} = 0$， $\qquad$ （9-4）

又　　$\nabla \times \vec{\mathscr{H}} = \vec{\mathscr{J}} + \dfrac{\partial}{\partial t}\vec{\mathscr{D}}$， $\qquad\qquad$ （9-5）

則　　$\nabla \times \left(\dfrac{1}{\mu}\nabla \times \vec{\mathscr{E}}\right) + \dfrac{\partial}{\partial t}\left(\vec{\mathscr{J}} + \dfrac{\partial}{\partial t}\vec{\mathscr{D}}\right) = 0$， $\qquad$ （9-6）

且
$$
\begin{cases}
\overrightarrow{\mathscr{D}} = \varepsilon_0 \overrightarrow{\mathscr{E}} + \overrightarrow{\mathscr{P}}, \\
\overrightarrow{\mathscr{J}} = \sigma \overrightarrow{\mathscr{E}}
\end{cases}
\tag{9-7}
$$

得
$$
\nabla \times \left(\frac{1}{\mu} \nabla \times \overrightarrow{\mathscr{E}} \right) + \varepsilon_0 \frac{\partial^2}{\partial t^2} \overrightarrow{\mathscr{E}} = -\sigma \frac{\partial}{\partial t} \overrightarrow{\mathscr{E}} - \frac{\partial^2}{\partial t^2} \overrightarrow{\mathscr{P}},
\tag{9-8}
$$

則電場的波動方程式為

$$
\nabla \times (\nabla \times \overrightarrow{\mathscr{E}}) + \mu \varepsilon_0 \frac{\partial^2}{\partial t^2} \overrightarrow{\mathscr{E}} = -\mu \sigma \frac{\partial}{\partial t} \overrightarrow{\mathscr{E}} - \mu \frac{\partial^2}{\partial t^2} \overrightarrow{\mathscr{P}},
\tag{9-9}
$$

波動方程式的等號右側的電流就是電磁波的波源，其中 $-\mu \sigma \frac{\partial}{\partial t} \overrightarrow{\mathscr{E}}$ 是介質中的傳導電流；$-\mu \frac{\partial^2}{\partial t^2} \overrightarrow{\mathscr{P}}$ 是介質中的極化電流，

[1]　對於金屬導體：$-\mu \sigma \frac{\partial}{\partial t} \overrightarrow{\mathscr{E}}$ 這一項是主要的，方程式的解將說明電磁波在金屬中的強烈衰減及在表面的強烈反射。

[2]　在非導電介質中（$\sigma = 0$）：$-\mu \frac{\partial^2}{\partial t^2} \overrightarrow{\mathscr{P}}$ 這一項最重要，正是這個極化波源導致電磁波的散射、吸收及色散等現象。

[3]　對於半導體：這二項都必須考慮。

9.2.1.2　非勻相介質與勻相介質中的波動方程式

接著，我們要介紹非勻相介質與勻相介質中的波動方程式。

[1]　非勻相介質，$\nabla \varepsilon \neq 0, \nabla \mu \neq 0$，

接著我們要討論，在沒有電磁波源（Source-free media）的情況下的非勻相介質的波動方程式，所以以下我們將忽略 ρ 和 $\overrightarrow{\mathscr{J}}$，即 $\rho = 0$，$\overrightarrow{\mathscr{J}} = 0$，

由 $\begin{cases} \nabla \times \vec{\mathcal{H}} = \vec{\mathcal{J}} + \dfrac{\partial \vec{\mathcal{D}}}{\partial t} = \dfrac{\partial}{\partial t}\vec{\mathcal{D}} \\[2mm] \nabla \times \vec{\mathcal{E}} = -\dfrac{\partial}{\partial t}\vec{\mathcal{B}} = -\dfrac{\partial}{\partial t}(\mu \vec{\mathcal{H}}) \end{cases}$, $\qquad$ （9-10）

代入 $\dfrac{1}{\mu}\nabla \times \vec{\mathcal{E}} + \dfrac{\partial}{\partial t}\vec{\mathcal{H}} = 0$ 中, $\qquad$ （9-11）

則 $\quad \nabla \times \left(\dfrac{1}{\mu}\nabla \times \vec{\mathcal{E}}\right) + \dfrac{\partial}{\partial t}(\nabla \times \vec{\mathcal{H}}) = 0$, $\qquad$ （9-12）

則 $\quad \nabla \times \left(\dfrac{1}{\mu}\nabla \times \vec{\mathcal{E}}\right) + \varepsilon \dfrac{\partial^2}{\partial t^2} \times \vec{\mathcal{E}} = 0$, $\qquad$ （9-13）

又 $\quad \nabla \times \left(\dfrac{1}{\mu}\nabla \times \vec{\mathcal{E}}\right) = \dfrac{1}{\mu}\nabla \times (\nabla \times \vec{\mathcal{E}}) + \left(\nabla \dfrac{1}{\mu}\right) \times (\nabla \times \vec{\mathcal{E}})$, $\quad$ （9-14）

且 $\quad \nabla \times (\nabla \times \vec{\mathcal{E}}) = \nabla(\nabla \cdot \vec{\mathcal{E}}) = \nabla^2 \vec{\mathcal{E}}$, $\qquad$ （9-15）

又 $\quad -x\left(\nabla \dfrac{1}{x}\right) = \nabla(\ln x) \Rightarrow \nabla \ln\left(\dfrac{1}{x}\right) = \dfrac{-1}{x}\nabla x \Rightarrow \nabla(\ln x) = \dfrac{1}{x}\nabla x$, $\quad$ （9-16）

得 $\quad \nabla^2 \vec{\mathcal{E}} - \mu\varepsilon \dfrac{\partial^2}{\partial t^2}\vec{\mathcal{E}}(\nabla(\ln\mu) \times (\nabla \times \vec{\mathcal{E}}) - \nabla(\nabla \cdot \vec{\mathcal{E}}) = 0$, $\qquad$ （9-17）

又由 $\quad \nabla \cdot (\varepsilon\vec{\mathcal{E}}) = \varepsilon\nabla \cdot \vec{\mathcal{E}} + \vec{\mathcal{E}} \cdot \nabla\varepsilon = 0$, $\qquad$ （9-18）

則 $\quad \nabla \cdot \vec{\mathcal{E}} = \vec{\mathcal{E}} \cdot \left(\dfrac{-1}{\varepsilon}\nabla\varepsilon\right)$

$\qquad\qquad = \vec{\mathcal{E}} \cdot \nabla\ln\varepsilon$, $\qquad$ （9-19）

得電場波動方程式為

$$\nabla^2 \vec{\mathcal{E}} - \mu\varepsilon \dfrac{\partial^2}{\partial t^2}\vec{\mathcal{E}} + (\nabla\ln\mu) \times (\nabla \times \vec{\mathcal{E}}) + \nabla(\vec{\mathcal{E}} \cdot \nabla\ln\varepsilon) = 0 \text{ , （9-20）}$$

同理,磁場波動方程式為

$$\nabla^2 \vec{\mathscr{H}} - \mu\varepsilon \frac{\partial^2}{\partial t^2} \vec{\mathscr{H}} + (\nabla \ln \varepsilon) \times (\nabla \times \vec{\mathscr{H}}) + \nabla (\vec{\mathscr{H}} \cdot \nabla \ln \mu) = 0 \text{。（9-21）}$$

[2] 勻相介質，$\nabla \varepsilon = 0$，$\nabla \mu = 0$

若介質為勻相，則 $\nabla \varepsilon = 0$ 且 $\nabla \mu = 0$，波動方程式可簡化為

$$\nabla^2 \vec{\mathscr{E}} - \mu\varepsilon \frac{\partial^2}{\partial t^2} \vec{\mathscr{E}} = 0 \text{；} \tag{9-22}$$

$$\nabla^2 \vec{\mathscr{H}} - \mu\varepsilon \frac{\partial^2}{\partial t^2} \vec{\mathscr{H}} = 0 \text{。} \tag{9-23}$$

9.2.1.3 物質與光的交互作用

最後我們要探討物質與光的交互作用，即電偶極子（Electric dipole）和磁偶極子（Magnetic dipole）與光波的交互作用情形，示意如圖 9-1。

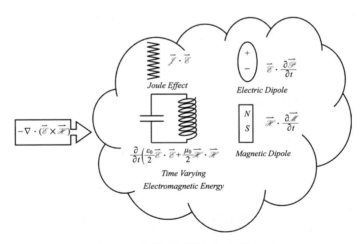

圖 9-1 物質與光波的交互作用

在前面的討論中，我們使用了 Maxwell 方程式中的

$$\nabla \times \vec{\mathscr{H}} = \vec{\mathscr{J}} + \frac{\partial}{\partial t} \vec{\mathscr{D}} \; ; \qquad (9\text{-}24)$$

$$\nabla \times \vec{\mathscr{E}} = -\frac{\partial}{\partial t} \vec{\mathscr{B}} \; , \qquad (9\text{-}25)$$

只要再加以擴充，把電極化（Polarization）$\vec{\mathscr{P}}$ 和磁極化（Magnetization）$\vec{\mathscr{M}}$ 引進來，

即 $\qquad \nabla \times \vec{\mathscr{H}} = \vec{\mathscr{J}} + \frac{\partial}{\partial t} (\varepsilon_0 \vec{\mathscr{E}} + \vec{\mathscr{P}}) \; , \qquad (9\text{-}26)$

和 $\qquad \nabla \times \vec{\mathscr{E}} = -\frac{\partial}{\partial t} (\mu_0 \vec{\mathscr{H}} + \vec{\mathscr{M}}) \; , \qquad (9\text{-}27)$

將 $\qquad \begin{cases} \vec{\mathscr{D}} = \varepsilon_0 \vec{\mathscr{E}} + \vec{\mathscr{P}} \\ \vec{\mathscr{B}} = \mu_0 \vec{\mathscr{H}} + \vec{\mathscr{M}} \end{cases} , \qquad (9\text{-}28)$

代入前面的結果得

$$\vec{\mathscr{J}} \cdot \vec{\mathscr{E}} = -\nabla \cdot (\vec{\mathscr{E}} \times \vec{\mathscr{H}}) - \frac{\partial}{\partial t} \left(\frac{\varepsilon_0}{2} \vec{\mathscr{E}} \cdot \vec{\mathscr{E}} + \frac{\mu_0}{2} \vec{\mathscr{H}} \cdot \vec{\mathscr{H}} \right)$$
$$- \vec{\mathscr{E}} \cdot \frac{\partial \vec{\mathscr{P}}}{\partial t} - \vec{\mathscr{H}} \cdot \frac{\partial \vec{\mathscr{M}}}{\partial t} \; , \qquad (9\text{-}29)$$

移項整理得

$$-\nabla \cdot (\vec{\mathscr{E}} \times \vec{\mathscr{H}}) = \vec{\mathscr{J}} \cdot \vec{\mathscr{E}} + \frac{\partial}{\partial t} \left(\frac{\varepsilon_0}{2} \vec{\mathscr{E}} \cdot \vec{\mathscr{E}} + \frac{\mu_0}{2} \vec{\mathscr{H}} \cdot \vec{\mathscr{H}} \right)$$
$$+ \vec{\mathscr{E}} \cdot \frac{\partial \vec{\mathscr{P}}}{\partial t} + \vec{\mathscr{H}} \cdot \frac{\partial \vec{\mathscr{M}}}{\partial t} \; , \qquad (9\text{-}30)$$

　　這就是 Poynting 理論（Poynting theorem），我們可以從能量守恆的觀點將等號左邊視為電磁波入射至物質系統的能量，因為 $\vec{\mathscr{E}} \times \vec{\mathscr{H}}$ 的散度（Divergence），即 $\nabla \cdot (\vec{\mathscr{E}} \times \vec{\mathscr{H}})$，的方向是向外的，加上前面的負號之後，即 $-\nabla \cdot (\vec{\mathscr{E}} \times \vec{\mathscr{H}})$，的方向就是向內的，而等號的右側的各分項物理意義如下：

[1] $\vec{\mathscr{J}} \cdot \vec{\mathscr{E}}$：電磁場在運動電荷上所消耗的功率或電流在介質內產生的焦耳熱損耗；

[2] $\dfrac{\partial}{\partial t}\left(\dfrac{\varepsilon_0}{2}\vec{\mathscr{E}} \cdot \vec{\mathscr{E}} + \dfrac{\mu_0}{2}\vec{\mathscr{H}} \cdot \vec{\mathscr{H}}\right)$：真空中單位體積內電磁能量隨時間的變化率；

[3] $\vec{\mathscr{E}} \cdot \dfrac{\partial \vec{\mathscr{P}}}{\partial t}$ 表示電磁場在電耦極子上消耗的功率，即單位時間內單位體積中，場對介質極化所作的功，這個量也是光電子學中最重要的物理量；

[4] $\vec{\mathscr{H}} \cdot \dfrac{\partial \vec{\mathscr{M}}}{\partial t}$ 表示在磁耦極子上消耗的功率，由於光波磁場部分對介質的作用此電場對介質的作用要弱的多，所以通常會忽略。

9.2.2　固態光學的複介電常數

　　常見的光學經驗之一就是觀察光在物質表面的反射狀態，古典的光學模型，即 Drude-Lorentz 模型（Drude-Lorentz model），把固態的反射率（Reflectivity）分成 Drude 和 Lorentz 二個部分如圖 9-2 所示。稍後我們會說明 Drude 模型（Drude model）描述的是自由電子對固態物質光學特性的影響；Lorentz 模型（Lorentz model）描述的是束縛電子對固態物質光學特性的影響，然而固態物質中的電子分布

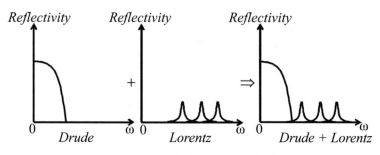

圖 9-2 Drude-Lorentz 模型

可以用介電函數 $\varepsilon_r(\omega)$ 來描述，而固態物質的光學特性基本參數為折射率 $\hat{n}(\omega)$，所以現在我們會嘗試著用複介電函數（Complex dielectric function）來描述折射率函數，換言之，我們可以用電子在固態物質中的分布狀態，來討論固態物質的光學行為。

介電函數和折射率函數都是複數函數，即

複介電函數 $\qquad \varepsilon_r(\omega) = \varepsilon_1(\omega) - i\varepsilon_2(\omega)$； $\qquad$ （9-31）

複折射率函數 $\qquad \hat{n}(\omega) = n(\omega) - ik(\omega)$， $\qquad$ （9-32）

則在非磁性物質中，即 $\mu_r = 1$，

因為 $\qquad \hat{n}(\omega) = \dfrac{c}{v} = \dfrac{\sqrt{\varepsilon_0\mu_0\varepsilon_r\mu_r}}{\sqrt{\varepsilon_0\mu_0}}\Bigg|_{\mu_r=1} = \sqrt{\varepsilon_r(\omega)}$， $\qquad$ （9-33）

所以 $\qquad \varepsilon_r(\omega) = (n^2 - k^2) - i(2nk)$， $\qquad$ （9-34）

其中 n 為折射率（Refractive index）；k 為消光係數（Extinction coefficient）。

475

9.2.3　振盪子強度（Oscillator strength）與介電常數（Dielectric constant）

簡單來說，如圖 9-2 所示，Drude 用自由電子的數量來說明固態物質在低頻的反射率大小；Lorentz 用束縛電子一個一個的電極矩（Electric dipole）來說明固態物質的反射率在高頻產生峰值的現象。

束縛電子在隨時間變化的電場作用下，會偏離原來的位置，與帶正電的原子核形成電雙極振盪，而其振盪強度就影響著固態的光學特性，以下，我們將從古典物理的觀點，即電動力學和古典力學，來找出振盪子強度。

$$\vec{\mathscr{P}} = \varepsilon_0 \chi \vec{\mathscr{E}} , \tag{9-35}$$

由

且

$$\vec{\mathscr{P}} = \varepsilon_0 \vec{\mathscr{E}} + \vec{\mathscr{P}} = \varepsilon_0 \varepsilon_r \vec{\mathscr{E}} , \tag{9-36}$$

則

$$\vec{\mathscr{P}} = \varepsilon_0 (\varepsilon_r - 1) \vec{\mathscr{E}} 。 \tag{9-37}$$

若

$$\vec{r} = \vec{r}_0 e^{i\omega t} 且 \vec{\mathscr{E}} = \vec{\mathscr{E}}_0 e^{i\omega t} , \tag{9-38}$$

代入

$$m \frac{d^2 \vec{r}}{dt^2} = -k\vec{r} + e\vec{\mathscr{E}} , \tag{9-39}$$

則

$$-m\omega^2 \vec{r} = -m\omega_0^2 \vec{r} + e\vec{\mathscr{E}} , \tag{9-40}$$

其中 $\omega_0^2 = \dfrac{k}{m}$ ，

所以

$$m(\omega_0^2 - \omega^2)\vec{r} = +e\vec{\mathscr{E}} , \tag{9-41}$$

得

$$\vec{r} = \frac{+e}{m(\omega_0^2 - \omega^2)} \vec{\mathscr{E}} , \tag{9-42}$$

所以

$$\vec{\mathscr{P}} = e\vec{r} = \frac{e^2}{m} \frac{1}{\omega_0^2 - \omega^2} \vec{\mathscr{E}} = \frac{e^2}{m\omega_0^2} \frac{1}{1 - \dfrac{\omega^2}{\omega_0^2}} \vec{\mathscr{E}} = \varepsilon_0 (\varepsilon_r - 1) \vec{\mathscr{E}} , \tag{9-43}$$

則　　　$\varepsilon_r = 1 + \dfrac{\dfrac{e^2}{m\omega_0^2}}{1 - \dfrac{\omega^2}{\omega_0^2}} = 1 + \dfrac{f}{1 - \dfrac{\omega^2}{\omega_0^2}}$ ，　　　　（9-44）

我們可以定義振盪子強度為　　　$f = \dfrac{e^2}{\varepsilon_0 m\omega_0^2}$ 。　　　　（9-45）

9.2.4　Kramers-Kronig 關係

固體的光學特性量測與分析，包含了折射率函數、吸收、反射……等等，其實都是介電函數 $\varepsilon_r(\omega)$ 或電極化率（Electric susceptibility）$\chi_e(\omega)$ 的呈現。

由 Maxwell 方程式可知

$$\overrightarrow{\mathscr{D}} = \varepsilon\overrightarrow{\mathscr{E}} = \varepsilon_0\varepsilon_r\overrightarrow{\mathscr{E}} = \varepsilon_0(1 + \chi_e)\overrightarrow{\mathscr{E}} = \varepsilon_0\overrightarrow{\mathscr{E}} + \overrightarrow{\mathscr{P}} ，　　　（9-46）$$

而　　　　　　　　$$\overrightarrow{\mathscr{P}} = \varepsilon_0\chi_e(\omega)\overrightarrow{\mathscr{E}} ，　　　　　　（9-47）$$

我們可以將 $\chi_e(\omega)$ 分成實部和虛部，即

$$\chi_e(\omega) = \chi'(\omega) - i\chi''(\omega) ，　　　　　（9-48）$$

則 Kramers-Kronig 關係（Kramers-Kronig relations），就是電極化率的實部與虛部互換的關係式，也就是說，如果在足夠寬的頻率範圍內已知 $\chi'(\omega)$，則可以計算出 $\chi''(\omega)$，反之亦然。而所謂的「頻率範圍足夠寬」的含義就是在該範圍以外，$\chi'(\omega)$ 和 $\chi''(\omega)$ 無明顯的色散現象。我們可以用一個簡單的模型來說明這個關係。

　　如果固態物質極化後，由束縛電子形成的振盪子或偶極矩，在外界時變電場（Time-varied electric field）作用下作振動，在合乎某一條件下會有共振現象。介質的偏極 $\vec{\mathcal{P}}$ 和電場 $\vec{\mathcal{E}}$ 的關係，可由二階微分方程式來描述：

$$\frac{d^2\vec{\mathcal{P}}(t)}{dt^2} + \sigma\frac{d\vec{\mathcal{P}}(t)}{dt} + \omega_0^2\vec{\mathcal{P}}(t) = \omega_0^2\varepsilon_0\chi_0\vec{\mathcal{E}}(t) , \qquad (9\text{-}49)$$

在時間諧變（Time harmonic）的條件下：

$$\begin{cases} \vec{\mathcal{E}}(t) = \text{Re}\left[\vec{\mathcal{E}}\exp^{i\omega t}\right] \\ \vec{\mathcal{P}}(t) = \text{Re}\left[\vec{\mathcal{P}}\exp^{i\omega t}\right] \end{cases} , \qquad (9\text{-}50)$$

則 $\qquad (-\omega^2 + j\sigma\omega + \omega_0^2)\vec{\mathcal{E}} = \omega_0^2\varepsilon_0\chi_0\vec{\mathcal{E}} , \qquad (9\text{-}51)$

得 $\qquad \vec{\mathcal{P}} = \varepsilon_0\dfrac{\chi_0\omega_0^2}{\omega_0^2 - \omega^2 + j\sigma\omega}\vec{\mathcal{E}} , \qquad (9\text{-}52)$

又 $\qquad \vec{\mathcal{P}} = \varepsilon_0\chi_e(\omega)\vec{\mathcal{E}} , \qquad (9\text{-}53)$

則介質之電極化率與頻率的關係 $\chi_e(\omega)$ 為

$$\chi_e(\omega) = \chi_0\frac{\omega_0^2}{\omega_0^2 - \omega^2 + i\omega\,\Delta\omega} , \qquad (9\text{-}54)$$

其中 $\omega_0 = 2\pi f_0$，$\Delta\omega = \dfrac{\sigma}{2\pi}$，為何這樣定義？後面有說明。

　　如前所述，將 $\chi_e(\omega)$ 分成實部和虛部，

即 $\qquad \chi_e = \chi' - j\chi'' = (\varepsilon_1 - 1) - i\varepsilon_2 , \qquad (9\text{-}55)$

則 $\qquad \chi'(\omega) = \chi_0\dfrac{\omega_0^2(\omega_0^2 - \omega^2)}{(\omega_0^2 - \omega^2)^2 + (\omega\,\Delta\omega)^2} ; \qquad (9\text{-}56)$

$$\chi''(\omega) = \chi_0 \frac{\omega_0^2 \omega \Delta \omega}{(\omega_0^2 - \omega^2)^2 + (\omega \Delta \omega)^2} , \qquad (9\text{-}57)$$

可看出 $\chi'(\omega) = \frac{\omega_0^2 - \omega^2}{\omega \Delta \omega} \chi''(\omega)$，即 $\chi'(\omega)$ 和 $\chi''(\omega)$ 是可以互換的，已知 $\chi'(\omega)$ 則可得 $\chi''(\omega)$；反之，已知 $\chi''(\omega)$ 則亦可得 $\chi'(\omega)$。

在共振點附近時，由 $\omega_0^2 - \omega^2 = (\omega_0 + \omega)(\omega_0 - \omega) \cong 2\omega_0 (\omega_0 - \omega)$，

則
$$\chi_e(\omega) \cong \chi_0 \frac{\dfrac{\omega_0}{2}}{(\omega_0 - \omega) + j \dfrac{\Delta \omega}{2}} , \qquad (9\text{-}58)$$

實部和虛部分別為

$$\chi'(\omega) = \chi_0 \frac{\omega_0(\omega_0 - \omega)}{2} \frac{1}{(\omega_0^2 - \omega^2)^2 + (\omega \Delta \omega)^2} , \qquad (9\text{-}59)$$

$$\chi''(\omega) = \chi_0 \frac{\omega_0 \Delta \omega}{4} \frac{1}{(\omega_0^2 - \omega^2)^2 + (\omega \Delta \omega)^2} , \qquad (9\text{-}60)$$

且
$$\chi'(\omega) = \frac{2(\omega_0 - \omega)}{\Delta \omega} \chi''(\omega) 。 \qquad (9\text{-}61)$$

如圖 9-3 所示，

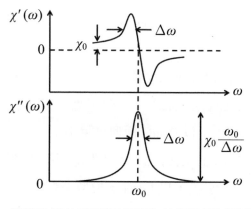

圖 9-3　電極化率的實部和虛部在共振點附近與頻率關係

[1] 在低頻時，$\omega \ll \omega_0$ 時，$\chi'(\omega) \approx \chi_0$，$\chi''(\omega) \approx 0$，所以為 χ_0 低頻時的電極化率。

[2] 在高頻時，$\omega \gg \omega_0$ 時，$\chi'(\omega) \approx 0$，$\chi''(\omega) \approx 0$，即無極化作用，介質類似於自由空間。

[3] 在共振頻率時，$\chi'(\omega) = 0$，$\chi''(\omega) = -\chi_0 \dfrac{\omega_0}{\Delta\omega}$ 達到最大值，而通常 ω_0 遠大於 $\Delta\omega$，所以 $-\chi''(\omega)$ 的峰值將遠大於低頻的 χ_0。

因為當 $|\omega - \omega_0| = \dfrac{\Delta\omega}{2}$ 時，$\chi''(\omega) = \dfrac{1}{2}\left(\dfrac{\omega_0}{\Delta\omega}\right)\chi_0$ 為一半峰值，所以定義 $\Delta\omega \equiv \dfrac{\sigma}{2\pi}$ 為 $\chi''(\omega)$ 的半高寬（Full-width half mean, FWHM）。

9.2.5 固態光學的古典模型

在固態物質中的帶電粒子，當有外加電場 $\vec{\mathscr{E}}$ 和均勻磁場 $\vec{\mathscr{B}}$ 的情況下，其動力方程式為

$$ m^* \frac{d^2\vec{r}}{dt^2} + \gamma \frac{d\vec{r}}{dt} + \kappa\vec{r} = e\vec{\mathscr{E}} + e\vec{v}(t) + \vec{\mathscr{B}} , \qquad （9\text{-}62） $$

其中 γ 為阻尼因子（Damping factor）；κ 為代表鍵結的彈力常數（Spring constant）。

帶電粒子一般而言分成二大類：

[1] 自由電子（Free electrons）：其阻尼因子和鍵結的彈力常數分別為 $\kappa = 0$，$\gamma = \gamma_{free}$，以 Drude 模型來說明；

[2] 束縛電子（Bound electrons）：其阻尼因子和鍵結的彈力常數分別為 $\kappa \neq 0$，$\gamma = \gamma_{bound}$，以 Lorentz 模型來說明。

此外，要特別說明的是，和第 4 章所介紹的光學 Drude 模型不同

之處，在於本章還考慮了物質的感應極化效應，這個效應將使折射率在高頻時的數值不再是 1。

9.2.5.1　固態光學的 Drude 模型──自由電子的觀點

Drude 模型以自由電子的行為來討論固態物質──其實大部分是金屬──的光學特性。因為光波射入固態物質時，電子會受到電磁波的 Lorentz 力，而改變了電子在固態中的分布狀態，且我們用介電函數來描述自由電子在固態物質中的特性，所以在本節的內容，我們將介紹電場和磁場對介電函數的影響。然而因為當帶電粒子與磁場方向垂直時，帶電粒子的運動軌跡是一個圓，也就是若磁場方向是 z 方向，則自由電子將在 x-y 平面上運動，所以推導的過程比較複雜，為了方便推導，首先，我們不考慮外加磁場對固態物質內自由電子的行為的效應，只考慮有電場而無外加磁場的自由電子的介電函數；第二步，再討論同時有外加電場與外加磁場的自由電子的介電函數。

9.2.5.1.1　無外加磁場的自由電子的介電函數

為了方便推導，我們先不考慮外加磁場的自由電子的行為，即 $\vec{\mathscr{E}} \neq 0$，$\vec{\mathscr{B}}=0$。由古典力學和電動力學可得電子的運動方程式為

$$m^* \frac{d^2\vec{r}}{dt^2} + \gamma_{free} \frac{d\vec{r}}{dt} = e\vec{\mathscr{E}} , \qquad (9\text{-}63)$$

其中 $\gamma_{free} = \dfrac{N_{free}\, e^2}{\sigma_0} = \dfrac{m^*}{\tau}$ 稱為自由電子振盪的阻尼因子；$\varepsilon_L = \varepsilon_0 + \dfrac{e\vec{d}N_{free}}{\vec{\mathscr{E}}}$ 是考慮感應極化 $\vec{\mathscr{P}}_{induced}$ 之後的介電函數，也就是具有自由電子密度 N_{free} 的物質，在電場 $\vec{\mathscr{E}}$ 的作用下，這些自由電子發生位移 $\vec{d}$，感應

造成介電函數的變化，由原來的真空介電常數 ε_0 增加到 $\varepsilon_0 + \dfrac{\vec{ed}N_{free}}{\vec{\mathscr{E}}}$。

令　　　$\vec{r} = \vec{r}_0 \, e^{i\omega t}$，則 $(-m^*\omega^2 + i\gamma_{free}\omega)\vec{r} = e\vec{\mathscr{E}}$，　　　　　　　　（9-64）

則　　　$\vec{r} = \dfrac{-e\vec{\mathscr{E}}}{m^*\omega^2 - i\gamma_{free}\omega} = \dfrac{-e\vec{\mathscr{E}}}{m^*\omega\left(\omega - i\dfrac{1}{\tau}\right)} = \dfrac{-e}{m^*\omega}\dfrac{\vec{\mathscr{E}}}{\omega - i\dfrac{1}{\tau}}$，　　　（9-65）

　　由 $\vec{\mathscr{D}} = \varepsilon_0\varepsilon_r\vec{\mathscr{E}} = \varepsilon_0\vec{\mathscr{E}} + \vec{\mathscr{P}}$，若考慮感應極化（Induced polarization）$\vec{\mathscr{P}}_{induced}$，

則　　　　　　　　　　　　　$\vec{\mathscr{P}} = \vec{\mathscr{P}}_{induced} + \vec{\mathscr{P}}_{electron}$

$$= e\vec{d}\,N_{free} + e\vec{r}\,N_{free} \text{，} \qquad (9\text{-}66)$$

則　　　$\varepsilon_r = \varepsilon_1 - i\varepsilon_2 = (\hat{n} - i\hat{k})^2$

$$= 1 + \frac{\vec{\mathscr{P}}}{\varepsilon_0\vec{\mathscr{E}}}$$

$$= 1 + \frac{e\vec{d}N_{free}}{\varepsilon_0\vec{\mathscr{E}}} + \frac{e\vec{r}N_{free}}{\varepsilon_0\vec{\mathscr{E}}}$$

$$= \begin{cases} \dfrac{\varepsilon_L}{\varepsilon_0} + \dfrac{e\vec{r}N_{free}}{\varepsilon_0\vec{\mathscr{E}}}\text{，} & \text{考慮感應極化，} \vec{d} \neq 0 \\[4mm] 1 + \dfrac{e\vec{r}N_{free}}{\varepsilon_0\vec{\mathscr{E}}}\text{，} & \text{不考慮感應極化，} \vec{d} = 0 \end{cases}$$

$$= \frac{\varepsilon_L}{\varepsilon_0} - \frac{e^2 N_{free}}{\varepsilon_0}\frac{1}{m^*\omega^2 - i\gamma_{free}\omega} \quad (\text{代入（9-64）式})$$

$$= \frac{\varepsilon_L}{\varepsilon_0} - \frac{e^2 N_{free}}{\varepsilon_0}\frac{m^*\omega^2 + i\gamma_{free}\omega}{m^{*2}\omega^4 + \gamma_{free}^2\omega^2}$$

$$= \frac{\varepsilon_L}{\varepsilon_0} - \frac{e^2 N_{free}}{\varepsilon_0}\frac{m\omega^2}{m^{*2}\omega^4 + \gamma_{free}^2\omega^2} - i\frac{e^2 N_{free}}{\varepsilon_0}\frac{\gamma_{free}\omega}{m^{*2}\omega^4 + \gamma_{free}^2\omega^2}$$

$$= \frac{\varepsilon_L}{\varepsilon_0} - \frac{e^2 N_{free}}{\varepsilon_0} \frac{1}{m^* \omega^2 + \frac{m^*}{\tau^2}} - i \frac{e^2 N_{free}}{\varepsilon_0} \frac{\frac{m\,\omega}{\tau}}{m^{*2} \omega^4 + \frac{m^{*2} \omega^2}{\tau^2}}$$

$$= \frac{\varepsilon_L}{\varepsilon_0} - \frac{e^2 N_{free}}{\varepsilon_0} \frac{\tau^2}{m^*(1 + \omega^2 \tau^2)} - i \frac{e^2 N_{free}}{\varepsilon_0} \frac{\tau}{m^* \omega (1 + \omega^2 \tau^2)}$$

$$= \frac{\varepsilon_L}{\varepsilon_0} - \frac{\sigma_0}{\omega \varepsilon_0} \frac{\omega \tau^2}{1 + \omega^2 \tau^2} - i \frac{\sigma_0}{\omega \varepsilon_0} \frac{\tau}{1 + \omega^2 \tau^2}$$

$$= \frac{\varepsilon_L}{\varepsilon_0} \left[1 - \left(\frac{\omega_p^2 \tau^2}{\omega} \right) \left(\frac{\omega}{1 + \omega^2 \tau^2} \right) - i \left(\frac{\omega_p^2 \tau}{\omega} \right) \left(\frac{1}{1 + \omega^2 \tau^2} \right) \right]$$

$$= (n^2 - k^2) - i(2nk) \, , \tag{9-67}$$

其中 $\omega_p^2 = \dfrac{\sigma_0}{\varepsilon_L \tau} = \dfrac{e^2 N_{free}}{\varepsilon_L m^*}$，$\omega_p$ 被稱為電漿頻率（Plasma frequency）；m^* 為光學等效質量（Optical effective mass）；$\varepsilon_r = \dfrac{\varepsilon_L}{\varepsilon_0} + \dfrac{e \vec{d} N_{free}}{\varepsilon_0 \vec{\mathscr{E}}}$ 是考慮感應極化 $\overrightarrow{\mathscr{P}_{induced}}$ 之後的相對介電函數，也就是具有自由電子密度 N_{free} 的物質，在電場 $\vec{\mathscr{E}}$ 的作用下，這些自由電子發生位移 $\vec{d}$，感應造成介電函數的變化，由原來的真空介電常數 ε_0 增加到 $\varepsilon_L + \dfrac{e \vec{d} N_{free}}{\vec{\mathscr{E}}}$。

　　自由電子對複介電函數 ε_r 的貢獻，實部 $n^2 - k^2$ 與虛部 $2nk$ 分別為

$$n^2 - k^2 = \frac{\varepsilon_L}{\varepsilon_0} - \frac{\varepsilon_L}{\varepsilon_0} \left(\frac{\omega_p^2 \tau^2}{\omega} \right) \left(\frac{\omega}{1 + \omega^2 \tau^2} \right) \, ; \tag{9-68}$$

$$2nk = \frac{\varepsilon_L}{\varepsilon_0} \left(\frac{\omega_p^2 \tau}{\omega} \right) \left(\frac{1}{1 + \omega^2 \tau^2} \right) \, , \tag{9-69}$$

或者用另一種表示，可令 $\omega_0 = \dfrac{1}{\tau}$，

則
$$n^2 - k^2 = \frac{\varepsilon_L}{\varepsilon_0} - \frac{\varepsilon_L}{\varepsilon_0}\omega_p^2 \frac{1}{\omega^2 + \omega_0^2} \ ; \qquad\qquad (9\text{-}70)$$

$$2nk = \frac{\varepsilon_L}{\varepsilon_0}\omega_p^2 \frac{\omega_0/\omega}{\omega^2 + \omega_0^2} \ 。 \qquad\qquad (9\text{-}71)$$

這個結果是解釋金屬光學特性的基礎模型。

如圖 9-4 所示,我們可以說明為什麼「以銅為鏡可以正衣冠」?對金屬而言,典型的弛豫時間約為 10^{-13} 秒,其所對應的頻率範圍約在紅外線(Infrared)的附近,而金屬的電漿頻率的典型值約為 10^{15}Hz,其所對應的光頻範圍約在可見光(Visible)接近紫外線(Ultraviolet)的附近。

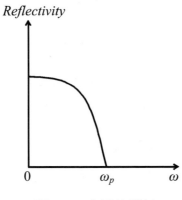

圖 9-4　金屬的反射

如圖 9-5 所示,折射率 n 在電漿頻率 ω_p 以下,有很大的頻率範圍都是小於 $\frac{\varepsilon_L}{\varepsilon_0}$;而消光係數 k 在低頻或長波長的值都是非常大,而且隨著頻率的增加作單調的減小,當頻率增加到大於電漿頻率時,消光係數就變得非常小。所以金屬對高頻的電磁波是透明的(Transparent);而對可見光是呈現高反射的。

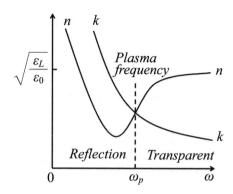

圖 9-5　折射率與消光係數隨頻率的變化

9.2.5.1.2　有外加磁場的自由電子的介電函數

現在我們同時考慮電場和磁場，即 $\vec{\mathscr{E}} \neq 0$，$\vec{\mathscr{B}} \neq 0$，因為自由電子在固態物質內運動方向與外加磁場垂直，其軌跡呈圓形，共振頻率（Cyclotron frequency）為 $\omega_c = \dfrac{e\mathscr{B}}{m^*}$，要注意的是，共振頻率的大小會決定我們所要選定的模型，

[1]　如果共振頻率是高的，即 $\hbar\omega_c > k_B T$，則應該要考慮電子在能帶上的變化，所以要採用 Landau 模型（Landau model），如第 6 章所述。

[2]　如果共振頻率是低的，即 $\hbar\omega_c < k_B T$，則只要考慮電子所受的 Lorentz 力作用，所以就採用 Lorentz 模型（Lorentz model）。

由古典力學和電動力學，可得電子的運動方程式為

$$m^* \frac{d^2\vec{r}}{dt^2} + \gamma_{free} \frac{d\vec{r}}{dt} = e\vec{\mathscr{E}} + e\vec{v} \times \vec{\mathscr{B}} , \qquad (9\text{-}72)$$

則
$$m^* \frac{d^2\vec{r}}{dt^2} + \gamma_{free} \frac{d\vec{r}}{dt} = e\left[\vec{\mathscr{E}} + \begin{vmatrix} \hat{x} & \hat{y} & \hat{z} \\ v_x & v_y & v_z \\ 0 & 0 & \mathscr{B} \end{vmatrix} \right] , \qquad (9\text{-}73)$$

如圖 9-6 所示，所以在 $x\text{-}y$ 平面上的運動方程式為

$$\begin{cases} (-m^*\omega^2 + i\gamma_{free}\omega)\, x = +e\mathscr{E}_x - ie\omega y \mathscr{B} \\ (-m^*\omega^2 + i\gamma_{free}\omega)\, y = +e\mathscr{E}_y + ie\omega x \mathscr{B} \end{cases} , \tag{9-74}$$

則

$$y = \frac{e(\mathscr{E}_y + i\omega x \mathscr{B})}{-m^*\omega^2 + i\gamma_{free}\mathscr{B}} , \tag{9-75}$$

代入得 $(-m^*\omega^2 + i\gamma_{free}\omega)\, x = e\mathscr{E}_x - ie^2\omega \mathscr{B} \dfrac{\mathscr{E}_y + i\omega x \mathscr{B}}{-m^*\omega^2 + i\gamma_{free}\omega}$

$$= e\mathscr{E}_x + \frac{ie^2\omega \mathscr{B}\,(\mathscr{E}_y + i\omega x \mathscr{B}x)}{m^*\omega^2 - i\gamma_{free}\omega}$$

$$= e\mathscr{E}_x + \frac{ie^2\omega \mathscr{B}\mathscr{E}_y}{m^*\omega^2 - i\gamma_{free}\omega} - \frac{e^2\omega^2 \mathscr{B}^2 x}{m^*\omega^2 - i\gamma_{free}\omega} , \tag{9-76}$$

移項得 $\left(-m^*\omega^2 + i\gamma_{free}\omega + \dfrac{e^2\omega^2 \mathscr{B}^2}{m^*\omega^2 - i\gamma_{free}\omega}\right) x = e\mathscr{E}_x + \dfrac{ie^2\omega \mathscr{B}\mathscr{E}_y}{m^*\omega^2 - i\gamma_{free}\omega} , \tag{9-77}$

二側同乘 $m^*\omega^2 - i\gamma_{free}\omega$，得

$$[-(m^*\omega^2 - i\gamma_{free}\omega)^2 + e^2\omega^2 \mathscr{B}^2]\, x = e\mathscr{E}_x\,(m^*\omega^2 - i\gamma_{free}\omega) + ie^2\omega \mathscr{B}\mathscr{E}_y , \tag{9-78}$$

展開得

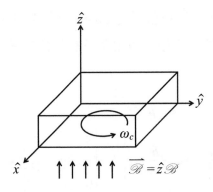

圖 9-6　有外加磁場時，電子在 $x\text{-}y$ 平面上的運動

$$\left[-(m^{*2}\omega^4 - \gamma_{free}^2\omega^2 - i2m^*\gamma_{free}\omega^3) + e^2\omega^2\mathscr{B}^2\right]x$$

$$= e\mathscr{E}_x(m^*\omega^2 - i\gamma_{free}\omega) + ie^2\omega\mathscr{B}\mathscr{E}_y \,, \tag{9-79}$$

則　$x = \dfrac{e[(-m^*\omega^2 + i\gamma_{free}\omega)\mathscr{E}_x - ie\omega\mathscr{B}\mathscr{E}_y]}{m^{*2}\omega^4 - \gamma_{free}^2\omega^2 - i2m^*\gamma_{free}\omega^3 - e^2\omega^2\mathscr{B}^2}$

$$= \dfrac{e[(im^*\omega\tau + m^*\omega^2\tau^2)\mathscr{E}_x - ie\omega\mathscr{B}\tau^2\mathscr{E}_y]}{m^{*2}\omega^4\tau^2 - m^{*2}\omega^2 - i2m^{*2}\tau\omega^3 - e^2\omega^2\tau^2\mathscr{B}^2} \,, \text{ 其中 } \gamma_{free} = \dfrac{m^*}{\tau} \,,$$

$$= \dfrac{e\left[(i\omega\tau - \omega^2\tau^2)\mathscr{E}_x - i\dfrac{e\mathscr{B}}{m^*}\omega\tau^2\mathscr{E}_y\right]}{m^*\left[\omega^4\tau^2 - \omega^2 - i2\omega^3\tau - \dfrac{e^2\mathscr{B}^2}{m^{*2}}\omega^2\tau^2\right]}$$

$$= \dfrac{e\left[\left(i\dfrac{\tau}{\omega} - \tau^2\right)\mathscr{E}_x - i\dfrac{e\mathscr{B}}{m^*}\dfrac{\tau^2}{\omega}\mathscr{E}_y\right]}{m^*[(\omega^2\tau^2 - 1 - i2\tau\omega - \omega_c^2\tau^2)]} \,, \text{ 其中 } \omega_c = \dfrac{e\mathscr{B}}{m^*} \,,$$

$$= \dfrac{e\left[\left(i\dfrac{1}{\omega\tau} - 1\right)\mathscr{E}_x - i\dfrac{\omega_c}{\omega}\mathscr{E}_y\right]}{m^*\left[\omega^2 - \dfrac{1}{\tau^2} - i\dfrac{2\omega}{\tau} - \omega_c^2\tau\right]}$$

$$= \dfrac{e\left[\left(i\dfrac{1}{\omega\tau} - 1\right)\mathscr{E}_x - i\dfrac{\omega_c}{\omega}\mathscr{E}_y\right]}{m^*\left[\left(\omega - i\dfrac{1}{\tau}\right)^2 - \omega_c^2\right]}$$

$$= \dfrac{e\left[-\left(1 - i\dfrac{1}{\omega\tau}\right)\mathscr{E}_x - i\dfrac{\omega_c}{\omega}\mathscr{E}_y\right]}{m^*\left[\left(\omega - i\dfrac{1}{\tau}\right)^2 - \omega_c^2\right]} \,, \tag{9-80}$$

類似的步驟可得：$y = \dfrac{e\left[-\left(1 - i\dfrac{1}{\omega\tau}\right)\mathscr{E}_y + i\dfrac{\omega_c}{\omega}\mathscr{E}_x\right]}{m^*\left[\left(\omega - i\dfrac{1}{\tau}\right)^2 - \omega_c^2\tau\right]} \,, \tag{9-81}$

為了表示圓偏極化（Circularly polarization）的作用，我們引入一個新的位置座標為

$$\zeta^{\pm} = x \pm iy$$

$$= \frac{e}{m^*} \frac{1}{\left(\omega - i\frac{1}{\tau}\right)^2 - \omega_c^2} \left[-\left(1 - i\frac{1}{\omega\tau}\right)\mathscr{E}_x - i\frac{\omega_c}{\omega}\mathscr{E}_y \mp i\left(1 - i\frac{1}{\omega\tau}\right)\mathscr{E}_y \mp i\frac{\omega_c}{\omega}\mathscr{E}_x \right]$$

$$= \frac{e}{m^*} \frac{1}{\left(\omega - i\frac{1}{\tau}\right)^2 - \omega_c^2} \left[\mathscr{E}_x\left(-1 + i\frac{1}{\omega\tau} \mp i\frac{\omega_c}{\omega}\right) \pm i\mathscr{E}_y\left(-1 + i\frac{1}{\omega\tau} \mp \frac{\omega_c}{\omega}\right) \right]$$

$$= \frac{e}{m^*\omega} \frac{1}{\left(\omega - i\frac{1}{\tau}\right)^2 - \omega_c^2} \left[-\omega + i\frac{1}{\tau} - \omega_c \right](\mathscr{E}_x \pm i\mathscr{E}_y)$$

$$= \frac{e}{m^*\omega} \frac{-\left(\omega - i\frac{1}{\tau}\right) - \omega_c}{\left(\omega - i\frac{1}{\tau}\right)^2 - \omega_c^2} (\mathscr{E}_x \pm i\mathscr{E}_y)$$

$$= \frac{-e}{m^*\omega} \frac{\mathscr{E}_x \pm i\mathscr{E}_y}{\left(\omega - i\frac{1}{\tau}\right) \pm \omega_c}$$

$$= \frac{-e}{m^*\omega} \frac{\mathscr{E}_x \pm i\mathscr{E}_y}{(\omega \pm \omega_c) - i\frac{1}{\tau}} \ , \tag{9-82}$$

我們可以把這個結果和（9-65）式做比較，可以發現除了在分子的電場的表示之外，只要把分母的 $\dfrac{1}{\omega - i\frac{1}{\tau}}$ 置換成 $\dfrac{1}{(\omega \pm \omega_c) - i\frac{1}{\tau}}$，也就是把分母的 ω 置換成 $(\omega \pm \omega_c)$ 即可得到。接著，我們要由 $\zeta^{\pm}$ 導出 $n^2 - k^2$ 和 $2nk$，依（9-67）式到（9-69）式相似的步驟，只要把 $\dfrac{1}{1 + \omega^2\tau^2}$ 的部分，將 ω 置換成 $(\omega \pm \omega_c)$，就可得

$$\varepsilon_1 = n^2 - k^2 = \frac{\varepsilon_L}{\varepsilon_0} - \frac{\varepsilon_L}{\varepsilon_0}\left(\frac{\omega_p^2\tau^2}{\omega}\right)\left(\frac{\omega \pm \omega_c}{1 + (\omega \pm \omega_c)^2\tau^2}\right) ; \tag{9-83}$$

$$\varepsilon_2 = 2nk = \frac{\varepsilon_L}{\varepsilon_0}\left(\frac{\omega_p^2\tau}{\omega}\right)\left(\frac{1}{1 + (\omega \pm \omega_c)^2\tau^2}\right) \circ \tag{9-84}$$

9.2.5.1.3 有外加磁場的自由載子光學特性

當有磁場外加在晶體上，則晶體中的自由載子的行為會直接影響固態光學特性，我們可以依電漿頻率 ω_p、共振頻率 ω_c 和光波頻率 ω 之間的關係所對應的不同的幾個固態光學特性效應，列如表 9-1。

表 9-1　外加磁場的自由載子光學特性

自由載子的光學特性	頻率範圍
Cyclotron resonance	$\omega\tau \gg 1,\ \omega \cong \omega_c,\ \omega \gg \omega_p$
Faraday resonance	$\omega\tau \gg 1,\ \omega \gg \omega_c,\ \omega \gg \omega_p$
Magnetoplasma resonance	$\omega\tau \gg 1,\ \omega \gg \omega_c,\ \omega \cong \omega_p$
Helicon wave propagation	$\omega\tau \gg 1,\ \omega \ll \omega_c,\ \omega \ll \dfrac{\omega_p^2}{\omega_c}$
Alfven wave propagation（和 Helicon wave propagation 相同，但是電子的密度和電洞的密度相同）	$\omega\tau \gg 1,\ \omega_c\tau \gg 1,\ \omega \ll \omega_c,\ \omega \ll \dfrac{\omega_p^2}{\omega_c}$

表 9-1 列出的這些現象與效應，在分析的過程中，尤其是當有外加磁場時，因為有圓偏極化的作用，所以經常會使用引入新座標 $\zeta^{\pm}=x\pm iy$ 的技巧。

9.2.5.2　固態光學的 Lorentz 模型——束縛電子的觀點

Lorentz 模型以束縛電子的行為來討論固態物質的光學特性，如圖 9-7 所示。雖然光波射入固態物質時，電子會受到電磁波的 Lorentz 力，但是外加磁場對束縛電子的影響比較小，所以在本節的內容，我們將僅介紹電場作用下的固態介電函數。

由古典力學和電動力學，可得電子的運動方程式為

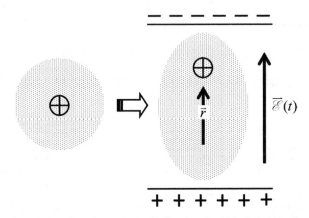

圖 9-7　固態物質的束縛電子的行為與光學特性

$$m^* \frac{d^2\vec{r}}{dt^2} + \gamma_{bound} \frac{d\vec{r}}{dt} + \kappa \vec{r} = e\vec{\mathscr{E}}(t)，\qquad（9-85）$$

$$m^* \frac{d^2\vec{r}}{dt^2} + \frac{m^*}{\tau_{relaxation}} \frac{d\vec{r}}{dt} + m^* \omega_0^2 \vec{r} = e\vec{\mathscr{E}}(t)，\qquad（9-86）$$

其中 $\gamma_{bound} = \dfrac{m^*}{\tau_{relaxation}}$，為束縛電子的振盪阻尼因子；$\omega_0^2 = \dfrac{\kappa}{m^*}$ 為束縛電子的振盪角頻率。

令　$\vec{r} = \vec{r}_0 e^{i\omega t}$，

則　　　　$\left(-m^* \omega^2 + i\dfrac{m^*}{\tau_{relaxation}} \omega + m^* \omega_0^2 \right) \vec{r} = e\vec{\mathscr{E}}$，$\qquad（9-87）$

$$\vec{r} = \frac{-e\vec{\mathscr{E}}}{m^* \left[(\omega^2 - \omega_0^2) - i\dfrac{\omega}{\tau_{relaxation}} \right]}。\qquad（9-88）$$

由 $\vec{\mathscr{D}} = \varepsilon_0 \varepsilon_r \vec{\mathscr{E}} = \varepsilon_0 \vec{\mathscr{E}} + \vec{\mathscr{P}}$，若考慮感應極化 $\vec{\mathscr{P}}_{induced}$，如前所述，

則　　　　　　　　　$\vec{\mathscr{P}} = \vec{\mathscr{P}}_{induced} + \vec{\mathscr{P}}_{bound}$

$$= e\vec{d}N_a + e\vec{r}N_a，\qquad（9-89）$$

其中 $e\vec{r}$ 為偶極矩（Dipole moment）或振盪子（Oscillator）；N_a 個偶極矩（或振盪子），

所以　$\varepsilon_r = \varepsilon_1 - i\varepsilon_2 = (\hat{n} - i\hat{k})^2$

$$= 1 + \frac{\vec{\mathscr{P}}}{\varepsilon_0\vec{\mathscr{E}}}$$

$$= 1 + \frac{e\vec{d}N_a}{\varepsilon_0\vec{\mathscr{E}}} + \frac{e\vec{r}N_a}{\varepsilon_0\vec{\mathscr{E}}}$$

$$= \begin{cases} \dfrac{\varepsilon_L}{\varepsilon_0} + \dfrac{e\vec{r}N_a}{\varepsilon_0\vec{\mathscr{E}}}, & \text{考慮感應極化，} \vec{d} \neq 0 \\[3mm] 1 + \dfrac{e\vec{r}N_a}{\varepsilon_0\vec{\mathscr{E}}}, & \text{不考慮感應極化，} \vec{d} = 0 \end{cases}$$

$$= \frac{\varepsilon_L}{\varepsilon_0} - \frac{e^2 N_a}{\varepsilon_0} \frac{1}{m^*\left[(\omega^2 - \omega_0^2) - i\dfrac{\omega}{\tau_{relaxation}}\right]} \quad \text{（代入（9-88）式）}$$

$$= \frac{\varepsilon_L}{\varepsilon_0} - \frac{e^2 N_a}{\varepsilon_0} \frac{(\omega^2 - \omega_0^2) + i\dfrac{\omega}{\tau_{relaxation}}}{m^*\left[(\omega^2 - \omega_0^2)^2 + \dfrac{\omega^2}{\tau_{relaxation}^2}\right]}$$

$$= \frac{\varepsilon_L}{\varepsilon_0} - \frac{e^2 N_a}{\varepsilon_0} \frac{\left(1 - \dfrac{\omega_0^2}{\omega^2}\right)\tau_{relaxation}^2 + i\omega\tau_{relaxation}}{m^*\left[1 + \left(\omega - \dfrac{\omega_0^2}{\omega}\right)\tau_{relaxation}^2\right]}$$

$$= \frac{\varepsilon_L}{\varepsilon_0} - \frac{e^2 N_a \tau_{relaxation}^2}{\varepsilon_0 m^*} \frac{1 - \dfrac{\omega_0}{\omega^2}}{\left[1 + \left(\omega - \dfrac{\omega_0^2}{\omega}\right)\tau_{relaxation}^2\right]}$$

$$- i\frac{e^2 N_a \tau_{relaxation}}{\varepsilon_0 m^*} \frac{\omega}{\left[1 + \left(\omega - \dfrac{\omega_0^2}{\omega}\right)\tau_{relaxation}^2\right]}, \tag{9-90}$$

其中 $\varepsilon_r = \dfrac{\varepsilon_L}{\varepsilon_0} + \dfrac{e\vec{d}N_{free}}{\varepsilon_0 \vec{\mathscr{E}}}$ 是考慮感應極化 $\vec{\mathscr{P}}_{induced}$ 之後的相對介電函數，也就是具有束縛電子密度 N_a 的物質，在電場 $\vec{\mathscr{E}}$ 的作用下，這些束縛電子發生位移 $\vec{d}$，感應造成介電函數的變化，由原來的真空介電常數 ε_0 增加到 $\varepsilon_L + \dfrac{e\vec{d}N_a}{\vec{\mathscr{E}}}$ 。

束縛電子對複介電函數 ε_r 的貢獻，實部 $n^2 - k^2$ 與虛部 $2nk$ 分別為

$$\varepsilon_1 = n^2 - k^2 = \frac{\varepsilon_L}{\varepsilon_0} - \frac{e^2 N_a}{\varepsilon_0} \frac{\left(1 - \dfrac{\omega_0^2}{\omega^2}\right)\tau_{relaxation}^2}{m^*\left[1 + \left(\omega - \dfrac{\omega_0^2}{\omega}\right)^2 \tau_{relaxation}^2\right]} \; ; \quad （9\text{-}91）$$

$$\varepsilon_2 = 2nk = \frac{e^2 N_a}{\varepsilon_0} \frac{\omega\tau_{relaxation}}{m^*\left[1 + \left(\omega - \dfrac{\omega_0^2}{\omega}\right)^2 \tau_{relaxation}^2\right]} \; 。 \quad （9\text{-}92）$$

如圖 9-8 所示，我們將依光學色散行為，將頻率分成三個區域，由低頻到高頻依序說明如下：

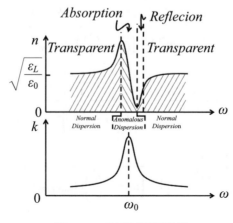

圖 9-8　光學色散特性

[1] 當頻率低於共振頻率（Resonance frequency）ω_0時，即 $\omega < \omega_0 + \Delta\omega$，折射率 n 大於 $\sqrt{\dfrac{\varepsilon_L}{\varepsilon_0}}$ 且 $\dfrac{dn}{d\omega}$ 大於零，是屬於正常色散（Normal dispersion）的範圍，基本上，物質對這個範圍的電磁波是透明的（Transparent）。

[2] 當頻率在共振頻率（Resonance frequency）ω_0附近時，即 $\omega_0 - \Delta\omega < \omega < \omega_0 + \Delta\omega$，色散 $\dfrac{dn}{d\omega}$ 小於零，是屬於異常色散（Anomalous dispersion）的範圍，基本上，物質對這個範圍的電磁波是吸收的（Absorption），當然在共振頻率時，吸收最強。

[3] 當頻率在高於共振頻率（Resonance frequency）ω_0時，即 $\omega > \omega_0 + \Delta\omega$，色散 $\dfrac{dn}{d\omega}$ 大於零，又回到正常色散；則有和 Drude 模型相似的光學行為，在一個小範圍內呈現反射（Reflection）；頻率越大，即呈現透明的特性。

如果存在有幾個振盪子（Oscillators），且每一個振盪子的強度（或機率）被稱為振盪子強度（Oscillators strength）f_i，則 $0 < f_i < 1$ 及 $\sum_i f_i = 1$，且

$$\varepsilon_1 = n^2 - k^2 = \frac{\varepsilon_L}{\varepsilon_0} - \frac{e^2 N_a}{\varepsilon_0} \sum_i \frac{f_i \left(1 - \dfrac{\omega_{0i}^2}{\omega^2}\right) \tau_{relaxation,\,i}^2}{m_i^* \left[1 + \left(\omega - \dfrac{\omega_{0i}^2}{\omega}\right)^2 \tau_{relaxation,\,i}^2\right]} \; ; \quad （9\text{-}93）$$

$$\varepsilon_2 = 2nk = e^2 \frac{e N_a}{\varepsilon_0} \sum_i \frac{f_i\, \omega \tau_{relaxation,\,i}}{m_i^* \left[1 + \left(\omega - \dfrac{\omega_{0i}^2}{\omega}\right)^2 \tau_{relaxation,\,i}^2\right]} \; , \quad （9\text{-}94）$$

而其所對應的複折射率的實數部分 $n(\omega)$ 和虛數部分 $k(\omega)$ 則如圖

9-9 所示。

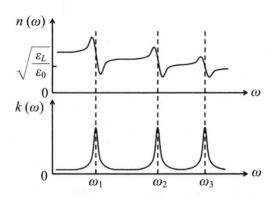

圖 9-9　複折射率的實數部分和虛數部分

9.2.5.3　固態光學的 Drude-Lorentz 模型

　　綜合自由電子和束縛電子對介電函數的結果就是固態光學的 Drude-Lorentz 模型（Drude-Lorentz model），即

$$\varepsilon_1 = n^2 - k^2$$

$$= \frac{\varepsilon_L}{\varepsilon_0} - \frac{\varepsilon_L}{\varepsilon_0}\left(\frac{\omega_p^2 \tau^2}{\omega}\right)\left[\frac{\omega \pm \omega_c}{1+(\omega \pm \omega_c)^2\tau^2}\right] - \frac{e^2 N_a}{\varepsilon_0}\sum_i \frac{f_i\left(1-\dfrac{\omega_{0i}^2}{\omega^2}\right)\tau_{relaxation,\,i}^2}{m_i^*\left[1+\left(\omega-\dfrac{\omega_{0i}^2}{\omega}\right)^2\tau_{relaxation,\,i}^2\right]} \; ;$$

$$（9\text{-}95）$$

$$\varepsilon_2 = 2nk$$

$$= \frac{\varepsilon_L}{\varepsilon_0}\left(\frac{\omega_p^2 \tau}{\omega}\right)\left(\frac{1}{1+(\omega \pm \omega_c)^2\tau^2}\right) + \frac{e^2 N_a}{\varepsilon_0}\sum_i \frac{f_i\,\omega\tau_{relaxation,\,i}}{m_i^*\left[1+\left(\omega-\dfrac{\omega_{0i}^2}{\omega}\right)^2\tau_{relaxation,\,i}^2\right]} \; 。$$

$$（9\text{-}96）$$

9.3 固態光學的量子模型

　　固態物質中的電子和光子做交互作用之後，電子的能態發生變化的過程，如圖 9-10 所示，可以用 Fermi 黃金規則（Fermi golden rule）表示爲

$$W = \frac{2\pi}{\hbar} \, \langle f|\hat{H}_{\text{interaction}}|i \rangle \, , \qquad\qquad (9\text{-}97)$$

其中 W 表示發生躍遷的機率（Transition probability rate，Transition probability per time）；$|i\rangle$ 和 $\langle f|$ 分別代表發生躍遷的初始狀態和最終狀態，也就是電子由 $|i\rangle$ 的狀態躍遷到 $\langle f|$ 的狀態；$\hat{H}_{\text{interaction}}$ 爲描述交互作用的 Hamiltonian（Interaction Hamiltonian），如圖 9-10 所示，所以，要探討光學躍遷的行爲就必須先討論 $\hat{H}_{\text{interaction}}$。

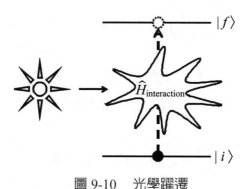

圖 9-10　光學躍遷

　　假設光的前進方向 k 爲 $\hat{y}$ 方向；電磁波的電場 $\vec{\mathscr{E}}$ 在 $\hat{z}$ 方向；磁場 $\vec{\mathscr{B}}$ 在 $\hat{x}$ 方向，如圖 9-11 所示。

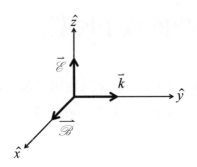

圖 9-11　光的前進方向為 $\hat{y}$ 方向；電場 $\vec{\mathscr{E}}$ 在 $\hat{z}$ 方向；磁場 $\vec{\mathscr{B}}$ 在 $\hat{x}$ 方向

　　由於光波的電磁作用，造成物質裡的正電荷與負電荷的相對位置產生變化，示意如圖 9-12，也就是正、負電荷的分布有了變化，於是固態的光學性質也就產生變化，如果我們考慮的範圍只有一正、一負的電荷，就是電雙極效應；範圍大一點就是電四極效應了。

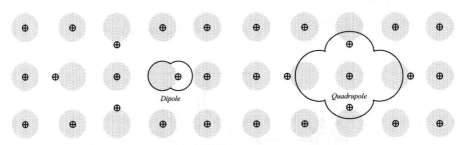

圖 9-12　電雙極與電四極示意圖

我們將由　　$\hat{H} = \dfrac{1}{2m}\left[\vec{\mathscr{P}} - q\vec{\mathscr{M}}(\vec{r}, t)\right]^2 + V(\vec{r}) - \vec{\mu}_s \cdot \vec{\mathscr{B}}(\vec{r}, t)$，　　（9-98）

推導出：

[1]　電雙極 Hamiltonian（Electric dipole Hamiltonian）

$$H_{\substack{Electric \\ Dipole}}(t) = \dfrac{q\mathscr{E}}{m\omega}\mathscr{P}_x \sin(\omega t)。\qquad（9-99）$$

[2] 磁雙極 Hamiltonian（Magnetic dipole Hamiltonian）

$$H_{\substack{Magnetic\\Dipole}}(t) = -\frac{q}{2m}(L_y + 2S_y)\mathscr{B}\cos(\omega t)\text{。}\qquad（9\text{-}100）$$

[3] 電四極 Hamiltonian（Electric quadrupole Hamiltonian）

$$H_{\substack{Electric\\Quadrupole}}(t) = -\frac{q}{2mc}(z\mathscr{P}_x + x\mathscr{P}_z)\mathscr{E}\cos(\omega t)\text{。}\qquad（9\text{-}101）$$

　　雖然這個交互作用可以分成三個主要的部分，但是最常使用的是電雙極近似（Electric dipole approximation），結果列表 9-2 如下。

　　一般而言，沒有磁場的情況下，或者嚴格來說，是沒有向量位能（Vector potential）$\overrightarrow{\mathscr{A}}$，一個電子的 Hamiltonian 為

表 9-2　電雙極交互作用、磁雙極交互作用、電四極交互作用

Interaction Hamiltonian	$H_{\text{Interaction}}(t) = -\dfrac{q}{m}\overrightarrow{\mathscr{P}}\cdot\overrightarrow{\mathscr{A}}(r,t)$ $-\dfrac{q}{m}\vec{S}\cdot\overrightarrow{\mathscr{B}}(\vec{r}\cdot t)+\dfrac{q^2}{m}\left[\overrightarrow{\mathscr{A}}(\vec{r}\cdot t)\right]^2$	$H_{\text{Interaction}}(t) = H_I(t) + H_{II}(t)$
Electric dipole Hamiltonian	$H_{\substack{Electric\\Dipole}}(t) = \dfrac{q\mathscr{E}}{2mc}\mathscr{P}_x\sin(\omega t)$	$H_{\substack{Electric\\Dipole}}(t)$
Magnetic dipole Hamiltonian	$H_{\substack{Magnetic\\Dipole}}(t) = -\dfrac{q}{2m}(L_y + 2S_y)\mathscr{B}\cos(\omega t)$	$H_I(t) - H_{\substack{Electric\\Dipole}}(t) + H_{II}(t)$
Electric quadrupole Hamiltonian	$H_{\substack{Electric\\Quadrupole}}(t) = -\dfrac{q}{2mc}(x\mathscr{P}_z + z\mathscr{P}_x)\mathscr{E}\cos(\omega t)$	
Electric dipole approximation	$H_{\text{int}} \simeq q\vec{\mathscr{E}}\cdot\vec{r}$	

$$H_0 = \frac{\overrightarrow{\mathscr{P}}^2}{2m} + V(\vec{r}) \, , \qquad\qquad (9\text{-}102)$$

其中，$\overrightarrow{\mathscr{P}}$ 為電子的動量；m 為電子的質量；$V(\vec{r})$ 為電子所處的位能。若有外加磁場，即向量位能 $\overrightarrow{\mathscr{A}}$ 不為 0，則 Hamiltonian 為

$$H = \frac{1}{2m} (\overrightarrow{\mathscr{P}} - q\overrightarrow{\mathscr{A}})^2 + V(\vec{r}) \, , \qquad\qquad (9\text{-}103)$$

如果考慮電子自旋與磁場交互作用 H_{spin}，則 Hamiltonian 為

$$\begin{aligned}
H &= \frac{1}{2m} (\overrightarrow{\mathscr{P}} - q\overrightarrow{\mathscr{A}})^2 + V(\vec{r}) + H_{spin} \, , \text{ 其中 } H_{spin} = -\vec{\mu}_s \cdot \overrightarrow{\mathscr{B}} \\
&= \frac{1}{2m} (\overrightarrow{\mathscr{P}} - q\overrightarrow{\mathscr{A}})^2 + V(\vec{r}) - \vec{\mu}_s \cdot \overrightarrow{\mathscr{B}} \, , \\
&= H_0 + H_{\text{interaction}} (t) \, , \qquad\qquad (9\text{-}104)
\end{aligned}$$

其中 $H_0 = \dfrac{\overrightarrow{\mathscr{P}}^2}{2m} + V(\vec{r})$ 為原子 Hamiltonian（Atomic Hamiltonian）；

$$H_{\text{interaction}} (t) = -\frac{q}{m}\overrightarrow{\mathscr{P}} \cdot \overrightarrow{\mathscr{A}}(\vec{r}, t) - \frac{q}{m}\vec{S} \cdot \overrightarrow{\mathscr{B}} (\vec{r} \cdot t) + \frac{q^2}{2m}\left[\overrightarrow{\mathscr{A}}(\vec{r} \cdot t)\right]^2 \,(9\text{-}105)$$

為交互作用 Hamiltonian（Interaction Hamiltonian），忽略 $\overrightarrow{\mathscr{A}}(\vec{r}, t)$ 的二次項之後，$H_{\text{interaction}} (t)$ 可近似為

$$H_{\text{interaction}} (t) \simeq H_I (t) + H_{II} (t) \, , \qquad\qquad (9\text{-}106)$$

其中

$$\begin{cases} H_I(t) = -\dfrac{q}{m}\overrightarrow{\mathscr{P}} \cdot \overrightarrow{\mathscr{A}}(\vec{r}, t) \\[2mm] H_{II}(t) = -\dfrac{q}{m}\vec{S} \cdot \overrightarrow{\mathscr{B}} (\vec{r}, t) \end{cases} \, , \qquad\qquad (9\text{-}107)$$

以下，我們將把 $H_{\text{interaction}}(t)$ 分解成三個部分，即

$$H_{\text{interaction}}(t) = H_{\substack{Electric \\ Dipole}}(t) + H_{\substack{Magnetic \\ Dipole}}(t) + H_{\substack{Electric \\ Quadrupole}}(t) + \cdots \qquad （9\text{-}108）$$

在介紹 $H_{\substack{Electric \\ Dipole}}(t)$、$H_{\substack{Magnetic \\ Dipole}}(t)$、$H_{\substack{Electric \\ Quadrupole}}(t)$ 之前，我們要先簡單的說明一下推導過程中所需的幾個關係式，即 $i\omega \mathscr{A}_0 = \dfrac{\mathscr{E}}{2}$ 與 $ik\mathscr{A}_0 = \dfrac{\mathscr{B}}{2}$，且可得 $\dfrac{\mathscr{E}}{\mathscr{B}} = \dfrac{\omega}{k} = c$。

由向量位能為 $\overrightarrow{\mathscr{A}}(\vec{r}, t) = \hat{x}\mathscr{A}_0 e^{i(kz-\omega t)} + \hat{x}\mathscr{A}_0^* e^{-i(kz-\omega t)}$，其中 $\mathscr{A}_0$ 為一個複常數，取決於時間的原點，現在我們選擇了一個時間原點，使 $\mathscr{A}_0$ 為純虛數，又

$$\begin{aligned}
\overrightarrow{\mathscr{E}}(\vec{r}, t) &= -\frac{\partial}{\partial t}\overrightarrow{\mathscr{A}}_0(\vec{r}, t) = \hat{x}\mathscr{E}\cos(kz - \omega t) \\
&= \hat{x}i\omega\mathscr{A}_0 e^{i(kz-\omega t)} - \hat{x}i\omega\mathscr{A}_0^* e^{-i(kz-\omega t)}, \qquad （9\text{-}109）
\end{aligned}$$

$$\begin{aligned}
\overrightarrow{\mathscr{B}}(\vec{r}, t) &= \nabla \times \overrightarrow{\mathscr{A}}_0(\vec{r}, t) \\
&= \hat{y}\mathscr{B}\cos(kz - \omega t) \\
&= \hat{y}ik\mathscr{A}_0 e^{i(kz-\omega t)} - \hat{y}ik\mathscr{A}_0^* e^{-i(kz-\omega t)}。 \qquad （9\text{-}110）
\end{aligned}$$

所以我們可以得到 $i\omega\mathscr{A}_0 = \mathscr{E}/2$、$ik\mathscr{A}_0 = \mathscr{B}/2$、且 $\dfrac{\mathscr{E}}{\mathscr{B}} = \dfrac{\omega}{k} = c$。

接下來回到 $H_{\text{interaction}}(t)$ 的說明，假設這個平面波（實際上任何形式的波都可以）的向量位能（Vector potential）為

$$\overrightarrow{\mathscr{A}}(\vec{r}, t) = \hat{x}\mathscr{A}_0 e^{i(kz-\omega t)} + \hat{x}\mathscr{A}_0^* e^{-i(kz-\omega t)}, \qquad （9\text{-}111）$$

代入 $H_I(t)$，得 $H_I(t) = -\dfrac{q}{m}\mathscr{P}_x[\mathscr{A}_0 e^{ikz}e^{-i\omega t} + \mathscr{A}_0^* e^{-ikz}e^{i\omega t}], \qquad （9\text{-}112）$

展開
$$e^{\pm ikz} = 1 \pm ikz + \frac{1}{2}k^2z^2 \pm \cdots ,$$
（9-113）

因為 $kz \simeq \dfrac{a_0}{\lambda} \ll 1$，其中 a_0 為原子尺寸（Atomic dimension），λ 為電磁波的波長，所以 $e^{\pm ikz} \simeq 1$，且假設 $\mathscr{A}_0$ 為純虛數，

則
$$\begin{aligned}
H_{\substack{Electric \\ Dipole}}(t) &= -\frac{q\mathscr{A}_0}{m}\mathscr{P}_x\left[e^{-i\omega t} - e^{i\omega t}\right] \\
&= \frac{q\mathscr{A}_0}{m}\mathscr{P}_x\left[-e^{-i\omega t} + e^{i\omega t}\right] \\
&= \frac{q\mathscr{A}_0}{m}\mathscr{P}_x[2i\sin(\omega t)] ,
\end{aligned}$$
（9-114）

又 $i\omega\mathscr{A}_0 = \dfrac{\mathscr{E}}{2}$，

則
$$H_{\substack{Electric \\ Dipole}}(t) = \frac{q\mathscr{E}}{m\omega}\mathscr{P}_x\sin(\omega t) ,$$
（9-115）

所以交互作用 Hamiltonian 可寫成

$$\begin{aligned}
H_{interaction}(t) &= H_I(t) + H_{II}(t) \\
&= H_{\substack{Electric \\ Dipole}}(t)) + \left[H_I(t) - H_{\substack{Electric \\ Dipole}}(t)\right] + H_{II}(t) ,
\end{aligned}$$
（9-116）

其實可以發現

$$\frac{H_I(t) - H_{\substack{Electric \\ Dipole}}(t)}{H_{\substack{Electric \\ Dipole}}(t)} \simeq \frac{a_0}{\lambda} \ll 1 ， \text{且} \quad \frac{H_{II}(t)}{H_{\substack{Electric \\ Dipole}}(t)} \simeq \frac{a_0}{\lambda} \ll 1 ，$$

所以 $H_{interaction}(t) \simeq H_{\substack{Electric \\ Dipole}}(t)$，

這也就是在光學躍遷經常做電雙極近似的原因。

接著，我們要由 $\left[H_I(t) - H_{\substack{Electric \\ Dipole}}(t) \right] + H_{II}(t)$ 分解出 $H_{\substack{Magnetic \\ Dipole}}(t)$ 和 $H_{\substack{Electric \\ Quadrupole}}(t)$，

$$H_I(t) - H_{\substack{Electric \\ Dipole}}(t) = -\frac{q}{m}\mathscr{P}_x\left[\mathscr{A}_0 e^{ikz}e^{-i\omega t} + \mathscr{A}_0^* e^{-ikz}e^{i\omega t}\right] + \frac{q\mathscr{A}_0}{m}\mathscr{P}_z\left[e^{-i\omega t} - e^{i\omega t}\right]$$

$$= \frac{q\mathscr{A}_0}{m}\mathscr{P}_x\left[-e^{ikz}e^{-i\omega t} + e^{-ikz}e^{i\omega t}\right] + \frac{q\mathscr{A}_0}{m}\mathscr{P}_z\left[e^{-i\omega t} - e^{i\omega t}\right]$$

$$= \frac{q\mathscr{A}_0}{m}\mathscr{P}_x\left[-(e^{ikz}-1)e^{-i\omega t} + (e^{-ikz-1}e^{i\omega t})\right] , \qquad (9\text{-}117)$$

取近似 $e^{\pm ikz} - 1 \simeq \pm ikz$，

則
$$H_I(t) - H_{\substack{Electric \\ Dipole}}(t) = \frac{q\mathscr{A}_0}{m}\mathscr{P}_x\left[-ikze^{-i\omega t} - ikze^{i\omega t}\right]$$

$$= -\frac{q\mathscr{A}_0}{m}ikz\mathscr{P}_x\left[e^{-i\omega t} + e^{i\omega t}\right] , \qquad (9\text{-}118)$$

又 $ik\mathscr{A}_0 = \dfrac{\mathscr{B}}{2}$，

所以
$$H_I(t) - H_{\substack{Electric \\ Dipole}}(t) = -\frac{q}{m}z\mathscr{B}\mathscr{P}_x\cos(\omega t) , \qquad (9\text{-}119)$$

如果再把 $z\mathscr{P}_x$ 改寫成

$$\mathscr{P}_x z = \frac{1}{2}\left(\mathscr{P}_x z - x\mathscr{P}_z\right) + \frac{1}{2}\left(\mathscr{P}_x z + x\mathscr{P}_z\right)$$

$$= \frac{1}{2}L_y + \frac{1}{2}\left(x\mathscr{P}_z + z\mathscr{P}_x\right) , \qquad (9\text{-}120)$$

則
$$H_I(t) - H_{\substack{Electric \\ Dipole}}(t) = -\frac{q}{2m}L_y\mathscr{B}\cos(\omega t) - \frac{q}{2m}\left(x\mathscr{P}_z + z\mathscr{P}_x\right)\mathscr{B}\cos(\omega t) ,$$

$$(9\text{-}121)$$

又 $\dfrac{\mathscr{E}}{\mathscr{B}}=\dfrac{\omega}{k}=c$,

所以 $H_I(t)-H_{\substack{Electric\\Dipole}}(t)=-\dfrac{q}{2m}L_y\mathscr{B}\cos(\omega t)-\dfrac{q}{2mc}(x\mathscr{P}_z+z\mathscr{P}_x)\mathscr{E}\cos(\omega t)$,

$$(9\text{-}122)$$

且 $\quad H_{II}(t)=-\dfrac{q}{m}\vec{S}\cdot\overrightarrow{\mathscr{B}}(\vec{r}\cdot t)$

$$=-\dfrac{q}{m}S_y\mathscr{B}\cos(\omega t), \qquad (9\text{-}123)$$

所以 $\left[H_I(t)-H_{\substack{Electric\\Dipole}}(t)\right]+H_{II}(t)$

$$=-\dfrac{q}{2m}L_y\mathscr{B}\cos(\omega t)-\dfrac{q}{m}S_y\mathscr{B}\cos(\omega t)-\dfrac{q}{2mc}(x\mathscr{P}_z+z\mathscr{P}_x)\mathscr{E}\cos(\omega t)$$

$$=-\dfrac{q}{2m}(L_y+2S_y)\mathscr{B}\cos(\omega t)-\dfrac{q}{2mc}(x\mathscr{P}_z+z\mathscr{P}_x)\mathscr{E}\cos(\omega t), \quad (9\text{-}124)$$

所以我們可以定義,$H_{\substack{Magnetic\\Dipole}}(t)=-\dfrac{q}{2m}(L_y+2S_y)\mathscr{B}\cos(\omega t)$; $\quad(9\text{-}125)$

$$H_{\substack{Electric\\Quadrupole}}(t)=-\dfrac{q}{2mc}(x\mathscr{P}_z+z\mathscr{P}_x)\mathscr{E}\cos(\omega t)\text{。}(9\text{-}126)$$

9.4 帶間躍遷與光學特性

　　從量子力學可以知道,由電子能態的改變而產生光子的過程,即使忽略了向量位能 $\overrightarrow{\mathscr{A}}(\vec{r}\cdot t)$ 的二次項之後,其 Hamiltonian 還是可以分成電雙極躍遷、磁雙極躍遷、電四極躍遷。然而描述一個電子在電磁場中的 Hamiltonian $\hat{H}_{int}$,一般說來,很多計算都會再做進一步的近似,即

$$\hat{H}_{\text{int}} \cong -\frac{q}{m}\hat{p} \cdot \widehat{\mathscr{A}} \,, \qquad (9\text{-}127)$$

當然有時也會做其他所需的近似。

這個近似被稱為電雙極近似，說明如下：

若電磁輻射場的電場部分 $\vec{\mathscr{E}}$，在時間上以頻率 ω 作變化，則因為在 Coulomb 規範（Coulomb gauge）下，

$$\vec{\mathscr{E}} = -\frac{\partial \vec{\mathscr{A}}}{\partial t} \,, \qquad (9\text{-}128)$$

若用相位算符（Phasor）表示則為

$$\vec{\mathscr{E}} = j\omega \vec{\mathscr{A}} \,, \qquad (9\text{-}129)$$

所以
$$\vec{\mathscr{A}} = \frac{1}{j\omega}\vec{\mathscr{E}} \,。 \qquad (9\text{-}130)$$

對電子而言，如果電子是處於某一個束縛狀態，或是電子被置於隨時間而變化的電場中，則電子的動量也會隨時間做相同週期的變化，

即
$$\vec{p} = m\vec{v} = m\frac{d\vec{r}}{dt} = j\omega m\vec{r} \,, \qquad (9\text{-}131)$$

綜合以上所述，交互作用的 Hamiltonian 為

$$\hat{H}_{\text{int}} \cong -\frac{q}{m}\hat{p} \cdot \widehat{\mathscr{A}}$$
$$= -\frac{q}{m}j\omega m\vec{r} \cdot \widehat{\mathscr{A}}$$

$$= -\frac{q}{m} j\omega m\vec{r} \cdot \frac{1}{j\omega} \vec{\mathscr{E}}$$

$$= -q\vec{r} \cdot \vec{\mathscr{E}} \circ \tag{9-132}$$

這個結果顯示，當一個具有 $-q$ 電荷的粒子在電場 $\vec{\mathscr{E}}$ 中，會「感受」到作用力 $-q\vec{\mathscr{E}}$，若這個粒子沿著電場的方向移動一個距離 $\vec{r}$，則將會改變的位能為 $-q\vec{r} \cdot \vec{\mathscr{E}}$。換言之，如果一個具有 $+q$ 電荷的粒子和電磁場作交互作用之後的交換能量即為 $+q\vec{r} \cdot \vec{\mathscr{E}}$。當然這個近似的結果是建立在假設電場 $\vec{\mathscr{E}}$ 在空間中的分布是均勻的。

在本節中，我們在電雙極近似下，討論晶體中的電子在價帶和導帶之間的躍遷，及其允許躍遷的選擇規則，當然也簡單的說明這些量子結果和古典光學參數之間的關係。

9.4.1　晶體中電子的躍遷與選擇規律

晶體中電子的 Hamiltonian 為

$$\hat{H} = \frac{1}{2m} (\hat{p} - q\widehat{\mathscr{A}})^2 + V(\vec{r}) , \tag{9-133}$$

且

$$\vec{\mathscr{E}} = -\frac{\partial \vec{\mathscr{A}}}{\partial t} , \tag{9-134}$$

其中 $\widehat{\mathscr{A}}$ 為電磁場的向量位能；$V(\vec{r})$ 為晶體的週期性位能，

這個 Hamiltonian 描述了一個帶有電荷 $-q$ 的粒子在外加電磁場中的運動行為，當中的 $\left[\frac{1}{2m} (\hat{p} - q\widehat{\mathscr{A}})^2\right]$ 可以被展開為

$$\frac{1}{2m}(\hat{p}-q\widehat{\mathscr{A}})^2 = \frac{p^2}{2m} - \frac{q}{2m}\widehat{\mathscr{A}}\cdot\hat{p} + \frac{q^2}{2m}\widehat{\mathscr{A}}^2 \text{,} \quad （9\text{-}135）$$

我們可以用動量算符 $\hat{p}=\left(\dfrac{\hbar}{i}\right)\nabla$，把 $\hat{p}\cdot\widehat{\mathscr{A}}$ 表示為

$$(\hat{p}\cdot\widehat{\mathscr{A}})f(\vec{r}) = \widehat{\mathscr{A}}\cdot\left(\frac{\hbar}{i}\nabla f\right) + \left(\frac{\hbar}{i}\nabla f\cdot\widehat{\mathscr{A}}\right)f(\vec{r}) \text{,} \quad （9\text{-}136）$$

且考慮 Coulomb 規範（Coulomb gauge），即 $\nabla\cdot\vec{\mathscr{A}}=0$，

所以 $\qquad\qquad (\hat{p}\cdot\widehat{\mathscr{A}})f(\vec{r}) = (\widehat{\mathscr{A}}\cdot\hat{p})f(\vec{r}) \text{,} \qquad\qquad （9\text{-}137）$

則在忽略 $\dfrac{q^2}{2m}\widehat{\mathscr{A}}^2$ 的假設條件下，可得 $\hat{H}$ 為

$$\hat{H}=\hat{H}_0 - \frac{q}{m}\widehat{\mathscr{A}}\cdot\hat{p} \text{,} \qquad\qquad （9\text{-}138）$$

其中 $\hat{H}_0$ 是未受干擾的 Hamiltonian；$-\dfrac{q}{m}\widehat{\mathscr{A}}\cdot\hat{p}$ 表示輻射和 Bloch 電子的交互作用，即電子和輻射交互作用的 Hamiltonian $\hat{H}_{\text{int}}$ 為

$$\hat{H}_{\text{int}}=-\frac{q}{m}\widehat{\mathscr{A}}\cdot\hat{p} \text{。} \qquad\qquad （9\text{-}139）$$

　　為了求躍遷機率，我們必須先計算矩陣元素（Matrix element），然而因為在固態物質中，光學躍遷的過程大多發生在導帶（Conduction band）和價帶（Valence band）之間，所以

$$W=\frac{2\pi}{\hbar}|\langle c|\hat{H}_{\text{int}}|v\rangle|^2 = \frac{2\pi q^2}{\hbar m^2}|\langle c|\widehat{\mathscr{A}}\cdot\hat{p}\rangle|v\rangle|^2 \text{,} \quad （9\text{-}140）$$

其中 $|c\rangle$ 和 $|v\rangle$ 分別爲導帶和價帶的基函數或本徵函數。

如果我們打算以電場的關係來表示（9-140）式，則因向量位能 $\overrightarrow{\mathscr{A}}$ 和電場 $\overrightarrow{\mathscr{E}}(\vec{k}, \omega)$ 的關係爲

$$\begin{cases} \overrightarrow{\mathscr{A}} = \hat{e}\,\mathscr{A}_0 \\ \overrightarrow{\mathscr{E}} = -\dfrac{\partial \overrightarrow{\mathscr{A}}}{\partial t} \end{cases}, \tag{9-141}$$

其中 $\hat{e}$ 爲電場 $\overrightarrow{\mathscr{E}}$ 的單位向量，

所以

$$\mathscr{A}_0 = \frac{-\mathscr{E}}{2\omega} \left[e^{i(\omega t - \vec{k} \cdot \vec{r})} + e^{-i(\omega t - \vec{k} \cdot \vec{r})} \right], \tag{9-142}$$

上式第一項 $\dfrac{-\mathscr{E}}{2\omega} e^{i(\omega t - \vec{k} \cdot \vec{r})}$ 的物理意義是光的吸收（Absorption）；第二項 $\dfrac{-\mathscr{E}}{2\omega} e^{-i(\omega t - \vec{k} \cdot \vec{r})}$ 的物理意義是光的受激輻射（Stimulated emission）。

然而，矩陣元素 $\langle c | \widehat{\overrightarrow{\mathscr{A}} \cdot \vec{p}} | v \rangle$ 的計算將包含時間與整個空間的積分，時間積分結果的意義是能量守恆；空間積分結果的意義是動量守恆，說明如下。

[1] 對於時間積分部分，只要看和 $e^{i\omega t}$ 相關的結果即可，

所以

$$\langle c | e^{i\omega t} | v \rangle \propto \int e^{\frac{-iE_c t}{\hbar}} e^{i\omega t} e^{\frac{iE_v t}{\hbar}} \, dt$$

$$= \int e^{\frac{-i}{\hbar}(E_c - E_v - \hbar\omega)} \, dt$$

$$= \delta (E_c - E_v - \hbar\omega) 。 \tag{9-143}$$

上式的物理意義爲能量守恆，表示在價帶的電子吸收了光子的能

量之後被激發至導帶上。同理，$e^{i\omega t}$ 的共軛複數的積分結果為

$$\langle c|e^{-i\omega t}|v\rangle = \delta\,(E_c - E_v + \hbar\omega)\,。 \tag{9-144}$$

因為這個輻射發生在外場出現的情況下，所以這項可以用來描述受激輻射的過程（Stimulated emission process）。

[2]　對於空間積分部分，我們先分別寫出導帶 $|c\rangle$ 和價帶 $|v\rangle$ 上電子的 Bloch 函數如下：

$$\begin{cases} |c\rangle = u_c(\vec{r})\,e^{-i(\vec{k}_c\,\cdot\,\vec{r})}, \\[4pt] |v\rangle = u_v(\vec{r})\,e^{-i(\vec{k}_v\,\cdot\,\vec{r})} \end{cases} \tag{9-145}$$

則 $\langle c|\widehat{\mathscr{A}}\cdot\hat{p}|c\rangle|^2 = \dfrac{\mathscr{E}^2}{4\omega^2}\Big|\displaystyle\int (u_c^* e^{i\vec{k}_c\,\cdot\,\vec{r}} e^{-i\vec{k}\,\cdot\,\vec{r}}\hat{e}\cdot\hat{p}u_v e^{-i\vec{k}_v\,\cdot\,\vec{r}})\,d\vec{r}\Big|^2$

$\qquad = \dfrac{\mathscr{E}^2}{4\omega^2}\Big|\displaystyle\int \Big(u_c^* e^{-i(\vec{k}-\vec{k}_c)\,\cdot\,\vec{r}}\hat{e}\cdot\dfrac{\hbar}{i}\nabla u_v e^{-i\vec{k}_v\,\cdot\,\vec{r}}\Big)d\vec{r}\Big|^2$

$\qquad = \dfrac{\mathscr{E}^2}{4\omega^2}\Big|\displaystyle\int u_c^* e^{-i(\vec{k}-\vec{k}_c)\,\cdot\,\vec{r}}\hat{e}\cdot\Big[e^{-i\vec{k}_v\,\cdot\,\vec{r}}\hat{p}u_v + \hbar\vec{k}_v u_v e^{-i\vec{k}_v\,\cdot\,\vec{r}}\Big]d\vec{r}\Big|^2,$

$$\tag{9-146}$$

因為正交關係 $\qquad\qquad \langle u_c|u_v\rangle = 0\,, \tag{9-147}$

所以可得 $|\langle c|\hat{A}\cdot\hat{p}|v\rangle|^2 = \dfrac{E^2}{4\omega^2}\Big|\displaystyle\int (u_c^* e^{-i(\vec{k}-\vec{k}_c+\vec{k}_v)\,\cdot\,\vec{r}}\hat{e}\cdot\hat{p}u_v)d\vec{r}\Big|^2\,。 \tag{9-148}$

接著我們把對應的積分式中的 $\vec{r}$ 分成二個部分，即 $\vec{r}=\vec{R}_j+\vec{r}'$，其中 $\vec{r}'$ 是定義在單位元胞中的，$\vec{R}_j$ 則為晶格向量（Lattice vector）。

因為函數 u_c 和 u_v 具有晶格結構的週期性，所以可以把積分式寫成

$$\int (u_c^* e^{-i(\vec{k}-\vec{k}_c+\vec{k}_v)\cdot\vec{r}}\hat{e}\cdot\hat{p}u_v)d\vec{r}$$

$$= \left[\sum_j e^{-i(\vec{k}-\vec{k}_c+\vec{k}_v)\cdot\vec{R}_j}\right]\int\limits_{\substack{unit\ cell\\or\ Brillouin\ Zone}} (u_c^* e^{-i(\vec{k}-\vec{k}_c+\vec{k}_v)\cdot\vec{r}}\hat{e}\cdot\hat{p}u_v)d\vec{r}'\,\text{，} \quad （9\text{-}149）$$

因為我們可以把分立 $\vec{R}_j$ 的加總，換成連續 $\vec{R}$ 的積分，即 $\sum\limits_{\vec{R}_j}\rightarrow\int d\vec{R}$，

所以 $\quad \sum\limits_j e^{-i(\vec{k}-\vec{k}_c+\vec{k}_v)\cdot\vec{R}_j}=\int e^{-i(\vec{k}-\vec{k}_c+\vec{k}_v)\cdot\vec{R}}\,d\vec{R}=\delta(\vec{k}-\vec{k}_c+\vec{k}_v)\,\text{，}\quad （9\text{-}150）$

上式的物理意義就是動量守恆。

將（9-150）式代入（9-149）式，得

$$\int (u_c^* e^{-i(\vec{k}-\vec{k}_c+\vec{k}_v)\cdot\vec{r}}\hat{e}\cdot\hat{p}u_v)d\vec{r}$$

$$\simeq \left[\int\limits_{\substack{unit\ cell\\or\ Brillouin\ Zone}} (u_c^* e^{+ik_c\cdot\vec{r}'}e^{-ik\cdot\vec{r}'}\hat{e}\cdot\hat{p}u_v e^{-i\vec{k}_v\cdot\vec{r}})d\vec{r}'\right]\delta(\vec{k}-\vec{k}_c+\vec{k}_v)\,\text{，}$$

$$= \langle c|e^{-i\vec{k}\cdot\vec{r}'}\hat{e}\cdot\hat{p}|v\rangle\,\delta(\vec{k}-\vec{k}_c+\vec{k}_v)$$

$$= \langle c|(1-i\vec{k}\cdot\vec{r}'+\cdots)\hat{e}\cdot\hat{p}|v\rangle\,\delta(\vec{k}-\vec{k}_c+\vec{k}_v)$$

$$= \left[\langle c|\hat{e}\cdot\hat{p}|v\rangle - \langle c|(i\vec{k}\cdot\vec{r}')\hat{e}\cdot\hat{p}|v\rangle + \cdots\right]\delta(\vec{k}-\vec{k}_c+\vec{k}_v)\,\text{，}\quad （9\text{-}151）$$

其中 $\langle c|\hat{e}\cdot\hat{p}|v\rangle$，稱為電雙極近似（Electric dipole approximation）；而 $\langle c|(i\vec{k}\cdot\vec{r}')\hat{e}\cdot\hat{p}|v\rangle$，如前所述，則包含了磁雙極近似（Magnetic dipole approximation）和電四極近似（Electric quadrupole approximation），

綜合以上 [1] 時間積分和 [2] 空間積分的結果得二個能階之間的躍遷機率為

$$W=\frac{2\pi}{\hbar}\left[\langle c|\hat{e}\cdot\hat{p}|v\rangle + \langle c|(i\vec{k}\cdot\vec{r}')\hat{e}\cdot\hat{p}|v\rangle + \cdots\right]^2\delta(E_c-E_v+\hbar\omega)$$

$$\delta(\vec{k}-\vec{k}_c+\vec{k}_v)\,\text{。}\quad （9\text{-}152）$$

9.4.2 電子躍遷與光學特性參數的關係

這一節，我們要把躍遷機率的變化率（Transition probability rate），即單位時間的躍遷機率（Transition probability per time），$W = \frac{2\pi}{\hbar}|\langle c|\hat{H}_{\text{int}}|v\rangle|^2$，和二個基本光學常數，即介電常數（Dielectric constants）$\varepsilon'(\omega) - i\varepsilon''(\omega)$ 和吸收係數（Absorption coefficient）$\alpha(\omega)$，作連結，當然所有的光學常數都和第 6 章介紹的聯合狀態密度有關。

如前所述，我們在此只介紹最簡單的情況，也就是基於上一節已經算出處於具有能量 E_v 且波向量 $\vec{k}_v$ 的價帶 $|v\rangle$ 電子躍遷到具有能量 E_c 且波向量 $\vec{k}_c$ 的導帶 $|c\rangle$ 的躍遷機率結果加以擴充，即根據 $W = \frac{2\pi}{\hbar}$ $|\langle c|\hat{H}_{\text{int}}|v\rangle|^2$ 的關係，把所有的初始態（Initial states）的價帶 $|v\rangle$ 加起來；亦把所有的最終態（Final states）的導帶 $|c\rangle$ 加起來，此外也更進一步假設函數 $\langle c|\hat{e}\cdot\hat{p}|v\rangle$ 在 $\vec{k}$ 空間的變化是緩慢的，如此就可以將 $\langle c|\hat{e}\cdot\hat{p}|v\rangle$ 提出到積分符號之外。

由以上的敘述，我們把躍遷機率表示為

$$W = \frac{2\pi}{\hbar}\left(\frac{q}{m\omega}\right)^2\left|\frac{\mathscr{E}}{2}\right|^2 \sum_{k_c,\,k_v} [|\langle c|\hat{e}\cdot\hat{p}|v\rangle|^2\,\delta(E_c - E_v - \hbar\omega)\,\delta(\vec{k} - \vec{k}_c + \vec{k}_v)]$$

$$= \frac{2\pi}{\hbar}\left(\frac{q}{m\omega}\right)^2\left|\frac{\mathscr{E}}{2}\right|^2 |\langle c|\hat{e}\cdot\hat{p}|v\rangle|^2 \sum_{k_c,\,k_v} [\delta(E_c - E_v - \hbar\omega)\,\delta(\vec{k} - \vec{k}_c + \vec{k}_v)]\,, \tag{9-153}$$

且由功率損耗（Power loss）的定義可得

$$\hbar\omega W = -\frac{dI}{dt} = -\left(\frac{dI}{dx}\right)\left(\frac{dx}{dt}\right) = \alpha I \frac{c}{n} = \varepsilon''\frac{\omega I}{n^2}\,, \tag{9-154}$$

其中 $\begin{cases} \alpha = \dfrac{\omega}{nc}\varepsilon'' \\ I = \dfrac{n^2}{8\pi}|\mathscr{E}|^2 \end{cases}$ ，

代入躍遷機率 W，得

$$\varepsilon''(\omega) = \left(\frac{2\pi q}{m\omega}\right)^2 \sum_{k_c, k_v} [|\langle c|\hat{e} \cdot \hat{p}|v\rangle|^2 \delta(E_c - E_v - \hbar\omega)\,\delta(\vec{k} - \vec{k}_c + \vec{k}_v)]\text{；}$$
（9-155）

且 $$\alpha(\omega) = \frac{(2\pi q)^2}{nc\omega m^2} \sum_{k_c, k_v} [|\langle c|\hat{e} \cdot \hat{p}|v\rangle|^2 \delta(E_c - E_v - \hbar\omega)\,\delta(\vec{k} - \vec{k}_c + \vec{k}_v)]\text{。}$$
（9-156）

　　如果我們把（9-153）式的 $\displaystyle\sum_{k_c, k_v}$ 換成在 $\vec{k}$ 空間中的積分形式，則可以定義出聯合狀態密度（Joint density of states）$J_{cv}(\hbar\omega)$ 為

$$J_{cv}(\hbar\omega) = \sum_{k_c, k_v} \delta(E_c - E_v - \hbar\omega) = \frac{2}{(2\pi)^3}\int d^3\vec{k}\,\delta(E_c - E_v - \hbar\omega)\text{，}$$
（9-157）

其中我們已經考慮了自旋簡併因子（Spin degenerate factor）2。

　　聯合狀態密度 $J_{cv}(\hbar\omega)$ 可以重寫為

$$J_{cv}(\hbar\omega) = \frac{2}{(2\pi)^3}\int dS\,d\vec{k}_\perp \delta(E_c - E_v - \hbar\omega)\text{。}$$
（9-158）

　　我們可以透過 δ 函數的特性進行上式的積分計算，

因為 $$\delta(E)dE = \delta(\vec{k})d\vec{k}\text{，}$$
（9-159）

所以 $$\delta(E) = \frac{\delta(\vec{k})}{\dfrac{dE}{d\vec{k}}}\text{，}$$
（9-160）

則
$$\int \delta\,(E)\,d\vec{k}_\perp = \int \frac{\delta(\vec{k}_\perp)}{\dfrac{dE}{d\vec{k}_\perp}}\,d\vec{k}_\perp \underset{\text{或}}{=} \sum_{\substack{All\ \vec{k} \\ for\ \delta(\vec{k}_\perp)=1}} \left(\frac{dE}{d\vec{k}_\perp}\right)^{-1}, \qquad （9\text{-}161）$$

如圖 9-13 所示，對等能面 $\vec{S}$ 與所對應的 $\vec{k}_\perp$ 作積分，

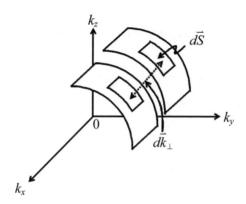

圖 9-13　等能面積分

代入得
$$J_{cv}\,(\hbar\omega) = \frac{2}{(2\pi)^3}\int \frac{\delta(\vec{k}_\perp)}{\dfrac{d(E_c - E_v)}{d\vec{k}_\perp}}\,d\vec{k}_\perp\,d\vec{S}$$

$$= \frac{2}{(2\pi)^3}\int \frac{d\vec{S}}{\nabla_{\vec{k}_\perp}(E_c - E_v)}, \qquad （9\text{-}162）$$

所以
$$W \propto J_{cv}\,(\hbar\omega) \propto \frac{1}{\nabla_{\vec{k}_\perp}(E_c - E_v)}, \qquad （9\text{-}163）$$

這個結果顯示，電子做能態躍遷的機率和聯合狀態密度有直接的關係，而當 $\nabla_{\vec{k}_\perp}(E_c - E_v)=0$ 時，會有很大的躍遷機率，有關聯合狀態密度的說明，可參考第 6 章的介紹。

9.4.3 電子的高階躍遷

我們可以藉由一階微擾理論（First order perturbation theory），求出躍遷機率 W，即

$$W = \frac{2\pi}{\hbar} |\langle f|\hat{H}_{\text{int}}|i\rangle|^2 \delta (E_f - E_i \mp \hbar\omega)，\qquad (9\text{-}164)$$

上式的負號「–」表示吸收一個能量為 $\hbar\omega$ 的光子；正號「+」表示釋放一個能量為 $\hbar\omega$ 的光子。

若以二階微擾理論（Second order perturbation theory）求出的躍遷機率 W 則為

$$W = \frac{2\pi}{\hbar} \left| \sum_{\beta} \frac{\langle f|\hat{H}_{\text{int}}|\beta\rangle \langle \beta|\hat{H}_{\text{int}}|i\rangle}{E_\beta - E_i \mp \hbar\omega} \right|^2 \delta (E_f - E_i \mp \hbar\omega \mp \hbar\omega)，$$
$$(9\text{-}165)$$

其中 $|\beta\rangle$ 表示所有的中間狀態（Intermediate states），要注意的是，在中間狀態，能量是不守恆的，能量僅在初始態和最終態之間保持守恆。

相同的道理，我們可以把躍遷機率 W 的計算擴展到更高階的躍遷過程。對三階的躍遷，其躍遷機率 W 可以表示為

$$W = \frac{2\pi}{\hbar} \left| \sum_{\alpha,\beta} \frac{\langle f|\hat{H}_{\text{int}}|\alpha\rangle \langle \alpha|\hat{H}_{\text{int}}|\beta\rangle \langle \beta|\hat{H}_{\text{int}}|i\rangle}{(E_\alpha - E_i \mp \hbar\omega \mp \hbar\omega)(E_\beta - E_i \mp \hbar\omega)} \right|^2 \delta (E_f - E_i \mp \hbar\omega \mp \hbar\omega \mp \hbar\omega)。$$
$$(9\text{-}166)$$

思考題

9-1　試討論折射率隨溫度變化的關係。

9-2　試由零維、一維、二維、三維，漸次建構出狀態密度。

9-3　試討論 Dirac 關係（Dirac relation）：

$$\lim_{\varepsilon \to 0} \frac{1}{x+j\varepsilon} = \mathscr{P}\left(\frac{1}{x}\right) - j\pi\delta(x) \text{,}$$

以及

$$\lim_{\varepsilon \to 0} \int_{b}^{a} \frac{f(x)}{x \pm j\varepsilon} dx = \mathscr{P} \int_{b}^{a} \frac{f(x)}{x} dx \mp j\pi f(0) \text{,}$$

其中「$\mathscr{P}$」代表求出主值（Principle value）之後再積分。

9-4　試推導 Kramers-Kronig 關係。

9-5　試說明表 9-1 的幾個自由載子的光學特性。

9-6　試討論光波在摻雜的介質中的群速的關係。

9-7　試討論介質折射率和基態粒子分布的關係。

9-8　試由 Boltzmann 傳輸方程式導出 Drude 模型的光學性質。

9-9　試由 Schrödinger 方程式導出 Fermi 黃金規則（Fermi golden rule）。

9-10 試討論折射率和吸收截面的關係。

第 10 章

固態磁學

10.1　基本固態磁學特性

　　固態物質的磁性到目前爲止，仍然有許多未解之謎，本章的內容只介紹五種最基本的固態磁性。

　　如果把這五種固態磁性做大範圍的分類，可以分成二大類：

[1]　順磁性、逆磁性。

　　對單一原子而言，當考慮外加磁場與電子的交互作用之後，產生了逆磁性和順磁性，其中，逆磁性不是溫度的函數，緣自於電子所在的空間與磁場耦合的結果；順磁性是溫度的函數，緣自於電子自旋和軌道角動量與磁場耦合的結果，也就是我們所常見的「吸鐵石」。

[2]　鐵磁性、反鐵磁性、亞鐵磁性。

　　對晶體而言，因爲構成固態物質的原子的磁極化排列情況，包含了大小及方向，被稱爲磁矩排列（Magnetic ordering），所以當磁矩排列不同，物質所呈現的磁學特性就不同，主要可以分成：鐵磁性、反鐵磁性、亞鐵磁性。

　　我們將僅以磁化率（Magnetic susceptibility）對溫度的函數關係 $\chi(T)$ 來描述這五個特性，如圖 10-1 所示。

　　如果以溫度 T 爲橫軸；磁化率倒數 $\chi^{-1}(T)$ 爲縱軸，則

[1]　順磁性：因爲遵守 Curie 定律（Curie law），所以是一條通過原點的直線。在固定磁場大小的情況下，當溫度升高時，磁矩的熱動能也增加，所以磁化率減小，其倒數變大。

[2]　逆磁性：因爲逆磁性和溫度無關且爲負值，所以是一條在原點以下的水平線。

　　很顯然的，因爲磁矩的整體排列會隨著溫度的上昇而增加其微觀

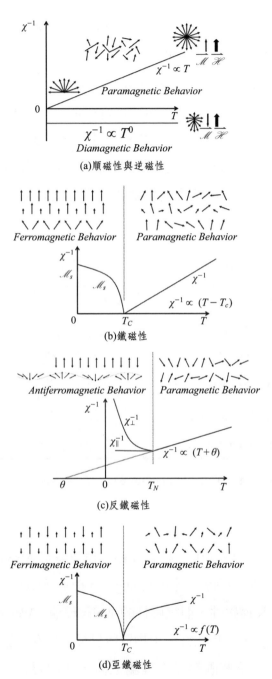

χ^{-1}

$\chi^{-1} \propto T$

Paramagnetic Behavior

$\mathscr{M}$ $\mathscr{H}$

0

T

$\chi^{-1} \propto T^0$

Diamagnetic Behavior

$\mathscr{M}$ $\mathscr{H}$

(a)順磁性與逆磁性

Ferromagnetic Behavior   *Paramagnetic Behavior*

χ^{-1}

$\mathscr{M}_s$

$\mathscr{M}_s$

χ^{-1}

$\chi^{-1} \propto (T - T_c)$

0   T_C T

(b)鐵磁性

Antiferromagnetic Behavior   *Paramagnetic Behavior*

χ^{-1}

$\chi_\perp^{-1}$

$\chi_\parallel^{-1}$

$\chi^{-1} \propto (T + \theta)$

θ 0 T_N T

(c)反鐵磁性

Ferrimagnetic Behavior   *Paramagnetic Behavior*

χ^{-1}

$\mathscr{M}_s$

$\mathscr{M}_s$

χ^{-1}

$\chi^{-1} \propto f(T)$

0   T_C T

(d)亞鐵磁性

圖 10-1　磁化率對溫度的函數關係

517

的亂度或無序（Disordering）的程度，導致在巨觀上的磁化率會和溫度成反比，所以只要是磁矩的亂度隨著溫度的上昇而增加的現象或行為就稱為順磁性。由圖 10-1 所示，可看出當溫度高於個別的特徵溫度時，諸如：Curie 溫度（Curie temperature）或 Neel 溫度，鐵磁性、反鐵磁性、亞鐵磁性都會呈現順磁性；當溫度低於個別的特徵溫度時，鐵磁性、反鐵磁性、亞鐵磁性都將會因為有各自的磁矩排列方式，而呈現出其特有的磁性。磁化率對溫度的函數關係 $\chi(T)$ 列表 10-1 如下：

表 10-1　磁化率對溫度的函數關係

固態磁性	磁化率的溫度函數	溫度範圍
順磁性（Paramagnetism）	$\chi(T) \propto \dfrac{1}{T}$	$T > 0$
逆磁性（Diamagnetism）	$\chi(T) \propto T^0$	$T > 0$
鐵磁性（Ferromagnetism）	$\chi(T) \propto \dfrac{1}{T - T_C}$	$T > T_C$
反鐵磁性（Anti-Ferromagnetism）	$\chi(T) \propto \dfrac{1}{T + \theta}$	$T > T_N$
亞鐵磁性（Ferrimagnetism）	$\chi(T) \propto f(T)$	$T > T_C$

其中 T_C 為 Curie 溫度（Curie temperature）；T_N 為 Neel 溫度（Neel temperature）。

　　我們在本章的內容中，將先介紹二個奠基於 Maxwell 方程式的磁性理論，即逆磁性和順磁性的 Langevin 理論（Langevin theory）；以及鐵磁性、反鐵磁性、亞鐵磁性的 Weiss 理論（Weiss theory）。最後再以 Schrödinger 方程式推導出物質所呈現的基本順磁性和逆磁性。

　　在開始討論這些固態磁性理論之前，我們要先介紹荷蘭的 Johanna Hendrika van Leeuwen 博士首次在她的博士論文中發表了一個

非常著名結果，就是如果軌道運動是座標和軌道電子動量的函數，則其磁矩在遵守古典統計的約束下，很自然的其平均值為零。所以古典物理是無法處理逆磁性、順磁性、鐵磁性、反鐵磁性、亞鐵磁性的現象的，換言之，所有的磁性都是巨觀可見的量子效應。

10.2　Bohr-van Leeuwen 理論

Bohr-van Leeuwen 理論（Bohr-van Leeuwen theorem）是統計力學領域的理論。這個理論告訴我們無論從古典力學或統計力學的觀點來計算都會得到一致的結果，即「在熱平衡狀態下，磁極化（Magnetization）的平均值永遠為零」，所以固態物質的磁性完全是量子效應。簡單說明如下：

一個軌道電子（Orbiting electron）的磁矩 $\bar{\mu}$ 為

$$\bar{\mu} = \bar{I}A = \frac{er^2\overline{\omega}}{2} = \frac{e}{2}(x^2+y^2+z^2)\left(\frac{\partial\phi_x}{\partial t}+\frac{\partial\phi_y}{\partial t}+\frac{\partial\phi_z}{\partial t}\right)$$
$$= \frac{e}{2}(x^2+y^2+z^2)\sum_{j=x,y,z}(\dot{\phi_j}), \qquad (10\text{-}1)$$

其中 I 為電流大小；r 為軌道半徑；ω 為角頻率。

以上的式子若在廣義座標（Generalized coordinate）中，可簡單的將 μ 作線性分解成各分量速度的總和，即

$$\mu = a_1\frac{dq_1}{dt}+a_2\frac{dq_2}{dt}+a_3\frac{dq_3}{dt}$$

$$= \sum_{j=1} a_j \dot{q}_j \ , \tag{10-2}$$

其中 a_j 為對應於各速度分量的係數；q_j 為位移分量，則 $\dfrac{dq_j}{dt}$ 為廣義速度（Generalized velocity），換言之，μ 為廣義速度的函數。

　　從古典物理的觀點來看平均磁矩（Average magnetic momentum）則為

$$\bar{\mu} = \frac{\displaystyle\int \mu e^{\frac{-E}{k_B T}} dq_1 \, dq_2 \, dq_3 \, dp_1 \, dp_2 \, dp_3}{\displaystyle\int e^{\frac{-E}{k_B T}} dq_1 \, dq_2 \, dq_3 \, dp_1 \, dp_2 \, dp_3}$$

$$= \frac{\displaystyle\int \left[\sum_{j=1}^{3} a_j \dot{q}_j \right] e^{\frac{-E}{k_B T}} dq_1 \, dq_2 \, dq_3 \, dp_1 \, dp_2 \, dp_3}{\displaystyle\int e^{\frac{-E}{k_B T}} dq_1 \, dq_2 \, dq_3 \, dp_1 \, dp_2 \, dp_3} \ , \tag{10-3}$$

　　根據 Hamilton 方程式（Hamilton's equation），即 $\dot{q}_i = \dfrac{\partial E}{\partial p_i}$，所以我們可以從以上的積分式中取出任何一項，如 $a_1 \dot{q}_1$，為

$$I_1 = \int_{-\infty}^{+\infty} a_1 \dot{q}_1 e^{\frac{-E}{k_B T}} dp_1$$

$$= \int_{-\infty}^{+\infty} a_1 \frac{\partial E}{\partial p_1} e^{\frac{-E}{k_B T}} dp_1 \ , \tag{10-4}$$

又 $\qquad \dfrac{\partial}{\partial p_1} \left[e^{\frac{-E}{k_B T}} \right] = \dfrac{-1}{k_B T} e^{\frac{-E}{k_B T}} \dfrac{\partial E}{\partial p_1} \ , \tag{10-5}$

則 $\qquad I_1 = -a_1 k_B T \displaystyle\int_{\infty}^{+\infty} \frac{\partial}{\partial p_1} \left[e^{\frac{-E}{k_B T}} \right] dp_1$

$$= -a_1 k_B T \left[e^{\frac{-E}{k_B T}} \right]_{-\infty}^{+\infty}$$

$$= -a_1 k_B T \left[e^{-\infty} - e^{-\infty} \right]$$

$$= -a_1 k_B T [0 - 0] = 0 \text{。} \qquad\qquad （10\text{-}6）$$

因為 E 包含了 $\dfrac{p^2}{2m}$ 這一項，所以當動量 p 趨近於無限大，能量 E 也會趨近於無限大，即 $p \to \pm\infty$，且 $E \to \infty$，則 $e^{\frac{-E}{k_B T}} \Big|_{-\infty}^{+\infty} \to 0$，所以 $I_1 = 0$、$I_2 = 0$、$I_3 = 0$，即 $\overline{\mu} \to 0$。

由以上的結果可知：因為在 Hamiltonian 中沒有和磁場相關的項次，所以無論是在有沒有磁場的情況下，平均磁矩都為零。換言之，從古典物理的論點來看，物質是不會有磁性的，然而現實的觀察與經驗並非如此，所以我們才會說：「所有的物質磁性都是巨觀可見的量子效應」。這個結論因為是由 M. Bohr 和 J. H. van Leeuwen 分別獨立所證明出來的，所以就稱為 Bohr-van Leeuwen 理論（Bohr-van Leeuwen theorem）。

10.3 順磁性與逆磁性的 Langevin 理論

固態物質的永久磁矩主要來自於三種分量的總和，分別為電子的軌道磁矩（Orbital magnetic dipole moment）；電子的自旋磁矩（Spin magnetic dipole moment）；原子核的磁矩（Nuclear magnetic dipole moment），而永久磁矩又可以分成順磁性和逆磁性。

順磁性和逆磁性成因是不同的：順磁性是因為外加磁場的施加，所以原來既存的永久磁矩排列整齊的結果；而逆磁性是伴隨著外加磁場而形成的磁矩。如果以單一原子來看，我們可以簡單的說：內層電子因為束縛比較緊，所以會對抗外加磁場導致逆磁性；外層電子因為

束縛比較鬆，所以可以隨著外加磁場而改變磁矩的方向導致順磁性。

　　所謂的順磁性，如圖 10-2 所示，就是磁極化 $\overrightarrow{M}$ 和外加磁場 $\overrightarrow{H}$ 的方向是一致的。

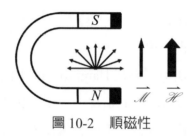

圖 10-2　順磁性

　　因為很多原子的永久磁矩（Permanent magnetic moment）比逆磁性效應還要大，所以就產生了順磁性和其他伴隨正值的磁化率。

　　所謂的逆磁性，如圖 10-3 所示，就是磁極化 $\overrightarrow{M}$ 和外加磁場 $\overrightarrow{H}$ 的方向是相反的。

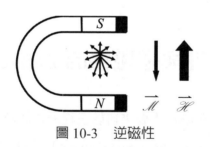

圖 10-3　逆磁性

　　在所有的原子和離子中，當有外加磁場時，所感應的逆磁矩（Diamagnetic moment）是一個負值的磁化率（Negative magnetic susceptibility），但是通常這個現象會被其他伴隨的永久磁矩（Permanent magnetic moment）和正值的磁化率（Positive magnetic susceptibility）所掩蓋過去。

10.3.1 順磁性的 Langevin 理論

我們可以藉由計算極化介電性（Polar dielectric），在外加電場下所感應的電極化（Electric polarization）的步驟，定量的瞭解順磁效應。Langevin 以古典氣體動力論和古典統計學推導出氣體的順磁化率（Paramagnetic susceptibility）的表示式，步驟如下：

在給定的溫度 T 下，分子會使本身的軸向和磁場 $\vec{\mathscr{B}}$ 的方向平行，而達到統計平衡，進而提供磁極化 $\vec{\mathscr{M}}$，計算如下：

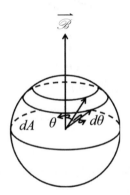

圖 10-4　磁場的方向相對於參考軸夾角

[1]　相對於參考軸夾 θ 角的分量和 $\sin\theta d\theta$ 成正比，如圖 10-4 所示。

[2]　由能量均分的原則，可知能量為 E 的分子個數正比於 $e^{\frac{-E}{k_B T}}$，其中 k_B 為 Boltzmann 常數（Boltzmann constant）；T 為絕對溫度。

令 N 為單位體積的分子個數，若 dN 為角度介於 θ 和 $\theta + d\theta$ 之間且能量為 E 的分子個數，

則
$$dN \propto e^{\frac{-E}{k_B T}}\sin\theta d\theta \text{，}$$
（10-7）

若等號要成立，則 $\qquad dN = ce^{\frac{-E}{k_BT}}\sin\theta d\theta$。 （10-8）

上式只剩 E 和 c 是未知的，所以只要能夠求出 E 和 c，就可以求出磁極化 $\mathscr{M}$。

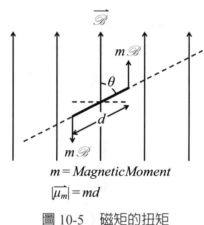

$$m = Magnetic\,Moment$$
$$|\overrightarrow{\mu_m}| = md$$

圖 10-5　磁矩的扭矩

如圖 10-5 所示，磁矩的扭矩（Torque）為

$$Torque = m\,\mathscr{B}d\sin\theta$$
$$= \mu_m\mathscr{B}\sin\theta，\qquad （10\text{-}9）$$

其中 $\mu_m = md$ 為磁矩；d 為磁矩的長度，
所以貯存在磁矩的能量 E 為

$$E = \int_{\frac{\pi}{2}}^{0} Torque \, d\theta$$

$$= \int_{\frac{\pi}{2}}^{0} \mu_m \mathscr{B} \sin \theta d\theta , \tag{10-10}$$

得 $\qquad E = -\mu_m \mathscr{B} \cos \theta , \tag{10-11}$

則 $\qquad dN = ce^{\frac{\mu_m \mathscr{B} \cos \theta}{k_B T}} \sin \theta d\theta 。 \tag{10-12}$

若 $\qquad \xi = \dfrac{\mu_m \mathscr{B}}{k_B T} , \tag{10-13}$

則 $\qquad dN = ce^{\xi \cos \theta} \sin \theta d\theta , \tag{10-14}$

所以對整個球面作積分，即傾斜角範圍在 0 到 π 之間得分子個數為

$$N = \int dN = c \int_0^\pi e^{\xi \cos \theta} \sin \theta d\theta , \tag{10-15}$$

若令 $x = \cos \theta$，則 $-dx = \sin \theta d\theta$，

則

$$N = c \int_{-1}^{1} e^{\xi x} \, dx$$

$$= c \left. \frac{e^{\xi x}}{\xi} \right|_{-1}^{+1} = \frac{c}{\xi} (e^\xi - e^{-\xi}) , \tag{10-16}$$

得 $\qquad c = \dfrac{\xi N}{e^\xi - e^{-\xi}} 。 \tag{10-17}$

E 和 c 都已求得之後，現在要求出 $\mathscr{M}$。若磁矩 μ_m 和磁場 $\overrightarrow{\mathscr{B}}$ 夾角為 θ，則磁矩沿 $\overrightarrow{\mathscr{B}}$ 方向上的分量為 $\mu_m \cos \theta$，所以全部的分子 N 沿 $\overrightarrow{\mathscr{B}}$ 方向上的分量為 $\mu_m \cos \theta dN$，則單位體積中的 N 個分子所構成的總磁矩，即磁極化 $\mathscr{M}$，為

$$\mathcal{M} = \int_0^\pi \mu_m \cos\theta dN$$

$$= c\mu_m \int_0^\pi \cos\theta \, e^{\xi\cos\theta} \sin\theta d\theta , \qquad (10\text{-}18)$$

再做一次積分，令 $x = \cos\theta$，則 $dx = -\sin\theta d\theta$，

現在
$$\mathcal{M} = c\mu_m \int_{+1}^{-1} x e^{\xi x} (-dx)$$

$$= c\mu_m \int_{+1}^{-1} x e^{\xi x} dx$$

$$= c\mu_m \left[\frac{x}{\xi} e^{\xi x} \Big|_{-1}^{+1} - \frac{1}{\xi} \int_{-1}^{+1} e^{\xi x} \, dx \right]$$

$$= \frac{c\mu_m}{\xi} \left[x e^{\xi x} - \frac{1}{\xi} e^{\xi x} \right]_{-1}^{+1}$$

$$= \frac{c\mu_m}{\xi} \left[e^{\xi} + e^{-\xi} - \frac{1}{\xi} (e^{\xi} - e^{-\xi}) \right] , \qquad (10\text{-}19)$$

將 $c = \dfrac{\xi N}{e^{\xi} - e^{-\xi}}$ 代入，

則
$$\mathcal{M} = \frac{\xi N\mu_m}{\xi(e^{\xi} - e^{-\xi})} \left[e^{\xi} + e^{-\xi} - \frac{1}{\xi}(e^{\xi} - e^{-\xi}) \right]$$

$$= N\mu_m \left[\frac{e^{\xi} + e^{-\xi}}{e^{\xi} - e^{-\xi}} - \frac{1}{\xi} \right]$$

$$= N\mu_m \left[\coth\xi - \frac{1}{\xi} \right]$$

$$= N\mu_m L(\xi) , \qquad (10\text{-}20)$$

其中 $L(\xi) = \coth\xi - \dfrac{1}{\xi}$ 稱為 Langevin 函數（Langevin function），如圖 10-6 所示；且 $\mathcal{M}_s = N\mu_m$ 為單位體積的磁矩，

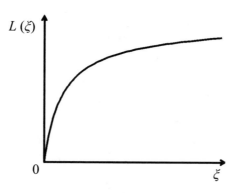

圖 10-6　Langevin 函數

即 $$\mathcal{M} = \mathcal{M}_s L\,(\xi)\,,\qquad\qquad(10\text{-}21)$$

或 $$\frac{\mathcal{M}}{\mathcal{M}_s} = \coth\xi - \frac{1}{\xi}\,。\qquad\qquad(10\text{-}22)$$

若 $\xi \ll 1$，即 $\mu_m \mathcal{B} \ll k_B T$，則

$$
\begin{aligned}
L\,(\xi) &= \coth\xi - \frac{1}{\xi}\\[6pt]
&= \frac{e^{\xi} + e^{-\xi}}{e^{\xi} - e^{-\xi}} - \frac{1}{\xi}\\[6pt]
&= \frac{\left(1 + \xi + \dfrac{\xi^2}{2!} + \cdots\right) + \left(1 - \xi + \dfrac{\xi^2}{2!} - \cdots\right)}{\left(1 + \xi + \dfrac{\xi^2}{2!}\right) - \left(1 - \xi + \dfrac{\xi^2}{2!} - \cdots\right)} - \frac{1}{\xi}\\[6pt]
&= \frac{2 + 2 \cdot \dfrac{\xi^2}{2!}}{2\xi + 2 \cdot \dfrac{\xi^3}{3!}} - \frac{1}{\xi}\\[6pt]
&= \frac{1 + \dfrac{\xi^2}{2}}{\xi\left(1 + \dfrac{\xi^2}{6}\right)} - \frac{1}{\xi}
\end{aligned}
$$

$$= \frac{1 + \frac{\xi^2}{2} - \left(1 + \frac{\xi^2}{6}\right)}{\xi + \frac{\xi^3}{6}}$$

$$= \frac{3\xi^2 - \xi^2}{6\xi + \xi^3} \cong \frac{2\xi^2}{6\xi} = \frac{\xi}{3} \ , \tag{10-23}$$

即
$$L(\xi)\big|_{\xi \ll 1} = \frac{\xi}{3} = \frac{\mathscr{M}}{\mathscr{M}_s} = \frac{\mu_m \mathscr{B}}{3k_B T} \ , \tag{10-24}$$

得
$$\mathscr{M} = \frac{N\mu_m^2 \mathscr{B}}{3k_B T} \ , \tag{10-25}$$

則
$$\chi_{Para} = \frac{\mathscr{M}}{\mathscr{H}} = \frac{\mathscr{M}}{\mathscr{B}/\mu_0} = \frac{N\mu_0 \mu_m^2}{3k_B T} = \frac{N\mu_0 \mu_m^2/3k_B}{T} \ , \tag{10-26}$$

即得 Curier 定律（Curie law），$\chi_{Para} = \frac{c}{T}$，其中 $c = \frac{N\mu_0 \mu_m^2}{3k_B}$ 為 Curier 常數（Curie constant）。

10.3.2 逆磁性的 Langevin 理論

如圖 10-7 所示，原子的磁矩（Magnetic dipole moment）在施加磁場前後是不同的，主要的原因是電子圓形軌道的頻率改變了，施加磁場前的頻率為 ω_0；施加磁場後的頻率為 ω。

在進行介紹之前，先重申一下定義：

磁矩為 $\vec{\mu} = \hat{n}IA$；磁極化為 $\vec{\mathscr{M}} = N\vec{\mu}$，其中 $\hat{n}$ 為垂直於迴路之單位法向量；I 為電流；A 為迴路面積；N 為單位體積的磁矩數。

所以未加磁場之前，

$$|\vec{\mu}| = IA = \frac{-q\omega_0}{2\pi}\pi r^2$$

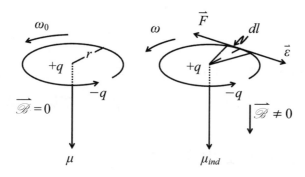

圖 10-7　原子磁矩

$$= -\frac{1}{2}qr^2\omega_0 \text{,} \tag{10-27}$$

其中 $r^2 = x^2 + y^2$ 為電子的圓形軌道。

當有外加磁場，則磁通量（Magnetic flux）ϕ 的增加，將在圓形軌道中感應出電場 $\vec{\mathscr{E}}$，由 Lens 定律（Lenz's law）得

$$\oint \vec{\mathscr{E}} \cdot \vec{dl} = -\frac{d\phi}{dt} \text{,} \tag{10-28}$$

其中 $\vec{dl}$ 為電子圓形軌跡的增加量，

則

$$\oint \vec{\mathscr{E}} \cdot \vec{dl} = \mathscr{E} 2\pi r = -\frac{d\phi}{dt} \text{,} \tag{10-29}$$

得

$$\mathscr{E} = -\frac{1}{2\pi r}\frac{d\phi}{dt} \text{。} \tag{10-30}$$

因為

$$\mathscr{B} = \frac{\phi}{\pi r^2} \text{,} \tag{10-31}$$

所以

$$\mathscr{E} = -\frac{1}{2\pi r}\frac{d\phi}{dt}$$

$$= \frac{-1}{2\pi r}\pi r^2 \frac{d\mathscr{B}}{dt}$$

$$= -\frac{r}{2}\frac{d\mathscr{B}}{dt} \text{ 。} \qquad (10\text{-}32)$$

這個結果顯示當 $\overrightarrow{\mathscr{B}}$ 改變，則感應產生 $\overrightarrow{\mathscr{E}}$，所以電子將因為伴隨的 Coulomb 力（Coulomb force），$\vec{F} = -q\overrightarrow{\mathscr{E}}$，而增加了角動量（Angular momentum）。

由 $\vec{L} = \vec{r} \times \vec{p}$，則角動量的增加量為

$$d|\vec{r} \times \vec{p}| = rmdv$$
$$= rmrd\omega$$
$$= mr^2d\omega \text{ , } \qquad (10\text{-}33)$$

其中 m 為電子質量，

或 $$d|\vec{r} \times \vec{p}| = \vec{r} \cdot \vec{F}dt \text{ , } \qquad (10\text{-}34)$$

即 $$mr^2d\omega = Frdt$$
$$= -q\varepsilon rdt$$
$$= -qr\left(\frac{-r}{2}d\mathscr{B}\right)$$
$$= \frac{qr^2}{2}d\mathscr{B} \text{ , } \qquad (10\text{-}35)$$

則 $$m\int_{\omega_0}^{\omega}d\omega = \frac{q}{2}\int_0^{\mathscr{B}}d\mathscr{B} \text{ , } \qquad (10\text{-}36)$$

則 $$m(\omega - \omega_0) = \frac{q}{2}\mathscr{B} \text{ , } \qquad (10\text{-}37)$$

則 $$\omega = \omega_0 + \frac{q}{2m}\mathscr{B} \text{ , } \qquad (10\text{-}38)$$

或 $$\Delta\omega = \omega - \omega_0 = \frac{q}{2m}\mathscr{B} \text{ , } \qquad (10\text{-}39)$$

如果磁場強度 $\mathscr{B}$ 不改變，電子將保持在新的角頻率 ω。

上式的 $\dfrac{q}{2m}\mathscr{B}$ 被稱爲 Larmor 頻率（Larmor frequency）。當頻率變化了 $\dfrac{q}{2m}\mathscr{B}$，則其所感應的軌道磁矩（Orbital magnetic dipole moment）μ_{ind} 爲

$$\begin{aligned}\mu_{ind} &= -\frac{1}{2}qr^2\Delta\omega \\ &= -\frac{1}{2}qr^2\frac{q}{2m}\mathscr{B} \\ &= -\frac{q^2r^2}{4m}\mathscr{B} , \end{aligned} \qquad (10\text{-}40)$$

由上式結果的負號顯示這個感應動量的方向和外加磁場方向相反，則平均軌道磁矩（Average magnetic dipole moment）$\langle\mu_{Dia}\rangle$ 爲

$$\langle\mu_{Dia}\rangle = -\frac{q^2\,\langle r^2\rangle}{4m}\mathscr{B} , \qquad (10\text{-}41)$$

且在球對稱（Spherically symmetry）的條件下，

即 $$\langle x^2\rangle = \langle y^2\rangle = \langle z^2\rangle = \frac{1}{3}r^2 , \qquad (10\text{-}42)$$

則 $$\langle r^2\rangle = \langle x^2+y^2\rangle = \frac{2}{3}r^2 , \qquad (10\text{-}43)$$

所以磁極化 $\mathscr{M}_{Dia}$ 爲

$$\begin{aligned}\mathscr{M}_{Dia} &= N\,\langle\mu_{Dia}\rangle \\ &= N\left(-\frac{e^2\frac{2}{3}r^2}{4m}\mathscr{B}\right)\end{aligned}$$

$$= -\frac{Ne^2r^2}{6m}\mathscr{B} \text{ ,} \tag{10-44}$$

則
$$\chi_{Dia} = \frac{\mathscr{M}_{Dia}}{\mathscr{H}} = \frac{\mathscr{M}_{Dia}}{\mathscr{B}/\mu_0} = -\mu_0\frac{Ne^2r^2}{6m}\mathscr{B} \text{ 。} \tag{10-45}$$

10.4 順磁性和逆磁性的量子理論

要介紹磁性的量子理論，首先必須寫出含有磁場的 Hamilto-
nian，我們把向量位能 $\overrightarrow{A}$ 引入動量，再考慮電子和磁場的交互作用之
後，就可以得到

$$H = H_0 + \frac{\mu_B}{\hbar}(\vec{L} + g\vec{S}) \cdot \overrightarrow{\mathscr{B}} + \frac{q^2}{8m}(\overrightarrow{\mathscr{B}} \times \vec{r})^2 \text{ 。} \tag{10-46}$$

我們會發現外加磁場 $\overrightarrow{\mathscr{B}}$ 對電子的軌道角動量 $\vec{L}$ 和自旋角動量 $\vec{S}$
的效應 $\frac{\mu_B}{\hbar}(\vec{L} + g\vec{S}) \cdot \overrightarrow{\mathscr{B}}$ 就是順磁性；而外加磁場 $\overrightarrow{\mathscr{B}}$ 對電子的空間軌
道的效應 $\frac{q^2}{8m}(\overrightarrow{\mathscr{B}} \times \vec{r})^2$ 就是逆磁性。

10.4.1 含有磁場的 Hamiltonian

一般而言，沒有磁場的情況下，一個電子的 Hamiltonian 為

$$H_0 = \frac{\vec{p}^2}{2m} + V(\vec{r}) \text{ ,} \tag{10-47}$$

其中，$\vec{p}$ 為電子的動量；m 為電子的質量；$V(\vec{r})$ 為電子所處的

位能。

若有外加磁場，則 Hamiltonian 為

$$H = \frac{1}{2m}(\vec{p} - q\vec{\mathscr{A}})^2 + V(\vec{r}) , \qquad (10\text{-}48)$$

如果把位能 $V(\vec{r})$ 納入等效質量，上式也可以也可以寫成另一種形式如下

$$H = \frac{1}{2m^*}(\vec{p} - q\vec{\mathscr{A}})^2 。 \qquad (10\text{-}49)$$

如果考慮電子自旋與磁場交互作用 H_{spin}，則 Hamiltonian 為

$$H = \frac{1}{2m}(\vec{p} - q\vec{\mathscr{A}})^2 + V(\vec{r}) + H_{spin}，其中 H_{spin} = -\vec{\mu}_s \cdot \vec{\mathscr{B}}$$

$$= \frac{1}{2m^*}(\vec{p} - q\vec{\mathscr{A}})^2 - \vec{\mu}_s \cdot \vec{\mathscr{B}} , \qquad (10\text{-}50)$$

且 $\quad \vec{\mu}_s = \frac{-q}{2m^*}g\vec{S} = g\frac{\mu_B}{\hbar}\vec{S} = \gamma\hbar\vec{S} , \qquad (10\text{-}51)$

其中 $\mu_B = \frac{q\hbar}{2m^*}$ 為 Bohr 磁矩（Bohr magneton）；g 為 g- 因子（g-factor，Gyromagnetic factor 或 Electron g-factor）；$\vec{S}$ 為電子自旋（Electron spin）；γ 為旋磁比（Gyromagnetic ratio 或 Magnetogyric ratio）。

將上式展開，所以 Hamiltonian 為

$$H = \frac{1}{2m}(\vec{p}^2 - q\vec{p} \cdot \vec{\mathscr{A}} - q\vec{\mathscr{A}} \cdot \vec{p} + q^2\vec{\mathscr{A}}^2) + V(\vec{r}) - \vec{\mu}_s \cdot \vec{\mathscr{B}}$$

$$= \frac{\vec{p}^2}{2m} + V(\vec{r}) - \frac{q}{2m}(\vec{p} \cdot \vec{\mathscr{A}} + \vec{\mathscr{A}} \cdot \vec{p}) - \vec{\mu}_s \cdot \vec{\mathscr{B}} + \frac{q^2}{2m}\vec{\mathscr{A}}^2 。 \qquad (10\text{-}52)$$

由 $[f(\vec{r}, \hat{p})] = f(\vec{r})\hat{p} - \hat{p}f(\vec{r}) = i\hbar \dfrac{\partial}{\partial r} f(\vec{r})$ 的關係，

所以　　$[\widehat{\mathscr{A}}, \hat{p}] = \widehat{\mathscr{A}} \cdot \hat{p} - \hat{p} \cdot \widehat{\mathscr{A}} = i\hbar \dfrac{\partial}{\partial r} \vec{\mathscr{A}} = i\hbar \nabla \cdot \vec{\mathscr{A}}$ ，　　　（10-53）

則　　　$\hat{p} \cdot \widehat{\mathscr{A}} = \widehat{\mathscr{A}} \cdot \hat{p} - i\hbar \nabla \cdot \vec{\mathscr{A}}$ ，　　　　（10-54）

所以　　$\vec{p} \cdot \vec{\mathscr{A}} + \vec{\mathscr{A}} \cdot \vec{p} = (\vec{\mathscr{A}} \cdot \vec{p} - i\hbar \nabla \cdot \vec{\mathscr{A}}) + \vec{\mathscr{A}} \cdot \vec{p}$

$$= 2\vec{\mathscr{A}} \cdot \vec{p} - i\hbar \nabla \cdot \vec{\mathscr{A}} 2 \text{ ，}\qquad(10\text{-}55)$$

但是因為 $\nabla \cdot \vec{\mathscr{A}} = 0$ ，　　　　　　　　　　　（10-56）

即　　　$\vec{p} \cdot \vec{\mathscr{A}} + \vec{\mathscr{A}} \cdot \vec{p} = 2\vec{\mathscr{A}} \cdot \vec{p}$ ，　　　　　（10-57）

所以　　$H = \dfrac{\vec{p}^2}{2m} + V(\vec{r}) - \dfrac{q}{m}\vec{\mathscr{A}} \cdot \vec{p} - \vec{\mu}_s \cdot \vec{\mathscr{B}} + \dfrac{q^2}{2m}\vec{\mathscr{A}}^2$

$$= H_0 - \dfrac{q}{m}\vec{\mathscr{A}} \cdot \vec{p} - \vec{\mu}_s \cdot \vec{\mathscr{B}} + \dfrac{q^2}{2m}\vec{\mathscr{A}}^2$$

$$= \dfrac{\vec{p}^2}{2m^*} + V(\vec{r}) - \dfrac{q}{m^*}\vec{\mathscr{A}} \cdot \vec{p} + \dfrac{q^2}{2m^*}\vec{\mathscr{A}}^2 - g\dfrac{\mu_B}{\hbar}\vec{S} \cdot \vec{\mathscr{B}} \text{ ，}(10\text{-}58)$$

又　　$\begin{cases} \vec{\mathscr{A}} = \dfrac{1}{2}\vec{\mathscr{B}} \times \vec{r} \\[2mm] \vec{L} = \vec{r} \times \vec{p} \end{cases}$ ，　　　　　　（10-59）

而　　　$\vec{A} \cdot (\vec{B} \times \vec{C}) = \vec{B} \cdot (\vec{C} \times \vec{A}) = \vec{C} \cdot (\vec{A} \cdot \vec{B})$ ，　　（10-60）

所以　　$(\vec{\mathscr{B}} \times \vec{r}) \cdot \vec{p} = \vec{p} \cdot (\vec{\mathscr{B}} \times \vec{r}) = \vec{\mathscr{B}} \cdot (\vec{r} \times \vec{p})$ ，　　（10-61）

則　　　$H = H_0 - \dfrac{q}{2m}(\vec{\mathscr{B}} \times \vec{r}) \cdot \vec{p} + g\dfrac{\mu_B}{\hbar}\vec{S} \cdot \vec{\mathscr{B}} + \dfrac{q^2}{8m}(\vec{\mathscr{B}} \times \vec{r})^2$

$$= H_0 - \dfrac{q}{2m}\vec{\mathscr{B}} \cdot (\vec{r} \times \vec{p}) + g\mu_B \vec{S} \cdot \vec{\mathscr{B}} + \dfrac{q^2}{8m}(\vec{\mathscr{B}} \times \vec{r})^2$$

$$= H_0 - \dfrac{q}{2m}\vec{L} \cdot \vec{\mathscr{B}} + g\dfrac{\mu_B}{\hbar}\vec{S} \cdot \vec{\mathscr{B}} + \dfrac{q^2}{8m}(\vec{\mathscr{B}} \times \vec{r})^2$$

$$= H_0 + \left(\dfrac{-q}{2m}\vec{L} + g\dfrac{\mu_B}{\hbar}\vec{S}\right)\vec{\mathscr{B}} + \dfrac{q^2}{8m}(\vec{\mathscr{B}} \times \vec{r})^2$$

$$= H_0 + \dfrac{\mu_B}{\hbar}\left(\dfrac{-q}{2m}\dfrac{\hbar}{\mu_B}\vec{L} + g\vec{S}\right) \cdot \vec{\mathscr{B}} + \dfrac{q^2}{8m}(\vec{\mathscr{B}} \times \vec{r})^2$$

$$= H_0 + \dfrac{\mu_B}{\hbar}\left[\dfrac{(-q)}{2m}\dfrac{\hbar}{(-q)\hbar}2m\vec{L} + g\vec{S}\right] \cdot \vec{\mathscr{B}} + \dfrac{q^2}{8m}(\vec{\mathscr{B}} \times \vec{r})^2$$

$$= H_0 + \frac{\mu_B}{\hbar} (\vec{L} + g\vec{S}) \cdot \overrightarrow{\mathscr{B}} + \frac{q^2}{8m} (\overrightarrow{\mathscr{B}} \times \vec{r})^2 , \qquad (10\text{-}62)$$

其中 $\frac{\mu_B}{\hbar^2} (\vec{L} + g\vec{S})$ 將呈現順磁性；$\frac{q^2}{8m} (\overrightarrow{\mathscr{B}} \times \vec{r})^2$ 將呈現逆磁性。

因為 Dirac 的相對論修正所以取 $g = 2$，則

$$H = H_0 + \frac{\mu_B}{\hbar} (\vec{L} + 2\vec{S}) \cdot \overrightarrow{\mathscr{B}} + \frac{q^2}{8m} (\overrightarrow{\mathscr{B}} \times \vec{r})^2 \quad (\text{MKS}) , \qquad (10\text{-}63)$$

如果是（cgs）制，則為

$$H = H_0 + \frac{\mu_B}{\hbar} (\vec{L} + 2\vec{S}) \cdot \overrightarrow{\mathscr{B}} + \frac{q^2}{8mc^2} (\overrightarrow{\mathscr{B}} \times \vec{r})^2 \quad (\text{cgs}) 。 \qquad (10\text{-}64)$$

10.4.2　順磁性的量子理論

有外加磁場的 Hamiltonian 為

$$H = H_0 + \frac{\mu_B}{\hbar} (\vec{L} + g\vec{S}) \cdot \overrightarrow{\mathscr{B}} + \frac{q^2}{8m} (\overrightarrow{\mathscr{B}} \times \vec{r})^2 , \qquad (10\text{-}65)$$

我們要證明其中的 $\frac{\mu_B}{\hbar^2} (\vec{L} + g\vec{S})$ 會呈現順磁性。

當磁場不是很強的情況下，由一階微擾論可以得到本徵能量被擾動的效應為

$$\langle \Delta E_{Zeeman} \rangle = \frac{\mu_B}{\hbar} \langle \vec{L} + g\vec{S} \rangle \cdot \overrightarrow{\mathscr{B}} , \qquad (10\text{-}66)$$

又如圖 10-8 所示，

$$\vec{J} = \vec{L} + \vec{S} \text{，} \tag{10-67}$$

則
$$\vec{J} = \vec{L} - \vec{S} \text{，} \tag{10-68}$$

則
$$\vec{L} + g\vec{S} = \vec{J} + (g-1)\vec{S} \text{，} \tag{10-69}$$

所以
$$\langle \Delta E_{Zeeman} \rangle = \frac{\mu_B}{\hbar} (\vec{J} + (g-1)\vec{S}) \cdot \overrightarrow{\mathscr{B}} \text{，} \tag{10-70}$$

因為我們要用總角動量 $\vec{J}$ 來描述一個狀態，

即
$$\langle \Delta E_{Zeeman} \rangle = \frac{\mu_B}{\hbar} \langle \vec{J} + (g-1)\vec{S} \rangle \cdot \overrightarrow{\mathscr{B}}$$
$$= \frac{\mu_B}{\hbar} g_l \langle \vec{J} \rangle \cdot \overrightarrow{\mathscr{B}} \text{，} \tag{10-71}$$

其中 g_l 稱為 Lande 因子（Lande factor 或 Lande g_l-factor）。

現在我們來看看 $\vec{S}$ 在 $\vec{J}$ 方向上的投影量，如圖 10-9 所示，

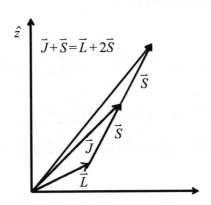

圖 10-8　總角動量與軌道角動量、自旋角動量

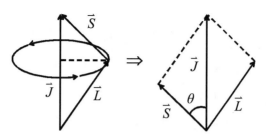

圖 10-9　$\vec{S}$ 在 $\vec{J}$ 方向上的投影

如果磁場方向爲 $\hat{z}$ 方向，即

$$\begin{cases} |\langle \vec{J} \rangle| = J_z = m\hbar \\ \overrightarrow{\mathscr{B}} = \hat{z}\mathscr{B} \end{cases} ,\qquad (10\text{-}72)$$

其中 $-j \le m \le +j$，

則
$$\begin{aligned} \langle \Delta E_{Zeeman} \rangle &= \frac{\mu_B}{\hbar} g_l \langle \vec{J} \rangle \cdot \overrightarrow{\mathscr{B}} \\ &= \frac{\mu_B}{\hbar} g_l m\hbar \mathscr{B} \\ &= \mu_B g_l m \mathscr{B} \\ &= -\langle \mu_m \rangle \mathscr{B} ,\qquad (10\text{-}73) \end{aligned}$$

其中 $\langle \mu_m \rangle = \mu_B g_l m$ 爲對應於磁量子數（Magnetic quantum number）爲 m 的磁矩。

但是 Lande g- 因子，g_l 和電子 g- 因子，g，的關係是什麼呢？由圖 10-9 可求出 $\vec{S}$ 在 $\vec{J}$ 的投影量爲

$$\vec{S} \to \frac{\vec{S} \cdot \vec{J}}{|\vec{J}|} \frac{\vec{J}}{|\vec{J}|} = \vec{J} \frac{\vec{S} \cdot \vec{J}}{|\vec{J}|^2}$$

$$=\vec{J}\frac{\vec{S}\cdot\vec{J}}{\hbar^2 j(j+1)} \circ \tag{10-74}$$

由 $\qquad\qquad \vec{J}=\vec{L}+\vec{S}$, $\tag{10-75}$

則 $\qquad\qquad \vec{J}-\vec{S}=\vec{L}$, $\tag{10-76}$

則 $\qquad\qquad |\vec{J}|^2+|\vec{S}|^2-2\vec{S}\cdot\vec{J}=|\vec{L}|^2$, $\tag{10-77}$

則 $\qquad\qquad \vec{S}\cdot\vec{J}=\frac{1}{2}(|\vec{J}|^2+|\vec{S}|^2-|\vec{L}|^2)$

$$=\frac{1}{2}[\hbar^2 j(j+1)+\hbar^2 s(s+1)-\hbar^2 l(l+1)] , \tag{10-78}$$

則 $\qquad \langle\vec{J}+(g-1)\vec{S}\rangle=\left[1+(g-1)\frac{j(j+1)+s(s+1)-l(l+1)}{2j(j+1)}\right]\langle\vec{J}\rangle$

$$=g_l\langle\vec{J}\rangle , \tag{10-79}$$

即 Lande g- 因子（Lande gyromagnetic factor）為

$$g_l=1+(g-1)\frac{j(j+1)-l(l+1)+s(s+1)}{2j(j+1)} , \tag{10-80}$$

或因相對論的修正，取 $g=2$，Lande g- 因子也有寫成

$$g_l=1+\frac{j(j+1)-l(l+1)+s(s+1)}{2j(j+1)} \circ \tag{10-81}$$

所以 $\langle\Delta E_{Zeeman}\rangle=-\langle\mu_m\rangle\mathscr{B}=\mu_B g_l m\mathscr{B}$ 的每一個因子，都已經得出，也就是說，當外加磁場使能態分裂，其分裂值為 $\langle\Delta E_{Zeeman}\rangle$，則由 Boltzmann 分布函數可以求出各能態的磁矩的數目，繼而找出整個系統的磁矩的平均值 $\langle\mu_z\rangle$，如果單位體積中共有 N 個磁矩，則系統的磁極化為 $\mathscr{M}=N\langle\mu_z\rangle$。

所以，如圖 10-10 所示，

$$\langle \mu_z \rangle =$$

$$\frac{\begin{bmatrix} -\mu_B g_l j e^{-\mu_B g_l j \mathscr{B}/k_B T} - \mu_B g_l (j-1) e^{-\mu_B g_l (j-1)\mathscr{B}/k_B T} - \mu_B g_l (j-2) e^{-\mu_B g_l (j-2)\mathscr{B}/k_B T} \\ - \cdots - \mu_B g_l (-j+2) e^{-\mu_B g_l (-j+2)\mathscr{B}/k_B T} - \mu_B g_l (-j+1) e^{-\mu_B g_l (-j+1)\mathscr{B}/k_B T} \\ - \mu_B g_l (-j) e^{-\mu_B g_l (-j)\mathscr{B}/k_B T} \end{bmatrix}}{\left[e^{-\mu_B g_l j \mathscr{B}/k_B T} + e^{\mu_B g_l (j-1)\mathscr{B}/k_B T} + \cdots + e^{\mu_B g_l (-j+1)\mathscr{B}/k_B T} + e^{-\mu_B g_l (-j)\mathscr{B}/k_B T} \right]}$$

$$= \frac{-\mu_B g_l \sum\limits_{m=+j}^{-j} m e^{-\mu_B g_l m \mathscr{B}/k_B T}}{\sum\limits_{m=+j}^{-j} e^{-\mu_B g_l j \mathscr{B}/k_B T}} \, , \tag{10-82}$$

令 $x = \mu_B g_l \mathscr{B}/k_B T$ 且 $z = \exp(+x)$，則 $\langle \mu_z \rangle$ 的分母為

$$\sum_{m=+j}^{-j} e^{+\mu_B g_l m \mathscr{B}/k_B T} = \sum_{m=+j}^{-j} e^{+mx} = \sum_{m=+j}^{-j} z^m$$

$$= \frac{z^{-j} + z^{j+1}}{1-z}$$

$$= \frac{\dfrac{z^{-j-\frac{1}{2}} - z^{j+\frac{1}{2}}}{2}}{\dfrac{z^{-\frac{1}{2}} - z^{+\frac{1}{2}}}{2}}$$

m	ΔE_{Zeeman}	$\langle \mu_m \rangle$	p_m
—— $-j$	$-\mu_B g_l j \mathscr{B}$	$-\mu_B g_l j$	$\exp(-\mu_B g_l j \mathscr{B}/k_B T)/\sum\limits_{j}\exp(-\mu_B g_l j \mathscr{B}/k_B T)$
—— $j-1$	$-\mu_B g_l (j-1)\mathscr{B}$	$-\mu_B g_l (j-1)$	$\exp(-\mu_B g_l (j-1)\mathscr{B}/k_B T)/\sum\limits_{j}\exp(-\mu_B g_l j \mathscr{B}/k_B T)$
—— $j-2$	$-\mu_B g_l (j-2)\mathscr{B}$	$-\mu_B g_l (j-2)$	$\exp(-\mu_B g_l (j-2)\mathscr{B}/k_B T)/\sum\limits_{j}\exp(-\mu_B g_l j \mathscr{B}/k_B T)$
⋮	⋮	⋮	⋮
—— $-j+2$	$-\mu_B g_l (-j+2)\mathscr{B}$	$-\mu_B g_l (-j+2)$	$\exp(-\mu_B g_l (-j+2)\mathscr{B}/k_B T)/\sum\limits_{j}\exp(-\mu_B g_l j \mathscr{B}/k_B T)$
—— $-j+1$	$-\mu_B g_l (-j+1)\mathscr{B}$	$-\mu_B g_l (-j+1)$	$\exp(-\mu_B g_l (-j+1)\mathscr{B}/k_B T)/\sum\limits_{j}\exp(-\mu_B g_l j \mathscr{B}/k_B T)$
—— $-j$	$-\mu_B g_l (-j)\mathscr{B}$	$-\mu_B g_l (-j)$	$\exp(-\mu_B g_l (-j)\mathscr{B}/k_B T)/\sum\limits_{j}\exp(-\mu_B g_l j \mathscr{B}/k_B T)$

圖 10-10　平均磁矩

$$= \frac{e^{\left(j+\frac{1}{2}\right)x} - e^{-\left(j+\frac{1}{2}\right)x}}{\dfrac{e^{+\frac{x}{2}} - e^{-\frac{x}{2}}}{2}}$$

$$= \frac{\sinh\left[\left(j+\dfrac{1}{2}\right)x\right]}{\sinh\left(\dfrac{x}{2}\right)} ; \qquad (10\text{-}83)$$

而 $\langle \mu_z \rangle$ 的分子為

$$+\mu_B g_l \frac{d}{dx}\left(\sum_{m=+j}^{-j} e^{+mx}\right)$$

$$=+\mu_B g_l \frac{\left[\dfrac{d}{dx}\sinh\left[\left(j+\dfrac{1}{2}\right)x\right]\right]\sinh\left(\dfrac{2}{x}\right) - \sinh\left[\left(j+\dfrac{1}{2}\right)x\right]\dfrac{d}{dz}\sinh\left(\dfrac{x}{2}\right)}{\left[\sinh\left(\dfrac{x}{2}\right)\right]^2}$$

$$=\frac{+\mu_B g_l\left[\left(j+\dfrac{1}{2}\right)\cos\left[\left(j+\dfrac{1}{2}\right)x\right]\sinh\left(\dfrac{x}{2}\right) - \dfrac{1}{2}\sinh\left[\left(j+\dfrac{1}{2}\right)x\right]\cosh\left(\dfrac{x}{2}\right)\right]}{\left[\sinh\left(\dfrac{x}{2}\right)\right]^2} ,$$

$$(10\text{-}84)$$

綜合以上的結果，且習慣上會以 J 取代 j，即 $j \to J$，則

$$\langle \mu_z \rangle = \mu_B g_l\left[\left(\frac{2J+1}{2}\right)\coth\left(\frac{2J+1}{2}\right)x - \frac{1}{2}\coth\left(\frac{x}{2}\right)\right], \quad (10\text{-}85)$$

所以磁極化 $\mathscr{M}$ 為

$$\mathscr{M} = N\langle \mu_z \rangle$$

$$= N\mu_B g_l\left[\left(\frac{2J+1}{2}\right)\coth\left(\frac{2J+1}{2}\right)x - \frac{1}{2}\coth\left(\frac{x}{2}\right)\right]。 \quad (10\text{-}86)$$

令 $\alpha = xJ = \dfrac{Jg_l\mu_B\mathscr{B}}{k_BT}$ ，

則　　　　　$\mathscr{M} = Ng_l\mu_B J\left[\dfrac{2J+1}{2J}\coth\left(\dfrac{2J+1}{2J}\right)a - \dfrac{1}{2}\coth\left(\dfrac{a}{2J}\right)\right]$

　　　　　　　$= Ng_l\mu_B JB_J(a)$ ，　　　　　　　　　（10-87）

其中　　　$B_J(a) = \dfrac{2J+1}{2J}\coth\left(\dfrac{2J+1}{2J}\right)a - \dfrac{1}{2}\coth\left(\dfrac{a}{2J}\right)$　　　（10-88）

稱為 Brillouin 函數（Brillouin function），如圖 10-11 所示，或者用另外一種形式表示，

$$B_J(x) = \dfrac{d}{dx}\ln\left\{\dfrac{\sinh\left(\dfrac{2J+1}{2J}x\right)}{\sinh\left(\dfrac{x}{2J}\right)}\right\}。\qquad（10\text{-}89）$$

順磁性的磁化率 χ_{Para} 為

$$\chi_{Para} = \dfrac{\mathscr{M}}{\mathscr{H}} = \dfrac{Ng_l\mu_B JB_J(a)}{\mathscr{B}/\mu_0}，\qquad（10\text{-}90）$$

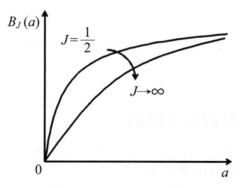

圖 10-11　Brillouin 函數

[1]　當 $a = \dfrac{Jg_l \mu_B \mathscr{B}}{k_B T} \ll 1$，

則　　　　　　　　$B_J(a) \simeq \dfrac{J+1}{3J} a$，　　　　　　　　（10-91）

所以　　　　$\mathscr{M} = N g_l \mu_B \dfrac{J+1}{3J} \dfrac{Jg_l \mu_B \mathscr{B}}{k_B T}$

　　　　　　　　$= N \dfrac{J(J+1)g_l^2 \mu_B^2 \mathscr{B}}{3k_B T}$，　　　　　　（10-92）

且　　　　　　$\chi_{Para} = \dfrac{\mathscr{M}}{\mathscr{H}} = N \dfrac{J(J+1) \mu_0 g_l^2 \mu_B^2}{3k_B T}$。　　　（10-93）

[2]　若 $J = \dfrac{1}{2}$，即二階系統（Two-level system），

則　　　　　　　　$B_{1/2}(a) = \tanh(a)$，　　　　　　　（10-94）

則　　　　　　　　$\chi_{Para} = \dfrac{N \mu_0 g_l^2 \mu_B^2}{4k_B T}$。　　　　　　（10-95）

[3]　若 $J \to \infty$，

則　　　　　　　$B_\infty(a) = \coth a - \dfrac{1}{a} = L(a)$，　　　（10-96）

即 Brillouin 函數趨近於 Langevin 函數（Langevin function）。

10.4.3　逆磁性的量子理論

有外加磁場時 Hamiltonian 為

$$H = H_0 + \dfrac{\mu_B}{\hbar^2}(\vec{L} + g\vec{S}) \cdot \vec{\mathscr{B}} + \dfrac{q^2}{8m}(\vec{\mathscr{B}} \times \vec{r})^2，\qquad（10-97）$$

我們要證明其中的 $\dfrac{q^2}{8m}(\vec{\mathscr{B}} \times \vec{r})^2$ 將呈現逆磁性。

若均勻外加磁場的方向為 $\hat{z}$，$\vec{\mathscr{B}} = \hat{z}\mathscr{B}$，則向量位能（Vector potential）$\vec{\mathscr{A}}$ 必須滿足對稱規範（Symmetry gauge），

$$\vec{\mathscr{B}} = \nabla \times \vec{\mathscr{A}} = \begin{vmatrix} \hat{x} & \hat{y} & \hat{z} \\ \dfrac{\partial}{\partial x} & \dfrac{\partial}{\partial y} & \dfrac{\partial}{\partial z} \\ \mathscr{A}_x & \mathscr{A}_y & \mathscr{A}_z \end{vmatrix} = \begin{vmatrix} \hat{x} & \hat{y} & \hat{z} \\ \dfrac{\partial}{\partial x} & \dfrac{\partial}{\partial y} & \dfrac{\partial}{\partial z} \\ -\dfrac{1}{2}y\mathscr{B} & \dfrac{1}{2}x\mathscr{B} & 0 \end{vmatrix} , \quad （10\text{-}98）$$

即 $\vec{\mathscr{A}} = \left(-\dfrac{1}{2}y\mathscr{B}, \dfrac{1}{2}x\mathscr{B}, 0 \right)$。 $\qquad$ （10-99）

可以直接把 $\vec{\mathscr{B}} = \hat{z}\mathscr{B}$ 代入 $H_{Dia} = \dfrac{q^2}{8m}(\vec{\mathscr{B}} \times \vec{r})^2$，

$$H_{Dia} = \frac{q^2}{8m} \left\| \begin{matrix} \hat{x} & \hat{y} & \hat{z} \\ 0 & 0 & \mathscr{B} \\ x & y & z \end{matrix} \right\|^2 = \frac{q^2}{8m}[\hat{x}(-y\mathscr{B}) + \hat{y}(x\mathscr{B})]^2$$

$$= \frac{q^2}{8m}[(y\mathscr{B})^2 + (x\mathscr{B})^2]$$

$$= \frac{q^2\mathscr{B}^2}{8m}(x^2 + y^2) , \qquad （10\text{-}100）$$

由一階微擾理論，可得能量為

$$\langle E_{Dia} \rangle = \langle H_{Dia} \rangle = \frac{q^2\mathscr{B}^2}{8m}\langle x^2 + y^2 \rangle 。 \qquad （10\text{-}101）$$

對一個球對稱系統（Spherically symmetric system），其

$$\langle r^2 \rangle = \langle x^2 + y^2 + z^2 \rangle$$

$$= \langle x^2 \rangle + \langle y^2 \rangle + \langle z^2 \rangle$$

$$= 3\langle x^2 \rangle = 3\langle y^2 \rangle = 3\langle z^2 \rangle \, , \qquad (10\text{-}102)$$

所以

$$\langle E_{Dia} \rangle = \frac{q^2 \mathscr{B}^2}{8m} \langle x^2 + y^2 \rangle$$

$$= \frac{q^2 \mathscr{B}^2}{8m} \frac{2}{3} \langle r^2 \rangle$$

$$= \frac{q^2 \mathscr{B}^2}{12m} \langle r^2 \rangle \, 。 \qquad (10\text{-}103)$$

如果電子系統未受干擾的波函數是已知的，則期望值 $\langle r^2 \rangle$ 是可以求出的。

所以磁矩 $\langle \mu_z \rangle$ 為

$$\langle \mu_z \rangle = -\frac{\partial \langle E_{Dia} \rangle}{\partial \mathscr{B}} = -\frac{q^2 \langle r^2 \rangle}{6m} \mathscr{B} \, , \qquad (10\text{-}104)$$

如果單位體積中有 N 個磁矩，則系統的磁極化為 $\mathscr{M} = N\langle \mu_z \rangle$，所以逆磁性的磁化率 χ_{Dia} 為

$$\chi_{Dia} = \frac{\mathscr{M}}{\mathscr{H}} = \frac{\mathscr{M}}{\mathscr{B}/\mu_0} = -\frac{\mu_0 N q^2}{6m} \langle r^2 \rangle \quad (\text{MKS}) \, , \qquad (10\text{-}105)$$

$$\chi_{Dia} = -\frac{\mu_0 N q^2}{6mc^2} \langle r^2 \rangle \quad (\text{cgs}) \, , \qquad (10\text{-}106)$$

其中負號表示和外加磁場方向相反。

10.5 鐵磁性、反鐵磁性與亞鐵磁性的 Weiss 理論（Weiss theory）

　　法國物理學家 Pierre-Ernest Weiss 以類似電局域場（Electric local field）的觀念來解釋鐵磁性，所以又稱爲平均場理論（Mean field theory）。

　　若每個原子感受到的磁場 $\overrightarrow{\mathscr{H}_{loc}}$ 來自於外加磁場 $\overrightarrow{\mathscr{H}}$ 和其他原子提供的 $\lambda\overrightarrow{\mathscr{M}}$，即

$$\overrightarrow{\mathscr{H}_{loc}} = \overrightarrow{\mathscr{H}} + \lambda\overrightarrow{\mathscr{M}} = \overrightarrow{\mathscr{H}} + \overrightarrow{\mathscr{H}_{ex}}, \qquad (10\text{-}107)$$

　　其中 $\overrightarrow{\mathscr{H}_{ex}} = \lambda\overrightarrow{\mathscr{M}}$ 又稱爲交換場（Exchange field）或 Weiss 場（Weiss field）或內分子場（Internal molecular field），λ 被稱爲 Weiss 分子場係數（Weiss molecular field coefficient）或內分子場係數（Internal molecular field constant）。

10.5.1 鐵磁性的 Weiss 定理

　　基本上，鐵磁性的磁矩排列是大小相同及方向一致的，如圖 10-12 所示。

　　由 Weiss 理論，即（10-107）式，
可得磁極化 $\overrightarrow{\mathscr{M}}$ 爲

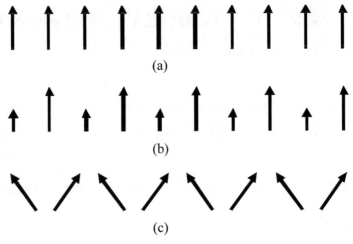

(a)

(b)

(c)

圖 10-12　鐵磁性

$$\vec{\mathcal{M}} = \chi_m \left(\vec{\mathcal{H}} + \lambda \vec{\mathcal{M}} \right)$$

$$= \frac{C}{T} \left(\vec{\mathcal{H}} + \lambda \vec{\mathcal{M}} \right) ，\tag{10-108}$$

則
$$\left(1 - \frac{C}{T}\lambda \right) \vec{\mathcal{M}} = \frac{C}{T} \vec{\mathcal{H}} ，\tag{10-109}$$

$$\vec{\mathcal{M}} = \frac{C}{T - C\lambda} \vec{\mathcal{H}} ，\tag{10-110}$$

可得鐵磁性的 Curie-Weiss 定律（Curie-Weiss law）為

$$\chi_{Ferro} = \frac{\vec{\mathcal{M}}}{\vec{\mathcal{H}}} = \frac{C}{T - C\lambda}$$

$$= \frac{C}{T - T_C} ，\tag{10-111}$$

其中 $T_C = C\lambda$ 被稱為鐵磁性的 Curie 溫度（Curie temperature）。

10.5.2 亞鐵磁性的 Weiss 定理

亞鐵磁性的磁矩排列是由二種不同的次晶格（Sublattice）所構成，如圖 10-13 所示。因爲亞鐵磁性有相鄰的 A、B 二種不同的位置，其磁矩大小不同且方向相反（Anti-parallel）由平均場理論，且只考慮 A、B 之間的交互作用，而 A、A 或 B、B 之間的交互作用不考慮，則可得

$$\vec{\mathscr{H}}_{loc,A} = \vec{\mathscr{H}} + \vec{\mathscr{H}}_{ex,A}$$
$$= \vec{\mathscr{H}} - \lambda \vec{\mathscr{M}}_B \text{ ;} \qquad (10\text{-}112)$$

$$\vec{\mathscr{H}}_{loc,B} = \vec{\mathscr{H}} + \vec{\mathscr{H}}_{ex,B}$$
$$= \vec{\mathscr{H}} - \lambda \vec{\mathscr{M}}_A \text{ ,} \qquad (10\text{-}113)$$

則

$$\vec{\mathscr{M}}_A = \chi_{m,A} (\vec{\mathscr{H}} - \lambda \vec{\mathscr{M}}_B)$$
$$= \frac{C_A}{T} (\vec{\mathscr{H}} - \lambda \vec{\mathscr{M}}_B) \text{ ;} \qquad (10\text{-}114)$$

$$\vec{\mathscr{M}}_B = \chi_{m,B} (\vec{\mathscr{H}} - \lambda \vec{\mathscr{M}}_A)$$
$$= \frac{C_B}{T} (\vec{\mathscr{H}} - \lambda \vec{\mathscr{M}}_A) \text{ 。} \qquad (10\text{-}115)$$

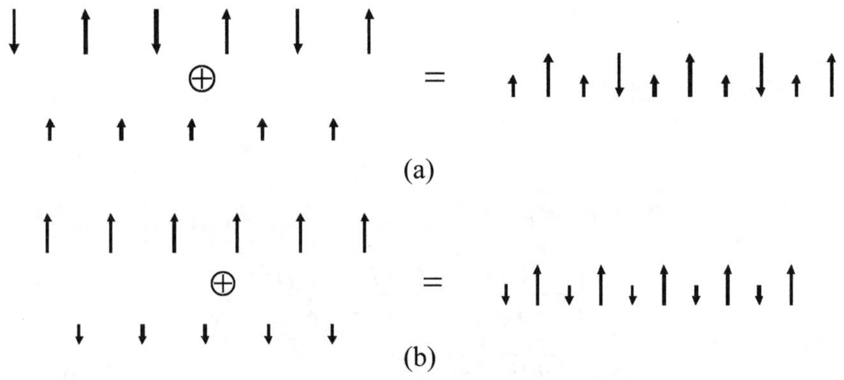

圖 10-13 亞鐵磁性

所以可以求得 $\overrightarrow{\mathscr{M}}_A$ 和 $\overrightarrow{\mathscr{M}}_B$，即

$$\overrightarrow{\mathscr{M}}_A = \frac{C_A}{T}\left[\overrightarrow{\mathscr{H}} - \lambda\frac{C_B}{T}(\overrightarrow{\mathscr{H}} - \lambda\overrightarrow{\mathscr{M}}_A)\right]$$

$$= \frac{C_A}{T}\overrightarrow{\mathscr{H}} - \lambda\frac{C_A C_B}{T^2}\overrightarrow{\mathscr{H}} + \lambda^2\frac{C_A C_B}{T^2}\overrightarrow{\mathscr{M}}_A , \tag{10-116}$$

又令 $\qquad T_C = \lambda\sqrt{C_A C_B} , \tag{10-117}$

則 $\qquad \left(1 - \frac{T_C^2}{T^2}\right)\overrightarrow{\mathscr{M}}_A = \frac{C_A}{T}\left(1 - \lambda\frac{C_B}{T}\right)\overrightarrow{\mathscr{H}} , \tag{10-118}$

得 $\qquad \overrightarrow{\mathscr{M}}_A = \frac{C_A}{T}(\overrightarrow{\mathscr{H}} - \lambda\overrightarrow{\mathscr{M}}_B)$

$$= \frac{C_A}{T}\left[\overrightarrow{\mathscr{H}} - \frac{\lambda C_B(T - \lambda C_A)\overrightarrow{\mathscr{H}}}{T^2 - T_C^2}\right]$$

$$= \frac{C_A}{T}\left[\frac{T^2 - T_C^2 - \lambda C_B T + \lambda^2 C_A C_B}{T^2 - T_C^2}\right]\overrightarrow{\mathscr{H}}$$

$$= \frac{C_A}{T}\left[\frac{T^2 - \lambda C_B T}{T^2 - T_C^2}\right]\overrightarrow{\mathscr{H}}$$

$$= \frac{C_A(T - \lambda C_B)}{T^2 - T_C^2}\overrightarrow{\mathscr{H}} 。 \tag{10-119}$$

$$\overrightarrow{\mathscr{M}}_B = \frac{C_B(T - \lambda C_A)}{T^2 - T_C^2}\overrightarrow{\mathscr{H}} 。 \tag{10-120}$$

則綜合以上二個結果

$$\overrightarrow{\mathscr{M}} = \overrightarrow{\mathscr{M}}_A + \overrightarrow{\mathscr{M}}_B$$

$$= \frac{C_A(1 - \lambda C_B)\overrightarrow{\mathscr{H}}}{T^2 - T_C^2} + \frac{C_B(T - \lambda C_A)}{T^2 - T_C^2}\overrightarrow{\mathscr{H}}$$

$$= \frac{(C_A + C_B)T - 2\lambda C_A C_B}{T^2 - T_C^2}\overrightarrow{\mathscr{H}} 。 \tag{10-121}$$

在沒有加磁場的情況下，即 $\vec{\mathscr{H}}=0$，

則
$$\begin{cases} \vec{\mathscr{M}}_A = -\dfrac{C_A}{T}\lambda\vec{\mathscr{M}}_B \\ \vec{\mathscr{M}}_B = -\dfrac{C_B}{T}\lambda\vec{\mathscr{M}}_A \end{cases}, \qquad (10\text{-}122)$$

二式相除得 $\qquad\qquad T^2 = C_A C_B \lambda^2，\qquad\qquad\qquad (10\text{-}123)$

則 Curie 溫度為 $T_C = \lambda\sqrt{C_A C_B}$，和上述的定義相符，

所以
$$\chi_{Ferri} = \frac{\vec{\mathscr{M}}}{\vec{\mathscr{H}}} = \frac{\vec{\mathscr{M}}_A + \vec{\mathscr{M}}_B}{\vec{\mathscr{B}}/\mu_0}$$

$$= \frac{\mu_0[(C_A + C_B)T - 2\lambda C_A C_B]}{T^2 - T_C^2}。\qquad (10\text{-}124)$$

10.5.3　反鐵磁性的 Weiss 定理

　　反鐵磁性的「每一個單位」磁矩排列是大小相同，但方向是作規律變化的，如圖 10-14 所示。反鐵磁性是亞鐵磁性的特殊情況，

即
$$C_A = C_B = C，\qquad\qquad\qquad (10\text{-}125)$$

當 $T > T_N$，則
$$\chi_{Antiferro} = \frac{\mu_0(2CT - 2\lambda C^2)}{T^2 - T_N^2}$$

$$= \frac{\mu_0 2C(T - T_N)}{T^2 - T_N^2}$$

$$= \frac{2\mu_0 C}{T + T_N}，\qquad\qquad (10\text{-}126)$$

其中 $T_N = \lambda C$ 稱為 Neel 溫度（Neel temperature）。

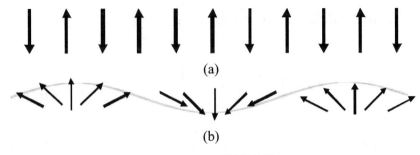

(a)

(b)

圖 10-14　反鐵磁性

思考題

10-1　試以 Kronig-Penney 模型討論電子在一維週期磁場中的運動。

10-2　試討論量子 Hall 效應（Quantum Hall effect）。

10-3　試寫出沒有外加磁場的情況下，有限粒子系統的化學能（Chemical energy）。

10-4　試分別求出自旋平行（Parallel）、反平行（Anti-parallel）於外加磁場的 Fermi 動量（Fermi momentum）。

10-5　試分別計算自旋平行（Parallel）、反平行（Anti-parallel）於外加磁場的總能量。

10-6　試計算弱磁場的情況下，粒子的平均能量。

10-7　試計算弱磁場的磁化率。

10-8　試分別求出靜態磁導張量（Static magnetoconductivity tensor）和靜態磁導張量（Dynamic magnetoconductivity tensor）。

10-9　有電子與電洞的 Hall 係數（Hall coefficient）。

10-10 試說明以磁阻效應可測出 Fermi 面的形狀。

第 11 章

固體比熱

11.1 　固態物質的熱特性

我們把單位質量的熱容量（Heat capacity）定義為比熱（Specific heat）。

依據統計力學的觀點，物質的熱容量或比熱是取決於內能（Internal energy）在物質系統中各種微狀態（Microstate）的分布情況，則比熱可以表示成「內能（Internal energy）隨溫度的變化」，即

$$C_V = \frac{dU}{dT}\bigg|_{volume} \text{,} \qquad\qquad (11\text{-}1)$$

其中 U 為內能；T 為溫度，且因為我們所討論的系統是固體所以認為體積保持固定不變，所以這是一個定容比熱（Constant-volume specific heat）。很顯然的，物質系統的比熱函數（Specific heat function）不只是物質的熱特性，還蘊含著物質系統各種巨觀的與微觀的狀態訊息。

因為所有對於物質系統的熱激發形態構成了物質系統的能量函數，而這個能量函數隨溫度的變化就是我們所觀察到的比熱，所以如果熱激發的模式是涵蓋著整個溫度範圍的，則其所對應的比熱就可以在整個溫度範圍內都可以觀察得到，例如：晶格比熱（Lattice specific heat）、電子比熱（Electronic specific heat）、磁性比熱（Magnetic specific heat）、低溫比熱（Cryogenic-Liquid specific heat）；但是如果熱激發的模式是僅限於一個小的溫度範圍內，則由於這樣的比熱就只能在這個小的溫度範圍內才可以觀察得到，所以也被稱為比熱異常（Specific heat anomaly），例如：Schottky 比熱（Schottky specific heat）。

我們在本章中,將依巨觀至微觀的次序,介紹固態物質的三種最基本的比熱現象或定義,如圖 11-1 所示,即

[1] 熱擾動的晶格模式(Lattice modes of thermal agitation)所對應的晶格比熱標示為 $C_V^{Lattice}$,將介紹 Dulong-Petit 定律分別與 Einstein 模型及 Debye 模型的關係。

[2] 熱擾動的電子模式(Electronic modes of thermal agitation)所對應的電子比熱標示為 $C_V^{Electronic}$,將由 Sommerfeld 展開(Sommerfeld expansion)的結果來介紹電子比熱。

[3] 熱擾動的激發模式(Excitation modes of thermal agitation)所對應的 Schottky 比熱標示為 $C_V^{Schottky}$,將介紹 Schottky 比熱的所謂比熱異常現象。

綜合以上三種基本的熱激發模式,可得固態的比熱可以表示為

$$C_V = C_V^{Lattice} + C_V^{Electronic} + C_V^{Schottky} 。 \qquad (11\text{-}2)$$

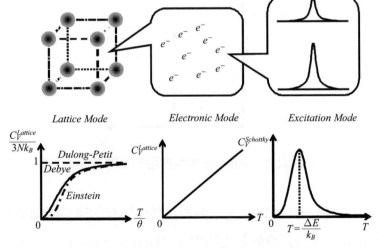

Lattice Mode   Electronic Mode   Excitation Mode

圖 11-1　固態物質的三種基本的比熱現象

在討論這幾種比熱現象中，我們將依據每種粒子或模態隨著其能量及其統計分布與狀態密度，求出該系統的平均能量 $E(T)$，再由 $C_V = \dfrac{dE(T)}{dT}$ 可找出對應的比熱函數。

11.2 晶格比熱

我們將先分別由古典與量子二個觀點求出晶格振動的總能量，再導出晶格比熱，其中古典的觀點得到的是 Dulong-Petit 定律（Dulong-Petit law）；量子的觀點會得到二個結果，即 Einstein 比熱和 Debye 比熱，二者採用不同的狀態密度是 Einstein 模型和 Debye 模型最主要的差異。

[1] Einstein 模型採用的狀態密度是一個 Kronecker delta 函數（Kronecker delta function），即 $D(\omega) \propto \delta(\omega)$，如圖 11-2 所示：

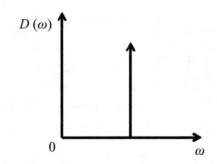

圖 11-2　Einstein 模型採用的狀態密度

Einstein 模型的物理意義是假設晶格中所有的原子振動頻率都相同；也都很高，所對應的是光模聲子（Optical phonons），或是在高

溫的情況下的晶格振動。

[2] Debye 模型採用的狀態密度的形式為 $D(\omega) \propto \omega^2$，如圖 11-3 所示：

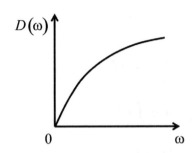

圖 11-3　Debye 模型採用的狀態密度

Debye 模型的物理意義是假設晶格中的原子振動頻率分布函數是連續的，其振動頻率相對於 Einstein 模型是比較低的，所對應的是聲模聲子（Acoustical phonons），或是在低溫的情況下的晶格振動。

11.2.1　晶格比熱的古典模型

我們用 Hooke 定律（Hooke's law）和 Newton 定律（Newtonian law）來描述晶格原子振動的受力狀態：

由 $\vec{F} \propto \vec{x}$，則 $\vec{F} = -k\vec{x}$，且 $\vec{F} = m\dfrac{d^2\vec{x}}{dt^2} = -k\vec{x}$，

則
$$\frac{d^2\vec{x}}{dt^2} + \left(\frac{k}{m}\right)\vec{x} = 0 ,$$
（11-3）

其中 $\omega^2 = \dfrac{k}{m}$ 或 $2\pi v = \sqrt{\dfrac{k}{m}}$ 或 $v = \dfrac{1}{2\pi}\sqrt{\dfrac{k}{m}}$。

所以總能量 E 爲

$$E = Kinetic\ Energy + Potential\ Energy$$

$$= \frac{p_x^2}{2m} + \int_x^0 \vec{F} \cdot d\vec{x}$$

$$= \frac{p_x^2}{2m} + \int_x^0 (-kx)dx$$

$$= \frac{p_x^2}{2m} + m\omega^2 \int_0^x xdx$$

$$= \frac{p_x^2}{2m} + \frac{m\omega^2 x^2}{2} \ , \tag{11-4}$$

則平均能量 $\langle E \rangle$ 爲

$$\langle E \rangle = \frac{\sum\limits_0^\infty E dN}{\sum\limits_0^\infty dN}$$

$$= \frac{\sum\limits_0^\infty E \exp\left(\dfrac{-E}{k_B T}\right)}{\sum\limits_0^\infty \exp\left(\dfrac{-E}{k_B T}\right)} \ , \tag{11-5}$$

將 $E = \dfrac{p_x^2}{2m} + \dfrac{m\omega^2 x^2}{2}$ 代入，則

$$\langle E \rangle = \frac{\sum\limits_{p_x\ or\ x=0}^{p_x\ or\ x=\infty} \left(\dfrac{p_x^2}{2m} + \dfrac{m\omega^2 x^2}{2}\right) \exp\left[\dfrac{-\left(\dfrac{p_x^2}{2m} + \dfrac{m\omega^2 x^2}{2}\right)}{k_B T}\right]}{\sum\limits_{p_x\ or\ x=0}^{p_x\ or\ x=\infty} \exp\left[\dfrac{-\left(\dfrac{p_x^2}{2m} + \dfrac{m\omega^2 x^2}{2}\right)}{k_B T}\right]}$$

$$
= \frac{\sum\limits_{p_x=0}^{p_x=\infty} \dfrac{p_x^2}{2m} \exp\!\left(-\dfrac{\dfrac{p_x^2}{2m}}{k_BT}\right) \exp\!\left(-\dfrac{\dfrac{m\omega^2x^2}{2}}{k_BT}\right)}{\sum\limits_{p_x=0}^{p_x=\infty} \exp\!\left(-\dfrac{\dfrac{p_x^2}{2m}}{k_BT}\right) \exp\!\left(-\dfrac{\dfrac{m\omega^2x^2}{2}}{k_BT}\right)} + \frac{\sum\limits_{x=0}^{x=\infty} \dfrac{m\omega^2x^2}{2} \exp\!\left(-\dfrac{\dfrac{m\omega^2x^2}{2}}{k_BT}\right) \exp\!\left(-\dfrac{\dfrac{p_x^2}{2m}}{k_BT}\right)}{\sum\limits_{x=0}^{x=\infty} \exp\!\left(-\dfrac{\dfrac{m\omega^2x^2}{2}}{k_BT}\right) \exp\!\left(-\dfrac{\dfrac{p_x^2}{2m}}{k_BT}\right)}
$$

$$
= \frac{\sum\limits_{p_x=0}^{p_x=\infty} \dfrac{p_x^2}{2m} \exp\!\left(-\dfrac{\dfrac{p_x^2}{2m}}{k_BT}\right)}{\sum\limits_{p_x=0}^{p_x=\infty} \exp\!\left(-\dfrac{\dfrac{p_x^2}{2m}}{k_BT}\right)} + \frac{\sum\limits_{x=0}^{x=\infty} \dfrac{m\omega^2x^2}{2} \exp\!\left(-\dfrac{\dfrac{m\omega^2x^2}{2}}{k_BT}\right)}{\sum\limits_{x=0}^{x=\infty} \exp\!\left(-\dfrac{\dfrac{m\omega^2x^2}{2}}{k_BT}\right)} , \tag{11-6}
$$

現在以積分取代連續加法來表示，即 $\sum\limits_{p} \to \int dp$ ；而 $\sum\limits_{x} \to \int dx$ ，

$$
則\langle E\rangle = \frac{\int\limits_{0}^{+\infty} \dfrac{p_x^2}{2m} \exp\!\left(-\dfrac{p_x^2}{2mk_BT}\right) dp_x}{\int\limits_{0}^{+\infty} \exp\!\left(-\dfrac{p_x^2}{2mk_BT}\right) dp_x} + \frac{\int\limits_{0}^{+\infty} \dfrac{m\omega^2x^2}{2} \exp\!\left(-\dfrac{m\omega^2x^2}{2k_BT}\right) dx}{\int\limits_{0}^{+\infty} \exp\!\left(-\dfrac{m\omega^2x^2}{2k_BT}\right) dx} 。 \tag{11-7}
$$

令 $u = p_x$ ， $v = x$ ， $\alpha = \dfrac{1}{2mk_BT}$ ， $\beta = \dfrac{m\omega^2}{2k_BT}$ ，

$$
則 \quad \langle E\rangle = \frac{\dfrac{2}{2m} \int\limits_{0}^{\infty} u^2 \exp(-\alpha u^2)\, du}{2 \int\limits_{0}^{\infty} \exp(-\alpha u^2)\, du} + \frac{\dfrac{2m\omega^2}{2} \int\limits_{0}^{\infty} v^2 \exp(-\beta v^2)\, dv}{2 \int\limits_{0}^{\infty} \exp(-\beta v^2)\, dv}
$$

$$
= [1][2] , \tag{11-8}
$$

其中的 [1] 項結果計算細節如下：

$$\int_0^\infty u^2 \exp\left(-\alpha u^2\right) du = \frac{\int_0^\infty ud\left[\exp(-\alpha u^2)\right]}{-2\alpha}$$

$$= \frac{-1}{2\alpha}\left[u \exp(-\alpha u^2)\Big|_0^\infty - \int_0^\infty \exp(-\alpha u^2)\, du\right]$$

$$= \frac{-1}{2\alpha}\int_0^\infty \exp\left(-\alpha u^2\right) du \text{，} \qquad （11\text{-}9）$$

所以

$$\frac{\dfrac{1}{2\alpha m}\displaystyle\int_0^\infty \exp(-\alpha u^2)\, du}{2\displaystyle\int_0^\infty \exp(-\alpha u^2)\, du} = \frac{1}{4\alpha m} \text{。} \qquad （11\text{-}10）$$

[2] 項結果計算細節如下：

$$\int_0^\infty v^2 \exp\left(-\beta v^2\right) dv = \int_0^\infty \frac{vd\left[\exp(-\beta v^2)\right]}{-2\beta}$$

$$= \frac{-1}{2\beta}\left[v \exp(-\beta v^2)\Big|_0^\infty - \int_0^\infty \exp(-\beta v^2)\, dv\right]$$

$$= \frac{1}{2\beta}\int_0^\infty \exp\left(-\beta v^2\right) dv \text{，} \qquad （11\text{-}11）$$

所以

$$\frac{\dfrac{m\omega^2}{2\beta}\displaystyle\int_0^\infty \exp(-\beta v^2)\, dv}{2\displaystyle\int_0^\infty \exp(-\beta v^2)\, dv} = \frac{m\omega^2}{4\beta} \text{。} \qquad （11\text{-}12）$$

綜合以上 [1] 和 [2] 的結果，則

$$\langle E \rangle = [1] + [2]$$

$$= \frac{1}{4\alpha m} + \frac{m\omega^2}{4\beta}$$

$$= \frac{k_B T}{2} + \frac{k_B T}{2}$$
$$= k_B T \circ \qquad\qquad (11\text{-}13)$$

如果每一個振盪子（Oscillator）有 3 個自由度（Freedom），則具有 N 個原子的晶體的振動能量（Vibrational energy）的古典平均值為

$$U = 3N \langle E \rangle$$
$$= 3N k_B T , \qquad\qquad (11\text{-}14)$$
$$C_V^{Dulong-Petit} = \frac{dU}{dT} = 3N k_B = 3R , \qquad\qquad (11\text{-}15)$$

即 $C_V^{Dulong-Petit}$ 和溫度無關，所以 $C_V^{Dulong-Petit}$ 的溫度函數關係可示意如圖 11-4：

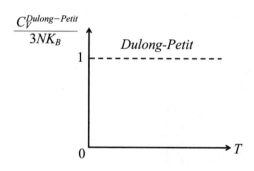

圖 11-4　Dulong-Petit 比熱

11.2.2　Einstein 比熱理論

晶格振動的總能量（Total energy）U 為

$$U = \int E(\omega)d\omega = \int \langle E \rangle D(\omega)d\omega \text{ ,} \qquad (11\text{-}16)$$

然而因為 Einstein 比熱理論（Einstein's theory of specific heat）所採用的狀態密度是 Kronecker delta 函數，且如果每一個原子都有 3 個自由度以 ω 的頻率振盪，則具有 N 個原子的晶格的狀態密度為

$$D(\omega) = N\delta(\omega) \text{ ,} \qquad (11\text{-}17)$$

所以 $\quad U = \int E(\omega)d\omega = \int \langle E \rangle D(\omega)d\omega = \int \langle E \rangle 3N\delta(\omega)d\omega = 3N\langle E \rangle \text{ 。}$
$$\qquad (11\text{-}18)$$

接下來要求出 $\langle E \rangle$，由 $E_n = nh\nu = n\hbar\omega$，

則 $\quad \langle E \rangle = \dfrac{\Sigma EdN}{\Sigma dN}$

$$= \frac{\displaystyle\sum_{n=0}^{\infty} n\hbar\omega \, \exp\!\left(\dfrac{-n\hbar\omega}{k_B T}\right)}{\displaystyle\sum_{n=0}^{\infty} \exp\!\left(\dfrac{-n\hbar\omega}{k_B T}\right)}$$

$$= \frac{\hbar\omega\left[e^{-\frac{\hbar\omega}{k_B T}} + 2e^{-\frac{2\hbar\omega}{k_B T}} + 3e^{-\frac{3\hbar\omega}{k_B T}} + \cdots\right]}{1 + e^{-\frac{\hbar\omega}{k_B T}} + e^{-\frac{2\hbar\omega}{k_B T}} + e^{-\frac{3\hbar\omega}{k_B T}} + \cdots} \text{ 。} \qquad (11\text{-}19)$$

令 $x = -\dfrac{\hbar\omega}{k_B T}$，

則
$$\langle E \rangle = \frac{\hbar\omega[e^x + 2e^{2x} + 3e^{3x} + \cdots]}{1 + e^x + e^{2x} + \cdots}$$

$$= \hbar\omega\left[\frac{d}{dx}\log(1 + e^x + e^{2x} + e^{3x} + \cdots)\right]$$

$$= \hbar\omega\left[\frac{d}{dx}\log\left(\frac{1}{1 - e^x}\right)\right]$$

$$= \hbar\omega\left[\frac{d}{dx}(\log 1 - \log(1 - e^x))\right]$$

$$= -\frac{\hbar\omega(-e^x)}{1 - e^x}$$

$$= \frac{\hbar\omega e^x}{1 - e^x}$$

$$= \frac{\hbar\omega}{e^{-x} - 1}$$

$$= \frac{\hbar\omega}{e^{\frac{\hbar\omega}{k_B T}} - 1} \, , \qquad\qquad (11\text{-}20)$$

所以總能量 U 為

$$U = 3N\langle E \rangle = 3N\frac{\hbar\omega}{e^{\hbar\omega/k_B T} - 1} \, , \qquad\qquad (11\text{-}21)$$

$$C_V^{Einstein} = \frac{dU}{dT}$$

$$= -\frac{3N\hbar\omega e^{\hbar\omega/k_B T}\left[\dfrac{-\hbar\omega}{k_B T^2}\right]}{(e^{\hbar\omega/k_B T} - 1)^2}$$

$$= 3Nk_B\left(\frac{\hbar\omega}{k_B T}\right)^2\frac{e^{\hbar\omega/k_B T}}{(e^{\hbar\omega/k_B T} - 1)^2} \, \circ \qquad (11\text{-}22)$$

令 $\hbar\omega = k_B\theta_E$，其中 θ_E 被稱為 Einstein 溫度（Einstein temperature），

則

$$\frac{C_V^{Einstein}}{3Nk_B} = \left(\frac{\hbar\omega}{k_BT}\right)^2 \frac{e^{\hbar\omega/k_BT}}{(e^{\hbar\omega/k_BT}-1)^2}$$

$$= \left(\frac{\theta_E}{T}\right)^2 \frac{e^{\theta_E/T}}{[e^{\theta_E/T}-1]^2} = F_E\left(\frac{\theta_E}{T}\right) , \qquad (11\text{-}23)$$

其中 $F_E\left(\dfrac{\theta_E}{T}\right)$ 稱爲 Einstein 函數（Einstein function）。

現在要討論 $C_V^{Einstein}$ 在高溫和低溫的行爲：

[1] 在高溫的情況下，即 $\hbar\omega \ll k_BT$ 或 $x = \dfrac{\hbar\omega}{k_BT} \ll 1$ ，

則

$$\langle E \rangle = \frac{\hbar\omega}{e^x - 1} \cong \frac{\hbar\omega}{x} , \qquad (11\text{-}24)$$

其中

$$e^x = 1 + x + \frac{x^2}{2!} + \frac{x^3}{3!} + \cdots \simeq 1 + x ,$$

所以

$$\langle E \rangle = \frac{\hbar\omega}{\hbar\omega/k_BT} = k_BT , \qquad (11\text{-}25)$$

則

$$U = 3N\langle E \rangle = 3Nk_BT = 3RT , \qquad (11\text{-}26)$$

所以比熱的高溫近似爲 $C_V^{Einstein} = \dfrac{dU}{dT} = 3R = C_V^{Dulong-Petit}$ ，也就是在高溫的情況下，Einstein 模型的比熱結果回到 Dulong-Petit 定律的規範。

[2] 在低溫的情況下，即 $\hbar\omega \gg k_BT$ ，

則

$$\langle E \rangle = \frac{\hbar\omega}{e^x - 1} \cong \frac{\hbar\omega}{e^{\hbar\omega/k_BT}} , \qquad (11\text{-}27)$$

得

$$U = 3N\langle E \rangle$$

$$= 3N\hbar\omega\exp\left(-\frac{\hbar\omega}{k_BT}\right) , \qquad (11\text{-}28)$$

所以比熱的低溫近似爲

$$C_V^{Einstein} = \frac{dU}{dT} = -3N\hbar\omega\left[-\frac{\hbar\omega}{k_B T^2}\exp\left(-\frac{\hbar\omega}{k_B T}\right)\right]$$

$$= 3Nk_B\left(\frac{\hbar\omega}{k_B T}\right)^2\exp\left(-\frac{\hbar\omega}{k_B T}\right)$$

$$= 3R\left(\frac{\hbar\omega}{k_B T}\right)^2\exp\left(-\frac{\hbar\omega}{k_B T}\right), \qquad (11\text{-}29)$$

所以在低溫的情況下，Einstein 模型的比熱將隨溫度的下降呈指數下降。

綜合 $C_V^{Einstein}$ 在高溫和低溫的溫度函數關係，繪圖示意如圖 11-5：

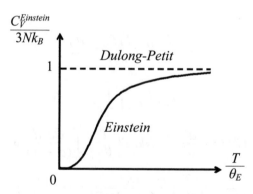

圖 11-5　晶體比熱的 Einstein 模型

11.2.3　Debye 比熱理論

由總能量

$$U = \int_0^{\omega_D} E(\omega)d\omega = \int_0^{\omega_D} \langle E \rangle D(\omega)d\omega \, , \tag{11-30}$$

又

$$D(\omega)d\omega = \frac{V\omega^2}{2\pi^2 v^3} d\omega \, , \tag{11-31}$$

且

$$\langle E \rangle = \frac{\hbar\omega}{e^{\hbar\omega/k_B T} - 1} \, , \tag{11-32}$$

所以

$$U = \left(\frac{V}{2\pi^2 v^3}\right) \int_0^{\omega_D} \frac{\hbar\omega\omega^2}{e^{\hbar\omega/k_B T} - 1} d\omega \, 。 \tag{11-33}$$

令 $x = \dfrac{\hbar\omega}{k_B T}$，且 $k_B\theta_D = \hbar\omega_D$，其中 θ_D 被稱為 Debye 溫度（Debye temperature），

則

$$x_D = \frac{\hbar\omega_D}{k_B T} = \frac{k_B\theta_D}{k_B T} = \frac{\theta_D}{T} \, , \tag{11-34}$$

所以

$$U = 9Nk_B T \left(\frac{T}{\theta_D}\right)^3 \int_0^{x_D} \frac{x^3}{e^x - 1} dx \, , \tag{11-35}$$

$$C_V^{Debye} = \frac{dU}{dT} = 9Nk_B T \left[\frac{T}{\theta_D}\right]^3 \int_0^{x_D} \frac{x^4 e^x \, dx}{(e^x - 1)^2} \, , \tag{11-36}$$

或

$$\frac{C_V^{Debye}}{3Nk_B} = 3\left(\frac{T}{\theta_D}\right)^3 \int_0^{x_D} \frac{x^4 e^x}{(e^x - 1)^2} dx = 3F_D\left(\frac{\theta_D}{T}\right) \, , \tag{11-37}$$

其中 $F_D\left(\dfrac{\theta_D}{T}\right)$ 被稱為 Debye 函數（Debye function）。

要特別說明的是，Debye 溫度是最常用來表示物質比熱特性的參數，一般而言，可以藉由分析 [1] 彈性力學特性（Elastic properties）、[2] 電阻值特性（Electrical resistivity）、[3] 熱膨脹特性（Thermal expansion）、[4]γ 射線（γ-rays）、X 射線（X-rays）以及中子射線

（Neutrons）等量測結果獲得物質系統的 Debye 溫度值。

現在要討論 C_V^{Debye} 在高溫和低溫的行為：

[1] 在高溫的情況下，即 $\hbar\omega \ll k_B T$　　則 $x = \dfrac{\hbar\omega}{k_B T} \ll 1$，

所以 $\qquad\qquad\qquad\qquad e^x \cong 1 + x$，$\qquad\qquad$（11-38）

$$U = 9Nk_B T \left(\frac{T}{\theta_D}\right)^3 \int_0^{x_D} x^2 \, dx = 3Nk_B T = 3RT ，\qquad（11\text{-}39）$$

當 $T \gg \theta_D$，則 $C_V^{Debye} = \dfrac{dU}{dT} = 3Nk_B T = 3R = C_V^{Dulong-Petit}$。（11-40）

所以在高溫的條件下，Debye 模型的比熱結果回到 Dulong-Petit
定律的規範。

[2] 在低溫的情況下，即 $T \to 0$，則 $\dfrac{\theta_D}{T} \to \infty$，

所以 $\qquad\qquad\qquad \displaystyle\int_0^\infty \frac{x^3}{e^x - 1} \, dx = \frac{\pi^4}{15}$，$\qquad\qquad$（11-41）

則 $\qquad\qquad U = 9Nk_B T \left(\frac{T}{\theta_D}\right)^3 \frac{\pi^4}{15} = \frac{9\pi^4}{15} \frac{Nk_B T^4}{\theta_D{}^3}$，$\qquad$（11-42）

當 $T \ll \theta_D$，則 $\quad C_V^{Debye} = \dfrac{dU}{dT} = \dfrac{12\pi^4}{5} Nk_B \left(\dfrac{T}{\theta_D}\right)^3$。（11-43）

這就是 Debye T^3 定律（Debye T^3 law）。

綜合 C_V^{Debye} 在高溫和低溫的溫度函數關係，示意如圖 11-6：

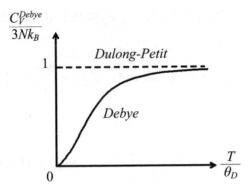

圖 11-6　晶格比熱的 Debye 模型

最後我們要說明一下 Debye 比熱模型和晶格波的關係：

由 Debye 比熱模型的模態數（Mode number）

$$Mode\ number = \left(\frac{L}{2\pi}\right)^3 \frac{4\pi k^3}{3}$$

$$= \frac{V}{8\pi^3} \frac{4\pi k^3}{3}$$

$$= \frac{V}{2\pi^2} \frac{k^3}{3} \ , \tag{11-44}$$

則狀態密度　　　　　　　$$D(\omega) = \frac{d(\ Mode\ Number)}{d\omega}$$

$$= \frac{Vk^2}{2\pi^2} \frac{dk}{d\omega} \ , \tag{11-45}$$

又　　　　　　　　　　　　$$\omega = \upsilon k \ , \tag{11-46}$$

則　　　　　　　　　$$D(\omega)\ d\omega = \frac{V\left(\frac{\omega}{\upsilon}\right)^2}{2\pi^2} \frac{d\omega}{\upsilon}$$

$$= \frac{V\omega^2}{2\pi^2 \upsilon^3}\ d\omega \ 。 \tag{11-47}$$

因為晶格波的縱模有 1 個極化狀態；橫模有 2 個極化狀態，所以

$$\frac{3}{v^3} = \frac{1}{v_l^3} + \frac{2}{v_t^3} \, , \tag{11-48}$$

其中 v 為晶格波的速度，

所以

$$3N = \int_0^{\omega_D} D(\omega)\, d\omega = \frac{V}{2\pi^2 v^3} \int_0^{\omega_D} \omega^2 d\omega$$

$$= \frac{V}{2\pi^2 v^3} \frac{\omega_D^3}{3} \, , \tag{11-49}$$

則 Debye 頻率（Debye frequency）為

$$\omega_D^3 = \frac{6\pi^2 N v^3}{V} = \frac{18\pi^2 N}{V} \left(\frac{1}{v_l^3} + \frac{2}{v_t^3} \right)^{-1} , \tag{11-50}$$

或

$$v_D^3 = \frac{9N}{4\pi V} \left(\frac{1}{v_l^3} + \frac{2}{v_t^3} \right)^{-1} 。 \tag{11-51}$$

11.2.4　晶格比熱的說明

綜合以上所討論的結果，我們把三種不同的比熱對溫度的變化關係畫在一起，如圖 11-7 所示，在絕對零度時，無論是 Einstein 模型的比熱或是 Debye 模型的比熱都為零，但是隨著溫度的升高，二種比熱也都隨之增加，當溫度很高時，如前面所討論的，Einstein 模型和 Debye 模型都回到 Dulong-Petit 定律的結果。

此外，一般認為，Einstein 比熱較適用於高溫範圍的行為；在低溫時，Debye 比熱較適用於低溫範圍的行為，但是在實際的分析上，我們可以把二種比熱加在一起，

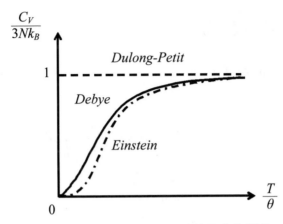

圖 11-7　三種晶體比熱模型對溫度的變化

即 $$C_V^{Lattice} = aC_V^{Debye} + bC_V^{Einstein}，\qquad (11\text{-}52)$$

其中 a 和 b 為常數，且 $a \geq 0$，$b \geq 0$，$a+b=1$，的比熱形式來作應用，這樣的晶格比熱表示也可應用在高分子的比熱分析上。

11.3　電子比熱

因為電子系統的內能（Internal energy）為

$$U_{Electronic}(T) = \int_0^\infty ED(E)f(E,T)\,dE，\qquad (11\text{-}53)$$

若 $$G(E) = \int_0^E ED(E)\,dE，$$

則 $$U_{Electronic}(T) = G(E_F(T)) + \frac{\pi^2}{6}(k_BT)^2 \frac{d^2G(E)}{dE^2}\bigg|_{E=E_F(T)} + \cdots$$

$$= \int_0^{E_F(T)} ED(E)\,dE + \frac{\pi^2}{6}(k_B T)^2 \frac{d(ED(E))}{dE^2}\bigg|_{E=E_F(T)} + \cdots$$

$$+ \frac{\pi^2}{6}(k_B T)^2 D\,(E_F\,(T)) + \frac{\pi^2}{6}(k_B T)^2 E_F\,(T)\frac{dD(E_F(T))}{dE} + \cdots$$

$$= \int_0^{E_F(0)} ED(E)\,dE + \int_{E(0)}^{E_F(T)} ED(E)\,dE \text{。} \qquad (11\text{-}54)$$

如 果 $D(E)$ 在 $E_F(0)$ 和 $E_F(T)$ 的 範 圍 內 變 化 不 大 ， 也 就 是 在 $E_F(T) \gg k_B T$ 的情況下，$D(E)$ 在 $E_F(0)$ 和 $E_F(T)$ 之間是保持在一個固定值的，

則
$$\int_{E_F(0)}^{E_F(T)} ED(E)\,dE \cong D\,(E_F\,(T))E_F\,(T) \int_{E_F(0)}^{E_F(T)} dE$$

$$= D\,(E_F\,(T))E_F\,(T)[E_F\,(T) - E_F(0)] \text{，} \qquad (11\text{-}55)$$

所以 $U_{Electronic}\,(T) = \int_0^{E_F(0)} ED(E)\,dE + [E_F\,(T) - E_F(0)]D\,(E_F\,(T))E_F\,(T)$

$$+ \frac{\pi^2}{6}(k_B T)^2 E_F\,(T)\frac{dD(E_F(T))}{dE} + \frac{\pi^2}{6}(k_B T)^2 D\,(E_F\,(T)) + \cdots \text{，} \qquad (11\text{-}56)$$

如果對 $E_F(T)$ 作 Sommerfeld 展開（Sommerfeld expansion）的結果中，$E_F\,(T) = E_F(0)\left[1 - \frac{\pi^2}{12}\left(\frac{k_B T}{E_F(0)}\right)^2\right]$，我們忽略了 T^2 項，

則 $U_{Electronic}\,(T) = U_0 + [E_F\,(T) - E_F(0)]D\,(E_F(0))E_F(0)$

$$+ \frac{\pi^2}{6}(k_B T)^2 E_F(0)\frac{dD(E_F(0))}{dE} + \frac{\pi^2}{6}(k_B T)^2 D\,(E_F(0)) + \cdots \text{，} \qquad (11\text{-}57)$$

其中 $U_0 = \int_0^{E_F(0)} ED(E)\,dE$ 為電子系統在絕對零度的內能，

又因為 $[E_F(T) - E_F(0)]D(E_F(0)) + \dfrac{\pi^2}{6}(k_BT)^2\dfrac{dD(E_F(0))}{dE} = 0$，（11-58）

所以 $U_{Electronic}(T) = U_0 - E_F(0)\dfrac{\pi^2}{6}(k_BT)^2\dfrac{dD(E_F(0))}{dE}$

$$+ \dfrac{\pi^2}{6}(k_BT)^2 E_F(0)\dfrac{dD(E_F(0))}{dE} + \dfrac{\pi^2}{6}(k_BT)^2 D(E_F(0)) + \cdots$$

$$\simeq U_0 + \dfrac{\pi^2}{6}(k_BT)^2 D(E_F(0)) + \cdots, \qquad (11\text{-}59)$$

略去高次項之後，如圖 11-8 所示，

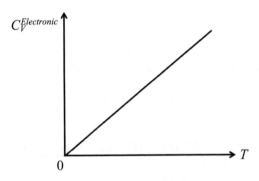

圖 11-8　電子比熱隨溫度的變化

得電子比熱為

$$C_V^{Electronic}(T) = \dfrac{\partial U_{Electronic}(T)}{\partial T}\bigg|_V = \dfrac{\pi^2}{3}k_B^2 D(E_F(0))T。\qquad (11\text{-}60)$$

以上推導過程中，我們使用了二個關係式：

[1]　$[E_F(T) - E_F(0)]D(E_F(0)) + \dfrac{\pi^2}{6}(k_BT)^2\dfrac{dD(E)}{dE}\bigg|_{E=E_F(0)} = 0。\quad (11\text{-}61)$

[2] $\quad E_F(T) = E_F(0)\left[1 - \dfrac{\pi^2}{12}\left(\dfrac{k_B T}{E_F(0)}\right)^2\right]$。 $\qquad$ （11-62）

其實這二個關係式都是 Sommerfeld 展開的應用結果，說明如下：

[1] $\quad$ 若 $G(E) = \displaystyle\int_0^E D(E) dE$ 或 $D(E) = \dfrac{dG(E)}{dE}$，

其中 $D(E)$ 為狀態密度，則顯然 $I = \displaystyle\int_0^\infty f(E, T) D(E) dE$ 為系統中的電子個數，

即 $\qquad n = I = \displaystyle\int_0^\infty f(E, T) D(E) dE$

$$= \int_0^{E_F(T)} D(E)\, dE + \frac{\pi^2}{6}(k_B T)^2 \frac{d^2 D(E)}{dE^2}\bigg|_{E=E_F(T)} + \cdots, \qquad （11\text{-}63）$$

因為電子個數 n 和溫度無關，

所以 $\qquad\qquad\qquad n = \displaystyle\int_0^{E_F(0)} D(E)\, dE$， $\qquad$ （11-64）

代入，則

$$\int_0^{E_F(0)} D(E)\, dE = \int_0^{E_F(T)} D(E)\, dE + \frac{\pi^2}{6}(k_B T)^2 \frac{dD(E)}{dE}\bigg|_{E=E_F(T)} + \cdots, \quad （11\text{-}65）$$

若忽略高次項可得

$$\int_0^{E_F(0)} D(E)\, dE - \int_0^{E_F(T)} D(E)\, dE + \frac{\pi^2}{6}(k_B T)^2 \frac{dD(E)}{dE}\bigg|_{E=E_F(T)} \simeq 0。 \quad （11\text{-}66）$$

在 $E_F(T) \gg k_B T$ 的情況下，$E_F(T)$ 和 $E_F(0)$ 的差異很小，所以

$D(E)$ 在 $E_F(T)$ 到 $E_F(0)$ 的範圍內可視為常數，即 $D(E) = D(E_F(0))$ 可以被提出到積分符號之外，

則 $\quad D(E_F(0)) \int_0^{E_F(T)} dE - D(E_F(0)) \int_0^{E_F(0)} dE + \dfrac{\pi^2}{6}(k_B T)^2 \dfrac{dD(E)}{dE}\Big|_{E=E_F(T) \simeq E_F(0)} = 0$ ，

$$（11\text{-}67）$$

所以 $\quad [E_F(T) - E_F(0)] D(E_F(0)) + \dfrac{\pi^2}{6}(k_B T)^2 \dfrac{dD(E)}{dE}\Big|_{E=E_F(T)} = 0$ 。（11-68）

[2]　由自由電子模型可知 $D(E) = c\sqrt{E}$，其中 c 為比例常數，

則 $\quad \dfrac{\frac{dD(E)}{dE}}{D(E)}\Big|_{E=E_F(0)} = \dfrac{\frac{1}{2}cE^{-1/2}}{cE^{1/2}}\Big|_{E=E_F(0)} = \dfrac{1}{2E}\Big|_{E=E_F(0)} = \dfrac{1}{2E_F(0)}$ ，　（11-69）

代入 [1] 的結果，

即 $\quad E_F(T) - E_F(0) + \dfrac{\pi^2}{6}(k_B T)^2 \left[\dfrac{\frac{dD(E)}{dE}\big|_{E=E_F(0)}}{D(E_F(0))}\right] = 0$ ，　（11-70）

所以 $\quad E_F(T) = E_F(0) - \dfrac{\pi^2}{6}(k_B T)^2 \dfrac{1}{2E_F(0)} = 0$ ，　（11-71）

得 $\quad E_F(T) = E_F(0)\left[1 - \dfrac{\pi^2}{12}\left(\dfrac{k_B T}{E_F(0)}\right)^2\right]$ 。　（11-72）

11.4　Schottky 比熱

固態的相變化或粒子在量子化能量之間的躍遷將會導致系統的比熱呈現出有異於晶格或電子所貢獻的比熱效應，此效應稱為 Schottky 效應（Schottky effect），當然，這個 Schottky 效應和金屬 - 半導體

接面的 Schottky 效應是截然不同的，這個現象也被稱爲 Schottky 異常（Schottky anomaly），其所定義出來的比熱就稱爲 Schottky 比熱 $C_V^{Schottky}$（Schottky specific heat）。

如果有一個二階系統（Two-level system），二個能階的差爲 ΔE，如圖 11-9 所示，則

[1]　當 $T \ll \dfrac{\Delta E}{k_B}$ 或 $k_B T \ll \Delta E$ 時，則高能態的粒子數很少；

[2]　當 $T \gg \dfrac{\Delta E}{k_B}$ 或 $k_B T \gg \Delta E$ 時，則高能態與低能態的粒子數相當，

綜合在高溫和低溫的二種情況下，因爲內能變化不大，所以，比熱值 $C_V^{Schottky}$ 很小，漸漸趨於零，只有在 $T \cong \dfrac{\Delta E}{k_B}$ 或 $k_B T \cong \Delta E$ 的溫度或能量範圍附近，因爲系統內能（Internal energy）的快速變化，所以導致比熱值 $C_V^{Schottky}$ 很大。

有別於電子和晶格對比熱的貢獻，所謂 Schottky 異常就是指：當溫度 $T = \dfrac{\Delta E}{k_B}$ 時的比熱值很大；而當溫度在和 $T \gg \dfrac{\Delta E}{k_B}$ 或 $T \ll \dfrac{\Delta E}{k_B}$ 的比熱值都很小，如圖 11-10 所示：

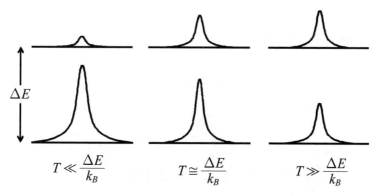

圖 11-9　二階系統的粒子數分布隨溫度的變化

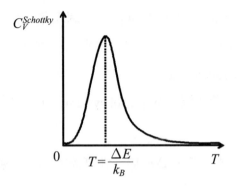

圖 11-10　Schottky 異常

簡單說明如下：

如果有一個系統含有 N 個粒子，且這些粒子可以處於 m 個能態 E_1、E_2、…、E_m，而這些能態的簡併度分別對應為 g_1、g_2、…、g_m，則在溫度 T 時，系統中每一個粒子的平均熱能（Thermal energy）$\langle E \rangle$ 為

$$\langle E \rangle = \frac{\sum\limits_{i=1}^{m} E_i g_i e^{-\frac{E_i}{k_B T}}}{\sum\limits_{i=1}^{m} g_i e^{-\frac{E_i}{k_B T}}} ,\qquad (11\text{-}73)$$

所以系統的平均總能量為

$$\langle\!\langle E \rangle\!\rangle = N \langle E \rangle = \frac{N \sum\limits_{i=1}^{m} E_i g_i e^{-E_i/k_B T}}{\sum\limits_{i=1}^{m} g_i e^{-E_i/k_B T}} \circ \qquad (11\text{-}74)$$

若令 $Z = \sum\limits_{i=1}^{m} g_i e^{-E_i/k_B T}$，所以 E 可以表示成

$$\langle\!\langle E \rangle\!\rangle = k_B T^2 \frac{d(\ln z)}{dT} ,\qquad (11\text{-}75)$$

則 Schottky 比熱 $C_V^{Schottky}$ 為

$$C_V^{Schottky} \equiv \frac{d\langle\!\langle E \rangle\!\rangle}{dT}$$

$$= T\frac{d^2(Nk_BT\ln Z)}{dT^2}$$

$$= \frac{Nk_B}{T^2}\frac{d^2(\ln Z)}{d\left(\frac{1}{T}\right)^2}$$

$$= \frac{Nk_B}{T^2}\left\{\frac{1}{Z}\sum_{i=1}^{m}\left[g_i\left(\frac{E_i}{k_B}\right)^2 e^{-E_i/k_BT}\right] - \left[\frac{1}{Z}\sum_{i=1}^{m}g_i\frac{E_i}{k_B}e^{-E_i/k_BT}\right]^2\right\} \text{。} \quad (11\text{-}76)$$

我們可以藉由分析二階系統（Two-level system）的結果來瞭解 Schottky 比熱的特性，假設這個二階系統的 $E_1 = 0$、$g_1 = g_0$ 且 $E_1 = E$、$g_2 = g$，則代入上面的結果，可得

$$\langle\!\langle E \rangle\!\rangle = \frac{NgEe^{-E/k_BT}}{g_0 + ge^{-E/k_BT}} \text{，} \quad (11\text{-}77)$$

則

$$C_V^{Schottky} = \frac{NE^2}{k_BT^2}\frac{g_0}{g}\frac{e^{E/k_BT}}{\left[1 + \frac{g_0}{g}e^{E/k_BT}\right]^2} \text{。} \quad (11\text{-}78)$$

現在我們來看看低溫和高溫時 $C_V^{Schottky}$ 的行為，

[1]　當在低溫的情況下，即 $T \ll \dfrac{E}{k_B}$，

則

$$C_{Schottky}^{Low} = \frac{NE^2}{k_BT^2}\frac{g_0}{g}e^{-E/k_BT} \text{。} \quad (11\text{-}79)$$

[2]　當在高溫的情況下，即 $T \gg \dfrac{E}{k_B}$，

則　　$$C_{Schottky}^{High} = \frac{NE^2}{k_B T^2} \frac{g_0 \, g}{(g_0 + g)^2} = \frac{NE^2}{k_B T^2} \frac{g_0}{g} \frac{1}{\left(1 + \dfrac{g_0}{g}\right)^2}。$$　　　（11-80）

我們可以看出在低溫的情況下，$C_{Schottky}^{Low}$ 會隨著溫度下降而呈指數型上升達到極大值；在高溫的情況下，$C_{Schottky}^{High}$ 隨溫度上升而單調性減小，爲了找出 $C_V^{Schottky}$ 的極大值，$C_{Schottky}^{Max}$，所以必須滿足 $\dfrac{d}{dT} C_V^{Schottky}$ $= 0$ 的條件，而對應於 $C_{Schottky}^{Max}$ 的溫度 $T_{\max}$ 必須滿足

$$e^{-E/k_B T_{\max}} = \frac{g_0}{g} \frac{\dfrac{E}{k_B T_{\max}} - 2}{\dfrac{E}{k_B T_{\max}} + 2}$$ 的關係，代入可得

$$C_{Schottky}^{Max} = Nk_B \left[\left(\frac{E}{2k_B T_{\max}} \right)^2 - 1 \right]。$$　　　　　（11-81）

Schottky 比熱和能量對溫度的關係示意如圖 11-11。

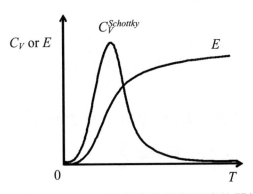

圖 11-11　Schottky 比熱和能量對溫度的關係

思考題

11-1 試討論無序固態物質（Disordered solids）的異常比熱
（Anomalous specific heat）。

11-2 試以熱內能（Thermal internal energy）來定義 Debye 溫度。

11-3 試由振動模式（Vibrational normal modes）的分布，討論
Einstein 晶體（Einstein crystal）和 Debye 晶體（Debye crystal）
的轉換條件。

11-4 試由狀態密度導出磁矩（Magnetic moment）。

11-5 試討論 Einstein 溫度和 Debye 溫度的關係。

11-6 試討論一維、二維、三維晶體的比熱。

11-7 試以古典和量子觀點討論單一粒子在立方盒子中的比熱。

11-8 試以古典和量子觀點討論簡諧振子的比熱。

11-9 試討論奈米晶體（Nanocrystal）的比熱。

11-10 試討論負比熱（Negative specific heat）。

第 12 章

固態元激發

在固態物質中，除了電子、中子、質子是眞實的粒子之外，還有很多的準粒子（Quasi-particles）或稱爲元激發（Elementary excitations），幾種元激發及其基本概念與命名者列表 12-1 如下：

表 12-1　固態元激發

粒子／準粒子	概念	命名的學者
Boson	對稱的量子狀態，且不遵守 Pauli Exclusive Principle	Dirac, 1947.
Electron	電的基本單元	Stoney, 1891.
Exciton	晶體中的激發波	Frankel, 1936.
Fermion	反對稱的量子狀態，且遵守 Pauli Exclusive Principle	Dirac, 1947.
Instanton	在臨界點發生作用的瞬態現象	Belavin, Polyakov, Schwarz, and Tyupkin, 1975.
Magnon	自旋波	Landau, 19??.
Neutron	具有質子的質量且呈電中性	Rutherford, 1920.
Phonon	彈性波量子化	Frankel, 1932.
Photon	電磁輻射量子化	Lewis, 1926.
Plasmon	電漿震盪量子化	Pines, 1956.
Polariton	電磁波與晶體場耦合量子化	Hopfield, 1958.
Polaron	電子與晶格交互作用的局域化電子	Pekar, 1946.
Proton	氫原子	Rutherford, 1920.
Roton	液態氦中的元激發	Tamm, 19??.
Soliton	量子化的孤立波	Zakharov and Shabat, 1971.

存在於固態中的激發波（Excitation waves）被量子化之後，也就是一個激發狀態的能量和動量可以被確定的結果，就被定義爲準粒子或稱爲集體激發（Collective excitations），固態物理中常見的

包含：光子（Photon）、激子（Exciton）、磁子（Magnon）、聲子（Phonon）、電漿子（Plasmon）、極化子（Polaron）、偏振子（Polariton）……等等，分別簡單說明如下：

光子：電磁輻射的量子化；

激子：原意指晶體中激發波，但現在大多用在電子與電洞耦合之後的
　　　量子化；

磁子：自旋波（Spin waves）的量子化；

聲子：彈性波（Elastic waves）或晶格波的量子化；

電漿子：電漿振盪（Plasma oscillations）的量子化；

極化子：考慮電子與晶格交互作用下的局域化電子（Localized electrons）；

偏振子：電磁波與激發波耦合的量子化。

　　除了我們所熟知的光子之外，以下將分別簡單的介紹其數學形式的描述。

12.1　激子

　　激子（Exciton ['ɛksɪton]）是半導體和絕緣體的電子的一種能量激發狀態（Excited electronic energy states）。因為在非導體材料中，所有的激發態能量一定等於基態能量（Ground state energy）加上能隙（Energy gap）的大小，通常這個材料的能隙必須是足夠大的，一般而言，要大於 $3k_BT$ 左右，其中 T 為當時環境的溫度，而將這些晶體的激發狀態量子化之後所定義出的準粒子就被稱為激子，很顯然的，因為金屬是沒有能隙的，所以就不易形成激子。

　　雖然激子被認為可以在熱傳導（Thermal conductivity）上扮演著一些角色，但是，在一般的量測溫度下，我們多還是以光激發的方式來研究激子的特性，也就是說，激子的觀念經常會出現在固態的光學特性分析中。

　　如圖 12-1 所示，這個激發狀態的形態可以由一個電子電洞對（Electron-hole pair）的相對位置或交互作用的大小來做區分，第一類是半徑比較大的激子，如圖 12-2(a) 所示，稱為 Wannier 激子（Wannier exciton），這是電子與電洞交互作用的弱極限情況，所以可以用黏體模型或連續模型（Continuum model）來討論，即電子與電洞是在均質介電體（Homogeneous dielectric）上做運動；第二類是半徑比較小的激子，如圖 12-2(b) 所示，稱為 Frenkel 激子（Frenkel exciton），電子與電洞交互作用很強，所以可以用原子模型（Atomic model）來討論電子與電洞被侷限在同一個晶格位置上。

　　本節內容，我們要介紹一種最簡單的情況，即激子是由一個電子和一個電洞所構成，則可由 Schrödinger 方程式，找出激子的能量和波函數。

　　激子的 Hamiltonian $H_{exciton}$ 為

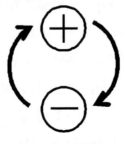

圖 12-1　激子

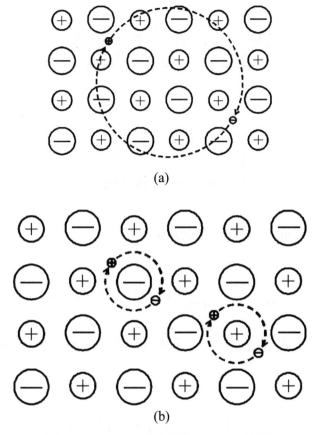

(a)

(b)

圖 12-2　Wannier 激子與 Frenkel 激子

$$H_{exciton} = \frac{p_e^2}{2m_e^*} + \frac{p_h^2}{2m_h^*} - \frac{e^2}{4\pi\varepsilon_0 |\vec{r}_e - \vec{r}_h|} \ , \qquad （12\text{-}1）$$

其中 p_e 和 p_h 分別是電子和電洞的動量；m_e^* 和 m_h^* 分別是電子和電洞的等效質量；$\vec{r}_e$ 和 $\vec{r}_h$ 分別是電子和電洞的位置向量。

所以整個 Schrödinger 方程式為

$$\left[\frac{p_e^2}{2m_e^*} + \frac{p_h^2}{2m_h^*} - \frac{e^2}{4\pi\varepsilon_0 |\vec{r}_e - \vec{r}_h|} \right] \psi\,(\vec{r}_e, \vec{r}_h) = (E - E_g)\, \psi\,(\vec{r}_e, \vec{r}_h) \ , \qquad （12\text{-}2）$$

但是實際上我們很難去測定單一的電子或電洞的行為，比較容易觀測得到的是它們的質量中心和相對位置的行為，所以我們現在將所有的座標由原來的電子 - 電洞位置座標 $(\vec{r_e}, \vec{r_h})$ 轉換成：相對座標和質量中心座標 $\vec{R}$，

即
$$
\begin{cases}
\vec{r} = \vec{r_e} - \vec{r_h} \\
\vec{R} = \dfrac{m_e^*}{m_e^* + m_h^*} \vec{r_e} + \dfrac{m_h^*}{m_e^* + m_h^*} \vec{r_h}
\end{cases},
\tag{12-3}
$$

此時，Schrödinger 方程式可以改寫成

$$
\left[\frac{P^2}{2M} + \frac{p^2}{2\mu} - \frac{e^2}{4\pi\varepsilon_0 r} \right] \psi\,(\vec{r}, \vec{R}) = (E - E_g)\,\psi\,(\vec{r}, \vec{R})\,,
\tag{12-4}
$$

以下要說明的就是由描述單一電子或電洞的 Schrödinger 方程式如何化成上式的。

因為
$$
\begin{cases}
\dfrac{p_e^2}{2m_e^*} = \dfrac{1}{2m_e^*} \left(\dfrac{\hbar}{i} \right)^2 \dfrac{\partial^2}{\partial r_e^2} \\
\dfrac{p_h^2}{2m_h^*} = \dfrac{1}{2m_h^*} \left(\dfrac{\hbar}{i} \right)^2 \dfrac{\partial^2}{\partial r_h^2}
\end{cases},
\tag{12-5}
$$

其中
$$
\frac{\partial}{\partial r_e} = \frac{\partial R}{\partial r_e} \frac{\partial}{\partial R} + \frac{\partial r}{\partial r_e} \frac{\partial}{\partial r} = \frac{m_e^*}{m_e^* + m_h^*} \frac{\partial}{\partial R} + \frac{\partial}{\partial r}\,,
\tag{12-6}
$$

所以
$$
\frac{\partial^2}{\partial r_e^2} = \frac{\partial R}{\partial r_e} \frac{\partial}{\partial R} \left(\frac{m_e^*}{m_e^* + m_h^*} \frac{\partial}{\partial R} + \frac{\partial}{\partial r} \right) + \frac{\partial R}{\partial r_e} \frac{\partial}{\partial r} \left(\frac{m_e^*}{m_e^* + m_h^*} \frac{\partial}{\partial R} + \frac{\partial}{\partial r} \right)
$$
$$
= \left(\frac{m_e^*}{m_e^* + m_h^*} \right)^2 \frac{\partial^2}{\partial R^2} + \frac{m_e^*}{m_e^* + m_h^*} \frac{\partial}{\partial R} \frac{\partial}{\partial r} + \frac{m_e^*}{m_e^* + m_h^*} \frac{\partial}{\partial r} \frac{\partial}{\partial R} + \frac{\partial^2}{\partial r^2}\,,
\tag{12-7}
$$

又
$$
\frac{\partial}{\partial r_h} = \frac{\partial R}{\partial r_h} \frac{\partial}{\partial R} + \frac{\partial r}{\partial r_h} \frac{\partial}{\partial r} = \frac{m_h^*}{m_e^* + m_h^*} \frac{\partial}{\partial R} - \frac{\partial}{\partial r}\,,
\tag{12-8}
$$

且 $\quad \dfrac{\partial^2}{\partial r_h^2} = \dfrac{\partial R}{\partial r_h}\dfrac{\partial}{\partial R}\left(\dfrac{m_h}{m_e^* + m_h^*}\dfrac{\partial}{\partial R} - \dfrac{\partial}{\partial r}\right) + \dfrac{\partial r}{\partial r_h}\dfrac{\partial}{\partial r}\left(\dfrac{m_h^*}{m_e^* + m_h^*}\dfrac{\partial}{\partial R} - \dfrac{\partial}{\partial r}\right)$

$$= \left(\dfrac{m_h^*}{m_e^* + m_h^*}\right)^2\dfrac{\partial^2}{\partial R^2} - \dfrac{m_h^*}{m_e^* + m_h^*}\dfrac{\partial}{\partial R}\dfrac{\partial}{\partial r} - \dfrac{m_h^*}{m_e^* + m_h^*}\dfrac{\partial}{\partial r}\dfrac{\partial}{\partial R} + \dfrac{\partial^2}{\partial r^2} \, ,$$

$$（12\text{-}9）$$

則 $\quad \dfrac{p_e^2}{2m_e^*} = \dfrac{1}{2m_e^2}\left(\dfrac{\hbar}{i}\right)^2\left[\left(\dfrac{m_e^*}{m_e^* + m_h^*}\right)^2\dfrac{\partial^2}{\partial R^2} + \dfrac{2m_e^*}{m_e^* + m_h^*}\dfrac{\partial}{\partial R}\dfrac{\partial}{\partial r} + \dfrac{\partial^2}{\partial r^2}\right]$

$$= \dfrac{-\hbar^2}{2}\left[\dfrac{m_e^*}{(m_e^* + m_h^*)^2}\dfrac{\partial^2}{\partial R^2} + \dfrac{2}{m_e^* + m_h^*}\dfrac{\partial^2}{\partial R\partial r} + \dfrac{1}{m_e^*}\dfrac{\partial^2}{\partial r^2}\right] \, , \quad （12\text{-}10）$$

$$\dfrac{p_h^2}{2m_h^*} = \dfrac{1}{2m_h^*}\left(\dfrac{\hbar}{i}\right)^2\left[\left(\dfrac{m_h^*}{m_e^* + m_h^*}\right)^2\dfrac{\partial^2}{\partial R^2} + \dfrac{2m_h^*}{m_e^* + m_h^*}\dfrac{\partial^2}{\partial R\partial r} + \dfrac{\partial^2}{\partial r^2}\right]$$

$$= \dfrac{-\hbar^2}{2}\left[\dfrac{m_h^*}{(m_e^* + m_h^*)^2}\dfrac{\partial^2}{\partial R^2} + \dfrac{2}{m_e^* + m_h^*}\dfrac{\partial^2}{\partial R\partial r} + \dfrac{1}{m_h^*}\dfrac{\partial^2}{\partial r^2}\right] \, , \quad （12\text{-}11）$$

所以 $\dfrac{p_e^2}{2m_e^*} + \dfrac{p_h^2}{2m_h^*} = \dfrac{-\hbar^2}{2(m_e^* + m_h^*)}\nabla_{\vec{R}}^2 - \dfrac{\hbar^2}{2}\left(\dfrac{1}{m_e^*} + \dfrac{1}{m_h^*}\right)\nabla_{\vec{r}}^2$

$$= \dfrac{P^2}{2M} + \dfrac{p^2}{2\mu} \, , \quad （12\text{-}12）$$

其中 $P^2 = \dfrac{-\hbar^2}{2}\nabla_{\vec{R}}^2$; $p^2 = \dfrac{-\hbar^2}{2}\nabla_{\vec{r}}^2$; $M = m_e^* + m_h^*$; $\dfrac{1}{\mu} = \dfrac{1}{m_e^*} + \dfrac{1}{m_h^*}$ ，

得 Schrödinger 方程式為

$$\left(\dfrac{P^2}{2M} + \dfrac{p^2}{2\mu} - \dfrac{e^2}{4\pi\varepsilon_0 r}\right)\psi\,(\vec{r}, \vec{R}) = (E - E_g)\,\psi\,(\vec{r}, \vec{R}) \, , \quad （12\text{-}13）$$

其中 Coulomb 作用（Columbic term） ， $-\dfrac{e^2}{4\pi\varepsilon_0 r}$ ，可對應到激子的束縛能，用微擾法可求出。

這個 Schrödinger 方程式的解可以具有以下的形式：

$$\psi\,(\vec{r}, \vec{R}) = F_{nlm}\,(\vec{r})(\vec{R}) \, , \quad （12\text{-}14）$$

代入 Schrödinger 方程式，並以分離變數法求解：

[1] $\qquad \left(\dfrac{-\hbar^2}{2\mu} \nabla_{\vec{r}}^2 - \dfrac{e^2}{4\pi\varepsilon_0 r} \right) F_{nlm}(\vec{r}) = (E - E_g - \varepsilon) F_{nlm}(\vec{r})$ 。 （12-15）

[2] $\qquad\qquad \left(\dfrac{-\hbar^2}{2M} \nabla_{\vec{R}}^2 \right) G(\vec{R}) = \varepsilon\, G(\vec{R})$ 。 （12-16）

則

[1] 由氫原子的本徵值的求解過程可得

$$ E - E_g - \varepsilon = -\frac{\mu e^4}{2\hbar^2 n^2} \text{，} \qquad\qquad （12\text{-}17） $$

且本徵函數 $F_{nlm}(\vec{r})$ 為近似氫原子的波函數。

[2] 在 $\dfrac{-\hbar^2}{2M} \nabla_{\vec{R}}^2 G(\vec{R}) = \varepsilon\, G(\vec{R})$ 中，ε 為具有質量 M 的自由粒子的本徵

值且自由粒子的波函數為 $G(\vec{R}) = G(0)\, e^{i\vec{k} \cdot \vec{R}}$，且動能為 $E = \dfrac{\hbar^2 |\vec{k}|^2}{2M}$。

綜合 [1]、[2] 的結果可得：對實驗室的觀察點而言，激子的總能

量包含位能 $\dfrac{-\mu e^2}{2\hbar^2 n^2}$ 和動能 $\dfrac{\hbar^2 |\vec{k}|^2}{2M}$ 二部分，

即 $\qquad\qquad E - E_g = \dfrac{-\mu e^4}{2\hbar^2 n^2} + \dfrac{\hbar^2 |\vec{k}|^2}{2M}$ ， （12-18）

激子的波函數為

$$ \psi(\vec{r}, \vec{R}) = G(0)\, e^{i\vec{k} \cdot \vec{R}} F_{nlm}(\vec{r}) \text{。} \qquad\qquad （12\text{-}19） $$

12.2 聲子

眾所周知電磁波量子化爲光子的過程也就是輻射場模態被分解成正則模態（Normal modes）的過程。同樣的，晶格振動（Lattice vibrations）也可以相似的對應於晶格振動量子化的結果，而導出振動正則模態的量子狀態，這個量子狀態就稱爲聲子（Phonons）。晶格振動的聲子特性和電磁輻射的光子特性是非常相似的，其中最大的差異就是電磁輻射場的傳播環境是連續的；而晶格振動則是被限制在晶體原子的分立點上。

以下我們將先導出聲子系統的 Hamiltonian，再說明聲子系統的 Hamiltonian 等於所有的非耦合項（Uncoupled terms）的總和，且介紹聲子數目和溫度的函數關係。

12.2.1 聲子系統的 Hamiltonian

若每一個原子的座標爲 x_i，其平衡位置爲 x_{io}，所以位移座標（Displacement coordinate）爲

$$q_i = x_i - x_{io}，\qquad (12\text{-}20)$$

又因爲每個晶格原子的動量爲 p_i，則 q_i 和 p_i 必須滿足對易關係（Commutation relation），

即 $\qquad\qquad\qquad [q_i, p_i] = i\hbar\delta_{ij}。\qquad\qquad (12\text{-}21)$

　　現在有 N 個原子構成一個直鏈，假設只有相鄰的原子才有作用力，所以這個 N 個原子的直鏈的總位能（Total potential energy）V 就是源自於作用力的位能 $f(q)$ 的總合，而且是相鄰原子間距的函數，

即
$$V = \sum_{i=1}^{N} f(q_{i+1} - q_i) \text{。}$$
（12-22）

我們把 $f(q)$ 用 Taylor 級數展開，

由
$$f(x) = f(0) + \frac{1}{1!}\frac{df(x)}{dx}x + \frac{1}{2!}\frac{d^2f(x)}{dx^2}x^2 + \cdots ,$$
（12-23）

則忽略高階項後，代入 V，

即
$$V = Nf(0) + \frac{df}{dx}\sum_{i=1}^{N}(q_{i+1} - q_i) + \frac{1}{2}\frac{d^2f}{dx^2}x^2\sum_{i=1}^{N}(q_{i+1} - q_i)^2 ,$$
（12-24）

　　第一項是常數，可忽略；第二項可以有二個方式可以得出「零」的結果：

[1]　在平衡狀態時，因為 $\dfrac{df}{dx} = 0$，所以第二項為零；

[2]　把 $\sum_{i=1}^{N}(q_{i+1} - q_i)$ 展開，

即
$$\sum_{i=1}^{N}(q_{i+1} - q_i) = (q_2 - q_1) + (q_3 - q_2) + \cdots + (q_N - q_{N+1}) + (q_{N+1} - q_N)$$
$$= q_{N+1} - q_1 ,$$
（12-25）

再由週期性邊界條件，

$$q_{i+N} = q_i \text{，} \tag{12-26}$$

所以 $\qquad \sum_{i=1}^{N} (q_{i+1} - q_i) = q_{N+1} - q_1 = q_1 - q_1 = 0 \text{，} \tag{12-27}$

將 $\sum_{i=1}^{N} (q_{i+1} - q_i) = 0$ 的結果代入總位能 V 的第二項，

則 $\qquad \dfrac{df}{dx} \sum_{i=1}^{N} (q_{i+1} - q_i) = \dfrac{df}{dx} \cdot 0 = 0 \text{，} \tag{12-28}$

即第二項爲零。

綜合以上的結果，因爲忽略常數項，且一次微分項爲零，所以只剩二次微分項，

則

$$\begin{aligned} V &= \frac{1}{2}k \sum_{i=1}^{N} (q_{i+1} - q_i)^2 \\ &= \frac{1}{2}k \sum_{i=1}^{N} (2q_i^2 - q_{i+1}q_i - q_{i-1}q_i) \text{，} \end{aligned} \tag{12-29}$$

其中 $k = \dfrac{d^2 f}{dx^2}\bigg|_{x=0}$ 。

這個總位能 V 的近似結果也被稱爲簡諧近似（Harmonic approximation）的結果。

所以可得 N 個原子的系統的 Hamiltonian 爲

$$H = \sum_{i=1}^{N} \left[\frac{P_i^2}{2m} + \frac{1}{2}k(2q_i^2 - q_{i+1}q_i - q_{i-1}q_i) \right] \text{。} \tag{12-30}$$

接下來，我們要把以上的 Hamiltonian 轉換成正則模態，首先把位移座標以 Fourier 級數展開，

即
$$q_n = \frac{1}{\sqrt{N}} \sum_{\mu=-\frac{N-1}{2}}^{\frac{N-1}{2}} Q_\mu \, e^{i\left(\frac{2\pi}{N}\right)n\mu} \; , \tag{12-31}$$

其中 $n = 1, 2, 3, \cdots, N$，要注意 N 爲奇數，

這個方程組可以被視爲 N 個實數 q_n 以複數係數 Q_μ 展開的定義。

把這個方程組反轉過來，

即
$$\sum_{n=1}^{N} q_n \, e^{-i\left(\frac{2\pi}{N}\right)nv} = \frac{1}{\sqrt{N}} \sum_{\mu=-\frac{N-1}{2}}^{\frac{N-1}{2}} \left(Q_\mu \sum_{n=1}^{n} e^{i\left(\frac{2\pi}{N}\right)(\mu-v)n} \right) , \tag{12-32}$$

其中
$$\sum_{n=1}^{N} e^{i\left(\frac{2\pi}{N}\right)(\mu-v)n} = N\delta_{\mu v} \; , \tag{12-33}$$

代入
$$\sum_{n=1}^{N} q_n \, e^{-i\left(\frac{2\pi}{N}\right)nv} = \frac{1}{\sqrt{N}} \sum_{\mu=-\frac{N-1}{2}}^{\frac{N-1}{2}} Q_\mu N\delta_{\mu v}$$

$$= \frac{N}{\sqrt{N}} Q_v \; , \tag{12-34}$$

則
$$Q_v = \frac{1}{\sqrt{N}} \sum_{n=1}^{N} q_n \, e^{-i\left(\frac{2\pi}{N}\right)nv} \; , \tag{12-35}$$

上式就是 $q_n = \dfrac{1}{\sqrt{N}} \displaystyle\sum_{\mu=-\frac{N-1}{2}}^{\frac{N-1}{2}} Q_\mu \, e^{-i\left(\frac{2\pi}{N}\right)n\mu}$ 的逆轉換。

若 N 個原子構成的直鏈長度 L 爲

$$L = Nd \; , \tag{12-36}$$

而第 n 個原子的位置 z_n 爲

$$z_n = nd \; , \tag{12-37}$$

　　若 $N \to \infty$，$n \to \infty$ 且 $d \to 0$，而 L 和 z 可以保持原來的值，則以上的分立級數可以很容易的轉換成連續變數的 Fourier 級數。

　　現在回到分立級數的分析，定義出傳播常數（Propagation constant）β_μ，

$$\beta_\mu = \frac{2\pi}{L}\mu，\tag{12-38}$$

代入可得
$$q_n = \frac{1}{\sqrt{N}} \sum_{\mu=-\frac{N-1}{2}}^{\frac{N-1}{2}} Q_\mu e^{i\beta_\mu z_n}；\tag{12-39}$$

$$Q_\mu = \frac{1}{\sqrt{N}} \sum_{n=1}^{N} q_n e^{-i\beta_\mu z_n}。\tag{12-40}$$

這些結果可視為 q_n 以晶格振動的行進波模式之表示式。

　　再以相同的方式來定義出二個新的物理量為

$$p_n = \frac{1}{\sqrt{N}} \sum_{\mu=-\frac{N-1}{2}}^{\frac{N-1}{2}} P_\mu e^{-i\beta_\mu z_n}；\tag{12-41}$$

$$P_\mu = \frac{1}{\sqrt{N}} \sum_{n=1}^{N} p_n e^{i\beta_\mu z_n}，\tag{12-42}$$

　　值得注意的是，為了方便計算 Q_u 和 P_v 的對易關係，所以上式的指數部分的符號是相反的。

又
$$\begin{cases} [q_i, p_j] = i\hbar\delta_{ij} \\ \sum_{i=1}^{N} e^{i\left(\frac{2\pi}{N}\right)(\mu-v)n} = N\delta_{v\mu} \end{cases}，\tag{12-43}$$

所以
$$[Q_\mu, P_v] = i\hbar\delta_{\mu v}，\tag{12-44}$$

即 Q_μ、P_ν 遵守的對易關係和 q_i、q_j 遵守的對易關係是相同的，但是因為 Q_μ 和 P_ν 不是 Hermitian 算符（Hermitian operator），所以它們不能解釋為廣義位置算符（Generalized position operator）和廣義動量算符（Generalized momentum operator）。

把 q_n 和 p_n 代入，

$$H = \sum_{i=1}^{N} \left[\frac{p_i^2}{2m} + \frac{1}{2}k(2q_i^2 - q_{i+1}q_i - q_{i-1}q_i) \right], \qquad （12\text{-}45）$$

且由

$$\sum_{i=1}^{N} e^{i\left(\frac{2\pi}{N}\right)(\mu-\nu)n} = N\delta_{\mu\nu}, \qquad （12\text{-}46）$$

得

$$H = \sum_{\mu=-\frac{N-1}{2}}^{\frac{N-1}{2}} \frac{1}{2m}[P_\mu P_{-\mu} + 2mk(1-\cos\beta_\mu d)Q_\mu Q_{-\mu}]$$

$$= \sum_{\mu=-\frac{N-1}{2}}^{\frac{N-1}{2}} h_\mu, \qquad （12\text{-}47）$$

再引入

$$\omega_\mu^2 = \frac{2}{m}k(1-\cos\beta_\mu d), \qquad （12\text{-}48）$$

且

$$a_\mu = \frac{1}{\sqrt{2m\hbar\omega_\mu}}(m\omega_\mu Q_\mu + iP_{-\mu}); \qquad （12\text{-}49）$$

$$a_\mu^\dagger = \frac{1}{\sqrt{2m\hbar\omega_\mu}}(m\omega_\mu Q_{-\mu} - iP_\mu)。 \qquad （12\text{-}50）$$

又由

$$[Q_\mu, P_\nu] = i\hbar\delta_{\mu\nu}, \qquad （12\text{-}51）$$

則

$$[a_\mu, a_\nu^\dagger] = \delta_{\mu\nu}, \qquad （12\text{-}52）$$

所以 a_μ 和 $a_\mu^\dagger$ 的對易關係很像是生成算符（Creation operator）和湮滅算符（Annihilation operator）之間的關係，

$$ 且 \qquad Q_\mu = \sqrt{\frac{\hbar}{2m\omega_\mu}}\,(a^\dagger_{-\mu} + a_\mu)\;; \qquad (12\text{-}53) $$

$$ P_\mu = i\sqrt{\frac{\hbar m\omega_\mu}{2}}\,(a^\dagger_\mu - a_{-\mu})\,, \qquad (12\text{-}54) $$

代入得
$$ h_\mu = \frac{1}{2}\hbar\omega_\mu\left[\left(a^\dagger_\mu a_\mu + \frac{1}{2}\right) + \left(a^\dagger_{-\mu} a_{-\mu} + \frac{1}{2}\right)\right], \qquad (12\text{-}55) $$

然而因爲 h_μ 和 $h_{-\mu}$ 都會出現在 $H = \sum\limits_{\mu=-\frac{N-1}{2}}^{\frac{N-1}{2}} h_\mu$ 中，

所以
$$ h_\mu + h_{-\mu} = \hbar\omega_\mu\left(a^\dagger_\mu a_\mu + \frac{1}{2}\right) + \hbar\omega_{-\mu}\left(a^\dagger_{-\mu} a_{-\mu} + \frac{1}{2}\right), \qquad (12\text{-}56) $$

又
$$ \omega_\mu = \omega_{-\mu}\,, \qquad (12\text{-}57) $$

則定義
$$ H_\mu \equiv \frac{1}{2}\,(h_\mu + h_{-\mu}) = \hbar\omega_\mu\left(a^\dagger_\mu a_\mu + \frac{1}{2}\right), \qquad (12\text{-}58) $$

所以整個系統的 Hamiltonian 爲

$$ H = \sum_{n=1}^{N} H_\mu\,, \qquad (12\text{-}59) $$

即 Hamiltonian 可以分解成所有的非耦合項的總和。

12.2.2　聲子和溫度

因爲聲子是 Boson，所以聲子是遵守 Bose-Einstein 分布函數的，接下來，我們將以統計力學的方法，算出聲子數目和溫度的函數關係。

對每一個晶格振動模式而言，因為量子化的能量為 $E_{n_\mu} = \left(n_\mu + \dfrac{1}{2}\right)$ $\hbar\omega_\mu$，所以配分函數（Partition function）為

$$
\begin{aligned}
Z_\mu &= \sum_{n_\mu=0}^{\infty} e^{-\frac{E_{n_\mu}}{k_B T}} \\
&= \sum_{n_\mu=0}^{\infty} e^{-\frac{\left(n_\mu+\frac{1}{2}\right)\hbar\omega_\mu}{k_B T}} \\
&= e^{-\frac{\hbar\omega_\mu}{2k_B T}} \sum_{n_\mu=0}^{\infty} \left(e^{-\frac{\hbar\omega_\mu}{k_B T}}\right)^n \\
&= \frac{e^{-\frac{\hbar\omega_\mu}{2k_B T}}}{1 - e^{-\frac{\hbar\omega_\mu}{k_B T}}} \\
&= \frac{1}{e^{\frac{\hbar\omega_\mu}{2k_B T}} - e^{-\frac{\hbar\omega_\mu}{2k_B T}}} \\
&= \frac{1}{2\sinh\left(\dfrac{\hbar\omega_\mu}{2k_B T}\right)} \,\circ
\end{aligned}
\tag{12-60}
$$

因為這個系統含有 N 個獨立的振盪子，所以系統的配分函數 Z 為 N 個獨立振盪子的配分函數之乘積，

即
$$
\begin{aligned}
Z &= Z_1 Z_2 Z_3 \cdots Z_N \\
&= \prod_{\mu=1}^{N} Z_\mu \,,
\end{aligned}
\tag{12-61}
$$

所以 Helmholtz 自由能（Helmholtz free energy）F 為

$$
F = -k_B T \ln Z = k_B T \sum_{\mu=1}^{N} \ln\left[2\sinh\left(\frac{\hbar\omega_\mu}{2k_B T}\right)\right],
\tag{12-62}
$$

而亂度（Entropy）S 爲

$$S = -\frac{\partial F}{\partial T}\bigg|_{volumn}$$

$$= \sum_{\mu=1}^{N}\left\{ k_B T \frac{\hbar\omega_\mu}{2k_B T^2}\coth\left(\frac{\hbar\omega_\mu}{2}\right) - k_B\ln\left[2\sinh\left(\frac{\hbar\omega_\mu}{2k_B T}\right)\right]\right\}, \qquad (12\text{-}63)$$

則聲子能量（Phonon energy）爲

$$\langle E \rangle = F + TS$$

$$= \sum_{\mu=1}^{N}\left[\frac{\hbar\omega_\mu}{2}\coth\left(\frac{\hbar\omega_\mu}{2}\right)\right]$$

$$= \sum_{\mu=1}^{N}\left[\frac{\hbar\omega_\mu}{2}\left(\frac{e^{\frac{\hbar\omega_\mu}{k_B T}}+1}{e^{\frac{\hbar\omega_\mu}{k\,T}}-1}\right)\right]$$

$$= \sum_{\mu=1}^{N}\left[\frac{\hbar\omega_\mu}{2}\left(1+\frac{2}{e^{\frac{\hbar\omega_\mu}{k_B T}}-1}\right)\right]$$

$$= \sum_{\mu=1}^{N}\left[\hbar\omega_\mu\left(\frac{2}{e^{\frac{\hbar\omega_\mu}{k_B T}}-1}+\frac{1}{2}\right)\right]$$

$$= \sum_{\mu=1}^{N}\left[\hbar\omega_\mu\left(\langle \mathcal{N}_\mu \rangle+\frac{1}{2}\right)\right], \qquad (12\text{-}64)$$

其中 $\langle \mathcal{N}_\mu \rangle = \dfrac{1}{e^{\frac{\hbar\omega_\mu}{k_B T}}-1}$。 $\qquad (12\text{-}65)$

且 $\quad \langle \mathcal{N}_\mu \rangle = a_\mu^\dagger a_\mu$ 爲對應於聲子的數目，

而在低溫的情況下，即 $k_B T \ll \hbar\omega_\mu$，

則 $\qquad\qquad \langle \mathcal{N}_\mu \rangle \cong e^{-\frac{\hbar\omega_\mu}{k_B T}}; \qquad\qquad (12\text{-}66)$

在高溫的情況下，即 $k_B T \gg \hbar\omega_\mu$，

則 $$\langle \mathcal{N}_\mu \rangle \cong \frac{k_B T}{\hbar\omega_\mu} , \tag{12-67}$$

則 $$\langle E \rangle \cong \sum_{\mu=1}^{N} k_B T = N k_B T , \tag{12-68}$$

回到古典的結果。

12.3 磁子

對於磁子（Magnons）的激發，主要有二種方式：

[1] 溫度激發（Thermal excitation）：沒有外加磁場 $\overrightarrow{\mathscr{B}}$ 的作用時，在熱平衡狀態下固態中的磁矩排列情況。

[2] 磁場激發（External field excitation）：在熱平衡狀態下，固態中的磁矩排列受到外加磁場 $\overrightarrow{\mathscr{B}}$ 的作用而改變，也就是所謂的 Zeeman 效應（Zeeman effect）。

對於沒有外加磁場 $\overrightarrow{\mathscr{B}}$ 的情況，即上述的溫度激發而言，可以用較簡單的半經典模型或現象理論（Phenomenological theory）推導出，在本節內容中，我們可以從單一個模型開始討論，再由不同的磁矩排列規律（Magnetic ordering）得到磁子的色散關係，列表 12-2 如下：

表 12-2　磁子的色散關係

固態磁性	無 Zeeman 效應的磁子色散關係
鐵磁性 （Ferromagnetism）	$\hbar\omega = \hbar\omega_0(1 - \gamma_s)\,S_0$
反鐵磁性（Anti-Fer- romagnetism）	$\hbar\omega = \hbar\omega_0\,S_0\,\sqrt{1 - \gamma_s^2}$
亞鐵磁性 （Ferrimagnetism）	$\hbar\omega = \dfrac{1}{2}\hbar\omega_0\Big[\sqrt{(S_+ - S_-)^2 + 4S_+S_-(1 - \gamma_s^2)} \pm (S_+ - S_-)\Big]$

當然，由色散關係再更進一步定義，可以獲得和固態物質其他特性相類同的等效質量、比熱……等等物理量。

12.3.1　溫度激發的磁子色散關係

以量子力學的 Heisenberg 圖像（Heisenberg picture）來描述一個運算子 $\hat{A}(t)$ 的 Heisenberg 運動方程式（Heisenberg equation of motion）爲

$$\frac{d\hat{A}(t)}{dt} = \frac{i}{\hbar}\big[\hat{H}, \hat{A}(t)\big]。 \tag{12-69}$$

針對討論磁子的問題，上式的 $\hat{H}$ 被稱爲交換算符（Exchange operator）、或自旋 Hamiltonian（Spin Hamiltonian）、或自旋算符（Spin operator）、或 Heisenberg Hamiltonian 爲

$$\hat{H} = -2J\sum_{m,n}(\hat{S}_m \cdot \hat{S}_n)， \tag{12-70}$$

其中 $\hat{S}_m$ 和 $\hat{S}_n$ 分別為第 m 個和第 n 個自旋向量（Spin vector），J 為耦合常數（Coupling constant）。

然而，我們知道在磁場 $\overrightarrow{\mathscr{B}}$ 中的磁矩 $\overrightarrow{m}$ 的古典運動方程式為

$$\frac{d\overrightarrow{m}}{dt} = \overrightarrow{m} \times \overrightarrow{\mathscr{B}} \, , \qquad\qquad (12\text{-}71)$$

現在我們以自旋向量 $\hat{S}$ 取代磁矩 $\overrightarrow{m}$；以最近的、相鄰的自旋交互作用的平均值 $\frac{2}{\hbar}\sum\limits_{n} J\overrightarrow{S}_n$ 取代磁場 $\overrightarrow{\mathscr{B}}$，則可得 Heisenberg 運動方程式為

$$\frac{d\hat{S}_m}{dt} = \frac{i}{\hbar}\left[\hat{H}, \hat{S}_n\right] = \hat{S}_m \times \frac{2}{\hbar}\sum\limits_{n} J\overrightarrow{S}_n \, , \qquad\qquad (12\text{-}72)$$

其實這個角動量的運動方程式是一個非線性方程組。

為了要把鐵磁性、反鐵磁性和亞鐵磁性三個現象同時考慮進來，所以需要二個方程式來描述自旋 m（m-spin）和自旋 n（n-spin）的交互作用，假設

$$\vec{S}_m = \vec{S}_+ + \vec{\omega}_m \, ; \qquad\qquad (12\text{-}73)$$

$$\vec{S}_n = \vec{S}_- + \vec{\omega}_n \, , \qquad\qquad (12\text{-}74)$$

其中 $\overline{\omega}_m$ 和為 $\overline{\omega}_n$ 自旋偏移量（Spin deviations）；$\vec{S}_+$ 和 $\vec{S}_-$ 互為逆向平行向量（Anti-parallel vector），且在熱平衡狀態下，$\dfrac{d\vec{S}_m}{dt} = 0$、$\dfrac{d\vec{S}_n}{dt} = 0$，如圖 12-3 所示。

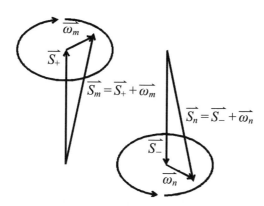

圖 12-3　自旋向量與自旋偏移量

　　因為我們關心的是在平衡狀態附近的狀態，所以自旋偏移量 $\vec{\omega}_m$ 和 $\vec{\omega}_n$ 可視為一個小小的變化，同時 Heisenberg 運動方程式所構成的非線性方程組可以被線性化，所以也就可以在平衡點上給一個小小的振盪作為方程組的解，則

$$\frac{d\vec{\omega}_m}{dt} = \frac{2J}{\hbar} \sum_n \left[(\vec{\omega}_m \times \vec{S}_-) + (\vec{S}_+ \times \vec{\omega}_n) \right]$$

$$= \frac{2J}{\hbar} \left[z(\vec{\omega}_m \times \vec{S}_-) + \left(\vec{S}_+ \times \sum_n \vec{\omega}_n \right) \right], \qquad (12\text{-}75)$$

$$\frac{d\vec{\omega}_n}{dt} = \frac{2J}{\hbar} \sum_m \left[(\vec{\omega}_n \times \vec{S}_+) + (\vec{S}_- \times \vec{\omega}_m) \right]$$

$$= \frac{2J}{\hbar} \left[z(\vec{\omega}_n \times \vec{S}_+) + \left(\vec{S}_- \times \sum_m \vec{\omega}_m \right) \right], \qquad (12\text{-}76)$$

上述的結果，利用了

$$\sum_n \vec{\omega}_m \times \vec{S}_- = z(\vec{\omega}_m \times \vec{S}_-) ; \qquad (12\text{-}77)$$

及　　　$$\sum_m \vec{\omega}_n \times \vec{S}_+ = z(\vec{\omega}_n \times \vec{S}_+), \qquad (12\text{-}78)$$

的關係，其中 z 爲配位數（Coordinate number）。

引入新的變數

$$\vec{U}_k = \sum_m e^{i(\vec{k}\cdot\vec{R}_m)}\,\vec{\omega}_m\,;\tag{12-79}$$

$$\vec{V}_k = \sum_n e^{i(\vec{k}\cdot\vec{R}_m)}\,\vec{\omega}_n\,,\tag{12-80}$$

其中 $\vec{k}$ 爲波向量；$\vec{R}_m$ 和 $\vec{R}_n$ 則分別爲晶格 m 和晶格 n 的徑向向量（Radius vectors）。

接著爲了要看看 $\vec{U}_k$ 和 $\vec{V}_k$ 隨時間的變化，所以分別對（12-75）式二側乘上 $e^{ik\cdot\vec{R}_m}$ 和 $e^{ik\cdot\vec{R}_n}$ 且對 m 和 n 求和，則

$$\left[\left(e^{i(\vec{k}\cdot\vec{R}_m)}\vec{S}_+\right)\times\sum_n\vec{\omega}_n\right] = \sum_m\sum_n\left[e^{ik\cdot(\vec{R}_m-\vec{R}_n)}\,e^{i(\vec{k}\cdot\vec{R}_n)}\vec{S}_+\times\vec{\omega}_n\right]$$

$$= \sum_l\left[e^{ik\cdot\vec{R}_l}\vec{S}_+\times\sum e^{ik\cdot\vec{R}_n}\vec{\omega}_n\right]$$

$$= \left(\sum_l e^{ik\cdot\vec{R}_l}\vec{S}_+\right)\times\vec{V}_k\,,\tag{12-81}$$

同理 $$\left[\sum_n e^{ik\cdot\vec{R}_n}\vec{S}_-\times\sum_m\vec{\omega}_m\right] = \left[\sum_l e^{ik\cdot\vec{R}_l}\vec{S}_-\times\vec{U}_k\right]\,,\tag{12-82}$$

其中 $\vec{R}_l = \vec{R}_m - \vec{R}_n$ 爲連結旁邊最近的晶格的向量。

因爲我們對每一個 $\vec{R}_l$ 及其對應的 $-\vec{R}_l$ 求和，所以指數的正負符號不會影響整體的數值，

則 $$\frac{d\vec{U}_k}{dt} = \frac{2Jz}{\hbar^2}\left[(\vec{U}_k\times\vec{S}_-) - \left(\frac{1}{z}\sum_l e^{ik\cdot\vec{R}_l}\vec{V}_k\right)\times\vec{S}_+\right]$$

$$= -\omega_0\left[(\vec{U}_k\times\vec{S}_-) - (\gamma_k\vec{V}_k\times\vec{S}_+)\right]\,,\tag{12-83}$$

同理 $$\frac{d\vec{V}_k}{dt} = -\omega_0\left[(\vec{V}_k\times\vec{S}_+) - (\gamma_k\vec{U}_k\times\vec{S}_-)\right]\,,\tag{12-84}$$

其中 $\qquad \omega_0 = -\dfrac{2Jz}{\hbar^2} > 0$; $\gamma_k = \dfrac{1}{z} \sum_l e^{i\vec{k} \cdot \vec{R}_l}$ 。

把（12-83）式分成 x、y 分量的加減量，即 Holstein-Primakoff 轉換（Holstein-Primakoff transformation），

$$U_k^{(+)} = U_{kx} + iU_{ky} \text{ ,} \tag{12-85}$$

$$U_k^{(-)} = U_{kx} - iU_{ky} \text{ ;} \tag{12-86}$$

$$V_k^{(+)} = V_{kx} - iV_{ky} \text{ ,} \tag{12-87}$$

$$V_k^{(-)} = V_{kx} + iV_{ky} \text{ ;} \tag{12-88}$$

則 $\qquad \dfrac{dU_k^{(+)}}{dt} = -i\omega_0 \left(S_- U_k^{(+)} + \gamma_k S_+ V_k^{(+)}\right) \text{ ,} \tag{12-89}$

$$\dfrac{dV_k^{(+)}}{dt} = i\omega_0 \left(S_+ V_k^{(+)} + \gamma_k S_- U_k^{(+)}\right) \text{ ;} \tag{12-90}$$

$$\dfrac{dU_k^{(-)}}{dt} = i\omega_0 \left(S_- U_k^{(-)} + \gamma_k S_+ V_k^{(-)}\right) \text{ ,} \tag{12-91}$$

$$\dfrac{dV_k^{(-)}}{dt} = -i\omega_0 \left(S_+ V_k^{(-)} + \gamma_k S_- U_k^{(-)}\right) \text{ ,} \tag{12-92}$$

所以我們可以得到二組耦合方程組，即 $U_k^{(+)}$、$V_k^{(+)}$ 和 $U_k^{(-)}$、$V_k^{(-)}$，再藉由 $U_k^{(+)} = Ue^{i\omega t}$ 及 $V_k^{(+)} = Ve^{i\omega t}$，可先求解（12-89）式和（12-90）式，

即 $\qquad (\omega + \omega_0 S_-)U + \omega_0 \gamma_k S_+ V = 0$; $\tag{12-93}$

且 $\qquad -\omega_0 \gamma_k S_- U + (\omega - \omega_0 S_+)V = 0$, $\tag{12-94}$

則 $\qquad \begin{vmatrix} \omega + \omega_0 S_- & \omega_0 \gamma_k S_+ \\ -\omega_0 \gamma_k & \omega - \omega_0 S_+ \end{vmatrix} = 0$, $\tag{12-95}$

則 $\qquad (\omega + \omega_0 S_-)(\omega - \omega_0 S_+) + \omega_0^2 \gamma_k^2 S_+ S_- = 0$, $\tag{12-96}$

則　　　$\omega = \frac{1}{2}\omega_0\left[S_+ - S_- \pm \sqrt{(S_+ - S_-)^2 + 4S_+S_-(1 - \gamma_k^2)}\right]$，　　（12-97）

因為 $\omega > 0$，所以（12-97）式只取正號，

即　　　$\omega = \frac{1}{2}\omega_0\left[S_+ - S_- + \sqrt{(S_+ - S_-)^2 + 4S_+S_-(1 - \gamma_k^2)}\right]$，　　（12-98）

同理可求解（12-91）式和（12-92）式，或只需將 S_+、S_- 的位置互換，

即　　　$\omega = \frac{1}{2}\omega_0\left[\sqrt{(S_+ - S_-)^2 + 4S_+S_-(1 - \gamma_k^2)} \pm (S_+ - S_-)\right]$。　　（12-99）

在三種不同的情況下，可分別得到鐵磁性、反鐵磁性和亞鐵磁性的自旋波（Spin wave）或磁子的色散關係。

[1]　鐵磁性：$\vec{S}_+ = -\vec{S}_- = \vec{S}_0$ 且 $U = -V$，
　　　由（12-94）式可得

$$(\omega - \omega_0 S_+)U - \omega_0 \gamma_k S_+ U = 0，\qquad（12\text{-}100）$$

則　　　$\omega = \omega_0 S_0(1 - \gamma_k)$。　　（12-101）

[2]　反鐵磁性：$\vec{S}_+ = \vec{S}_- = \vec{S}_0$，
　　　由（12-98）式或（12-99）式可得

$$\omega = \omega_0 S_0 \sqrt{1 - \gamma_k^2}。\qquad（12\text{-}102）$$

[3]　亞鐵磁性：$\vec{S}_+ \neq \vec{S}_-$，
　　　由（12-98）式和（12-99）式可得二個次晶格（Sublattices）的

自旋波的貢獻，則

$$\omega = \frac{1}{2}\omega_0\left[S_+ - S_- + \sqrt{(S_+ - S_-)^2 + 4S_+S_-\,(1 - \gamma_k^2)}\right]; \qquad （12\text{-}103）$$

$$\omega = \frac{1}{2}\omega_0\left[\sqrt{(S_+ - S_-)^2 + 4S_+S_-\,(1 - \gamma_k^2)} \pm (S_+ - S_-)\right]。 \qquad （12\text{-}104）$$

12.3.2　磁場激發的磁子色散關係

如果考慮外加磁場 $\mathscr{B}$ 的效應，即 Zeeman 效應（Zeeman effect），藉由相似的推導過程，可以得到三個色散關係列表 12-3 如下：

表 12-3　考慮 Zeeman 效應的色散關係

固態磁性	考慮 Zeeman 效應的磁子色散關係
鐵磁性 （Ferromagnetism）	$\hbar\omega_\lambda = \hbar\omega_e(1 - \gamma_\lambda) + \hbar\omega_H$
反鐵磁性 （Anti-Ferromagnetism）	$\hbar\omega_\lambda^\pm = \hbar\left[(\omega_e + \omega_A)^2 - \omega_e^2\gamma_\lambda^2\right]^{\frac{1}{2}} \pm \hbar\omega_H$
亞鐵磁性 （Ferrimagnetism）	$\hbar\omega_\lambda^{(\pm)} = \left\{\left[J_{AB}(S_A + S_B)z + \dfrac{1}{2}(g_A - g_B)\mu_B\mathscr{B}\right]^2 \right.$ $\left. - 4J_{AB}\,S_A\,S_B\,z^2\,\gamma_\lambda^2\right\}^{\frac{1}{2}}$ $\pm\left[J_{AB}\lvert S_A - S_B\rvert + \dfrac{1}{2}(g_A + g_B)\mu_B\mathscr{B}\right]$

其中 $\omega_H = \dfrac{g\mu_B\mathscr{B}}{\hbar}$; $\omega_e = \dfrac{2zSJ}{\hbar}$; J_{AB} 為等效的最鄰近晶格交換積分（Effective nearest-neighbor exchange integral）。

12.4 電漿子

電漿（Plasma）是由大量的正電荷與負電荷所構成的，因為正與負是等量的，所以整體呈現電中性，如圖 12-4 所示，是一種用來描述集體激發的方式。

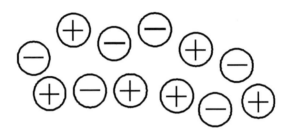

圖 12-4　大量的等量正負電荷構成電漿

因為電漿的論述是以電荷支持各種振動或振盪的模態，而且可以傳播幾種形式的波，所以當有高密度的自由電子以相對於背景是固定靜止的正離子作移動時，這樣的波動狀態量子化的結果就稱為電漿子（Plasmons）。

我們很簡單的介紹電漿子的古典模型及其量子模型。

12.4.1 電漿子的古典理論

由 Maxwell 方程式可得時域（Time domain）的波動方程式為

$$\nabla \times \nabla \times \vec{\mathscr{E}} = -\mu_0 \frac{\partial^2 \vec{\mathscr{D}}}{\partial t^2},$$

（12-105）

又頻域（Fourier domain）的波動方程式為

$$\vec{k}\,(\vec{k}\cdot\vec{\mathcal{E}}) - \vec{k}^2\vec{\mathcal{E}} = -\varepsilon_r\,(\vec{k},\,\omega)\frac{\omega^2}{c^2}\vec{\mathcal{E}}\ ,\qquad(12\text{-}106)$$

其中 $\varepsilon_r\,(\vec{k},\,\omega)$ 為相對介電函數（Relative dielectric function）。

若把電場依極化方向分成橫波和縱波，

即 $$\vec{\mathcal{E}} = \vec{\mathcal{E}}_L + \vec{\mathcal{E}}_T = \hat{e}_L|\vec{\mathcal{E}}_L| + \hat{e}_T|\vec{\mathcal{E}}_T|\ ,\qquad(12\text{-}107)$$

其中 $\hat{e}_L$ 和 $\hat{e}_T$ 為單位向量，

且為了表示波向量 $\vec{k}$ 的方向是沿著波前進方向的，所以特別表示為

$$\vec{k} = \vec{k}_{\parallel} = \hat{e}_{\parallel}|\vec{k}_{\parallel}|\ ,\qquad(12\text{-}108)$$

當然 $\hat{e}_{\parallel}$ 和 $\hat{e}_L$ 二者是相等的，

即 $$\hat{e}_{\parallel} = \hat{e}_L\ ,\qquad(12\text{-}109)$$

則上述的波動方程式會有二個特殊的情況：$\vec{k}\cdot\vec{\mathcal{E}} = 0$ 和 $\vec{k}\cdot\vec{\mathcal{E}} \neq 0$，分別對應橫波（Transverse waves）和縱波（Longitudinal waves），說明如下：

[1] $\vec{k}\cdot\vec{\mathcal{E}} = 0$，橫波的情況：

由 $\vec{k}\cdot\vec{\mathcal{E}} = 0$，代入波動方程式，

則 $$-\vec{k}^2\vec{\mathcal{E}} = -\varepsilon_r\,(\vec{k},\,\omega)\frac{\omega^2}{c^2}\vec{\mathcal{E}}\ ,\qquad(12\text{-}110)$$

所以可得色散關係為

$$k^2 = \varepsilon_r(\vec{k}, \omega) \frac{\omega^2}{c^2}\vec{\mathscr{E}} \,。 \tag{12-111}$$

[2] $\vec{k} \cdot \vec{\mathscr{E}} \neq 0$，縱波的情況：

由 $\vec{k} \cdot \vec{\mathscr{E}} \neq 0$，則 $\vec{k}$ 與 $\vec{\mathscr{E}}$ 可分別寫成

$$\vec{k} = \vec{k_\parallel} = \hat{e}_\parallel |\vec{k_\parallel}| \,； \tag{12-112}$$

$$\vec{\mathscr{E}} = \vec{\mathscr{E}}_L = \hat{e}_L |\vec{\mathscr{E}}_L| \,, \tag{12-113}$$

代入波動方程式，

$$
\begin{aligned}
\vec{k}(\vec{k} \cdot \vec{\mathscr{E}}) - \vec{k}^2\vec{\mathscr{E}} &= \hat{e}_\parallel |\vec{k_\parallel}| \,(\hat{e}_\parallel |\vec{k_\parallel}| \cdot \hat{e}_L |\vec{\mathscr{E}}_L|) - \hat{e}_L |\vec{k_\parallel}|^2 |\vec{\mathscr{E}}_L| \\
&= \hat{e}_\parallel |\vec{k_\parallel}|^2 |\vec{\mathscr{E}}_L| - \hat{e}_L |\vec{k_\parallel}|^2 |\vec{\mathscr{E}}_L| \\
&= \hat{e}_L |\vec{k_\parallel}|^2 |\vec{\mathscr{E}}_L| - \hat{e}_L |\vec{k_\parallel}|^2 |\vec{\mathscr{E}}_L| \\
&= 0 = -\varepsilon_r(\vec{k}, \omega) \frac{\omega^2}{c^2}\vec{\mathscr{E}} \,, \tag{12-114}
\end{aligned}
$$

因為 $\vec{\mathscr{E}} \neq 0$，所以 $\qquad \varepsilon_r(\vec{k}, \omega) = 0 \,。 \tag{12-115}$

由 [1] 和 [2] 的結果可知，「$\varepsilon_r(\vec{k}, \omega) = 0$ 是否為 0」可作為電磁縱波或縱模光波的判斷依據。

這個電荷振盪的量子化結果也被稱為體電漿子（Volume plasmons）。接著要綜合以上二個結果，由電漿子的色散關係來看看橫波和縱波的特性與意義，由第 1 章所介紹的 Drude 模型可得

$$\varepsilon_r(\vec{k}, \omega) = 1 - \frac{\omega_p^2}{\omega^2} \,, \tag{12-116}$$

所以　　　　　　$k^2 = \left(1 - \dfrac{\omega_p^2}{\omega^2}\right) \dfrac{\omega^2}{c^2}$,　　　　　　　　　　（12-117）

則　　　　　　　$\omega^2 = \omega_p^2 + k^2 c^2$,　　　　　　　　　　　　　（12-118）

則　　　　　　　$\left(\dfrac{\omega}{\omega_p}\right)^2 = 1 + \left(\dfrac{kc}{\omega_p}\right)^2$,　　　　　　　　　（12-119）

則將以上的雙曲線關係式繪圖 12-5 如下。

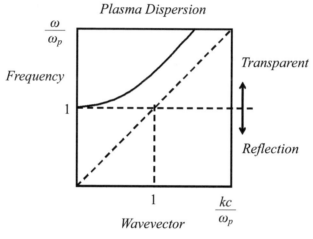

圖 12-5　體電漿子的色散關係

我們可以分成三個情況，說明如下：

[1]　若 $\omega < \omega_p$，

　　[1.1]　對光學特性而言，會產生反射。

　　[1.2]　對電漿子而言，介質內部的電漿子無法支持電磁橫波，也可以說電漿子和電磁橫波無法耦合，所以電磁橫波無法在介質中傳播。

[2]　若 $\omega > \omega_p$，

　　[2.1]　對光學特性而言，會直接穿透。

　　[2.2]　對電漿子而言，介質內部的電漿子可以支持電磁橫波，

其群速爲 $v_g = \dfrac{d\omega}{dk} < c$。

[3] 若 $\omega = \omega_p$，

[3.1] 同義於在小阻尼（Small damping）的限制下，即 $\vec{k} = 0$，
則 $\qquad\qquad \varepsilon_r(\omega_p) = 0$。 （12-120）

[3.2] 相當於集體縱模（Collective longitudinal mode）或集體
縱向振盪（Collective longitudinal oscillation）。

[3.3] 由 $\overrightarrow{\mathscr{D}} = \varepsilon_r(\omega_p)\varepsilon_0\overrightarrow{\mathscr{E}} = 0 = \varepsilon_0\overrightarrow{\mathscr{E}} + \overrightarrow{\mathscr{P}}$， （12-121）
則 $\overrightarrow{\mathscr{E}} = -\dfrac{1}{\varepsilon_0}\overrightarrow{\mathscr{P}}$， （12-122）

這個結果表示在電漿振盪頻率（Plasma frequency）時，
電場就是一個去極化場（Pure depolarization field）。

[3.4] 可以視爲背景是固定正電荷，而負電荷，即電子，作集
體位移（Collective displacement），且位移量爲 $|\vec{u}| = u$，
因而產生表面電荷密度（Surface charge density）$\rho_s = \pm neu$，
如圖 12-6 所示，

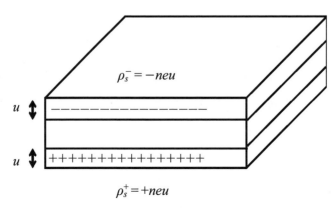

圖 12-6　集體位移產生表面電荷密度

所以在介質內部建立了電場 $\vec{\mathscr{E}} = \dfrac{ne}{\varepsilon_0}\vec{u}$，則位移電子會感

受到恢復力（Restoring force）而運動，其運動方程式為

$$nm\ddot{\vec{u}} = -ne\vec{\mathscr{E}} \text{，} \tag{12-123}$$

則

$$nm\ddot{\vec{u}} = \dfrac{n^2 e^2}{\varepsilon_0}\vec{u} \text{，} \tag{12-124}$$

則

$$\ddot{\vec{u}} = \dfrac{ne^2}{\varepsilon_0 m}\vec{u} = 0 \text{，} \tag{12-125}$$

即

$$\ddot{\vec{u}} + \omega_p^2 \vec{u} = 0 \text{。} \tag{12-126}$$

電漿振盪頻率 ω_p 可視為電子海（Election sea）自由振盪的頻率，而

因為其所有的電子都作同相的運動，且由 $k = \sqrt{\left(1 - \dfrac{\omega_p^2}{\omega_p^2}\right)\dfrac{\omega^2}{c^2}} = 0$，

即 $\vec{k} = 0$，所以 ω_p 也對應著長波長極限（Long-wave limit）的振盪

頻率，這就是「體電漿子」名稱的由來。然而將 $\omega = \omega_p$ 代入，得

$\varepsilon_r(\vec{k}, \omega_p) = 1 - \dfrac{\omega_p^2}{\omega_p^2} = 0$，所以具有縱波的特性，因為體電漿子具有縱波

的特性，所以不會和電磁橫波相互作用耦合。

12.4.2　電漿子的量子理論

由電子氣（Electron gas）的多體效應（Many-body effect）開始

說明，首先可以寫出系統的 Hamiltonian 為

$$H = \sum_i \dfrac{p_i^2}{2m} + \dfrac{1}{2}\dfrac{1}{4\pi\varepsilon_0}\sum_i\sum_{j \neq i}\dfrac{e^2}{|\vec{r}_i - \vec{r}_j|} \text{，} \tag{12-127}$$

其中 $\vec{r}$ 和 $\vec{p}_i$ 分別為第 i 個電子的位置和動量，而電子密度（Electron density）$\rho\,(\vec{r})$ 和其 Fourier 轉換（Fourier transform）$\rho_{\vec{k}}$ 之間的定義及關係為

$$\rho(\vec{r}) = \sum_i \delta\,(\vec{r} - \vec{r}_i) = \sum_{\vec{k}} \rho_{\vec{k}} \rho^{i\vec{k}\cdot\vec{r}}\ , \tag{12-128}$$

且

$$\rho_{\vec{k}} = \frac{1}{\Omega} \sum_i e^{-i\vec{k}\cdot\vec{r}_i} = \rho_{-\vec{k}}^+\ , \tag{12-129}$$

所以當 $\vec{k} = 0$，

則

$$\rho_0 = \frac{1}{\Omega} \sum_i e^{-i0\cdot\vec{r}_i} = \frac{1}{\Omega} \sum_i 1 = \frac{N_e}{\Omega} = n\ , \tag{12-130}$$

其中 Ω 為體積；N_e 為系統中的電子個數；n 為單位體積內的電子數，且其數量恰好和均勻分布的正電荷互相抵消。

代入 Hamiltonian，

則

$$H = \sum_i \frac{p_i^2}{2m} + \frac{e^2}{8\pi\varepsilon_0} \sum_i \sum_{j,j\neq i} \left(\frac{4\pi}{\Omega} \sum_{\vec{k},\vec{k}\neq 0} \frac{e^{i\vec{k}\cdot(\vec{r}_i - \vec{r}_j)}}{k^2} \right)$$

$$= \sum_i \frac{p_i^2}{2m} + \frac{e^2}{8\pi\varepsilon_0} \sum_{\vec{k},\vec{k}\neq 0} \left[\left(\sum_i \sum_j \left(\frac{4\pi}{\Omega} \frac{e^{i\vec{k}\cdot(\vec{r}_i - \vec{r}_j)}}{k^2} \right) \right) - n \right]$$

$$= \sum_i \frac{p_i^2}{2m} + \frac{1}{2} \sum_{\vec{k},\vec{k}\neq 0} \frac{e^2}{\varepsilon_0} \frac{1}{k^2} \left[\left(\Omega \cdot \frac{1}{\Omega^2} \sum_i \sum_j e^{i\vec{k}\cdot(\vec{r}_i - \vec{r}_j)} \right) - n \right]$$

$$= \sum_i \frac{p_i^2}{2m} + \frac{1}{2} \sum_{\vec{k},\vec{k}\neq 0} \frac{e^2}{\varepsilon_0} \frac{1}{k^2} [\Omega \rho_{\vec{k}}^+ \rho_{\vec{k}} - n]\ , \tag{12-131}$$

其中 n 是由於 $i \neq j$ 的限制所產生的，即 $\sum_i \sum_{j,j\neq i} = \sum_i \sum_j - \sum_i \sum_{j,j=i}$，而 $\sum_i \sum_{j,j=i}$ $\left(\frac{4\pi}{\Omega} \frac{e^{i\vec{k}\cdot(\vec{r}_i - \vec{r}_j)}}{k^2} \right) = n$，注意指數的 $i \equiv \sqrt{-1}$ 和 $\sum_i \sum_{j,j\neq i}$ 的下標是不同的。

接著我們要找出電漿子振盪（Plasmon oscillation）的方程式，即

電子密度 $\rho(\vec{r})$ 的二次微分方程式，基本上要找出電漿子振盪方程式有二種方法，一是直接微分；一是藉由密度矩陣的時間相依性（Time dependence of density matrix），

即
$$i\hbar \frac{d\rho_{\vec{k}}}{dt} = [\rho_{\vec{k}}, H] \,, \tag{12-132}$$

以下我們採取後者的方法。

由
$$\frac{d\rho_{\vec{k}}}{dt} = \frac{1}{i\hbar}[\rho_{\vec{k}}, H] \,, \tag{12-133}$$

所以
$$\dot{\rho}_{\vec{k}} = \frac{1}{i\Omega}\sum_i \left(\frac{\vec{k}\cdot\hat{p}_i}{m} + \frac{\hbar\vec{k}^2}{2m}\right)e^{-i\vec{k}\cdot\vec{r}_i} \,, \tag{12-134}$$

又 $\ddot{\rho}_{\vec{k}} = \frac{1}{i\hbar}[\dot{\rho}_{\vec{k}}, H]$

$$= \frac{-1}{\Omega}\sum_i \left(\frac{\vec{k}\cdot\hat{p}_i}{m} + \frac{\hbar\vec{k}^2}{2m}\right)^2 e^{-i\vec{k}\cdot\vec{r}_i} - \frac{e^2}{\varepsilon_0 m\Omega}\sum_i \sum_{\vec{k}',\vec{k}'\neq 0} \frac{\vec{k}\cdot\vec{k}'}{|\vec{k}'|^2}\rho_{\vec{k}'}e^{-i(\vec{k}'-\vec{k})\cdot\vec{r}_i} \,, \tag{12-135}$$

上式等號右側的第二項可以被分成二項：$\vec{k}'=\vec{k}$ 和 $\vec{k}'\neq\vec{k}$，如前所述，即 $\sum_i\sum_{j,j\neq i} = \sum_i\sum_j - \sum_i\sum_{j,j=i}$，則

$$\frac{e^2}{\varepsilon_0 m\Omega}\sum_i \sum_{\vec{k}',\vec{k}'\neq 0} \frac{\vec{k}\cdot\vec{k}'}{|\vec{k}'|^2}\rho_{\vec{k}'}e^{-i(\vec{k}'-\vec{k})\cdot\vec{r}_i}$$

$$= \frac{e^2}{\varepsilon_0 m\Omega}\left\{\sum_i \frac{\vec{k}\cdot\vec{k}}{|\vec{k}|^2}\rho_{\vec{k}}\, e^{i(\vec{k}-\vec{k})\cdot\vec{r}_i} + \sum_{\substack{\vec{k}'\neq\vec{k},\\ \vec{k}\neq 0}} \sum_i \frac{\vec{k}\cdot\vec{k}'}{|\vec{k}'|^2}\rho_{\vec{k}'}e^{i(\vec{k}'-\vec{k})\cdot\vec{r}_i}\right\}$$

$$= \frac{e^2}{\varepsilon_0 m\Omega}\left\{\rho_{\vec{k}}\sum_i 1 + \sum_{\substack{\vec{k}'\neq\vec{k},\\ \vec{k}'\neq 0}} \frac{\vec{k}\cdot\vec{k}'}{|\vec{k}'|^2}\rho_{\vec{k}'}\,\Omega\rho_{\vec{k}-\vec{k}'}\right\}$$

$$= \frac{e^2}{\varepsilon_0 m} \left\{ \rho_{\vec{k}} n + \sum_{\substack{\vec{k}' \neq \vec{k}, \\ \vec{k}' \neq 0}} \frac{\vec{k} \cdot \vec{k}'}{|\vec{k}'|^2} \rho_{\vec{k}'} \rho_{\vec{k}-\vec{k}'} \right\}$$

$$= \frac{e^2 n}{\varepsilon_0 m} \rho_{\vec{k}} + \frac{e^2}{\varepsilon_0 m} \sum_{\substack{\vec{k}' \neq \vec{k}, \\ \vec{k}' \neq 0}} \frac{\vec{k} \cdot \vec{k}'}{|\vec{k}'|^2} \rho_{\vec{k}'} \rho_{\vec{k}-\vec{k}'} , \qquad （12-136）$$

若電漿子振盪頻率（Plasmon frequency）為 $\omega_p^2 = \dfrac{ne^2}{\varepsilon_0 m}$,

則 $\quad \ddot{\rho}_{\vec{k}} = \dfrac{-1}{\Omega} \sum_i \left(\dfrac{\vec{k} \cdot \hat{p}_i}{m} + \dfrac{\hbar \vec{k}^2}{2m} \right)^2 e^{-i\vec{k} \cdot \vec{r}_i} - \omega_p^2 \rho_{\vec{k}} - \dfrac{e^2}{\varepsilon_0 m} \sum_{\substack{\vec{k}' \neq \vec{k}, \\ \vec{k}' \neq 0}} \dfrac{\vec{k} \cdot \vec{k}'}{|\vec{k}'|^2} \rho_{\vec{k}'} \rho_{\vec{k}-\vec{k}'} ,$

$$（12-137）$$

即 $\quad \ddot{\rho}_{\vec{k}} + \omega_p^2 \rho_{\vec{k}} = \dfrac{-1}{\Omega} \sum_i \left(\dfrac{\vec{k} \cdot \hat{p}_i}{m} + \dfrac{\hbar \vec{k}^2}{2m} \right)^2 e^{-i\vec{k} \cdot \vec{r}_i} - \dfrac{e^2}{\varepsilon_0 m} \sum_{\substack{\vec{k}' \neq \vec{k} \\ \vec{k}' \neq 0}} \dfrac{\vec{k} \cdot \vec{k}'}{|\vec{k}'|^2} \rho_{\vec{k}'} \rho_{\vec{k}-\vec{k}'} ,$

$$（12-138）$$

　　這也是 $\rho_{\vec{k}}$ 的運動方程式（Equation of motion）。等號右側第一項表示電子受熱之後的運動（Thermal motion），但不包含加速度也不包含交互作用；第二項為電子之間的交互作用（Electronic interactions）。

　　若忽略交互作用，

則 $\qquad \ddot{\rho}_{\vec{k}} + \omega_p^2 \rho_{\vec{k}} = \dfrac{-1}{\Omega} \sum_i \left(\dfrac{\vec{k} \cdot \hat{p}_i}{m} + \dfrac{\hbar \vec{k}^2}{2m} \right)^2 e^{-i\vec{k} \cdot \vec{r}_i}$ 。 （12-139）

在半經典的條件下，以 $\vec{k} \cdot \vec{v}_i = \dfrac{\vec{k} \cdot \hat{p}_i}{m} + \dfrac{\hbar \vec{k}^2}{2m}$ 代入，

則 $\qquad \ddot{\rho}_{\vec{k}} + \omega_p^2 \rho_{\vec{k}} = -\sum_i (\vec{k} \cdot \vec{v}_i)^2 \rho_{\vec{k}} ,$ （12-140）

所以 $$\ddot{\rho}_{\vec{k}} + [\omega_p^2 + (\vec{k} \cdot \vec{v_i})^2]\rho_{\vec{k}} = 0 , \tag{12-141}$$

這也是無規相近似（Random phase approximation）的結果，也和半經典的結果相同。

故 $$-\omega_k^2 + \omega_p^2 + k^2 \langle v_i^2 \rangle = 0 , \tag{12-142}$$

即 $$\omega_k^2 = \omega_p^2 + k^2 \langle v_i^2 \rangle , \tag{12-143}$$

或 $$\omega_k^2 = \omega_p^2 + k^2 \frac{2E_F}{m} , \tag{12-144}$$

這也是電漿子量子模型的色散關係，其中 $\langle v_i^2 \rangle$ 是電子速度平方的平均值或電子在 Fermi 分布（Fermi distribution）頂端的速度平方平均值；E_F 為 Fermi 能階（Fermi level）。

若再作進一步的進似，即在 $\vec{k} \ll 1$ 的情況下，

則 $$\ddot{\rho}_{\vec{k}} + \omega_p^2 \rho_{\vec{k}} = 0 , \tag{12-145}$$

顯然，這個量子的結果回到古典的結果。

12.5　極化子

晶格原子原來是在彼此平衡的位置，但是當電子在晶格中傳遞時，則電子所帶的負電荷的 Coulomb 力將造成晶格原子的畸變（Deformation），即陽離子會接近電子；而陰離子會遠離電子。所以，如圖

12-7 所示，當電子穿過晶體時的運動狀態，就必須考慮電子和晶格畸變的交互作用。

例如一個沉重的剛體球在堅硬的地板上滾動的狀態和在柔軟的彈簧床上滾動的狀態是明顯不同的，也就是說剛體球的滾動狀態除了剛體球本身的性質之外，還要再考慮彈簧床受到剛體球的影響而產生的畸變。

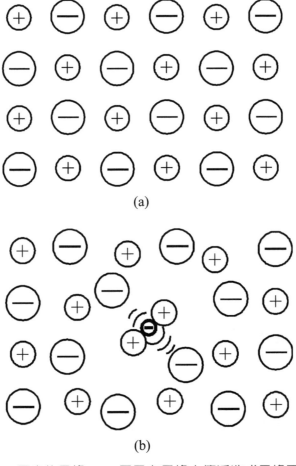

圖 12-7　(a) 原來的晶格，(b) 電子在晶格中傳遞造成晶格原子的畸變

　　電子與聲子耦合量子化之後的準粒子就稱為極化子（Polaron），如果我們用聲子來代表晶格波，則電子和聲子交互作用所形成的極化子主要有二大類，而且可以再細分為三種：

[1]　電子和光模聲子耦合：Fröhlich 耦合（Fröhlich coupling）。

[2]　電子和聲模聲子耦合：壓電耦合（Piezoelectric coupling）與畸變位能耦合（Deformation potential coupling）。

　　這三種極化子當中最常見的或主要被討論的是 Fröhlich 耦合現象。

　　嚴格說來，極化子的理論是量子場論的範疇，因為十分複雜，所以迄今都還不是十分完整，其中最早開始發展的是 H. Fröhlich 從量子場論藉 Largrangian 的過程，推導出電子和 LO 聲子耦合的特性，即 Fröhlich 耦合，在此不做進一步的說明。

　　本節我們要介紹的是 L. D. Landau 的論述。為了討論晶格畸變和電子的耦合現象，Landau 以連續理論或黏體理論（Continuum theory）的觀點來討論晶格結構在產生畸變前後位能的差異，而這個能量的差別就是電子在通過晶體時所「感受」到的位能。再把電子和聲子耦合起來。且 Landau 把極化子分成小極化子（Small polarons）和大極化子（Large polarons），簡述如下：

[1]　小極化子：不考慮極化子的動能，也就是因為極化子的等效質量很大，所以電子只在離子附近運動，換言之，電子是局域化的（Localization）。

[2]　大極化子：考慮極化子具有動能，也就是因為極化子的等效質量沒有太大，所以電子運動的範圍較大，換言之，電子是去局域化的（Delocalization）。

　　對於說明極化子的三個關鍵性的步驟，簡述如下：

[1]　晶格極化（Lattice polarizability）的等效介電常數（Effective

dielectric constant）為

$$\frac{1}{\varepsilon_p} = \frac{1}{\varepsilon(\infty)} - \frac{1}{\varepsilon(0)} \ , \tag{12-146}$$

其中 $\varepsilon(\infty)$ 和 $\varepsilon(0)$ 分別為高頻介電常數（High-frequency dielectric constant）和靜態介電常數（Static dielectric constant），二個介電常數均可由實驗量測得到，且 $\varepsilon(\infty) < \varepsilon(0)$。

[2] 極化子所感應出的位能（Self-trapping potential 或 Self-induced potential）為

$$V_p(r) = -\frac{e^2}{4\pi r \varepsilon_0}\left(\frac{1}{\varepsilon(\infty)} - \frac{1}{\varepsilon(0)}\right) = -\frac{e^2}{4\pi\varepsilon_0\varepsilon_p}\frac{1}{r} \ , \tag{12-147}$$

這個量也可說是極化子的束縛能（Binding energy），稍後我們會發現這就是小極化子的束縛能。

[3] 在有電場的情況下，由簡單的連續理論或黏體理論可得到極化子的能量（Polaron energy）。

小極化子的能量為

$$-W_p = -\frac{1}{2}\frac{e^2}{4\pi\varepsilon_0 r_p}\left(\frac{1}{\varepsilon(\infty)} - \frac{1}{\varepsilon(0)}\right) \ , \tag{12-148}$$

其中 $r_p = \frac{1}{2}\left(\frac{\pi}{6}\right)^{1/3} l$，且 l^{-3} 為單位體積極化子的個數。

大極化子的能量為

$$-W_P = -\frac{1}{2}\frac{e^2}{4\pi\varepsilon_0 r_P}\left(\frac{1}{\varepsilon(\infty)} - \frac{1}{\varepsilon(0)}\right) + \frac{\hbar^2\pi^2}{2m^* r_P^2} \ , \tag{12-149}$$

又 $$r_\mathrm{P} = \frac{8\pi\varepsilon_0\hbar^2}{m^*e^2}\frac{1}{\left(\dfrac{1}{\varepsilon(\infty)} - \dfrac{1}{\varepsilon(0)}\right)},\qquad\qquad(12\text{-}150)$$

所以 $$W_\mathrm{P} = \frac{1}{4}\frac{e^2}{4\pi\varepsilon_0 r_\mathrm{P}}\left(\frac{1}{\varepsilon(\infty)} - \frac{1}{\varepsilon(0)}\right)\circ\qquad\qquad(12\text{-}151)$$

分項仔細說明如下。

12.5.1 晶格極化的等效介電常數

如圖 12-8 所示,我們把發生畸變的晶格「減掉」未發生畸變的晶格,就可以瞭解晶格在發生畸變前後的差異。

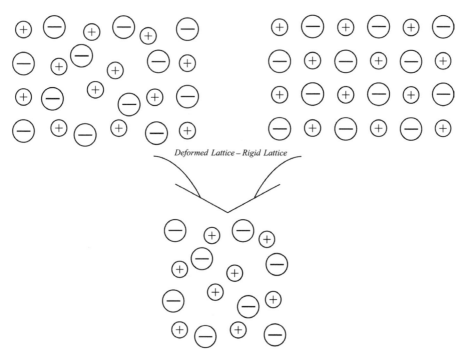

圖 12-8 發生畸變前後的晶格變化

　　相同的道理，若以能量圖來看，則可由（小）極化子的束縛能看出晶格畸變對介電函數的影響，以圖 12-9 表示則為

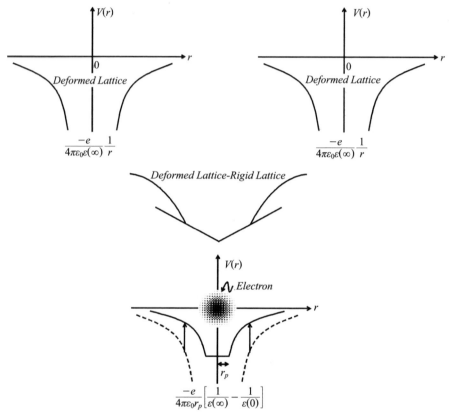

圖 12-9　發生畸變前後的能量變化

　　我們也可以用簡單的數學運算，

由　　　　$V_{Deformed\ Lattice,\ Moving\ Electron} = \dfrac{-e}{4\pi\varepsilon_0\varepsilon(\infty)r}$ ，　　　　（12-152）

且　　　　$V_{Rigid\ Lattice,\ Moving\ Electron} = \dfrac{-e}{4\pi\varepsilon_0\varepsilon(0)r}$ ，　　　　（12-153）

則 $\qquad V_p \equiv V_{Deformed\ Lattice,\ Moving\ Electron} - V_{Rigid\ Lattice,\ Moving\ Electron}$

$\qquad\qquad = V_{Deformed\ Lattice,\ Rigid\ Lattice}$ ， （12-154）

則 $\qquad \dfrac{-e}{4\pi\varepsilon_0\varepsilon_p r} = 4\pi\varepsilon_0\left[\dfrac{-e}{\varepsilon(\infty)r} - \dfrac{-e}{\varepsilon(0)r}\right]$ ， （12-155）

所以晶格極化的等效介電常數爲

$$\frac{1}{\varepsilon_p} = \frac{1}{\varepsilon(\infty)} - \frac{1}{\varepsilon(0)} \text{。} \qquad\qquad (12\text{-}156)$$

12.5.2 小極化子的能量或小極化子的束縛能

　　小極化子的能量是運動的電子和周圍的晶格所構成的，也就是電子和晶格線性耦合的結果，可以分成二大部分，用位形參數（Configurational parameter 或 Configurational coordinate）圖來表示極化子的能量，如圖 12-10 所示，即爲：

[1] 極化介質所需的能量：晶格的彈性能量（Elastic energy）或畸變能量（Deformation energy），即圖 12-10(a) 的 $+Aq^2$。

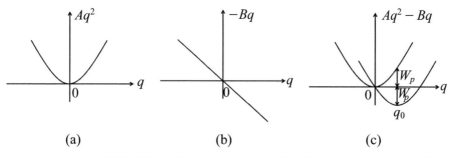

圖 12-10 (a) 晶格的彈性能量，(b) 電子和晶格線性耦合作用，(c) 極化子的總能量等於電子和周圍晶格線性耦合的結果

[2] 電子位能的降低量：電子所造成的線性耦合效應（Linear electron-lattice coupling），即圖 12-10(b) 的 $-Bq$。

其實這裡所說的極化子的能量就是小極化子的束縛能 $W_{Binding}^{Small\ Polaron}$，所以我們用 $-W_p$ 來表示極化子能量，如圖 12-10(c) 所示，即

$$-W_p = W_{Binding}^{Small\ Polaron} = \text{Traveling Electron} + \text{Surrounding Lattice}$$

$$= -Bq + Aq^2 , \tag{12-157}$$

由

$$\frac{d}{dq}(-W_p) = \frac{d}{dq}(-Bq + Aq^2) = 0 , \tag{12-158}$$

可求得小極化子能量 $-W_p$ 的極小值發生在 $q_0 = \dfrac{B}{2A}$，代入得

$$-W_p = A\left(\frac{B}{2A}\right)^2 - B\left(\frac{B}{2A}\right) = \frac{-B^2}{4A} , \tag{12-159}$$

且

$$W_p = Aq^2 = A\left(\frac{B}{2A}\right)^2 = \frac{B^2}{4A} , \tag{12-160}$$

即在 $q = q_0$ 處能量降低了 $2W_p$，如圖 12-10(c) 所示，所以只要把 W_p 算出來，就可得知小極化子能量 $-W_p$。

而把介質極化所需的能量為

$$\frac{1}{2}\int_{r_p}^{\infty} \mathscr{E}\mathscr{P}\, 4\pi r^2\, dr = \frac{1}{2}\int_{r_p}^{\infty} \mathscr{E} \cdot \frac{1}{\varepsilon_p}\mathscr{D}\pi r^2\, dr$$

$$= \frac{1}{2}\int_{r_p}^{\infty} \frac{\varepsilon_0}{\varepsilon_p}\mathscr{E}^2 4\pi r^2\, dr$$

$$= \frac{1}{2}\int_{r_p}^{\infty} \frac{\varepsilon_0}{\varepsilon_p}\left(\frac{e}{4\pi\varepsilon_0 r^2}\right)^2 4\pi r^2\, dr$$

$$= \frac{e^2}{8\pi\varepsilon_0 r_p}\left[\frac{1}{\varepsilon(\infty)} - \frac{1}{\varepsilon(0)}\right] , \tag{12-161}$$

然而因爲位能會降低 $\dfrac{e^2}{4\pi\varepsilon_0 r_p}\left[\dfrac{1}{\varepsilon(\infty)}-\dfrac{1}{\varepsilon(0)}\right]$，

所以介質極化的能量再減掉位能的降低量就是極化子的能量 $-W_p$，
即

$$-W_p = W_{Binding}^{Small\ Polaron} = \frac{e^2}{8\pi\varepsilon_0 r_p}\left[\frac{1}{\varepsilon(\infty)}-\frac{1}{\varepsilon(0)}\right] - \frac{e^2}{4\pi\varepsilon_0 r_p}\left[\frac{1}{\varepsilon(\infty)}-\frac{1}{\varepsilon(0)}\right]$$

$$= -\frac{1}{2}\frac{e^2}{4\pi\varepsilon_0 r_p}\left[\frac{1}{\varepsilon(\infty)}-\frac{1}{\varepsilon(0)}\right]\ 。 \tag{12-162}$$

上式中的 r_p 爲小極化子的半徑，需要嚴格的考慮電子和整個光模聲子的交互作用才可以求出，然而我們現在介紹一個非常簡化的模型，即連續理論或黏體理論，來求 r_p，簡單說明如下：

因爲在體積 V 中，極化子的個數爲

$$nV = \left(\frac{1}{2}\right)^3 \int_k \rho_k\, d^3k\ , \tag{12-163}$$

而
$$\begin{cases} \rho_k = \dfrac{V}{(2\pi)^3}\ , \\[2mm] k = \dfrac{2\pi}{R} \end{cases} \tag{12-164}$$

其中 n 爲單位體積的極化子個數；$\rho_k = \dfrac{V}{(2\pi)^3}$ 爲在動量空間中 $\vec{k}$ 值的密度；$k = \dfrac{2\pi}{R}$ 爲極化子的正則模態（Polaron normal mode）的波向量，而極化子的直徑 R 爲 $R = 2r_p$。

所以
$$nV = \left(\frac{1}{2}\right)^3 \int_k \frac{V}{(2\pi)^3}\, 4\pi k^2\, dk$$

$$= \frac{V}{(2\pi)^3} \left(\frac{1}{2} \right)^3 \frac{4\pi}{3} k^3 , \qquad (12\text{-}165)$$

又 $k = \dfrac{2\pi}{2r_p}$ ，則

$$r_p = \frac{1}{2} \left(\frac{\pi}{6} \right)^{\frac{1}{3}} l , \qquad (12\text{-}166)$$

其中因為取 $k_x > 0$、$k_y > 0$、$k_z > 0$，所以有 $\left(\dfrac{1}{2} \right)^3$ 的因子；l^{-3} 為單位體積內的極化子的個數，即 $\left(\dfrac{1}{n} \right)^{\frac{1}{3}} = l$ 或 $n = l^{-3}$ 。

12.5.3 大極化子的能量或大極化子的束縛能

如果極化子的等效質量沒有那麼大，也就是說極化子可以跑的範圍為 r_P 且 $r_\mathrm{P} > r_p$，則稱為大極化子。大極化子和小極化子的差別在於大極化子要考慮電子在 r_P 範圍內的動能 $\dfrac{\hbar^2}{2m^* r_\mathrm{P}^2}$，所以大極化子的能量 $-W_\mathrm{P}$ 或稱為大極化子的束縛能 $W_{Binding}^{Large\ Polaron}$ 為

$$-W_\mathrm{P} = W_{Binding}^{Large\ Polaron} = \frac{\hbar^2}{2m^* r_\mathrm{P}^2} - \frac{1}{2} \frac{e^2}{\varepsilon_0 r_\mathrm{P}^2} \left[\frac{1}{\varepsilon(\infty)} - \frac{1}{\varepsilon(0)} \right] , \quad (12\text{-}167)$$

則可求得 $W_{Binding}^{Large\ Polaron}$ 的極小值所對應的 r_P 為

$$r_\mathrm{P}^{-1} = \frac{m^* e^2}{8\pi\varepsilon_0 \hbar^2} \left[\frac{1}{\varepsilon(\infty)} - \frac{1}{\varepsilon(0)} \right] , \qquad (12\text{-}168)$$

所以

$$\begin{aligned}
-W_\mathrm{P} = W_{Binding}^{Large\ Polaron} \\
= -\frac{e^2}{16\pi\varepsilon_0 r_\mathrm{P}} \left[\frac{1}{\varepsilon(\infty)} - \frac{1}{\varepsilon(0)} \right] \\
= -\frac{1}{4} \alpha^2 \hbar\omega_L ,
\end{aligned} \qquad (12\text{-}169)$$

其中 ω_L 爲縱模聲子的振動頻率；α 稱爲電子 - 聲子交互作用的耦合參數（Coupling parameter），

$$
\alpha = \frac{e^2}{2\hbar\omega_L}\left(\frac{2m^*\omega_L}{\hbar}\right)^{1/2}\left[\frac{1}{\varepsilon(\infty)} - \frac{1}{\varepsilon(0)}\right]
$$

$$
= \frac{1}{2}\left[\frac{1}{\varepsilon(\infty)} - \frac{1}{\varepsilon(0)}\right]\frac{e^2}{\sqrt{\dfrac{\hbar}{2m^*\omega_L}}}\frac{1}{\hbar\omega_L} , \tag{12-170}
$$

而 $\sqrt{\dfrac{\hbar}{2m^*\omega_L}}$ 也稱爲極化子半徑（Polaron radius）。

12.6 偏振子或極化激元

12.6.1 偏振子學

因爲理想的晶態物質具有平移對稱（Translational symmetry）的特性，所以在晶體中激發態的本徵波函數（Eigen-wavefunction）可以依 Bloch 理論表示成平面波。這些激發態經常是和電極化場或磁極化場結合在一起的，這個電極化波或磁極化波又和電磁波或光波耦合之後的耦合激發態（Coupled excited states）量子化的準粒子就被稱爲偏振子（Polaritons），然而因爲電極化或磁極化都直接和晶格振動有關，所以這種耦合激發場也可以被稱爲激化聲子。

由於激發態的種類不同，所以就有不同種類的偏振子，如前面幾節所介紹的，最常見的激發態有激子、磁子、聲子、電漿子，則其分

別耦合所產生的偏振子為：激子 - 偏振子（Exciton-polariton, Exciton-like polariton）、磁子 - 偏振子（Magnon-polariton, Magnon-like polariton）、聲子 - 偏振子（Phonon-polariton, Phonon-like polariton）、電漿子 - 偏振子（Plasmon-polariton, Plasmon-like polariton）。

從工程應用的角度來看，基本上，電子學處理的是自由電荷的流動（Free-charge current）；光電子學處理的是波動（Waves）；而介於二者之間的束縛電荷的流動和波動（Bound-charge current/waves）被認為可能由所謂的偏振子學（Polaritonics）來彌補這個範圍的缺口，如圖 12-11 所示。

如果用操作頻率來界定，則電子學在 50 GHz 有熱消耗的障礙（Heat dissipation barrier）；在約 1 THz 有電漿共振的障礙（Plasma resonance barrier），這是源自於系統設計與電子材料的限制，所以侷限了其所能操作的頻率；光子學則純粹針對光波，所以操作在數百 THz；偏振子學則因混合了晶格振動和電磁波，所以被預測可以操作在 100 GHz 至 10 THz 的頻率範圍。

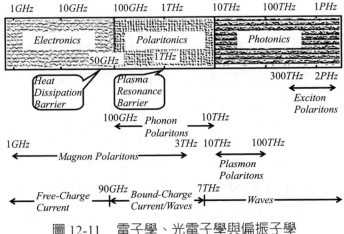

圖 12-11　電子學、光電子學與偏振子學

由是觀之，考慮上述的四種不同的偏振子，因為電磁波耦合了晶體中不同的激發態，所以製成的結構、元件或系統預期將可以涵蓋整個操作頻率。

12.6.2　體偏振子和表面偏振子

基本上，如圖 12-12 所示，偏振子依光子或電磁波耦合的介質波形態可以再細分成二類：體偏振子（Bulk polaritons）和表面偏振子（Surface polaritons）；而介質的特性也可分成二大類：非磁性介質（Nonmagnetic media）與磁性介質（Magnetic media），所以我們無論對體偏振子和表面偏振子的討論，都又再分別討論非磁性介質與磁性介質。

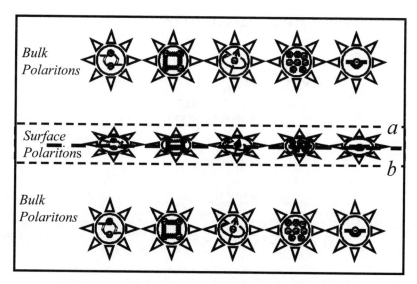

圖 12-12　偏振子可以分為體偏振子和表面偏振子

然而，當我們在闡述非磁性介質的偏振子特性時，是從介電的頻率關係來討論的，而介電函數是電子在介質或晶體中的分布結果，如果用聲子來取代晶體，則非磁性介質的偏振子色散關係也就都明顯的看出偏振子和聲子的相關性；反之，在說明磁性介質的偏振子特性時，我們重視的是磁矩的分布或磁化率函數而不考慮介電的頻率函數關係，所以磁性介質的偏振子色散關係就不會非常明顯的看出偏振子和聲子有關聯。

12.6.2.1 體偏振子

12.6.2.1.1 非磁性介質的體偏振子

現在我們藉由計算伴隨著電場 $\vec{\mathscr{E}}$ 的電極化 $\vec{\mathscr{P}}$ 可推導電子系統的介電函數（Dielectric function）$\varepsilon(\omega)$。在沒有電磁波來源（Source free）的條件下，即 $\rho = 0$ 且 $\vec{\mathscr{J}} = 0$，在非磁性介質中，即 $\mu_r = 1$，傳遞的 $\vec{\mathscr{E}}$ 和 $\vec{\mathscr{P}}$ 二個場必須滿足 Maxwell 方程式，

$$
\begin{aligned}
\nabla \times \nabla \times \vec{\mathscr{E}} &= \mu\varepsilon \frac{\partial^2 \vec{\mathscr{E}}}{\partial t^2} \\
&= \mu_r \mu_0 \varepsilon_r \varepsilon_0 \frac{\partial^2 \vec{\mathscr{E}}}{\partial t^2} \\
&= \varepsilon_r \mu_0 \varepsilon_0 \frac{\partial^2 \vec{\mathscr{E}}}{\partial t^2} \\
&= \frac{\varepsilon_r(\omega)}{c^2} \frac{\partial^2 \vec{\mathscr{E}}}{\partial t^2} ,
\end{aligned}
\tag{12-171}
$$

則

$$
\nabla \times \nabla \times \vec{\mathscr{E}} = \nabla(\nabla \cdot \vec{\mathscr{E}}) - \nabla^2 \vec{\mathscr{E}} = \frac{\varepsilon_r(\omega)}{c^2} \frac{\partial^2 \vec{\mathscr{E}}}{\partial t^2} ,
\tag{12-172}
$$

因為沒有電磁波來源，

即
$$\nabla \cdot \overrightarrow{\mathscr{D}} = \rho_s = 0 ，\qquad（12\text{-}173）$$

則
$$-\nabla^2 \overrightarrow{\mathscr{E}} = \frac{\varepsilon_r(\omega)}{c^2} \frac{\partial^2 \overrightarrow{\mathscr{E}}}{\partial t^2} ，\qquad（12\text{-}174）$$

且因上式有平面波的解 $e^{i(\omega t - \vec{k} \cdot \vec{r})}$ ，

所以色散關係為
$$k^2 = \varepsilon_r(\omega) \frac{\omega^2}{c^2} ，\qquad（12\text{-}175）$$

即
$$\varepsilon_r(\omega) = \frac{\omega^2}{c^2} k^2 。\qquad（12\text{-}176）$$

因為偏振子是凝態物質中各種的元激發和光子耦合而成的一種新的元激發，或是一種新的粒子，所以從其所耦合的元激發的種類不同，也就有不同的偏振子，一般常見的有：

[1]　聲子 - 偏振子（Phonon-polariton, Phonon-like polariton）

聲子 - 偏振子是由光子和晶體中的聲子耦合成的元激發，如圖 12-13 所示，由前述的黃昆方程式

$$\frac{d^2 \overrightarrow{W}}{dt^2} = -\omega_{TO}^2 \overrightarrow{W} + \sqrt{\frac{N_0}{M}} \frac{e^*[\varepsilon_r(\infty) + 2]}{3} \overrightarrow{\mathscr{E}} ；\qquad（12\text{-}177）$$

$$\overrightarrow{\mathscr{P}} = \sqrt{\frac{N_0}{M}} \frac{e^*[\varepsilon_r(\infty) + 2]}{3} \overrightarrow{W} + \varepsilon_0[\varepsilon_r(\infty) - 1]\overrightarrow{\mathscr{E}} ，\qquad（12\text{-}178）$$

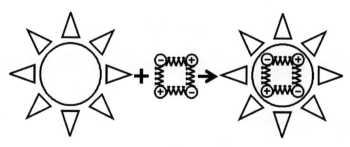

圖 12-13　聲子 - 偏振子

所以在靜止穩定狀態下，即 $\omega \to 0$ 且 $\dfrac{d^2\overrightarrow{W}}{dt^2}=0$，

則由
$$\frac{d^2\overrightarrow{W}}{dt^2}=0=-\omega_{TO}^2\,\overrightarrow{W}+\sqrt{\frac{N_0}{M}}\,\frac{e^*[\varepsilon_r(\infty)+2]}{3}\overrightarrow{\mathscr{E}}\,,\qquad（12\text{-}179）$$

得
$$\overrightarrow{W}=\sqrt{\frac{N_0}{M}}\,\frac{e^*[\varepsilon_r(\infty)+2]}{3\omega_{TO}^2}\overrightarrow{\mathscr{E}}\,,\qquad（12\text{-}180）$$

代入
$$\overrightarrow{\mathscr{P}}=\frac{N_0}{M}\frac{\{e^*[\varepsilon_r(\infty)+2]\}^2}{3\omega_{TO}^2}\overrightarrow{\mathscr{E}}+\varepsilon_0[\varepsilon_r(\infty)-1]\overrightarrow{\mathscr{E}}\,,\qquad（12\text{-}181）$$

且在 $\omega=0$ 時，

$$\overrightarrow{\mathscr{P}}=\varepsilon_0[\varepsilon_r(0)-1]\overrightarrow{\mathscr{E}}\,,\qquad（12\text{-}182）$$

綜合以上結果得
$$\varepsilon_r(0)-\varepsilon_r(\infty)=\sqrt{\frac{N_0}{M}}\,\frac{\{e^*[\varepsilon_r(\infty)+2]\}^2}{9\varepsilon_0\omega_{TO}^2}\,,\qquad（12\text{-}183）$$

或
$$\omega_{TO}\sqrt{\varepsilon_0[\varepsilon_r(0)-\varepsilon_r(\infty)]}=\sqrt{\frac{N_0}{M}}\,\frac{e^*[\varepsilon_r(\infty)+2]}{3}\,,\qquad（12\text{-}184）$$

由
$$\overrightarrow{\mathscr{P}}=\omega_{TO}\sqrt{\varepsilon_0[\varepsilon_r(0)-\varepsilon_r(\infty)]}\,\overrightarrow{W}+\varepsilon_0[\varepsilon_r(\infty)-1]\overrightarrow{\mathscr{E}}\,,\qquad（12\text{-}185）$$

則
$$\begin{aligned}
\frac{d^2\overrightarrow{\mathscr{P}}}{dt^2}&=\omega_{TO}\sqrt{\varepsilon_0[\varepsilon_r(0)-\varepsilon_r(\infty)]}\,\frac{d^2\overrightarrow{W}}{dt^2}+\varepsilon_0[\varepsilon_r(\infty)-1]\overrightarrow{\mathscr{E}}\\
&=\omega_{TO}\sqrt{\varepsilon_0[\varepsilon_r(0)-\varepsilon_r(\infty)]}\left[-\omega_{TO}^2\overrightarrow{W}+\omega_{TO}\sqrt{\varepsilon_0[\varepsilon_r(0)-\varepsilon_r(\infty)]}\,\overrightarrow{\mathscr{E}}\right]\\
&\quad+\varepsilon_0[\varepsilon_r(\infty)-1]\overrightarrow{\mathscr{E}}\\
&=-\omega_{TO}^2\overrightarrow{\mathscr{P}}+\omega_{TO}^2\,\varepsilon_0[\varepsilon_r(0)-\varepsilon_r(\infty)]\overrightarrow{\mathscr{E}}\,,\qquad（12\text{-}186）
\end{aligned}$$

則
$$\frac{d^2\overrightarrow{\mathscr{P}}}{dt^2}+\omega_{TO}^2\overrightarrow{\mathscr{P}}=\omega_{TO}^2\,\varepsilon_0[\varepsilon_r(0)-\varepsilon_r(\infty)]\overrightarrow{\mathscr{E}}\,,\qquad（12\text{-}187）$$

且由 Maxwell 方程式得

$$-\nabla^2\overrightarrow{\mathscr{E}} = \mu_0\frac{\partial^2\overrightarrow{\mathscr{D}}}{\partial t^2} \; , \qquad\qquad (12\text{-}188)$$

又 $$\overrightarrow{\mathscr{D}} = \varepsilon_0\varepsilon_r(\infty)\overrightarrow{\mathscr{E}} + \overrightarrow{\mathscr{P}} \; , \qquad\qquad (12\text{-}189)$$

則 $$-\nabla^2\overrightarrow{\mathscr{E}} = \mu_0\varepsilon_0\frac{\partial^2}{\partial t^2}\left[\varepsilon_r(\infty)\overrightarrow{\mathscr{E}} + \frac{1}{\varepsilon_0}\overrightarrow{\mathscr{P}}\right] \; , \qquad\qquad (12\text{-}190)$$

則 $$c^2k^2\overrightarrow{\mathscr{E}} = -\varepsilon_r(\infty)\omega^2\overrightarrow{\mathscr{E}} - \frac{1}{\varepsilon_0}\omega^2\overrightarrow{\mathscr{P}} \; , \qquad\qquad (12\text{-}191)$$

由（12-187）式及（12-191）式得

$$\begin{bmatrix} -\omega^2 + \omega_{TO}^2 & -\omega_{TO}^2\varepsilon_0[\varepsilon_r(0) - \varepsilon_r(\infty)] \\ -\dfrac{1}{\varepsilon_0}\omega^2 & -\varepsilon_r(\infty)\omega^2 + c^2k^2 \end{bmatrix}\begin{bmatrix} \overrightarrow{\mathscr{E}} \\ \overrightarrow{\mathscr{P}} \end{bmatrix} = 0 \; , \qquad (12\text{-}192)$$

則其行列式為

$$(\omega_{TO}^2 - \omega^2)(c^2k^2 - \varepsilon_r(\infty)\omega^2) - \omega_{TO}^2[\varepsilon_r(0) - \varepsilon_r(\infty)]\omega^2 = 0 \; , \qquad (12\text{-}193)$$

則 $$(\omega_{TO}^2 - \omega^2)c^2k^2 = \varepsilon_r(\infty)(\omega_{TO}^2 - \omega^2)\omega^2 + \omega_{TO}^2[\varepsilon_r(0) - \varepsilon_r(\infty)]\omega^2 \; , (12\text{-}194)$$

則
$$\begin{aligned}\frac{c^2k^2}{\omega^2} &= \varepsilon_r(\infty) + \frac{\omega_{TO}^2[\varepsilon_r(0) - \varepsilon_r(\infty)]}{\omega_{TO}^2 - \omega^2} \\[2mm] &= \varepsilon_r(\infty)\left[1 + \frac{\omega_{TO}^2\left[\dfrac{\varepsilon_r(0)}{\varepsilon_r(\infty)}\right] - 1}{\omega_{TO}^2 - \omega^2}\right] \\[2mm] &= \varepsilon_r(\infty)\left[\frac{\omega_{TO}^2 - \omega^2 + \omega_{LO}^2 - \omega_{TO}^2}{\omega_{TO}^2 - \omega^2}\right] \; , \end{aligned} \qquad (12\text{-}195)$$

得 $$\frac{c^2k^2}{\omega^2} = \varepsilon_r(\infty)\left[\frac{\omega_{LO}^2 - \omega^2}{\omega_{TO}^2 - \omega^2}\right] = \varepsilon_r(\infty)\left[1 + \frac{\omega_{LO}^2 - \omega_{TO}^2}{\omega_{TO}^2 - \omega^2}\right] \; , \qquad (12\text{-}196)$$

代入得 $$\varepsilon_r(\omega) = \varepsilon_r(\infty)\left(\frac{\omega_{LO}^2 - \omega^2}{\omega_{TO}^2 - \omega^2}\right) = \frac{c^2k^2}{\omega^2} \; , \qquad (12\text{-}197)$$

則 $$\omega^4 - \omega^2\left(\omega_{LO}^2 + \frac{c^2k^2}{\varepsilon_r(\infty)}\right) + \frac{c^2k^2}{\varepsilon_r(\infty)}\omega_{TO}^2 = 0 \; , \qquad (12\text{-}198)$$

得聲子 - 偏振子的色散關係為

$$\omega^2 = \frac{1}{2}\left\{\left(\omega_{LO}^2 + \frac{c^2 k^2}{\varepsilon_r(\infty)}\right) \pm \sqrt{\left(\omega_{LO}^2 + \frac{c^2 k^2}{\varepsilon_r(\infty)}\right)^2 - 4\frac{c^2 k^2 \omega_{TO}^2}{\varepsilon_r(\infty)}}\right\}。 \quad (12\text{-}199)$$

[2]　電漿子 - 偏振子（Phonon-plasmon-polaritons, Coupled plasmon-LO phonon polaritons, Longitudinal phonon plasmon polaritons (LPP)）

　　電漿子 - 偏振子是由光子和晶體中的電漿子耦合成的元激發，如圖 12-14 所示，首先我們先由金屬的光學性質來看看電漿子的特性。由固態光學的古典模型可知介電函數（Dielectric function）的實數部分為

$$\mathrm{Re}\,(\varepsilon_r) = 1 - \frac{\omega_p^2}{\omega^2 + \omega_0^2}, \quad (12\text{-}200)$$

　　當弛豫時間（Relaxation time）很長的情況下，即 $\tau \to \infty$，則 ω_0 將趨近於零，所以電子氣（Electron gas）的介電函數為

$$\varepsilon_r\,(\omega) = 1 - \frac{\omega_p^2}{\omega^2}。 \quad (12\text{-}201)$$

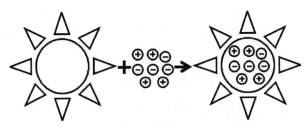

圖 12-14　電漿子 - 偏振子

　　如果構成電漿子的背景的正離子在頻率無限大時具有介電常數 $\varepsilon_r(\infty)$，則電漿子的介電函數可以表示爲

$$\varepsilon_r(\omega) = \varepsilon_r(\infty)\left(1 - \frac{\omega_p^2}{\omega^2}\right),\qquad（12\text{-}202）$$

又　　　　　$$\varepsilon_r(\omega) = \varepsilon_r(\infty)\left(1 - \frac{\omega_p^2}{\omega^2}\right) = \frac{c^2 k^2}{\omega^2},\qquad（12\text{-}203）$$

若 $\omega \gg \omega_p$，

則　　　　　$$\frac{c^2 k^2}{\varepsilon_r(\infty)} = \omega^2\left(1 - \frac{\omega_p^2}{\omega^2}\right) \simeq \omega^2 。\qquad（12\text{-}204）$$

當在晶體中發生共振時，即 $\omega = \omega_p$，

由上式可得　　　　　$$\frac{c^2 k^2}{\varepsilon_r(\infty)} = \omega_p^2,\qquad（12\text{-}205）$$

代入聲子 - 偏振子的色散關係（12-199）式可得電漿子 - 偏振子的色散關係爲

$$\omega_{LPP\pm}^2 = \frac{1}{2}\left\{(\omega_{LO}^2 + \omega_p^2) \pm [(\omega_{LO}^2 + \omega_p^2)^2 - 4\omega_{TO}^2\omega_p^2]^{1/2}\right\} 。\qquad（12\text{-}206）$$

　　所以這也是電漿子 - 偏振子更具體的被稱爲 Phonon-plasmon-polaritons、Coupled plasmon-LO phonon polaritons 或 Longitudinal phonon-plasmon polaritons（LPP）的原因。

　　我們還可以採用另一個觀點來討論相同的問題，因爲在晶體中的總電場是主要是由外加電場和感應電場所構成，其中，感應電場是源

自於外加電場所造成的電荷重新分布而產生的，所以晶體的介電函數可以表示爲其所發生的全部極化現象的總和。

由於晶體內的縱模聲子和電漿子的耦合產生了電漿子 - 偏振子，所以電漿子 - 偏振子的介電函數就可以寫成

$$\varepsilon_r(\omega) = \varepsilon_r(\infty)\left(\frac{\omega_{LO}^2 - \omega^2}{\omega_{TO}^2 - \omega^2} - \frac{\omega_p^2}{\omega^2}\right), \tag{12-207}$$

上式等號的右側括號內的第一項是聲子的貢獻；第二項是電漿子的貢獻。所以當聲子和電漿子耦合產生共振就會支持電漿子 - 偏振子在晶體中傳遞能量，

即

$$\frac{\omega_{LO}^2 - \omega_{LPP\pm}^2}{\omega_{TO}^2 - \omega_{LPP\pm}^2} = \frac{\omega_p^2}{\omega_{LPP\pm}^2}, \tag{12-208}$$

則

$$\omega_{LO}^2\omega_{LPP\pm}^2 - \omega_{LPP\pm}^4 = \omega_{TO}^2\omega_p^2 - \omega_p^2\omega_{LPP\pm}^2, \tag{12-209}$$

則

$$\omega_{LPP\pm}^4 - (\omega_{LO}^2 + \omega_p^2)\omega_{LPP\pm}^2 + \omega_{TO}^2\omega_P^2 = 0, \tag{12-210}$$

得電漿子 - 偏振子的色散關係爲

$$\omega_{LPP\pm}^2 = \frac{1}{2}\left\{(\omega_{LO}^2 + \omega_p^2) \pm [(\omega_{LO}^2 + \omega_p^2)^2 - 4\omega_{TO}^2\omega_p^2]^{1/2}\right\}。 \tag{12-211}$$

[3] 激子 - 偏振子（Exciton-polariton, Exciton-like polariton）

激子 - 偏振子是由光子和晶體中的激子耦合成的元激發，如圖 12-15 所示，因爲激子 - 偏振子的能量是激子和聲子耦合的結果，所以其能量可以寫成

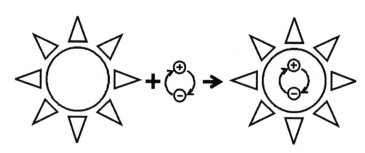

圖 12-15　激子 - 偏振子

$$\hbar\omega_{ex}=\hbar\omega_{TO}+\frac{\hbar^2}{2(m_e^*+m_h^*)}k^2=\hbar\omega_{TO}+\frac{\hbar^2}{2M}k^2 , \qquad（12\text{-}212）$$

其中 k 為激子的波向量；M 為激子的質量。

上式的第二項 $\frac{\hbar^2}{2M}k^2$ 使得這個能量表示式呈現了和激子波向量 k 相依的能量，也就是所謂的空間色散（Spatial dispersion）。

由上式可得
$$\omega_{ex}=\omega_{TO}+\frac{\hbar^2}{2M}k^2 , \qquad（12\text{-}213）$$

則
$$\frac{1}{\omega_{ex}}=\left(\omega_{TO}+\frac{\hbar^2}{2M}k^2\right)^{-1}$$

$$=\left[\omega_{TO}\left(1+\frac{\hbar}{2M\omega_{TO}}k^2\right)\right]^{-1} , \qquad（12\text{-}214）$$

所以
$$\frac{1}{\omega_{ex}^2}=\left[\omega_{TO}\left(1+\frac{\hbar}{2M\omega_{TO}}k^2\right)\right]^{-2}$$

$$=\omega_{TO}^{-2}\left(1+\frac{\hbar}{2M\omega_{TO}}k^2\right)^{-2}$$

$$\cong\frac{1}{\omega_{TO}^2}\left(1-\frac{\hbar}{M\omega_{TO}}k^2\right)$$

$$=\frac{1}{\omega_{TO}^2}-\frac{\hbar}{M\omega_{TO}^3}k^2 , \qquad（12\text{-}215）$$

很明顯的，上式依然保持空間色散的形式。

現在我們把空間色散的形式加入聲子 - 偏振子中，也就是把 k^2 項加入下式中，

$$\varepsilon_r(\omega) = \varepsilon_r(\infty)\left(1 + \frac{\dfrac{\omega_{LO}^2}{\omega_{TO}^2} - 1}{1 - \dfrac{\omega^2}{\omega_{TO}^2}}\right)$$

$$= \varepsilon_r(\infty)\left(1 + \frac{f}{1 - \dfrac{\omega^2}{\omega_{TO}^2}}\right), \tag{12-216}$$

即得 $\quad \varepsilon_r(\omega) = \varepsilon_r(\infty)\left(1 + \dfrac{f}{1 - \dfrac{\omega^2}{\omega_{ex}^2}}\right)$

$$= \varepsilon_r(\infty)\left(1 + \frac{f}{1 - \dfrac{\omega^2}{\omega_{TO}^2} + \beta k^2}\right), \tag{12-217}$$

其中 f 為振盪子強度（Oscillator strength），其定義和固態光學中的定義相同，

且 $\qquad\qquad f = \dfrac{\omega_{LO}^2}{\omega_{TO}^2} - 1 ,$ $\qquad\qquad$ （12-218）

或 $\qquad\qquad \omega_{LO}^2 = (1+f)\omega_{TO}^2 。$ $\qquad\qquad$ （12-219）

所以 $\quad \varepsilon_r(\omega) = \varepsilon_r(\infty)\left(1 + \dfrac{f}{1 - \dfrac{\omega^2}{\omega_{ex}^2}}\right)$

$$= \varepsilon_r(\infty)\left(1 + \frac{f}{1 - \dfrac{\omega^2}{\omega_{TO}^2} + \beta k^2}\right)$$

$$= \varepsilon_r(\infty)\left(1 + \frac{\omega_{TO}^2 f}{\omega_{TO}^2 - \omega^2 + \beta k^2 \omega_{TO}^2}\right)$$

$$= \varepsilon_r(\infty) \left[1 + \frac{\omega_{TO}^2 \left(\frac{\omega_{LO}^2}{\omega_{TO}^2} - 1 \right)}{\omega_{TO}^2 - \omega^2 + \beta k^2 \omega_{TO}^2} \right]$$

$$= \varepsilon_r(\infty) \left(1 + \frac{\omega_{LO}^2 - \omega_{TO}^2}{\omega_{TO}^2 - \omega^2 + \beta k^2 \omega_{TO}^2} \right) , \qquad (12\text{-}220)$$

則 $\qquad 1 + \dfrac{\omega_{LO}^2 - \omega_{TO}^2}{\omega_{TO}^2 - \omega^2 + \beta k^2 \omega_{TO}^2} = \dfrac{c^2 k^2}{\omega^2} , \qquad (12\text{-}221)$

則 $\omega^2 (\omega_{TO}^2 - \omega^2 + \beta k^2 \omega_{TO}^2) + (\omega_{LO}^2 - \omega_{TO}^2)\omega^2 = c^2 k^2 (\omega_{TO}^2 - \omega^2 + \beta k^2 \omega_{TO}^2) ,$
$$(12\text{-}222)$$

則 $-\omega^4 + (\omega_{TO}^2 + \beta k^2 \omega_{TO}^2 + \omega_{LO}^2 - \omega_{TO}^2 + c^2 k^2)\omega^2 - (\omega_{TO}^2 + \beta k^2 \omega_{TO}^2)c^2 k^2 = 0 ,$
$$(12\text{-}223)$$

則 $\omega^4 - (c^2 k^2 + \omega_{LO}^2 + \beta k^2 \omega_{TO}^2)\omega^2 + (\omega_{TO}^2 + \beta k^2 \omega_{TO}^2)c^2 k^2 = 0 , \qquad (12\text{-}224)$

則 $\omega^4 - [c^2 k^2 + (1 + f + \beta k^2)\omega_{TO}^2]\omega^2 + (1 + \beta k^2)\omega_{TO}^2 c^2 k^2 = 0 , \qquad (12\text{-}225)$

解得激子 - 偏振子的色散關係爲

$$\omega^2 = \frac{[c^2 k^2 + (1 + f + \beta k^2)\omega_{TO}^2] \pm \sqrt{[c^2 k^2 + (1 + f + \beta k^2)\omega_{TO}^2]^2 - 4c^2 k^2 (1 + \beta k^2)\omega_{TO}^2}}{2} 。$$
$$(12\text{-}226)$$

最後補充另外一個觀點來說明爲什麼可以定義出振盪強度 f 和 ω_{LO} 的關係，因爲如果不考慮空間色散，即 $\beta = 0$，

則 $\qquad \varepsilon_r(\omega) = \varepsilon_r(\infty) \left(1 + \dfrac{\omega_{LO}^2 - \omega_{TO}^2}{\omega_{TO}^2 - \omega^2} \right)$

$$= \varepsilon_r(\infty) \left(\frac{\omega_{LO}^2 - \omega^2}{\omega_{TO}^2 - \omega^2} \right)$$

$$= \frac{c^2 k^2}{\omega^2}$$

$$= \frac{\overrightarrow{\mathscr{D}}}{\overrightarrow{\mathscr{E}}} ,$$ （12-227）

然而如果是縱模（Longitudinal mode）振盪，即 $\vec{k} \parallel \overrightarrow{\mathscr{D}}$ 或 $\vec{k} \cdot \overrightarrow{\mathscr{D}} \neq 0$，

且 $$\nabla \cdot \overrightarrow{\mathscr{D}} = 0 = -\vec{k} \cdot \overrightarrow{\mathscr{D}} ,$$ （12-228）

則必須滿足 $\vec{k} = 0$ 或 $\overrightarrow{\mathscr{D}} = 0$，

即 $$\varepsilon_r(\omega) = \varepsilon_r(\infty) \left(\frac{\omega_{LO}^2 - \omega^2}{\omega_{TO}^2 - \omega^2} \right) = 0 ,$$ （12-229）

所以表示該頻率對應的是縱模頻率，即 $\omega = \omega_{LO}$。

12.6.2.1.2　磁性介質的體偏振子

圖 12-16 爲磁子 - 偏振子的示意圖，由 Maxwell 方程式

$$\nabla \cdot \overrightarrow{\mathscr{H}} = \vec{\mathscr{J}} + \frac{\partial \overrightarrow{\mathscr{D}}}{\partial t} ,$$ （12-230）

因爲介質中不含電磁波源（Source-free medium），

所以 $$\nabla \times \nabla \times \overrightarrow{\mathscr{H}} = \frac{\partial(\nabla \times \overrightarrow{\mathscr{D}})}{\partial t} ,$$ （12-231）

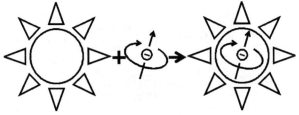

圖 12-16　磁子 - 偏振子

則 $\nabla(\nabla \cdot \overrightarrow{\mathcal{H}}) - \nabla_2\overrightarrow{\mathcal{H}} = \varepsilon_0\varepsilon_r \dfrac{\partial(\nabla \times \overrightarrow{\mathcal{E}})}{\partial t}$

$$= \varepsilon_0\varepsilon_r \frac{\partial}{\partial t}\left(-\frac{\partial\overrightarrow{\mathcal{B}}}{\partial t}\right)$$

$$= -\varepsilon_0\varepsilon_r \frac{\partial^2}{\partial t^2}\left[\mu_0\left(\overrightarrow{\mathcal{H}} + \chi_m\frac{\overrightarrow{\mathcal{M}}}{\mu_0}\right)\right]$$

$$= -\mu_0\,\varepsilon_0\varepsilon_r \frac{\partial^2}{\partial t^2}\left(\overrightarrow{\mathcal{H}} + \chi_m\frac{\overrightarrow{\mathcal{M}}}{\mu_0}\right)$$

$$= -\frac{\varepsilon_r}{c^2}\frac{\partial^2}{\partial t^2}\left(\overrightarrow{\mathcal{H}} + \chi_m\frac{\overrightarrow{\mathcal{M}}}{\mu_0}\right) , \qquad （12\text{-}232）$$

又 $\qquad \nabla \cdot \overrightarrow{\mathcal{B}} = \nabla \cdot \left[\mu_0\left(\overrightarrow{\mathcal{H}} + \chi_m\dfrac{\overrightarrow{\mathcal{M}}}{\mu_0}\right)\right] = 0 ,$ 　　　　（12-233）

則 $\qquad \nabla \cdot \overrightarrow{\mathcal{H}} = -\dfrac{\chi_m}{\mu_0}\nabla \cdot \overrightarrow{\mathcal{M}} 。$ 　　　　　　（12-234）

若（12-232）式有平面波的解 $e^{i(\vec{q} \cdot \vec{r} - \omega t)}$ ，

則 $\qquad i\vec{q}\left[\dfrac{\chi_m}{\mu_0}i\vec{q} \cdot \overrightarrow{\mathcal{M}}\right] + q^2\overrightarrow{\mathcal{H}} = +\varepsilon_r \dfrac{\omega^2}{c^2}\left(\overrightarrow{\mathcal{H}} + \dfrac{\chi_m}{\mu_0}\overrightarrow{\mathcal{M}}\right) ,$ 　　（12-235）

即 $\qquad q^2\overrightarrow{\mathcal{H}} - \dfrac{\chi_m}{\mu_0}\vec{q}\,(\vec{q} \cdot \overrightarrow{\mathcal{M}}) = \dfrac{\varepsilon_r\omega^2}{c^2}\left(\overrightarrow{\mathcal{H}} + \dfrac{\chi_m}{\mu_0}\overrightarrow{\mathcal{M}}\right) ,$ 　（12-236）

如圖 12-17 所示，因為外加的靜態磁場的方向為 $\hat{z}$ 方向，即產生磁極化，是在 $y\text{-}z$ 平面上，所以如果我們假設在 $x\text{-}z$ 平面上的波向量的 $q_y = 0$，也不會影響最後結果的一般性，現在要看看在 $\hat{x}$、$\hat{y}$ 方向上受到擾動的情況。

由 $\qquad q^2\overrightarrow{\mathcal{H}} - \dfrac{\chi_m}{\mu_0}\vec{q}\,(\vec{q} \cdot \overrightarrow{\mathcal{M}}) = \dfrac{\varepsilon_r\omega^2}{c^2}\left(\overrightarrow{\mathcal{H}} + \dfrac{\chi_m}{\mu_0}\overrightarrow{\mathcal{M}}\right) ,$ 　（12-237）

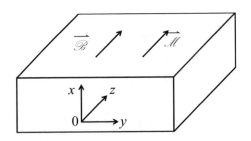

圖 12-17　外加的靜態磁場產生磁極化

可得

$$q^2 \left(\overrightarrow{\mathscr{H}}_x + \overrightarrow{\mathscr{H}}_y \right) - \frac{\chi_m}{\mu_0} \left(q_x \mathscr{M}_x + q_y \mathscr{M}_y \right) \left(\vec{q}_x + \vec{q}_y \right)$$

$$= \frac{\varepsilon_r \omega^2}{c^2} \left(\overrightarrow{\mathscr{H}}_x + \overrightarrow{\mathscr{H}}_y + \frac{\chi_m}{\mu_0} \overrightarrow{\mathscr{M}}_x + \frac{\chi_m}{\mu_0} \overrightarrow{\mathscr{M}}_y \right) , \qquad （12\text{-}238）$$

又因 $q_y = 0$，

則 $\quad q^2 \left(\overrightarrow{\mathscr{H}}_x + \overrightarrow{\mathscr{H}}_y \right) - \frac{\chi_m}{\mu_0} \left(q_x \mathscr{M}_x \right) \vec{q}_x = \frac{\varepsilon_r \omega^2}{c^2} \left(\overrightarrow{\mathscr{H}}_x + \overrightarrow{\mathscr{H}}_y + \frac{\chi_m}{\mu_0} \overrightarrow{\mathscr{M}}_x + \frac{\chi_m}{\mu_0} \overrightarrow{\mathscr{M}}_y \right) ,$

$$（12\text{-}239）$$

則 $\quad \left(q^2 - \frac{\varepsilon_r \omega^2}{c^2} \right) \overrightarrow{\mathscr{H}}_x = \frac{\chi_m}{\mu_0} \left(\frac{\varepsilon_r \omega^2}{c^2} - q_x^2 \right) \overrightarrow{\mathscr{M}}_x , \qquad （12\text{-}240）$

且 $\quad \left(q^2 - \frac{\varepsilon_r \omega^2}{c^2} \right) \overrightarrow{\mathscr{H}}_y = \frac{\chi_m}{\mu_0} \frac{\varepsilon_r \omega^2}{c^2} \overrightarrow{\mathscr{M}}_y , \qquad （12\text{-}241）$

則 $\quad \mathscr{H}_x = \dfrac{\dfrac{\chi_m}{\mu_0} \left(\dfrac{\varepsilon_r \omega^2}{c^2} - q_x^2 \right)}{q^2 - \dfrac{\varepsilon_r \omega^2}{c^2}} \mathscr{M}_x$

$$= \left[\frac{\dfrac{1}{2} \dfrac{\chi_m}{\mu_0} \left(\dfrac{2\varepsilon_r \omega^2}{c^2} - q_x^2 \right)}{q^2 - \dfrac{\varepsilon_r \omega^2}{c^2}} - \frac{\dfrac{1}{2} \dfrac{\chi_m}{\mu_0} q_x^2}{q^2 - \dfrac{\varepsilon_r \omega^2}{c^2}} \right] \mathscr{M}_x$$

$$= \left[\frac{\frac{1}{2}\left(\frac{2\varepsilon_r\omega^2}{c^2} - q_x^2\right)}{q^2 - \frac{\varepsilon_r\omega^2}{c^2}} - \frac{\frac{1}{2}q_x^2}{q^2 - \frac{\varepsilon_r\omega^2}{c^2}} \right] \frac{\chi_m}{\mu_0} \mathcal{M}_x$$

$$= (\xi_1 - \xi_2) \frac{\chi_m}{\mu_0} \mathcal{M}_x \, , \tag{12-242}$$

且
$$\mathcal{H}_y = \frac{\frac{\varepsilon_r\omega^2}{c^2}}{q^2 - \frac{\varepsilon_r\omega^2}{c^2}} \frac{\chi_m}{\mu_0} \mathcal{M}_y$$

$$= \left[\frac{\frac{1}{2}\left(\frac{2\varepsilon_r\omega^2}{c^2} - q_x^2\right)}{q^2 - \frac{\varepsilon_r\omega^2}{c^2}} + \frac{\frac{1}{2}q_x^2}{q^2 - \frac{\varepsilon_r\omega^2}{c^2}} \right] \frac{\chi_m}{\mu_0} \mathcal{M}_x$$

$$= (\xi_1 + \xi_2) \frac{\chi_m}{\mu_0} \mathcal{M}_y \, , \tag{12-243}$$

其中
$$\xi_1 = \frac{1}{2} \frac{2\varepsilon_r \frac{\omega^2}{c^2} - q_x^2}{q^2 - \varepsilon_r \frac{\omega^2}{c^2}} \, , \tag{12-244}$$

及
$$\xi_2 = \frac{1}{2} \frac{q_x^2}{q^2 - \varepsilon_r \frac{\omega^2}{c^2}} \, 。 \tag{12-245}$$

我們可以定義四個新的參數 H^+、H^-、M^+、M^- 如下：

$$H^+ = \mathcal{H}_x + i\mathcal{H}_y = [\xi_1(\mathcal{M}_x + i\mathcal{M}_y) - \xi_2(\mathcal{M}_x - i\mathcal{M}_y)] \frac{\chi_m}{\mu_0}$$

$$= [\xi_1 M^+ - \xi_2 M^-] \frac{\chi_m}{\mu_0} \, ; \tag{12-246}$$

$$H^- = \mathcal{H}_x - i\mathcal{H}_y = [-\xi_2(\mathcal{M}_x + i\mathcal{M}_y) + \xi_1(\mathcal{M}_x - i\mathcal{M}_y)] \frac{\chi_m}{\mu_0}$$

$$= [-\xi_2 M^+ + \xi_1 M^-] \frac{\chi_m}{\mu_0} \, 。 \tag{12-247}$$

若再配合磁化率方程式（Susceptibility equation），

$$\text{則} \quad \begin{cases} \dfrac{\chi_m}{\mu_0} M^+ = \chi^+ H^+ \\[3mm] \dfrac{\chi_m}{\mu_0} M^- = \chi^- H^- \end{cases}, \qquad (12\text{-}248)$$

$$\text{則} \quad \begin{cases} \dfrac{\chi_m}{\mu_0}\dfrac{M^+}{\chi^+} = (\xi_1 M^+ - \xi_2 M^-)\dfrac{\chi_m}{\mu_0} \\[3mm] \dfrac{\chi_m}{\mu_0}\dfrac{M^-}{\chi^-} = (-\xi_2 M^+ + \xi_1 M^-)\dfrac{\chi_m}{\mu_0} \end{cases}, \qquad (12\text{-}249)$$

$$\text{則} \quad \begin{cases} M^+ = \xi_1 \chi^+ M^+ - \xi_2 \chi^+ M^- \\[2mm] M^- = -\xi_2 \chi^- M^+ + \xi_1 \chi^- M^- \end{cases}, \qquad (12\text{-}250)$$

$$\text{則} \quad \begin{cases} (1 - \xi_1 \chi^+) M^+ = -\xi_2 \chi^+ M^- \\[2mm] 1 - \xi_1 \chi^-) M^- = -\xi_2 \chi^- M^+ \end{cases}, \qquad (12\text{-}251)$$

$$\text{則} \quad \dfrac{1 - \xi_1 \chi^+}{-\xi_2 \chi^-} = \dfrac{-\xi_2 \chi^+}{1 - \xi_1 \chi^-}, \qquad (12\text{-}252)$$

得體磁子 - 偏振子的色散關係的通式，

$$(1 - \xi_1 \chi^+)(1 - \xi_1 \chi^-) = \xi_2^2 \chi^+ \chi^- \text{。} \qquad (12\text{-}253)$$

12.6.2.2 表面偏振子

如果偏振子發生在二個介質的介面上，則為表面偏振子（Surface polaritons），且其座標定義為圖 12-18 所示，則依介質的特性可分成成二大類：非磁性介質與磁性介質。非磁性介質包括：表面激子 - 偏振子（Surface exciton-polariton）、表面電漿子 - 偏振子（Surface plasmon-polariton）、表面聲子 - 偏振子（Surface phonon-polariton）；磁性介質則為表面磁子 - 偏振子（Surface magnon-polariton）。

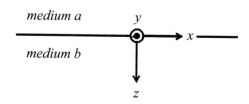

圖 12-18 表面偏振子

12.6.2.2.1 非磁性介質的表面偏振子

由 Maxwell 方程式 $\qquad \nabla \times \nabla \times \overrightarrow{\mathscr{E}} + \dfrac{1}{c^2} \dfrac{\partial^2 \overrightarrow{\mathscr{E}}}{\partial t^2} = 0$ ， （12-254）

其中 $\overrightarrow{\mathscr{D}}(\omega) = \varepsilon(\omega) \overrightarrow{\mathscr{E}}(\omega)$ ，

假設當 $z < 0$ ，則爲 $\qquad \overrightarrow{\mathscr{E}}_a(\vec{r}, t) = \overrightarrow{\mathscr{E}}_a^{\,0} e^{+\alpha_0 z} e^{i(k_\parallel x - \omega t)}$ ； （12-255）

當 $z > 0$ ，則爲 $\qquad \overrightarrow{\mathscr{E}}_b(\vec{r}, t) = \overrightarrow{\mathscr{E}}_b^{\,0} e^{-\alpha_b z} e^{i(k_\parallel x - \omega t)}$ ， （12-256）

由 $\nabla \cdot \overrightarrow{\mathscr{E}} = 0$ ，得

當 $z < 0$ ，則爲 $\overrightarrow{\mathscr{E}}_a(\vec{r}, t) = \left[\mathscr{E}_{a1}^0, \ \mathscr{E}_{a2}^0, \ \dfrac{-ik_\parallel}{\alpha_a} \mathscr{E}_{a1}^0 \right] e^{+\alpha_a z + ik_\parallel x - i\omega t}$ ； （12-257）

當 $z > 0$ ，則爲 $\overrightarrow{\mathscr{E}}_b(\vec{r}, t) = \left[\mathscr{E}_{b1}^0, \ \mathscr{E}_{b2}^0, \ \dfrac{ik_\parallel}{\alpha_b} \mathscr{E}_{b1}^0 \right] e^{-\alpha_b z + ik_\parallel x - i\omega t}$ ， （12-258）

將 $\overrightarrow{\mathscr{E}}_a(\vec{r}, t)$ 和 $\overrightarrow{\mathscr{E}}_b(\vec{r}, t)$ 代入 $\nabla \times \nabla \times \overrightarrow{\mathscr{E}} + \dfrac{1}{c^2} \dfrac{\partial^2 \overrightarrow{\mathscr{E}}}{\partial t^2} = 0$ 中，

則 $\qquad \begin{cases} \varepsilon_a(\omega) \dfrac{\omega^2}{c^2} = \alpha_a^2 + (ik_\parallel)^2 \\[2mm] \varepsilon_b(\omega) \dfrac{\omega^2}{c^2} = \alpha_b^2 + (ik_\parallel)^2 \end{cases}$ ， （12-259）

641

$$\begin{cases} \alpha_a^2 = k_\parallel^2 - \varepsilon_a(\omega)\dfrac{\omega^2}{c^2} \\ \alpha_b^2 = k_\parallel^2 - \varepsilon_b(\omega)\dfrac{\omega^2}{c^2} \end{cases}, \tag{12-260}$$

考慮邊界條件 $\quad \mathscr{E}_{at}\,(z=0) = \mathscr{E}_{bt}\,(z=0)$ ， $\tag{12-261}$

所以 $\quad \begin{cases} \mathscr{E}_{a1}^0 = \mathscr{E}_{b1}^0 \\ \mathscr{E}_{a2}^0 = \mathscr{E}_{b2}^0 \end{cases}, \tag{12-262}$

又 $\quad D_{an}\,(z=0) = D_{bn}\,(z=0)$ ， $\tag{12-263}$

所以 $\quad \dfrac{\varepsilon_a(\omega)}{\varepsilon_b(\varepsilon)} = -\dfrac{\alpha_a}{\alpha_b}$ ， $\tag{12-264}$

則 $\quad \dfrac{\varepsilon_a^2}{\varepsilon_b^2} = \dfrac{\alpha_a^2}{\alpha_b^2} = \dfrac{k_\parallel^2 - \varepsilon_a\dfrac{\omega^2}{c^2}}{k_\parallel^2 - \varepsilon_b\dfrac{\omega^2}{c^2}}$ ， $\tag{12-265}$

則 $\quad \dfrac{\varepsilon_a^2}{\varepsilon_b^2}\left(k_\parallel^2 - \varepsilon_b\dfrac{\omega^2}{c^2}\right) = k_\parallel^2 - \varepsilon_a\dfrac{\omega^2}{c^2}$ ， $\tag{12-266}$

則 $\quad \dfrac{\varepsilon_a^2 - \varepsilon_b^2}{\varepsilon_b^2}k_\parallel^2 = \left(\dfrac{\varepsilon_a^2}{\varepsilon_b} - \varepsilon_a\right)\dfrac{\omega^2}{c^2}$ ， $\tag{12-267}$

則 $\quad k_\parallel^2 = \dfrac{\varepsilon_b^2\varepsilon_a}{\varepsilon_a^2 - \varepsilon_b^2}\left(\dfrac{\varepsilon_a - \varepsilon_b}{\varepsilon_b}\right)\dfrac{\omega^2}{c^2}$ ， $\tag{12-268}$

則 $\quad k_\parallel^2 = \dfrac{\varepsilon_a\varepsilon_b}{\varepsilon_a + \varepsilon_b}\dfrac{\omega^2}{c^2}$ 。 $\tag{12-269}$

若介質 a 為自由空間（Free space），

即 $\quad \varepsilon_a = 1$ ， $\tag{12-270}$

則 $\quad k_\parallel^2 = \dfrac{\varepsilon_b}{1 + \varepsilon_b}\dfrac{\omega^2}{c^2}$ 。 $\tag{12-271}$

以上的結果可以用於計算分析表面激子 - 偏振子、表面電漿子 - 偏振子、表面聲子 - 偏振子。

12.6.2.2.2　磁性介質的表面偏振子

　　由 Maxwell 方程式可得

$$\nabla \times \nabla \times \overrightarrow{\mathscr{H}} + \frac{1}{c^2}\frac{\partial^2 \overrightarrow{\mathscr{H}}}{\partial t^2} = 0 \text{ ,} \tag{12-272}$$

且

$$\overrightarrow{\mathscr{B}}(\omega) = \mu(\omega)\overrightarrow{\mathscr{H}}(\omega) \text{ ,} \tag{12-273}$$

假設當 $z < 0$，則爲

$$\overrightarrow{\mathscr{H}}_a(\vec{r}, t) = \overrightarrow{\mathscr{H}}_a^0 \, e^{+\alpha_a z} \, e^{i(k_\parallel x - \omega t)} \text{ ;} \tag{12-274}$$

當 $z > 0$，則爲

$$\overrightarrow{\mathscr{H}}_b(\vec{r}, t) = \overrightarrow{\mathscr{H}}_b^0 \, e^{-\alpha_b z} \, e^{i(k_\parallel x - \omega t)} \text{ ,} \tag{12-275}$$

則由 $\nabla \cdot \overrightarrow{\mathscr{B}} = 0$，得：

當 $z < 0$，則爲 $\overrightarrow{\mathscr{H}}_a(\vec{r}, t) = \left[\mathscr{H}_{a1}^0, \ \mathscr{H}_{a2}^0, \ \dfrac{-ik_\parallel}{\alpha_a}\mathscr{H}_{a1}^0 \right] e^{+\alpha_a z + ik_\parallel x - i\omega t} \text{ ;} \tag{12-276}$

當 $z > 0$，則爲 $\overrightarrow{\mathscr{H}}_b(\vec{r}, t) = \left[\mathscr{H}_{b1}^0, \ \mathscr{H}_{b1}^0, \ \dfrac{ik_\parallel}{\alpha_b}\mathscr{H}_{b1}^0 \right] e^{-\alpha_b z + ik_\parallel x - i\omega t} \text{ ,} \tag{12-277}$

將 $\overrightarrow{\mathscr{H}}_a(\vec{r}, t)$ 和 $\overrightarrow{\mathscr{H}}_b(\vec{r}, t)$ 代入 $\nabla \times \nabla \times \overrightarrow{\mathscr{H}} + \dfrac{1}{c^2}\dfrac{\partial^2 \overrightarrow{\mathscr{H}}}{\partial t^2} = 0$ ，

則

$$\begin{cases} \mu_a(\omega)\dfrac{\omega^2}{c^2} = \alpha_a^2 + (ik_\parallel)^2 \\[3mm] \mu_b(\omega)\dfrac{\omega^2}{c^2} = \alpha_b^2 + (ik_\parallel)^2 \end{cases} \text{ ,} \tag{12-278}$$

則

$$\begin{cases} \alpha_a^2 = k_\parallel^2 - \mu_a(\omega)\dfrac{\omega^2}{c^2} \\[3mm] \alpha_b^2 = k_\parallel^2 - \mu_b(\omega)\dfrac{\omega^2}{c^2} \end{cases} \text{ ,} \tag{12-279}$$

考慮邊界條件，

$$\mathscr{H}_{at}(z=0) = \mathscr{H}_{bt}(z=0) \text{ ,} \tag{12-280}$$

所以

$$\mathscr{H}_{a1}^0 = \mathscr{H}_{b1}^0 \text{ 且 } \mathscr{H}_{a2}^0 = \mathscr{H}_{b2}^0 \text{ ,} \tag{12-281}$$

又

$$\mathscr{B}_{an}(z=0) = \mathscr{B}_{bn}(z=0) \text{ ,} \tag{12-282}$$

所以 $$\frac{\mu_a(\omega)}{\mu_b(\omega)} = -\frac{\alpha_a}{\alpha_b} \,,$$ （12-283）

則如非磁性介質的相似的分析步驟可得

$$k_\parallel^2 = \frac{\mu_a \mu_b}{\mu_a + \mu_b} \frac{\omega^2}{c^2} \,;$$ （12-284）

若介質 a 為自由空間（Free space），

即 $$\mu_a = 1 \,,$$ （12-285）

則 $$k_\parallel^2 = \frac{\mu_b}{1 + \mu_b} \frac{\omega^2}{c^2} \,。$$ （12-286）

以上的結果可以用於計算分析磁性介質的表面偏振子。

思考題

12-1 試寫出（12-135）式的細節。

12-2 試討論 Debye 長度（Debye length）的意義。

12-3 試討論激子的 Hamiltonian。

12-4 試討論 Wannier 激子。

12-5 試以 Schrödinger 方程式討論孤子（Soliton）的波函數解。

12-6 試討論 Holstein Primakoff bosons。

12-7 試討論 Fröhlich Hamiltonian。

12-8 試討論 Pekar 極化子（Pekar polaron）。

12-9 試討論為什麼表面電漿偏振子（Surface plasmon polariton）只

有 TM 模存在。

12-10 試討論偏振子的耦合作用。

參考資料

Atomic and Electronic Structure of Solids by E. Kaxiras, Cambridge University Press, 2003.

Classical Electrodynamics, Third Edition, John David Jackson, John Wiley, 1998.

Classical Mechanics, Third Edition, H. Goldstein, C. P. Poole, and J. L. Safko, Addison Wesley, 2001.

Condensed Matter Field Theory by A. Altland and B. D. Simons, Cambridge University Press, 2010.

Condensed Matter in a Nutshell by G. D. Mahan, Princeton University Press, 2010.

Condensed Matter Physics by M. P. Marder, John Wiley, 2010.

Electrodynamics of Solids by M. Dressel and G. Gruner, Cambridge University Press, 2002.

Electronic Structure Calculations for Solids and Molecules by J. Kohanoff, Cambridge University Press, 2006.

Introduction to Solid State Physics by C. Kittel, John Wiley,2004.

Introduction to Solid-State Theory by O. Madelung, Springer Verlag, 2008.

Methods of Electronic-Structure Calculations by M. Springborg, John Wiley, 2000.

Principles of Condensed Matter Physics by P. M. Chaikin and T. C. Lubensky, Cambridge University Press, 2000.

Principles of Quantum Mechanics, R. Shankar, Springer Verlag, 1994.

Principles of the Theory of Solids by J. M. Ziman, Cambridge University Press, 1979.

Quantum Field Theory in Condensed Matter Physics by A. M. Tsvelik, Cambridge University Press, 2007.

Quantum Mechanics by C. Cohen-Tannoudji, B. Diu and F. Laloe, John Wiley, 2006.

Quantum Theory of Solids by C. Kittel, John Wiley, 1987.

Quantum Theory of the Solid State by L. Kantorovich, Springer Verlag, 2004.

Quantum Theory of the Solid State by J. Callaway, Academic Press, 1991.

Solid State Physics by N. W. Ashcroft and N. D. Mermin, Brooks Cole, 1976.

Solid State Theory by U. Rossler, Springer Verlag, 2009.

Solid-State Physics by J. Patterson and B. Bailey, Springer Verlag, 2011.

Statistical Mechanics by S. K. Ma, World Scientific, 1985.

The Mathematical Theory of Symmetry in Solids by C. J Bradley, Oxford University Press, 1972.

The Physics of Elementary Excitations by S. Nakajima, Y. Toyozawa and R. Abe, Springer Verlag, 1980.

Theoretical Solid State Physics by W. Jones and M. H. March, John Wiley, 1985.

群論初步，倪澤恩，五南圖書出版股份有限公司，2008。

應用群論，倪澤恩，五南圖書出版股份有限公司，2010。

基礎固態物理，第一版，倪澤恩，五南圖書出版股份有限公司，2011。

索 引

國家圖書館出版品預行編目資料

基礎固態物理／倪澤恩著. －－二版. －－臺
北市：五南，2019.08
　面；　公分
ISBN 978-957-11-9897-2（平裝）

1.物理學

330　　　　　　　　　　107013859

5BF2

基礎固態物理

作　　　者 ─ 倪澤恩（478）

發 行 人 ─ 楊榮川

總 經 理 ─ 楊士清

總 編 輯 ─ 楊秀麗

主　　　編 ─ 王正華

責任編輯 ─ 許子萱

封面設計 ─ 姚孝慈

出 版 者 ─ 五南圖書出版股份有限公司

地　　　址：106台北市大安區和平東路二段339號4樓

電　　　話：(02)2705-5066　　傳　　真：(02)2706-6100

網　　　址：http://www.wunan.com.tw

電子郵件：wunan@wunan.com.tw

劃撥帳號：01068953

戶　　　名：五南圖書出版股份有限公司

法律顧問　林勝安律師事務所　林勝安律師

出版日期　2011年11月初版一刷
　　　　　2019年 8 月二版一刷

定　　　價　新臺幣720元

經典永恆・名著常在

五十週年的獻禮——經典名著文庫

五南，五十年了，半個世紀，人生旅程的一大半，走過來了。

思索著，邁向百年的未來歷程，能為知識界、文化學術界作些什麼？

在速食文化的生態下，有什麼值得讓人雋永品味的？

歷代經典・當今名著，經過時間的洗禮，千錘百鍊，流傳至今，光芒耀人；

不僅使我們能領悟前人的智慧，同時也增深加廣我們思考的深度與視野。

我們決心投入巨資，有計畫的系統梳選，成立「經典名著文庫」，

希望收入古今中外思想性的、充滿睿智與獨見的經典、名著。

這是一項理想性的、永續性的巨大出版工程。

不在意讀者的眾寡，只考慮它的學術價值，力求完整展現先哲思想的軌跡；

為知識界開啟一片智慧之窗，營造一座百花綻放的世界文明公園，

任君遨遊、取菁吸蜜、嘉惠學子！